新世纪高职高专实用规划教材　建筑系列

建筑力学(上册)

(第 2 版)

张　毅　董桂花　主　编

潘立常　张凤玲

孙巨凤　徐继忠　副主编

清华大学出版社

北　京

内容简介

本教材是根据高职高专院校建筑工程类专业建筑力学课程的教学要求编写的,全书共分为三篇。第一篇为静力学,内容包括:静力学基础、平面汇交力系、力矩及平面力偶系、平面一般力系、空间力系及重心共 5 章。第二篇为材料力学,内容包括:材料力学基础、轴向拉伸和压缩、剪切、扭转、截面的几何性质、弯曲内力、弯曲应力、弯曲变形、应力状态理论和强度准则、组合变形的强度计算、压杆稳定共 11 章。第三篇为结构力学,内容包括:结构的计算简图、平面结构体系的几何组成分析、静定结构的内力分析、静定结构的位移计算、力法、位移法、力矩分配法、影响线共 8 章。

本教材在编写中尽量体现"新"和"精"的特色,在内容的组织编写上以"必需、实用、够用"为原则,简化理论推导过程,剔除较为复杂、难以理解的高深内容,注重教材的科学性及实用性。

本教材可作为建筑工程类各专业高职高专教材,也可作为相关专业普通专科、电大、职大、函大等自学培训的教学用书,还可作为设计人员和工程技术人员的参考书。

本书封面贴有清华大学出版社防伪标签,无标签者不得销售。
版权所有,侵权必究。举报:010-62782989,beiqinquan@tup.tsinghua.edu.cn。

图书在版编目(CIP)数据

建筑力学:全 2 册/张毅,董桂花主编. --2 版. --北京:清华大学出版社,2016(2022.9重印)
(新世纪高职高专实用规划教材 建筑系列)
ISBN 978-7-302-41299-1

Ⅰ. ①建… Ⅱ. ①张… ②董… Ⅲ. ①建筑科学—力学—高等职业教育—教材 Ⅳ. ①TU311

中国版本图书馆 CIP 数据核字(2015)第 195798 号

责任编辑:桑任松
装帧设计:杨玉兰
责任校对:吴春华
责任印制:刘海龙

出版发行:清华大学出版社
网　　址:http://www.tup.com.cn, http://www.wqbook.com
地　　址:北京清华大学学研大厦 A 座　　邮　编:100084
社 总 机:010-83470000　　邮　购:010-62786544
投稿与读者服务:010-62776969, c-service@tup.tsinghua.edu.cn
质量反馈:010-62772015, zhiliang@tup.tsinghua.edu.cn
课件下载:http://www.tup.com.cn, 010-62791865

印 装 者:三河市铭诚印务有限公司
经　　销:全国新华书店
开　　本:185mm×260mm　　印　张:35.25　　字　数:854 千字
版　　次:2006 年 6 月第 1 版　2016 年 2 月第 2 版　印　次:2022 年 9 月第 6 次印刷
定　　价:98.00 元(全 2 册)

产品编号:062569-03

前　言

我国传统的高等教育，一直以培养高、精、尖研究型人才为目标。近年来，随着我国经济的高速发展，各行各业都急需大批的实用型技术人才，传统的高等教育已不能满足经济快速发展的需要了。

近几年国家大力扶持高职高专和各种层次的职业教育，目前，我国的职业教育已初具规模，但由于受传统教学方式的影响，教材建设已严重滞后。为了满足培养建筑工程类专业实用型技术人才对建筑力学高职教材的需求，清华大学出版社和所有编者经过精心策划，仔细调研，以编者多年的建筑力学的教学及工程实践经验为基础，以易懂、易掌握、够用、能够满足结构类课程的需要为原则，对建筑力学的知识进行重新组织，简化常规力学教材中的冗繁内容，注重实用性，特编写了这本建筑力学教材。

本教材在编写过程中参考了一些已出版的教材，在内容组织上以必需、实用及够用为原则，一方面注重理论教学的系统性，另一方面针对重点内容，着重增加练习。本教材对知识的讲解深入浅出，淡化理论推导，注重实用性，具备较强的教学适用性，每章前均有"本章的学习要求"，每章后均有"思考题"与"习题"，既便于教师教学和学生学习，也有利于自学。

本教材由张毅、董桂花任主编，潘立常、张凤玲、孙巨凤、徐继忠任副主编，谷长水、杨勇、于付锐、华艳秋等参加编写。具体分工为：董桂花编写静力学第1章、第2章、第3章、第4章及第5章；张毅编写材料力学第6章、第7章、第8章、第10章、第14章及结构力学第7章；张凤玲编写材料力学第9章、第11章、第12章、第13章及结构力学第8章；潘立常编写结构力学第3章、第4章、第5章；孙巨凤编写材料力学第15章和第16章；谷长水与杨勇编写结构力学第1章、第2章、第6章。本教材由张毅、董桂花负责统稿、书稿的初审及版面的初步规划等工作，华艳秋参编材料力学第7章，并与刘伟进行部分文字编辑工作，于付锐在教材修订中承担了所有习题图片的绘制和原图片错误的修改工作。

本教材的编者均为从事力学课程教学十几年的一线双师型教师，本教材经过清华大学出版社和各位编者的精心策划，定位准确，注重与其他相关课程的联系和衔接，具有较强的教学适用性及较宽的专业适应面。

本教材在编写过程中得到了山东城市建设职业学院和清华大学出版社的鼓励和支持，全体编者在此表示深切的谢意。编写过程中参阅了其他一些院校的教材，在参考文献中一并列出。

由于编者的水平有限，时间仓促，书中缺点和错误在所难免，敬请同行及读者朋友提出宝贵意见，以便不断完善。

编　者

目 录

绪论 1

第一篇 静 力 学

第1章 静力学基础 5
- 1.1 基本概念 5
  - 1.1.1 刚体 5
  - 1.1.2 力 5
  - 1.1.3 平衡 6
  - 1.1.4 力系 6
  - 1.1.5 荷载 6
- 1.2 静力学公理 7
  - 1.2.1 作用力与反作用力公理 7
  - 1.2.2 二力平衡公理 7
  - 1.2.3 加减平衡力系公理 8
  - 1.2.4 力的平行四边形公理 9
- 1.3 约束与约束反力 11
  - 1.3.1 约束与约束反力的概念 ... 11
  - 1.3.2 工程中常见的约束及其约束反力 11
  - 1.3.3 支座及其反力 14
- 1.4 受力图 16
  - 1.4.1 单个物体的受力图 16
  - 1.4.2 物体系统的受力图 18
- 1.5 小结 20
- 1.6 思考题 20
- 1.7 习题 22

第2章 平面汇交力系 24
- 2.1 力系的类型概述 24
- 2.2 平面汇交力系合成的几何法 24
- 2.3 平面汇交力系平衡的几何条件 ... 26
- 2.4 平面汇交力系合成的解析法 28
  - 2.4.1 力在坐标轴上的投影 28
  - 2.4.2 合力投影定理 29
  - 2.4.3 用解析法求平面汇交力系的合力 30
- 2.5 平面汇交力系平衡的解析条件 ... 32
- 2.6 小结 34
- 2.7 思考题 35
- 2.8 习题 36

第3章 力矩及平面力偶系 40
- 3.1 力对点的矩及合力矩定理 40
  - 3.1.1 力对点的矩 40
  - 3.1.2 合力矩定理 42
- 3.2 力偶及其特性 44
  - 3.2.1 力偶 44
  - 3.2.2 力偶的性质 45
- 3.3 平面力偶系的合成与平衡 47
  - 3.3.1 平面力偶系的合成 47
  - 3.3.2 平面力偶系的平衡条件 ... 48
- 3.4 小结 49
- 3.5 思考题 50
- 3.6 习题 52

第4章 平面一般力系 55
- 4.1 力的平移定理 56
- 4.2 平面一般力系向作用面内任一点简化 58
  - 4.2.1 简化方法和结果 58
  - 4.2.2 主矢和主矩 58
  - 4.2.3 结论 59
  - 4.2.4 简化结果的讨论 59
  - 4.2.5 平面一般力系的合力矩定理 60

4.3 平面一般力系的平衡方程 60
　　4.3.1 平衡方程的基本形式 60
　　4.3.2 平衡方程的其他形式 63
　　4.3.3 应用平衡方程的解题步骤 64
4.4 平面平行力系的平衡方程 66
4.5 物体系统的平衡 69
4.6 考虑摩擦时物体的平衡 74
　　4.6.1 滑动摩擦 74
　　4.6.2 考虑摩擦时物体的平衡问题 77
4.7 小结 80
4.8 思考题 82
4.9 习题 84

第5章 空间力系及重心 93

5.1 空间汇交力系 94
　　5.1.1 力在空间直角坐标轴上的投影 94
　　5.1.2 力沿空间直角坐标轴的分解 96
　　5.1.3 空间汇交力系的合成 96
　　5.1.4 空间汇交力系的平衡条件 98
　　5.1.5 几种空间约束的类型 99
5.2 空间一般力系 101
　　5.2.1 力对轴的矩 101
　　5.2.2 空间一般力系的平衡方程 102
5.3 重心 105
　　5.3.1 重心的概念 105
　　5.3.2 重心和形心的坐标公式 106
　　5.3.3 确定物体重心的几种方法 108
5.4 小结 112
5.5 思考题 114
5.6 习题 114

第二篇 材料力学

第6章 材料力学基础 121

6.1 材料力学的任务 121
　　6.1.1 结构材料的基本要求 121
　　6.1.2 材料力学的研究对象及几何特征 122
6.2 变形固体的性质及其基本假设 122
　　6.2.1 变形固体的概念 122
　　6.2.2 变形固体的基本假设 122
6.3 杆件变形的基本形式 123
6.4 内力、截面法及应力的概念 124
　　6.4.1 内力 124
　　6.4.2 截面法 124
　　6.4.3 应力 125
6.5 小结 126
6.6 思考题 126

第7章 轴向拉伸和压缩 127

7.1 轴向拉压的概念 127
7.2 轴向拉压时的内力 128
　　7.2.1 轴力 128
　　7.2.2 轴力图 129
7.3 轴向拉(压)杆横截面上的应力 131
　　7.3.1 轴向拉(压)杆横截面上的应力概述 131
　　7.3.2 正应力公式的使用条件及应力集中的概念 133
7.4 轴向拉(压)杆斜截面上的应力 134
7.5 轴向拉压时杆件的强度计算 135
7.6 拉(压)杆的变形及胡克定律 140
　　7.6.1 纵向变形及线应变 140
　　7.6.2 胡克定律 141
　　7.6.3 横向变形及泊松比 141
7.7 材料在拉伸和压缩时的力学性能 144
　　7.7.1 材料拉伸时的力学性能 144
　　7.7.2 材料在压缩时的力学性能 148
　　7.7.3 两类材料力学性能的比较 150
　　7.7.4 许用应力与安全系数 152
7.8 拉压超静定问题 152
　　7.8.1 超静定的概念 152
　　7.8.2 超静定问题的解法 153
　　7.8.3 装配应力及温度应力 156

7.8.4 讨论 158
7.9 小结 158
7.10 思考题 158
7.11 习题 160

第8章 剪切 165
8.1 剪切的概念 165
8.2 剪切与挤压的实用计算 166
　　8.2.1 剪切强度的实用计算 166
　　8.2.2 挤压强度的实用计算 167
8.3 小结 171
8.4 思考题 171
8.5 习题 172

第9章 扭转 175
9.1 扭转的概念 175
9.2 外力偶矩的计算和扭转时的内力 176
　　9.2.1 力偶矩的计算 176
　　9.2.2 扭转时的内力——扭矩 177
　　9.2.3 扭矩图 178
9.3 薄壁圆筒的扭转 179
　　9.3.1 薄壁圆筒扭转时横截面上的
　　　　　剪应力 180
　　9.3.2 剪应力互等定理 181
　　9.3.3 剪切胡克定律 182
9.4 等直圆轴扭转时横截面上的应力 182
　　9.4.1 几何变形方面 182
　　9.4.2 物理关系方面 183
　　9.4.3 静力学关系方面 184
　　9.4.4 公式的适用范围 185
9.5 极惯性矩和抗扭截面系数 185
9.6 圆轴扭转时的强度条件和刚度
　　条件 187
　　9.6.1 强度条件 187
　　9.6.2 圆轴扭转时的变形 187
　　9.6.3 刚度条件 188
　　9.6.4 计算举例 189
9.7 小结 191
9.8 思考题 192
9.9 习题 193

第10章 截面的几何性质 196
10.1 静矩和形心 196
10.2 惯性矩与惯性积 198
　　10.2.1 惯性矩 198
　　10.2.2 惯性积 199
　　10.2.3 极惯性矩 200
10.3 平行移轴定理及组合截面惯性矩的
　　　计算 200
　　10.3.1 平行移轴定理 200
　　10.3.2 组合截面惯性矩的计算 ... 202
10.4 转轴定理、主惯性轴及主惯性矩 203
　　10.4.1 转轴定理 203
　　10.4.2 形心主轴与形心主惯性矩 .. 204
10.5 小结 206
10.6 思考题 208
10.7 习题 208

第11章 弯曲内力 211
11.1 梁的平面弯曲 211
　　11.1.1 弯曲变形和平面弯曲 211
　　11.1.2 梁的基本形式 212
11.2 梁的内力 213
　　11.2.1 剪力和弯矩 213
　　11.2.2 剪力和弯矩的正负号
　　　　　 规定 213
　　11.2.3 用截面法计算指定截面上的
　　　　　 剪力和弯矩 214
11.3 剪力方程和弯矩方程以及梁的
　　　内力图 217
　　11.3.1 剪力方程和弯矩方程 217
　　11.3.2 剪力图和弯矩图 218
11.4 弯矩、剪力与分布荷载集度三者之间的
　　　微分关系及其应用 223
11.5 叠加法画弯矩图 227
　　11.5.1 叠加原理 227
　　11.5.2 叠加法画弯矩图 228
11.6 小结 231
11.7 思考题 232
11.8 习题 233

第12章 弯曲应力 ... 238

12.1 梁横截面上的正应力 ... 238
- 12.1.1 纯弯曲时梁横截面上的正应力 ... 239
- 12.1.2 正应力公式的适用条件 ... 242

12.2 梁的正应力强度计算 ... 244
- 12.2.1 梁的正应力强度条件 ... 244
- 12.2.2 梁的正应力强度计算 ... 245

12.3 梁横截面上的剪应力 ... 248
- 12.3.1 矩形截面梁的剪应力 ... 248
- 12.3.2 工字形截面梁的剪应力 ... 249
- 12.3.3 圆形截面和圆环形截面梁的最大剪应力 ... 250

12.4 梁的剪应力强度计算 ... 252
- 12.4.1 梁的剪应力强度条件 ... 252
- 12.4.2 梁的剪应力强度计算 ... 252

12.5 提高梁抗弯强度的措施 ... 255
- 12.5.1 合理安排梁的受力情况 ... 255
- 12.5.2 选择合理的截面形状 ... 257
- 12.5.3 采用变截面梁和等强度梁 ... 258

12.6 弯曲中心的概念 ... 258
12.7 小结 ... 259
12.8 思考题 ... 261
12.9 习题 ... 262

第13章 弯曲变形 ... 267

13.1 弯曲变形的概念 ... 267
- 13.1.1 挠度和转角 ... 267
- 13.1.2 梁的挠曲线及挠曲线方程 ... 268
- 13.1.3 挠曲线近似微分方程 ... 268

13.2 积分法计算梁的变形 ... 269
13.3 叠加法计算梁的变形 ... 272
13.4 梁的刚度校核及提高弯曲刚度的措施 ... 277
- 13.4.1 梁的刚度校核 ... 277
- 13.4.2 提高梁弯曲刚度的措施 ... 278

13.5 小结 ... 279
13.6 思考题 ... 280
13.7 习题 ... 281

第14章 应力状态理论和强度准则 ... 284

14.1 一点的应力状态概述 ... 284
- 14.1.1 一点应力状态的概念 ... 284
- 14.1.2 一点的应力状态的描述 ... 285

14.2 平面应力状态分析 ... 286
- 14.2.1 平面应力状态的数解法 ... 286
- 14.2.2 平面应力状态的图解法——应力圆 ... 289

14.3 主应力与最大剪应力 ... 292
- 14.3.1 主应力与主平面的位置 ... 292
- 14.3.2 最大剪应力 ... 293

14.4 平面应力状态下的应力-应变关系 ... 295

14.5 强度准则 ... 297
- 14.5.1 强度准则的概念 ... 297
- 14.5.2 常用的强度准则 ... 297
- 14.5.3 强度理论的适用范围及应用 ... 300

14.6 小结 ... 303
14.7 思考题 ... 305
14.8 习题 ... 305

第15章 组合变形的强度计算 ... 309

15.1 组合变形 ... 309
- 15.1.1 组合变形的概念 ... 309
- 15.1.2 组合变形的解题方法 ... 310

15.2 斜弯曲 ... 310
- 15.2.1 外力分解 ... 310
- 15.2.2 内力分析 ... 311
- 15.2.3 应力计算 ... 311
- 15.2.4 强度条件 ... 311

15.3 偏心压缩(拉伸) ... 314
- 15.3.1 单向偏心压缩(拉伸)时的应力和强度条件 ... 314
- 15.3.2 双向偏心压缩(拉伸)时的应力和强度条件 ... 318
- 15.3.3 截面核心的概念 ... 320

15.4 小结 ... 321
15.5 思考题 ... 322

15.6 习题 323

第 16 章　压杆稳定 326

16.1 压杆稳定的概念 326
　16.1.1 问题的提出 326
　16.1.2 平衡状态的稳定性 327
16.2 细长压杆的临界力 328
　16.2.1 两端铰支压杆的临界力 328
　16.2.2 其他支承情况下细长压杆的临界力 329
16.3 欧拉公式的适用范围临界应力总图 331
　16.3.1 临界应力 331
　16.3.2 欧拉公式的适用范围 332
　16.3.3 中长杆的临界应力计算 333
　16.3.4 临界应力总图 334
16.4 压杆的稳定计算 335
　16.4.1 压杆的稳定条件 335
　16.4.2 折减系数 335
　16.4.3 稳定计算 340
16.5 提高压杆稳定性的措施 343
　16.5.1 柔度方面 343
　16.5.2 材料方面 344
16.6 小结 344
16.7 思考题 345
16.8 习题 346

附录　型钢规格表 349

绪　　论

　　建筑工程中的各类建筑物，如房屋、桥梁、蓄水池等，都是由许许多多构件组合而成的。这些建筑物在建造之前，都要由设计人员对组成它们的构件一一进行受力分析，对构件的尺寸大小、所用的材料进行结构计算来确定，这样才能保证建筑物的牢固和安全。建筑力学便是为这些建筑结构的受力分析和计算提供理论依据的一门学科。本教材将研究这些理论最基本的部分。

　　在进入各种具体问题的讨论之前，下面先就建筑力学的研究对象和主要内容做一个简单介绍。

1. 建筑力学的研究对象

　　建筑物在建造和使用过程中都会受到各种力的作用，工程中习惯于把作用于建筑物上的外力称为荷载。

　　在建筑物中，承受并传递荷载而起骨架作用的部分称为结构。结构可以是一根梁或一根柱，也可以是由多个结构元件(称为构件)所组成的整体。例如，工业厂房的空间骨架就是由屋架、柱子、吊车梁、屋面板及基础等多个构件组成的整体结构。

　　当我们对建筑物进行结构设计时，一般的做法是先对结构进行整体布置，再把结构分解为一些基本构件，对每一构件进行设计计算，最后再通过构造处理，把各个构件连接起来构成一个整体结构。

　　建筑力学的主要研究对象就是组成结构的构件和构件体系。

2. 建筑力学的主要内容

　　在荷载作用下，承受荷载和传递荷载的建筑结构和构件，一方面会引起周围物体对它们的反作用，另一方面，构件本身也会因承受荷载作用而产生变形，并且存在发生损坏的可能。所以结构构件本身应具有一定的抵抗变形、破坏和保持原有平衡状态的能力，即要有一定的强度、刚度和稳定的承载能力。这种承载能力的大小与构件的材料性质、截面几何形状及尺寸、受力特点、工作条件、构造情况等有关。在结构设计中，其他条件一定时，如果构件的截面面积设计得过小，当构件所受的荷载大于其承载能力时，则结构不安全，它会因变形过大而影响其正常工作，或因强度不够而被破损。当构件所受的荷载比构件的承载能力小得多时，则要多用材料，造成浪费。因此，我们在对结构或构件进行承载能力计算时，应使所设计的构件既安全又经济。上述这些便是建筑力学所研究的主要内容，本教材将分静力学、材料力学、结构力学三个部分来讨论。

　　(1) 静力学主要研究物体在力系作用下的平衡问题，它包括力的基本性质、物体的受力分析、力系的合成与简化、力系的平衡条件及其应用等。

　　(2) 材料力学主要研究结构中各类构件以及构件的材料在外力作用下其本身的力学性质，即研究它们的内力和变形的计算以及强度、刚度和稳定的校核等问题。

　　(3) 结构力学主要研究结构的简化、结构的几何组成规律、结构内力和位移的计算原理与计算方法。

第一篇 静 力 学

静力学是研究物体在力系作用下处于平衡状态的规律的。归结起来主要包括两个基本问题。一是力系的简化与合成。力系的简化与合成就是用一个简单力系代替复杂力系的过程，对力系进行简化有利于揭示力系对刚体的作用效应，同时有利于导出力系的平衡条件。二是力系的平衡条件及应用。研究力系的平衡条件，并应用这些平衡条件解决工程技术问题，是静力学的主要内容。

第1章　静力学基础

本章的学习要求:

- 深刻领会力、刚体和平衡的概念,这些是力学中最基本的概念。
- 深刻理解并熟记静力学公理及其适用范围。
- 熟练掌握常见约束及约束反力。这是本章的难点,也是画受力图的基础。
- 物体的受力分析是本章的重点。要能正确地分析物体的受力情况,准确地画出单个物体和物体系统的受力图,这是解决力学问题的前提和关键。

1.1　基本概念

1.1.1　刚体

在任何外力作用下,大小和形状都保持不变的物体,称为刚体。本篇所研究的物体都是刚体。实际上,任何物体在力的作用下都会发生变形,但工程中的构件在正常情况下的变形都非常微小,例如建筑物中的梁,它在中央处最大的下垂量一般只有梁长度的 1/250~1/300。这些微小的变形,对于讨论物体的平衡问题,影响甚小,可以忽略不计,而且还可使问题大大简化。因此,可将物体视为刚体。

然而,当讨论物体受到力的作用后是否会被破坏时,变形就是一个主要的因素,这时就不能把物体看作刚体,而应该看作变形体。但须指出,以刚体为对象得出的力系的平衡条件,一般也可以推广应用于变形很小的变形体的平衡情况。

1.1.2　力

1. 力的定义

力是物体之间的相互机械作用,这种作用的效果会使物体的运动状态发生变化(外效应),也会使物体发生变形(内效应)。

物体相互间的机械作用形式多种多样,可以归纳为两类:①两物体相互接触时,它们之间相互产生的拉力或压力;②地球与物体之间相互产生的吸引力,对物体来说,这种吸引力就是重力。

力不能脱离物体出现,而且有力必定至少存在两个物体,有施力体也有受力体。

2. 力的三要素

力对物体的作用效果取决于三个要素:**力的大小、方向、作用点**。力的大小反映物体间相互机械作用的强弱程度,它可以通过力的外效应和内效应的大小来量度。力的方向表示物体间的相互机械作用具有方向性,它包括力所顺沿的直线(称为力的作用线)在空间的方位和力沿其作用线的指向。力的作用点表示物体间相互机械作用位置的抽象化。实际上物体相互作用的位置并不是一个点，而是物体的一部分面积或体积。如果这个面积或体积相对于物体很小或由于其他原因使力的作用面积或体积可以不计时，则可将它抽象为一个点，此点称为力的作用点。力的三要素中的任何一个如有改变，则力对物体的作用效果也将改变。

力的三要素表明力是矢量，可用一条沿力的作用线的有向线段来表示。此有向线段的起点或终点表示力的作用点；此线段的长度按一定的比例表示力的大小；此线段与某定直线的夹角表示力的方位，箭头表示力的指向，故力是**定位矢量**。

图1.1 表示物体在 A 点受到力 F 的作用。本书中用加黑的字母表示力矢量，如 F；而用普通字母表示力矢量的大小，如 F。而仅用符号不能确定它表示的力的作用点，这种只表示力的大小和方向，并可以从任一点画出的矢量称为**力矢**。

3．力的单位

在国际单位制中，力的单位为N(牛顿)或kN(千牛顿)。

4．力的作用效应

力对物体的作用同时产生两种效应：运动效应与变形效应。改变物体运动状态的效应称为运动效应(或外效应)；使物体变形的效应称为变形效应(内效应)。内效应在第二篇和第三篇中研究，本篇只研究外效应。

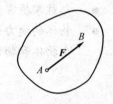

图1.1　力的图示法

1.1.3　平衡

物体相对于地球保持静止或做匀速直线运动的状态，称为平衡。例如，房屋、水坝、桥梁相对于地球是静止的；沿直线匀速起吊的构件相对于地球是做匀速直线运动。这些都是平衡的实例，它们的共同特点就是运动状态没有发生变化。

1.1.4　力系

作用于物体上的一群力，称为**力系**。使物体保持平衡的力系，称为**平衡力系**。物体在力系作用下处于平衡状态时，力系所应该满足的条件称为力系的**平衡条件**。在不改变作用效果的前提下，用一个简单力系代替一个复杂力系的过程，称为**力系的简化或力系的合成**。对物体作用效果相同的力系，称为**等效力系**。如果一个力与一个力系等效，则该力称为此力系的**合力**，而力系中的各个力称为这个合力的**分力**。

1.1.5　荷载

荷载分为集中荷载和分布荷载。凡作用范围相对较小，并可以忽略不计的荷载，可以简化为**集中荷载**。凡作用范围较大，不能忽略的荷载，称为**分布荷载**。当荷载分布于某一体积上时，称为**体荷载**(如物体的重力)；当荷载分布于物体的某一面积上时，称为**面荷载**(如风、雪、水等对物体的压力)；而当荷载分布于长条形状的体积或面积上时，则可简化为沿其长度方向中心线分布的**线荷载**。

物体上每单位体积、单位面积或单位长度上所承受的荷载分别称为**体荷载集度**、**面荷载集度**或**线荷载集度**，它们各表示对应的分布荷载密集的程度。荷载集度要乘以相应的体积、面积或长度后才是荷载(力)。均匀分布的荷载称为**均布荷载**；否则，即为**非均布荷载**。

线荷载集度的单位是 N/m，而面荷载集度、体荷载集度的单位分别是 N/m^2、N/m^3。

1.2 静力学公理

静力学公理是人类在长期的生产和生活实践中，经过反复观察和实验总结出来的普遍规律，并被认为是无须再证明的真理，它们是人们关于力的基本性质的概括和总结，是研究静力学的基础。

1.2.1 作用力与反作用力公理

两个物体间的作用力和反作用力总是大小相等、方向相反、沿同一直线，并分别作用在这两个物体上。

这个公理概括了任何两个物体之间相互作用力的关系。如有作用力，就必定有反作用力，两者总是同时存在，又同时消失。例如，图 1.2 所示的物体 A 对物体 B 施加了作用力 F，同时，物体 A 也受到物体 B 对它的反作用力 F'，且这两个力大小相等、方向相反、沿同一直线。

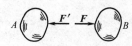

图 1.2　作用力与反作用力示意图

1.2.2 二力平衡公理

作用在同一刚体上的两个力，使刚体平衡的必要和充分条件是：这两个力大小相等、方向相反，且作用在同一直线上。

这个公理揭示了作用于刚体上的最简单力系平衡时所必须满足的条件，可称为二力平衡条件。图 1.3 所示为受两个力作用的刚体，很显然，刚体平衡的条件必须是：两个力 F_A 和 F_B 等值、反向、共线。应当指出，此公理只适用于刚体，对于变形体，这个平衡条件是不充分的。例如，一根绳索两端受大小相等、方向相反的拉力能平衡；若受压力则不能平衡。

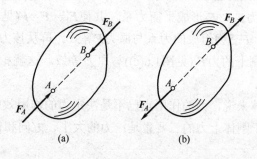

图 1.3　二力平衡条件示意图

必须注意，不能把二力平衡问题和作用力与反作用力关系问题混淆起来。二力平衡公理中的两个力是作用在同一物体上，而且是使物体平衡的。作用力与反作用力公理中的两个力是分别作用在两个不同的物体上，是说明一种相互作用关系的，虽然都是大小相等、方向相反、作用在一条直线上，但不能说是平衡。

若一根直杆只在两点受力而处于平衡，则作用在此两点的二力的方向必在这两点的连线上，此直杆称为二力杆(见图1.4)。对于只在两点受力作用而处于平衡的一般物体，称为二力构件(见图1.5)。

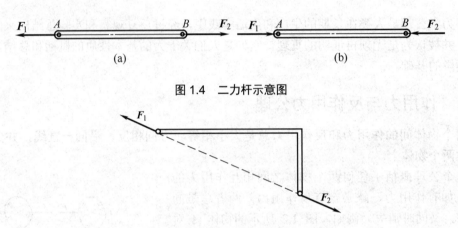

图 1.4　二力杆示意图

图 1.5　二力构件示意图

1.2.3　加减平衡力系公理

在作用于刚体上的任意力系中加上或减去任何一个平衡力系，并不改变原力系对刚体的作用效应。因为平衡力系对物体的运动效应为零，它不能改变物体的运动状态，所以在物体的原力系上加上或减去一个平衡力系，不会改变原力系对物体的运动效应。对于刚体来说，也就是改变不了原力系对刚体的作用效应。

推论：力的可传性原理

作用在刚体上的力，可沿其作用线移动到刚体内任意一点，而不改变原力对刚体的作用效应。

证明： 设力F作用在刚体上的A点(见图1.6(a))。在力F的作用线上任取一点B，在B点加上一对沿AB线的平衡力F_1、F_2形成平衡力系，并使$F_1=-F_2=F$(见图1.6(b))。根据加减平衡力系公理，由F_1、F_2、F三力组成的力系与原力F等效。再从该力系中减去由力F和F_2组成的平衡力系，显然，剩下的力F_1(见图1.6(c))与原力等效。这就相当于把作用在A点的力F沿其作用线移到了B点。

由此可见，对于刚体来说，力的作用点已不是决定力的作用效应的要素，它已为作用线所代替。因此，作用于刚体上力的三要素是：力的大小、方向和作用线。

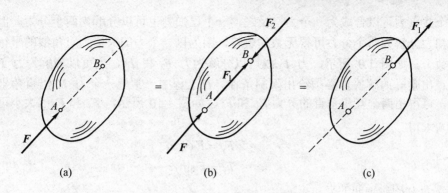

图 1.6 力的可传性原理示意图

应当指出，加减平衡力系公理和力的可传性原理都只适用于研究物体的运动效应，而不适用于研究物体的变形效应。例如，图 1.7(a)中，直杆 AB 的两端受到等值、反向、共线的两个力 F_1、F_2 作用而处于平衡状态，杆件发生的是压缩变形。如果将这两个力各沿其作用线移到杆的另一端(见图 1.7(b))，虽然直杆 AB 仍然处于平衡状态，但是，这时杆件发生的就是伸长的变形了。这就说明当研究物体的变形效应时，力的可传性原理就不适用了。

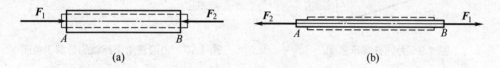

图 1.7 变形体中力不可传示意图

1.2.4 力的平行四边形公理

作用于物体上同一点的两个力，可以合成为一个合力，合力也作用于该点，合力的大小和方向由以这两个力为边所构成的平行四边形的对角线来表示，如图1.8(a)所示。

这个公理说明力的合成遵循矢量加法，其矢量表达式为

$$F_R = F_1 + F_2$$

即合力 F_R 等于两分力 F_1、F_2 的矢量和。为了简便，在利用作图法求两共点力的合力时，只需画出平行四边形的一半即可。其方法是：先从两分力的共同作用点画出某一分力，再自此分力的终点画出另一分力，最后由第一个分力的起点至第二个分力的终点作一矢量，即为合力，作出的三角形称为**力三角形**，这种求合力的方法称为**力的三角形法则**，如图 1.8(b)所示。

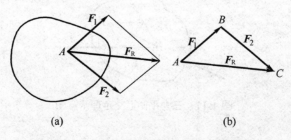

图 1.8 力的平行四边形法则示意图

两个共点力可以合成为一个力,反之,一个已知力也可以分解为两个分力。但是,将一个已知力分解为两个分力可得无数的解答,因为以一个力的矢量为对角线的平行四边形可作无数个。如图 1.9 所示,力 F 既可以分解为力 F_1 和 F_2,也可以分解为力 F_3 和 F_4 等。要得出唯一的解答,必须给出限制条件。在工程中,常把一个力 F 沿直角坐标轴方向分解,可得出两个互相垂直的分力 F_X 和 F_Y,如图 1.10 所示。F_X 和 F_Y 的大小可由三角函数公式求得

$$F_X = F\cos\alpha$$
$$F_Y = F\sin\alpha$$

式中,α 为力 F 与 x 轴间的夹角。

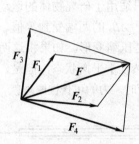
图 1.9 力的分解示意图

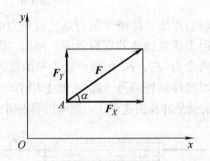
图 1.10 力沿直角坐标轴的分解示意图

力的平行四边形法则是力系简化的基础,同时,它也是力分解时所应遵循的法则。

推论:三力平衡汇交定理

一刚体受共面不平行的三个力作用而平衡时,这三个力的作用线必汇交于一点。

证明: 设一刚体在同一平面的 A_1、A_2、A_3 三点上,分别作用着不平行的三个相互平衡的力 F_1、F_2、F_3,如图1.11所示。根据力的可传性原理,将力 F_1、F_2 移到该两力作用线的交点 A,并按力的平行四边形公理合成为合力 F_R,F_R 也作用在 A 点。因为三力 F_1、F_2、F_3 平衡,所以力 F_R 应与力 F_3 平衡。由二力平衡公理知,力 F_3 和 F_R 一定是大小相等、方向相反且作用在同一直线上,也就是说,力 F_3 必通过力 F_1 和 F_2 的交点 A,即三个力 F_1、F_2、F_3 的作用线必汇交于一点。

三力平衡汇交定理只说明三力平衡的必要条件,而不是充分条件。它常用来确定刚体在共面不平行的三个力作用下平衡时,其中某一未知力的作用线方位。

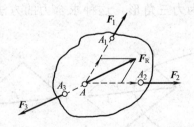
图 1.11 三力平衡汇交定理示意图

1.3 约束与约束反力

1.3.1 约束与约束反力的概念

在实际工程中,任何构件都会受到周围与它有联系的其他构件的限制,而不能自由运动。例如,大梁受到柱子的限制,柱子受到基础的限制,桥梁受到桥墩的限制等。

一个物体的运动受到周围物体的限制时,这些周围物体就称为该物体的约束。例如,柱子是大梁的约束,基础是柱子的约束,桥墩是桥梁的约束。

既然约束限制物体的运动,那么当物体沿着约束所能限制的方向有运动或有运动趋势时,约束对该物体必然有力作用,以阻碍物体的运动,这种力称为**约束反力**,简称为**反力**。约束反力的方向总是与约束所能阻止的物体的运动或运动趋势的方向相反,它的作用点就是约束与被约束物体的接触点,而约束反力的大小是未知的。

与约束反力相对应,**凡能主动引起物体运动或使物体有运动趋势的力,称为主动力**。如物体的重力、水压力、土压力等。主动力在工程上称为**荷载**。

通常主动力是已知的,约束反力是未知的,约束反力由主动力引起,而且随主动力的改变而改变。同时,约束的类型不同,约束反力的作用方式也不同。工程中约束的构成方式多种多样,为了确定约束反力的作用方式,必须对约束的构造特点及性质有充分的认识,正确地分析,并结合具体工程进行抽象简化,得到合理、准确的约束模型。下面介绍几种在工程中常见的约束类型及其约束反力的特性。

1.3.2 工程中常见的约束及其约束反力

1. 柔体约束

由拉紧的绳索、链条、带等柔软物体构成的约束统称为**柔体约束**。由于柔体约束只能限制物体沿着柔体约束的中心线伸长方向的运动,而不能限制物体沿其他方向的运动,所以**柔体约束的约束反力通过接触点,其方向沿着柔体约束的中心线且为拉力**。这种约束反力通常用 F_T 来表示(见图 1.12)。

2. 光滑接触面约束

两物体直接接触,当接触面光滑,摩擦力可以忽略不计时,两物体的接触面就称为**光滑接触面约束**。这种约束只能限制物体沿着接触面的公法线指向接触面的运动,而不能限制物体沿着接触面的公切线或离开接触面的运动。所以,**光滑接触面约束的约束反力通过接触点,其方向沿着接触面的公法线且为压力**。这种约束反力通常用 F_N 来表示,如图 1.13 所示。

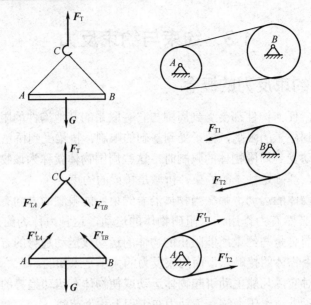

图1.12 柔体约束示意图

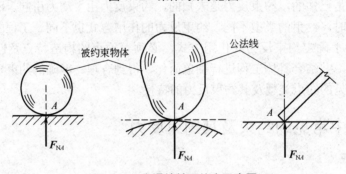

图1.13 光滑接触面约束示意图

【例1.1】重为 G 的杆 AB 置于半圆槽中(见图1.14(a)),画出杆 AB 所受到的约束反力。接触处摩擦不计。

解:杆 AB 在 A、B 处受到光滑接触面约束,其约束反力沿着接触面的公法线。所以,A 处的约束反力 F_{NA} 作用于 A 点,其方向沿着半径 AO 且为压力,B 处的约束反力 F_{NB} 作用于 B 点,其方向垂直于杆 AB,也是压力(见图1.14(b))。

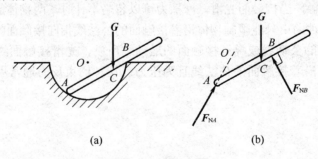

图1.14 例1.1图

3. 圆柱铰链约束

在两个物体上分别穿直径相同的圆孔,再将一直径略小于孔径的销钉插入两物体的孔中,不计销钉与销钉孔壁间的摩擦时,便构成了**圆柱铰链约束**(见图 1.15)。其力学简图如图 1.16(a)所示。

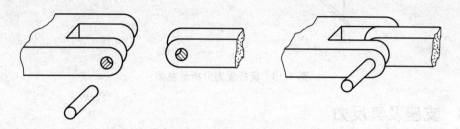

图 1.15　圆柱铰链约束

两物体既可沿销钉轴线方向移动又可绕销钉轴线转动,但却不能沿垂直于销钉轴线方向移动而脱离销钉。因不计摩擦,则物体与销钉的接触面为光滑接触面,物体所受到的约束反力应通过接触点和圆孔的中心。由于接触点的位置随主动力的改变而改变,故约束反力的大小和方向均未知,所以,**圆柱铰链约束的约束反力在垂直于销钉轴线的平面内,通过销钉中心,而方向待定**。这种约束反力可用一个大小和方向都未知的力 F_{RC} 来表示(见图 1.16(b));也可用两个互相垂直的分力 X_C 和 Y_C 来表示(见图 1.16(c))。

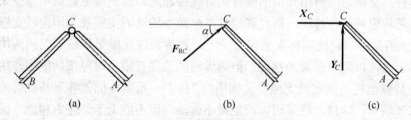

图 1.16　圆柱铰链约束反力示意图

4. 链杆约束

两端用圆柱铰链与其他物体相连且中间不受力(包括自重不计)的直杆构成的约束称为**链杆约束**,如图 1.17(a)所示。这种约束能阻止物体沿链杆轴线方向运动,但不能阻止沿其他方向的运动。所以,**链杆约束的约束反力沿着链杆中心线,其指向待定**。图 1.17(b)、(c)分别是链杆的力学简图及其约束反力的表示法。

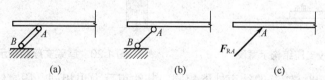

图 1.17　链杆约束示意图

下面分析图 1.18(a)所示的链杆 BC 的受力情况。链杆 BC 只在其 B、C 两端各受一个力作用而处于平衡状态,故链杆 BC 是二力杆,所受的力必沿着链杆的中心线,或为拉力,或为压力;而链杆 BC 对 AB 的反作用力也沿着链杆中心线,指向未定,如图 1.18(b)

所示。

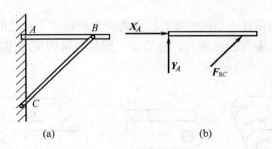

图 1.18 链杆受力分析示意图

1.3.3 支座及其反力

在工程中,将结构物或构件支承(或连接)在基础或另一静止的构件上构成的装置称为支座。常见的支座有以下三种。

1. 固定铰支座

用圆柱铰链把结构物或构件与基础或静止的构件相连构成的支座称为**固定铰支座**。其结构简图如图 1.19 所示。

图 1.19 所示的支座是桥梁上常用的理想的固定铰支座,支座固定于基础或静止的结构物上,构件与支座之间再用光滑的圆柱销钉连接起来。而在房屋建筑中很少采用这种理想的支座,常将限制构件移动,而允许构件产生微小转动的支座视为固定铰支座。例如,图 1.20 所示的屋架,它的端部支承在柱子上,并将预埋在屋架和柱子上的两块钢板焊接起来,这样,它可以阻止屋架的移动,但因焊缝的长度有限,对屋架的限制作用很小,因此,把这种装置也视为固定铰支座。又如图 1.21 中,预制柱插入杯形基础后,在杯口周围用沥青麻丝填实,这样,柱子可以产生微小转动,而不能上下、左右移动,因此,柱子可视为支承在固定铰支座上。

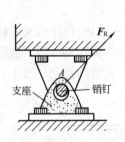

图 1.19 固定铰支座结构示意图

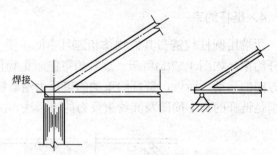

图 1.20 屋架支座结构示意图

固定铰支座与圆柱铰链的约束性能相同,其约束反力也相同。固定铰支座的计算简图如图 1.22(a)、(b)、(c)所示,支座反力如图 1.22(d)、(e)所示。

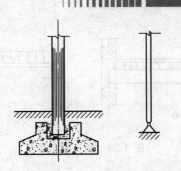

图 1.21 杯形基础支座结构示意图

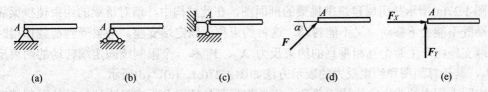

图 1.22 固定铰支座约束反力示意图

2. 可动铰支座

在固定铰支座下面加几个可沿支承面滚动的滚轴,使它不能离开支承面,就构成**可动铰支座**(见图 1.23)。其计算简图如图 1.24(a)、(b)所示。

这种支座只能限制构件在垂直于支承面方向的移动,而不能限制构件绕销钉轴线的转动和沿支承面方向的移动,所以,它的支座反力垂直于支承面并通过圆孔的中心,指向未定,如图 1.24(c)所示。

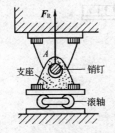

图 1.23 可动铰支座结构示意图

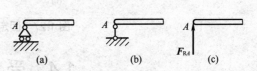

图 1.24 可动铰支座约束反力示意图

在工程中,一根横梁通过混凝土垫块支承在砖柱上,如图 1.25 所示,略去梁与垫块接触面间的摩擦,则垫块只能限制梁沿铅垂方向移动,而不能限制梁的转动和沿水平方向的移动。这样,可视为梁置于可动铰支座上。

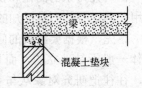

图 1.25 工程中的可动铰支座结构示意图

在图 1.26(a)中,一钢筋混凝土梁的两端插入墙内,当梁受到荷载作用后,由于弯曲致使梁端会有微量转动;当温度有变化时,梁沿长度方向也会有微量的伸缩。为反映这一受力和变形特点,工程中将梁简化为一端是固定铰支座,另一端是可动铰支座,称为**简支梁**,其计算简图如图 1.26(b)所示。

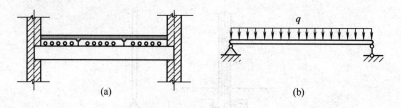

图 1.26　简支梁示意图

3. 固定端支座

图 1.27(a)所示是房屋建筑中挑梁的剖面图，在此结构中，墙对挑梁的约束使挑梁靠墙的一端既不能上下移动，又不能转动，这种约束称为**固定端支座**。当梁受到荷载作用时，固定端支座将产生两个互相垂直的约束反力 X_A、Y_A 和一个限制绕固定端转动的约束反力偶 M_A，其计算简图和约束反力的表示方法如图 1.27(b)、(c)、(d)所示。

实际工程中的约束往往比较复杂，需要根据具体情况分析它对物体运动的限制情况而加以简化，使它接近上述的某类基本约束，以便判定其约束反力。

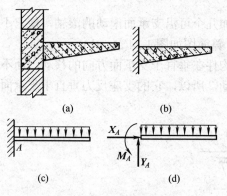

图 1.27　固定端支座示意图

1.4 受 力 图

在研究力系的简化和物体平衡的过程中，必须首先分析所研究的物体受到了哪些力的作用，确定哪些力是已知的，哪些力是未知的，这个分析过程称为对物体的受力分析。

首先，根据要解决的问题选定要进行研究的物体，即确定**研究对象**。工程中所遇到的物体一般不是独立的，而是几个物体或几个构件相互联系在一起的。因此，为了研究方便，往往把研究对象从与它有联系的周围系统中脱离出来，被脱离出来的研究对象称为**脱离体**。在脱离体上画出它所受的全部主动力和约束反力，得到的图形称为物体的**受力图**。

正确地画出受力图是解决力学问题的关键。下面介绍画受力图的方法和步骤。

1.4.1　单个物体的受力图

画单个物体的受力图可按以下几个步骤进行。

(1) 确定研究对象，取出脱离体，画出其简图。根据题意要求选定研究对象，然后去掉全部约束把它从系统中脱离出来，画出其简图。

(2) 画出它所受的已知的主动力。

(3) 根据去掉的约束类型画出与其相应的约束反力。

【例 1.2】重力为 G 的小球放在光滑的斜面上，并用一小绳系住，如图 1.28(a)所示，试画出小球的受力图。

解：(1) 取小球为研究对象，解除其 A、B 两处的约束，并画出小球的简图。

(2) 画出小球所受的主动力 G。重力 G 是已知的，作用于球心 C，铅垂向下。

(3) 在解除约束的 A 处和 B 处，根据约束类型画出约束反力。A 处是柔体约束，其约束反力为 F_{TA}，通过接触点 A，沿着绳的中心线且为拉力；B 处是光滑接触面约束，其约束反力为 F_{NB}，作用于接触点 B，沿着公法线并指向球心，如图 1.28(b)所示。

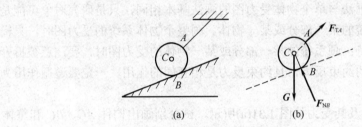

图 1.28　例 1.2 图

【例 1.3】简支梁 AB 的跨中受到集中力 F_P 作用，A 端为固定铰支座约束，B 端为可动铰支座约束，梁的自重不计。试画出梁的受力图，如图 1.29(a)所示。

解：(1) 取 AB 梁为研究对象，解除 A、B 两处的约束，并画出其简图。

(2) 在梁的 C 截面处画出主动力。

(3) 在解除约束的 A 处和 B 处画出约束反力。B 处为可动铰支座，其反力过铰链中心且垂直于支承面(沿着链杆的中心线方向)，指向假定。A 处为固定铰支座，其反力通过铰链中心，用互相垂直的分力 X_A、Y_A 表示，受力如图 1.29(b)所示。

A 处的约束反力也可以用一个力 F_{RA} 表示，这样，梁就仅在 A、B、C 三点受到三个互不平行的力的作用而平衡，根据三力平衡汇交定理，找到力 F_P 与 F_{RB} 的交点 D，连接 A、D，则反力 F_{RA} 的方向必沿 A、D 两点连线，指向假定，受力图如图 1.29(c)所示。

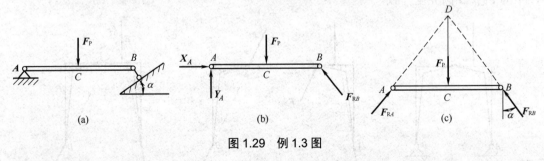

图 1.29　例 1.3 图

【例 1.4】水平梁 AB 受已知力 F_P 作用，A 端是固定端支座，如图 1.30(a)所示。梁的自重不计，试画出梁 AB 的受力图。

解：(1) 取 AB 为研究对象，解除 A 端的约束，并画出其简图。

(2) 在梁的 B 处画主动力 F_P。

(3) 在解除约束的 A 处，根据约束类型画出约束反力。A 处是固定端支座，它的约束反力有水平和垂直的未知力 X_A 和 Y_A 和未知反力偶 M_A。受力图如图 1.30(b)所示。

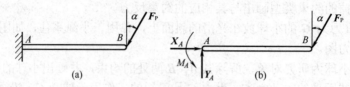

图 1.30　例 1.4 图

1.4.2　物体系统的受力图

物体系统受力图的画法与单个物体受力图的画法基本相同，只是研究对象可能是整个物体系统，也可能是系统的某一部分或某一物体。画整个物体系统的受力图时，只需把整体系统作为单个物体看待；画系统的某一部分或某一物体的受力图时，要注意被拆开的构件的相互联系处有相应的约束反力，且约束反力是相互间的作用，一定要遵循作用力与反作用力公理。

【例 1.5】三铰刚架及其受力如图 1.31(a)所示，试分别画出构件 AC、BC 和整体 ABC 的受力图。各构件自重不计。

解：(1) 取 BC 为研究对象，解除 B、C 两处的约束，单独画出 BC 的简图。BC 构件仅在 B、C 两点受力而平衡，故是二力构件。B、C 两处反力 F_{RB}、F_{RC} 的作用线沿 B、C 两点连线，且 $F_{RB}=-F_{RC}$。受力情况如图 1.31(c)所示。

(2) 取 AC 构件为研究对象，解除 A、C 两处的约束，单独画出其简图。AC 构件受到主动力 F_P、BC 构件对它的反力 F'_{RC} 以及固定铰支座 A 的反力 F_{RA} 作用而平衡。由作用力与反作用力公理知，$F_{RC}=-F'_{RC}$。作出力 F'_{RC} 与力 F_P 的作用线的交点 E，由三力平衡汇交定理可得，A、E 两点的连线就是 F_{RA} 的作用线，如图 1.31(b)所示。

(3) 取整体三铰刚架为研究对象，单独画出其简图。画出主动力 F_P 和反力 F_{RA}、F_{RB}。由于 AC 和 BC 两构件在 C 处的相互作用力对于整体 ABC 来说是内力，故不必画出。三铰刚架的受力如图 1.31(d)所示。注意，此图中的 F_{RA}、F_{RB} 应与 AC、BC 构件受力图中的 F_{RA}、F_{RB} 完全一致。

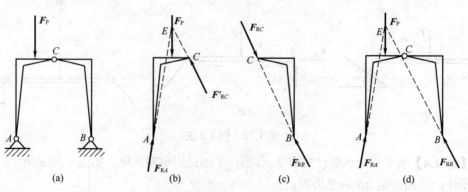

图 1.31　例 1.5 图

【例 1.6】梁 AC 和 CD 用圆柱铰链 C 连接，并支承在三个支座上，A 处是固定铰支座，B 和 D 处是可动铰支座，如图 1.32(a)所示。试画 AC、CD 及整梁 AD 的受力图。梁的自重不计。

解：(1) 取梁 CD 为研究对象，解除 C、D 处的约束，单独画出 CD 的简图。画出主动力 F_P；D 处是可动铰支座，它的反力是垂直于支承面的 F_{RD}，指向假设向上；C 处是铰链约束，它的约束反力可用两个互相垂直的分力 X_C、Y_C 表示，指向假设，如图 1.32(b)所示；也可用一个力 F_{RC} 表示，这时，CD 受三个力作用而平衡，由三力平衡汇交定理知，F_{RC} 的作用线必通过力 F_{RD} 与 F_P 延长线的交点 E，即 F_{RC} 在 C、E 两点的连线上，指向假设，如图 1.32(c)所示。

(2) 取 AC 为研究对象，解除 A、B、C 三处的约束，单独画出其简图。A 处是固定铰支座，它的约束反力可用两个互相垂直的分力 X_A 和 Y_A 表示，指向假设。B 处是可动铰支座，它的反力是垂直于支承面的 F_{RB}，指向假设。C 处是铰链约束，它的反力是 X'_C、Y'_C，X'_C、Y'_C 和作用在梁 CD 上的 X_C、Y_C 是作用力与反作用力的关系，其指向不能再任意假设，如图 1.32(d)所示；A、C 处的约束反力也可各用力 F_{RA}、F'_{RC} 表示，F'_{RC} 与 F_{RC} 是一对作用力与反作用力，由三力平衡汇交定理可确定出 F_{RA} 的作用线，F_{RA} 在 A 点和 F_{RB} 与 F'_{RC} 延长线的交点 F 的连线上，如图 1.32(e)所示。

(3) 取整梁 AD 为研究对象，其受力图如图 1.32(f)所示。这时没有解除铰链 C 的约束，故 AC 与 CD 两段梁相互作用的力不必画。A、B、D 三处支座反力假设的指向应与图 1.32(b)、(d)相符合。

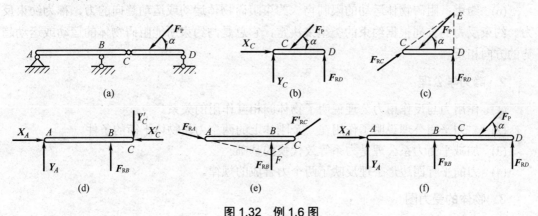

图 1.32 例 1.6 图

通过以上各例的分析，现将画受力图时的注意事项归纳如下。

(1) 明确研究对象。

画受力图时首先要明确画哪一个物体的受力图，然后把它所受的全部约束去掉，单独画出该研究物体的简图。

(2) 注意约束反力与约束一一对应。

每解除一个约束，就有与它相应的约束反力作用在研究对象上，约束反力的方向要依据约束的类型来画，不可根据主动力的方向简单推断。

(3) 注意作用力与反作用力的关系。

分析两物体之间的相互作用时，要符合作用力与反作用力的关系，作用力的方向一经确定，反作用力的方向就必须与它相反。

如果取整个物体系统为研究对象，系统内各物体间相互作用力不要画出。

(4) 同一约束反力在各受力图中假设的指向必须一致。

1.5 小　　结

静力学主要研究力系的简化和平衡两个问题，本章讨论的是静力学的基本概念、静力学公理、常见的约束类型及物体受力图。

1．静力学的基本概念

(1) 刚体：在任何外力的作用下，大小和形状保持不变的物体，称为刚体。刚体是力学中的一种理想化的模型。

(2) 力：力是物体间相互的机械作用，这种作用会使物体的运动状态发生改变(外效应)，也会使物体发生变形(内效应)。力对物体的外效应取决于力的三要素：大小、方向、作用点(或作用线)。

(3) 平衡：物体相对于地球保持静止或做匀速直线运动的状态。

(4) 力系：作用在物体上的一群力称为力系。使物体保持平衡的力系称为平衡力系。

(5) 荷载：作用在物体上的主动力。

(6) 约束：阻碍物体运动的限制物。约束阻碍物体运动或运动趋向的力，称为约束反力。约束反力的方向根据约束的类型来决定，它总是与约束所能阻碍物体的运动或运动趋势的方向相反。

2．静力学公理

(1) 作用力与反作用力公理说明了物体间相互作用的关系。

(2) 二力平衡公理说明了作用在一个刚体上的两个力使物体平衡的条件。

(3) 加减平衡力系公理是力系等效代换的基础。

(4) 力的平行四边形公理反映了两个力合成的规律。

3．物体的受力图

在脱离体上画出物体所受的全部作用力的图形称为物体的受力图。其方法是：先取出脱离体，画出其简图，再画出脱离体所受的主动力和约束反力。画约束反力时，注意约束反力要与被解除的约束一一对应。

1.6 思　考　题

1. 设有两个力 F_1、F_2，试说明下列式子的意义和区别。

(1) $F_1 = F_2$；

(2) $F_1 = F_2$；

(3) 力 F_1 等于力 F_2。

2. 在图 1.33 所示的 4 种情况下，力 F 对同一小车的外效应是否相同？为什么？

图 1.33　思考题 2 图

3. 哪几条公理或推理只适用于刚体？

4. 二力平衡条件及作用力与反作用力公理中，都是说二力等值、共线、反向，其区别在哪里？

5. A、B 物体各受力 F_1、F_2 作用，且 $F_1=F_2$，如图 1.34 所示，假设接触面光滑，问 A、B 物体能否保持平衡？

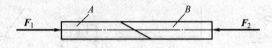

图 1.34　思考题 5 图

6. 判断下列说法的正确性。为什么？
(1) 刚体是指在外力作用下变形很小的物体。
(2) 凡是两端用铰链连接的直杆都是二力杆。
(3) 若作用于刚体上的三个力共面且汇交于一点，则刚体一定平衡。
(4) 若作用于刚体上的三个力共面，但不汇交于一点，则刚体不能平衡。

7. 试在图 1.35 所示的各杆的 A、B 两点各加一个力，使该杆处于平衡状态。

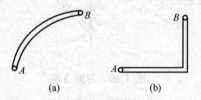

图 1.35　思考题 7 图

8. 指出图 1.36 中哪些杆件是二力构件。

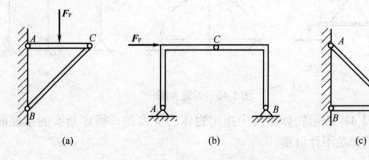

图 1.36　思考题 8 图

1.7 习　　题

1. 试作图 1.37 中各物体的受力图。假定各接触面都是光滑的。

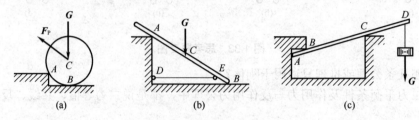

图 1.37　习题 1 图

2. 试作图 1.38 中各梁的受力图，梁重不计。

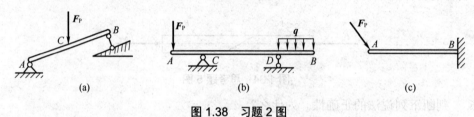

图 1.38　习题 2 图

3. 试作图 1.39 所示结构各部分及整体的受力图，结构自重不计。

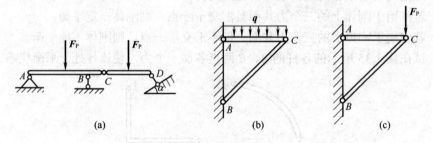

图 1.39　习题 3 图

4. 试作图 1.40 所示结构各部分及整体的受力图，结构自重不计。

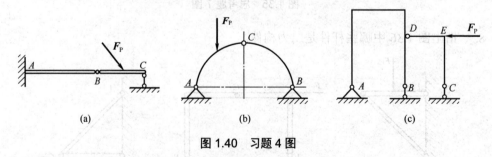

图 1.40　习题 4 图

5. 试作图 1.41 所示物体系统中指定物体的受力图。假定所有的接触面都是光滑的，图中无注明的都是不计自重。

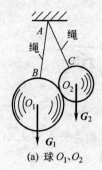
(a) 球 O_1、O_2

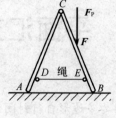
(b) 杆 AC、BC、ACB

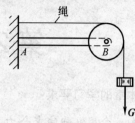
(c) 物块、滑轮、杆

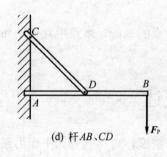
(d) 杆 AB、CD

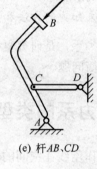
(e) 杆 AB、CD

(f) 吊钩、钢梁、构件、整体

图 1.41 习题 5 图

第 2 章 平面汇交力系

本章的学习要求:

- 会用几何法求合力,会利用力多边形自行封闭的几何平衡条件求解未知力。
- 熟练掌握力在坐标轴上的投影,它是列投影方程的基础。
- 深刻理解平面汇交力系平衡的解析条件——平衡方程的意义。
- 熟练掌握应用平衡方程求解未知力的方法和步骤。

平面汇交力系是力系中最基本的力系,是研究复杂力系的基础。本章用几何法和解析法分别讨论平面汇交力系的合成和平衡问题。

2.1 力系的类型概述

作用在物体上的力系,根据各力作用线在空间的分布情况,可将其分为平面力系和空间力系。凡各力的作用线都在同一平面内的力系,称为平面力系;各力的作用线不在同一平面内的力系,称为空间力系。在平面力系中,各力作用线交于一点的力系,称为平面汇交力系;各力作用线互相平行的力系,称为平面平行力系;各力作用线任意分布的力系,称为平面一般力系。同样,空间力系也分为空间汇交力系、空间平行力系和空间一般力系。

平面汇交力系是力系中最简单的一种,在工程中应用实例很多。例如,起重机起吊重物时(见图 2.1(a)),作用于吊钩 C 上的三根绳索的拉力 F_T、F_{TA}、F_{TB} 都在同一平面内且汇交于一点 C,组成平面汇交力系(见图 2.1(b))。又如图 2.2(a)所示的三角支架,当自重不计时,作用于铰链 C 上的三个力 F_{NCA}、F_{NCB}、F_T 也组成平面汇交力系(见图 2.2(b))。

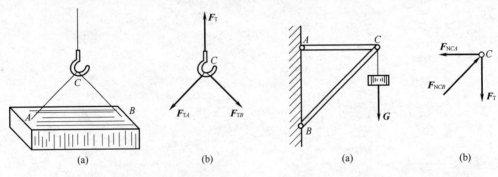

图 2.1 平面汇交力——起重机起吊重物   图 2.2 平面汇交力系——三角支架

2.2 平面汇交力系合成的几何法

平面汇交力系合成的依据是力的平行四边形法则或三角形法则,下面以作用在物体上点 O 的一平面汇交力系 F_1、F_2、F_3、F_4 来说明,如图 2.3(a)所示。具体做法是,利用三角形法则，先求 F_1 和 F_2 的合力 F_{R1}，再求 F_{R1} 和 F_3 的合力 F_{R2}，最后求出 F_{R2} 和 F_4 的合力 F_R。力 F_R 就是原汇交力系 F_1、F_2、F_3、F_4 的合力。即

$$F_R = F_1 + F_2 + F_3 + F_4$$

为了简便，实际作图时，F_{R1} 和 F_{R2} 可略去不画，而直接按选定的比例尺作矢量 $\overrightarrow{AB}$、$\overrightarrow{BC}$、$\overrightarrow{CD}$、$\overrightarrow{DE}$ 分别代表 F_1、F_2、F_3、F_4，连接 $\overrightarrow{AE}$，即是合力 F_R 的大小和方向，合力 F_R 的作用点是原力系各力的汇交点 O。多边形 $ABCDE$ 称为力多边形，各分力首尾相接，连接第一个力的起点和最后一个力的终点，而得到的力多边形的闭合边就是合力 F_R 的大小和方向，如图 2.3(b)所示，这种求合力的方法称为**力的多边形法则**。

力的多边形法则可推广到任意个平面汇交力系求合力的情形，用式子表示为

$$F_R = F_1 + F_2 + \cdots + F_n = \sum F \tag{2.1}$$

即平面汇交力系合成的结果是一个合力，合力的大小和方向等于原力系各力的矢量和，其作用线通过原汇交力系的汇交点。

作图时必须注意，受力体的计算简图、受力图和力的多边形图都应按照选定的比例尺准确画出。

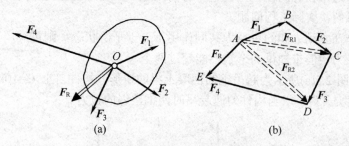

图 2.3 力的多边形法则示意图

【**例 2.1**】一拉环受三条绳的拉力作用，已知 $F_{T1}=3\text{kN}$，$F_{T2}=6\text{kN}$，$F_{T3}=15\text{kN}$，各力的方向如图 2.4(a)所示。试用几何法求拉环所受的合力。

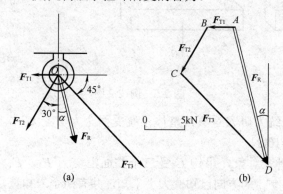

图 2.4 例 2.1 图

解：由于三个拉力 F_{T1}、F_{T2}、F_{T3} 作用线的延长线相交于 O 点，所以它们是平面汇交力系(见图 2.4(a))。选定比例尺，任取一点 A，按力的多边形法则作 $\overrightarrow{AB} = F_{T1}$，$\overrightarrow{BC} = F_{T2}$，$\overrightarrow{CD} = F_{T3}$，连接 F_{T1} 的起点 A 和 F_{T3} 的终点 D，则矢量 $\overrightarrow{AD}$ 就是合力 F_R 的大小和方向，如图 2.4(b)所示。按比例量得

$$F_R = 16.50 \text{kN}, \quad \alpha = 16°10'$$

合力的作用线通过原各力的汇交点 O。

2.3 平面汇交力系平衡的几何条件

平面汇交力系可合成为一个合力，则合力与原力系等效，因此，合力使物体平衡的条件就是平面汇交力系的平衡条件。显然，如果平面汇交力系的合力为零，则该力系平衡。反之，如果平面汇交力系平衡，则其合力必等于零。因此，**平面汇交力系平衡的必要与充分条件是：合力等于零。**用矢量表示为

$$F_R = \sum F = 0 \tag{2.2}$$

由于几何法中，力多边形的封闭边代表平面汇交力系合力的大小和方向，所以，如果合力等于零，力多边形的封闭边长度就为零，即多边形自行封闭。反之，如果平面汇交力系的力多边形自行封闭，则力系的合力必为零。所以**平面汇交力系平衡的必要与充分的几何条件是力多边形自行封闭**，即力系中各力组成一个首尾相接的封闭的力多边形。利用这一条件，可以解决实际工程问题。

如已知物体在主动力和约束反力共同作用下处于平衡状态，则可应用平衡的几何条件求未知的约束反力，但未知量的个数不能超过两个。

【例 2.2】 图 2.5(a)所示为起吊钢筋混凝土梁的情形，构件自重 $G=10\text{kN}$，两钢丝绳与铅垂线的夹角都是 45°。求当构件匀速起吊时两钢丝绳的拉力。

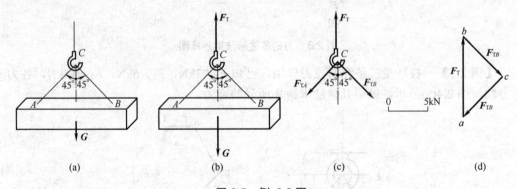

图 2.5 例 2.2 图

解：先取整个系统为研究对象，整体系统受两个力 F_T、G 作用而组成平衡力系(见图 2.5(b))，故 $F_T = G = 10\text{kN}$。

再取吊钩 C 为研究对象，吊钩 C 受三个共面汇交力 F_T、F_{TA}、F_{TB} 作用而平衡(见图 2.5(c))，且 F_{TA} 和 F_{TB} 的方向已知，大小未知，共有两个未知量，故可应用平面汇交力系平衡的几何条件求解。

选好比例尺，从任一点 a 作 $\overrightarrow{ab}=F_T$，过 a、b 分别作 F_{TA} 和 F_{TB} 的平行线相交于 c，得到自行闭合的力多边形 abc。矢量 $\overrightarrow{bc}$ 代表 F_{TB} 的大小和方向，矢量 $\overrightarrow{ca}$ 代表 F_{TA} 的大小和方向(见图 2.5(d))，按比例量得

$$F_{TA} = F_{TB} = 7.07\text{kN}$$

当刚起吊时，构件做加速运动，钢丝绳受到的拉力比上面所求得的值大得多。

【**例 2.3**】管道支架由 AB、CD 两杆组成，如图 2.6(a)所示，图中 B、D、C 都是铰链，管道放置在水平杆 AB 的 A 端，每一支架所负荷的管重 G=1.5kN，不计杆重，求 CD 杆所受的力和支座 B 的反力(管道与杆件为光滑接触面)。

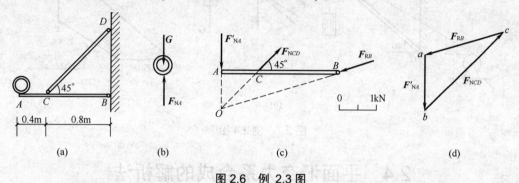

图 2.6　例 2.3 图

解：先取管道为研究对象，杆件对管道的约束反力 F_{NA} 和管道的重力 G 组成平衡力系(见图 2.6(b))，则 $F_{NA}=G=1.5$kN。

再取 AB 杆为研究对象，由于 CD 杆是二力杆，CD 杆所受的力一定沿着杆件的轴线方向，根据作用力与反作用力的关系，则 AB 杆受到的 CD 杆的作用力也沿着 CD 杆的轴线方向。这样，AB 杆受三个共面汇交力 F'_{NA}、F_{NCD}、F_{RB} 作用而平衡，而且 F_{RB} 和 F_{NCD} 的方向已知，大小未知，共有两个未知量，可用平面汇交力系平衡的几何条件求解。

选取比例尺，从任一点 a 作 $\overrightarrow{ab}=F'_{NA}$，过 a、b 分别作 F_{RB}、F_{NCD} 的平行线相交于点 c，得到自行闭合的力多边形 abc。矢量 $\overrightarrow{bc}$ 代表 F_{NCD} 的大小和方向，矢量 $\overrightarrow{ca}$ 代表 F_{RB} 的大小和方向。由图中按比例量得

$$F_{NCD}=3.18\text{kN}$$
$$F_{RB}=2.37\text{kN}$$

【**例 2.4**】图 2.7(a)所示为一起重架，由绕过滑轮 A 的绳索将重 G=3kN 的重物 E 吊起，滑轮 A 用两直杆 AB 和 AC 支承，杆与滑轮及墙壁都是铰链连接。设杆与滑轮的自重及滑轮的大小都不计，滑轮轴承的摩擦不计，试求杆 AB 和 AC 作用于滑轮的力。

解：取滑轮(包括销钉)为研究对象，作用于滑轮上有 4 个力：铅垂绳索的拉力 F_T，倾斜绳索的拉力 F_{TAD}，因摩擦不计，故滑轮两边绳索的拉力大小相等，即 $F_{TAD}=F_T$；因杆 AB 和 AC 两端都是铰链，且中间不受力，都是二力杆，AB 和 AC 杆对滑轮作用力为 F_{NAB} 和 F_{NAC}，分别沿着 AB 和 AC 杆的轴线；假设 F_{NAB} 为拉力，F_{NAC} 为压力，因滑轮的大小不计，故这 4 个力组成平面汇交力系。滑轮的受力图如图 2.7(b)所示。

要求 F_{NAB} 和 F_{NAC}，必须先求出 F_T 的大小，为此，画出重物 E 的受力图(见图 2.7(c))。重物 E 仅受两个力 G 和 F'_T 作用。有二力平衡公理知 $F'_T=G=3$kN。由于 F_T 和 F'_T 是作用力与反作用力的关系，所以，$F_T=F'_T=3$kN。

求 F_{NAB} 和 F_{NAC} 可应用平面汇交力系平衡的几何条件。按比例尺画出已知力 F_T 和 F_{TAD} (见图 2.7(d))，再从 a 和 c 分别作直线平行于 F_{NAC} 和 F_{NAB}，相交于 d 点，根据力多边形自行闭合的条件可确定 F_{NAB} 和 F_{NAC} 的指向，如图 2.7(d)所示。可见，原设 F_{NAB} 为拉力，F_{NAC} 为压力是正确的。按比例尺量得

$F_{NAB}=2.76\text{kN}$,$F_{NAC}=7\text{kN}$

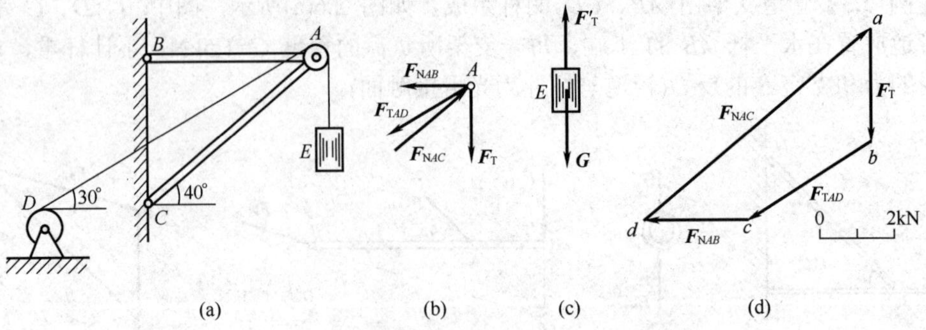

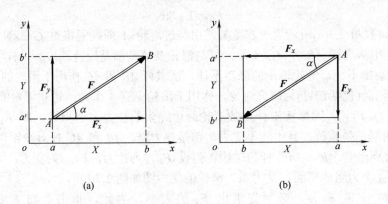

图 2.7 例 2.4 图

2.4 平面汇交力系合成的解析法

平面汇交力系的几何法具有直观、简捷的优点,但要求作图精确,否则将会产生较大的误差。为了能比较简便有效地得到准确的结果,力学中多采用解析法,其基础是力在坐标轴上的投影。

2.4.1 力在坐标轴上的投影

设力 F 作用于物体上的 A 点,如图 2.8 所示,在其作用平面内任取一坐标系 oxy,并从力 F 的起点和终点分别向 x 轴、y 轴作垂线,在 x 轴、y 轴上所截的两垂足间的线段加上正负号,分别称为力 F 在 x 轴、y 轴上的投影,用 X 和 Y 表示。并且规定,当从力的始端垂足 (a,a') 到终端垂足 (b,b') 的方向与投影轴一致时,力的投影取正值;反之,取负值。

图 2.8 力在坐标轴上的投影示意图

通常采用力 F 与坐标轴 x 所夹的锐角 α 来计算投影,其正负号可根据上述规定直观判断得出,数值可由三角函数关系得出,其表达式为

$$\left.\begin{array}{l}X = \pm F\cos\alpha \\ Y = \pm F\sin\alpha\end{array}\right\} \quad (2.3)$$

若将力 F 沿两坐标轴方向分解，可得分力 F_x、F_y，则分力 F_x、F_y 的大小分别与其对应的投影的绝对值相等。但须注意：力的投影只有大小和正负，它是标量，而力的分力是矢量，有大小、方向和作用点或作用线。这样引入了力在坐标轴上的投影后，就可将力的矢量计算转化为标量计算。

【例 2.5】 试分别求出图 2.9 中各力在 x 轴和 y 轴上的投影。已知 F_1=50kN，F_2=100kN，F_3=F_4=150kN，各力的方向如图2.9所示。

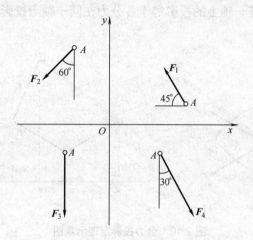

图2.9 例2.5图

解：由力在坐标轴上的投影公式可得

$$X_1 = -F_1\cos45° = -50 \times 0.707\text{kN} = -35.35\text{kN}$$
$$Y_1 = F_1\sin45° = 50 \times 0.707\text{kN} = 35.35\text{kN}$$
$$X_2 = -F_2\cos30° = -F_2\sin60° = -100 \times 0.866\text{kN} = -86.6\text{kN}$$
$$Y_2 = -F_2\sin30° = -F_2\cos60° = -100 \times 0.5\text{kN} = -50\text{kN}$$
$$X_3 = F_3\cos90° = 150 \times 0 = 0$$
$$Y_3 = -F_3\sin90° = -150 \times 1\text{kN} = -150\text{kN}$$
$$X_4 = F_4\cos60° = F_4\sin30° = 150 \times 0.5\text{kN} = 75\text{kN}$$
$$Y_4 = -F_4\sin60° = -F_4\cos30° = -150 \times 0.866\text{kN} = -129.9\text{kN}$$

由本例可知，当力与坐标轴垂直时，力在该轴上的投影为零；当力与坐标轴平行时，力在该轴上投影的绝对值等于力的大小。

2.4.2 合力投影定理

下面利用力的投影定理推出平面汇交力系的合力与力系中的各分力在同一坐标轴上的投影之间的关系。

设有一平面汇交力系 F_1、F_2、F_3 作用在物体上的 O 点，如图 2.10(a)所示。在力系作用平面内任选一 A 点，作力多边形 $ABCD$，如图 2.10(b)所示，则矢量 $\overrightarrow{AD}$ 就是力系的合力 F_R。在力系所在的平面内选一直角坐标轴 x，并将各力向 x 轴上投影，并用 X_1、X_2、X_3 和 F_{Rx} 分别表示各分力 F_1、F_2、F_3 和合力 F_R 在 x 轴上的投影，由图 2.10(b)可见

$$X_1 = ad, X_2 = bc, X_3 = -cd, F_{Rx} = ad$$
$$ad = ab + bc - cd$$

由此可得

$$F_{Rx} = X_1 + X_2 + X_3$$

这一关系可推广到任意一个汇交力系的情形,即

$$F_{Rx} = X_1 + X_2 + \cdots + X_n = \sum X \tag{2.4}$$

因此可得,合力在任一轴上的投影等于各分力在同一轴上投影的代数和,这就是合力投影定理。

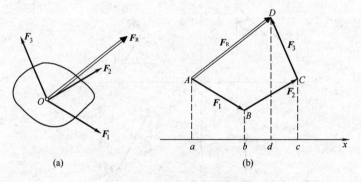

图 2.10 合力投影定理示意图

2.4.3 用解析法求平面汇交力系的合力

当平面汇交力系的各力为已知时,可在汇交力系平面内选取直角坐标系,求出力系中各力在 x 轴和 y 轴上的投影,再根据合力投影定理求得合力 F_R 在 x、y 轴上的投影 F_{Rx}、F_{Ry},如图 2.11 所示。由图中的几何关系可得合力 F_R 的大小和方向为

$$\left. \begin{array}{l} F_R = \sqrt{F_{Rx}^2 + F_{Ry}^2} = \sqrt{(\sum X)^2 + (\sum Y)^2} \\ \tan\alpha = \dfrac{|F_{Ry}|}{|F_{Rx}|} = \dfrac{|\sum Y|}{|\sum X|} \end{array} \right\} \tag{2.5}$$

式中,α 为合力 F_R 与 x 轴所夹的锐角,α 角在哪个象限由 $\sum X$ 和 $\sum Y$ 的正负号来确定,具体如图 2.12 所示,合力 F_R 的作用线通过力系的汇交点 O。

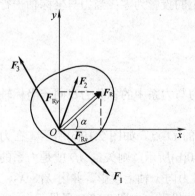

图 2.11 解析法求合力示意图

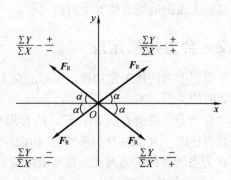

图 2.12 合力正负号判断示意图

【例 2.6】 求图 2.13 所示平面汇交力系的合力，已知 F_1=200kN，F_2=300kN，F_3=100kN，F_4=250kN。

解：合力 F_R 在 x、y 轴上的投影为

$$F_{Rx} = \sum X = F_1\cos30° - F_2\cos60° - F_3\cos45° + F_4\cos45°$$
$$= (200\cos30° - 300\cos60° - 100\cos45° + 250\cos45°)\text{kN}$$
$$= 129.3\text{kN}$$

$$F_{Ry} = \sum Y = F_1\sin30° + F_2\sin60° - F_3\sin45° - F_4\sin45°$$
$$= (200\sin30° + 300\sin60° - 100\sin45° - 250\sin45°)\text{kN}$$
$$= 112.3\text{kN}$$

合力的大小为

$$F_R = \sqrt{F_{Rx}^2 + F_{Ry}^2} = \sqrt{129.3^2 + 112.3^2}\text{kN} = 171.3\text{kN}$$

方向为

$$\tan\alpha = \frac{|F_{Ry}|}{|F_{Rx}|} = \frac{112.3}{129.3} = 0.869, \quad \alpha = 40.99°$$

因为 F_{Rx} 为正，F_{Ry} 为正，故 α 应在第一象限，合力 F_R 的作用线通过力系的汇交点。

【例 2.7】如图 2.14 所示，已知 F_1=10kN，F_2=20kN，如果三个力 F_1、F_2、F_3 的合力 F_R 沿铅垂向下，试求力 F_3 和 F_R 的大小。

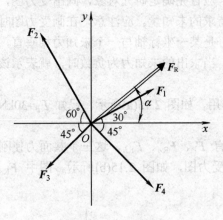

图 2.13 例 2.6 图

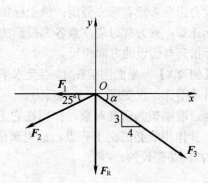

图 2.14 例 2.7 图

解：取直角坐标系如图 2.14 所示，由于合力 F_R 铅垂向下，故 F_{Rx}=0，F_{Ry}=$-F_R$。

由

$$F_{Rx} = \sum X = 0$$

得

$$-F_1 - F_2\cos25° + F_3\cos\alpha = 0$$

即

$$-10 - 20 \times 0.906 + F_3 \times \frac{4}{\sqrt{3^2+4^2}} = 0$$

解得 F_3=35.15kN

又由

$$F_{Ry} = \sum Y$$

得

$$0 - F_2\sin25° - F_3\sin\alpha = -F_R$$

即 $-20 \times 0.423 + 35.15 \times \dfrac{3}{\sqrt{3^2 + 4^2}} = -F_R$

解得 $F_R = 29.55\text{kN}$

2.5 平面汇交力系平衡的解析条件

由 2.4 节可知,平面汇交力系平衡的充分必要条件是该力系的合力等于零。而根据平面汇交力系的合力公式

$$F_R = \sqrt{(\sum X)^2 + (\sum Y)^2}$$

得

$$\sqrt{(\sum X)^2 + (\sum Y)^2} = 0$$

因为 $(\sum X)^2$ 与 $(\sum Y)^2$ 恒为非负数,要使 $R=0$,必须且只需

$$\left.\begin{array}{l} \sum X = 0 \\ \sum Y = 0 \end{array}\right\} \tag{2.6}$$

所以,平面汇交力系平衡的充分必要的解析条件是:力系中所有各力在两个坐标轴中每一轴上的投影的代数和都等于零。式(2.6)称为平面汇交力系的平衡方程。用这两个独立的平衡方程可以求解两个未知量。

在用解析法求解平面汇交力系的平衡问题时,应首先确定研究对象,画出受力图,然后选取适当的坐标系,建立平衡方程,最后解出待求的未知量。应注意,在画受力图时,约束反力指向未定者应先假定;选坐标轴时,最好是某一坐标轴与一个未知力相垂直,以便简化计算;列方程时应注意各力投影的正负号,当求出的未知力为负数时,就表示该力的实际指向与假设的方向相反。

【例 2.8】一平面刚架在 C 点受水平力 F_P 作用,如图 2.15(a)所示。已知 $F_P = 30\text{kN}$,刚架自重不计,求支座 A、B 的反力。

解:取刚架为研究对象,作用在它上面的力有 F_P、F_{RA}、F_{RB},这三个共面力使刚架平衡,其作用线必汇交于一点,故可画出刚架的受力图,如图 2.15(b)所示。图中 F_{RA}、F_{RB} 的指向是假设的。

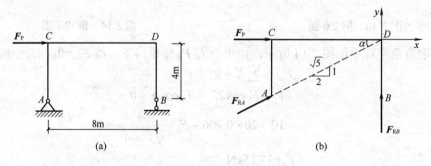

图 2.15 例 2.8 图

建立直角坐标系,列平衡方程

$$\sum X = 0, \quad F_P + F_{RA}\cos\alpha = 0$$

解得
$$F_{RA} = -\frac{F_P}{\cos\alpha} = -30 \times \frac{\sqrt{5}}{2}\text{kN} = -33.5\text{kN}(\swarrow)$$

得出的 F_{RA} 是负号，说明它的实际方向与假设的方向相反。再列平衡方程
$$\sum Y = 0, \quad F_{RB} + F_{RA}\sin\alpha = 0$$

需要注意的是，列方程 $\sum Y = 0$ 时，F_{RA} 仍按原假设的方向，因此，应将上面求得的数值连同负号一起代入，于是得
$$F_{RB} = -F_{RA}\sin\alpha = -(-15\sqrt{5}) \times \frac{1}{\sqrt{5}}\text{kN} = 15\text{kN}$$

F_{RB} 得正号，说明假设的方向与实际方向相同。

【例 2.9】一构架由杆 AB 与 AC 组成，A、B、C 三点都是铰接，A 点悬挂重量为 G 的重物，杆重不计，如图 2.16(a)所示。试求杆 AB 和 AC 所受的力。

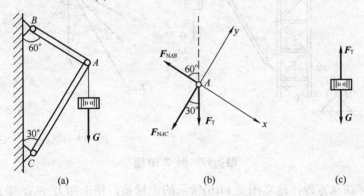

图 2.16　例 2.9 图

解：杆 AB 和 AC 两端铰接，中间不受力，因此都是二力杆。

取销钉 A 为研究对象，作用在销钉上有三个力 F_{NAB}、F_{NAC}、F_T，组成平面汇交力系，其受力图如图 2.16(b)所示，图中 F_{NAB}、F_{NAC} 的指向是假设的。由于重物受两个力作用而平衡，其受力图如图 2.16(c)所示，由此可得，$F_T = G$。

建立直角坐标系，列平衡方程
$$\sum X = 0, \quad -F_{NAB} + G\sin30° = 0$$

解得
$$F_{NAB} = G\sin30° = \frac{G}{2}$$

得正值，说明 F_{NAB} 的实际方向与假设方向相同，AB 杆受拉。

再由
$$\sum Y = 0, \quad -F_{NAC} - G\cos30° = 0$$

解得
$$F_{NAC} = -G\cos30° = -\frac{\sqrt{3}}{2}G(\nearrow)$$

得负值，说明 F_{NAC} 的实际方向与假设方向相反，即 AC 杆受压，括号里标出的是实际方向。

【例 2.10】图 2.17(a)所示为起重装置的简图，杆 AB 的一端铰接在井架上，另一端用钢索 BC 与井架连接，重物通过卷扬机由绕过滑轮 B 的钢索起吊。已知重物重 G=20kN，杆与滑轮的自重及滑轮的大小都不计，滑轮轴承的摩擦也不计，求钢索 BC 的拉力和杆

AB 所受的力。

解：选取滑轮 B 为研究对象，作用在滑轮上的力有：钢索 BE 的拉力 F_T(由重物的平衡可得 $F_T=G=20\text{kN}$)；钢索 BD 的拉力 F_{TBD}；因不计轴承的摩擦，故 $F_{TBD}=F_T=20\text{kN}$；钢索 BC 的拉力 F_{TBC}；AB 杆是二力杆，它对滑轮的约束反力 F_{NAB} 沿 AB 线，并假设为压力。因滑轮的大小不计，所以这 4 个力组成平面汇交力系。滑轮的受力图如图 2.17(b) 所示。

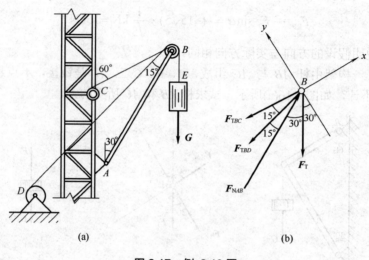

图 2.17 例 2.10 图

为了避免解联立方程，建立图 2.17(b)所示的坐标系，使未知力 F_{TBC} 垂直于 y 轴。列出平衡方程如下

$$\sum Y = 0, \quad -F_{TBD}\sin15° + F_{NAB}\sin30° - F_T\sin60° = 0$$

解得

$$F_{NAB} = \frac{F_{TBD}\sin15° + F_T\sin60°}{\sin30°} = \frac{20 \times 0.259 + 20 \times 0.866}{0.5} \text{kN} = 45.0\text{kN}$$

得正号说明假设方向正确，即 AB 杆受压。再由

$$\sum X = 0, \quad -F_{TBC} - F_{TBD}\cos15° + F_{NAB}\cos30° - F_T\cos60° = 0$$

解得

$$F_{TBC} = -F_{TBD}\cos15° + F_{NAB}\cos30° - F_T\cos60°$$
$$= (-20 \times 0.966 + 45.0 \times 0.866 - 20 \times 0.5)\text{kN} = 9.65\text{kN}$$

2.6 小　　结

平面汇交力系是最简单的力系，也是最基本的力系，一定要掌握好。本章用几何法和解析法两种方法研究平面汇交力系的合成与平衡。

1. 平面汇交力系的合成

(1) 几何法：几何法是根据力的多边形法则求合力，力多边形的封闭边代表合力的大小和方向。

(2) 解析法：
$$F_{Rx} = \sum X, \quad F_{Ry} = \sum Y$$

$$F_R = \sqrt{F_{Rx}^2 + F_{Ry}^2} = \sqrt{(\sum X)^2 + (\sum Y)^2}$$

$$\tan\alpha = \frac{|F_{Ry}|}{|F_{Rx}|} = \frac{|\sum Y|}{|\sum X|}$$

合力 F_R 的指向由 $\sum X$ 和 $\sum Y$ 的正负号确定。

平面汇交力系合成的结果是一个作用线通过各力汇交点的合力。

2. 平面汇交力系的平衡

平面汇交力系平衡的必要与充分条件是：合力等于零。

(1) 平衡的几何条件是力多边形自行封闭。

(2) 平衡的解析条件是力系中各力在两坐标轴上投影的代数和分别等于零，平衡方程为

$$\sum X = 0 ; \quad \sum Y = 0$$

利用这两个平衡方程可以求解两个未知量，为了避免解联立方程，选择坐标系时应使某一未知量与其中一坐标轴垂直。

2.7 思 考 题

1. 若力 F_1、F_2 在同一轴上的投影相等，这两个力是否相等？

2. 若给出定力 F 和 x 轴，试问力 F 在 x 轴上的投影是否能确定？又问力 F 沿 x 轴的分力是否也能确定？

3. 用解析法求平面汇交力系的合力时，若取不同的坐标系，所求得的合力是否相同？

4. 用解析法求解平面汇交力系的平衡问题，坐标原点是否可以任意选取？所选的投影轴是否必须相互垂直？

5. 某平面汇交力系满足条件 $\sum X = 0$ 时，此力系合成后可能是什么结果？

6. 已知 4 个力 F_1、F_2、F_3 和 F_4 交于一点，则图 2.18 所示两个力四边形表示的力学意义是什么？

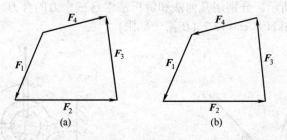

图 2.18 思考题 6 图

7. 图 2.19 所示的两个力系是每个力系中的三个力都各自汇交于一点，且各力都不等于零，试问它们是否可能平衡？

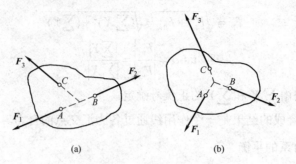

图 2.19 思考题 7 图

8. 已知作用于 O 点的平面汇交力系的力多边形如图 2.20(a) 所示，如在 O 点再施加一力 F_5，且

(1) $F_5 = \overrightarrow{ae}$ (见图 2.20(b))；(2) $F_5 = \overrightarrow{ea}$ (见图 2.20(c))。

试分别给出这两种情况下力系的合力矢量。

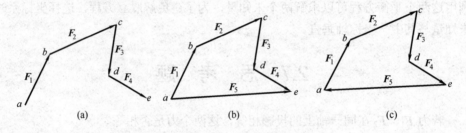

图 2.20 思考题 8 图

2.8 习　题

1. 分别用几何法和解析法求图 2.21 所示的 4 个力的合力。已知力 F_3 水平，$F_1=60\text{kN}$，$F_2=80\text{kN}$，$F_3=50\text{kN}$，$F_4=100\text{kN}$。

答案：$F_R = 68.8\text{kN}$，$\alpha = 91.53°$ (在第二象限)

2. 一固定拉环受到三根绳的拉力，已知 $F_{T1}=1.5\text{kN}$，$F_{T2}=2.1\text{kN}$，$F_{T3}=1.0\text{kN}$，各拉力的方向如图 2.22 所示。分别用几何法和解析法求这三个力的合力。

答案：$F_R = 2.68\text{kN}$，$\alpha = 13.7°$ (在第一象限)

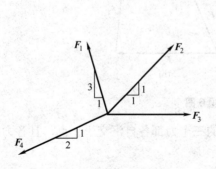

图 2.21 习题 1 图

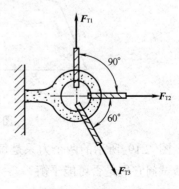

图 2.22 习题 2 图

3. 一匀质球重 G=100kN，放在两个相交的光滑斜面之间，斜面 AB 的倾角为 $\alpha = 45°$，斜面 BC 的倾角为 $\beta = 60°$，如图 2.23 所示，求两斜面的反力 F_{ND} 和 F_{NE} 的大小。

答案：F_{ND}=89.6kN，F_{NE}=73.2kN

4. 起吊双曲拱桥肋时，在图 2.24 所示的位置拱桥肋受力平衡，分别用几何法和解析法求钢索 AB 和 AC 的拉力。双曲拱桥的重量 G=30kN。

答案：$F_{TAB} = 15.53$kN，$R_{TAC} = 21.96$kN

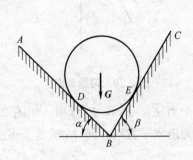

图 2.23 习题 3 图

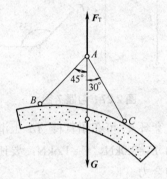

图 2.24 习题 4 图

5. 如图 2.25 所示，梁上作用一力 F_P，其大小 F_P=20kN。梁自重不计，用几何法求 A、B 支座的反力。

答案：$F_{RA} = 22.4$kN，$\alpha = 18.44°$，$F_{RB} = 10.0$kN

6. 如图 2.26 所示，刚架受水平力 F_P 作用，刚架自重不计，用几何法求支座 A 和 B 的约束反力。

答案：$F_{RA} = -\dfrac{\sqrt{5}}{2}F_P$，$F_{RA} = \dfrac{F_P}{2}$

7. 已知 F_1=100kN，F_2=50kN，F_3=60kN，F_4=80kN，各力方向如图 2.27 所示。试分别求出各力在 x 轴和 y 轴上的投影。

答案：$X_1 = 86.6$kN，$Y_1 = 50$kN；$X_2 = 30$kN，$Y_2 = -40$kN
　　　$X_3 = 0$，$Y_3 = 60$kN；$X_4 = -56.6$kN，$Y_4 = 56.6$kN

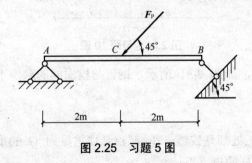

图 2.25 习题 5 图

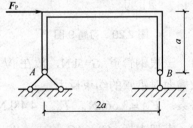

图 2.26 习题 6 图

8. 一拉环受拉力 F 作用，如图 2.28 所示，已知它在 y 轴上的投影是 200kN，求它在 x 轴上的投影。

答案：$X = 115.47$kN

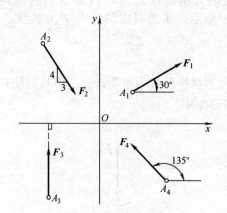

图 2.27 习题 7 图　　　　图 2.28 习题 8 图

9. 套环 C 可在铅直杆 AB 上滑动，套环受三个力 F_1、F_2 和 F_3 作用，如图 2.29 所示。已知 $F_1=2.0$kN，$F_2=1.6$kN，要使这三个力的合力沿水平方向，问 F_3 应等于多少？并求此时的合力。

答案：$F_3=3.96$kN，$F_R=4.19$kN($\rightarrow$)

10. 三铰拱在 D 处受一竖向力 F_P 作用，如图 2.30 所示。设拱的自重不计，求支座 A、B 的反力。

答案：$F_{RA}=0.79F_P$，$F_{RB}=0.35F_P$

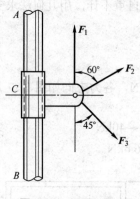 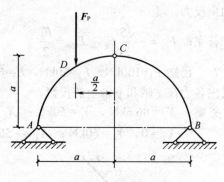

图 2.29 习题 9 图　　　　图 2.30 习题 10 图

11. 一根钢管重 $G=5$kN，放在 V 形槽内，如图 2.31 所示，钢管与槽面间的摩擦不计，求槽面对钢管的约束反力。

答案：$F_{NA}=3.66$kN，$F_{NB}=4.48$kN

12. 支架由杆 AB、AC 构成，A、B、C 三处都是铰链，在 A 点悬挂重量为 G 的重物，如图 2.32 所示，求杆 AB、AC 所受的力。杆的自重不计。

答案：$F_{NAB}=0.577G$(压力)，$F_{NAC}=1.155G$(拉力)

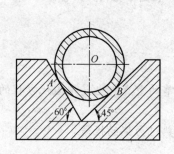

图 2.31 习题 11 图

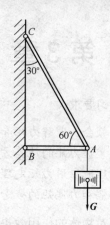

图 2.32 习题 12 图

13. 相同的两根钢管 O_1 和 O_2 搁放在斜坡上，并在钢管 O_1 的两端各用一铅垂立柱挡住，如图 2.33 所示。每根管子重 G=4kN，求管子作用在每一立柱上的压力。

答案：$F_N = 2.13$kN

14. 用一组绳索挂一重 G=1kN 的重物，如图 2.34 所示，求各绳的拉力。

答案：$F_{TBD}=1.414$kN，$F_{TBC}=1$kN，$F_{TDF}=1.155$kN，$F_{TDE}=1.577$kN

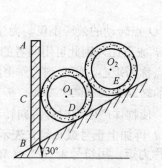

图 2.33 习题 13 图

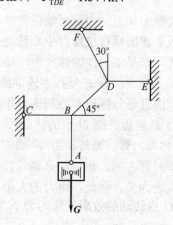

图 2.34 习题 14 图

第 3 章 力矩及平面力偶系

本章的学习要求：
- 深刻领会、理解力矩和力偶的概念。
- 熟练掌握力矩的计算方法。力矩的计算是本章的重点，也是列力矩方程的基础。
- 能合理地应用力矩定理简化力矩的计算过程。
- 从力偶和力偶矩的概念出发，领会、理解并熟记力偶的性质。

在度量力对物体的作用效果和研究平面一般力系时，不仅要用力的概念，还要用力矩和力偶的概念，并且要会计算力矩和力偶的大小。为此，我们将在本章讨论力矩和力偶。

3.1 力对点的矩及合力矩定理

3.1.1 力对点的矩

从实践中知道，力除了能使物体移动外，还能使物体转动。例如用扳手拧螺母时，加力可使扳手连同螺母绕螺母中心转动；再如用撬棍搬运重物、用钳子剪断铁丝、提升重物的滑轮等，都是加力使物体产生转动效应的实例。

在图 3.1 中，力 F 使扳手连同螺母绕螺母的中心 O 点转动的效应不仅与力 F 的大小成正比，而且还与螺母中心到该力作用线的垂直距离 d 成正比，因此可用两者的乘积 $F \cdot d$ 来度量力 F 使扳手绕 O 点的转动效应。转动中心 O 点称为**矩心**，矩心到力作用线的垂直距离 d 称为**力臂**。另外，力 F 的方向改变后，扳手的转动方向也随之变化。扳手的转向可能是逆时针方向，也可能是顺时针方向，本书规定：使物体产生逆时针方向转动的力矩为正；反之为负。因此，用力的大小与力臂的乘积 $F \cdot d$ 再加上正号或负号来表示力 F 使物体绕 O 点转动的效应，称为力 F 对 O 点的矩，简称力矩，用符号 $M_O(F)$ 或 M_O 表示。力矩是代数量，即

$$M_O(F) = \pm F \cdot d \tag{3.1}$$

由图 3.2 可见，力 F 对 O 点的矩的大小还可用以该力的矢量 $\overrightarrow{AB}$ 为底边，以矩心 O 点为顶点所构成的三角形 OAB 面积的两倍来表示。即

$$M_O(F) = \pm 2\triangle OAB \tag{3.2}$$

必须注意，在一般情况下，力使物体同时产生移动和转动两种效应时，其中转动可以是相对于任意一点，因此可以选择任意一点作为矩心，而这一点并不一定是固定点，根据情况，可以取在物体上，也可取在物体外。在确定力臂时，应该从矩心向力的作用线作垂线，求垂线段长。

由力矩的定义可知：
(1) 当力 F 的大小等于零，或者力的作用线通过矩心，即力臂为零时，力矩等于零；
(2) 当力 F 沿其作用线移动时，不会改变它对某点的矩。

第3章 力矩及平面力偶系

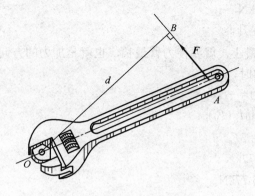

图 3.1 力对点的矩示意图

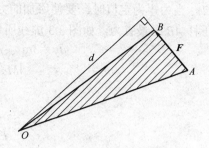

图 3.2 力矩面积计算法示意图

力矩的单位是力与长度单位的乘积。在国际单位制中用牛顿·米(N·m)或千牛顿·米(kN·m)。

一般来说，同一个力对不同点的矩是不同的，因此不指明矩心计算力矩是没有意义的。所以在计算力矩时一定要明确是对哪一点的矩。

【**例 3.1**】图 3.3 所示为提升建筑材料的装置，横杆 AB 与立柱在 C 点用铰链连接。已知材料的重量 G=10kN，当横杆 AB 与立柱间的夹角为60°时，试求：

(1) 力 F_P 铅垂向下使该装置平衡时力的大小，怎样才能将材料提升？
(2) 力 F_P 沿哪个方向作用最省力？求提升力 F_P 的最小值。

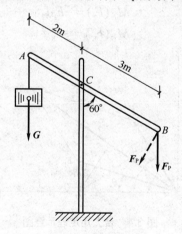

图 3.3 例 3.1 图

解：(1) 重力 G 使横杆绕 C 点做逆时针方向的转动，力 F_P 使横杆绕 C 点做顺时针方向的转动，当这两个方向的转动效应相同，即力 G 对 C 点的矩与力 F_P 对 C 点的矩绝对值相等时，横杆平衡，由此可求出力的大小。

$$M_C(G) = Gd_1 = 10 \times 2 \times \sin60° \text{kN} \cdot \text{m} = 17.32 \text{kN} \cdot \text{m}$$

$$M_C(F_P) = -F_P d_2 = -F_P \times 3 \times \sin60° = -2.60 F_P$$

$$|M_C(G)| = |M_C(F_P)|$$

即

$$17.32 = 2.60 F_P$$

解得
$$F_P = 6.67\text{kN}$$
当所加的力 F_P 略大于 6.67kN 就可将材料提升。

(2) 当力矩为定值时，要使所加的力的值最小，就要使力臂最长，也就是加力的方向垂直于杆 AB 时最省力，如图 3.3 虚线所示。这时，
$$d_2 = 3\text{m}, \quad M_C(F_P) = -F_P d_2 = -3F_P$$
$$|M_C(G)| = |M_C(F_P)|$$
$$17.32 = 3F_P$$
解得
$$F_P = 5.77\text{kN}$$
即
$$F_{P\min} = 5.77\text{kN}$$

3.1.2 合力矩定理

因为平面汇交力系的作用效应可以用它的合力 F_R 来代替，而作用效应包括移动效应和转动效应，力使物体绕某点的转动效应由力对该点的矩来量度，由此可得，平面汇交力系的合力对平面内任一点的矩等于该力系的各分力对同一点的矩的代数和。下面就两个汇交力组成的平面汇交力系给以证明。

设力 F_1、F_2 作用于物体上的 A 点，F_R 为其合力。任选一点 O，O 点到各力作用线的垂直距离分别为 d_1、d_2、d，如图 3.4 所示，则各力对 O 点之矩分别为
$$M_O(F_1) = -F_1 d_1$$
$$M_O(F_2) = -F_2 d_2$$
$$M_O(F_R) = -F_R d$$

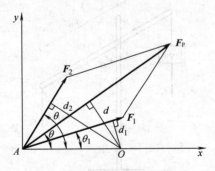

图 3.4 合力矩定理示意图

以 A 为坐标原点，连接 AO 作为 x 轴，取 y 轴与 x 轴垂直(AO 不一定是水平线，只要 x、y 互相垂直即可)。令 F_1、F_2 和 F_R 与 x 轴的夹角分别为 θ_1、θ_2 和 θ，根据合力投影定理可知
$$F_R \sin\theta = F_1 \sin\theta_1 + F_2 \sin\theta_2$$
将上式两边同乘以 AO，得
$$F_R \cdot AO\sin\theta = F_1 \cdot AO\sin\theta_1 + F_2 \cdot AO\sin\theta_2$$
又
$$AO\sin\theta = d, \quad AO\sin\theta_1 = d_1, \quad AO\sin\theta_2 = d_2$$
即
$$F_R d = F_1 d_1 + F_2 d_2$$

也就是
$$-F_R d = -F_1 d_1 - F_2 d_2$$
所以有
$$M_O(F_R) = M_O(F_1) + M_O(F_2)$$

以上证明可以推广到几个汇交力的情形。由此得出：**平面汇交力系的合力对平面内任意一点的力矩，等于力系中各力对同一点的力矩的代数和。这就是平面汇交力系的合力矩定理。** 用式子表示为

$$M_O(F_R) = M_O(F_1) + M_O(F_2) + \cdots + M_O(F_n) = \sum M_O(F) \tag{3.3}$$

应用合力矩定理可以简化力矩的计算。在求一个力对某点的矩时，若力臂不易计算，就可以将该力分解为两个互相垂直的分力，求两分力对该点的力臂，然后求出两分力对该点的矩的代数和来代替原力对该点的矩。

【例 3.2】已知 F、a、b、α，试计算图 3.5 中力 F 对 A 点的矩。

解：（1）由定义求 $M_A(F)$。

由图中几何关系可求得力臂 d 为
$$\begin{aligned} d &= AE\sin\alpha \\ &= (AD - ED)\sin\alpha \\ &= (AD - CD/\tan\alpha)\sin\alpha \\ &= (a - b/\tan\alpha)\sin\alpha \\ &= a\sin\alpha - b\cos\alpha \end{aligned}$$

所以
$$M_A(F) = Fd = Fa\sin\alpha - Fb\cos\alpha$$

（2）由平面汇交力系合力矩定理求 $M_A(F)$。

将力 F 分解为互相垂直的两个分力 F_x 和 F_y，根据平面汇交力系合力矩定理得

$$\begin{aligned} M_A(F) &= M_A(F_x) + M_A(F_y) \\ &= -F_x \cdot b + F_y \cdot a \\ &= -F\cos\alpha \cdot b + F\sin\alpha \cdot a \\ &= Fa\sin\alpha - Fb\cos\alpha \end{aligned}$$

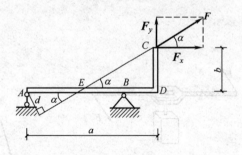

图 3.5 例 3.2 图

【例 3.3】图 3.6 所示为每 1m 长挡土墙所受土压力的合力为 F_R，它的大小为 $F_R = 250\text{kN}$，方向如图所示。求土压力 F_R 使墙倾覆的力矩。

解： 土压力 F_R 可使挡土墙绕点 A 倾覆，故求 F_R 使墙倾覆的力矩，就是求 F_R 对点 A 的力矩。由已知尺寸求力臂 d 不方便，因此，将 F_R 分解为两分力 F_x 和 F_y，两分力的力臂

是已知的，由平面汇交力系合力矩定理求出 $M_A(F_R)$ 为

$$M_A(F_R) = M_A(F_x) + M_A(F_y)$$
$$= F_x \cdot 2 - F_y \cdot 2$$
$$= (250\cos30° \times 2 - 250\sin30° \times 2)\text{kN} \cdot \text{m}$$
$$= 183\text{kN} \cdot \text{m}$$

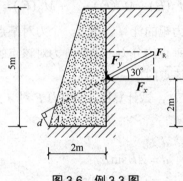

图 3.6　例 3.3 图

3.2　力偶及其特性

3.2.1　力偶

在日常生活中，有很多给物体施加两个力使其转动的情形。例如，汽车司机用双手转动方向盘驾驶汽车(见图 3.7(a))，钳工用丝锥攻螺纹(见图 3.7(b))，人们用两个手指拧动水龙头、旋转钥匙开门等，在方向盘、丝锥、水龙头、钥匙等物体上作用的都是大小相等、方向相反、不共线的两个平行力，使物体产生的都是转动效应。将这种由大小相等、方向相反、作用线互相平行但不共线的两个力组成的特殊力系，称为力偶，如图 3.8 所示，用符号 (F, F') 表示。力偶的两力之间的垂直距离 d 称为力偶臂，力偶的两个力所在的平面称为力偶作用面。

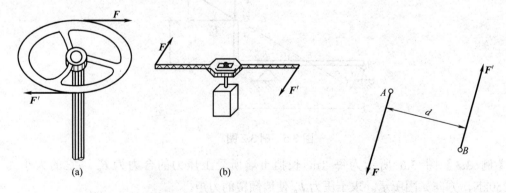

图 3.7　力偶举例示意图　　　　　　图 3.8　力偶示意图

实践证明，力偶使物体产生的转动效应的大小，不仅与组成力偶的两个力的大小有关，而且与力偶臂的大小也有关。当物体转向不同时，力偶的作用效果也不同，因此，用

力偶中力的大小与力偶臂的乘积再加上正负号来表示力偶的转动效应,称为**力偶矩**,用 $m(F,F')$ 来表示,则

$$m(F,F') = \pm Fd \tag{3.4}$$

一般规定:若力偶使物体做逆时针方向转动,力偶矩为正;反之,则为负。由此可见,力偶矩是代数量。

3.2.2 力偶的性质

性质 1 力偶不能简化为一个合力。

由于力偶中的两个力大小相等、方向相反、作用线平行,若求它们在任一轴上的投影,例如求在 x 轴上的投影,如图 3.9 所示,设两力与 x 轴的夹角为 α,由图可得

$$\sum X = F\cos\alpha - F'\cos\alpha = 0$$

由此可得:力偶在任一轴上的投影都等于零。

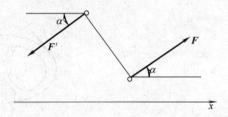

图 3.9 力偶的性质 1 投影图

既然力偶在坐标轴上的投影为零,可见力偶对物体产生的只是转动效应,而没有移动效应。而一个力一般可以使物体产生移动和转动两种效应。如图 3.10(a)所示,由于力 **F** 的作用线通过物体的重心 C,物体将沿力的方向移动;图 3.10(b)中,力 **F** 的作用线不通过重心 C,物体将同时产生移动和转动效应;图 3.10(c)中,作用的力偶,使物体只产生转动。

力偶和力对物体的作用效应不同,说明力偶不能用一个力来代替,即不能简化为一个力,因而**力偶不能和一个力平衡,力偶只能与力偶平衡**。

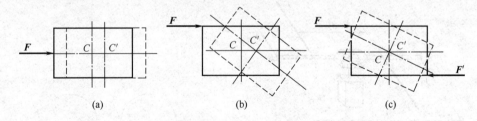

图 3.10 力偶的性质 1 作用效应比较图

性质 2 力偶对其作用平面内任一点的矩都等于力偶矩,而与矩心位置无关。

对于这个性质很容易用图 3.11 证明。在力偶作用面内任取一点 O 为矩心,并计算组成力偶的两个力对此矩心之矩的代数和,则有

$$M_O(F) + M_O(F') = Fx - F'(x+d) = -Fd = m(F, F') \tag{3.5}$$

式(3.5)表明,力偶对其作用平面内任一点的矩不变,恒等于力偶矩,与矩心位置无关。这也是力偶矩与力对点的矩(它与矩心位置有关)的主要区别。

性质 3 在同一平面内的两个力偶,如果它们的力偶矩大小相等、力偶的转向相同,则这两个力偶是等效的,称为力偶的等效性。

由此可知,只要保持力偶矩的代数值不变,力偶可在其作用面内任意移动和转动,或同时改变力和力偶臂的大小,它对物体的转动效应不变。

力偶的等效性及其结论,已被实践所证实。例如司机加在方向盘上的力(见图3.12),不论是用力 F_1、F'_1 分别作用在 A 点和 B 点,还是用 F_2、F'_2 分别作用在 A' 点和 B' 点,只要力的大小不变,力偶臂不变,力偶矩就相等,司机对方向盘的转动效应就相同。又如用丝锥攻螺纹时(见图3.13),双手加在扳手上的力偶不论是(F_1,F'_1),还是(F_2,F'_2),虽然所加力的大小和力偶臂不同,但只要满足它们的力偶矩相等($F_1d_1=F_2d_2$),转向相同,则它们对扳手的转动效应就一样。

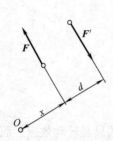
图 3.11 力偶的性质 2

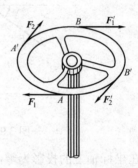
图 3.12 力偶的性质 3 司机加在方向盘上的力

从以上分析可知,力偶对物体的转动效应完全取决于**力偶矩的大小、力偶的转向以及力偶的作用面**,这三者称为力偶的三要素。

力偶在其作用面内除可用两个力表示外,通常还可用一带箭头的弧线来表示,如图 3.14 所示,其中箭头表示力偶的转向,m 表示力偶矩的大小。

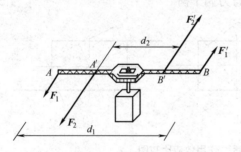
图 3.13 力偶的性质 3 丝锥攻螺纹

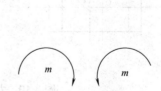
图 3.14 力偶的表示方法

3.3 平面力偶系的合成与平衡

作用在物体上同一平面内的两个或两个以上的力偶称为平面力偶系。

3.3.1 平面力偶系的合成

设有三个力偶 (F_1, F_1')、(F_2, F_2')、(F_3, F_3') 作用在物体的同一平面内，其力偶矩分别为 $m_1 = F_1 d_1$、$m_2 = F_2 d_2$、$m_3 = F_3 d_3$，如图 3.15 所示，现求它们的合成结果。

根据力偶的等效性质，将上述三个力偶的力偶臂都换为 d，使它们具有相同的力偶臂，得到等效力偶 (F_{P1}, F_{P1}')、(F_{P2}, F_{P2}')、(F_{P3}, F_{P3}')，如图 3.15 所示，而 F_{P1}、F_{P2}、F_{P3} 的大小可由下列各式确定：

$$F_{P1} = \frac{m_1}{d}, \quad F_{P2} = \frac{m_2}{d}, \quad F_{P3} = \frac{m_3}{d}$$

再将变换后的各力偶在作用面内移动和转动，使它们的力偶臂都与 AB 重合，将作用在 A 点和 B 点的共线力分别合成，可得合力 F_R 和 F_R'。设 $F_{P1}+F_{P2}>F_{P3}$，则合力 F_R 和 F_R' 的大小为

$$F_R = F_{P1} + F_{P2} - F_{P3}, \quad F_R' = F_{P1}' + F_{P2}' - F_{P3}'$$

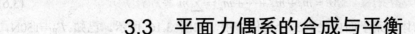

图 3.15 平面力偶系的合成示意图

显然 F_R 和 F_R' 大小相等、方向相反，作用线平行而不重合，组成一个力偶 (F_R, F_R')，如图 3.15 所示。这个力偶与原来的三个力偶等效，称为原来三个力偶的合力偶，其力偶矩等于

$$M = F_R d$$
$$= (F_{P1} + F_{P2} - F_{P3})d$$
$$= F_{P1}d + F_{P2}d - F_{P3}d$$

即
$$M = m_1 + m_2 + m_3$$

此式可以推广到任意个力偶的合成。于是得出结论：**平面力偶系可以合成为一个合力偶，其力偶矩等于各分力偶矩的代数和。** 用式子表示为

$$M = m_1 + m_2 + \cdots + m_n = \sum m \tag{3.6}$$

【例 3.4】一物体的某平面内受到三个力偶作用，如图 3.16 所示。已知 F_{P1}=150N，F_{P2}=500N，m=200N·m，求其合成的结果。

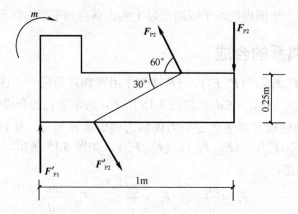

图 3.16　例 3.4 图

解：三个共面力偶合成的结果是一个合力偶。
各分力偶矩为

$$m_1 = -F_{P1}d_1 = -150 \times 1 = -150 (\text{N·m})$$

$$m_2 = F_{P2}d_2 = 500 \times \frac{0.25}{\sin 30°} = 250 (\text{N·m})$$

$$m_3 = -m = -200 (\text{N·m})$$

合力偶的力偶矩为

$$M = \sum m = m_1 + m_2 + m_3 = -150 + 250 + (-200) = -100 \text{ (N·m)}$$

3.3.2　平面力偶系的平衡条件

平面力偶系的合力偶矩为零时，则物体在该力偶系作用下将不转动而处于平衡状态；反之，若合力偶矩不等于零，则物体必有转动效应而不平衡。所以，平面力偶系平衡的充分必要条件是：力偶系中所有各力偶矩的代数和等于零，用式子表示为

$$\sum m = m_1 + m_2 + \cdots + m_n = 0 \tag{3.7}$$

式(3.7)称为平面力偶系的平衡方程，利用该方程可求解一个未知量。

【例 3.5】梁 AB 受荷载如图 3.17(a)所示，梁自重不计，求支座 A、B 的反力。

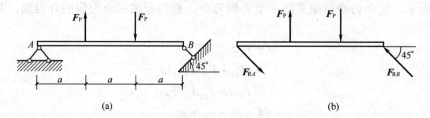

图 3.17　例 3.5 图

解：取梁 AB 为研究对象，作用在梁上的两个力 F_P 大小相等，方向相反，作用线互

相平行，组成了顺时针转动的力偶；根据力偶只能与力偶平衡的性质可知 F_{RA}、F_{RB} 必组成一个逆时针转动的力偶，B 处为可动铰支座，F_{RB} 的作用线沿链杆的方向，即与水平线成 $45°$ 夹角，则 F_{RA} 的作用线与 F_{RB} 平行，它们的大小由平衡方程 $\sum m = 0$ 可求得

$$-F_P a + F_{RA} \cdot 3a \sin 45° = 0$$

解得
$$F_{RA} = \frac{\sqrt{2}F_P}{3}$$

则
$$F_{RB} = \frac{\sqrt{2}F_P}{3}$$

3.4 小　　结

本章讨论了力矩和力偶的基本理论。

1. 力矩及其计算

(1) 力矩：力矩是对物体绕矩心转动效应的度量。在平面问题中力矩是代数量，其绝对值等于力的大小与力臂的乘积。一般规定：力使物体绕矩心逆时针转动为正，反之为负。力矩表达式为

$$M_O = \pm F d$$

力矩的大小和转向与矩心的位置有关。

(2) 合力矩定理：平面汇交力系的合力对平面内任一点的矩，等于力系中各分力对该点的矩的代数和，即

$$M_O(F_R) = \sum M_O(F)$$

应用合力矩定理常常可以简化力矩的计算方法。

2. 力偶及其性质

(1) 力偶：由大小相等、方向相反、作用线平行但不共线的两个力组成的特殊力系，称为力偶。力偶对物体的转动效应取决于三个要素：力偶矩的大小、力偶的转向和力偶的作用面。

(2) 力偶的性质。

① 力偶在任一轴上的投影都等于零，力偶不能与一个力平衡，力偶只能与力偶平衡。

② 力偶对作用面内任一点的矩恒等于其力偶矩，而且与矩心位置无关。

③ 在同一平面内的两个力偶，如果力偶矩大小相等、转向相同，则彼此等效；反之，两彼此等效的力偶，其力偶矩一定相等。

④ 只要保持力偶的转向和力偶矩的大小不变，力偶可以在其作用平面内任意移动和转动，或者同时改变力和力偶臂的大小，不会改变它对物体的转动效应。

3. 平面力偶系的合成与平衡

(1) 平面力偶系可以合成为一个合力偶，合力偶矩等于各分力偶矩的代数和，即

$$M = \sum m$$

(2) 平面力偶系平衡的充分必要条件是：力偶系中各力偶矩的代数和等于零，即
$$\sum m = 0$$

3.5 思 考 题

1. 主动力 F 作用在可绕中心轴 O 转动的轮上，如图 3.18 所示，试问可以计算力 F 对轮上任一点 A 的矩吗？其意义是什么？

2. 用手不能将钉子拔出来，为什么用钉锤就能拔出来？如图 3.19 所示，加在钉锤手柄上的力为 50N，问拔钉子的力有多大？

3. 力偶 (F_1, F_1') 作用在平面 Oxy 内，力偶 (F_2, F_2') 作用在平面 Oyz 内，它们的力偶矩大小相等，如图 3.20 所示，问这两个力偶是否等效？

4. 半径为 r 的圆轮可绕通过轮心的轴 O 转动，在轮上作用一个力偶矩为 m 的力偶和一个与轮缘相切的力 F，如图 3.21 所示，使轮处于平衡状态。

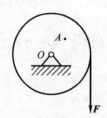

图 3.18 思考题 1 图

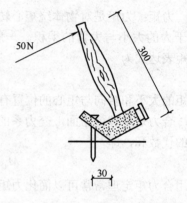

图 3.19 思考题 2 图

(1) 这是否说明力偶可用力相平衡？
(2) 轴 O 的约束反力的大小和方向如何？

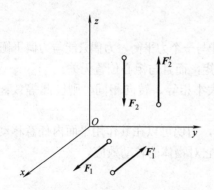

图 3.20 思考题 3 图

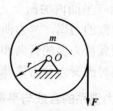

图 3.21 思考题 4 图

5. 试比较力对点之矩与力偶矩二者的异同。

6. 图 3.22 所示的结构中，一力偶矩为 m 的力偶作用在 AC 杆上，试求：

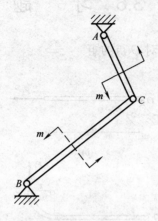

图 3.22 思考题 6 图

(1) 支座 A、B 处的反力 F_{RA}、F_{RB} 的方向。
(2) 将该力偶移到 BC 杆上，再求支座 A、B 处的反力 F_{RA}、F_{RB} 的方向。
(3) 比较(1)、(2)的结果，说明力偶在其作用面内移动时应注意什么。

7. 各梁受荷载作用如图 3.23 所示，试求：
(1) 各梁所受的力偶矩。
(2) 各力偶分别对 A、B 点的矩。
(3) 各力偶在 x、y 轴上的投影。

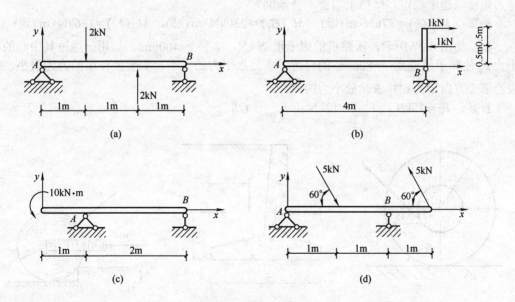

图 3.23 思考题 7 图

3.6 习　　题

1. 计算图 3.24 中各力 F_P 对 O 点的矩。

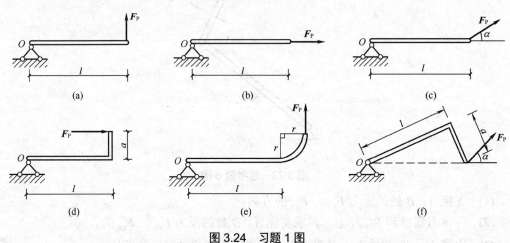

图 3.24　习题 1 图

2. 试求图 3.25 中所示的力 F 对 A 点的矩。已知 r_1=20cm，r_2=50cm，F=300N。

答案：$M_A(F) = 46.06\text{N} \cdot \text{m}$(顺)

3. 如图 3.26 所示，已知挡土墙重 G_1=70kN，铅垂土压力 G_2=115kN，水平土压力 F_P=85kN，试求这三个力对前趾点 A 的矩，并指出哪些力矩有使墙绕 A 点倾倒的趋势？哪些力矩使墙趋于稳定？此挡土墙会不会倾倒？

答案：$M_A(G_1) = 77\text{kN} \cdot \text{m}$(顺)，$M_A(G_2) = 230\text{kN} \cdot \text{m}$(顺)，$M_A(F_P) = 136\text{kN} \cdot \text{m}$(逆)

4. 如图 3.27 所示，压路机的碾子重 20kN，半径 r=400mm。如用一通过其中心的水平力 F_P 使碾子越过高 h=80mm 的台阶，求此水平力的大小。如要使作用的力为最小，问应沿哪个方向用力？并求此最小力的值。

答案：F_P=15kN，$F_{P\min}$=12kN，$F_{P\min} \perp OB$

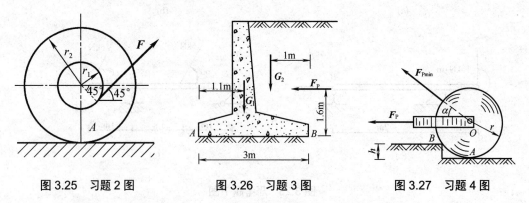

图 3.25　习题 2 图　　　图 3.26　习题 3 图　　　图 3.27　习题 4 图

5. 用以下不同的方法求图 3.28 所示的力 F_P 对 O 点的矩。

(1) 用力 F_P 计算。

(2) 用力 F_P 在 A 点的两分力计算。

(3) 用力 F_P 在 B 点的两分力计算。

答案：$\dfrac{F_P}{2}(\sqrt{3}a-l)$

6. 如图 3.29 所示，悬索桥两端的链条埋在长方体的混凝土基础内，基础的横截面为正方形 $ACDB$，边长 $a=5\text{m}$，材料的容重为 24kN/m^3，链条沿对角线 BC 埋设。如链条的拉力 $F_T=980\text{kN}$，要使基础不致绕 D 点倾覆，长方体的长度 l 应为多少？假设不计土壤的阻力。

答案：$l \geqslant 2.31\text{m}$

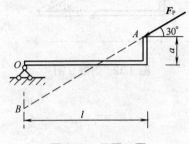

图 3.28 习题 5 图

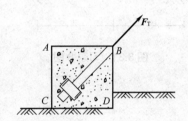

图 3.29 习题 6 图

7. 求图 3.30 所示的各梁的支座反力。

答案： (a) $F_{RA}=\dfrac{F_P}{3}(\downarrow)$，$F_{RB}=\dfrac{F_P}{3}(\uparrow)$　　(b) $F_{RA}=\dfrac{F_P}{3}(\downarrow)$，$F_{RB}=\dfrac{F_P}{3}(\uparrow)$

(c) $F_{RA}=F_P(\uparrow)$，$F_{RB}=F_P(\downarrow)$　　(d) $F_{RA}=\dfrac{\sqrt{2}}{6}F_P(\downarrow)$，$F_{RB}=\dfrac{\sqrt{2}}{6}F_P(\uparrow)$

(e) $m_A=F_P a$（顺）　　(f) $m_A=F_P a$（顺）

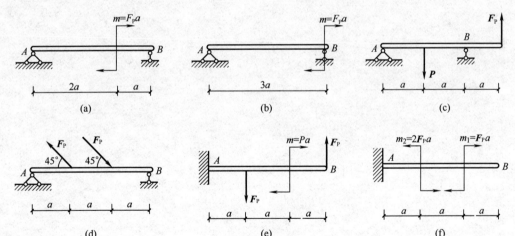

图 3.30 习题 7 图

8. 图 3.31 所示的结构受力偶矩为 m 的力偶作用，求支座 A 和 B 的约束反力。

答案：$F_{RA}=\dfrac{\sqrt{2}}{2a}m(\searrow)$，$F_{RB}=\dfrac{\sqrt{2}}{2a}m(\nwarrow)$

9. 图 3.32 所示的机构中，曲柄 OA 和 O_1B 上各作用一已知力偶，机构处于平衡状态。设 $O_1B=r$，求支座 O_1 的约束反力及曲柄 OA 的长度。

答案：$F_{RO1} = \dfrac{2m_1}{r}(\rightarrow)$，$OA = \dfrac{rm_2}{2m_1}$

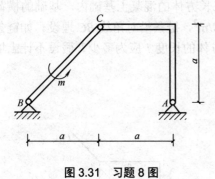

图 3.31 习题 8 图

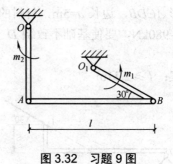

图 3.32 习题 9 图

第4章 平面一般力系

本章的学习要求:

- 深刻领会力的平移定理是平面一般力系简化的理论依据。
- 准确理解主矢与主矩的概念,并会计算给定力系的主矢和主矩。
- 熟悉平面一般力系向作用平面内任一点简化的方法,掌握平面一般力系简化的一般结果。
- 掌握平面一般力系的平衡方程的形式及其适用条件,并能熟练地应用平衡方程求解单个物体以及物体系统的平衡问题。这是本章的重点,也是整个静力学部分的重点。
- 理解静滑动摩擦力的特征,掌握库仑定律的力学意义及其应用,了解摩擦角和自锁的现象,会求解考虑摩擦时物体的平衡问题。

平面一般力系是指各力的作用线都在同一平面内,其作用线既不汇交于一点又不相互平行的力系。平面一般力系在工程中应用很广泛,建筑工程中的很多问题都可以简化为平面一般力系来处理。

工程中的有些结构,若其厚度比其他方向的尺寸小得多,这种结构称为平面结构。在平面结构上作用的各力一般都在同一平面内,组成平面一般力系。例如三角形屋架,它受到屋面传来的竖向荷载 F_P、风荷载 F_Q 以及两端支座的约束反力 X_A、Y_A 和 F_{RB},这些力组成平面一般力系,如图 4.1 所示。图 4.2 所示的旋转式悬臂起重机的横梁受到重力 G_1、重物通过吊钩和小车传来的力 G_2、拉杆拉力 F_{NBC} 和端反力 X_A、Y_A 的作用,这些力也组成一个平面一般力系。

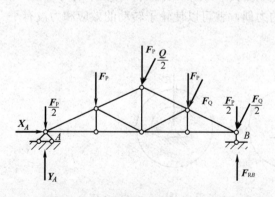

图 4.1 三角形屋架平面一般力系图

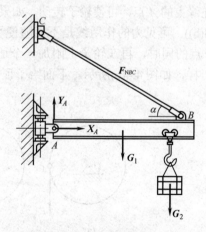

图 4.2 悬臂起重机平面一般力系图

还有些结构虽然其本身不是平面结构,且所受各力也不分布在同一平面内,但结构本身和作用于其上的各力都对称分布于某一平面的两侧,则作用于该结构上的力系也可简化为在此平面内的一般力系。例如挡土墙、水坝等,都是纵向很长,横截面相同,其受力情况通常可看作沿坝的纵向不变。如图 4.3(a)所示的挡土墙，沿其纵向截取单位长度的结构作为代表，对其进行受力分析，它所受到的重力 G、土压力 F_P 和地基反力 F_R，组成平面一般力系，如图4.3(b)所示。

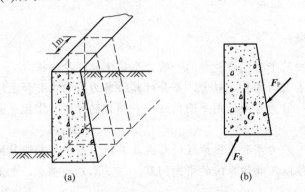

图 4.3　挡土墙平面一般力系图

由此可见，平面一般力系是工程中最常见的力系。本章将讨论平面一般力系的简化和平衡问题。

4.1　力的平移定理

前面已经研究了平面汇交力系和平面力偶系的合成与平衡问题，平面一般力系可以简化为这两种简单力系，其理论依据是力的平移定理。

由力的可传性原理可知，作用于刚体上的力可沿其作用线平移到刚体上任意一点，而不改变原力对刚体的作用效应。显然，如果力离开其作用线，平行移到该刚体上任意一点，就会改变它对刚体的作用效应。以图 4.4(a)所示的轮子为例来说明。图 4.4(a)中力 F 作用于轮缘上的 A 点，可使轮子转动，如果将力 F 平行移到轮心 O 点，则不能使轮子转动(见图 4.4(b))。可见力的作用线是不能随便平行移动的。但是如果将图 4.4(a)中的力 F 平移到 O 点的同时，再在轮子上附加一个适当的力偶，就可以使轮子转动的效应和力没有平移时一样，如图4.4(c)所示。下面给予证明。

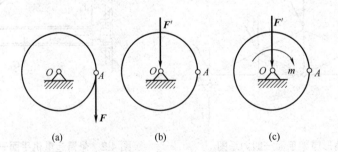

图 4.4　力不能随便平移示意图

设力 F 作用在刚体上的 A 点，如图 4.5(a)所示，现在要把它平行移动到刚体上的另一点 O，为此，在 O 点加两个互相平衡的 F' 和 F''，如图 4.5(b)所示，并使 $F' = F'' = F$。根据加减平衡力系公理,三个力 F'、F''、F 对刚体的作用效应与原力 F 等效。容易看出,力 F 和 F'' 组成了一个力偶,因此,可以认为作用于 A 点的力 F 平行移动到 B 点后成为 $F'(F'=F)$,再附加一力偶 (F,F'') 可使 F 的作用效应不变,如图 4.5(c)所示,此力偶的力偶矩为

$$m = F \cdot d = M_O(F)$$

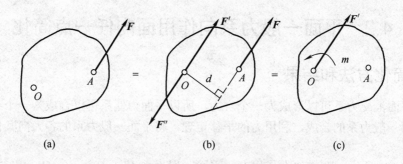

图 4.5　力的平移定理示意图

由此可得力的平移定理:作用于刚体上某点的力可以平行移动到该刚体上的任一点,但须同时附加一力偶,其力偶矩等于原力对新作用点的矩。

力的平移定理表明,一个力可与同一平面内的一个力和一个力偶等效,也就是一个力可以分解为作用在同一平面内的一个力和一个力偶。反之,作用在同一平面内的一个力和一个力偶也可以合成为一个合力。

力的平移定理不仅是力系向一点简化的理论根据,而且可直接用来分析实际工程中某些力学问题。如图 4.6 所示,偏心受压柱相当于比轴心受压柱多受到一个力偶的作用,此力偶之矩为

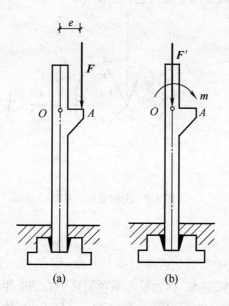

图 4.6　偏心受压柱示意图

$$M = -Fe$$

式中，e 为偏心距。正是由于此力偶的存在，在压力相等的情况下，偏心受压柱比轴心受压柱更易发生倾斜或出现裂缝。又如作用在自由体上某点的力向其重心平移后，使自由体平行移动，附加力偶使自由体绕重心转动，据此，乒乓球运动员可打出变化多样的旋转球。

4.2 平面一般力系向作用面内任一点简化

4.2.1 简化方法和结果

因为平面汇交力系可以合成为一个合力，所以平面力偶系可以合成为一个合力偶。为了讨论平面一般力系的合成，利用力的平移定理，将平面一般力系的各力向其作用面内任一点平移。

如图 4.7(a)所示，在物体上作用有一平面一般力系 F_1，F_2，…，F_n，在其作用面内任选一点 O，根据力的平移定理，将力系中各力都平移到 O 点，可得到一个作用于 O 点的平面汇交力系 F_1'，F_2'，…，F_n' 和一个力偶矩为 m_1，m_2，…，m_n 的附加平面力偶系，如图 4.7(b)所示。且有

$$F_1' = F_1, \quad F_2' = F_2, \quad \cdots, \quad F_n' = F_n$$
$$m_1 = M_O(F_1), \quad m_2 = M_O(F_2), \quad \cdots, \quad m_n = M_O(F_n)$$

以上平面汇交力系可合成为作用在 O 点的一个力，附加的平面力偶系可合成为一个力偶，如图 4.7(c)所示。

任选的 O 点称为简化中心。将平面一般力系中各力向简化中心平移，同时附加上一个力偶系的过程称为力系向作用平面内任一点简化。

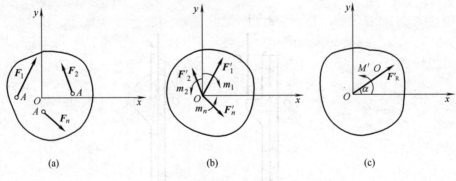

图 4.7 力的简化示意图

4.2.2 主矢和主矩

平面一般力系向简化中心简化后得到一个力和一个力偶，这个力的矢量 F_R' 称为原力系的主矢，这个力偶的力偶矩 M_O' 称为原力系对简化中心的主矩。

主矢 F_R' 等于平面汇交力系 F_1'，F_2'，…，F_n' 的矢量和，也就是原力系 F_1，F_2，…，F_n 的矢量和，即

$$F'_R = F'_1 + F'_2 + \cdots + F'_n = F_1 + F_2 + \cdots + F_n = \sum F \tag{4.1}$$

若以 O 点为坐标原点,并在力系所在平面内建立直角坐标系 yOx,则矢量在两个坐标轴上的投影分别为

$$F'_{Rx} = X'_1 + X'_2 + \cdots + X'_n = X_1 + X_2 + \cdots + X_n = \sum X$$

$$F'_{Ry} = Y'_1 + Y'_2 + \cdots + Y'_n = Y_1 + Y_2 + \cdots + Y_n = \sum Y$$

由平面汇交力系的合力公式可得主矢 F'_R 的大小和方向为

$$\left.\begin{array}{l} F'_R = \sqrt{R'^2_x + R'^2_y} = \sqrt{(\sum X)^2 + (\sum Y)^2} \\ \tan\alpha = \dfrac{|F'_{Ry}|}{|F'_{Rx}|} = \dfrac{|\sum Y|}{|\sum X|} \end{array}\right\} \tag{4.2}$$

α 为主矢 F'_R 与 x 轴所夹的锐角,F'_R 指向哪个象限由 $\sum X$ 和 $\sum Y$ 的正负号确定。

主矩 M'_O 等于附加的平面力偶系的合力偶,其力偶矩为

$$M'_O = m_1 + m_2 + \cdots + m_n$$

也就是

$$M'_O = M_O(F_1) + M_O(F_2) + \cdots + M_O(F_n) = \sum M_O(F) = \sum M_O \tag{4.3}$$

4.2.3 结论

平面一般力系向作用平面内任一点简化的结果是得到一个力和一个力偶。这个力称为原力系的主矢,等于原力系中各力的矢量和,且作用于简化中心;这个力偶的力偶矩称为原力系对简化中心的主矩,等于原力系中各力对简化中心的力矩的代数和,且作用于原力系的平面内。

必须指出,主矢 F'_R 并非原力系的合力,只是作用在简化中心的平面汇交力系的合力,它仅描述了原力系对物体的移动效应。主矩 M'_O 也不是原力系的合力偶,它只描述了原力系对物体绕简化中心的转动效应。因此,单独的主矢 F'_R 或主矩 M'_O 都不能与原力系等效,只有 F'_R 与 M'_O 两者的共同作用才与原力系等效。另外,主矢 F'_R 的大小和方向与简化中心的位置无关,而主矩 M'_O 的大小和转向则一般与简化中心的位置有关,因为改变简化中心的位置,可以引起每个附加力偶臂的改变。因此,对于主矩,必须说明简化中心的位置。

4.2.4 简化结果的讨论

(1) $F'_R = 0$,$M'_O \neq 0$,说明原力系与一个力偶等效,即原力系可合成为一个合力偶,合力偶的力偶矩就等于原力系对简化中心的主矩,即

$$M = M'_O = \sum M_O(F)$$

由于力偶对其作用面内任一点的矩恒等于力偶矩,因此当力系合成为一个力偶时,其力偶矩与简化中心的位置无关。

(2) $F'_R \neq 0$,$M'_O = 0$,说明原力系与一个力等效,即原力系可合成为一个合力,合力的大小和方向与原力系的主矢 F'_R 相同,作用线通过简化中心。该合力与简化中心的位

置无关。

(3) $F'_R \neq 0$，$M'_O \neq 0$，则力系可进一步简化，在图 4.8(a)中将力偶矩为 M'_O 的力偶用两个反向平行力 F_R、F''_R 表示，且使力的大小 $F_R = F''_R = F'_R$，如图 4.8(b)所示，F''_R 与 F'_R 互相平衡，所以原力系合成为一个合力 F_R(见图 4.8(c))，合力 F_R 的大小、方向与原力系的主矢 F'_R 相同，合力的作用线到简化中心的距离 d 为

$$d = \frac{|M'_O|}{F'_R} = \frac{|M'_O|}{F_R}$$

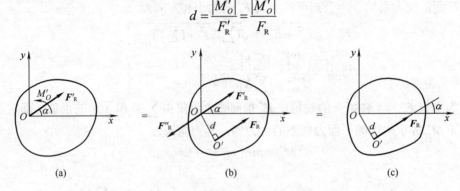

图 4.8 简化结果讨论示意图

合力 F_R 在 O 点的哪一侧，由 F_R 对 O 点的矩 M'_O 的转向来确定。

(4) $F'_R = 0$，$M'_O = 0$，则力系平衡。下节将对此进行讨论。

4.2.5 平面一般力系的合力矩定理

在第 2 章已经讨论过平面汇交力系的合力矩定理，下面来推导平面一般力系的合力矩定理。

由
$$F_R \cdot d = |M'_O|$$

而
$$F_R \cdot d = M_O(F_R), \quad M'_O = \sum M_O(F)$$

且 $M_O(F_R)$ 与 M'_O 应同为正值或同为负值，式中的绝对值符号可去掉，因此可得

$$M_O(F_R) = \sum M_O(F) \tag{4.4}$$

由于简化中心 O 是任意选取的，故式(4.4)具有普遍意义，于是可得**平面一般力系的合力矩定理：平面一般力系的合力对作用面内任一点的矩等于力系中各力对同一点的矩的代数和**。

平面一般力系的合力矩定理可应用于简化力矩的计算，以及求平面一般力系的合力的作用线的位置。

4.3 平面一般力系的平衡方程

4.3.1 平衡方程的基本形式

由 4.2 节可知，平面一般力系向作用面内任一点简化，可得到一个平面汇交力系和一个附加的平面力偶系，这个平面汇交力系的平衡条件是合力等于零，即主矢 $F'_R = 0$；这个

平面力偶系的平衡条件是它的合力偶矩等于零，即主矩 $M_O' = 0$。若 $F_R' = 0$，$M_O' = 0$ 成立，这两个力系平衡，则原力系就一定平衡。反之，若 $F_R' = 0$，$M_O' = 0$ 中有一式不成立，原力系可合成为一个合力或一个合力偶，则原力系就一定不平衡，所以平面一般力系平衡的充分必要条件是：力系的主矢和力系对任一点的主矩都等于零。即

$$F_R' = 0, \quad M_O' = 0$$

由于

$$F_R' = \sqrt{(\sum X)^2 + (\sum Y)^2}, \quad M_O' = \sum M_O(F) = \sum M_O$$

于是平面一般力系的平衡条件为

$$\left. \begin{array}{l} \sum X = 0 \\ \sum Y = 0 \\ \sum M_O = 0 \end{array} \right\} \tag{4.5}$$

即力系中所有各力在两个坐标轴中每一轴上的投影的代数和都等于零；力系中所有各力对任一点的力矩的代数和等于零。

式(4.5)称为平面一般力系平衡方程的基本形式，前两式为投影方程，后一式为力矩方程。满足了前两个方程，物体在力系作用下做匀速直线运动或不平移；满足了后一方程，物体在力系作用下绕任一矩心都不转动。若三个方程都满足，则物体只可能做匀速直线运动或处于静止状态，也就是物体处于平衡状态。当物体在平面一般力系作用下处于平衡状态时，就可以应用这三个平衡方程求解三个未知量。

【例 4.1】钢筋混凝土刚架受荷载及支承情况如图 4.9(a)所示，已知 $F_P = 10$kN，$m = 15$ kN·m，刚架自重不计，求支座 A、B 的反力。

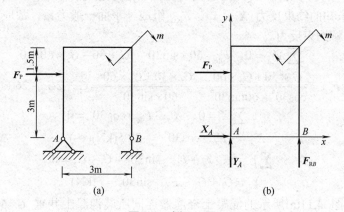

图 4.9 例 4.1 图

解： 取刚架为研究对象，画其受力图并建立坐标系，如图 4.9(b)所示。刚架上作用有已知的主动力 F_P 和力偶矩为 m 的力偶，以及未知的支座反力 X_A、Y_A、F_{RB}，各反力的指向都是假定的，它们组成平面一般力系。应用三个平衡方程可以求解这三个未知力。

由于力偶在任一轴上的投影都为零，故力偶在投影方程中不出现；又由于力偶对平面内任一点的矩都等于力偶矩，而与矩心的位置无关，故在力矩方程中可直接将力偶矩列入。

由 $\sum X = 0$，$F_P + X_A = 0$

得 $X_A = -F_P = -10$(kN)(←)

由 $\sum M_A = 0$，$-F_P \times 3 - m + F_{RB} \times 3 = 0$

得
$$F_{RB} = \frac{3F_P + m}{3} = \frac{3 \times 10 + 15}{3} \text{kN} = 15 \text{kN}$$

由
$$\sum Y = 0, \quad Y_A + F_{RB} = 0$$

得
$$Y_A = -F_{RB} = -15(\text{kN}) (\downarrow)$$

结果为正，说明假设的未知力的指向与实际的指向相同；结果为负，假设的指向与实际的指向相反。

【**例 4.2**】图 4.10(a)所示为一管道支架，其上搁有管道，设每一支架所承受的管重 G_1=12kN，G_2=7kN，且支架重量不计。求支座 A 和 B 处的约束反力。

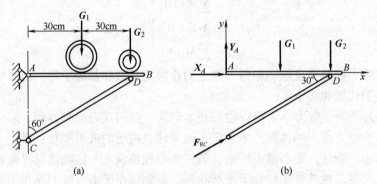

图 4.10 例 4.2 图

解：取支架为研究对象，由管道的平衡和管道与支架的作用力、反作用力的关系知，管道对支架的作用力为 G_1、G_2，画出其受力图，选取坐标系如图 4.10(b)所示。主动力 G_1、G_2 和三个未知的约束反力 X_A、Y_A、F_{RC} 组成一平面一般力系，故应用平面一般力系的平衡方程可求解约束反力。

由
$$\sum M_A = 0, \quad F_{RC} \cdot 60 \times \sin 30° - G_1 \cdot 30 - G_2 \times 60 = 0$$

得
$$F_{RC} = \frac{G_1 \times 30 + G_2 \times 60}{\cos 30° \times 60 \tan 30°} = \frac{G_1 \times 30 + G_2 \times 60}{60 \times \sin 30°} = G_1 + 2G_2 = 26(\text{kN})$$

由
$$\sum X = 0, \quad X_A + F_{RC} \cdot \cos 30° = 0$$

得
$$X_A = -F_{RC} \cdot \cos 30° = -22.5(\text{kN})(\leftarrow)$$

由
$$\sum Y = 0, \quad Y_A + F_{RC} \cdot \sin 30° - G_1 - G_2 = 0$$

得
$$Y_A = G_1 + G_2 - F_{RC} \cdot \sin 30° = 6(\text{kN})$$

【**例 4.3**】图 4.11(a)所示的混凝土浇灌器连同所装混凝土共重 G=60kN，重心在 C 处，用钢索沿铅垂导轨匀速将其吊起，摩擦不计。已知 a=300mm，b=600mm，α=10°。求钢索的拉力及导轨对每对导轮 A 和 B 的约束反力。

解：取浇灌器连同所装混凝土为研究对象，浇灌器匀速上升，处于平衡状态。浇灌器所受的主动力为作用于 C 点处的重力 G，约束反力有钢索拉力 F_T 以及导轨对导轮 A 和 B 的约束反力 F_{NA} 和 F_{NB}。由于导轮可沿导轨滚动，它相当于可动铰支座，故 F_{NA} 和 F_{NB} 均垂直于导轨，画出其受力图，建立坐标系，如图4.11(b)所示，列平衡方程并求解。

由
$$\sum Y = 0, \quad T\cos\alpha - G = 0$$

得
$$F_T = \frac{G}{\cos\alpha} = \frac{60}{0.985}\text{kN} = 60.9\text{kN}$$

取 F_T 和 F_{NA} 两力作用线的交点 E 为矩心，列力矩方程

$$\sum M_E = 0, \quad F_{NB}(a+b) - G(a\tan\alpha) = 0$$

得

$$F_{NB} = \frac{a\tan\alpha}{a+b}G = \frac{0.3 \times 0.1763}{0.3+0.6} \times 60\,\text{kN} = 3.53\,\text{kN}$$

由

$$\sum X = 0, \quad F_{NA} + F_{NB} - F_T\sin\alpha = 0$$

得

$$F_{NA} = F_T\sin\alpha - F_{NB} = (60.9 \times 0.1736 - 3.53)\,\text{kN} = 7.04\,\text{kN}$$

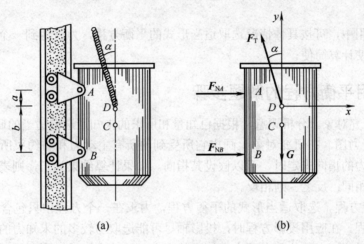

图 4.11 例 4.3 图

本题选投影轴 y 与两个未知力 F_{NA} 和 F_{NB} 垂直，使得投影方程 $\sum Y = 0$ 中只包含一个未知量 F_T，选 F_T 与 F_{NA} 的交点 E 为矩心，在力矩方程 $\sum M_E = 0$ 中就只有一个未知量 F_{NB}，这样选取的投影轴和矩心，使得所列每个方程中只包含一个未知量，计算方便。

4.3.2 平衡方程的其他形式

(1) 二力矩式平衡方程

$$\left.\begin{array}{l}\sum X = 0 \\ \sum M_A = 0 \\ \sum M_B = 0\end{array}\right\} \quad (4.6)$$

其中 A、B 两矩心连线不能垂直于 x 轴。

在式(4.6)中，若后两式成立，则力系可简化为作用线通过 A、B 两点的一个合力，或者平衡。又若第一式也成立，则表明力系即使能简化为一个合力，这个合力的作用线也只能与 x 轴垂直。但由于式(4.6)的附加条件是 A、B 两矩心连线不能与 x 轴垂直，这样，力系不可能存在一个既通过 A、B 两点，又与 x 轴垂直的合力。因此式(4.6)的充分表明力系是平衡的。反之，如力系平衡，则其主矢和对任一点的主矩均为零，故式(4.6)必然成立。

(2) 三力矩式的平衡方程

$$\left.\begin{array}{l}\sum M_A = 0 \\ \sum M_B = 0 \\ \sum M_C = 0\end{array}\right\} \quad (4.7)$$

其中 A、B、C 三点不在同一直线上。

若式(4.7)成立，如力系有合力，则此合力的作用线就应同时通过不共直线的 A、B、C 三点，这当然是不可能的，因此力系必然平衡。反之，若力系平衡，则式(4.7)必然成立。

应当指出，平面一般力系的平衡方程虽有三种不同的形式，但一个在平面一般力系作用下处于平衡状态的物体却只能有三个独立的平衡方程，任何其他平衡方程必然是这三个方程的变形，因而不是独立的方程。因此，应用平面一般力系的平衡方程只能求解三个未知量。

在实际应用中，可按具体情况选取适当形式的平衡方程，力求达到一个方程中只含一个未知量，以使计算简便。

4.3.3 应用平衡方程的解题步骤

(1) 确定研究对象。分析题意，根据已知量和所求的未知量选取适当的研究对象。

(2) 画出受力图。在研究对象上画出它所受到的所有主动力和与约束所对应的约束反力。当约束反力的指向未定时，可以假设其指向。如果计算结果为正，则表示假设的指向与实际的指向相同；反之，则相反。

(3) 列平衡方程。选取适当形式的平衡方程，力求在一个方程中只包含一个未知量，避免解联立方程。在应用投影方程时，投影轴尽可能选取与较多的未知力的作用线垂直；应用力矩方程时，矩心往往取在两个未知力的交点。计算力矩时，要善于用合力矩定理，以使计算简化。

(4) 解平衡方程，求得未知量。

【例 4.4】 梁 AB 的两端支承在墙内，受荷载如图 4.12(a)所示。不计梁自重，求墙壁对 A、B 端的约束反力。

解：取梁 AB 为研究对象，画出其计算简图、受力图如图 4.12(b)、(c)所示。梁所受的荷载和支座反力组成平面一般力系，建立坐标系，由

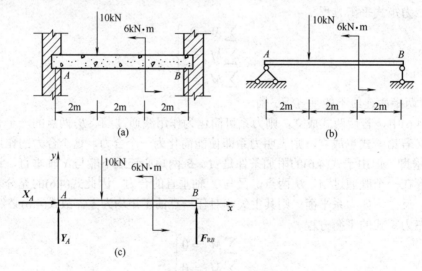

图 4.12 例 4.4 图

$$\sum M_A = 0, \quad -10 \times 2 + 6 + 6F_{RB} = 0$$

得

$$F_{RB} = \frac{20-6}{6}\text{kN} = 2.33\text{kN}$$

由

$$\sum M_B = 0, \quad 10 \times 4 + 6 - 6Y_A = 0$$

得

$$Y_A = \frac{40+6}{6}\text{kN} = 7.67\text{kN}$$

由

$$\sum X = 0$$

得

$$X_A = 0$$

【例 4.5】 图 4.13(a)所示为一悬臂式起重机，A、B、C 处都是铰链连接。梁 AB 自重 $G=1\text{kN}$，作用在梁的中点，提升重量 $F_P=8\text{kN}$，杆 BC 自重不计，求支座 A 的反力和杆 BC 所受的力。

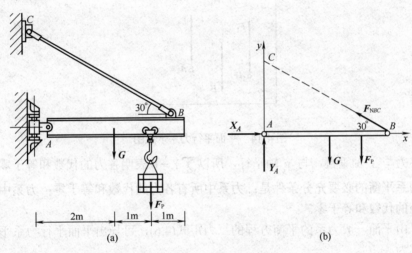

图 4.13 例 4.5 图

解：取梁 AB 为研究对象，画出其受力图如图 4.13(b)所示。A 处为固定铰支座，其反力用两分力 X_A、Y_A 表示；杆 BC 为二力杆，假设其约束反力沿 BC 线受拉，用 F_{NBC} 表示。

梁 AB 所受各力组成一平面一般力系，三个未知力两两相交于 A、B、C 三点，用三力矩形式的平衡方程可以求解这三个未知力。由

$$\sum M_A = 0, \quad -G \times 2 - F_P \times 3 + F_{NBC} \times \sin 30° \times 4 = 0$$

得

$$F_{NBC} = \frac{2G + 3F_P}{4\sin 30°} = \frac{2 \times 1 + 3 \times 8}{4 \times 0.5}\text{kN} = 13\text{kN}$$

由

$$\sum M_B = 0, \quad -Y_A \times 4 + F_P \times 1 + G \times 2 = 0$$

得

$$Y_A = \frac{2G + F_P}{4} = \frac{2 \times 1 + 8}{4}\text{kN} = 2.5\text{kN}$$

由

$$\sum M_C = 0, \quad X_A \times 4\tan 30° - G \times 2 - F_P \times 3 = 0$$

得

$$X_A = \frac{2G + 3F_P}{4\tan 30°} = \frac{2 \times 1 + 3 \times 8}{4 \times 0.577}\text{kN} = 11.26\text{kN}$$

4.4 平面平行力系的平衡方程

作用线互相平行的平面力系称为平面平行力系,如图 4.14 所示。平面平行力系是平面一般力系的一种特殊情况,其平衡方程可由平面一般力系的平衡方程推出:当取 x 轴与各力作用线垂直时,不论力系是否平衡,各力在 x 轴上的投影都等于零,即 $\sum X = 0$ 成为恒等式,从平面一般力系的平衡方程中除去该方程就可导出平面平行力系的平衡方程为

$$\left. \begin{array}{l} \sum Y = 0 \\ \sum M_O = 0 \end{array} \right\} \tag{4.8}$$

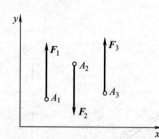

图 4.14 平面平行力系示意图

因为各力与 x 轴垂直,与 y 轴平行,所以 $\sum Y = 0$ 表明各力的代数和等于零。因此,平面平行力系平衡的必要充分条件是:力系中所有各力的代数和等于零;力系中各力对任一点的力矩的代数和等于零。

同理,由平面一般力系的平衡方程的二力矩式(4.6),可导出平面平行力系平衡方程的另一种形式为

$$\left. \begin{array}{l} \sum M_A = 0 \\ \sum M_B = 0 \end{array} \right\} \tag{4.9}$$

式中 A、B 两点的连线不与各力的作用线平行。

平面平行力系只有两个独立的平衡方程,只能求解两个未知量。

【**例 4.6**】 图 4.15(a)所示的梁式吊车中,横梁 AB 重 G=60kN,电动小车连同所吊起的重物共重 F_P=40kN。求小车在图示位置时两端轨道对梁的支承反力。

解:取梁式吊车 AB 为研究对象,画出其计算简图、受力图,如图 4.15(b)、(c)所示。梁式吊车上作用有主动力 G、F_P 和水平轨道对它的反力 F_{RA}、F_{RB},此 4 力均系铅垂力且组成一平衡的平面平行力系。

由

$$\sum M_A = 0, \quad F_{RB} \cdot l - F_P \cdot \frac{2}{3}l - G \cdot \frac{1}{2}l = 0$$

得

$$F_{RB} = \frac{2}{3}F_P + \frac{1}{2}G = \left(\frac{2}{3} \times 40 + \frac{1}{2} \times 60 \right) \text{kN} = 56.67 \text{kN}$$

由

$$\sum Y = 0, \quad F_{RA} - G - F_P + F_{RB} = 0$$

得

$$F_{RA} = G + F_P - F_{RB} = (60 + 40 - 56.67) \text{kN} = 43.33 \text{kN}$$

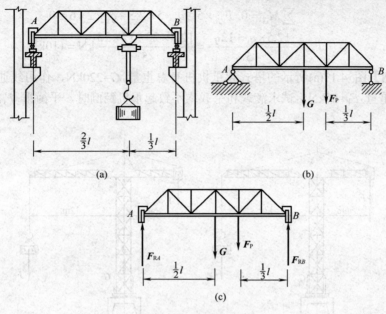

图 4.15 例 4.6 图

【例 4.7】某房屋外伸梁的尺寸如图 4.16(a)所示。该梁的 AB 段受均布荷载 $q_1=20\text{kN/m}$ 作用，BC 段受均布荷载 $q_2=25\text{kN/m}$ 作用，求支座 A、B 的反力。

解：取外伸梁 AC 为研究对象，将外伸梁在 A、B 处的约束简化为固定铰支座和可动铰支座，如图 4.16(b)所示，画出其受力图(见图 4.16(c))。在竖向荷载 q_1 和 q_2 作用下，支座反力 F_{RA}、F_{RB} 沿铅垂方向，它们组成平面平行力系。

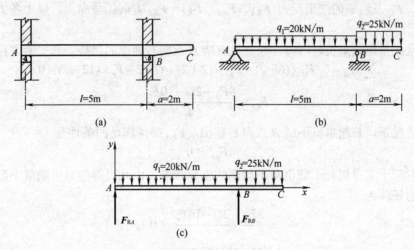

图 4.16 例 4.7 图

用二力矩式平衡方程可求解两个未知力。

由

$$\sum M_B = 0, \quad q_1 \times 5 \times 2.5 - q_2 \times 2 \times 1 - F_{RA} \times 5 = 0$$

得

$$F_{RA} = \frac{12.5 \times q_1 - 2q_2}{5} = \frac{12.5 \times 20 - 2 \times 25}{5} \text{kN} = 40\text{kN}$$

由 $\sum M_A = 0, F_{RB} \times 5 - q_1 \times 5 \times 2.5 - q_2 \times 2 \times 6 = 0$

得 $F_{RB} = \dfrac{12.5 \times q_1 + 12 q_2}{5} = \dfrac{12.5 \times 20 + 12 \times 25}{5} \text{kN} = 110 \text{kN}$

【例 4.8】 图 4.17(a)所示的塔式起重机机身总重量 $G=220\text{kN}$,作用线通过塔架的中心,最大起重量 $F_P=50\text{kN}$。试求满载和空载均不致起重机翻倒时,平衡重 F_Q 所应满足的条件。

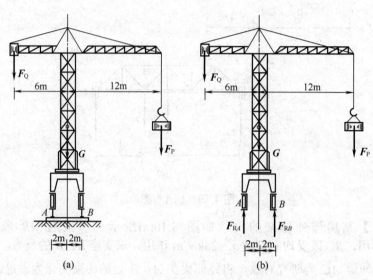

图 4.17 例 4.8 图

解: 取起重机为研究对象,画其受力图如图 4.17(b)所示。作用在起重机上的力有重力 G、F_P、F_Q 及轨道的约束反力 F_{RA}、F_{RB},F_{RA}、F_{RB} 方向铅垂向上,以上各力组成平面平行力系。

满载且载重距起重机最远时,起重机有绕 B 点向右翻倒的趋势,列平衡方程

$$\sum M_B = 0, F_Q \times (6+2) - F_{RA} \times (2+2) + G \times 2 - F_P \times (12-2) = 0$$

$$F_{RA} = \dfrac{8F_Q + 2G - 10F_P}{4}$$

此种情况下,若起重机不绕 B 点向右翻倒,F_{RA} 必须满足的条件是

$$F_{RA} \geqslant 0$$

其中等号对应于起重机处于翻倒与不翻倒的临界状态。由此可得起重机满载不翻倒时平衡重应满足的条件为

$$\dfrac{8F_Q + 2G - 10F_P}{4} \geqslant 0$$

即 $F_Q \geqslant \dfrac{10 \times 50 - 2 \times 220}{8} \text{kN} = 7.5 \text{kN}$

空载时,起重机有绕 A 点向左翻倒的趋势,列平衡方程

$$\sum M_A = 0, F_Q \times (6-2) - G \times 2 + F_{RB} \times (2+2) = 0$$

$$F_{RB} = \dfrac{2G - 4F_Q}{4}$$

此种情况下，起重机不绕 A 点向左翻倒的条件是
$$F_{RB} \geqslant 0$$
于是空载时平衡重应满足的条件是
$$\frac{2G - 4F_Q}{4} \geqslant 0$$
即
$$F_Q \leqslant \frac{2G}{4} = \frac{2 \times 220}{4} \text{kN} = 110 \text{kN}$$

由此可见，起重机满载和空载均不致翻倒时，平衡重所应满足的条件是
$$7.5 \text{kN} \leqslant F_Q \leqslant 110 \text{kN}$$

4.5 物体系统的平衡

在实际工程中，常常遇到由几个物体通过一定的约束联系在一起的系统，这种系统称为物体系统。例如，图 4.18(a)所示的组合梁就是由梁 AB 和梁 BC 通过圆柱铰链 B 连接，并支承在 A、C 支座上而组成的一个物体系统。物体系统平衡时，系统内的每个组成物体都处于平衡状态。因此，在解决物体系统的平衡问题时，既可选整个系统为研究对象(见图 4.18(b))，也可选其中的某部分或某个物体为研究对象(见图 4.18(c)、(d))，然后列出相应的平衡方程求解所需要的未知量。

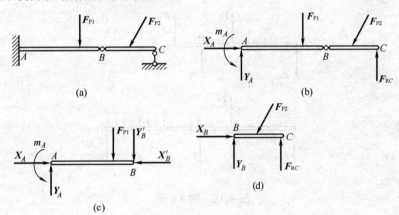

图 4.18 物体系统平衡示意图

研究物体系统的平衡问题，不仅要求支座的反力，而且还需要计算系统内各物体之间的相互作用力。把作用在物体系统上的力分为外力和内力。所谓外力，就是系统以外的物体作用在系统上的力；所谓内力，就是系统内各物体之间相互作用的力。例如图 4.18(b)中组合梁 ABC 所受的荷载与 A、C 支座的约束反力就是外力，而 B 铰处左右两段梁相互作用的力就是组合梁的内力。要暴露内力必须将物体系统内各物体在它们相互联系的地方拆开，然后分析单个物体的受力情况，画出它们的受力图。如将组合梁在 B 铰处拆开为两段梁，分别画出这两段梁的受力图(见图 4.18(c)、(d))。内、外力的概念是相对的，取决于所选取的研究对象，例如图 4.18(a)所示的组合梁在 B 铰处两段梁的相互作用力，对于组合梁整体来说是内力，而对左段梁或右段梁来说就是外力。

不论取整体系统还是系统某一部分作为研究对象，都可根据研究对象所受的力系的类别列出相应的平衡方程求解未知量。若系统由 n 个物体组成，而每个物体又都是受平面一般力系的作用，则共可列出 $3n$ 个独立的平衡方程，从而可以求解 $3n$ 个未知量。例如图 4.18(a)所示的组合梁是由 AB 和 BC 两个物体组成，受平面一般力系作用，可列出 6 个独立的平衡方程，求解出 6 个未知量 X_A、Y_A、m_A、X_B、Y_B、F_{RC}。如果系统中的物体受的是平面汇交力系或平面平行力系作用，则独立的平衡方程的个数将相应减少，而所能求的未知量的个数也相应减少。

下面举例说明求解物体系统平衡问题的方法。

【例 4.9】 组合梁受荷载如图 4.19(a)所示。已知 F_P=30kN，q=5kN/m，梁自重不计，求支座 A、B、D 的反力。

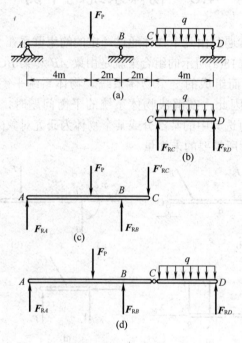

图 4.19　例 4.9 图

解：求解物体系统的平衡问题，可先考察整体系统的平衡，看看是否能求出某些未知量。若能，就先以整体为研究对象，列出相应的平衡方程并求解，然后再取系统中与其余未解出的未知量有关的某部分物体为研究对象，求解其余的各未知量；若不能，就先取能求出未知量的部分物体为研究对象，然后再取整体为研究对象，求出全部未知量。

本题若先取整体为研究对象，画其受力图如图 4.19(d)所示。由受力图可知，整体系统在平面平行力系作用下平衡，有 F_{RA}、F_{RB} 和 F_{RD} 三个未知量，而独立的平衡方程只有两个，不能求解，因而需要将梁在 C 处拆开，分别画出 AC 和 CD 的受力图，如图 4.19(b)、(c)所示。由受力图可知，CD 段上作用着平面平行力系，只有两个未知量，应用平衡方程可求得 F_{RD}，F_{RD} 求出后，再考虑整体平衡，就可求得 F_{RA}、F_{RB}。

根据以上分析，具体计算过程如下。
(1) 取梁 CD 段为研究对象(见图 4.19(b))，由
$$\sum M_C = 0, \quad -q \times 4 \times 2 + F_{RD} \times 4 = 0$$
得
$$F_{RD} = \frac{8q}{4} = \frac{8 \times 5}{4} \text{kN} = 10 \text{kN}$$
(2) 取整体为研究对象(见图 4.19(d))，由
$$\sum M_A = 0, \quad -F_P \times 4 + F_{RB} \times 6 - q \times 4 \times 10 + F_{RD} \times 12 = 0$$
得
$$F_{RB} = \frac{4F_P + 40q - 12F_{RD}}{6} = \frac{4 \times 30 + 40 \times 5 - 12 \times 10}{6} \text{kN} = 33.33 \text{kN}$$
由
$$\sum Y = 0, \quad F_{RA} - F_P + F_{RB} - q \times 4 + F_{RD} = 0$$
得
$$F_{RA} = F_P - F_{RB} + q \times 4 - F_{RD} = (30 - 33.33 + 5 \times 4 - 10) \text{kN} = 6.67 \text{kN}$$

【例 4.10】 一重量 $G = 12$kN 的物体由三杆 AB、BC 和 CD 所组成的构架及滑轮 E 支承，如图 4.20(a)所示。C、D、E 处均为铰链连接，杆及滑轮的重量、绳与滑轮的摩擦都不计，求支座 A 和 B 的反力以及 BC 杆所受的力。

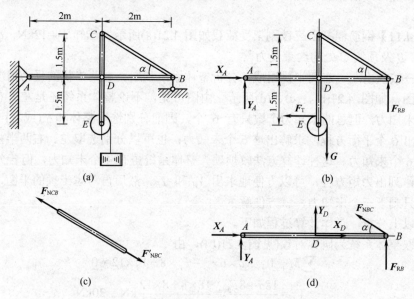

图 4.20　例 4.10 图

解：构架由三杆及滑轮组成，杆两端是铰链，中间无荷载，故为二力杆。

若取整体系统为研究对象，画受力图如图 4.20(b)所示。整体所受的力有物体的重力 G，水平段绳子的拉力 F_T(因摩擦不计，$F_T = G$)，两支座处的反力 X_A、Y_A 和 F_{RB}，它们组成平面一般力系，可列出三个平衡方程求解三个未知量：X_A、Y_A 和 F_{RB}。要求 BC 杆所受的力，可取 AB 杆为研究对象，由它的受力图可知，杆上各力组成平面一般力系，只有三个未知量，可求得。

由以上分析，具体计算过程如下。
(1) 取整体系统为研究对象(见图 4.20(b))，假设滑轮的半径为 r。由
$$\sum M_A = 0, \quad F_{RB} \times 4 - G \times (2 + r) - F_T \times (1.5 - r) = 0$$

得
$$F_{RB} = \frac{2G+1.5F_T}{4} = \frac{2\times12+1.5\times12}{4}\text{kN} = 10.5\text{kN}$$

由
$$\sum X = 0, \quad X_A - F_T = 0$$

得
$$X_A = F_T = 12(\text{kN})$$

由
$$\sum Y = 0, \quad Y_A - G + F_{RB} = 0$$

得
$$Y_A = G - F_{RB} = (12-10.5)\text{kN} = 1.5\text{kN}$$

(2) 取 AB 杆为研究对象(见图 4.20(d))。由
$$\sum M_D = 0, \quad -Y_A \times 2 + F_{RB} \times 2 + F_{NBC} \cdot \sin\alpha \times 2 = 0$$

$$\sin\alpha = \frac{1.5}{\sqrt{1.5^2+2^2}} = \frac{1.5}{2.5} = 0.6$$

得
$$F_{NBC} = \frac{2Y_A - 2F_{RB}}{2\sin\alpha} = \frac{2\times1.5 - 2\times10.5}{2\times0.6}\text{kN} = -15\text{kN}(\searrow)$$

式中，F_{NBC} 为 BC 杆对 AB 杆的作用力，BC 杆所受的力与 F_{NBC} 是一对作用力与反作用力，大小相等，方向相反，式中的负号表明所设力的方向与实际方向相反，即实际上 BC 杆受压力。

【例 4.11】钢筋混凝土三铰刚架受荷载如图 4.21(a)所示，已知 $F_P=12\text{kN}$，$q=8\text{kN/m}$，求支座 A、B 及顶铰 C 处的约束反力。

解：三铰拱由左、右两半拱组成，分析整体系统和左、右两半拱的受力情况，画出它们的受力图，如图 4.21(b)、(c)、(d)所示。由图可见，不论整体系统还是左、右两半拱都各有 4 个未知力，但总的未知力个数只有 6 个，因而分别选取整体和左(或右)半拱为研究对象，列出 6 个平衡方程，求解出这 6 个未知力；也可以分别选取左、右两半拱为研究对象，求解 6 个未知力。这种计算方法较烦琐。整体系统虽有 4 个未知力，但若分别以 A 和 B 为矩心，列出力矩方程，可以方便地求出 Y_A 和 Y_B。然后再考虑半拱的平衡，这时，每个半拱都只剩下三个未知力，就方便解了。

根据以上分析，具体计算过程如下。

(1) 取整体系统为研究对象(见图 4.21(b))，由
$$\sum M_A = 0, \quad -q\times6\times3 - F_P\times8 + Y_B\times12 = 0$$

得
$$Y_B = \frac{18q+8F_P}{12} = \frac{18\times8+8\times12}{12}\text{kN} = 20\text{kN}$$

由
$$\sum M_B = 0, \quad q\times6\times9 + F_P\times4 - Y_A\times12 = 0$$

得
$$Y_A = \frac{54q+4F_P}{12} = \frac{54\times8+4\times12}{12}\text{kN} = 40\text{kN}$$

由
$$\sum X = 0, \quad X_A - X_B = 0$$

得
$$X_A = X_B$$

(2) 取左半拱为研究对象(见图 4.21(c))，由
$$\sum M_C = 0, \quad X_A\times8 - Y_A\times6 + q\times6\times3 = 0$$

得
$$X_A = \frac{6Y_A - 18q}{8} = \frac{6\times40 - 18\times8}{8}\text{kN} = 12\text{kN}$$

由 $\sum X = 0$，$X_A - X_C = 0$

得 $X_C = X_A = 12\text{kN}$

由 $\sum Y = 0$，$Y_A + Y_C - q \times 6 = 0$

得 $Y_C = 6q - Y_A = (6 \times 8 - 40)\text{kN} = 8\text{kN}$

将 X_A 的值代入式子 $X_A = X_B$，可得

$$X_B = X_A = 12\text{kN}$$

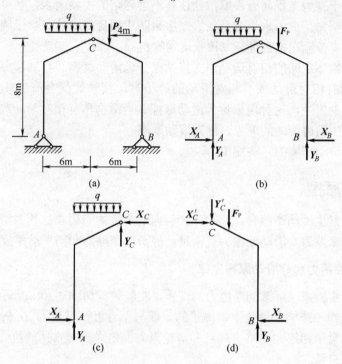

图 4.21　例 4.11 图

通过以上三例的分析，可知物体系统平衡问题的解题步骤与单个物体的基本相同。具体步骤及解题的特点归纳如下。

(1) 适当选取研究对象。

先分析整个系统及系统内各物体的受力情况，画出它们的受力图，然后选取研究对象，具体作法如下。

若整个系统的外约束反力未知量不超过三个，或者虽然超过三个但不拆开也能求出一部分未知量时，可先选择整个系统为研究对象。

若整个系统的外约束反力未知量超过三个，必须将系统拆开才能求出全部未知量时，通常先选择未知量最少的某一部分为研究对象，且最好这个研究对象所包含的未知量个数不超过该研究对象所能列出的独立平衡方程的数目。特别注意的是，需要将系统拆开时，要在各个物体的连接处拆，不能将物体或杆件切断。

(2) 画受力图。画出研究对象所受的全部外力，而研究对象中各物体之间的相互作用内力不画。两物体间的相互作用力要符合作用力与反作用力公理。

(3) 逐步列出平衡方程，解出所有的未知量。

4.6 考虑摩擦时物体的平衡

在前面几章里，对物体进行受力分析时，都假定物体间的接触面是完全光滑的，但实际上完全光滑的接触面是不存在的，只是在一些问题中，摩擦对所研究的问题影响很小，可以忽略。而对于有些工程问题，摩擦往往是不可忽略的主要因素，甚至是决定性因素，必须加以考虑。例如，重力水坝就是依靠摩擦来防止坝身滑动的，挡土墙也是靠摩擦来保证自身稳定的，皮带输送机也是靠摩擦来运送物料的。

根据两接触物体之间的相对运动形式将摩擦分为滑动摩擦和滚动摩擦两种。当两个接触物体沿接触面有相对滑动或有相对滑动的趋势时，接触处就会产生彼此阻碍滑动的现象，或阻碍滑动的发生，这种现象称为**滑动摩擦**。当两物体有相对滚动或有相对滚动趋势时，物体间会产生阻碍滚动的现象，称为**滚动摩擦**。

本节只讨论滑动摩擦的一些规律。

4.6.1 滑动摩擦

当两物体间发生滑动摩擦时，两物体接触面间产生的阻碍物体相对滑动的力，称为**滑动摩擦力**，简称**摩擦力**。滑动摩擦力有两种：静滑动摩擦力和动滑动摩擦力。

1. 静滑动摩擦力和静滑动摩擦定律

下面通过一实验来了解滑动摩擦力的性质。实验装置如图 4.22(a)所示。在平台的一角固定一滑轮，一绳子跨绕在滑轮上，绳子的一端与平台上一重量为 G 的物体相连，另一端与装有砝码的盘子相连。如略去绳重和滑轮阻力，则绳子对物体的拉力 F_T 的大小就等于盘子和砝码的重量。

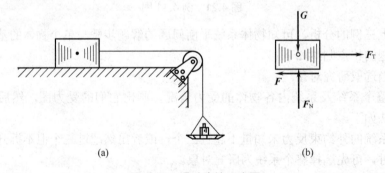

图 4.22 滑动摩擦示意图

当 $F_T=0$ 时，物体没有沿接触面滑动的趋势，此时，物体在自重 G 与法向反力 F_N 作用下平衡，滑动摩擦力为零。逐渐增加砝码，当力 F_T 不大时，物体保持静止不动，此时物体的受力情况如图 4.22(b)所示。主动力有重力 G 和绳的拉力 F_T，拉力 F_T 有使物体沿水平面滑动的趋势，而物体保持不动，说明固定台面的约束反力除法向反力以外，还有切向的摩擦力 F，F 是在物体尚未滑动时产生的，称为**静滑动摩擦力**，简称**静摩擦力**。当拉力 F_T 增大时，静摩擦力 F 也相应地增大，当拉力 F_T 达到某一临界值时，物体处于即将开始滑动的临界状态,此时静摩擦力达到最大值,称为**最大静摩擦力** F_{max},如果拉力 F_T 再有微小的增大,物体就由静止变为滑动。

由此可见,**静摩擦力的方向与物体相对滑动的趋向相反;静摩擦力的大小随主动力的变化而变化,变化范围在零与最大静摩擦力之间**。即

$$0 \leq F \leq F_{max} \tag{4.10}$$

关于最大静摩擦力的大小,早在 18 世纪,法国物理学家库仑曾做过大量的试验证明了以下的定律:**最大静摩擦力 F_{max} 的大小与两物体接触面积的大小无关,而与物体间的正压力 F_N(或法向反力)成正比**,即

$$F_{max} = fF_N \tag{4.11}$$

这就是**静滑动摩擦定律**,又称库仑定律。式中的 f 是比例系数,称为**静滑动摩擦系数**,简称**静摩擦系数**。静摩擦系数与两接触物体的构成材料、接触面的粗糙程度、温度和湿度等因素有关。其数值由试验测定,工程中常用材料的 f 值可从工程手册中查到。表 4.1 列出了部分材料的 f 值,供参考。

表 4.1 几种常用材料的静摩擦系数

材　料	f 值	材　料	f 值
钢对钢	0.1~0.2	混凝土对岩石	0.5~0.8
铸铁对木材	0.4~0.5	混凝土对砖	0.7~0.8
铸铁对橡胶	0.5~0.7	混凝土对土	0.3~0.4
铸铁对皮革	0.3~0.5	土对木材	0.3~0.7
砖(石)对砖	0.5~0.7	木材对木材	0.4~0.6

由静滑动摩擦定律可知,要增大 F_{max} 可通过增大 f 值来实现。例如,在汽车轮胎上刻制花纹,冰冻季节在行驶的汽车轮子上缠链条,机动车上陡坡时在路面上撒沙子等。也可以通过增大压力 F_N 来实现。例如,使带轮上的带张紧。要减小 F_{max},则可通过减小 f 值来实现,例如,在两物体的接触面上加润滑剂、增加接触面的光洁度等;或通过减小压力 F_N 来实现。

2.动滑动摩擦力和动滑动摩擦定律

在图 4.22(a)所示的实验中,当拉力 F_T 的值大于最大静摩擦力 F_{max} 时,物体不再平衡,而产生滑动,滑动时沿接触面所产生的摩擦力 F' 称为**动滑动摩擦力**,简称**动摩擦力**。

科学家库仑在大量实验的基础上总结出了与静滑动摩擦相似的**动滑动摩擦定律:动摩擦力的大小与两物体间的正压力(或法向反力)成正比**,即

$$F' = f'F_N \tag{4.12}$$

式中,f' 称为**动滑动摩擦系数**,简称为**动摩擦系数**,它的值除与接触物体的材料及接触面情况有关外,通常还随物体相对滑动速度的增大而略有减小。当速度很小时,可认为 $f'=f$。但在一般情况下,动摩擦系数 f' 略小于静摩擦系数 f,即 $f'<f$。在工程计算中,通常近似地取 f' 与 f 相同。

3. 摩擦角与自锁现象

如图 4.23 所示，在考虑摩擦力的情况下，物体所受的来自支承面的法向反力 F_N 和摩擦力 F 都属于支承面对物体的约束反力，它们的合力 F_R 称为支承面对物体的**约束全反力**，简称全反力。如垂直于支承面的主动力 G 不变，则在物体开始滑动前，摩擦力 F 以及全反力 F_R 与支承面法线间的夹角 φ 均随平行于支承面的主动力 F_P 的增大而增大。当 F_P 达到临界值，使物体处于平衡的临界状态时，静摩擦力 F 达到最大值 F_{max}，角 φ 也增至最大值 φ_m，称角 φ_m 为**摩擦角**。或者说，**摩擦角就是当静摩擦力达到最大值时，约束全反力与支承面法线间的夹角**。显然有

$$0 \leqslant \varphi \leqslant \varphi_m \tag{4.13}$$

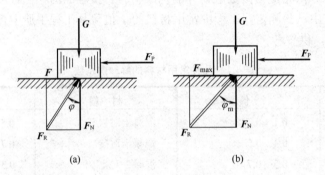

图 4.23 摩擦角示意图

摩擦角 φ_m 的大小与 F_{max} 有关，因而也与静摩擦系数 f 有关，它们之间的关系是

$$\tan\varphi_m = \frac{F_{max}}{F_N} = \frac{fF_N}{F_N} = f$$

或

$$\tan\varphi_m = f \tag{4.14}$$

即**摩擦角的正切值等于静摩擦系数**。

由试验测出摩擦角 φ_m 之后即可根据式(4.14)计算静摩擦系数 f 的值。

摩擦角对应于临界平衡状态，它代表了物体由静止变成运动这一进程的转折点。在需要考虑静摩擦力的平衡问题中，它与最大静摩擦力具有同样重要的意义。

因为静摩擦力 F 的值不能超过它的最大值 F_{max}，所以全反力与支承面法线间的夹角也不可能大于摩擦角。因此，若作用于物体上的主动力的合力 F_R' 的作用线与支承面法线间的夹角 θ 大于摩擦角 φ_m（见图 4.24(a)）时，则全反力 F_R 就不可能与 F_R' 共线，从而物体与支承面间不可能平衡，物体将发生滑动。反之，若主动力的合力 F_R' 的作用线与支承面法线间的夹角 θ 小于摩擦角 φ_m，即 $\theta < \varphi_m$（见图 4.24(b)），则无论主动力 F_R' 多大，只要支承面不被压坏，它总能被全反力所平衡，因而物体将静止不动。这种只需主动力的合力作用**线在摩擦角的范围内，物体依靠静摩擦保持静止而与主动力大小无关的现象称为自锁**。显然，若 $\theta = \varphi_m$（见图 4.24(c)）时，物体处于临界平衡状态。

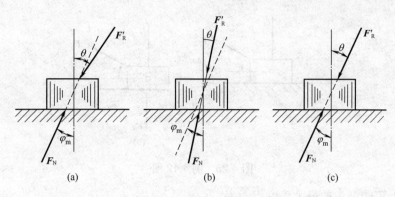

图 4.24 自锁示意图

自锁现象在工程中有重要的应用。例如，用螺旋千斤顶顶起重物时就是借自锁以使重物不致因重力的作用而下落；用传送带输送物料时就是借自锁以阻止物料相对于传送带滑动等。反之，在实际工程中有时又需避免自锁现象的发生。例如，当机器正常运转时，其运动的零部件就不能出现自锁而卡住不动。

4.6.2 考虑摩擦时物体的平衡问题

考虑摩擦时物体的平衡问题与不计摩擦时物体的平衡问题一样，它们都应满足力系平衡的条件。但是考虑摩擦的物体的平衡问题中约束反力应包括摩擦力，而且摩擦力的大小是在一定范围内变化的，其值应由主动力并根据平衡条件确定，且其最大值不大于最大静摩擦力 F_{max}，但当物体处于临界平衡状态时，摩擦力应达其最大值 $F_{max} = F_N$。摩擦力的方向永远与相对滑动的趋向相反，不能任意假设。由于摩擦力的大小可在一定范围内变化，所以解答这类平衡问题时，一般得到的不是一个确定的数值，而是一个取值范围。在这个范围内，物体总是处于平衡状态，所以称其为平衡范围。

考虑摩擦时物体的平衡问题大致有如下两种类型。

(1) 已知物体所受的主动力，判断物体处于静止还是滑动状态。
(2) 要使物体保持静止，求有关未知量的值或所处的范围。

【例 4.12】用绳拉一个重量 G=500N 的物体，绳与水平面的夹角 α=30°，$\alpha > \varphi_m$，如图 4.25(a)所示。设物体与地面间的静摩擦系数 f=0.2，当绳的拉力 F_T=100N 时，问物体能否被拉动？并求此时的摩擦力。

解：这是判断物体处于静止还是滑动状态的问题。可先假设物体处于静止状态，求出此时接触面上摩擦力的值 F，将它与接触面上可能产生的最大静摩擦力 F_{max} 比较，如果 $F \leq F_{max}$，则物体处于静止状态；如果 $F > F_{max}$，则物体处于滑动状态。

画出受力图如图 4.25(b)所示。由

$$\sum X = 0, \quad F_T\cos30° - F = 0$$

得

$$F = F_T\cos30° = 100 \times 0.866\text{N} = 86.6\text{N}$$

由

$$\sum Y = 0, \quad F_T\sin30° + F_N - G = 0$$

得

$$F_N = G - F_T\sin30° = (500 - 100 \times 0.5)\text{N} = 450\text{N}$$

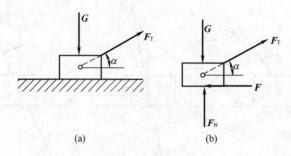

图 4.25　例 4.12 图

接触面上可能产生的最大静摩擦力为

$$F_{\max} = fF_N = 0.2 \times 450\text{N} = 90\text{N}$$

由于 $F < F_{\max}$，所以物体处于静止状态。这时接触面上产生的静摩擦力 F=86.6N。

【例 4.13】将重量为 G 的物体放在斜面上，如图 4.26(a)所示，已知物块与斜面间的静摩擦系数为 f，且斜面的倾角 α 大于摩擦角 φ_m。如用一水平力 F_P 使物体平衡，求该力的最大值和最小值。

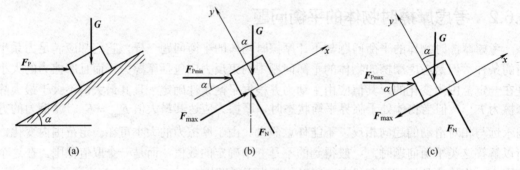

图 4.26　例 4.13 图

解： 这是要保持物体静止求所加水平力 F_P 范围的问题。求解这一类问题，通常使物体处于平衡的临界状态，这样接触面的摩擦力达到最大静摩擦力。摩擦力的方向永远与物体间相对滑动的趋向相反，在判别相对滑动的趋向时，可暂不考虑接触面的摩擦力，根据题意和物体所受的主动力情况加以判断。

以物块为研究对象，因 $\alpha > \varphi_m$，所以当没有水平力 F_P 作用时，物块不能平衡而将沿斜面下滑，当水平力 F_P 太小时，物体也会下滑；当水平力 F_P 太大时，物体将沿斜面向上滑，因此，要使物体不滑动，水平力 F_P 的值应当在一定范围内。

(1) 求力 F_P 的最小值 $F_{P\min}$。

在水平力 $F_{P\min}$ 作用下，物体应处于沿斜面即将下滑的临界状态，所以作用在物体上的摩擦力达到最大值，且方向沿斜面向上。物体的受力图如图 4.26(b)所示。

建立坐标系，由平衡条件列出平衡方程

$$\sum X = 0, \quad F_{P\min}\cos\alpha + F_{\max} - G\sin\alpha = 0$$

$$\sum Y = 0, \quad -F_{P\min}\sin\alpha + F_N - G\cos\alpha = 0$$

又由摩擦定律有

$$F_{\max} = fF_N$$

则
$$F_{max} = f(G\cos\alpha + F_{Pmin}\sin\alpha)$$
$$F_{Pmin} = \frac{\sin\alpha - f\cos\alpha}{\cos\alpha + f\sin\alpha}G$$

又由 $f = \tan\varphi_m$，得
$$F_{Pmin} = G\tan(\alpha - \varphi_m)$$

(2) 求力 F_P 的最大值 F_{Pmax}。

力 F_P 由最小值逐渐加大时，物体将由沿斜面向下滑动的趋势变为沿斜面向上滑动的趋势，当力 F_P 达到最大值 F_{Pmax} 时，物体处于即将上滑的临界状态，静摩擦力也达到最大值，且方向沿斜面向下。物体的受力图如图 4.26(c) 所示。列出平衡方程
$$\sum X = 0, \quad F_{Pmax}\cos\alpha - F_{max} - G\sin\alpha = 0$$
$$\sum Y = 0, \quad -F_{Pmax}\sin\alpha + F_N - G\cos\alpha = 0$$

又根据摩擦定律，有
$$F_{max} = fF_N$$

仿照前面解法可得
$$F_{Pmax} = \frac{\sin\alpha + f\cos\alpha}{\cos\alpha - f\sin\alpha}G = G\cdot\tan(\alpha + \varphi_m)$$

综合以上计算的结果可知，要保持物体不滑动，水平力的值应满足的条件为
$$G\cdot\tan(\alpha - \varphi_m) \leqslant F \leqslant G\cdot\tan(\alpha + \varphi_m)$$

【例 4.14】 图 4.27(a) 所示为一起重机制动装置，鼓轮与制动轮固结在一起。已知鼓轮半径为 r，制动轮半径为 R，制动杆长为 l，制动块与制动轮间的静摩擦系数为 f，起重量为 G。如要制动鼓轮，求所需加在手柄上的力 F_P 的最小值。

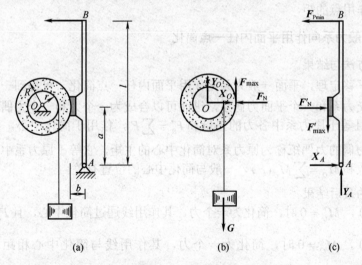

图 4.27　例 4.14 图

解：当力 F_P 作用于手柄上时，制动块紧压鼓轮，产生了正压力。鼓轮又因受到主动力 G 的作用，在与制动块接触处与制动块有相对滑动的趋势，因此产生了摩擦力，所以

鼓轮能被制动。当鼓轮恰能被制动时，鼓轮处于平衡的临界状态，所加的力 F_P 为最小，且静摩擦力达到最大值。

为了得到鼓轮与制动块间的摩擦力，必须分别取鼓轮和制动杆（包含制动块）为研究对象分别进行计算。

先取鼓轮为研究对象，其受力图如图 4.27(b)所示。列出平衡方程

$$\sum M_O = 0, F_{max} R - Gr = 0$$

又由摩擦定律

$$F_{max} = fF_N$$

解得

$$F_N = \frac{Gr}{fR}$$

再取制动杆为研究对象，其受力图如图 4.27(c)所示。列出平衡方程

$$\sum M_A = 0, F_{Pmin} \cdot l + F'_{max} \cdot b - F'_N a = 0$$

将 $F'_N = F_N = \dfrac{Gr}{fR}$，$F'_{max} = F_{max} = \dfrac{Gr}{R}$ 代入求得

$$F_{Pmin} = \frac{Gr}{Rl}\left(\frac{a}{f} - b\right)$$

4.7 小　结

本章讨论了平面一般力系的简化、平衡条件及平衡条件的应用。

1. 力的平移定理

作用于物体上的力向作用平面内某点平移时，必须附加一力偶，该附加力偶的力偶矩等于原力对新作用点的矩。

2. 平面一般力系向作用平面内任一点简化

(1) 简化方法与结果。

利用力的平移定理，平面一般力系向作用平面内任一点简化，可得到一个作用于简化中心的平面汇交力系和一个平面力偶系，进而可以合成为一个力和一个力偶。该力称为原力系的主矢，且等于原力系中各力的矢量和 $F'_R = \sum F$，作用于简化中心，与简化中心的位置无关；该力偶的力偶矩称为原力系对简化中心的主矩，它等于原力系中各力对简化中心的力矩的代数和 $M_O = \sum M_O(F)$，一般与简化中心的位置有关。

(2) 简化的最后结果。

- $F'_R \neq 0$，$M'_O = 0$ 时，简化为一个力，其作用线通过简化中心，且 $F_R = F'_R$。
- $F'_R \neq 0$，$M'_O \neq 0$ 时，简化为一个力，其作用线与简化中心相距 $d = \dfrac{|M'_O|}{F_R}$，且 $F_R = F'_R$。
- $F'_R = 0$，$M'_O \neq 0$ 时，简化为一个力偶，且 $M = M'_O$，与简化中心的位置无关。
- $F'_R = 0$，$M'_O = 0$ 时，物体平衡。

3. 平面一般力系的平衡方程

平面一般力系平衡的必要与充分条件是：力系的主矢和力系对任一点的主矩都等于零。其平衡方程有三种形式。

(1) 基本形式：
$$\sum X = 0, \quad \sum Y = 0, \quad \sum M_O = 0$$

(2) 二力矩形式：
$$\sum X = 0, \quad \sum M_A = 0, \quad \sum M_B = 0$$

其中 x 轴不能垂直于 A、B 两点的连线。

(3) 三力矩形式：
$$\sum M_A = 0, \quad \sum M_B = 0, \quad \sum M_C = 0$$

其中 A、B、C 三点不在同一直线上。

不论采用哪种形式，都只能列出三个独立的平衡方程，求解三个未知量。

4. 平面平行力系的平衡方程

(1) 基本形式：
$$\sum Y = 0, \quad \sum M_O = 0$$

其中各力作用线不与 y 轴垂直。

(2) 力矩形式：
$$\sum M_A = 0, \quad \sum M_B = 0$$

其中 A、B 两点的连线不平行于各力的作用线。

在平面平行力系中，不论采用哪种形式，都只能列出两个独立的平衡方程，求解两个未知量。

5. 物体系统的平衡

求解物体系统的平衡问题的具体方法是：分析整体系统和系统中每一部分的受力情况，确定各部分未知量的数目，首先选取未知量数目最少的部分为研究对象，画出其受力图；选取合适的平衡方程形式；选择好矩心和投影轴，力求做到一个方程只含有一个未知量，以便简化计算。逐次选取其他部分为研究对象，列出相应的平衡方程，求解出所有的未知量。

6. 滑动摩擦

当两个物体接触面之间存在相对滑动趋势或发生相对滑动时，彼此之间产生阻碍滑动的力，称为滑动摩擦力。前者为静摩擦力，后者为动摩擦力。

(1) 静滑动摩擦力。静滑动摩擦力的方向与接触面间相对滑动的趋势相反，其大小介于零和最大静摩擦力 F_{max} 之间，随主动力的变化而变化，由静力平衡方程来确定。
$$0 \leqslant F \leqslant F_{max}$$

(2) 静滑动摩擦定律。当物体处于平衡的临界状态时，静滑动摩擦力达到最大值。最大静摩擦力与接触面上法向反力的大小成正比，即
$$F_{max} = fF_N$$

其中 f 为静摩擦系数，一般由试验测定。

(3) 动滑动摩擦定律。动滑动摩擦力的方向与相对滑动速度方向相反，大小与接触面上法向反力的大小成正比，即

$$F' = f'F_N$$

其中 f' 为动滑动摩擦系数，一般情况下 $f' < f$。

(4) 摩擦角与自锁。

① 摩擦角。当静摩擦力达到最大值时，全反力与接触面法线间的夹角 φ_m，称为摩擦角。

② 自锁。当作用于物体上的主动力的合力的作用线在摩擦角范围内时，不论主动力合力的大小如何，物体总能保持静止，这种现象称为自锁。

(5) 考虑摩擦时物体平衡问题的解题特点。由于静摩擦力的大小有一定范围，所以物体的平衡也有一定的范围。通常可按物体平衡的临界状态考虑，除列出平衡方程外，还可列出补充方程：$F_{max} = fF_N$，求出结果后，再讨论平衡范围。最大静摩擦力方向总是与物体相对滑动的趋向相反，不能任意假设，物体的滑动趋向可根据主动力来判断。

4.8 思 考 题

1. 图 4.28 所示结构中，一力 F 作用在 A 点，求作用在 B 点与力 F 等效的力和力偶。

2. 司机驾驶汽车时，有时用双手对方向盘施加一力偶 (F, F')(见图 4.29(a))，有时也用单手对方向盘施加一个力 $2F$(见图 4.29(b))，这两种方法产生的效果有什么不同？

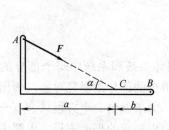

图 4.28 思考题 1 图

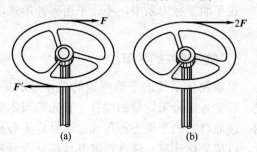

图 4.29 思考题 2 图

3. 图 4.30 所示为作用在物体同一平面上 A、B、C、D 4 点的 4 个力 F_1、F_2、F_3、F_4，这 4 个力的力多边形刚好首尾相接。

(1) 此力系是否平衡？

(2) 此力系简化的结果是什么？

4. 若一平面一般力系向作用平面内任一点 A 简化，其主矢 $F_R = 0$，主矩 $M'_A \neq 0$。若再向平面内另一点 B 简化，其简化结果如何？

5. 平面汇交力系的平衡方程可否选取两个力矩方程？可否选取一个力矩方程和一个投影方程？其矩心和投影轴的选择各有什么限制条件？

6. 平面一般力系的平衡方程能否用三个投影式？平面平行力系的平衡方程能否用两

个投影式？为什么？

7. 图 4.31 所示的物体系统处于平衡状态。

(1) 分别画出各部分和整体的受力图。

(2) 要求各支座的约束反力，应按怎样的顺序选取研究对象？

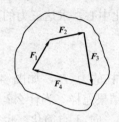

图 4.30 思考题 3 图

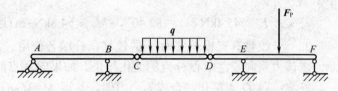

图 4.31 思考题 7 图

8. 已知静摩擦系数 f 和法向反力 F_N，能否说静摩擦力 F 的大小就等于 fF_N？

9. 重量为 G 的物体置于倾角为 $45°$ 的斜面上，已知摩擦系数为 f，且 $\tan\alpha < f$，问此物体是否平衡？如果增加物体的重量或在物体上另加一重量为 G_1 的物体，问能否达到物体下滑的目的？

10. 如图 4.32 所示，两物体接触面间的静摩擦系数 $f = 0.2$，分析各物体的运动状态，并求各物体所受到摩擦力的大小和方向。

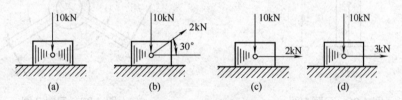

图 4.32 思考题 10 图

11. 图 4.33(a)、(b)所示的物体重量都是 G，接触面间的静摩擦系数都是 f，要使物体向右滑动，哪一种施力方法较为省力？为什么？如果所施加的力最小，α 角应等于多少？

12. 图 4.34 所示的物体重量为 G，摩擦角 $\varphi_m = 20°$，在物体上另加一力 F，且使 $F=G$。当 α 分别等于 $35°$、$40°$、$45°$ 时，物体各处于什么状态？

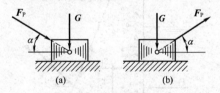

图 4.33 思考题 11 图

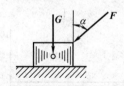

图 4.34 思考题 12 图

4.9 习 题

1. 某厂房柱高 9m，柱上段 BC 重 G_1=8kN，下段 CO 重 G_2=37kN，柱顶水平力 F_P=6kN，各力作用位置如图 4.35 所示。以柱底中心 O 点为简化中心，求这三力的主矢和主矩。

答案：F_R' = 45.4kN，α=82.40°，M_O = 54.8kN·m(逆时针)

2. 一绞盘有三根长度为 l 的铰杠，杆端各作用一垂直于杠的力 F_P，如图 4.36 所示。求该力系向绞盘中心 O 点的简化结果。如果向 A 点简化，结果怎样？为什么？

答案：向 O 点简化，合成为一力偶，其矩 $M=3F_Pl$(逆时针)。向 A 点简化，也合成为一力偶，其矩 $M=3F_Pl$(逆时针)，因简化成为一个力偶与简化中心的位置无关。

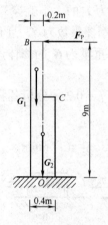

图 4.35 习题 1 图

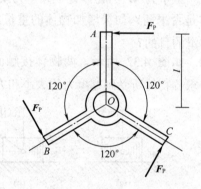

图 4.36 习题 2 图

3. 图 4.37 所示悬臂梁的梁端作用有一力和一力偶，试将此力和力偶向 B 点简化，并求简化的最后结果。

答案：F_R' =10kN，d=0.3m(B 点左侧)

4. 如图 4.38 所示，挡土墙自重 G=400kN，土压力 F=320kN，水压力 F_P=176kN。试求这些力向底边中心简化的结果，并求合力作用线的位置。

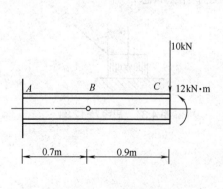

图 4.37 习题 3 图

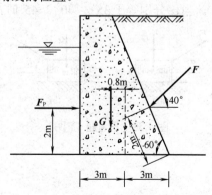

图 4.38 习题 4 图

答案：$F_R = 609.7\text{kN}$，$\alpha = 83.49°$，$d = 0.03\text{m}$

5. 求图 4.39 所示各梁的支座反力。

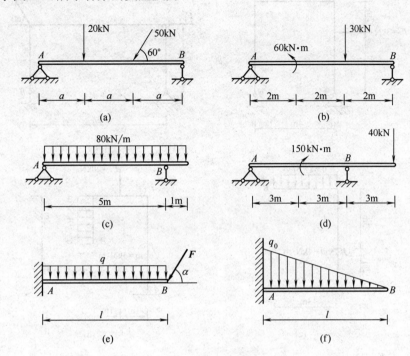

图 4.39 习题 5 图

答案：(a) $X_A = 25\text{kN}$，$Y_A = 27.78\text{kN}$，$F_{RB} = 35.5\text{kN}$

(b) $X_A = 0$，$Y_A = 20\text{kN}$，$F_{RB} = 10\text{kN}$

(c) $X_A = 0$，$Y_A = 192\text{kN}$，$F_{RB} = 288\text{kN}$

(d) $X_A = 0$，$Y_A = -45\text{kN}(\downarrow)$，$F_{RB} = 85\text{kN}$

(e) $X_A = F\cos\alpha$，$Y_A = ql + F\sin\alpha$，$m_A = \dfrac{1}{2}ql^2 + Fl\sin\alpha$

(f) $X_A = 0$，$Y_A = \dfrac{1}{2}q_0 l$，$m_A = \dfrac{1}{6}q_0 l^2$

6. 求图 4.40 所示各刚架的支座反力。

答案：(a) $X_A = 3\text{kN}(\leftarrow)$，$Y_A = 0.25\text{kN}(\downarrow)$，$F_{RB} = 4.25\text{kN}(\uparrow)$

(b) $X_A = -\dfrac{1}{2}F_2 - F_1$，$Y_A = -\dfrac{1}{4}F_2 - \dfrac{1}{2}F_1$，$F_{RB} = \dfrac{1}{2}F_1 - \dfrac{\sqrt{3}-1}{4}F_2$

(c) $X_A = 0$，$Y_A = 6\text{kN}(\uparrow)$，$m_A = 5\text{kN}\cdot\text{m}(逆)$

(d) $X_A = 20\text{kN}(\rightarrow)$，$Y_A = 20\text{kN}(\uparrow)$，$m_A = -45\text{kN}\cdot\text{m}(顺)$

(e) $X_A = 5\text{kN}(\leftarrow)$，$Y_A = 0$，$F_{RA} = 10\text{kN}(\uparrow)$

(f) $X_A = 20\text{kN}(\leftarrow)$，$Y_A = 13.1\text{kN}(\uparrow)$，$F_{RB} = 26.7\text{kN}(\uparrow)$

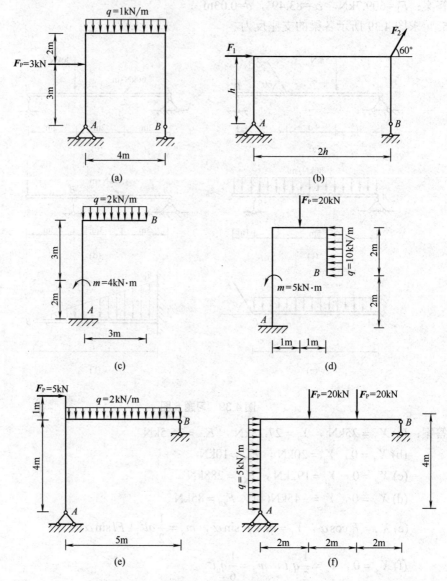

图 4.40 习题 6 图

7. 图 4.41 所示的烟囱高 $h=40\text{m}$，自重 $G=3000\text{kN}$，水平风荷载集度 $q=1\text{kN/m}$。求烟囱固定端支座 A 的约束反力。

答案：$X_A=40\text{kN}(\to)$，$Y_A=3000\text{kN}(\uparrow)$，$m_A=-800\text{kN}\cdot\text{m}$（顺）

8. 某厂房柱高 9m，受力作用如图 4.42 所示。已知 $F_Q=5\text{kN}$，$F_{P1}=20\text{kN}$，$F_{P2}=20\text{kN}$，$q=4\text{kN/m}$；F_{P1}、F_{P2} 力至柱轴线的距离分别为 e_1、e_2，$e_1=0.15\text{m}$，$e_2=0.25\text{m}$，求固定端支座 A 的约束反力。

答案：$X_A=31\text{kN}(\leftarrow)$，$Y_A=40\text{kN}(\uparrow)$，$m_A=109\text{kN}\cdot\text{m}$

9. 求图 4.43 所示桁架 A、B 支座的反力。

答案：$X_A=40\text{kN}(\leftarrow)$，$Y_A=40\text{kN}(\uparrow)$，$F_{RB}=40\text{kN}(\to)$

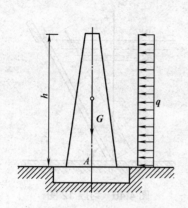
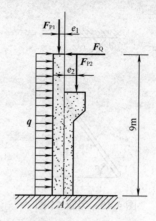

图 4.41 习题 7 图　　　　　　图 4.42 习题 8 图

10. 图 4.44 所示拱形桁架的一端 A 为可动铰支座，其支承面与水平面成倾角 30°；另一端 B 为固定铰支座。桁架自重 G=100kN，风压力的合力 F_Q=20kN，其方向水平向左，试求支座反力。

答案：F_{RA} = 62.4kN(↗)，X_B = 11.2kN(←)，Y_B = 46kN(↑)

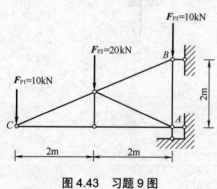
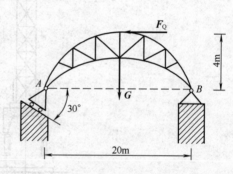

图 4.43 习题 9 图　　　　　　图 4.44 习题 10 图

11. 图 4.45 所示匀质杆 AB 和 BC 在 B 端固结成 90°角，A 端用铰悬挂。已知 BC=2AB。求当杆 ABC 平衡时，BC 与水平线的倾角 α。

答案：$\alpha = \arctan \dfrac{4}{5}$

12. 两个水池用闸门板隔开，闸门板与水平面成 60°角，且板长 2m，宽 1m，其上部沿 AA 线(过 A 点而垂直于图面的直线)与池壁铰接。左池水面与 AA 线相齐，右池无水，如图 4.46 所示。如不计板重，求刚能拉开闸门所需的铅垂力 F_T 的大小(水的容重 γ =9.8kN/m³)。

答案：F_T = 5.66kN

13. 塔式起重机重 G=500kN(不包括平衡重 F_Q)，作用于 C 点，如图 4.47 所示。小车 E 的最大起重量 F_P=250kN，离 B 轨最远距离 l=10m，为了防止起重机左右翻倒，需在 D 处加一平衡重。要使小车在满载和空载时，起重机在任何位置都不翻倒，求平衡重的最小重量 F_Q 和平衡重到左轨 A 的最大距离 x。小车自重不计，且 e=1.5m，b=3m。

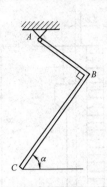

图 4.45 习题 11 图

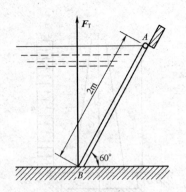

图 4.46 习题 12 图

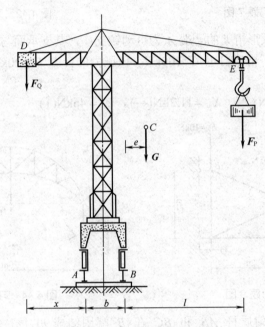

图 4.47 习题 13 图

答案：$F_{Qmin} = 333kN$，$x_{max} = 6.75m$

14. 求图 4.48 中各多跨静定梁的支座反力。

答案：(a) $X_A = 0$，$Y_A = 15kN(\downarrow)$，$F_{RB} = 40kN(\uparrow)$，$F_{RD} = 15kN(\uparrow)$

(b) $F_{RA} = 4.83kN(\downarrow)$，$F_{RB} = 17.5kN(\uparrow)$，$F_{RD} = 5.33kN(\uparrow)$

(c) $F_{RA} = 10kN(\uparrow)$，$F_{RC} = 42kN(\uparrow)$，$m_C = -164kN \cdot m$(顺)

(d) $X_A = 34.6kN(\rightarrow)$，$Y_A = 60kN(\uparrow)$，$m_A = 220kN \cdot m$(逆)，$F_{RC} = 69.28kN(\nwarrow)$

15. 图 4.49 所示起重机重 $G=50kN$，搁置在水平梁上，其重力作用线沿 CD；起吊重量 $F_P=10kN$；梁重 30kN，作用在梁的中点。试求：

(1) 当起重机的 CD 线通过梁的中点时，支座 A、B 的反力；

(2) CD 线离开支座 A 多远时，支座 A、B 的反力相等？

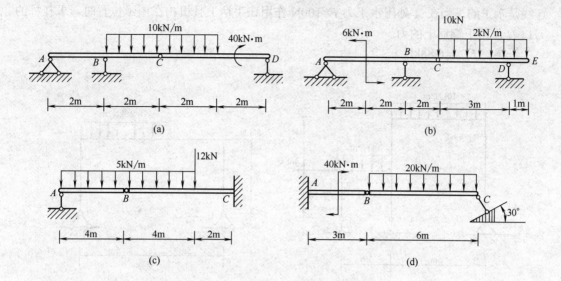

图 4.48 习题 14 图

答案：(1) $F_{RA} = 41\text{kN}(\uparrow)$，$F_{RB} = 49\text{kN}(\uparrow)$，(2) $x = 3.33\text{m}$

16. 图 4.50 所示起重机在多跨静定梁上，载有重物 $F_P=10\text{kN}$，起重机重 $G=50\text{kN}$，其重心位于铅垂线 EC 上。梁自重不计，求支座 A、B 和 D 的反力。

答案：$F_{RA} = 48.33\text{kN}(\downarrow)$，$F_{RB} = 100\text{kN}(\uparrow)$，$F_{RD} = 8.33\text{kN}(\uparrow)$

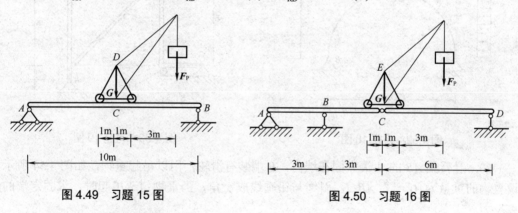

图 4.49 习题 15 图　　　　　图 4.50 习题 16 图

17. 求图 4.51 所示刚架的支座反力。

答案：(a) $X_A = 30\text{kN}(\rightarrow)$，$Y_A = 45\text{kN}(\uparrow)$，$F_{RB} = 30\text{kN}(\uparrow)$，$F_{RC} = 15\text{kN}(\uparrow)$

(b) $X_A = 0$，$Y_A = 0$，$X_B = 50\text{kN}(\leftarrow)$，$Y_B = 100\text{kN}(\uparrow)$

18. 求图 4.52 所示三铰拱的支座 A、B 的反力和铰链 C 的约束反力。

答案：$X_A = \dfrac{1}{4}qa(\leftarrow)$，$Y_A = \dfrac{3}{4}qa(\uparrow)$，$X_B = \dfrac{3}{4}qa(\leftarrow)$，$Y_B = \dfrac{5}{4}qa(\uparrow)$

$X_C = \dfrac{3}{4}qa(\leftarrow,\rightarrow)$，$Y_C = \dfrac{1}{4}qa(\uparrow,\downarrow)$

19. 手动钢筋剪切机由手柄 AB、杠杆 CHD 和链杆 DE 用铰链连接而成，如图 4.53 所示。图中长度单位以厘米(cm)计。手柄以及杠杆的 DH 段是铅垂的，铰链 C 和 E 中心的连线是水平的。当在 A 处用水平力 F=100N 作用在手柄上且机构在图示位置时，求杠杆的刀口 H 作用于钢筋上的力。

答案：$F_{NH} = 6.88\text{kN}$

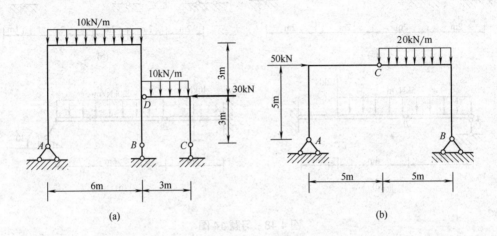

图 4.51　习题 17 图

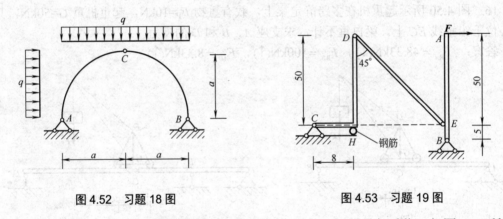

图 4.52　习题 18 图　　　　　　　　图 4.53　习题 19 图

20. 悬臂梁 AB 的 A 端嵌固在墙内，B 端装有滑轮，用以吊起重物，如图 4.54 所示，设重物的重量为 G，又 AB=l，斜绳与铅垂线成 α 角，当重物匀速吊起时，求固定端的约束反力。

答案：$X_A = -G \cdot \sin\alpha$，$Y_A = G(1+\cos\alpha)$，$m_A = Gl(1+\cos\alpha)$

21. 求图 4.55 所示平面结构 A 支座的反力。

答案：$X_A = 10\text{kN}$，$Y_A = 20\text{kN}$，$m_A = 60\text{kN} \cdot \text{m}$

22. 判断图 4.56 中物体能否平衡？并求物体所受摩擦力的大小和方向。

(1) 图 4.56(a)物体重 G=200N，拉力 F_P=5N，f=0.25；

(2) 图 4.56(b)物体重 G=20N，压力 F_P=50N，f=0.3。

答案：(1) 静止，F = 49N(←)

　　　(2) 不平衡，F' = 15N(↑)

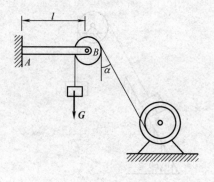

图 4.54 习题 20 图

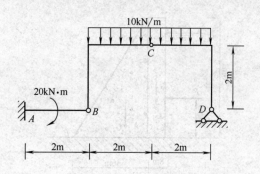

图 4.55 习题 21 图

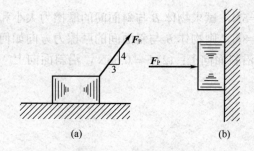

图 4.56 习题 22 图

23. 两物块 A 和 B 相叠放在水平面上，如图 4.57(a)所示，已知物块 A 重量 $G_1=0.5$kN，物块 B 重量 $G_2=0.2$kN，物块 A 与物块 B 间的摩擦系数 $f_1=0.25$，物块 B 与水平面间的摩擦系数 $f_2=0.20$，求拉动物块 B 所需的最小力 F_P 的值。若物块 A 被一绳拉住，如图 4.57(b)所示，则拉动物块 B 所需的最小力又应为多少？

答案：$F_P=0.14$kN，$F_P=0.265$kN

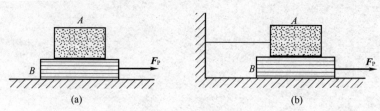

图 4.57 习题 23 图

24. 混凝土坝的横断面如图 4.58 所示，坝高 50m，底宽 44m。设 1m 长的坝受到水压力 $F_P=9930$kN，混凝土的容重 $\gamma=22$kN/m³，坝与地面的静摩擦系数 $f=0.6$。问：

(1) 此坝是否会滑动？

(2) 此坝是否会绕 B 点而翻倒？

答案：(1)不滑动；(2)不翻倒

25. 如图 4.59 所示，物体 B 重 $G_1=10$N，与斜面间摩擦系数 $f=0.4$。

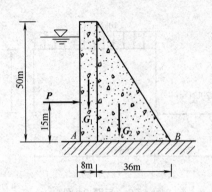
图 4.58 习题 24 图

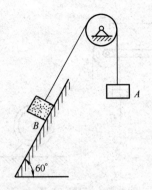
图 4.59 习题 25 图

(1) 设物体 A 重 G_2=5N，试求物体 B 与斜面间的摩擦力大小和方向。
(2) 若物体 A 重 G_2=8N，则物体 B 与斜面间的摩擦力方向如何？大小是多少？

答案：(1) $F = 2N$，沿斜面向上；(2) $F = 0.66N$，沿斜面向上

第 5 章 空间力系及重心

本章的学习要求：

- 掌握力在空间直角坐标轴上投影的两种方法：直接投影法和二次投影法。
- 理解力对轴的矩的概念。
- 掌握空间力系的平衡条件和平衡方程。能用空间力系的平衡方程求解单个物体的空间平衡问题。
- 深刻理解重心的概念，能熟练计算简单以及组合平面图形的形心。

前面研究了平面一般力系的简化和平衡问题，本章研究空间力系的合成和平衡以及物体的重心问题。

空间力系根据各力作用线的相对位置可分为 3 类。

(1) 各力的作用线都汇交于一点的空间力系，称为空间汇交力系，如图 5.1(a)、(b)所示。

(2) 各力的作用线都互相平行的空间力系，称为空间平行力系，如图 5.1(c)、(d)所示。

(3) 各力的作用线在空间任意分布的力系，称为空间一般力系，如图 5.1(e)、(f)所示。

在实际工程中，物体所受的力系都是空间力系，对于有些情况我们可将实际的空间力系简化为平面力系来处理，但不能简化的力系必须按空间力系来计算，如图 5.1(a)所示的三脚架，图 5.1(e)所示的起重吊架等。

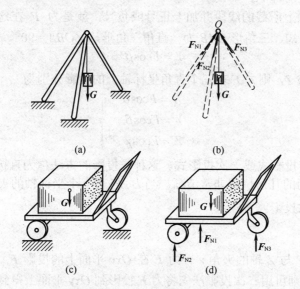

图 5.1 空间力系举例示意图

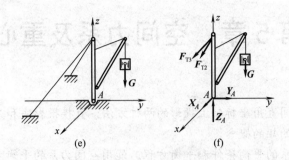

图 5.1 空间力系举例示意图(续)

5.1 空间汇交力系

研究空间力系的合成和平衡问题最普遍采用的方法是解析法，其理论基础是力在空间坐标轴上的投影。

5.1.1 力在空间直角坐标轴上的投影

计算力在空间直角坐标轴上的投影一般采用以下两种方法。

1. 直接投影法

设有一力 F 作用于物体上的 O 点，如图 5.2 所示，力 F 与直角坐标轴 x、y、z 的正向之间的夹角分别为 α、β、γ。从力 F 的终点 A 作三个分别与三个坐标轴垂直的平面，这三个平面在三个轴上所截的线段并加上正号或负号，就是力 F 在这三个坐标轴上的投影 X、Y、Z。由图可知，三角形 OAB 为一直角三角形，$\angle OBA = 90°$，因此可得

$$Y = F\cos\beta$$

同理可得出 X 与 Z，则力 F 在三个直角坐标轴上的投影分别为

$$\left.\begin{array}{l} X = F\cos\alpha \\ Y = F\cos\beta \\ Z = F\cos\gamma \end{array}\right\} \tag{5.1}$$

式(5.1)称为**直接投影式**或**一次投影式**。这种求投影的方法称为直接投影法，其表达式十分简洁，力在空间的几何位置非常清晰。当力 F 与三个坐标轴的夹角 α、β、γ 已知时，可用这种方法求投影。

2. 二次投影法

已知力 F、力 F 与 Z 轴的夹角 γ、力 F 在 Oxy 平面上的投影 F_{xy}、F_{xy} 与 x 轴的夹角 φ，如图 5.3 所示，则可用二次投影法先将力 F 投影到 Oxy 平面上得到 F_{xy}，其大小为

$$F_{xy} = F\sin\gamma$$

然后再将 F_{xy} 分别投影到 x、y 轴上，可得到力 F 在三个直角坐标轴上的投影为

$$\left.\begin{array}{l}X = F\sin\gamma\cos\varphi \\ Y = F\sin\gamma\sin\varphi \\ Z = F\cos\gamma\end{array}\right\} \quad (5.2)$$

式(5.2)称为**二次投影式**。这种求投影的方法称为二次投影法，当角度 γ、φ 已知或容易求得时，可用这种方法求投影。该方法在解决工程实际问题中用得非常普遍。

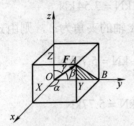
图 5.2 直接投影法

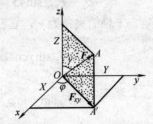
图 5.3 二次投影法

力在三个坐标轴上的投影的正负号可由直观判断，即力在某轴上投影的指向与该轴的正向一致时，投影为正；反之为负。

如果已知一个力在三个坐标轴上的投影 X、Y、Z，则由力与投影的几何关系可求得该力的大小和方向余弦为

$$\left.\begin{array}{l}F = \sqrt{X^2 + Y^2 + Z^2} \\ \cos\alpha = \dfrac{X}{F} \\ \cos\beta = \dfrac{Y}{F} \\ \cos\gamma = \dfrac{Z}{F}\end{array}\right\} \quad (5.3)$$

【**例 5.1**】如图 5.4 所示，在一立方体上作用有三个力 F_{P1}、F_{P2}、F_{P3}，已知 $F_{P1}=3\text{kN}$，$F_{P2}=5\text{kN}$，$F_{P3}=10\text{kN}$，试分别计算这三个力在坐标轴 x、y、z 上的投影。

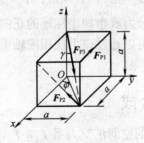
图 5.4 例 5.1 图

解：力 F_{P1} 的作用线与 x 轴平行，与坐标面 Oyz 垂直，用直接投影法可得

$$X_1 = -F_{P1} = -3\text{kN}$$
$$Y_1 = 0$$
$$Z_1 = 0$$

力 F_{P2} 的作用线与坐标面 Oyz 平行，与 x 轴垂直。先将此力投影在 x 轴和 Oyz 面上，显然，在 x 轴上的投影为零，在 Oyz 面上投影 F_{P2yz} 就等于此力本身，然后再将 F_{P2yz} 投影到 y、z 轴上。于是由二次投影法可得

$$X_2 = 0$$
$$Y_2 = -F_{P2yz}\cos 45° = -F_{P2}\cos 45° = -5 \times 0.707 \text{kN} = -3.54 \text{kN}$$
$$Z_2 = F_{P2yz}\sin 45° = F_{P2}\sin 45° = 5 \times 0.707 \text{kN} = 3.54 \text{kN}$$

设力 F_{P3} 与 z 轴的夹角为 γ，它在 Oxy 面上的投影与 x 轴的夹角为 φ，则由式(5.2)可得

$$X_3 = F_{P3}\sin\gamma\cos\varphi = F_{P3}\frac{\sqrt{2}a}{\sqrt{3}a} \cdot \frac{a}{\sqrt{2}a} = \frac{10}{\sqrt{3}}\text{kN} = 5.77\text{kN}$$
$$Y_3 = F_{P3}\sin\gamma\sin\varphi = F_{P3}\frac{\sqrt{2}a}{\sqrt{3}a} \cdot \frac{a}{\sqrt{2}a} = \frac{10}{\sqrt{3}}\text{kN} = 5.77\text{kN}$$
$$Z_3 = -F_{P3}\cos\gamma = -F_{P3}\frac{a}{\sqrt{3}a} = -\frac{10}{\sqrt{3}}\text{kN} = -5.77\text{kN}$$

5.1.2 力沿空间直角坐标轴的分解

力 F 作用于物体上的 O 点，在空间直角坐标系中的位置如图 5.5 所示。求力 F 沿三个坐标轴方向的分力可应用力的平行四边形公理，先作力的平行四边形 $OEAD$，将力 F 分解为沿 z 轴和在 Oxy 面上的两个分力 F_z 和 F_{xy}；然后再作力的平行四边形 $OBEC$，将力 F_{xy} 分解为沿 x 轴和 y 轴方向的两个分力 F_x 和 F_y。则 F_x、F_y、F_z 就是力 F 沿空间直角坐标轴方向的三个分力。

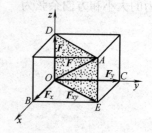

图 5.5 力的分解

将力 F 沿三个坐标轴上的分力与力 F 在三个轴上的投影进行比较可知，力 F 沿直角坐标轴方向分力的大小分别等于该力在相应坐标轴上投影的绝对值，即

$$F_x = |X|, \quad F_y = |Y|, \quad F_z = |Z|$$

而且，投影为正时，相应的分力就指向坐标轴的正向；投影为负时，则指向负向。因此，力沿直角坐标轴方向的分力可以通过该力在相应轴上的投影来求，但要明确分力作用线的位置。

5.1.3 空间汇交力系的合成

设在物体上有一汇交于 O 点的空间汇交力系 F_1，F_2，…，F_n，如图 5.6(a)所示，现求其合成的结果。

采用几何法求空间汇交力系的合成，空间矢量不便作图，通常都用解析法。空间汇交力系的合成同平面汇交力系一样也是以合力投影定理为依据的。平面汇交力系的合力投影定理可以推广到空间汇交力系，即**合力在任一轴上的投影等于力系中所有各力在同一轴上的投影的代数和**。建立空间直角坐标系(见图 5.6(b))，根据合力投影定理有

$$\left.\begin{array}{l}F_{Rx}=\sum X\\F_{Ry}=\sum Y\\F_{Rz}=\sum Z\end{array}\right\} \quad (5.4)$$

式中，F_{Rx}、F_{Ry}、F_{Rz} 分别为合力 F_R 在坐标轴 x、y、z 上的投影，$\sum X$、$\sum Y$、$\sum Z$ 分别为力系中各力在相应坐标轴上投影的代数和。如果已知 F_{Rx}、F_{Ry}、F_{Rz}，应用式(5.3)就可以求得合力 F_R 的大小和方向余弦为

$$\left.\begin{array}{l}F_R=\sqrt{F_{Rx}^2+F_{Ry}^2+F_{Rz}^2}=\sqrt{(\sum X)^2+(\sum Y)^2+(\sum Z)^2}\\\cos\alpha=\dfrac{F_{Rx}}{F_R}\\\cos\beta=\dfrac{F_{Ry}}{F_R}\\\cos\gamma=\dfrac{F_{Rz}}{F_R}\end{array}\right\} \quad (5.5)$$

合力的作用线通过原力系的汇交点。

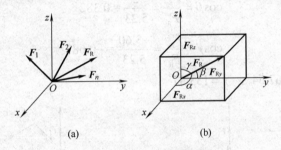

图 5.6 空间汇交力系的合成

【例 5.2】一固定吊环螺栓 A 和所取直角坐标系 $Axyz$ 如图 5.7(a)所示，在吊环 I 上作用一拉力 F_1，方向沿 z 轴正向；在吊环 II 上套有两根绳索，两绳索间的夹角 $\theta=30°$，拉力分别为 F_2 和 F_3，力 F_2 在坐标平面 Azx 内，它与力 F_3 所决定的平面包含 y 轴，且与坐标平面 Azx 正交。已知 $F_1=2\text{kN}$，$F_2=3\text{kN}$，$F_3=4\text{kN}$。求作用于螺栓 A 上的力的大小和方向。

解： 因为三个拉力都汇交于螺栓上，求螺栓受力就是求该力系的合力。

(1) 分析螺栓的受力，画出其受力图，如图 5.7(b)所示。

(2) 计算各力的投影。力 F_1 和 F_2 的投影用直接投影法来计算，则有

$$X_1=0, \quad Y_1=0, \quad Z_1=F_1$$
$$X_2=F_2\cos 60°, \quad Y_2=0, \quad Z_2=-F_2\sin 60°$$

力 F_3 的投影可用二次投影法来计算，即先向平面 Azx 投影，再分别向 x、z 轴投影，则有

$$X_3=F_3\cos\theta\cos 60°$$
$$Y_3=F_3\sin\theta$$
$$Z_3=-F_3\cos\theta\sin 60°$$

(3) 计算合力的投影：

$$F_{Rx} = X_1 + X_2 + X_3 = 0 + F_2\cos60° + F_3\cos\theta\cos60°$$
$$= 3\cos60° + 4\cos30°\cos60° = 3.23(kN)$$

$$F_{Ry} = Y_1 + Y_2 + Y_3 = 0 + 0 + F_3\sin\theta$$
$$= 4\sin30° = 2(kN)$$

$$F_{Rz} = Z_1 + Z_2 + Z_3 = F_1 - F_2\sin60° - F_3\cos\theta\sin60°$$
$$= 2 - 3\sin60° - 4\cos30°\sin60° = -3.60(kN)$$

(4) 计算合力的大小和方向：

$$F_R = \sqrt{F_{Rx}^2 + F_{Ry}^2 + F_{Rz}^2}$$
$$= \sqrt{3.23^2 + 2^2 + (-3.60)^2}\,kN = 5.23\,kN$$

设合力 F_R 与 x、y、z 轴的正向间夹角分别为 α、β、γ（见图 5.7(c)），则方向余弦为

$$\cos\alpha = \frac{F_{Rx}}{F_R} = \frac{3.23}{5.23} = 0.618$$

$$\cos\beta = \frac{F_{Ry}}{F_R} = \frac{2}{5.23} = 0.382$$

$$\cos\gamma = \frac{F_{Rz}}{F_R} = \frac{-3.60}{5.23} = -0.688$$

解得 $\alpha = 51.83°$，$\beta = 67.54°$，$\gamma = 133.47°$。

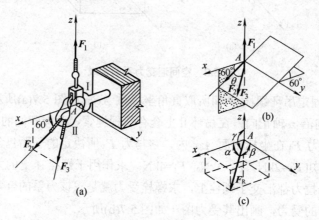

图 5.7 例 5.2 图

5.1.4 空间汇交力系的平衡条件

由于空间汇交力系可以合成为一个合力，因此，同平面汇交力系一样，**空间汇交力系平衡的必要与充分条件是：该力系的合力等于零**，即

$$F_R = \sqrt{(\sum X)^2 + (\sum Y)^2 + (\sum Z)^2} = 0$$

要使上式成立，必须满足

$$\left.\begin{array}{l}\sum X = 0 \\ \sum Y = 0 \\ \sum Z = 0\end{array}\right\} \qquad (5.6)$$

因此得出结论，空间汇交力系平衡的必要和充分条件是：力系中所有各力在三个坐标轴中每一轴上的投影的代数和分别等于零。式(5.6)称为空间汇交力系的平衡方程，利用这三个平衡方程可以求解三个未知量。求解空间汇交力系平衡问题的方法和步骤与平面汇交力系问题相同。

5.1.5 几种空间约束的类型

1．球形铰链支座

球形铰链支座简称球铰，它是由固连于被约束物体上的光滑圆球嵌入球窝形支座内而构成的。图 5.8(a)是球铰的典型构造，其简图如图 5.8(b)所示。球铰只能阻碍物体离开球心朝任意方向移动，但不能阻碍物体绕球心转动。所以，球铰的约束反力通过球心，方向未定，通常用沿空间直角坐标轴的 3 个分反力 X_A、Y_A、Z_A 来表示，如图5.8(c)所示。

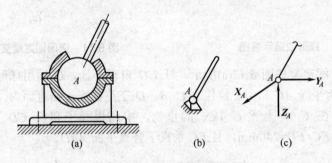

图 5.8 球形铰链示意图

2．止推轴承

图 5.9(a)是实际工程中常见的止推轴承的构造，其简图如图 5.9(b)所示。它可以阻碍物体沿转轴轴线方向的微小移动和与转轴垂直的任何一个平面内的移动，但不能阻碍物体绕转轴的转动。所以，其约束反力用沿空间直角坐标轴的 3 个分反力 X_A、Y_A、Z_A 来表示，如图 5.9(c)所示。

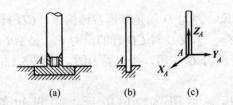

图 5.9 球形铰链示意图

3．蝶形铰链

图 5.10(a)是实际工程中常见的蝶形铰链的构造。蝶形铰链简称碟铰，就是通常所说的

折页。它是由两片折页与中间的销轴连接,然后两折页分别用螺钉与其他物体相连而成的。显然它能阻碍物体沿垂直于销钉轴线方向的移动,而不能阻碍物体绕销钉轴线的转动。所以,其约束反力用垂直于销钉轴线的两个互相垂直的分反力 Z_A、Y_A 来表示,如图 5.10(b)所示。

4. 空间固定端支座

图 5.11(a)是空间固定端支座的构造图形,其简图如图 5.11(b)所示。空间固定端支座与平面固定端支座性质相同,它能阻碍被约束物体在空间沿任意方向的移动和绕任何空间轴的转动。阻碍物体沿空间任意方向移动的约束反力可用沿空间直角坐标轴的 3 个分力 X_A、Y_A、Z_A 来表示;阻碍物体绕任何空间轴转动的约束力偶可用作用面相互垂直的力偶矩为 M_x、M_y、M_z 的 3 个分力偶来表示,如图 5.11(c)所示。

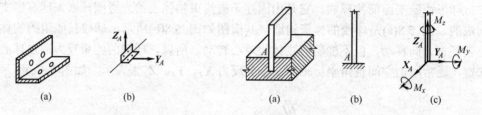

图 5.10 蝶形铰链示意图   图 5.11 空间固定端支座示意图

【例 5.3】空间支架如图 5.12(a)所示。杆 CD 自重不计,D 端用球形铰链与铅直墙连接,C 端用两根水平绳 AC 和 BC 拉住。A、B、D 三点在同一铅直平面内,D 点在 AB 中点 E 的正下方。如在 C 点挂一 G=1kN 的重物,求两根绳子和杆 CD 所受的力。已知 AE=EB=120mm,EC=ED=240mm,且 EC 垂直于竖直平面 ABD。

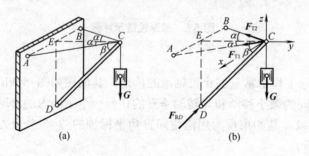

图 5.12 例 5.3 图

解:取 CD 为研究对象。因为 D 端是球形铰链约束,CD 杆的重量不计,且只在两端受力,所以 CD 杆为二力杆,球铰 D 对 CD 杆的反力 F_{RD} 必沿 CD 直线,杆在 C 端受绳拉力 F_{T1}、F_{T2} 作用,重物受重力 G 作用,画出受力图,如图 5.12(b)所示,这 4 个力组成空间汇交力系。

建立空间直角坐标系如图 5.12(b)所示,由已知条件知,$\angle ECD = 45°$,$\angle ACE = \angle ECB$,令 $\angle ECD = \beta$,$\angle ACE = \angle ECB = \alpha$,则 $\beta = 45°$,列平衡方程

$$\sum X = 0, \quad F_{T1}\sin\alpha - F_{T2}\sin\alpha = 0$$

$$\sum Y = 0, \quad F_{RD}\cos\beta - F_{T1}\cos\alpha - F_{T2}\cos\alpha = 0$$

$$\sum Z = 0, \quad F_{RD}\sin\beta - G = 0$$

解得

$$F_{RD} = \frac{G}{\sin\beta} = \frac{1}{\sin 45°} = 1.414(\text{kN})$$

得正号说明 F_{RD} 假设的方向正确。另解得

$$F_{T1} = F_{T2} = \frac{F_{RD}\cos\beta}{2\cos\alpha}$$

将 $\cos\alpha = \dfrac{CE}{AC} = \dfrac{24}{\sqrt{12^2 + 24^2}} = 0.894$ 及 F_{RD}、β 的值代入得

$$F_{T1} = F_{T2} = 0.559\text{kN}$$

5.2 空间一般力系

5.2.1 力对轴的矩

力可以使物体绕一点转动，也可以使物体绕一轴转动，这在日常生活和实际工程中经常遇到，力使物体绕轴转动的效应用力对该轴的矩来度量。

由实践经验知道，力使物体绕某固定轴转动的效应取决于力的大小、方向和作用在物体上的位置。图 5.13 所示为一扇可以绕固定轴 z 转动的门，在门的 A 点作用一力 F，为了确定力 F 使门绕 z 轴转动的效应，将力 F 分解为两个分力 F_z 和 F_{xy}，其中 F_z 与 z 轴平行，F_{xy} 与 z 轴垂直，其中分力 F_{xy} 即为力 F 在垂直于 z 轴的 H 平面上的投影。由经验可知，分力 F_z 不能使门绕 z 轴转动，只有分力 F_{xy} 才能使门绕 z 轴转动。可见，力 F 使门绕 z 轴转动的效应与 F_{xy} 使门绕 z 轴转动的效应是相同的。如以符号 $M_z(F)$ 表示力 F 对 z 轴的矩，点 O 为与 z 轴垂直的 H 平面与 z 轴的交点，d 为点 O 到力 F_{xy} 作用线的垂直距离，则有，力 F 对 z 轴的矩就等于分力 F_{xy} 对点 O 的矩，即

$$M_z(F) = M_O(F) = \pm F_{xy} \cdot d \tag{5.7}$$

综上所述可知，**力对某轴的矩等于力在与该轴垂直的平面上的分力对轴与该平面交点的矩**。由定义可知，力对轴的矩是代数量，其正负号可由右手法则确定，即以右手四指弯曲的方向表示力 F 使物体绕 z 轴转动的方向，如大拇指指向与 z 轴正向相同，则矩为正号，反之为负号，如图 5.14 所示。

力对轴的矩和力对点的矩单位相同，常用 N·m 或 kN·m。

力对轴的矩等于零的情况有两种。

(1) 当力与轴平行时，因力在垂直于该轴平面上的投影 $F_{xy}=0$，故力对轴的矩为零；

(2) 当力与轴相交时，此时，$d=0$，故力对轴的矩为零。

综合上述两种情况可见，当力与轴共面时，力对该轴的矩等于零。

空间力系的合力矩定理与平面力系相似，即，空间一般力系若有合力，则合力对某轴的矩等于各分力对该轴的矩的代数和。合力矩定理常用来简化力对轴的矩的计算。

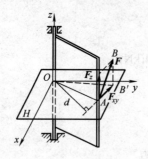
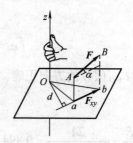

图 5.13 力对轴的矩示意图　　　　图 5.14 右手法则示意图

【例 5.4】图 5.15 所示手柄 ABCD 在平面 Axy 上，在 D 处作用一铅垂力 $F_P=500$N，求此力对轴 x、y 和 z 的力矩。

解： 由力对轴的矩的定义公式得力 F_P 对轴 x、y 和 z 的力矩分别为

$$M_x(F_P) = -F_P(0.3+0.2) = -500 \times 0.5 = -250(\text{N}\cdot\text{m})$$
$$M_y(F_P) = -F_P \times 0.36 = -500 \times 0.36 = -180(\text{N}\cdot\text{m})$$
$$M_z(F_P) = 0$$

【例 5.5】图 5.16 所示的托架 ABCD 套在转轴 z 上，D 点在水平面 Axy 上，图中长度单位以 mm 计。在 D 点作用一力 F_P，其大小 $F_P=300$N，力的作用线平行于平面 Axz，且与水平面成夹角 $\alpha=30°$，求力 F_P 对三个坐标轴的矩。

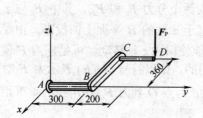
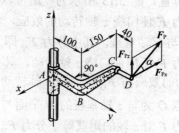

图 5.15　例 5.4 图　　　　图 5.16　例 5.5 图

解： 本题用合力矩定理来求力 F_P 对三个坐标轴的矩比较方便，因此，将力 F_P 在 D 点沿坐标轴 x、y、z 分解，各分力的大小为

$$F_{Px} = -F_P\cos\alpha = -300\cos30° = -259.8(\text{N})$$
$$F_{Py} = 0$$
$$F_{Pz} = F_P\sin\alpha = 300\sin30° = 150(\text{N})$$

由合力矩定理可得力 F_P 对三个坐标轴的矩分别为

$$M_x(F_P) = M_x(F_{Px}) + M_x(F_{Py}) + M_x(F_{Pz}) = 0 + 0 + F_{Pz}(0.1+0.04) = 150 \times 0.14 \text{N}\cdot\text{m} = 21\text{N}\cdot\text{m}$$
$$M_y(F_P) = M_y(F_{Px}) + M_y(F_{Py}) + M_y(F_{Pz}) = 0 + 0 + F_{Pz} \times 0.15 = 150 \times 0.15 \text{N}\cdot\text{m} = 22.5\text{N}\cdot\text{m}$$
$$M_z(F_P) = M_z(F_{Px}) + M_z(F_{Py}) + M_z(F_{Pz}) = F_{Px} \times (0.1+0.04) + 0 + 0 = 259.8 \times 0.14 \text{N}\cdot\text{m} = 36.37\text{N}\cdot\text{m}$$

5.2.2　空间一般力系的平衡方程

一般来说，在空间力系作用下，物体若不能平衡，就会在空间产生移动或转动。因为

力系中各力在空间三个坐标轴上的投影的代数和 $\sum X$、$\sum Y$、$\sum Z$ 分别会使物体沿坐标轴 x、y、z 方向移动；而力系中各力对三个坐标轴的矩 $\sum M_x(F)$、$\sum M_y(F)$、$\sum M_z(F)$ 分别会使物体绕坐标轴 x、y、z 转动，所以要使物体平衡（在空间不移动也不转动），也就是说，物体不能沿三个坐标轴的方向移动，也不能绕三个坐标轴转动，就需要力系中所有各力在三个坐标轴中每一轴上的投影的代数和都等于零，以及力系中各力对三个坐标轴的矩的代数和也都等于零。即

$$\left.\begin{array}{l}\sum X = 0 \\ \sum Y = 0 \\ \sum Z = 0 \\ \sum M_x = 0 \\ \sum M_y = 0 \\ \sum M_z = 0\end{array}\right\} \quad (5.8)$$

反之，如果力系满足式(5.8)的 6 个条件，则物体一定处于平衡状态。所以，式(5.8)是空间一般力系平衡的必要和充分条件，称为空间一般力系的平衡方程。

应用这 6 个平衡方程求解空间一般力系的平衡问题时，可解出 6 个未知量。

空间平行力系是空间一般力系的特例，其平衡方程可由空间一般力系的平衡方程推导出来。如图 5.17 所示，一空间平行力系 F_1，F_2，…，F_n，取 z 轴与各力平行，则 $\sum X = 0$，$\sum Y = 0$，$\sum M_z = 0$，即不论力系是否平衡，上列三式总是满足的。因此，空间平行力系的平衡方程为

$$\left.\begin{array}{l}\sum Z = 0 \\ \sum M_x = 0 \\ \sum M_y = 0\end{array}\right\} \quad (5.9)$$

即空间平行力系平衡的必要和充分条件是：力系中所有各力在与力的作用线平行的坐标轴上的投影的代数和等于零，对两个与力线垂直的轴的矩的代数和等于零。空间平行力系的三个平衡方程可用来求解三个未知量。

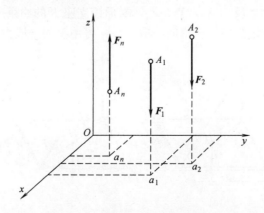

图 5.17　空间平行力系示意图

【例 5.6】 在三轮货车上放一重 $F_P=1\text{kN}$ 的货物，重力 F_P 的作用线通过矩形底板上的 M 点，如图 5.18(a)所示。已知 $O_1O_2=1\text{m}$，$O_3D=1.6\text{m}$，$O_1E=0.4\text{m}$，$EM=0.6\text{m}$，D 点是线段 O_1O_2 的中点，$EM \perp O_1O_2$。求由力 F_P 引起的 A、B、C 三处地面的铅直反力。

解： 取货车为研究对象，画出受力图如图 5.18(b)所示，货车受重力 F_P 与地面铅直反力 F_{NA}、F_{NB}、F_{NC} 作用而处于平衡状态，这 4 个力组成空间平行力系，应用空间平行力系的平衡方程可以求解三个未知量。

建立空间直角坐标系如图 5.18(b)所示，列出平衡方程

$$\sum Z = 0, \quad F_{NA} + F_{NB} + F_{NC} - F_P = 0$$

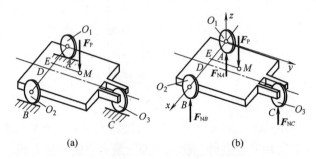

图 5.18 例 5.6 图

$$\sum M_x = 0, \quad F_{NC} \times 1.6 - F_P \times 0.6 = 0$$
$$\sum M_y = 0, \quad F_P \times 0.4 - F_{NB} \times 1 - F_{NC} \times 0.5 = 0$$

解得

$$F_{NC} = \frac{0.6}{1.6} F_P = \frac{0.6}{1.6} \times 1\text{kN} = 0.375\text{kN}$$

$$F_{NB} = F_P \times 0.4 - F_{NC} \times 0.5 = (1 \times 0.4 - 0.375 \times 0.5)\text{kN} = 0.213\text{kN}$$

$$F_{NA} = F_P - F_{NB} - F_{NC} = (1 - 0.213 - 0.375)\text{kN} = 0.412\text{kN}$$

【例 5.7】 匀质等厚矩形板 $ABCD$ 重 $G=200\text{N}$，用球形铰支座 A 和蝶形铰支座 B 将其与墙壁连接，并用绳索 CE 拉住使其保持在水平位置，如图 5.19(a)所示。已知 A、E 两点同在一铅直线上，且 $\angle ECA = \angle BAC = 30°$，求支座 A、B 的反力及绳的拉力。

解： 取矩形板 $ABCD$ 为研究对象，分析板的受力，主动力有重力 G、绳索的拉力 F_T；球形铰支座 A 的约束反力 X_A、Y_A、Z_A，蝶形铰支座 B 的约束反力 X_B、Z_B，画出其受力图如图 5.19(b)所示。这些力构成空间一般力系，可用空间一般力系的平衡方程求解。

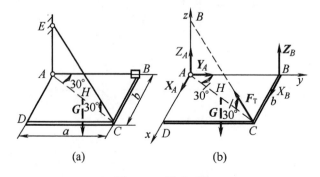

图 5.19 例 5.7 图

为了便于计算绳索拉力 F_T 对各轴的矩，可将其分解为与 z 轴平行的分力 F_{Tz} 和位于 Axy 平面内的分力 F_{Txy}，且 $F_{Tz}=F_T\sin30°$，$F_{Txy}=F_T\cos30°$。根据合力矩定理，力 F_T 对某轴的矩等于分力 F_{Tz} 和 F_{Txy} 对同一轴的矩的代数和。

设矩形板两相邻边的长度分别为：$AB=a$，$AD=b$，列平衡方程求解未知力。

由
$$\sum M_y = 0, \quad G\cdot\frac{b}{2}-F_{Tz}\cdot b=0$$

得
$$F_{Tz}=\frac{G}{2}$$

再由
$$F_{Tz}=F_T\sin30°$$

得
$$F_T=\frac{F_{Tz}}{\sin30°}=\frac{G}{2\sin30°}=200\text{N}$$

由
$$\sum M_x=0, \quad -G\cdot\frac{a}{2}+F_{Tz}\cdot a+Z_B\cdot a=0$$

得
$$Z_B=0$$

由
$$\sum M_z=0, \quad -X_B\cdot a=0$$

得
$$X_B=0$$

由
$$\sum X=0, \quad X_A-F_{Txy}\sin30°+X_B=0$$

得
$$X_A=F_{Txy}\sin30°-X_B=F_T\cos30°\sin30°=200\times\frac{\sqrt{3}}{2}\times\frac{1}{2}\text{N}=86.6\text{N}$$

由
$$\sum Y=0, \quad Y_A-F_{Txy}\cos30°=0$$

得
$$Y_A=F_{Txy}\cos30°=F_T\cos30°\cdot\cos30°=200\times\frac{\sqrt{3}}{2}\times\frac{\sqrt{3}}{2}\text{N}=150\text{N}$$

由
$$\sum Z=0, \quad Z_A-G+F_{Tz}+Z_B=0$$

得
$$Z_A=G-F_{Tz}-Z_B=200-F_T\sin30°-Z_B=\left(200-200\times\frac{1}{2}\right)\text{N}=100\text{N}$$

通过以上的例题分析可知，空间力系平衡问题的解题步骤与平面力系相同。为了计算方便，解题时应使投影轴与较多的未知力垂直，力矩轴与较多的未知力相交或平行，投影轴与力矩轴可以不重合，尽量做到一个方程中只包含一个未知量。

5.3 重 心

5.3.1 重心的概念

地球表面附近的物体都会受到地球引力的作用，这个引力称为物体的重力。重力的大小称为物体的**重量**。重力作用于物体内的每一微小部分，是一个分布力系。这些重力汇交于地心，但因地球远比一般物体大，故物体上各点到地心的连线几乎平行，因此，可以足够精确地认为这些重力组成一个空间平行力系。由试验可知，不论将物体怎样放置，只要物体的体积和形状都不变，这个空间平行力系合力的作用点总是在相对物体位置不变的一个确定点，这个点就是物体重力的作用点，称为物体的**重心**。由此可见，通过找出空间平行力系合力的作用点就可确定物体的重心位置。

重心位置的确定在实际工程中具有重要的意义。例如，安装管道、机械和预制构件就需要知道重心的位置，以便吊装工作能够平稳地进行；在转动机械中，若其转动部分的重心不在转轴上，就会引起强烈的振动而造成各种不良后果；而混凝土振捣器、振动式压路机等机械转动部分的重心又必须偏离转轴，才能发挥它们的振动作用；在房屋构件截面设计以及挡土墙、重力水坝、起重机等倾翻问题中，都涉及重心位置的确定。

5.3.2 重心和形心的坐标公式

1. 一般物体重心的坐标公式

为了确定物体的重心位置，可将它分割为许多小块(设为 n 块)，并分别以 ΔG_1，ΔG_2，…，ΔG_n 表示各小块的重量，如图 5.20 所示。则物体的重量为

$$G = \Delta G_1 + \Delta G_2 + \cdots + \Delta G_n$$

即

$$G = \sum \Delta G$$

建立图 5.20 所示的空间直角坐标系 $Oxyz$，分别用 $(x_1, y_1, z_1), (x_2, y_2, z_2), \cdots, (x_n, y_n, z_n)$ 表示各小块的重心位置。无论物体怎样放置，重力 G 的作用线均通过某点 C，该点即为物体的重心。C 点的坐标用 (x_C, y_C, z_C) 表示。根据合力矩定理可知，物体的重力 G 对 x 轴的矩等于各小块重力对 x 轴之矩的代数和。

$$M_x(G) = \sum M_x(\Delta G)$$

即

$$-G \cdot y_C = -\Delta G_1 \cdot y_1 - \Delta G_2 \cdot y_2 - \cdots - \Delta G_n \cdot y_n = \sum \Delta G \cdot y$$

故

$$y_C = \frac{\sum \Delta G \cdot y}{G}$$

同理对 y 轴应用合力矩定理可得

$$x_C = \frac{\sum \Delta G \cdot x}{G}$$

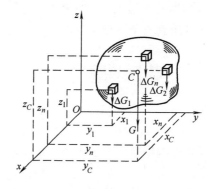

图 5.20 物体的重心坐标示意图

将物体连同坐标轴转过 90°而使坐标面 Oxz 成为水平面，由重心的概念可知，此时物体重心的位置 C 不变，再对 x 轴应用合力矩定理，可得

$$z_C = \frac{\sum \Delta G \cdot z}{G}$$

因此,一般物体的重心公式为

$$\left.\begin{array}{l} x_C = \dfrac{\sum \Delta G \cdot x}{G} \\[6pt] y_C = \dfrac{\sum \Delta G \cdot y}{G} \\[6pt] z_C = \dfrac{\sum \Delta G \cdot z}{G} \end{array}\right\} \qquad (5.10)$$

2. 匀质物体重心的坐标公式

许多物体都可以看作匀质的,即物体每单位体积的重量 γ 是常数,将匀质物体分成许多小微块,用 $\Delta V_1, \Delta V_2, \cdots, \Delta V_n$ 分别表示每一小微块的体积,整个物体的体积为 V,则有

$$\Delta G_1 = \gamma \cdot \Delta V_1, \quad \Delta G_2 = \gamma \cdot \Delta V_2, \quad \cdots, \quad \Delta G_n = \gamma \cdot \Delta V_n$$
$$G_n = \gamma \cdot V$$

代入式(5.10)可得匀质物体重心的坐标公式为

$$\left.\begin{array}{l} x_C = \dfrac{\sum \Delta V \cdot x}{V} \\[6pt] y_C = \dfrac{\sum \Delta V \cdot y}{V} \\[6pt] z_C = \dfrac{\sum \Delta V \cdot z}{V} \end{array}\right\} \qquad (5.11)$$

由式(5.11)可知,匀质物体的重心位置完全取决于物体的几何形状,而与物体的重量无关。由物体的几何形状和尺寸所确定的物体的几何中心,称为**形心**。所以式(5.11)也是**体积形心的坐标公式**。对于匀质物体来说,形心和重心是重合的。

3. 匀质薄板重心的坐标公式

如物体为匀质等厚的薄平板,取平板对称面为坐标面 Oxy,如图 5.21 所示。因为每一微小部分的 z_i 为零,所以 z_C 也等于零。薄平板的重心就在其对称面内,因此,其重心坐标只有 x_C 和 y_C 两个值,又因等厚平板的面积与其体积成正比,故式(5.11)中体积可以用面积来代替,因此可得匀质薄板重心的坐标公式

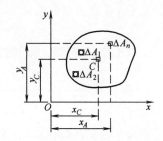

图 5.21 匀质薄板的重心坐标示意图

$$\left.\begin{array}{l} x_C = \dfrac{\sum \Delta A \cdot x}{A} \\[6pt] y_C = \dfrac{\sum \Delta A \cdot y}{A} \end{array}\right\} \qquad (5.12)$$

由于等厚匀质薄平板的形心坐标只与板的平面形状有关,而与板的厚度无关,故

式(5.12)也是平面图形面积形心的坐标公式。

5.3.3 确定物体重心的几种方法

1. 利用对称性求物体的重心

对于具有对称面、对称轴或对称中心的匀质物体，其重心必在它们的对称面、对称轴或对称中心上。例如，匀质圆球的重心在其对称中心(球心)上；匀质矩形薄板和工字形薄板的重心在其对称轴的交点上；匀质 T 形薄板和槽形薄板的重心在其对称轴上，如图 5.22 所示。

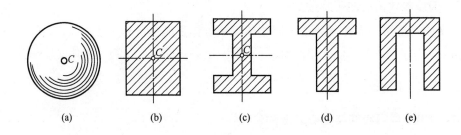

图 5.22 对称物体的重心示意图

2. 积分法求重心

对于形状规则的物体，可用积分法求重心。利用积分法时，应根据物体的几何形状合理地建立坐标系，并选取微元体，定出微元体的坐标，再利用重心的坐标公式进行积分就可求出重心的位置。

【例 5.8】试求一段匀质圆弧的重心。设圆弧的半径为 R，圆弧所对的圆心角为 2α，如图 5.23 所示。

解：选圆弧的对称轴为 x 轴，并以圆心 O 为原点建立坐标系 Oxy，则由对称性知

$$y_C = 0$$

如以 $d\theta$ 表示圆弧上微圆弧长 dL 所对的圆心角，则

$$x_C = \frac{\int_L x dL}{L} = \frac{2\int_0^\alpha R\cos\theta \cdot R d\theta}{2\int_0^\alpha R d\theta} = R\frac{\sin\alpha}{\alpha}$$

若为半圆弧，则 $\alpha = \frac{\pi}{2}$，从而有

$$x_C = \frac{2R}{\pi} = 0.637R$$

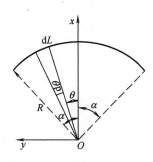

图 5.23 例 5.8 图

一些常见形体的重心可以从工程手册上查到，例如实际工程中常用型钢的截面形心就可从型钢表中查到。表 5.1 列出了几种简单形状物体的重心，以供参考。

表 5.1 简单物体的重心

图 形	形心位置	面积或体积
直角三角形	$x_c = \dfrac{a}{3}$ $y_c = \dfrac{h}{3}$	$\Delta = \dfrac{ah}{2}$
三角形	在三中线的交点 $y_c = \dfrac{h}{3}$	$\Delta = \dfrac{ah}{2}$
梯形	在上、下中点的连线上 $y_c = \dfrac{h}{3} \cdot \dfrac{a+2b}{a+b}$	$\Delta = \dfrac{h}{2}(a+b)$
半圆形	$y_c = \dfrac{4r}{3\pi}$	$\Delta = \dfrac{\pi r^2}{2}$
扇形	$x_c = \dfrac{2}{3} \cdot \dfrac{r\sin\alpha}{\alpha}$	$\Delta = \alpha r^2$
弓形	$x_c = \dfrac{2}{3} \cdot \dfrac{r^3 \sin^3\alpha}{\Delta}$	$\Delta = \dfrac{r^2(2\alpha - \sin 2\alpha)}{2}$

续表

图　形	形心位置	面积或体积
二次抛物线(1) 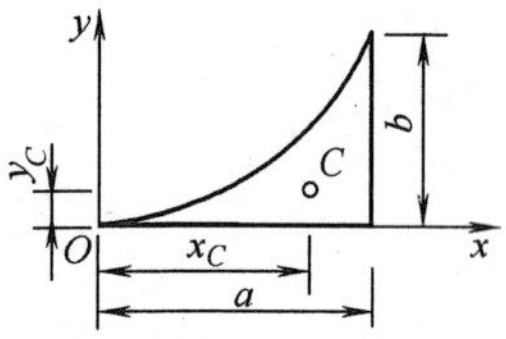	$x_c = \dfrac{3}{4}a$ $y_c = \dfrac{3}{10}b$	$A = \dfrac{1}{3}ab$
二次抛物线(2) 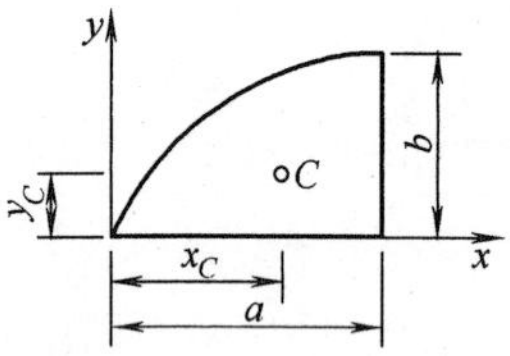	$x_c = \dfrac{3}{5}a$ $y_c = \dfrac{3}{8}b$	$A = \dfrac{2}{3}ab$
半球体 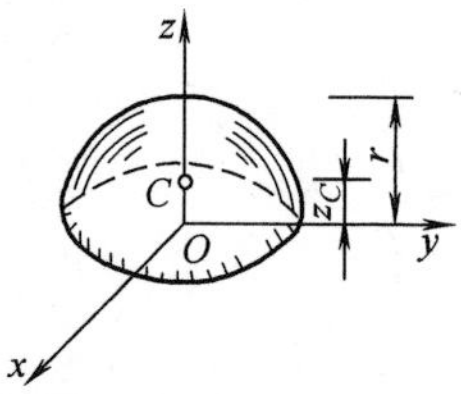	$z_c = \dfrac{3}{8}r$	$V = \dfrac{2}{3}\pi r^3$
正锥体(圆锥、棱锥) 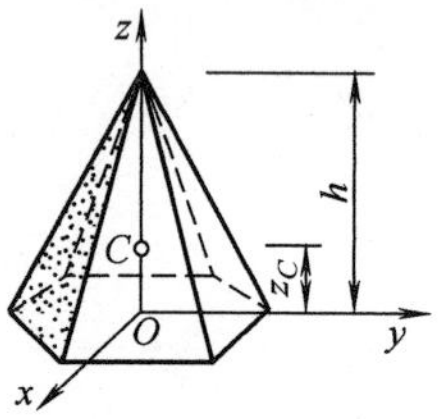	$z_c = \dfrac{h}{4}$	$V = \dfrac{1}{3}hA$

3．组合法求重心

工程中常见的物体常常是简单形体的组合，称为组合形体。若各简单形体的重心位置是已知的，或者容易求出，这时可用分割法和负面积法求出组合形体的重心位置。

1) 分割法

将组合形体分割为若干个简单的形体，找出或计算出各简单形体的重心，则整个组合体的重心即可由重心坐标公式求出，这种方法称为分割法。

【例 5.9】试求图 5.24 所示 Z 形平面图形的形心。

解：建立图 5.24 所示的直角坐标系，将平面图形用虚线分割成三个矩形，用 A_1、A_2、A_3 分别表示它们的面积；用 $C_1(x_1, y_1)$、$C_2(x_2, y_2)$、$C_3(x_3, y_3)$ 分别表示它们的形心位

置,则有

$$A_1 = 300\text{mm}^2, \quad x_1 = -15\text{mm}, \quad y_1 = 45\text{mm}$$
$$A_2 = 400\text{mm}^2, \quad x_2 = 5\text{mm}, \quad y_2 = 30\text{mm}$$
$$A_3 = 300\text{mm}^2, \quad x_3 = 15\text{mm}, \quad y_3 = 5\text{mm}$$

应用公式(5.12)可得 Z 形平面图形的形心坐标为

$$x_C = \frac{\sum \Delta A \cdot x}{A} = \frac{A_1 x_1 + A_2 x_2 + A_3 x_3}{A_1 + A_2 + A_3} = \frac{300 \times (-15) + 400 \times 5 + 300 \times 15}{300 + 400 + 300} \text{mm} = 2\text{mm}$$

$$y_C = \frac{\sum \Delta A \cdot y}{A} = \frac{A_1 y_1 + A_2 y_2 + A_3 y_3}{A_1 + A_2 + A_3} = \frac{300 \times 45 + 400 \times 30 + 300 \times 5}{300 + 400 + 300} \text{mm} = 27\text{mm}$$

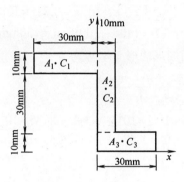

图 5.24 例 5.9 图

2) 负面积法

有些组合形体可以看作是从某个简单形体中挖去另一个简单形体而成的,其重心仍可用与分割法相同的公式求得,只是应将切去部分的重量、体积或面积取为负值,这种方法称为负面积法。

【例 5.10】求图 5.25 所示平面图形的形心。已知 a=400mm,b=300mm,r_1=100mm,r_2=50mm。

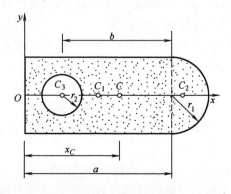

图 5.25 例 5.10 图

解:取图形的对称轴为 x 轴,则图形的形心必在 x 轴上。y 轴与图形左侧铅直线重合,这样各形心的 x 坐标都是正值。

将平面图形看作是由一个矩形和一个半圆形组合后再挖去一个圆孔而成,因而圆孔的面积应是负值。设各简单图形的形心分别为 $C_1(x_1, y_1)$、$C_2(x_2, y_2)$、$C_3(x_3, y_3)$,则各简单图形的面积和形心坐标为

$$A_1 = a \cdot 2r_1 = 400 \times 2 \times 100 \text{mm}^2 = 8 \times 10^4 \text{mm}^2$$

$$x_1 = \frac{a}{2} = 200 \text{mm}$$

$$A_2 = \frac{\pi}{2} \cdot r_1^2 = \frac{\pi}{2} \times 100^2 = 1.57 \times 10^4 (\text{mm}^2)$$

$$x_2 = a + \frac{4r_1}{3\pi} = \left(400 + \frac{4 \times 100}{3\pi}\right) \text{mm} = 443 \text{mm}$$

$$A_3 = -\pi \cdot r_2^2 = -\pi \times 50^2 = -0.785 \times 10^4 (\text{mm}^2)$$

$$x_3 = a - b = (400 - 300) \text{mm} = 100 \text{mm}$$

应用公式(5.12)可得平面图形的形心坐标为

$$x_C = \frac{\sum \Delta A \cdot x}{A} = \frac{A_1 x_1 + A_2 x_2 + A_3 x_3}{A_1 + A_2 + A_3}$$

$$= \frac{8 \times 10^4 \times 200 + 1.57 \times 10^4 \times 443 + (-0.785 \times 10^4) \times 100}{8 \times 10^4 + 1.57 \times 10^4 - 0.785 \times 10^4} \text{mm} = 252 \text{mm}$$

$$y_C = 0$$

5.4 小　　结

本章讨论了空间力系的平衡问题和物体重心位置的求法。

1. 空间力系的平衡问题

1) 力在空间直角坐标轴上的投影

(1) 直接投影法。应用这个方法的条件是已知力与各坐标轴正向间的夹角。

(2) 二次投影法。应用这个方法的条件是已知力与某一轴的夹角和该力在垂直于此轴的平面上的投影与这个平面内任一轴的夹角。

有些情况下,力与坐标轴的夹角未直接给出,需要利用力作用线的几何位置来计算力的方向余弦,然后再根据直接投影法求出力的投影。

2) 力对轴的矩

力对轴的矩是对力使物体绕轴转动的效应的度量。

(1) 根据定义求力对轴的矩:一个力对某一轴的矩等于这个力在与该轴垂直平面上的分力对轴与该平面交点的矩,公式为

$$M_z(F) = \pm F_{xy} \cdot d$$

(2) 根据合力矩定理求力对轴的矩:将力沿空间直角坐标分解为三个分力,该力对某轴的矩等于三个分力对同一轴的矩的代数和。

3) 空间力系的平衡方程

(1) 空间汇交力系。空间汇交力系有三个平衡方程,可以求解三个未知力。其平衡方

程为
$$\sum X = 0, \quad \sum Y = 0, \quad \sum Z = 0$$

(2) 空间平行力系。空间平行力系有三个平衡方程，可以求解三个未知力。其平衡方程为
$$\sum Z = 0, \quad \sum M_x = 0, \quad \sum M_y = 0$$

(3) 空间一般力系。空间一般力系有 6 个平衡方程，可以求解 6 个未知力。其平衡方程为
$$\sum X = 0, \quad \sum Y = 0, \quad \sum Z = 0, \quad \sum M_x = 0, \quad \sum M_y = 0, \quad \sum M_z = 0$$

4) 空间平衡问题解题注意事项

建立清晰的空间概念和空间想象力。因为空间力系各力的空间位置都是用平面图表示的，对于力与三个坐标轴的夹角关系在平面图中不是很直观，因此，要有空间的想象力，不能用平面的概念去看，才不至于计算时出现错误。

坐标轴的选择原则：投影轴应与较多的未知力垂直，力矩轴应与较多的未知力相交或平行，投影轴与力矩轴可以不重合，尽量做到一个方程中只包含一个未知量。

2．物体的重心

1) 重心和形心的概念

物体的重心是物体各微小部分的重力所组成的空间平行力系的合力作用点。形心是物体几何形状的中心。匀质物体的重心与形心相重合。

2) 重心和形心的坐标公式

(1) 非匀质物体的重心的坐标公式：
$$x_C = \frac{\sum \Delta G \cdot x}{G}, \quad y_C = \frac{\sum \Delta G \cdot y}{G}, \quad z_C = \frac{\sum \Delta G \cdot z}{G}$$

(2) 匀质物体的重心(形心)的坐标公式：
$$x_C = \frac{\sum \Delta V \cdot x}{V}, \quad y_C = \frac{\sum \Delta V \cdot y}{V}, \quad z_C = \frac{\sum \Delta V \cdot z}{V}$$

(3) 匀质薄板的重心，也就是平面图形的形心坐标公式：
$$x_C = \frac{\sum \Delta A \cdot x}{A}, \quad y_C = \frac{\sum \Delta A \cdot y}{A}$$

3) 组合图形形心的求法

(1) 对称法；

(2) 积分法；

(3) 分割法和负面积法。

4) 解题注意事项

在用负面积法求重心坐标时，公式中的坐标值和面积均为代数量，其中，实面积为正值，虚面积为负值。

5.5 思 考 题

1. 力在空间直角坐标轴上的投影和沿坐标轴的分力之间有什么联系和区别？
2. 如果力 F 与 y 轴的夹角为 β，问在什么情况下此力在 z 轴上的投影为 $Z = F\sin\beta$？且求该力在 x 轴上的投影。
3. 为什么说空间汇交力系各力在任意三个既不共面又不相互平行的轴上的投影的代数和等于零，则必是平衡力系？
4. 在什么情况下力对轴的矩等于零？
5. 已知力 F 在 z 轴上的投影及它对 z 轴的矩有下列三种情况，说明各种情况下力 F 的作用线与 z 轴的关系。
  (1) $Z=0$，$M_z=0$；
  (2) $Z=0$，$M_z \neq 0$；
  (3) $Z \neq 0$，$M_z=0$。
6. 计算物体的重心位置时，如果选取两个不同的坐标系计算出的重心坐标是否相同？如不相同，是否意味着物体的重心相对于此物体的位置将随坐标系的选择不同而不同？
7. 物体的重心是否一定在物体上？为什么？
8. 非匀质物体的重心和它的形心重合吗？
9. 一匀质等截面直杆的重心在哪里？若把它弯成半圆形，重心的位置是否改变？如将直杆三等分，然后折成⌐形或⊏形，问二者重心的位置是否相同？

5.6 习 题

1. 试分别求图 5.26 所示各力在三个坐标轴上的投影：
  (1) 图 5.26(a)中 F_{P1}=200N，F_{P2}=150N，F_{P3}=250N；
  (2) 图 5.26(b)中 F_{P1}=300N，F_{P2}=200N。

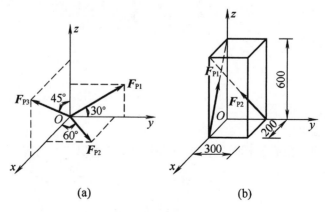

图 5.26 习题 1 图

答案：(1) $X_1=0$，$Y_1=173.2N$，$Z_1=100N$；
　　　　$X_2=75N$，$Y_2=129.9N$，$Z_2=0$；
　　　　$X_3=176.8N$，$Y_3=0$，$Z_3=176.8N$
　　　(2) $X_1=-94.9N$，$Y_1=0$，$Z_1=285N$；
　　　　$X_2=57.1N$，$Y_2=-85.7N$，$Z_2=171.4N$

2. 在正方体的顶点作用有 5 个力，如图 5.27 所示。已知 $F_1=400N$，$F_2=100N$，$F_3=300N$，$F_4=150N$，$F_5=200N$，求这 5 个力的合力 F_R 的大小和方向。

答案：$F_R=290.6N$，$\alpha=127.9°$，$\beta=42.1°$，$\gamma=105.7°$

3. 如图 5.28 所示，已知 $\angle CBA = \angle BCA = 60°$，$\angle EAD = 30°$，物体重 $G=3kN$，平面 ABC 是水平的，A、B、C 三点都是铰接。试求撑杆 AB 和 AC 所受的力及绳索 AD 的拉力。

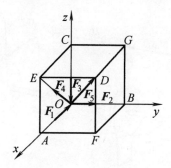

图 5.27　习题 2 图

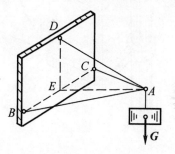

图 5.28　习题 3 图

答案：$F_{NAB} = F_{NAC} = 3kN(压力)$，$F_T = 6kN$

4. 人字起吊设备如图 5.29 所示，缆绳 AD 所能承受的张力 $F_{NAB}=900N$。求被起吊的重物的最大重量 G，以及此时撑杆 AB、AC 所受的力。AB、AC 两杆自重不计。

答案：$G=805.1N$，$F_{NAB}=F_{NAC}=752.7N(压力)$

5. 图 5.30 所示柱截面，在 A 点受铅垂力 F_P 作用。已知 $P=100N$，求该力对三个坐标轴的矩。

答案：$M_x=-25kN\cdot m$，$M_y=-10kN\cdot m$，$M_z=0$

6. 求图 5.31 所示力 F 对 z 轴的矩。已知 $F=1kN$。

答案：$M_z=0.15kN\cdot m$

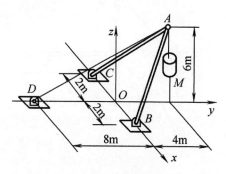

图 5.29　习题 4 图

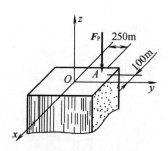

图 5.30　习题 5 图

7. 水平轴上装有两个凸轮，如图 5.32 所示。凸轮 D 处受到水平力 F_P 作用，且 $P=800$N。求当结构平衡时作用于凸轮 C 的铅垂力 F_Q 的大小及径向轴承 A、B 的反力。

答案：$F_Q = 800$N，$X_A = 320$N，$Z_A = -480$N，$X_B = -1120$N，$Z_B = -320$N

8. 装有两个带轮 C 和 D 的水平传动轴 AB 支承于径向轴承 A、B 上，如图 5.33 所示，轮的半径 $r_1 = 200$mm，$r_2 = 250$mm，距离 $a = b = 500$mm，$c = 1000$mm。已知轮 C 上胶带拉力的方向为水平，其大小为 $F_{T2} = 2F_{T1} = 5$kN；轮 D 上两边的胶带互相平行，并与铅垂线夹角为 $\alpha = 30°$，其拉力大小 $F_{T3} = 2F_{T4}$。不计轮和轴的重量，试求在平衡状态下胶带拉力 F_{T3}、F_{T4} 及轴承 A、B 的约束反力。

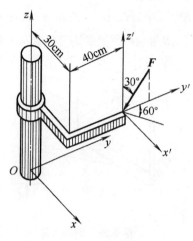

图 5.31 习题 6 图

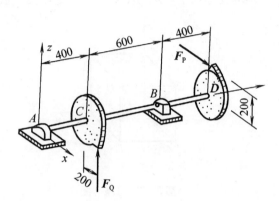

图 5.32 习题 7 图

答案：$F_{T3} = 4$kN，$F_{T4} = 2$kN，$X_B = -4.13$kN，$Z_B = 3.90$kN，$X_A = -6.37$kN，$Z_A = 1.30$kN

9. 施工中，用于起吊构件的一种简易设备如图 5.34 所示，立柱 AB 以球铰支于 A 点，并用两绳 BH、BG 拉住；被起吊的物体重 $G = 20$kN，杆 CD 在绳 BH 和 BG 的对称铅直平面内。求系统平衡时两绳的拉力和 A 处的约束反力。

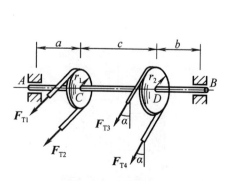

图 5.33 习题 8 图

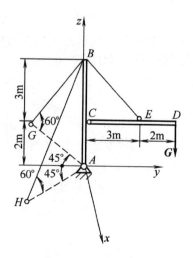

图 5.34 习题 9 图

答案：$F_{TBH} = 20\text{kN}$，$F_{TBG} = 28.3\text{kN}$，$X_A = 0$，$Y_A = 20\text{kN}$，$Z_A = 58.6\text{kN}$

10. 正方形 *ABCD* 用 6 根链杆支撑，如图 5.35 所示，在点 *A* 沿 *AD* 边作用一水平力 *F*。若不计板自重，求各杆的内力。

答案：$F_1 = -F$，$F_2 = \sqrt{2}F$，$F_3 = F$，$F_4 = -\sqrt{2}F$，$F_5 = -\sqrt{2}F$，$F_6 = F$

11. 试求图 5.36 所示平面图形形心的位置。

答案：(a) $y_C = 0.443\text{m}$，$z_C = 0.3\text{m}$

(b) $y_C = 0.193\text{m}$，$z_C = 0.093\text{m}$

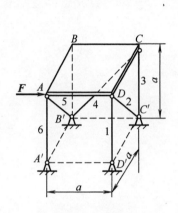
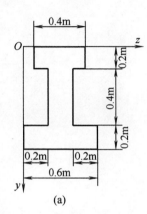
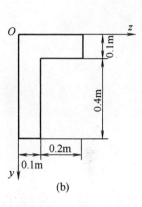

图 5.35 习题 10 图　　　　　　图 5.36 习题 11 图

12. 从 $r = 120\text{mm}$ 的匀质圆板中挖去一个等腰三角形，如图 5.37 所示，图中尺寸单位为 mm。试求板的重心位置。

答案：$x_C = 6.5\text{mm}$

13. 求图 5.38 中各图形的形心坐标。

答案：(a) $y_C = \dfrac{14R}{9\pi}$

(b) $x_C = 0.70\text{m}$，$y_C = 0.88\text{m}$

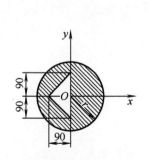
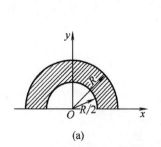
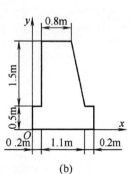

图 5.37 习题 12 图　　　　　　图 5.38 习题 13 图

第二篇 材料力学

  静力学在研究作用于物体上各种力系的平衡条件时，忽略了物体所产生的变形，将物体看作是刚体。本篇将进一步研究物体在力作用下的变形和破坏规律。研究变形时不能将物体视为刚体，必须将物体视为变形体。

  结构或构件的几何形状及尺寸大小在荷载作用下会产生一定程度的改变，即产生了变形。变形时，构件内部各质点间的相对位置将有变化，各部分之间产生了相互作用力，这种内部作用力称为内力。荷载增加时变形增大，相应地，内力也增大。但荷载作用下构件所产生的变形与内力是有一定限度的，一旦超过这种限度构件就被破坏。

  为了保证构件能安全正常地工作，构件应具有足够的强度；同时，也要求构件具有足够的刚度，使构件在荷载作用下不发生过大的变形而影响使用。此外，有些构件在荷载增大到一定程度时会突然出现不能维持其平衡状态的现象，因此，要求构件在工作时应具有足够的维持原有平衡状态稳定性的能力。

  构件的强度、刚度、稳定性与构件材料的力学性能有关，而材料的力学性能需要通过实验来测定。此外，工程上还存在着单靠理论分析尚难解决的复杂问题，需要依靠实验来解决。因此，在材料力学中，实验占有十分重要的地位。

第6章 材料力学基础

6.1 材料力学的任务

6.1.1 结构材料的基本要求

建筑物和机械通常都受到各种外力作用，例如，厂房外墙受到的风压力、建筑物承受的重力地震力、水坝所承受的水压力等都称为外力。建筑物中承受荷载而起骨架作用的部分称为结构。一个结构常由若干构件组成，在结构使用过程中各构件都将受到荷载作用，在荷载作用下会发生形状和尺寸的改变，即产生变形，同时在构件的内部产生一种抵抗变形的内力。随着外力的增大，构件的变形和内力也增大，为确保结构能正常使用，各构件都必须满足下列要求。

1．强度要求

构件在外力作用下不应发生破坏，即应具有足够的强度。如房屋中的梁、板、柱在使用时都不允许发生断裂。构件抵抗破坏的能力称为强度。

2．刚度要求

构件在外力作用下发生的变形应在允许的范围内，即应具有足够的刚度。一部分构件虽然满足强度要求，但如果发生过大的变形仍会影响其正常使用。如楼面梁弯曲变形过大将使下面的抹灰层开裂、脱落，檩条变形过大会引起屋面漏水等。因此必须使构件在使用过程中的变形限制在一定的范围内。构件抵抗变形的能力称为刚度。

3．稳定性要求

构件在外力作用下，其原有的平衡状态应保持稳定，不应发生突变而丧失稳定。如细长的受压直杆在压力不太大的时候可以保持其原有的直线形状的平衡，当压力增加到一定的数值时，压杆不能保持其原有的直线形状而突然弯曲甚至折断，失去工作能力，这种现象就称为丧失稳定，简称失稳。建筑物中的承重柱、屋架结构中的受压杆件都有可能由于丧失稳定性而使整个结构倒塌。构件维持原有平衡状态的能力称为稳定性，对构件的这一要求称为稳定性要求。

不同的构件对强度、刚度、稳定性三方面的要求程度有所不同，但首先必须满足强度要求。构件满足强度、刚度、稳定性要求的能力统称为构件的承载能力。

一个合理的构件设计，不但应满足强度、刚度、稳定性三方面的要求以保证构件安全可靠，还应尽可能地选用合适的材料并减少其用量，以降低成本和减轻构件自重。即构件除了满足安全性要求外，还应力求实现经济的目的。因此，材料力学的任务就是在满足强度、刚度、稳定性要求的条件下，为设计既安全又经济的构件提供必要的理论基础和计算方法。

综上所述材料力学必须研究构件在荷载作用下的变形和破坏规律，即材料的力学性质。而研究构件的强度、刚度和稳定性与构件截面形状和尺寸之间的关系需要通过实验来测定，此外，工程中一些尚无理论分析结果的问题也需通过实验来解决，因此，材料力学是一门理论与实验并重的学科。

6.1.2 材料力学的研究对象及几何特征

构件有各种几何形状，材料力学所研究的主要构件从几何上大都抽象为杆。杆件的几何特征是横向尺寸远小于其长度尺寸，如房屋结构中的梁、柱，屋架结构中的弦杆、腹杆等都可视为杆件。

杆件的几何形状和尺寸通常由其横截面和轴线这两个主要因素来描述。横截面是指垂直于杆件长度方向的截面，轴线是杆件各横截面形心的连线，如图6.1所示。轴线为直线且沿杆长各横截面形状和尺寸相同的杆称为等直杆。材料力学的主要研究对象就是等直杆。

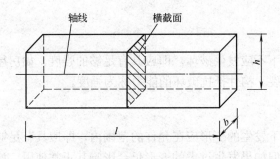

图6.1　杆件截面特征

6.2　变形固体的性质及其基本假设

6.2.1 变形固体的概念

房屋建筑中的构件都是由固体材料制成的，如钢材、木材、混凝土、砖、石等，这些材料在外力作用下会发生变形——包括物体尺寸的改变和形状的改变，因此，都称为变形固体。

6.2.2 变形固体的基本假设

从微观结构来看，变形固体的组成和性质比较复杂，例如金属材料由无数个不规则排列的晶粒组成，晶粒间存在空隙，各晶粒及其各个不同方向上的性能也不相同。但材料力学是从宏观的角度来研究构件的强度、刚度、稳定性问题，晶粒间的空隙相对于构件尺寸来说极其微小，可以忽略不计；同时，一个构件中包含了无数个晶粒，晶粒间的排列不规则，而材料的力学性能是所有晶粒性能统计的平均值，因此，晶粒性能的不均匀及每个晶粒在不同方向的不同性能显示得并不突出。在材料力学中为简化研究工作，根据材料的主要性质，忽略其次要性质，将它们抽象为一种理想模型然后进行理论分析。因此需对所研究的变形固体材料做出下列假设。

(1) 连续性假设。认为物体在其整个体积内毫无空隙地充满了物质，其结构是密实的。

(2) 均匀性假设。认为从物体内取出的任一部分，不论其体积大小如何，其力学性能都完全相同。

(3) 各向同性假设。认为材料在各方向上的力学性能是相同的。

实验结果表明，工程中使用的大多数材料根据这些假设得出的结论基本上是正确的，说明上述假设符合实际情况。有些材料如轧制钢材、木材等，其性能具有方向性，近似应用上述假设可以满足工程上的精度要求。

变形固体几何形状和尺寸在外力作用下发生的改变称为变形，外力卸除时能消失的变形称为弹性变形，外力卸除后不能消失的变形称为塑性变形或残余变形。作用在工程中应用的材料上的外力数值不超过一定的范围时，塑性变形很小，通常将其视为理想弹性体——只产生弹性变形而无塑性变形。外力的这一范围称为弹性范围，材料力学主要研究材料在弹性范围内的内力和变形。

当材料的变形与构件尺寸相比很小时，称为小变形。在研究构件的平衡和运动时可忽略其变形，而按变形前的原始尺寸和形状进行计算，计算工作将大为简化，计算的精度也符合要求。

概括起来讲，材料力学研究的就是均匀、连续、各向同性的可变形固体在小变形范围内的变形。

6.3 杆件变形的基本形式

杆件在不同的外力作用下将发生不同形式的变形，主要有下列 4 种基本变形或者几种基本变形形式的组合。

1．轴向拉伸或轴向压缩

在一对方向相反、作用线与杆件轴线重合的外力作用下，杆件将发生长度的改变，这种变形形式称为轴向拉伸或轴向压缩(见图 6.2(a)、(b))。

2．剪切

在一对相距很近的大小相等、方向相反且垂直于杆轴的横向外力作用下，杆件的横截面将沿外力作用方向发生错动，这种变形形式称为剪切(见图 6.2(c))。

3．扭转

在一对方向相反、作用面与杆件轴线垂直的外力偶作用下，杆件的相邻横截面将绕轴线发生相对转动，而轴线仍维持直线，这种变形形式称为扭转(见图 6.2(d))。

4．弯曲

在一对方向相反、作用在杆件的纵向平面内的外力偶作用下，直杆的相邻横截面将绕垂直于杆轴线的轴发生相对转动，杆件的轴线由直线变为曲线，这种变形形式称为弯曲

(见图 6.2(e))。

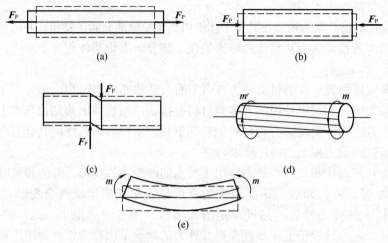

图 6.2 杆件的基本变形

6.4 内力、截面法及应力的概念

6.4.1 内力

杆件中两部分之间的相互作用力称为内力。

构件中的各点之间原来就存在着相互作用力,使杆件保持一定的形状。当外力作用在杆件上时,各点之间的位置发生变化,杆件产生变形,而各点之间为维持原来的位置的相互作用力也要发生相应的变化,这种因外力作用而引起的杆件各点之间作用力的改变量称为"附加内力",通常简称为内力。显然随着外力的增大,构件的变形增大,内力亦随之增大,当内力超过某一限度时,杆件就要发生破坏。故研究构件的承载能力必须研究和计算构件中的内力。

6.4.2 截面法

显示杆件的内力并确定其大小和方向的方法是截面法。

由于内力是物体内部的相互作用力,其大小和指向只有将物体假想地截开后,依据平衡物体各部分应保持平衡这一条件才能确定。例如图 6.3(a)所示的杆件在力系作用下平衡,若要计算 m-m 截面上的内力,可假想地用一个平面沿 m-m 截面截开,将杆件分为Ⅰ、Ⅱ两部分。截开后 m-m 截面上存在两部分之间的相互作用力——内力,Ⅰ段上有Ⅱ段对它的作用力 F_{N1},Ⅱ段上有Ⅰ段对它的作用力 F_{N2},由于 F_{N1} 与 F_{N2} 是作用力与反作用力的关系,大小相等方向相反,计算时只求取其中一个即可。

现选取Ⅰ段为研究对象,如图 6.3(b)所示,这时 F_N 就是其外力。由于整个杆件处于平衡状态,因而Ⅰ段亦应保持平衡,应用静力平衡方程

$$\sum X = 0, \quad F_N - F_P = 0$$

得

$$F_N = F_P$$

若选取Ⅱ段为研究对象，如图 6.3(c)所示，同样可通过静力平衡方程求出 F_N 的大小。

上述求内力的方法可归纳为以下两个步骤。

(1) 显示内力。假想地将杆件沿所需计算内力的截面处截开，用内力代替两部分之间的相互作用。

(2) 确定内力。取任一部分为研究对象，利用平衡条件求出内力。

截面法是计算内力的基本方法，但应特别指出，在计算杆件内力的过程中，截开杆件之前不允许使用力或力偶的可移性原理，这是因为将外力移动后改变了杆件的变形性质，并使内力也随之改变。例如图 6.4 所示的拉杆，其自由端 B 处受集中力 F_P 作用，可求得任一截面内力数值均为 F_P，即全杆受拉；若将外力沿其作用线移至 C 截面，则 AC 段内力为 F_P，CB 段内力为零，即 AC 段受拉，CB 段不受力；若将外力沿其作用线移至固定端 A，则全杆的内力均为零，显然变形性质发生了改变。

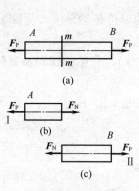

图 6.3　截面法

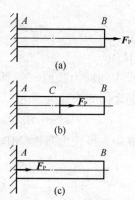

图 6.4　内力计算实例

6.4.3　应力

由于杆件材料是连续的，故内力必然是连续地分布在整个截面上，因而用截面法求得的是整个截面上分布内力的合力。在研究构件强度问题时，不仅需要知道整个截面上总的内力，还需要进一步明确截面上各点处内力的密集程度(即内力集度)。例如，两根用同种材料制成的粗细不同的杆件，在相同的轴向拉力作用下，两杆横截面上的轴力相等，但细杆可能被拉断。由于轴力只是杆的横截面上分布内力的合力，要判断杆是否会因强度不足而被破坏，须知道度量分布内力大小的内力集度。

内力在一点处的集度称为应力。为说明截面上任一点 M 处内力的集度，可在点 M 处取一微小面积 ΔA，作用在微面积 ΔA 上的内力合力记为 ΔF_P(见图 6.5(a))，则比值

$$p_m = \frac{\Delta F_P}{\Delta A}$$

称为微面积 ΔA 上的平均应力。

一般情况下，截面上各点处的内力虽然连续分布，但不一定均匀，为了消除 ΔA 带来的影响，可将所取的 ΔA 无限缩小，当 ΔA 趋近于零时，平均应力 p_m 的极限值即为 M 点处的内力集度

$$p = \lim_{\Delta A \to 0} \frac{\Delta F_P}{\Delta A} = \frac{dF_P}{dA}$$

应力 F_P 是一个矢量,通常将它分解为垂直于截面和相切于截面的两个分量(见图6.5(b)),垂直于截面的应力分量称为正应力(或法向应力),用 σ 表示;相切于截面的应力分量称为剪应力(或切向应力),用 τ 表示。

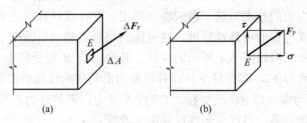

图 6.5 应力分布图

应力的量纲为[力]/[长度]^2,在国际单位制中应力的单位是帕斯卡,简称帕,符号为 Pa。$1Pa = 1N/m^2$。

实际工程中的应力数值一般都较大,常采用千帕(kPa)、兆帕(MPa)及吉帕(GPa)作为单位,它们之间的换算关系为

$$1kPa = 10^3 Pa, \quad 1MPa = 10^6 Pa, \quad 1GPa = 10^9 Pa$$

一般计算中大多使用兆帕(MPa),$1MPa = 1N/mm^2$。

6.5 小 结

本章介绍了材料力学的主要任务及材料力学的基本概念。

(1) 材料力学的任务是为保证构件既安全又经济地满足承载能力的要求提供计算理论,安全就是指构件满足强度、刚度、稳定性三方面要求。强度是构件抵抗破坏的能力,破坏不仅是指构件断裂,也包含构件出现塑性变形的情况;刚度主要是指构件抵抗弹性变形的能力;稳定性是指构件维持原有平衡状态的能力。

(2) 材料力学的研究对象是杆件,杆件是变形固体,其基本性质就是假设中所概括的连续性、均匀性和各向同性,同时满足小变形的条件。

(3) 对于本章涉及的内力、应力、变形的概念,要了解它们的意义并注意它们之间的联系与区别。

(4) 截面法是显示和确定内力的方法,是材料力学中特别重要的计算内力的基本方法,应重点掌握。

6.6 思 考 题

1. 材料力学的任务是什么?
2. 材料力学的研究对象有哪些特征?
3. 内力与应力有哪些区别和联系?
4. 材料力学对所研究的构件材料作了哪些假设?

第 7 章 轴向拉伸和压缩

本章的学习要求:

- 正确理解内力的概念,初步掌握确定内力的方法——截面法;熟练掌握使用截面法计算拉、压杆的轴力,并能正确绘制轴力图。
- 正确理解并掌握应力的概念、应力与内力之间的联系和区别;正确理解和掌握轴向拉、压杆横截面上正应力的计算公式及其应用条件,并能熟练应用正应力的计算公式计算各种拉、压杆横截面上的正应力。
- 正确理解并掌握拉、压杆的强度计算准则,即强度条件;正确判断危险杆以及杆的危险截面(从轴力图、受力分析、截面大小、许用应力数值及荷载移动时的位置几方面考虑);熟练掌握轴向拉、压杆的强度计算方法,并能解决三类不同的强度问题。
- 正确理解并掌握关于变形,应变和抗拉、压刚度的概念;理解并掌握关于轴向受力与变形关系的胡克定律以及轴向变形与横向变形的关系;理解拉、压杆变形计算公式中各项的含义及公式的应用条件,并能应用公式计算拉、压杆的轴向变形。
- 理解并掌握低碳钢拉伸时的应力-应变曲线及各变形阶段的特点;了解材料的弹性性能、强度性能和塑性性能指标及强度计算中极限应力的确定;了解脆性材料与塑性材料力学性能的区别。
- 对于工程中较为简单的结构,能正确判断其静定与超静定(静不定)的性质;掌握从静力平衡、变形协调条件、物理关系三方面分析超静定问题的基本方法;能正确求解一次超静定结构。

轴向拉伸和压缩是受力构件最简单又最基本的一种杆件变形形式,它较全面地反映了材料力学研究的基本内容和方法。

7.1 轴向拉压的概念

杆件两端沿轴线作用一对大小相等、方向相反的力 F_P,杆件产生轴向拉伸或压缩变形。当力 F_P 的方向与截面外法线方向一致时,杆件伸长,称为轴向拉伸(见图 7.1(a));当力 F_P 的方向与截面外法线方向相反时,杆件缩短,称为轴向压缩(见图 7.1(b))。

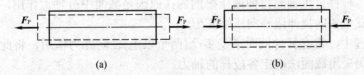

图 7.1 轴向拉伸和压缩

工程结构中,产生轴向拉伸或压缩变形的构件是很常见的。图 7.2(a)所示三角支架的

AB 杆受到拉伸，BC 杆受到压缩；图 7.2(b)所示桁架的上弦杆受到压缩，下弦杆受到拉伸。其他如起重用的绳索、拧紧的螺栓都是受拉伸的例子，模板的支柱、桥梁的桥墩都是受压缩的例子。

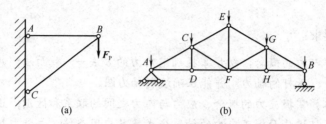

图 7.2 轴向拉伸或压缩变形应用示例

7.2 轴向拉压时的内力

7.2.1 轴力

要对杆件进行强度和刚度计算，首先需要分析杆件的内力。现以图 7.3(a)所示拉杆为例说明。为确定杆件横截面 $m\text{-}m$ 上的内力，可运用截面法将杆件沿横截面 $m\text{-}m$ 截开，取左段作为研究对象(见图 7.3(b))。

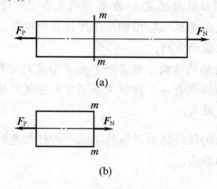

图 7.3 截面法

由平衡条件 $\sum X = 0$ 可知，截面上的内力 F_N 必与轴线相重合，指向与截面外法线一致，大小为 $F_N = F_P$，将该内力称为轴力。

显然，若是压杆，截面上的内力指向与截面外法线相反。为了便于区别杆件的拉伸和压缩，作如下规定：拉伸时的轴力用正号表示，压缩时的轴力用负号表示。

由此可知，杆件发生轴向拉伸或压缩的内在原因是截面中有轴力作用，所以，有轴力存在的杆件将发生轴向拉伸或轴向压缩变形。

在实际工程中，常有杆件同时承受多个(两个以上)轴向外力作用，将此类杆件称为多力杆。多力杆仍采用截面法确定各段杆的轴力。

【例 7.1】图 7.4(a)所示的杆 ABC 在 F_{P1}、F_{P2}、F_{P3} 三个力作用下处于平衡状态，试计算各段杆的内力。

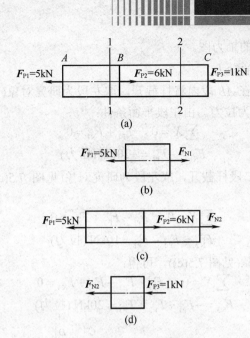

图 7.4 例 7.1 图

解：(1) 计算 AB 段轴力。

用 1-1 截面在 AB 段内将杆截开，取左段为研究对象，如图 7.4(b)所示，以 F_{N1} 表示截面上的轴力，由平衡条件求得 AB 段的轴力：

$$\sum X = 0, \quad F_{N1} - F_{P1} = 0$$

解得

$$F_{N1} = F_{P1} = 5\text{kN}（拉力）$$

(2) 计算 BC 段轴力。

用 2-2 截面在 BC 段内将杆截开，仍取左段为研究对象，如图 7.4(c)所示，以 F_{N2} 表示截面上的轴力，并先假设为拉力，再由平衡条件求得 BC 段的轴力：

$$\sum X = 0, \quad F_{N2} - F_{P1} + F_{P2} = 0$$

解得

$$F_{N2} = F_{P1} - F_{P2} = -1\text{kN}（压力）$$

BC 段轴力也可取右段作为研究对象，如图 7.4(d)所示。由右段平衡条件：

$$\sum X = 0, \quad F_{N2} + F_{P3} = 0$$

解得

$$F_{N2} = -F_{P3} = -1\text{kN}（压力）$$

该结果与取左段为研究对象时相同。本例由于右段上的外力少，故取右段计算比较简单。

7.2.2 轴力图

在多力杆的不同杆段内，其轴力是不相同的。为了形象地表示各横截面上的轴力随横截面位置的变化情况，工程中常采用图线表示法。以平行于杆轴的 x 坐标表示杆件横截面位置，以垂直于杆轴的 F_N 坐标表示轴力的数值，将各截面的轴力大小按一定比例标在坐标图上，从而绘制出表示轴力与截面位置关系的图线，这种图形称为轴力图。

【例 7.2】杆件的受力情况如图 7.5(a)所示，已知外力 $F_{P1} = 20\text{kN}$，$F_{P2} = 30\text{kN}$，

$F_{P3}=10\text{kN}$,试绘制该杆的轴力图。

解:(1) 计算各段杆的轴力。

AB 段:用假想截面在 *AB* 段内将杆截开,取左段为研究对象(见图 7.5(c)),截面上的轴力用 F_{N1} 表示,并假设为拉力。由左段平衡条件:

$$\sum X=0,\quad F_{P1}+F_{N1}=0$$

解得

$$F_{N1}=-F_{P1}=-20\text{kN}(压力)$$

BC 段:用截面将 *BC* 段杆截开,取左段为研究对象(见图 7.5(d)),由左段平衡条件可得:

$$\sum X=0,\quad F_{P1}-F_{P2}+F_{N2}=0$$

解得

$$F_{N2}=F_{P2}-F_{P1}=10\text{kN}(拉力)$$

CD 段:类似上述步骤(见图 7.5(e)),可得:

$$\sum X=0,\quad F_{P1}-F_{P2}-F_{P3}+F_{N3}=0$$

解得

$$F_{N3}=-F_{P1}+F_{P2}+F_{P3}=20\text{kN}(拉力)$$

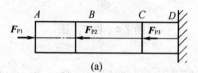

(a)

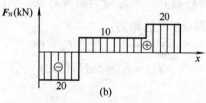

(b)

(c)

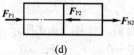

(d)

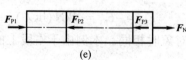

(e)

图 7.5 例 7.2 图

(2) 作轴力图。

以平行于轴线的 *x* 轴为横坐标,垂直于轴线的 F_N 轴为纵坐标,按一定比例将各段杆的轴力标注在坐标上,可作出轴力图,如图 7.5(b)所示。

【例 7.3】 变截面杆件受外力作用,如图 7.6(a)所示,试绘制该杆轴力图。

解:由于 *A*、*B*、*C*、*D* 四个截面处都有外力作用,故 *AB*、*BC*、*CD* 各段轴力不同。应分段计算。

(1) 计算各段截面上的轴力。

对 AB 段：用 1-1 截面截开，以左侧为研究对象，如图 7.6(b)所示。由平衡条件得
$$\sum X = 0, \quad F_{N1} + 4 = 0$$
解得
$$F_{N1} = -4\text{kN (压力)}$$

对 BC 段：用 2-2 截面截开，以左侧为研究对象，如图 7.6(c)所示。由平衡条件得
$$\sum X = 0, \quad F_{N2} + 4 - 2 \times 9 = 0$$
解得
$$F_{N2} = 14\text{kN (拉力)}$$

对 CD 段：用 3-3 截面截开，以右侧为研究对象，如图 7.6(d)所示。由平衡条件得
$$\sum X = 0, \quad 8 - F_{N3} = 0$$
解得
$$F_{N3} = 8\text{kN (拉力)}$$

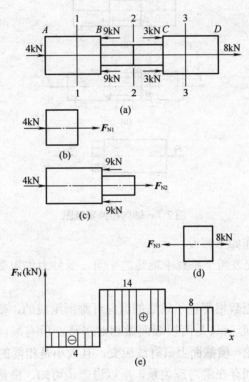

图 7.6　例 7.3 图

(2) 绘制轴力图。

建立 F_N-x 坐标系，如图 7.6(e)所示，因为各段杆内的轴力均为常数，故各段轴力图为平行于 x 轴的一条直线。

7.3　轴向拉(压)杆横截面上的应力

7.3.1　轴向拉(压)杆横截面上的应力概述

在确定了拉(压)杆的内力后，还不足以判断杆件在外力作用下是否会因强度不足而被

破坏。例如，有两根材料相同、截面面积不同的拉杆，在相同的轴向拉力作用下两根杆的轴力是相等的；但是当拉力逐渐加大时，截面面积小的杆件首先被拉断。这表明要研究杆件的强度问题，还需进一步研究横截面上的应力。应力在截面上的分布不能直接观察到，但应力与杆件变形有关。因此，可通过观察杆件变形的状况来推测应力在截面上的分布。

取一矩形截面等直杆，在杆件侧面画上垂直于轴线的横线 aa、bb 和平行于轴线的纵线 cc、dd，如图 7.7(a)所示。然后在杆件两端加上一对轴向拉力 F_P 使杆发生变形。这时可以观察到：横线 aa、bb 分别平移到 $a'a'$、$b'b'$ 处，但仍为垂直于轴线的直线，而纵线 cc、dd 都有相同的伸长并仍与轴线平行，如图 7.7(b)所示。如果对杆件施加轴向压力，则其变形情况如图 7.7(b)中虚线所示。

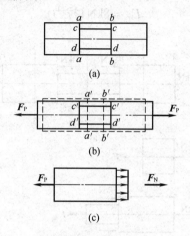

图 7.7 轴向拉伸变形图

根据上述现象，可作如下假设。

(1) 图中 aa、bb 代表两个垂直于轴线的平面，受外力作用变形后仍为垂直于轴线的平面(称平面假设)。

(2) 设想杆件是由无数根平行于轴线的纵向纤维所组成的，变形后纵线和横线的夹角没有改变，说明杆件变形只是两横截面做相对平移，所有纵向线的伸长(或缩短)量相同。因此，可以得到结论：**横截面上只有线应变，且大小是相同的**。

由于应力与应变之间存在着对应关系，所以进一步可知，横截面上只有正应力 σ；由于杆件材料是均匀的，两横截面之间的变形也是均匀的，所以各点处正应力大小都相同。

明确了应力分布规律后，根据截面上的内力是各点处微内力的合力，可具体计算出应力的数值。在横截面上取微面积 dA，作用在微面积上的微内力为 $dF_N = \sigma dA$，则整个横截面 A 上微内力的总和应为轴力 F_N（见图 7.7(c)），即有

$$F_N = \int_A dF_N = \int_A \sigma dA = \sigma \int_A dA = \sigma A$$

整理后得

$$\sigma = \frac{F_N}{A} \tag{7.1}$$

此即为轴向拉杆横截面上正应力的计算公式。式中：F_N 为横截面上的轴力，A 为横

截面面积。轴向压缩时，该式同样适用，只需将轴力连同负号一并代入公式中计算即可。

7.3.2 正应力公式的使用条件及应力集中的概念

轴向拉、压杆横截面上的正应力计算公式，是在假定横截面上的正应力均匀分布的条件下获得的，因此使用公式时应注意杆件要满足以下条件。

(1) 外力作用线必须与杆件的轴线重合；若不重合，横截面上应力将不是均匀分布。

(2) 公式只在杆件距力作用点较远部分才正确。实际上杆端外力总是通过各种不同的连接方式作用到杆上，力作用点附近的应力分布比较复杂。但理论分析和实验都证明：作用于杆端的不同方式的力，只会使与杆端距离不大于杆的横向尺寸范围内的杆件受到影响(称为圣维南(Saint-Venant)原理)。据此，作用在杆端上的各种力可用其合力来代替，只要合力作用线与杆轴线重合，则除了力作用外，仍可用式(7.1)计算杆内应力。

(3) 杆件必须是等截面直杆。若杆截面尺寸沿杆轴线变化，则截面上应力分布将不是均匀的。但当杆截面变化比较缓慢时，可近似应用式(7.1)。若截面尺寸有突然变化，在截面突变处会出现局部应力剧增现象，称为应力集中。截面突变处附近区域应力急剧增大，稍离这个区域应力又趋均匀。

上述应力计算公式的应用包含着几何变形、物理关系及静力平衡三方面的内容，这是材料力学研究各种基本变形计算的共同方法。

【例 7.4】试计算例题 7.2 中各段杆横截面上的应力，已知杆件的横截面面积为 $A=1.0\times 10^3 \mathrm{mm}^2$。

解：(1) 计算各段杆的轴力。

由例 7.2 可知： $F_{N1}=-20\mathrm{kN}$，$F_{N2}=10\mathrm{kN}$，$F_{N3}=20\mathrm{kN}$

(2) 计算各段杆的应力。

将各段杆的轴力及横截面面积代入式(7.1)得：

AB 段的应力：$\sigma_{AB}=\dfrac{F_{N1}}{A}=\dfrac{-20\times 10^3}{1000}=-20(\mathrm{N/mm^2})=-20\mathrm{MPa}$ (压应力)

BC 段的应力：$\sigma_{BC}=\dfrac{F_{N2}}{A}=\dfrac{10\times 10^3}{1000}=10(\mathrm{N/mm^2})=10\mathrm{MPa}$ (拉应力)

CD 段的应力：$\sigma_{CD}=\dfrac{F_{N3}}{A}=\dfrac{20\times 10^3}{1000}=20(\mathrm{N/mm^2})=20\mathrm{MPa}$ (拉应力)

【例 7.5】图 7.8 所示的三角形支架 A、B、C 三处均为铰接，已知 AB 杆为直径 $d=16\mathrm{mm}$ 的圆截面杆，BC 杆为边长 $a=10\mathrm{cm}$ 的正方形截面杆，$F_P=15\mathrm{kN}$，试计算各杆横截面上的应力。

解：(1) 计算各杆的轴力。

应用截面法，选取结点 B 为研究对象，由平衡条件得

$$\sum X=0,\quad F_{NAB}\cos 30°+F_{NBC}=0$$
$$\sum Y=0,\quad F_{NAB}\sin 30°-F_P=0$$

求解方程可得

$$F_{NAB}=\dfrac{F_P}{\sin 30°}=30\mathrm{kN}\ (拉力)$$

$$F_{NBC} = -F_{NAB}\cos 30° = -26\text{kN}\ (压力)$$

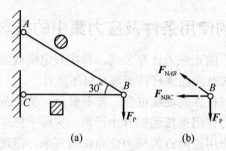

图 7.8 例 7.5 图

(2) 计算各杆的应力。

AB 杆的横截面面积为

$$A_{AB} = \frac{\pi d^2}{4} = 201\text{mm}^2$$

BC 杆的横截面面积为

$$A_{BC} = a^2 = 100\text{cm}^2 = 100 \times 10^2\ \text{mm}^2$$

$$\sigma_{AB} = \frac{F_{NAB}}{A_{AB}} = \frac{30 \times 10^3}{201} = 149(\text{N}/\text{mm}^2) = 149\text{MPa}\ (拉应力)$$

$$\sigma_{BC} = \frac{F_{NBC}}{A_{BC}} = \frac{-26 \times 10^3}{100 \times 10^2} = -2.6(\text{N}/\text{mm}^2) = -2.6\text{MPa}\ (压应力)$$

7.4　轴向拉(压)杆斜截面上的应力

前面分析了拉(压)杆横截面上的应力，实验表明，拉(压)杆的破坏并不完全沿横截面发生，有时是沿斜截面破坏的。为了全面了解杆内各截面的应力情况，从中找出产生最大应力的截面，以作为强度计算的依据，需研究一般截面的情况，即任一截面上的应力。

现仍以拉杆为例进行分析。用一个与横截面成 α 角的斜截面 k-k(见图 7.9(a))，假想地将拉杆截为两部分，并选取左段杆为研究对象，根据平衡方程得到此斜截面上的内力 $F_{P\alpha}$ 为

$$F_{P\alpha} = F_P$$

$F_{P\alpha}$ 是与截面斜交的分布内力的合力。若将分布内力在一点处的集度称为该点的总应力，并用 $F_{p\alpha}$ 表示(见图 7.9(b))，仿照横截面上正应力变化规律的分析过程，同样可得到斜截面上各点处的总应力相等的结论。于是有

$$F_{p\alpha} = \frac{F_{P\alpha}}{A_\alpha}$$

式中，A_α 为斜截面的面积。设横截面面积为 A，由几何原理可知：$A_\alpha = \dfrac{A}{\cos\alpha}$。则有

$$F_{p\alpha} = \frac{F_P}{A}\cos\alpha = \sigma\cos\alpha$$

由于内力 $F_{p\alpha}$ 是矢量,故总应力 $F_{p\alpha}$ 也是矢量,它可用两个分量表示:沿截面法线方向的分量,即正应力 σ_α;沿截面切线方向的分量,即剪应力 τ_α。上述两个应力分量的表达式为

$$\sigma_\alpha = p_\alpha \cos\alpha = \sigma \cos^2\alpha \tag{7.2}$$

$$\tau_\alpha = p_\alpha \sin\alpha = \frac{\sigma}{2}\sin 2\alpha \tag{7.3}$$

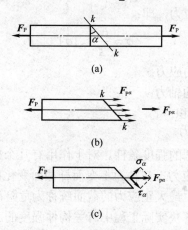

图 7.9 斜截面上的应力

式(7.2)、式(7.3)表明了拉杆内任一点的不同斜截面上正应力 σ_α 和剪应力 τ_α 随 α 角的变化规律。其正、负号规定如下。

(1) α——由横截面的外法线到斜截面的外法线,逆时针转向为正,顺时针转向为负。
(2) σ_α——拉应力为正,压应力为负。
(3) τ_α——使脱离体顺时针转向为正,逆时针转向为负。

根据拉杆内任意一点各截面上正应力 σ_α 和剪应力 τ_α 的数值随 α 角作周期性的变化,可得到它们的最大值及其所在截面的方位。

(1) 当 $\alpha = 0$ 时,$\tau_\alpha = 0$,σ_α 达到最大值,有 $\sigma_{max} = \sigma$,即拉杆内某一点横截面上的正应力是通过该点的所有各截面上正应力中的最大者。

(2) 当 $\alpha = 45°$ 时,τ_α 达到最大值,有 $\tau_{max} = \frac{\sigma}{2}$,即与横截面成 $45°$ 的斜截面上的剪应力是拉杆所有各截面上剪应力中的最大者。

(3) 当 $\alpha = 90°$ 时,$\sigma_\alpha = \tau_\alpha = 0$,即在平行于杆件轴线的纵向截面上无任何应力。

7.5 轴向拉压时杆件的强度计算

由式(7.1)求得的横截面上的应力又称工作应力,要判别它会不会造成杆件的破坏,还需知道杆件材料所能承受的最大应力。任何一种材料制作的杆件都存在着一个能承受应力的固有极限,称为极限应力,用符号 σ^0 表示,由实验测定。

由于在设计计算杆件时,有许多实际不利因素无法预计,为了杆件使用时的安全可

靠，国家有关部门根据大量调查研究，规定将极限应力σ^0除以K所得结果作为衡量材料承载能力的依据，这种缩小后的应力值称许用应力，以符号$[\sigma]$表示：

$$[\sigma] = \frac{\sigma^0}{K} \tag{7.4}$$

式中，K为大于1的系数，称安全系数。

因此，要保证承受轴向拉伸或压缩的杆件能安全可靠地工作，就必须使其横截面上的实际应力不超过材料的许用应力，即：

$$\sigma = \frac{F_N}{A} \leqslant [\sigma] \tag{7.5}$$

式中：σ——杆件横截面上的应力；

F_N——杆件横截面上的轴力；

A——杆件横截面的面积；

$[\sigma]$——材料的许用应力。

式(7.5)称为轴向拉、压杆的强度条件。对于作用有几个外力的等截面直杆，应计算最大轴力所在截面上的最大正应力；在轴力不变而杆截面变化的杆中，则应计算截面面积最小处的最大正应力。这些发生最大正应力的截面统称为危险截面。

根据强度条件公式，可解决实际工程中有关构件强度的三类问题。

(1) 强度校核。已知构件的材料、尺寸(即已知$[\sigma]$及A)及所受荷载(可算出轴力F_N)的情况下，用式(7.5)可以检查构件是否满足安全可靠的要求。

(2) 选择截面尺寸。已知构件所受荷载及所用材料，按强度条件为构件选择截面面积或尺寸。此时式(7.5)可改写为

$$A \geqslant \frac{F_N}{[\sigma]}$$

式中，A为选用的面积，$\dfrac{F_N}{[\sigma]}$为构件满足强度要求所必需的面积。

(3) 计算许用荷载。已知构件的材料和尺寸，可按强度条件来确定构件能承受的最大轴力，并计算杆件允许承受的最大荷载。此时式(7.5)可改写为

$$[F_N] \leqslant A \cdot [\sigma]$$

式中，$[F_N]$为构件允许承受的轴力，$A \cdot [\sigma]$为构件能承受的最大轴力。

【例 7.6】 如图 7.10(a)所示，ABC为刚性梁，CD杆为圆截面的钢杆，直径$d = 20\text{mm}$，许用应力$[\sigma] = 160\text{MPa}$，梁端作用有集中力$F_P = 25\text{kN}$，试求：

(1) 校核CD杆的强度；

(2) 若$F_P = 50\text{kN}$，设计CD杆的直径。

解：(1) 校核CD杆的强度。

选取刚性梁ABC为研究对象，其受力情况如图 7.10(b)所示。

由平衡条件得

$$\sum M_A = 0, \quad F'_{NCD} \cdot 2a - F_P \cdot 3a = 0$$

解得

$$F'_{NCD} = \frac{3}{2} F_P$$

于是，CD 杆的轴力为
$$F_{NCD} = F'_{NCD} = \frac{3}{2}F_P$$

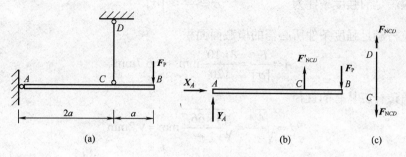

图 7.10 例 7.6 图

则有
$$\sigma = \frac{F_{NCD}}{A} = \frac{3F_P \times 4}{2 \times \pi d^2} = \frac{6 \times 25 \times 10^3}{\pi \times 20^2} \text{MPa} = 119.9 \text{MPa} < [\sigma] = 160 \text{MPa}$$

故 CD 杆强度安全。

(2) 若 $F_P = 50$kN，设计 CD 杆的直径。

根据强度条件 $\sigma \leqslant [\sigma]$ 得
$$\frac{F_{NCD}}{A} \leqslant [\sigma]$$

而
$$F_{NCD} = \frac{3}{2}F_P, \quad A = \frac{\pi d^2}{4}$$

故
$$d \geqslant \sqrt{\frac{6F_P}{\pi [\sigma]}} = \sqrt{\frac{6 \times 50 \times 10^3}{\pi \times 160}} \text{mm} = 24.4 \text{mm}$$

取
$$d = 25 \text{mm}$$

【例 7.7】钢木组合桁架结构如图 7.11 所示，已知 $F_P = 16$kN，钢材的许用应力 $[\sigma] = 120$MPa，试选择钢拉杆 EF 的直径 d。

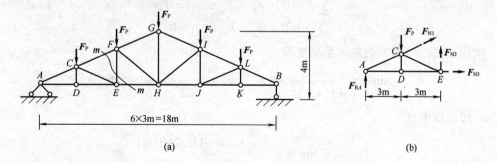

图 7.11 例 7.7 图

解：(1) 计算拉杆的轴力。

用一假想截面 m-m(见图 7.11(a))截取桁架的左半部分(见图 7.11(b))为研究对象，根据平衡条件得
$$\sum M_A = 0, \quad 6F_{N2} - 3F_P = 0$$

EF 杆的轴力为
$$F_N = F_{N2} = \frac{P}{2} = 8 \text{kN}$$

(2) 根据强度条件计算其直径。

拉杆应满足的强度条件为 $\sigma = \dfrac{F_N}{A} \leqslant [\sigma]$

由此求出拉杆满足强度条件所必需的横截面面积

$$A = \dfrac{F_N}{[\sigma]} = \dfrac{8 \times 10^3}{120} \text{mm}^2 = 66.7 \text{mm}^2$$

从而计算出该杆应具有的直径

$$d = \sqrt{\dfrac{4A}{\pi}} = \sqrt{\dfrac{4 \times 66.7}{\pi}} \text{mm} = 9.2 \text{mm}$$

取 $d = 10 \text{mm}$

【例 7.8】某支架结构如图 7.12(a)所示,钢杆①为直径 $d = 12 \text{mm}$ 的圆截面杆,许用应力 $[\sigma]_1 = 140 \text{MPa}$;木杆②为边长 $a = 8 \text{cm}$ 的正方形截面杆,许用应力 $[\sigma]_2 = 4.5 \text{MPa}$;结点 B 处悬挂一重为 $F_Q = 36 \text{kN}$ 的重物。试校核该支架结构的强度,若强度不足,则另选截面尺寸。

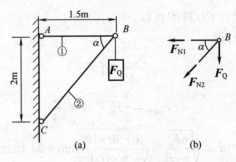

图 7.12 例 7.8 图

解:(1) 计算杆件的内力。

截取结点 B 为研究对象,如图 7.12(b)所示,由平衡条件得

$$\sum X = 0, \quad F_{N1} + F_{N2} \cos\alpha = 0$$
$$\sum Y = 0, \quad F_Q + F_{N2} \sin\alpha = 0$$

由图 7.12(a)中的三角形关系可求得

$$\sin\alpha = \dfrac{2}{\sqrt{2^2 + 1.5^2}} = 0.8, \quad \cos\alpha = \dfrac{1.5}{\sqrt{2^2 + 1.5^2}} = 0.6$$

代入上述方程中有

$$F_{N2} = -\dfrac{F_Q}{\sin\alpha} = -\dfrac{36}{0.8} \text{kN} = -45 \text{kN} \text{ (压力)}$$
$$F_{N1} = -F_{N2} \cos\alpha = 27 \text{kN} \text{ (拉力)}$$

(2) 校核杆件的强度。

①杆:

$$\sigma_1 = \dfrac{F_{N1}}{A_1} = \dfrac{27 \times 10^3}{\dfrac{\pi \times 12^2}{4}} = 239 (\text{N/mm}^2) = 239 \text{MPa} > [\sigma]_1 = 140 \text{MPa}$$

故①杆不符合强度要求，应重新选择截面尺寸。

$$A_1 \geqslant \frac{F_{N1}}{[\sigma]_1} = \frac{27 \times 10^3}{140} \text{mm}^2 = 193 \text{mm}^2$$

得

$$d = \sqrt{\frac{4A_1}{\pi}} = \sqrt{\frac{4 \times 193}{\pi}} \text{mm} = 15.7 \text{mm}$$

取 $d = 16$mm

②杆：

$$\sigma_2 = \frac{F_{N2}}{A_2} = \frac{45 \times 10^3}{80 \times 80} = 7(\text{N/mm}^2) = 7\text{MPa} > [\sigma]_2 = 4.5\text{MPa}$$

故②杆也不符合强度要求，也需重新选择截面尺寸：

$$A_2 \geqslant \frac{F_{N2}}{[\sigma]_2} = \frac{45 \times 10^3}{4.5} = 1.0 \times 10^4 (\text{mm}^2)$$

$$a = \sqrt{A_2} = 100\text{mm} = 10\text{cm}$$

故截面的边长取 $a = 10$cm。

【例 7.9】 图 7.13 所示结构中，AB 和 CD 为刚性梁；BC 和 EF 均为圆截面钢制杆，BC 杆的直径 $d_1 = 16$mm，EF 杆的直径 $d_2 = 25$mm；材料的许用应力均为 $[\sigma] = 160$MPa，试确定此结构的许用荷载 $[F_p]$。

解：(1) 计算杆件的内力。

设 BC 杆和 EF 杆所受的力分别为 F_{N1} 和 F_{N2}，以刚性梁为研究对象的受力图如图 7.13(b)、(c)所示。

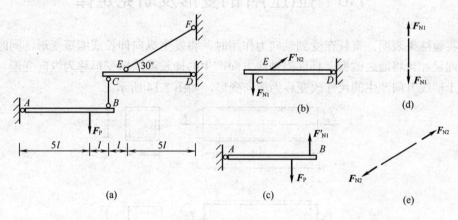

图 7.13 例 7.9 图

由 AB 梁的平衡条件得

$$\sum M_A = 0, \quad F'_{N1} \times 6l - F_P \times 5l = 0$$

又 $F_{N1} = F'_{N1}$

解得

$$F_{N1} = \frac{5}{6} F_P$$

由 CD 梁的平衡条件得

$$\sum M_D = 0, \quad F'_{N2} \times 5l \times \sin 30° - F_{N1} \times 6l = 0$$

又 $F_{N2} = F'_{N2}$

求解方程可得

$$F_{N2} = \frac{6F_{N1}}{5\sin 30°}$$

(2) 确定结构的许用荷载。

从受力情况看，EF 杆受力较大，故较危险，但其直径大于 BC 杆的直径，综合考虑尚不能简单确定哪一根杆最危险，需分别进行强度计算。二杆的轴力必须满足

$$F_N \leqslant A[\sigma]$$

代入后可得

$$\frac{5}{6}F_P \leqslant \frac{\pi d_1^2}{4}[\sigma]$$

$$2F_P \leqslant \frac{\pi d_2^2}{4}[\sigma]$$

由此解得

$$F_{P1} \leqslant \frac{6}{5} \times \frac{\pi d_1^2}{4} \times [\sigma] = \frac{6}{5} \times \frac{\pi}{4} \times 16^2 \times 160\text{N} = 38.6 \times 10^3 \text{N} = 38.6\text{kN}$$

$$F_{P2} \leqslant \frac{1}{2} \times \frac{\pi d_2^2}{4} \times [\sigma] = \frac{\pi}{8} \times 25^2 \times 160\text{N} = 39.3 \times 10^3 \text{N} = 39.3\text{kN}$$

为保证结构的安全，取其中较小者作为许可荷载，即 $[F_P] = 38.6\text{kN}$。

7.6 拉(压)杆的变形及胡克定律

实验结果表明：直杆在受到轴向力作用时，将发生纵向伸长或缩短变形，同时，杆件的横向尺寸也将随之改变。杆件沿轴线方向产生的伸长或缩短变形称为纵向变形，杆件沿垂直于轴线方向产生的尺寸改变称为横向变形，如图 7.14 所示。

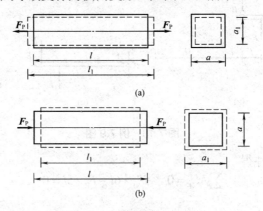

图 7.14 轴向拉压杆变形

7.6.1 纵向变形及线应变

设杆件原长为 l，受力后杆件长度变为 l_1，则杆件的纵向变形为

$$\Delta l = l_1 - l$$

式中，Δl 为构件的纵向(轴向)变形，即绝对变形。为表明杆件的实际变形情况，规定：杆件轴向伸长时 Δl 为正；杆件轴向缩短时 Δl 为负。其单位为 m 或 mm。

Δl 反映了杆件沿作用力方向总的变形，但不能反映杆件的变形程度，为具体分析杆件的变形能力，取杆件单位长度的变形作为衡量的标准。即

$$\varepsilon = \frac{\Delta l}{l}$$

式中，ε 表示杆件单位长度的变形量，称为纵向线应变(简称线应变)；ε 是一个无量纲的量，其正负号的规定与 Δl 相同，即拉伸时 ε 为正，压缩时 ε 为负。

7.6.2 胡克定律

试验表明，杆件在轴向拉伸或压缩时，当外力不超过某一范围时，纵向变形 Δl 与外力 F_P、杆件原长 l、横截面面积 A 之间存在着下列比例关系

$$\Delta l \propto \frac{F_P l}{A}$$

引入比例系数 E，考虑杆件的轴力 $F_N = F_P$ 后，上式可改写为

$$\Delta l = \frac{F_N l}{EA} \tag{7.6}$$

式(7.6)表明：当外力不超过某一限度时，杆件的纵向变形 Δl 与轴力 F_N、杆长 l 成正比，与横截面面积 A 成反比。上述这一变形关系是由英国科学家胡克在 1678 年首先提出的，故称为胡克定律。

比例系数 E 称为材料的拉压弹性模量，各种材料的 E 值由试验测定。拉压弹性模量 E 的量纲为[力]/[长度]^2，国际单位制常以 GPa 为单位。EA 称为杆件的抗拉(压)刚度，它反映了杆件抵抗弹性(拉伸或压缩)变形的能力。在其他条件相同时，EA 越大，杆件的变形就越小。

应用式(7.6)时须注意：在杆长 l 内，轴力 F_N、截面面积 A 及材料的弹性模量 E 均应是不变的常量。

胡克定律还可以用另一种形式表达。将 $\sigma = \frac{F_N}{A}$ 及 $\varepsilon = \frac{\Delta l}{l}$ 代入式(7.6)，便可得

$$\sigma = E\varepsilon \tag{7.7}$$

因此，胡克定律又可以简述为：当应力未超过某一限度时，应力与应变成正比。这一限度称为比例极限，用 σ_p 表示；各种材料的比例极限是通过实验测定的。

7.6.3 横向变形及泊松比

杆件的横向变形与纵向变形之间存在着一定的关系。设杆件原宽度为 a，受力后杆件宽度变为 a_1，则杆件横向变形为

$$\Delta a = a_1 - a$$

图 7.14 所示的杆件横向应变 ε' 为

$$\varepsilon' = \frac{\Delta a}{a} = \frac{a_1 - a}{a}$$

杆件拉伸时，纵向伸长，ε 为正，横向缩短，ε' 为负；杆件压缩时，纵向缩短，ε 为负，横向伸长，ε' 为正。ε' 与 ε 恒为异号。

试验表明，在比例极限范围内，横向应变 ε' 与纵向应变 ε 比值的绝对值是一常数，用 μ 表示

$$\mu = \left|\frac{\varepsilon'}{\varepsilon}\right| \tag{7.8}$$

纵向应变与横向应变间存在下面的关系

$$\varepsilon' = -\mu\varepsilon \tag{7.9}$$

μ 称为泊松比或横向变形系数，其值也由实验测定。μ 与 E 都是反映材料弹性性能的常数，表 7.1 是几种常用材料的 E 与 μ 值。

表 7.1　常用材料的 E 与 μ 值

材料名称	弹性模量 E(GPa)	泊松比 μ
碳钢	200 ～ 220	0.25 ～ 0.33
16 锰钢	200 ～ 220	0.25 ～ 0.33
铸铁	115 ～ 160	0.23 ～ 0.27
铜及其合金	74 ～ 130	0.31 ～ 0.42
铝及硬铝合金	71	0.33
花岗石	49	
混凝土	14.6 ～ 36	0.16 ～ 0.18
木材(顺纹)	10 ～ 12	
橡胶	0.008	0.47

【例 7.10】试求图 7.15 所示钢杆 C 点的位移。已知弹性模量 $E = 200\text{GPa}$，钢杆横截面面积 $A = 10\text{cm}^2$。

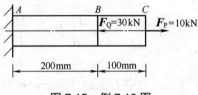

图 7.15　例 7.10 图

解：(1) 计算杆的轴力。

用截面法可算得各段杆的轴力为

$$F_{NBC} = F_P = 10\text{kN}（拉力）$$
$$F_{NAB} = F_P - F_Q = -20\text{kN}（压力）$$

(2) 计算 C 点位移。

因 A 端固定，C 点位移即为整个杆的轴向变形。由于 AB 段与 BC 段轴力不同，需分

段应用胡克定律计算轴向变形。

AB 段的轴向变形：
$$\Delta l_{AB} = \frac{F_{NAB}l_{AB}}{EA} = \frac{-20 \times 10^3 \times 200}{200 \times 10^3 \times 10 \times 10^2} \text{mm} = -20 \times 10^{-3} \text{mm} = -0.02 \text{mm}$$

BC 段的轴向变形：
$$\Delta l_{BC} = \frac{F_{NBC}l_{BC}}{EA} = \frac{10 \times 10^3 \times 100}{200 \times 10^3 \times 10 \times 10^2} \text{mm} = 5 \times 10^{-3} \text{mm} = 0.005 \text{mm}$$

整个杆的轴向变形：
$$\Delta l = \Delta l_{AB} + \Delta l_{BC} = -15 \times 10^{-3} \text{mm} = -0.015 \text{mm}$$

即，C 点向 A 端移动了 0.015mm。

【例 7.11】 计算图 7.16 所示结构 AB 杆和 BC 杆的变形及 B 点的位移。已知 AB 杆为钢杆，$d_1 = 34\text{mm}$，$E_1 = 210\text{GPa}$；BC 杆为正方形木杆，$l = 1\text{m}$，$b = 170\text{mm}$，$E_2 = 10\text{GPa}$，$F_P = 40\text{kN}$。

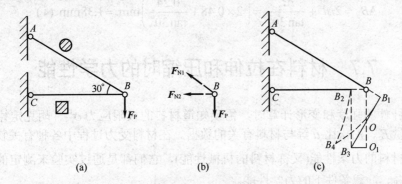

图 7.16　例 7.11 图

解：(1) 计算各杆的轴力。

截取结点 B 作为研究对象(见图 7.16(b))，列出平衡方程
$$\sum Y = 0, \quad -F_P + F_{N1}\sin 30° = 0$$
$$\sum X = 0, \quad N_2 + N_1\cos 30° = 0$$

解得
$$F_{N1} = 2F_P = 2 \times 40 = 80 \text{(kN)} \text{ (拉力)}$$
$$F_{N2} = -\sqrt{3}F_P = -69.3 \text{(kN)} \text{ (压力)}$$

(2) 计算各杆的变形。
$$\Delta l_1 = \frac{F_{N1}l_1}{E_1A_1} = \frac{4 \times 80 \times 10^3 \times 1 \times 10^3}{210 \times 10^3 \times \pi \times 34^2 \times \cos 30°} = 0.48 \text{(mm) (伸长)}$$
$$\Delta l_2 = \frac{F_{N2}l_2}{E_2A_2} = \frac{-69.3 \times 10^3 \times 1 \times 10^3}{10 \times 10^3 \times 170^2} = -0.24 \text{(mm) (压缩)}$$

(3) 计算 B 点的位移。

若两杆在 B 点不连接在一起，则由于 AB 杆的伸长，B 端将移至 B_1 点，且 $\overline{BB_1} = \Delta l_1$；由于 BC 杆缩短，B 端将移至 B_2 点，且 $\overline{BB_2} = \Delta l_2$。

由于二杆在 B 点连接在一起，B 点在结构受力和变形后，既不移至 B_1 点，也不移至

B_2 点,而是移动到以 A、C 为圆心,以 $\overline{AB_1}$ 和 $\overline{CB_2}$ 为半径所作圆弧的交点 B_4 处。

在小变形的条件下,为简化计算,可用直线代替圆弧。如图 7.16(c)所示,通过 B_1 和 B_2 点分别作 AB 和 BC 的垂线,二者相交于 B_3 点,此点即是 B 点位移后的位置。

从图中可以看出,B 点的水平位移为

$$\Delta B_x = \overline{BB_2} = \Delta l_2 = 0.24\text{mm}(\leftarrow)$$

B 点的垂直位移为

$$\Delta B_y = \overline{B_2 B_3} = \overline{BO} + \overline{OO_1}$$

其中

$$\overline{BO} = \frac{\overline{BB_1}}{\sin 30°} = 2\Delta l_1$$

$$\overline{OO_1} = \frac{\overline{B_3 O_1}}{\tan 30°} = \frac{\Delta l_2}{\tan 30°}$$

于是有

$$\Delta B_y = 2\Delta l_1 + \frac{\Delta l_2}{\tan 30°} = \left(2 \times 0.48 + \frac{0.24}{\tan 30°}\right)\text{mm} = 1.38\text{mm}(\downarrow)$$

7.7 材料在拉伸和压缩时的力学性能

在进行杆件的强度和变形计算时,需要知道材料的极限应力 σ^0、胡克定律的适用范围、弹性模量 E、泊松比 μ 等与材料有关的数据。在材料受力过程中各种有关物理性质的数据统称为材料的力学性能(又称材料的机械性能),它们都是通过实验来测定的。本节讨论材料在常温、静载条件下的力学性能。

工程中使用的材料种类很多,习惯上根据试件在拉断时塑性变形的大小来将其区分为脆性材料和塑性材料两类。脆性材料在拉断时的塑性变形很小,如石料、玻璃、铸铁、混凝土等;塑性材料在拉断时具有较大的塑性变形,如低碳钢、合金钢、铜、铝等。这两类材料的力学性能有着明显的差别,在实验研究中,常把塑性材料低碳钢的拉伸试验和脆性材料铸铁的压缩试验作为两类材料的代表性实验。

7.7.1 材料拉伸时的力学性能

1. 低碳钢(A_3)的拉伸试验

拉伸试验的试件采用标准试件,标准试件的几何形状和受力条件都能符合轴向拉伸的要求。如图 7.17 所示,试件中间部分较细,两端加粗,便于装夹和避免装夹部分发生破坏。在中间等直部分取工作段长为 l_0,称为标距。圆截面试件标距与截面直径 d 有两种标准比例:$l_0 = 10d$ 和 $l_0 = 5d$。矩形截面试件的标距与横截面面积的标准比例为:$l_0 = 11.3\sqrt{A}$ 和 $l_0 = 5.65\sqrt{A}$。

1) 拉伸图和应力—应变图

试验时将试件夹在试验机夹头上,开动试验机,对试件缓慢施加拉力,使它产生伸长变形,直至破坏。每隔一定时间,记下拉力的数值及标距段的伸长量,然后以纵坐标表示

拉力 F_P，横坐标表示试件的伸长量 Δl，作出构件的拉伸图(P-Δl 曲线)。试验机上有自动绘图装置，拉伸过程中能自动绘出拉伸图。拉伸图的纵、横坐标均与试件尺寸有关，为了消除构件尺寸的影响，反映材料自身的性质，将纵坐标除以试件横截面面积 A，以应力 $\sigma = \dfrac{F_N}{A}$ 表示；将横坐标除以标距 L，以应变 $\varepsilon = \dfrac{\Delta L}{L}$ 表示，绘出的曲线称为应力—应变曲线或 σ-ε 曲线。

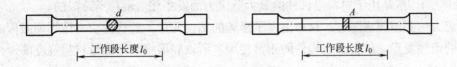

图 7.17　拉伸标准试件

根据低碳钢的 σ-ε 曲线各部分之间的关系(见图 7.18)，拉伸试验过程可分为 4 个阶段。

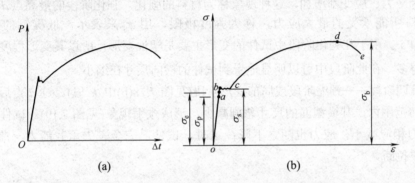

图 7.18　低碳钢的拉伸图及应力—应变曲线

(1) 第一阶段——弹性阶段(见图 7.18(b)中 ob 段)。拉伸初始阶段 oa 为直线，表明试件的变形完全是弹性的，在此范围内，应力 σ 与应变 ε 成正比。a 点对应的应力称为比例极限，用 σ_p 表示，低碳钢的比例极限 $\sigma_p = 200\text{MPa}$。当应力不超过 σ_p 时，即有

$$\sigma = E \cdot \varepsilon$$

这就是前面所讲的胡克定律。弹性模量 E 即为直线 oa 的斜率

$$E = \dfrac{\sigma}{\varepsilon} = \tan\alpha$$

应力超过比例极限后，σ 与 ε 不再是直线关系，但只要应力不超过 b 点对应的应力值，卸除拉力 F_P 后，试件的变形将全部消失，即试件恢复其原长，故材料的变形全部是弹性的。b 点对应的应力称为弹性极限，用 σ_e 表示。由于 a、b 两点距离很近，工程上对弹性极限和比例极限不加严格区分，因而通常说应力低于弹性极限时，应力与应变成正比。在实际工程应用中并不需要测定材料的这两种应力。

应力超过弹性极限后，如再卸去拉力 F_P，试件的变形就不能完全消失，将有残留的变形即塑性变形存在。

(2) 第二阶段——屈服阶段(见图 7.18(b)中 bc 段)。当应力超过 b 点对应的值后，应变增加很快，应力仅在一个微小范围内波动。σ-ε 图上出现一段接近水平线的小锯齿形线

段,这时应力基本不变,应变不断增加,从而明显地产生塑性变形的现象,称为屈服(或流动),这一阶段通常称为屈服阶段。在这一阶段里,波动最高点的应力称为屈服高限(屈服上限),最低点的应力称为屈服低限(屈服下限)。试验结果指出,很多因素对屈服上限的数值有影响,而屈服低限则较为稳定。因此通常将屈服低限称为材料的屈服极限(或流动极限),用 σ_s 表示。低碳钢的屈服极限 $\sigma_s = 240\text{MPa}$。

材料变形到达屈服阶段时,磨光的试件表面上出现许多与轴线大致成 45°倾角的条纹(称滑移线),这是由于材料沿试件的最大剪应力面发生相对滑移所造成的。

当应力达到屈服极限时,材料出现了显著的塑性变形。若构件应力达到屈服极限而发生明显的塑性变形,就会影响构件的正常使用,所以屈服极限是衡量材料强度的一个重要指标。

(3) 第三阶段——强化阶段(见图 7.18(b)中 cd 段)。经过屈服阶段后,材料又恢复了抵抗变形的能力,要使材料继续变形,必须增加拉力以克服试件中不断增长的抗力。图中曲线表现为应力、应变都增加,这种现象称为材料的强化。强化阶段的最高点 d 所对应的应力是材料所能承受的最大应力,称为强度极限,用 σ_b 来表示。低碳钢的强度极限 $\sigma_b \approx 400\text{MPa}$。由于在强化阶段中试件的变形主要是塑性变形,所以其变形程度要比弹性阶段内大得多。在此阶段中可以明显地看到试件的横向尺寸在缩小。

(4) 第四阶段——颈缩阶段或局部变形阶段(见图 7.18(b)中 de 段)。过 d 点后,在试件的某一局部范围内,其横截面的尺寸急剧减少,形成颈缩现象(见图 7.19)。试件继续伸长所需的拉力相应减小,应力也随之下降;这时,试件已完全丧失承载能力,曲线降至 e 点,试件被拉断。

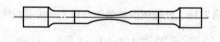

图 7.19 试件变形图

拉力达到强度极限出现颈缩现象后,试件随即被拉断,所以强度极限 σ_b 是衡量材料强度的另一重要指标。

2) 冷作硬化

在材料的拉伸试验中,当应力超过屈服极限后,若在强化阶段内的任一点 f 处停止加载,逐渐撤去使试件伸长的因素(卸载),则此时的应力—应变曲线将沿着与 Oa 近乎平行的直线 O_1f 回到 O_1 点(见图 7.20(a)),这说明材料的变形已不能完全消失。f 点对应的总变形为 Og,回到 O_1 时所消失的部分 O_1g 为弹性变形,不能消失的部分 OO_1 为塑性变形。

如果卸载后立即重新加载,如图 7.20(b)所示,应力—应变曲线将大致沿着 O_1f 直线变化,直到 f 点后,又沿着 fde 变化,这表示再次加载到达 f 点以前,材料变形完全是弹性的。

比较图中 Oacfde 和 O_1fde 两条曲线,可见第二次加载时,其比例极限和屈服极限都将提高,但塑性变形却有所降低,材料这种预拉到强化阶段,使之发生塑性变形,然后卸载,当再次加载时,比例极限和屈服极限提高、塑性降低的现象称为冷作硬化现象。

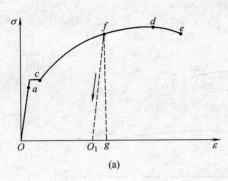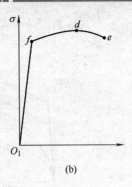

图 7.20 冷作硬化现象

工程中常利用冷作硬化来提高材料的承载能力,如冷拉钢筋、冷拔钢丝等。

3) 延伸率和截面收缩率

试件被拉断后,弹性变形消失,塑性变形保留。试件的标距由原来的 l_0 变为 l_1。长度的变化 $\Delta l = l_1 - l_0$ 与原标距 l_0 的比值用百分比表示,称为材料的延伸率 δ。

$$\delta = \frac{l_1 - l_0}{l_0} \times 100\%$$

式中, δ 是衡量材料塑性的指标。低碳钢的平均延伸率 $\delta = 20\% \sim 30\%$。

对于同一种材料采用不同的标距时,所得到的延伸率略有差异,分别用 δ_5 和 δ_{10} 表示。只能用同一标距下的延伸率比较材料的塑性性能。

试件断裂后,颈缩处的最小面积用 A_1 表示,则比值

$$\psi = \frac{A - A_1}{A} \times 100\%$$

称为截面收缩率。ψ 也是衡量材料塑性的一个指标。

材料的延伸率和截面收缩率数值越高,其塑性性能越好。工程上将 $\delta > 5\%$ 的材料,称为塑性材料; $\delta \leqslant 5\%$ 的材料称为脆性材料。低碳钢的延伸率约为 $\delta = 20\% \sim 30\%$;截面收缩率约为 $\psi = 60\%$,这表明低碳钢(A3 钢)具有很好的塑性性能。

2. 其他塑性材料的拉伸

图 7.21 表示几种塑性材料的 σ-ε 曲线,它们的共同特点是延伸率 δ 都比较大。有些金属没有明显的屈服点,对于这些塑性材料,通常规定对应于塑性应变 $\varepsilon_s = 0.2\%$ 时的应力为名义屈服极限,用 $\sigma_{0.2}$ 表示(见图 7.22)。

3. 脆性材料的拉伸试验

铸铁作为典型的脆性材料,其拉伸时的应力—应变图如图 7.23 所示,图中没有明显的直线部分,没有比例极限及屈服点,断裂时的应力就是强度极限 σ_b。试件拉断时没有颈缩现象,塑性变形很小, δ 约为 0.4%。由于试件拉断时的变形极小,通常规定试件在产生 0.1% 的应变时所对应的应力范围为弹性范围,并认为材料在该范围内变形近似地服从胡克定律。它的弹性模量是用割线代替 σ-ε 曲线,以割线的斜率 $\tan\alpha$ 为近似的 E 值,称为割线弹性模量。铸铁的弹性模量 $E = 115 \sim 160\text{GPa}$。

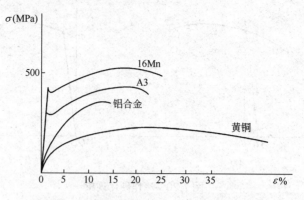

图7.21 几种塑性材料的应力—应变曲线比较

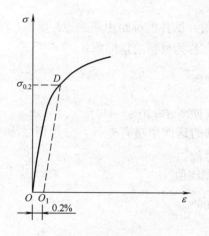

图7.22 名义屈服极限

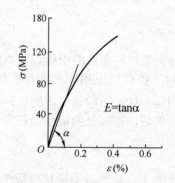

图7.23 铸铁拉伸时的应力—应变图

7.7.2 材料在压缩时的力学性能

由于材料在受压时的力学性能与受拉时的力学性能不完全相同，因此除拉伸试验外，还须做压缩试验。

金属材料(如低碳钢、铸铁等)压缩试验的试件为圆柱形，高为直径的 1.5～3.0 倍；非金属材料(如混凝土、石料等)试验试件为立方块。

1. 低碳钢的压缩试验

低碳钢压缩试验的 σ-ε 曲线如图 7.24(a)中虚线所示，图中的实线表示拉伸时的 σ-ε 曲线。两条曲线的主要部分基本重合，表明低碳钢压缩时的比例极限 σ_p、弹性模量 E、屈服极限 σ_s 都与拉伸时相同。

试验过程中，当应力到达屈服极限后，试件出现显著的塑性变形，继续加压后，试件明显缩短，横截面增大。由于试件两端面与压头之间摩擦的影响，试件两端的横向变形受到阻碍，试件被压成鼓形。随着外力的增加，试件愈压愈扁，但并不破坏(见图7.24(b))。

低碳钢的力学性能指标通过拉伸试验都可测得，因此一般无须做压缩试验。类似情况在其他塑性材料中也存在。

2．铸铁的压缩试验

脆性材料压缩时的力学性能与拉伸有较大差别，图 7.25 为铸铁压缩时的 σ-ε 曲线。压缩时 σ-ε 仍然是条曲线，只在低应力区近似符合胡克定律。铸铁在拉伸变形很小时就发生了破坏，只能求得它的强度极限 σ_b，但压缩时的强度极限比拉伸时的高 4～5 倍。铸铁试件破坏时，断口与轴线成 45°～55°角。

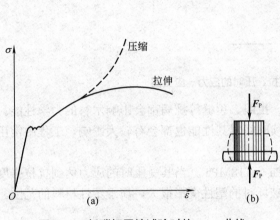
图 7.24 低碳钢压缩试验时的 σ-ε 曲线

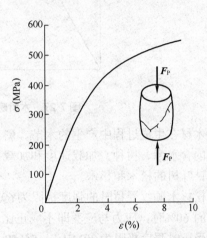
图 7.25 铸铁压缩时的 σ-ε 曲线

3．其他脆性材料的压缩试验

其他脆性材料如混凝土、石料等非金属材料的抗压强度也远高于抗拉强度，其破坏形式如图 7.26(a)所示。若在加压板上涂上润滑油，减弱了摩擦力的影响后，破坏形式如图 7.26(b)所示。

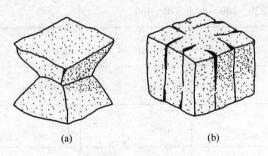

图 7.26 其他脆性材料的破坏形式

4．木材的力学性能

工程中常用木材的力学性能具有方向性，顺纹方向的强度比横纹方向的强度高得多，而且抗拉强度高于抗压强度。图 7.27 是木材顺纹拉、压时的应力—应变图，图中拉、压曲线都有直线阶段，弹性模量 E 为 10MPa～12MPa。木材受拉时，只有接近破坏的一小段的应力与应变不成正比。木材破坏时的塑性变形很小，属于脆性材料的范围。

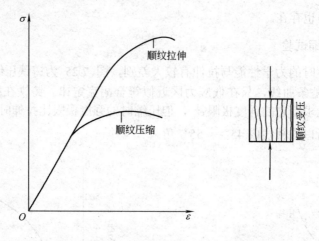

图 7.27　木材顺纹拉、压时的应力—应变图

木材在生成过程中产生的木节、斜纹、虫眼、裂缝等疵病都会影响木材的力学性能。木材的含水率、树种、加载速度和加载持续时间对其性能也都会有较大影响。工程中常用的是针叶树的松木和杉木。

松杉木顺纹受拉时的强度极限为69MPa～118MPa。当其受压时的应力达到抗拉强度极限的60%时，应力与应变即不成正比，破坏时的塑性变形很大，属于塑性材料的范围。顺纹受压时强度极限为29MPa～54MPa。

表 7.2 列出了一些常用材料的主要力学性能。

表 7.2　常用材料的主要力学性能

材料名称	牌号	强度指标/ MPa			塑性指标
		屈服极限 σ_s	抗拉强度极限 σ_b	抗压强度极限 σ_b'	(延伸率 δ /%)
碳素钢	A3	220～240	370～460		25～27
低合金钢	16Mn	280～340	470～510		19～21
灰口铸铁			98～390	640～1300	
混凝土	200 (标号)		1.6	14.2	
	300 (标号)		2.1	21	
红松 (顺纹)			96	32.2	

7.7.3　两类材料力学性能的比较

图 7.28 是按相同比例画出的低碳钢和铸铁拉伸时的 $\sigma\text{-}\varepsilon$ 图，现将它们从几个方面进

行比较。

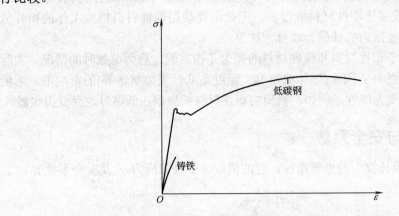

图 7.28　低碳钢和铸铁拉伸时的 σ-ε 图

(1) 强度方面。塑性材料拉伸和压缩的弹性极限、屈服极限基本相同，脆性材料的压缩强度极限远比拉伸时大，一般只适用于受压构件。塑性材料在应力超过弹性极限后有屈服现象；脆性材料破坏前看不出任何征兆，破坏是突然的。

(2) 变形方面。塑性材料的 δ 和 ψ 值都比较大，表示材料破坏前能发生很大的塑性变形，材料的可塑性大，便于加工。脆性材料的 δ 和 ψ 值都较小，难以加工。在工程中安装构件时，往往需要矫正构件的形状，脆性材料所能容许的变形很小，矫正中很容易产生裂纹。塑性材料能进行这种矫正，不易损坏。

(3) 对应力集中的敏感性方面。两类材料对应力集中的反应有着很大的差别。构件截面有突变时会在突变部分发生应力集中现象，截面上应力呈不均匀分布(见图 7.29(a))。继续增大外力时，塑性材料构件截面上的应力最高点首先达到屈服极限 σ_s，然后其应力就几乎保持不变，只是应变增加，其他点处的应力继续提高，以保持内外力平衡。当外力不断加大时，截面上达到屈服极限的区域逐渐扩大(见图 7.29(b)、(c))，截面上应力趋于均匀分布，这种现象称为应力重分布。因此，塑性材料构件中的应力集中并不会显著降低它抵抗荷载的能力。脆性材料没有屈服阶段，在荷载增加的情况下，应力集中处最大应力点的应力始终最大，当它达到 σ_b 时，便会导致构件的突然破裂。所以，应力集中对脆性材料的危害比对塑性材料要严重。

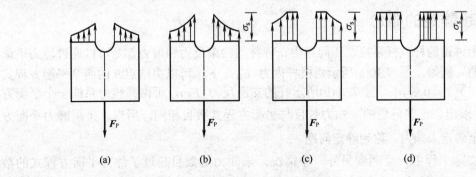

图 7.29　应力集中分析

总的说来，塑性材料的力学性能较脆性材料好。在实际应用中，不但要从材料本身的力学性能方面考虑,还必须从合理发挥材料性能和经济方面考虑。脆性材料(铸铁、砖石、混凝土)的价格一般要比塑性材料低很多,因此,能使用脆性材料担负工作的构件应尽量用脆性材料,如承受压力的基础、墙身、柱等。

必须指出,上述关于塑性材料和脆性材料的概念是指常温、静力荷载时的情况。实际上,同一种材料在不同的外界因素(如加载速度、温度高低、受力状态等)的影响下,可能表现为塑性,也可能表现为脆性。例如,典型的塑性材料低碳钢在低温时也会变得很脆。

7.7.4 许用应力与安全系数

许用应力$[\sigma]$是强度计算中的重要指标,它的值取决于极限应力σ^0及安全系数K:

$$[\sigma] = \frac{\sigma^0}{K}$$

从前面的试验中看到,塑性材料受力达到屈服极限σ_s时,将出现显著的塑性变形;脆性材料受力达到强度极限σ_b时会引起断裂。构件工作时发生断裂或显著塑性变形都是不允许的,所以对于塑性材料$\sigma^0 = \sigma_s$;对于脆性材料$\sigma^0 = \sigma_b$。

安全系数K的确定相当重要又比较复杂,如果选用偏大,则许用应力降低,构件虽偏于安全,但用料增多;反之,选用过小,则许用应力得到提高,但构件偏于危险。

在确定安全系数时,必须考虑到各方面的因素,如荷载的性质(静力荷载、动力荷载)、荷载数值的准确程度,计算方法的准确程度,材料的均匀程度,材料的力学性能和试验方法的可靠程度,结构物的使用性质、工作条件及重要性,施工方法和施工质量以及地震影响等。例如在静力荷载作用下,脆性材料的均匀性较差,对应力集中的敏感性强,破坏时没有显著变形的"预告",所以所取的安全系数要比塑性材料大,一般工程中:

脆性材料:$[\sigma] = \frac{\sigma_b}{K_b}$,$K_b = 2.5 \sim 3.0$;

塑性材料:$[\sigma] = \frac{\sigma_s}{K_s}$,$K_s = 1.4 \sim 1.7$。

7.8 拉压超静定问题

7.8.1 超静定的概念

前面所讨论的杆或杆系拉、压问题中,杆件的约束反力和内力都是可以通过静力平衡方程求解的。例如,图 7.30(a)所示两根杆内力F_{N2}、F_{N2}可以由结点B的两个平衡方程$\sum X = 0$、$\sum Y = 0$解出;图 7.30(b)所示杆的支座反力F_{RA},可由共线力系的一个平衡方程$\sum Y = 0$求出。这些问题的未知力数目与平衡方程式数目相同,所以,采用静力平衡方程可以完全确定未知力,称为**静定问题**。

但在实际工程中,会遇到另外一些情况,未知力的数目超过了静力平衡方程式的数目。如图 7.31(a)所示,结点B处有三个未知力F_{N1}、F_{N2}、F_{N3},只能列出两个平衡方程式;如图 7.31(b)所示,AB杆上有F_{RA}、F_{RB}两个未知约束反力,共线力系的平衡方程式只有一个。这类问题的未知力由平衡方程不能完全确定，称为**超静定问题**。

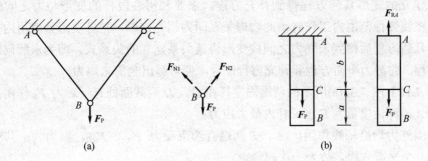

图 7.30 静定结构

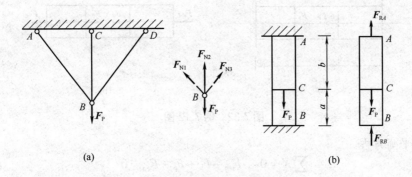

图 7.31 超静定结构示例

在超静定问题中，都存在着多于维持平衡所必需的支座或杆件，习惯上称为**多余约束**。由于它的存在使未知力的数目必然多于能够建立的独立平衡方程的数目。未知力比平衡方程多的数目称为**超静定的次数**。与多余约束相对应的支座反力或内力，习惯上称为**多余约束力**。因此，超静定次数就等于多余约束或多余约束力的数目。

图 7.31(a)、(b)所示的两个结构均是一次超静定问题。

7.8.2 超静定问题的解法

由于多余约束力的存在，为求解超静定问题的全部未知力所需要的方程，除了静力平衡方程外，还应有足够数目的反映各种力之间关系的补充方程。一次超静定需增加一个补充方程，二次超静定需增加两个补充方程，以此类推。

结构中各杆件是相互连接的，其位置是相互约束的；任何一个超静定结构产生变形后，只要不破坏，各杆件应仍然连接在一起。即：由于多余约束对结构变形的限制，使得原来静定结构中各杆件的变形由各自独立变为相互约束，以保证变形一致。因此，在这些变形之间必然存在着相互制约的条件，这种相互制约的条件称为**变形协调条件**。对于超静定结构，就是根据此条件建立补充方程的。

例如，图 7.31(b)所示的超静定杆的上、下两端都受到沿杆轴线方向的约束，使得其两端面不可能发生沿杆轴向的相对线位移，于是杆受力变形后，其总长度应该保持不变。这就是本问题的变形协调条件，把变形协调条件用各杆的变形几何量表达出来而得到的方程,称为**变形几何方程**。

要从建立的变形几何方程得到补充方程,需要利用各段杆的变形与力之间的物理关系。当杆在线弹性范围内工作时,此物理关系即为胡克定律,把各变形数值用内力表示出来,代入几何方程后得到未知力之间按变形协调关系建立的关系式,即为求解问题所必需的补充方程。将静力平衡方程和补充方程联合,便可解出全部未知力。

【例 7.12】 图 7.32(a)所示的两端固定杆在 C、D 两截面处有一对力 F_P 作用,杆横截面面积为 A,弹性模量为 E,求杆内最大应力。

解:因外力均沿轴线作用,A、B 两端有约束反力 F_{RA}、F_{RB},四力为一共线力系,仅能列出一个平衡方程,故为一次超静定。

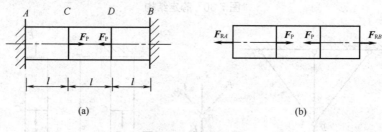

图 7.32 例 7.12 图

(1) 列平衡方程。

$$\sum X = 0, \quad F_{RB} - F_P + F_P - F_{RA} = 0$$

解得:
$$F_{RA} = F_{RB}$$

(2) 列几何方程。

因杆件两端固定,整个杆在轴向力作用下变形的总和应为零,即有

$$\Delta l_1 + \Delta l_2 + \Delta l_3 = 0$$

式中,Δl_1、Δl_2、Δl_3 分别为 AC、CD、DB 三段杆的变形值。

(3) 由物理条件建立补充方程。

根据胡克定律计算各段杆的变形量:

$$\Delta l_1 = \frac{F_{NAC} l}{EA} = \frac{F_{RA} l}{EA}$$

$$\Delta l_2 = \frac{F_{NCD} l}{EA} = \frac{(F_{RA} - F_P) l}{EA}$$

$$\Delta l_3 = \frac{F_{NDB} l}{EA} = \frac{F_{RB} l}{EA}$$

则

$$\frac{F_{RA} l}{EA} + \frac{(F_{RA} - F_P) l}{EA} + \frac{F_{RB} l}{EA} = 0$$

整理后有
$$2F_{RA} + F_{RB} = F_P$$

(4) 计算支座反力。

$$F_{RA} = F_{RB} = \frac{F_P}{3}$$

(5) 应用截面法计算各段杆的内力：

$$F_{NAC} = F_{RA} = \frac{F_P}{3}, \quad F_{NCD} = F_{RA} - F_P = -\frac{2F_P}{3}, \quad F_{NDB} = F_{RB} = \frac{F_P}{3}$$

由上述内力数值可知，CD 段杆内力最大，故存在最大正应力：

$$\sigma_{max} = \frac{F_{Nmax}}{A} = \frac{F_{NCD}}{A} = -\frac{2F_P}{3A}$$

【例 7.13】三杆铰接的结构如图 7.33 所示，已知 1、2 两杆的长度、横截面面积及材料均相同，即 $l_1 = l_2 = l$，$A_1 = A_2 = A$，$E_1 = E_2 = E$；3 杆的横截面面积为 A_3，其材料的弹性模量为 E_3。试求在铅垂外力 F_P 作用下各杆的轴力。

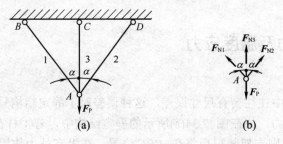

图 7.33　例 7.13 图

解： 此杆系中的三杆汇交于 A 点，其轴力都是未知量，但只能建立两个平衡方程，故为一次超静定问题，必须建立一个补充方程。

根据变形协调条件建立变形几何方程。由于三根杆在下端连接于 A 点，所以与此约束相适应的变形协调条件是三根杆在受力变形后它们的下端仍应连接于 A 点。由于结构及受力是对称的，可见 A 点应沿铅垂方向下移，此时三杆均将伸长。1、2 两杆的伸长量 Δl_1 与 3 杆伸长量 Δl_3 之间的关系为

$$\Delta l_1 = \Delta l_3 \cos\alpha$$

根据变形与轴力之间的物理关系可得

$$\Delta l_1 = \frac{F_{N1} l}{EA}$$

$$\Delta l_3 = \frac{F_{N3} l \cos\alpha}{E_3 A_3}$$

从而得到补充方程为

$$F_{N1} = F_{N3} \frac{EA}{E_3 A_3} \cos^2\alpha$$

最后建立结点 A 的平衡方程。由于在变形分析中已认为三杆都是伸长的，因此假定其轴力均为拉力，结点的受力情况如图 7.33(b)所示。由对称关系可知：

$$F_{N1} = F_{N2}$$

建立平衡方程：

$$\sum Y = 0, \quad F_{N1}\cos\alpha + F_{N2}\cos\alpha + F_{N3} - F_P = 0$$

因杆件的变形很微小，故略去了因各杆变形所引起的 α 角的微小改变。

整理各方程后即有

$$F_{N1} = F_{N2} = \frac{F_P}{2\cos\alpha + \dfrac{E_3 A_3}{EA\cos^2\alpha}}$$

$$F_{N3} = \frac{F_P}{1 + 2\dfrac{EA}{E_3 A_3}\cos^3\alpha}$$

计算结果为正，说明各杆的轴力均为拉力。由上述计算结果可以看出，在超静定杆系问题中，各杆的轴力与该杆本身的刚度和其他杆的刚度之比有关。刚度越大的杆，其轴力也越大。

7.8.3 装配应力及温度应力

1. 装配应力

杆件在制作过程中往往会有尺寸误差，这种误差对于静定结构只会引起结构几何形状的改变，并不引起内力。如在图 7.34(a)所示的静定结构中，若①杆在制作时的长度 l 比原设计短了 $\delta(\delta \ll l)$，则支架装配后将在 $A'BC$ 位置，在没有外力作用时，①杆内不会有内力。而对于图 7.34(b)所示的超静定结构，若③杆比原设计短了 δ，则在装配时就须将③杆拉长到 A'，同时将①、②杆压缩到 A' 才能装在一起。这样，装配后的结构虽然未受外力作用，各杆已有内力与应力发生。这种由装配引起的应力称为**装配应力**。

一般情况下，装配应力对杆件是不利的，但也可有意识地利用装配应力以提高结构的承载能力，如预应力钢筋混凝土构件。装配应力可按计算超静定问题的方法求得，计算的关键仍在于根据变形协调关系写出变形几何方程。

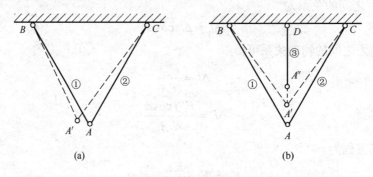

图 7.34 装配应力

2. 温度应力

当温度发生变化时，由于热胀冷缩的物理性质，杆件长度也会发生变化。静定结构的杆件可以自由变形，温度引起的杆件变形不会产生内力。例如图 7.35(b)所示悬臂杆，随着温度的增高，杆件自由伸长 Δl_t。但在超静定结构中就要引起内力。例如图 7.35(a)所示超静定结构，随着温度的增高，杆件伸长 Δl_t，因受到了支座的约束，不能自由伸长，使杆内产生内力。这种内力称为温度内力，和它相应的应力称为温度应力。温度应力有时会妨碍结构的正常使用，甚至造成结构的破坏。在铁轨接头处、混凝土路面及建筑物中通常留有伸缩缝，就是为了防止这种破坏作用。温度应力也可按解超静定问题的方法求得，其关键也是由变形协调关系建立几何方程。

【例 7.14】图 7.35 所示结构中的等直钢杆 AB 的两端分别与刚性支承相连。设两支承间的距离为 l，杆的横截面面积为 A，钢材的线膨胀系数为 α，弹性模量为 E。试求由于温度升高 Δt 所引起的温度应力。

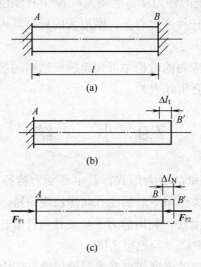

图 7.35 例 7.14 图

解：如果杆件只有一端例如 A 端固定，则温度升高后杆件将自由地伸长(见图 7.35(b))。但因刚性支承 B 的阻挡，这就相当于在杆的两端施加了压力将杆顶住。两端的压力 F_{P1} 和 F_{P2} 都是未知量(见图 7.35(c))。由于只能列出一个平衡方程，由此求得杆件两端的压力相等，但不能求出其大小，故是一次超静定，需建立一个补充方程。

由于支承是刚性的，故与此约束情况相适应的变形条件是杆件的总长度不变。此杆件的变形包括由于温度升高引起的变形 Δl_t 以及与轴向压力作用相对应的弹性变形 Δl_N 两部分，故其变形的几何方程为

$$\Delta l = \Delta l_t - \Delta l_N = 0$$

Δl_N 和 Δl_t 均取绝对值。

此例的物理关系为

$$\Delta l_N = \frac{F_N l}{EA}$$

$$\Delta l_t = \alpha \Delta t l$$

由此即可得温度内力为

$$F_N = \alpha EA \Delta t$$

温度应力为

$$\sigma = \frac{F_N}{A} = \alpha E \Delta t$$

结果为正，说明该杆的温度应力是压应力，与假设的轴向受压情况相同。

7.8.4 讨论

超静定问题和静定问题存在着显著的不同。

(1) 从例 7.13 的结果可看出，由 EA 不同的杆件所组成的超静定结构中，当荷载 F_Q 一定时，1 杆刚度增加，2 杆的轴力 F_{N2} 就增大；若 3 杆刚度增加，则 F_{N3} 增大。由此可知超静定结构中各杆内力与杆件刚度有关，刚度大的杆，其内力也大。这是超静定结构的第一个特点。

(2) 从装配应力和温度应力的讨论中可知超静定结构的第二个特点是：在没有外力作用时，装配误差或温度改变会引起内力。

7.9 小　　结

拉伸和压缩是杆件最简单的受力形式，其主要受力特征是外合力的作用线与杆轴重合；其变形特征是杆件在外力作用下沿轴线方向伸长或缩短。

杆件内力的计算采用截面法，利用静力平衡条件可计算出杆件截面的内力——轴力。应掌握计算内力的步骤并能熟练地绘出轴力图。

根据试验对杆件变形情况的观察作出基本假设后确定应力的分布规律解决应力问题。

轴向拉(压)杆的变形主要是指杆件长度方向的改变，应力是度量变形程度的一个重要的相对变形量。明确线弹性范围内应力与应变之间的关系，掌握胡克定律的内容、表示形式及适用条件。

材料的力学性质是工程力学的基础，应着重了解低碳钢在拉伸时的力学性质、各个变形阶段的特征及相应的力学性能指标，了解塑性材料与脆性材料的性能差别。

强度计算是工程设计的重要内容，强度条件是理论与实验相结合的计算公式，应理解强度条件的含义，掌握如何确定构件承载能力，即掌握有关强度计算的三类问题。

超静定结构是实际工程中常见的一种结构形式，应明确需从几何、物理、静力学三方面综合考虑才能求得结果。求解超静定问题的关键是通过变形协调一致的几何关系，利用胡克定律，建立变形协调方程和物理方程作为补充方程。

7.10 思　考　题

1. 两根材料不同、截面积不同的杆件承受相同的轴向拉力作用，它们的内力是否相同？应力呢？变形是否相同？
2. 明确下列概念的区别：
(1) 材料的拉伸图(F_p-Δl)与应力—应变图(σ-ε)；
(2) 弹性变形与塑性变形；
(3) 极限应力与许用应力。
3. 试判别图 7.36 所示杆件中哪些杆承受轴向拉伸或轴向压缩。

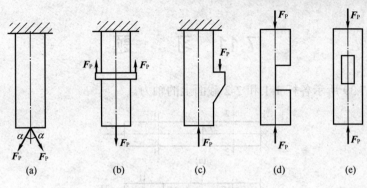

图 7.36 思考题 3 图

4. 三根尺寸相同而材料不同的杆件，已知其材料的应力—应变图如图 7.37 所示，试比较它们的强度性能和塑性性能。

5. 已知低碳钢的比例极限 $\sigma_p = 200\text{MPa}$，弹性模量 $E = 200\text{GPa}$。现有一低碳钢试件，测得其应变 $\varepsilon = 0.002$，是否可由此计算 $\sigma = E\varepsilon = 200 \times 10^3 \times 0.002 = 400(\text{MPa})$？为什么？

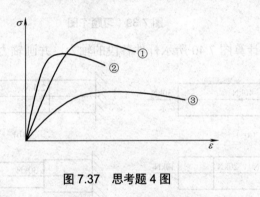

图 7.37 思考题 4 图

6. 图 7.38 所示结构中，杆①为铸铁杆，杆②为低碳钢。图 7.38(a)与图 7.38 (b)两种设计方案哪一种较为合理？

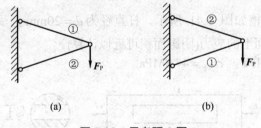

图 7.38 思考题 6 图

7. 为什么说 $\sigma = \dfrac{F_N}{A} \leqslant [\sigma]$ 是理论与实验相结合的计算公式？

8. 列超静定问题的变形协调条件时应注意哪些原则？

9. 如何确定材料的许用应力？安全系数的选择与哪些因素有关？

10. 胡克定律的适用范围是什么？是否所有的固体材料所制作的构件都一定符合胡克定律？

7.11 习　　题

1. 求图 7.39 所示各杆 1-1 和 2-2 截面上的轴力。

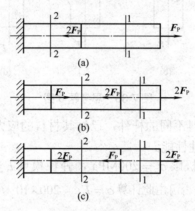

图 7.39　习题 1 图

2. 试用截面法计算图 7.40 所示杆件各段的轴力，并画轴力图。

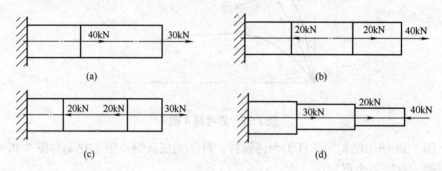

图 7.40　习题 2 图

3. 圆截面杆上开槽如图 7.41 所示，杆直径为 $d = 20\text{mm}$，受轴向拉力 $F_P = 15\text{kN}$ 作用，试求 1-1 和 2-2 截面上的应力(阴影面积可近似计算)。

答案：$\sigma_{1\text{-}1} = 131.6\text{MPa}$，$\sigma_{2\text{-}2} = 47.8\text{MPa}$。

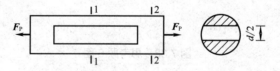

图 7.41　习题 3 图

4. 图 7.42 所示拉杆由两种不同材料制成，已知Ⅰ、Ⅱ两段的横截面面积分别为 A_1 和 A_2，且 $A_1 = 2A_2$；弹性模量分别为 E_1 和 E_2，且 $E_1 = \frac{1}{3}E_2$；长度均为 l。

(1) 试比较两段杆的轴力 F_{N1} 和 F_{N2}，应力 σ_1 和 σ_2，变形 Δl_1 和 Δl_2。

(2) 轴力的大小与材料 E、截面积 A 是否有关？应力与材料及截面积是否有关？

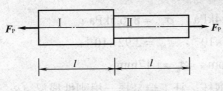

图 7.42 习题 4 图

5. 低碳钢的弹性模量 $E_1 = 210\text{GPa}$，混凝土的弹性模量 $E_2 = 28\text{GPa}$，试求：

(1) 在正应力 σ 相同的情况下，钢材与混凝土应变的比值；

(2) 在应变 ε 相同的情况下，钢材与混凝土正应力的比值；

(3) 当应变 $\varepsilon = 0.00015$ 时，钢材与混凝土的正应力。

答案：(1) $1:75$；(2) $1:0.133$；(3) $\sigma_{钢} = 31.5\text{MPa}$，$\sigma_{混凝土} = 4.2\text{MPa}$

6. 一载物木箱重为 5kN，用绳索起吊，两绳等长，均与箱面成 45°角，试求每根吊索受的力有多大？如果用麻绳作吊索，试选择麻绳的直径。麻绳的许用拉力见表 7.3。

答案：$F_T = 3540\text{N}$，选 $d = 22\text{mm}$

表 7.3 麻绳的许用拉力

麻绳直径/mm	20	22	25	29
许用拉力/N	3200	3700	4500	5200

7. 一矩形截面木杆，其两端的截面被圆孔削弱，中间的截面被两个切口削弱，如图 7.43 所示。试验算在承受拉力 $F_P = 70\text{kN}$ 时杆件是否安全，已知 $[\sigma] = 7\text{MPa}$。

答案：$\sigma_{孔} = 6.36\text{MPa} < [\sigma]$，$\sigma_{中} = 7.78\text{MPa} > [\sigma]$

8. 截面为正方形的阶梯形砖柱如图 7.44 所示，上柱高 $H_1 = 3\text{m}$，截面积 $A_1 = 240 \times 240 \text{mm}^2$，下柱高 $H_2 = 4\text{m}$，截面积 $A_2 = 370 \times 370 \text{mm}^2$，承受的外荷载 $F_P = 40\text{kN}$，砖的弹性模量 $E = 3\text{GPa}$，不考虑砖柱的自重，试计算：

(1) 上、下柱的应力；

(2) 上、下柱的应变；

(3) A 截面与 B 截面的位移。

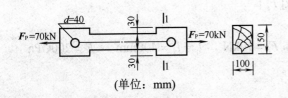

图 7.43 习题 7 图

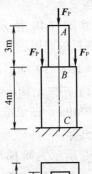

图 7.44 习题 8 图

答案：(1) $\sigma_{AB} = 694.4\text{kPa}$，$\sigma_{BC} = 876.5\text{kPa}$；

(2) $\varepsilon_{AB} = 2.31 \times 10^{-4}$，$\varepsilon_{BC} = 2.92 \times 10^{-4}$；

(3) $\Delta_A = 1.86\text{mm}$，$\Delta_B = 1.17\text{mm}$

9. 两根截面相同的钢杆，杆下端悬挂一根刚性横梁 AB，长度为 $2l$，如图 7.45 所示。现在刚性梁上施加外力 F_P，若计算时不考虑横梁的自重，要使横梁 AB 保持水平，加力位置应在何处？

答案：$x = \dfrac{6}{7}l$

10. 在图 7.46 所示 A、B 两点之间原来水平地拉着一根直径为 $d = 1\text{mm}$，长为 2m 的钢丝，现在钢丝的中点 C 加一竖向荷载 F_P。已知钢丝由此产生的线应变为 $\varepsilon = 0.0035$，材料的弹性模量为 $E = 2.1 \times 10^5 \text{MPa}$，钢丝的自重不计。试求：

(1) 钢丝横截面上的应力，假设钢丝经过冷拉，断裂前可认为符合胡克定律；

(2) 钢丝在 C 点下降的距离 Δ；

(3) 此时荷载 F_P 的数值。

答案：(1) $\sigma = 735\text{MPa}$；(2) $\Delta = 83.7\text{mm}$；(3) $F_P = 96.4\text{N}$

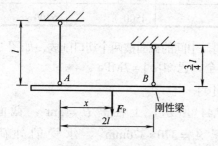

图 7.45 习题 9 图

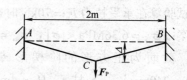

图 7.46 习题 10 图

11. 在图 7.47 所示结构中，AC 是钢杆，横截面为圆形，直径 $d_1 = 30\text{mm}$，许用应力 $[\sigma]_1 = 160\text{MPa}$；$BC$ 杆是铝杆，$d_2 = 40\text{mm}$，许用应力 $[\sigma]_2 = 60\text{MPa}$。已知 $F_P = 130\text{kN}$，$\alpha = 30°$，试校核该结构的强度。

答案：结构安全

12. 试计算图 7.48 所示桁架结构中指定杆件①、②、③的横截面面积。已知 $F_P = 100\text{kN}$，各杆的许用应力 $[\sigma]^+ = 160\text{MPa}$，$[\sigma]^- = 100\text{MPa}$。

答案：$A_1 = 10.8 \times 10^2 \text{mm}^2$，$A_2 = 6.25 \times 10^2 \text{mm}^2$，$A_3 = 30.0 \times 10^2 \text{mm}^2$

13. 图 7.49 所示结构中的杆 AB 视为刚体，斜杆 CD 为直径 $d = 20\text{mm}$ 的圆形杆，许用应力 $[\sigma] = 160\text{MPa}$，试求结构的许用荷载 $[F_P]$。

答案：15.7kN

14. 图 7.50 所示为阶梯形钢杆，已知 $F_P = 10\text{kN}$，$l_1 = l_2 = 400\text{mm}$，$E = 200\text{GPa}$，$A_1 = 2A_2 = 100\text{mm}^2$。试计算 AB 杆的总变形。

答案：$\Delta l = -0.2\text{mm}$

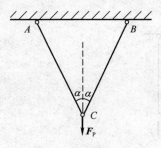

图 7.47 习题 11 图

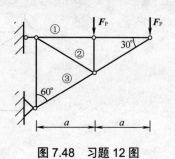

图 7.48 习题 12 图

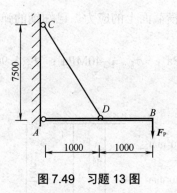

图 7.49 习题 13 图

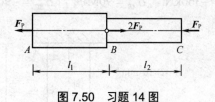

图 7.50 习题 14 图

15. 支架结构如图 7.51 所示，节点 A 处受铅垂荷载 F_P 作用，试计算荷载的最大允许值$[F_P]$。已知杆的横截面面积均为 $A=100\text{mm}^2$，许用拉应力 $[\sigma]^+ =200\text{MPa}$，许用压应力 $[\sigma]^- =150\text{MPa}$，$\alpha=30°$。

答案：$[F_P]$=8.66kN

16. 图 7.52 所示直杆两端固定，已知横截面面积均为 A，弹性模量均为 E，轴向荷载为 F_P。试比较杆内的最大拉应力与最大压应力。

答案：2∶1

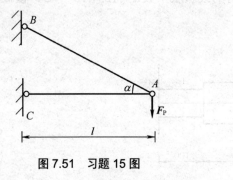

图 7.51 习题 15 图

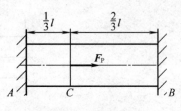

图 7.52 习题 16 图

17. 图 7.53 所示桁架结构中，杆①、②、③分别用铸铁、铜和钢制成，各杆的许用应力分别为 $[\sigma]_1=80\text{MPa}$，$[\sigma]_2=60\text{MPa}$，$[\sigma]_3=120\text{MPa}$，弹性模量分别为 $E_1=160\text{GPa}$，$E_2=100\text{GPa}$，$E_3=200\text{GPa}$，$A_1=A_2=2A_3$，外荷载 $F_P=160\text{kN}$，试确定各杆的横截面面积。

答案：$A_1=2448\text{mm}^2$

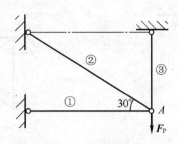

图 7.53 习题 17 图

18. 试求图 7.54 所示各杆的支座反力及各段杆横截面上的应力。已知钢的弹性模量为 $E_{钢}=200\text{GPa}$；铜的弹性模量为 $E_{铜}=100\text{GPa}$。

答案：$F_{RA}=20\text{kN}$，$F_{RC}=-80\text{kN}$，$\sigma_{AB}=10\text{MPa}$，$\sigma_{BC}=-40\text{MPa}$；$F_{RA}=90\text{kN}$，$F_{RC}=-360\text{kN}$，$\sigma_{AB}=90\text{MPa}$，$\sigma_{BC}=-90\text{MPa}$

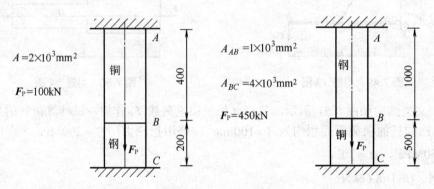

图 7.54 习题 18 图

19. 图 7.55 所示阶梯形钢杆在温度 $t_0=15℃$ 时固定在刚性墙上，当温度升高至 $55℃$ 时求杆内最大应力。已知 $E=200\text{GPa}$，钢材的线膨胀系数 $\alpha=125\times10^{-7}/℃$，横截面面积为 $A_1=2\times10^2\text{mm}^2$，$A_2=1\times10^2\text{mm}^2$。

答案：$\sigma_{\max}=-150\text{MPa}$

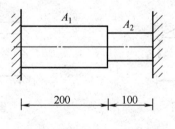

图 7.55 习题 19 图

第 8 章 剪 切

本章的学习要求：

- 理解并掌握剪切和挤压的基本概念，明确构件常用的连接方式。
- 掌握连接构件受剪时剪切面的确定方法(数量及面积)，能正确应用剪切强度条件进行抗剪计算。
- 掌握构件连接处挤压的受力特点，正确分析挤压面的计算面积，应用挤压强度条件进行挤压强度计算。
- 全面分析连接件连接处的受力特点，分析构件受力时可能发生破坏的方式，根据要求对连接件进行抗剪、抗挤压及抗拉等方面的计算。

8.1 剪切的概念

杆件受到一对大小相等、方向相反、作用线相距很近的横向力(即垂直于杆轴线的力) F_P 作用时，杆件产生剪切变形(见图 8.1(a))。在剪切变形过程中，随着 F_P 力的增大，两力间的截面将沿着力的作用方向发生相对错动直至剪断(见图 8.1(b))。

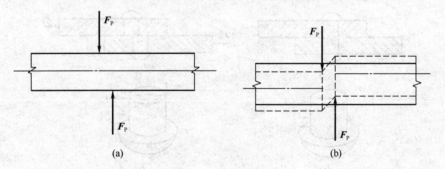

图 8.1 剪切变形

工程中，剪切变形常出现在构件的连接部分。如连接两块钢板的螺栓接头(见图 8.2(a))，钢结构中广泛应用的铆钉连接(见图 8.2(b))，木结构中的榫连接及机械中的销连接、键连接(见图 8.2(c))，等等。

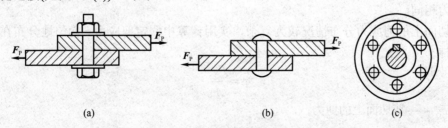

图 8.2 构件的连接方式

发生剪切变形的构件，通常总伴随着其他形式的变形，其中挤压变形是不可忽视的。如图 8.2(a)所示的螺栓与钢板相互接触部分，很小的面积上传递着很大的压力，容易造成接触部位的压溃，在剪切计算中将一并进行计算。

8.2 剪切与挤压的实用计算

工程实际中广泛应用的连接构件，像螺栓、铆钉、销等，一般尺寸都不大，不是细长杆件，受力与变形也较为复杂，难以从理论上计算它们的真实工作应力。它们的强度计算通常采用实用计算法来进行。这是一种经验计算方法，算出的应力并不是构件内的真实应力，只是它的数值和实验测定的构件破坏时的应力数值相接近，被用来作为强度计算的依据。因此，这种实用计算法算出的应力是一种名义应力。

下面以铆钉连接的强度计算为例，来说明实用计算方法。

8.2.1 剪切强度的实用计算

设两块钢板用铆钉连接，如图 8.3(a)所示。钢板受拉时，会使铆钉沿两力间的截面剪断(见图 8.3(b))。这个截面叫剪切面。

剪切面上的内力可用截面法求得。将铆钉假想地沿剪切面截开，由平衡条件可知剪切面上存在着与外力 F_P 大小相等、方向相反的内力 F_Q，称为剪力(见图 8.3(c))。

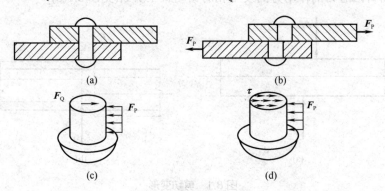

图 8.3　连接件的受力分析

轴向拉、压时，杆件横截面上的轴力垂直于截面，由正应力 σ 所组成；现在横截面上的剪力是沿截面作用，它由截面上各点处的剪应力 τ 所组成(见图 8.3(d))。剪应力的单位与正应力相同。

剪切面上的剪应力分布情况较为复杂，实用计算中假定剪应力 τ 均匀地分布在剪切面上。这样

$$\tau = \frac{F_Q}{A} \tag{8.1}$$

式中：F_Q——剪切面上的剪力；
　　　　A——剪切面的面积。

剪切强度条件为

$$\tau = \frac{F_Q}{A} \leqslant [\tau] \tag{8.2}$$

式中，$[\tau]$为材料的许用剪应力。许用剪应力的确定方法是：先测出材料发生剪切破坏时的荷载，代入式(8.1)算出此时的极限应力，然后除以安全系数。各种材料的许用剪应力值可在有关手册中查得，也可由下列经验公式确定：

塑性材料：$[\tau] = (0.6 \sim 0.8)[\sigma_l]$

脆性材料：$[\tau] = (0.8 \sim 1.0)[\sigma_l]$

式中，$[\sigma_l]$为材料的许用拉应力。

【例 8.1】 如图 8.3(a)所示的铆钉连接中，已知铆钉直径为$d = 10\text{mm}$，$F_P = 7\text{kN}$，材料的许用剪应力为$[\tau] = 140\text{MPa}$，试校核铆钉的强度。

解： 铆钉所受的力为

$$F_Q = F_P = 7\text{kN}$$

又

$$A = \frac{\pi d^2}{4} = \frac{\pi \times 10^2}{4} = 78.5(\text{mm}^2)$$

故

$$\tau = \frac{F_Q}{A} = \frac{7 \times 10^3}{78.5} = 89.2(\text{N}/\text{mm}^2) = 89.2\text{MPa} < [\tau] = 140(\text{MPa})$$

8.2.2 挤压强度的实用计算

连接件除可能被剪切破坏外，还可能发生挤压破坏。所谓挤压，是指两个构件相互传递压力时接触面上的受压现象。图 8.4(a)所示铆钉连接中，铆钉与钢板接触面上的压力过大时，接触面将发生显著的塑性变形或压溃，圆孔变成了椭圆状，孔径增大，连接件松动，不能正常使用(见图 8.4(b))。接触面上的压力F_{Pc}称为**挤压力**，在接触面上发生的变形称为**挤压变形**，挤压力作用的面A_c称为**挤压面**(见图 8.4(c))，挤压面上的应力σ_c称为**挤压应力**。

挤压面上挤压应力的分布也很复杂，它与接触面的形状及材料性质有关。例如钢板上铆钉附近的挤压应力分布如图 8.4(d)所示，挤压面上各点的应力大小与方向都不相同。实用计算中假定挤压应力沿挤压面是均匀分布的。即有：

$$\sigma_c = \frac{F_{Pc}}{A_c} \tag{8.3}$$

式中：F_{Pc}——挤压面上的挤压力；

A_c——挤压面的计算面积。

当挤压面为平面时，计算挤压面积为实际挤压面；当挤压面为圆柱面时，用圆柱截面的直径平面面积作为计算面积(见图 8.4(e))。此时，计算出的最大挤压应力σ_c和实际发生的最大挤压应力数值很接近，满足精度要求。

挤压强度条件为

$$\sigma_c = \frac{F_{Pc}}{A_c} \leqslant [\sigma_c] \tag{8.4}$$

式中：$[\sigma_c]$——材料的许用挤压应力，其值由实验测定，可从有关手册中查到。

$[\sigma_c]$与材料的许用拉应力$[\sigma_l]$之间存在下述近似关系：

塑性材料　　$[\sigma_c] = (1.5 \sim 2.5)[\sigma_l]$

脆性材料　　$[\sigma_c] = (0.9 \sim 1.5)[\sigma_l]$

挤压计算中应注意，如果两个相互挤压的构件材料不同时，应对挤压强度较小的构件进行计算。

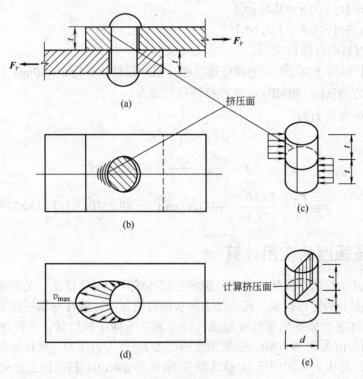

图 8.4　连接部分的挤压分析

以上所介绍的剪切和挤压的实用计算公式表达了一种经验性的强度计算方法，计算结果和构件实际的破坏结果很接近，因此在实际连接件的剪切和挤压计算中得到了广泛的应用。此外，在考虑整个连接件的使用安全时，由于钢板钻孔后截面受到了削弱，故尚应计算钢板的抗拉强度。

【例 8.2】 如图 8.5 所示的铆钉连接，已知钢板与铆钉的材料相同，铆钉直径 $d = 16\text{mm}$，拉力 $F_P = 110\text{kN}$，钢材的许用应力为 $[\sigma] = 160\text{MPa}$，$[\tau] = 140\text{MPa}$，$[\sigma_c] = 320\text{MPa}$；钢板厚度 $t = 10\text{mm}$，宽度为 $b = 90\text{mm}$，材料相同试校核该结构的连接强度。

解：(1) 铆钉的受力分析。

选取铆钉为研究对象，其受力如图 8.5(b)所示。

连接件上有 n 个铆钉时，假定各个铆钉剪切变形相同；当铆钉直径相同时，则拉力将平均分配在各个铆钉上，即每个铆钉所承受的剪力相同。

每个铆钉所承受的作用力为

$$F_{P1} = \frac{F_P}{n} = \frac{F_P}{4} = \frac{110}{4}\text{kN} = 27.5\text{kN}$$

(2) 铆钉剪切强度的校核。

每个铆钉的受剪面积为其横截面面积，由剪切强度条件得

$$\tau = \frac{F_Q}{A} = \frac{F_P}{n \times \frac{\pi d^2}{4}} = \frac{27.5 \times 10^3}{\frac{\pi \times 16^2}{4}} = 136.8(\text{N}/\text{mm}^2) = 136.8\text{MPa} < [\tau]$$

故剪切强度满足。

(3) 挤压强度的校核。

每个铆钉所承受的挤压力为 $F_{Pc} = F_{P1}$

挤压面的计算面积为 $A_c = td$

由挤压强度条件得

$$\sigma_c = \frac{F_{Pc}}{A_c} = \frac{F_P}{ntd} = \frac{27.5 \times 10^3}{10 \times 16} = 172(\text{N}/\text{mm}^2) = 172\text{ MPa} < [\sigma_c]$$

故挤压强度满足。

(4) 钢板拉伸强度的校核。

两块钢板的受力及开孔情况相同，故可选取任意一块进行研究。其受力如图 8.5(c)所示；钢板的轴力图如图 8.5(d)所示。

从连接的平面图可明显看出，1-1 截面与 3-3 截面开孔后的净面积相同，因 3-3 截面的轴力较大，故 3-3 截面较 1-1 截面危险。

2-2 截面与 3-3 截面相比较，2-2 截面净面积小，轴力比 1-1 截面大；3-3 截面净面积大但轴力更大，因此应对两个截面进行校核。

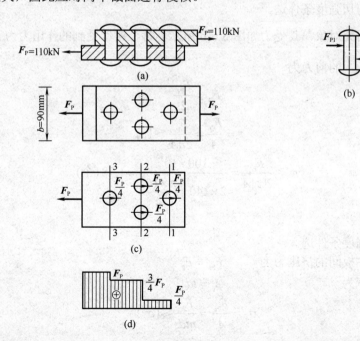

图 8.5 例 8.2 图

截面 2-2 $\sigma_2 = \dfrac{F_{N2}}{(b-2d)t} = \dfrac{\frac{3}{4} \times 110 \times 10^3}{(90-2\times 16)\times 10} = 142(\text{N}/\text{mm}^2) = 142\text{MPa} < [\sigma]$

截面 3-3 $\sigma_3 = \dfrac{F_{N3}}{(b-d)t} = \dfrac{110 \times 10^3}{(90-16)\times 10} = 149(\text{N}/\text{mm}^2) = 149\text{MPa} < [\sigma]$

钢板的拉伸强度也满足。

由上述校核计算可知此连接件的强度满足安全要求。

【例 8.3】 如图 8.6(a)所示的铆钉连接，已知材料的许用应力 $[\sigma]=160\text{MPa}$，$[\tau]=140\text{MPa}$，$[\sigma_c]=320\text{MPa}$；铆钉的直径为 $d=16\text{mm}$，拉力 $\boldsymbol{F}_P=100\text{kN}$，$t_1=10\text{mm}$，$t=20\text{mm}$，试计算此连接所需的铆钉数量。

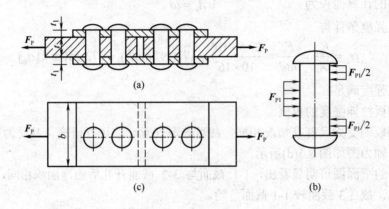

图 8.6 例 8.3 图

解：(1) 按剪切强度条件选。

选取铆钉为研究对象，其受力如图 8.6(b)所示。每个铆钉受到的作用力为 $F_{P1}=\dfrac{P}{n}$；由截面法求得剪切面上的剪力为

$$F_Q = \dfrac{F_{P1}}{2}$$

剪切强度条件： $\tau = \dfrac{F_Q}{A} = \dfrac{F_P}{2nA} \leqslant [\tau]$

故有 $n \geqslant \dfrac{F_P}{2[\tau]A} = \dfrac{100\times 10^3}{2\times 140 \times \dfrac{\pi \times 16^2}{4}} = 1.78\,(\text{个})$

取 $n=2\,(\text{个})$

(2) 按挤压强度条件选。

铆钉与连接主板间的挤压力为 $F_{Pc} = F_P$

挤压面的计算面积为 $A_c = td$

挤压强度条件： $\sigma_c = \dfrac{F_{Pc}}{A_c} = \dfrac{F_P}{ntd} \leqslant [\sigma_c]$

故有
$$n \geqslant \frac{F_{\mathrm{P}}}{[\sigma_{\mathrm{c}}]td} = \frac{100 \times 10^3}{320 \times 20 \times 16} \approx 1(\uparrow)$$

要同时满足剪切和挤压的强度条件，铆钉数应取 $n = 2$（个）。

(3) 根据主板的拉伸强度条件选择板的宽度。

将两个铆钉排列如图 8.6(c)所示，铆钉直径所在的平面为危险截面，其最大工作应力为

$$\sigma = \frac{F_{\mathrm{P}}}{(b-d)t} = \frac{100 \times 10^3}{(b-16) \times 20} \leqslant [\sigma] = 160 \mathrm{MPa}$$

求得 $b \geqslant 47.3 \mathrm{mm}$

取 $b = 48 \mathrm{mm}$

8.3 小 结

本章讨论的是连接件的实用计算，连接件在承受剪切变形的同时伴随着其他变形，其中以挤压变形最为重要。连接件的实际受力和变形一般都很复杂，要准确分析非常困难，在实际工程中大都采用假定计算的方法。

1. 剪切的实用计算

假定剪切面上的剪应力是均匀分布的。由此得剪切强度条件为

$$\tau = \frac{F_{\mathrm{Q}}}{A} \leqslant [\tau]$$

2. 挤压的实用计算

假定挤压面上的挤压应力是均匀分布的。由此得挤压强度条件为

$$\sigma_{\mathrm{c}} = \frac{F_{\mathrm{Pc}}}{A_{\mathrm{c}}} \leqslant [\sigma_{\mathrm{c}}]$$

各种连接方式的实用计算问题的关键是分析受剪面和挤压面，弄清它们的位置和数量，从隔离体的受力图中显示出来。

挤压是一种局部面积上的受压，不同于轴向压缩。挤压计算中，对于由铆钉和螺栓等圆柱体的连接，是以直径平面作为挤压面的计算面积的。其许用的挤压应力取值不同，需按顺纹及横纹两种情况计算。

8.4 思 考 题

1. 剪切变形的受力和变形特点与拉伸相比较有何不同？
2. 挤压与压缩有何不同？为什么许用的挤压应力比许用的压应力大？
3. 实际挤压面与计算挤压面是否相同？
4. 剪切与挤压的实用计算公式作了哪些假设？其应力分布有何不同？
5. 指出图 8.7 所示构件连接中剪切面和挤压面的位置。

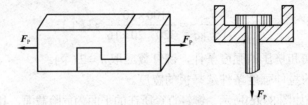

图 8.7 思考题 5 图

6. 从强度观点看，图 8.8 所示两种铆钉连接中，哪一种位置布置较为合理？

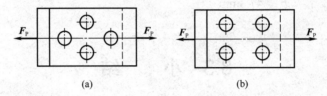

图 8.8 思考题 6 图

8.5 习　　题

1. 一钢柱牛腿如图 8.9 所示，图中尺寸单位为 mm，铆钉直径 $d=20\text{mm}$，设 $F_\text{P}=12\text{kN}$，求 1、2 铆钉所受的剪力和剪应力。

答案：$F_{Q1}=30\text{kN}$，$\tau_1=95.6\text{MPa}$；$F_{Q2}=42\text{kN}$，$\tau_2=133.8\text{MPa}$。

2. 夹剪如图 8.10 所示，销子的直径为 $d=5\text{mm}$，当加外力 $F_\text{P}=0.2\text{kN}$ 剪直径与销子相同的铜丝时，求铜丝与销子横截面上的平均剪应力。已知 $a=30\text{mm}$，$b=150\text{mm}$。

答案：铜丝 $\tau=50.9\text{MPa}$，销子 $\tau=61.1\text{MPa}$。

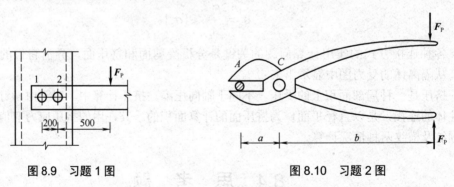

图 8.9 习题 1 图　　　　图 8.10 习题 2 图

3. 试校核图 8.11 所示拉杆连接部位的剪切强度和挤压强度。已知图中尺寸为 $D=32\text{mm}$，$d=20\text{mm}$ 和 $h=12\text{mm}$，拉杆的容许剪应力为 $[\tau]=100\text{MPa}$，容许挤压应力为 $[\sigma_\text{c}]=240\text{MPa}$。

答案：$\tau=66.3\text{MPa}$，$\sigma_\text{c}=102\text{MPa}$。

4. 如图 8.12 所示的螺栓接头，已知 $F_\text{P}=40\text{kN}$，螺栓的容许剪应力为 $[\tau]=130\text{MPa}$，容许挤压应力为 $[\sigma_\text{c}]=300\text{MPa}$，试按强度条件计算螺栓所需的直径，图中尺寸单位为 mm。

答案：$d=14\text{mm}$

5. 如图 8.13 所示，正方形截面的混凝土柱，其横截面边长为200mm，基础为边长 $a=1\text{m}$ 的正方形混凝土板，柱承受的轴向压力 $F_\text{P}=100\text{kN}$，假设地基对混凝土基础板的支反力为均匀分布的，混凝土的容许剪应力 $[\tau]=1.5\text{MPa}$，要使混凝土柱不会穿过混凝土基础板，求板应有的最小厚度 t。

答案：$t=80\text{mm}$

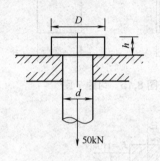

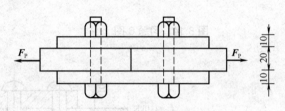

图 8.11 习题 3 图　　　　　图 8.12 习题 4 图

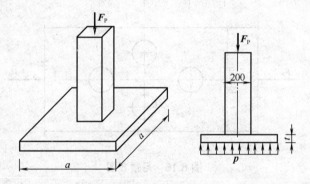

图 8.13 习题 5 图

6. 矩形截面木拉杆的接头如图 8.14 所示，已知轴向拉力 $F_\text{P}=50\text{kN}$，截面宽度 $b=250\text{mm}$；木材顺纹的许用挤压应力 $[\sigma_\text{c}]=10\text{MPa}$，顺纹的许用剪应力 $[\tau]=1\text{MPa}$。求接头处所需的尺寸 l 和 a。

答案：$l=200\text{mm}$，$a=20\text{mm}$

7. 如图 8.15 所示，直径 $D=40\text{mm}$ 的圆杆，承受拉力 F_P 作用，用厚度 $\delta=10\text{mm}$ 的销钉销住。杆和销钉的材料相同，许用应力 $[\sigma]=120\text{MPa}$，$[\tau]=90\text{MPa}$，$[\sigma_\text{c}]=240\text{MPa}$，试确定许用荷载 $[F_\text{P}]$ 及尺寸 a 和 b。

答案：$[F_\text{P}]=96\text{kN}$；$b=53.3\text{mm}$，取 $b=55\text{mm}$；$a=13.3\text{mm}$，取 $a=15\text{mm}$

8. 如图 8.16 所示，已知铆钉直径 $d=20\text{mm}$，抗剪许用应力 $[\tau]=145\text{MPa}$，钢板的挤压许用应力 $[\sigma_\text{c}]=340\text{MPa}$，抗拉许用应力 $[\sigma]=170\text{MPa}$，$t=10\text{mm}$，试校核该接头的强度。

答案：$\tau=87.6\text{MPa}$，$\sigma_\text{c}=137.5\text{MPa}$，$\sigma=84.6\text{MPa}$

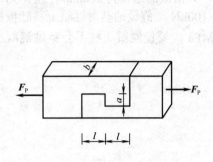

图 8.14 习题 6 图

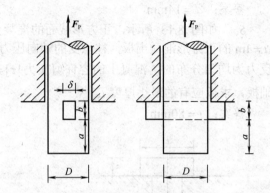

图 8.15 习题 7 图

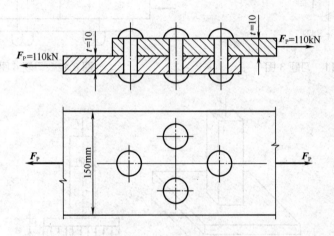

图 8.16 习题 8 图

9. 如图 8.17 所示的铆接件中铆钉直径 $d=22\text{mm}$，间距 76mm，主板宽 $b=228\text{mm}$，厚 $t=19\text{mm}$，盖板厚 $t_1=10\text{mm}$；铆钉的许用剪应力 $[\tau]=140\text{MPa}$，许用挤压应力 $[\sigma_c]=300\text{MPa}$，钢板的抗拉许用应力 $[\sigma]=100\text{MPa}$，试确定所能承受的荷载 $[F_P]$。

答案：$[F_P]=349.6\text{kN}$

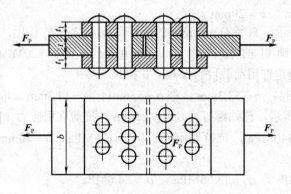

图 8.17 习题 9 图

第9章 扭 转

本章的学习要求：

- 理解扭转的概念。较熟练地掌握扭矩的计算及扭矩图的绘制。
- 了解薄壁圆筒扭转时横截面上的剪应力计算公式。理解剪应力互等定理。熟悉剪切胡克定律。
- 掌握圆形及圆环形截面的极惯性矩和抗扭截面系数的计算。
- 较熟练地掌握圆轴扭转时横截面上任一点的剪应力计算及强度和刚度的计算。

扭转变形是杆件的四种基本变形形式之一。本章主要研究圆轴扭转时的内力、应力和变形及其强度和刚度的计算，薄壁圆筒扭转时横截面上的剪应力，剪应力互等定理和剪切胡克定律。

9.1 扭转的概念

扭转变形是杆件的四种基本变形之一。在垂直于杆件轴线的平面内，作用一对大小相等、方向相反的外力偶时，杆件的任意两个横截面都将绕轴线做相对转动，这种形式的变形称为**扭转变形**，如图 9.1 所示。杆件任意两个横截面绕轴线的相对转角，称为**扭转角**，通常用 φ 表示。在图 9.1 中，截面 B 相对于截面 A 的扭转角为 φ_{BA}。

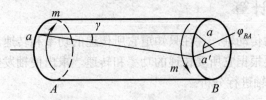

图 9.1 圆轴的扭转和扭转角

属于扭转变形的杆件，例如汽车方向盘的操纵杆(见图 9.2(a))，司机通过方向盘将力偶作用于操纵杆的 B 端，操纵杆的阻力偶作用于轴的 A 端，使杆件 AB 产生扭转变形。房屋的雨篷梁(见图 9.2(b))，雨篷板及其上的荷载对梁作用的分布力偶，使梁产生扭转变形(主要是弯曲变形)。

以扭转变形为主的等圆截面直杆称为轴。本章只讨论圆截面等直杆扭转时的强度和刚度计算。

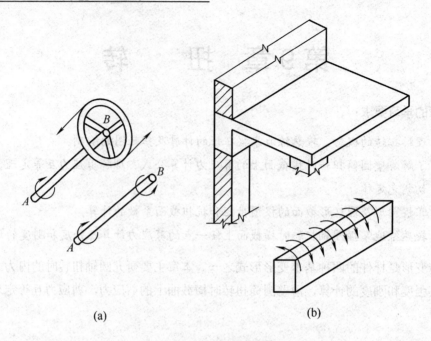

图 9.2 扭转变形实例

9.2 外力偶矩的计算和扭转时的内力

在对杆件进行强度和刚度计算之前,先要计算出作用于杆轴上的外力偶矩和横截面上的内力。

9.2.1 力偶矩的计算

对于工程中常用的传动轴,往往只知道它所传递的功率和转速。因此,为了对它进行强度和刚度计算,就要根据它所要传递的功率和转速,求出使轴发生扭转的外力偶矩。下面结合图 9.3 所示传动轴进行分析。

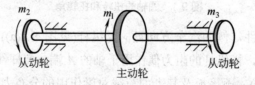

图 9.3 功率的传递与分配

功率由主动轮传到轴上,再通过从动轮分配出去,如图 9.3 所示。设通过某一轮所传递的功率为 P,单位为千瓦(kW)。轴的转速为 n,单位为每分钟转(r/min)。则作用在此轴上的外力偶矩 m 可按以下方法求得。

P(千瓦)的功率相当于每分钟做功

$$W = 1000 \times P \times 60 \text{ (N·m)} \quad \text{(a)}$$

它应与作用在轮子上的外力偶在每分钟内所做的功相等。而外力偶在每分钟内所做的功等于其力偶矩 m 与轮子的转角 α (见图 9.4)的乘积，即

$$W = m\alpha$$

式中，α 为传动轴每分钟转过的角度，即

$$\alpha = 2\pi nm \tag{b}$$

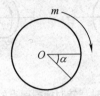

图 9.4 在外力偶 m 作用下轮子的转角

显然，式(a)、式(b)应相等，即

$$1000 \times P \times 60 = 2\pi nm$$

由此外力偶矩的表达式为

$$m = 9550 \frac{P}{n} (\text{N·m})$$

或

$$m = 9.55 \frac{P}{n} (\text{kN·m}) \tag{9.1a}$$

工程计算中有时也采用公制马力(PS)表示功率，由于 1kW=1.36PS，故有

$$m = 7 \frac{P}{n} (\text{kN·m}) \tag{9.1b}$$

式中，N 为公制马力数。

要注意的是，主动轮上外力偶的转向与轴的转动方向相同，而从动轮上的外力偶的转向则与轴的转向相反。这是因为从动轮上的外力偶是由于摩擦阻力引起的。例如图 9.3 所示的传动轴中，力偶矩 m_1 的转向与轴的转向相同，而力偶矩 m_2 和 m_3 的转向与轴的转向相反。

9.2.2 扭转时的内力——扭矩

如图 9.5(a)所示，圆轴 AB 在一对外力偶矩 m 的作用下产生扭转变形，现求任意横截面 C 上产生的内力。计算圆轴内力的方法仍然是截面法。假想用一个垂直于杆轴的平面在要求内力的截面 C 处截开，选取左边部分 AC 为研究对象(见图 9.5(b))。由于圆轴 AB 在外力偶矩 m 的作用下处于平衡状态，因此，截取的任何一部分也应该是平衡的。左边部分 AC 只受外力偶 m 的作用，根据力偶的性质，力偶只能跟力偶平衡，因此，截面 C 上必然存在一个内力偶矩 T 与外力偶矩 m 相互平衡。根据平衡条件 $\sum M_x = 0$，可得内力偶矩 T 的大小为

$$T = m$$

上式表明，在这种外力偶的作用下，圆轴横截面上的内力是一个作用在该截面内的力偶，其力偶矩 T 称为扭矩。

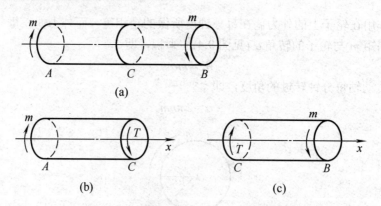

图 9.5 圆轴扭转时横截面上的内力分析

如果选取右边部分 BC 为研究对象(见图 9.5(c)),同样可求得 C 截面上的内力偶矩的大小 $T=m$,但方向相反。为了使被截开的同一截面上的扭矩具有相同的符号,对扭矩的正负号作如下规定:按照右手螺旋法则,即以右手的四指表示扭矩的转向,若大拇指的指向背离截面时,扭矩为正;指向截面时,扭矩为负。例如图 9.5(b)、(c)中,C 截面上的扭矩均为正值。

扭矩的单位为 N·m(牛顿·米)或 kN·m(千牛顿·米)。

9.2.3 扭矩图

当轴上同时有几个外力偶作用时,圆轴内各段横截面上的扭矩是不相同的,这时应分段用截面法计算。为了表明各横截面上的扭矩随横截面位置的变化情况,从而确定最大扭矩及其所在横截面的位置,可绘制扭矩图。表示轴上各横截面上的扭矩变化规律的图形称为**扭矩图**。扭矩图的绘制方法与轴力图相似,即以一条平行于杆轴的基线表示横截面的位置,以垂直于基线的短线表示力偶矩的大小,正的扭矩画在基线的上方,负的扭矩画在基线的下方,并要标注图名、正负和单位。

【例 9.1】一传动轴如图 9.6(a)所示,主动轮的输入功率为 $P_1=500$kW,若不计轴承摩擦所损失的功率,三个从动轮输出的功率分别为 $P_2=P_3=150$kW,$P_4=200$kW;轴的转速为 $n=300$r/min(转/分)。试画出轴的扭矩图。

解:(1) 计算外力偶矩。

$$m_1 = 9.55\frac{P_1}{n} = 9.55 \times \frac{500}{300}\text{kN·m} = 15.9\text{kN·m}$$

$$m_2 = m_3 = 9.55\frac{P_2}{n} = 9.55 \times \frac{150}{300}\text{kN·m} = 4.78\text{kN·m}$$

$$m_4 = 9.55\frac{P_4}{n} = 9.55 \times \frac{200}{300}\text{kN·m} = 6.37\text{kN·m}$$

(2) 计算扭矩。

根据已知条件,各段横截面上的扭矩是不相同的,现用截面法计算各段杆轴内的扭矩。

在 BC 段,用一个假想的截面 n-n 将杆截开,选取左边部分为脱离体,T_1 表示横截面上的扭矩,并假设为正值,如图 9.6(b)所示。由平衡方程

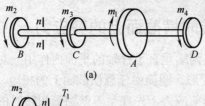

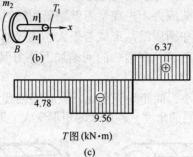

图 9.6 例 9.1 图

$$\sum M_x = 0$$

得
$$T_1 + m_2 = 0$$
$$T_1 = -m_2 = -4.78(\text{kN} \cdot \text{m})$$

结果为负值，说明扭矩的实际转向与假设相反，也说明横截面上的实际扭矩为负值。

同理，在 CA 段： $T_2 = -m_2 - m_3 = -9.56(\text{kN} \cdot \text{m})$

在 AD 段，可选取右边部分为研究对象
$$T_3 = m_4 = 6.37(\text{kN} \cdot \text{m})$$

(3) 画扭矩图。

根据计算的扭矩值及其正负号，即可画出扭矩图(见图 9.6(c))。从图中可见，最大的扭矩 $T_{\max}$ 发生在 CA 段内，其值为 $9.56\,\text{kN} \cdot \text{m}$。

若将 A、D 轮的位置对调，则轴内的最大扭矩为 $T_{\max} = 15.9\,\text{kN} \cdot \text{m}$。因此，传动轴上主动轮和从动轮安置的位置不同，轴内的最大扭矩也是不相同的。显然，在同样的外力偶作用下，轴内的最大扭矩越小，轴的受力越合理，这样可以达到节约材料的目的。

通过这个例题，可以总结出画扭矩图的一般规律。无论选取圆轴的哪一部分为研究对象，只要规定出正的扭矩，那么，轴上任意横截面上的扭矩就等于截面一侧所有的外力偶矩的代数和。即在等号的另一侧(右侧)，凡是与正的扭矩的转向相同的外力偶矩，取负值；转向相反的，取正值。

9.3 薄壁圆筒的扭转

壁厚 δ 远小于其平均半径 $R_0\left(\delta \leqslant \dfrac{R_0}{10}\right)$ 的圆筒，称为**薄壁圆筒**。现通过对薄壁圆筒扭转的分析，来介绍有关剪切问题的概念和定律。

9.3.1 薄壁圆筒扭转时横截面上的剪应力

取一薄壁圆筒,当在其两端垂直于杆轴的平面内作用一对大小相等、转向相反的外力偶 m 时,圆筒发生了扭转变形。圆筒中任意横截面上的扭矩,可用截面法求得:$T=m$。

为了求圆筒横截面上的剪应力,先观察薄壁圆筒扭转时的变形现象。为此,在圆筒表面等间距地画上一些纵向线和圆周线,形成若干大小相等的矩形格,每条圆周线形成一个平面的横截面,如图 9.7(a)所示。在圆轴的两端加上外力偶 m 后,可以观察到以下变形现象。

(1) 圆周线的形状、大小、间距均无变化,只是绕轴线发生了相对转动。
(2) 纵向线都倾斜了相同的角度 γ,原来的矩形变成了平行四边形,如图 9.7(b)所示。

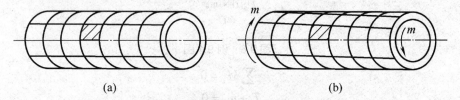

图 9.7 薄壁圆筒扭转时的变形分析

根据以上观察到的现象,得出以下推论和假设。

(1) 由于圆周线的形状、大小不变,说明横截面上不存在正应力,且变形前为平面的横截面变形后仍保持为平面。这一假设称为平面假设。
(2) 由于圆周线的间距不变,说明平行于杆轴的纵向截面上也不存在正应力。
(3) 由于纵向线都倾斜了相同的角度 γ,使原来的小矩形变成了平行四边形,说明横截面上存在大小相等的剪应力。因筒壁厚度很小,可认为剪应力沿筒壁均匀分布,且沿圆周的切线方向。这种小矩形的直角改变量 γ,称为**剪应变**,其单位为弧度(rad)。

有了上面的推论和假设,现推导薄壁圆筒扭转时横截面上的剪应力的计算公式。

假想用相距为 dx 的两个截面 1-1、2-2 和夹角为 $d\theta$ 的两个径向纵截面(见图 9.8(a))从筒壁上截取一微小矩形 $abcd$(见图 9.8(b)),由上面的推论表明:小微块既没有纵向线应变,也没有横向线应变,只有相邻横截面 ab 和 cd 间发生相对错动。由此可知,在横截面上各点处只存在与剪应变 γ 相对应的剪应力 τ,方向及分布如图 9.8(c)所示。设圆筒的平均半径为 R_0,壁厚为 δ(见图 9.9)。取与圆心角 $d\theta$ 对应的微面积 $dA = \delta R_0 d\theta$,作用在 dA 上的微剪力为 $\tau \delta R_0 d\theta$,它对圆心的微力矩为 $R_0 \cdot \tau \delta R_0 d\theta$。

由静力学可知,在整个截面上所有这些微力矩的代数和应等于该截面上的扭矩 T,即

$$T = \int_0^{2\pi} \tau \delta R_0^2 d\theta = 2\pi R_0^2 \tau \delta$$

故有

$$\tau = \frac{T}{2\pi R_0^2 \delta} = \frac{T}{2 A_0 \delta} \tag{9.2}$$

式中,A_0 为筒壁的面积,$A_0 = \pi R_0^2$。

上式即为薄壁圆筒扭转时横截面上的剪应力的计算公式。

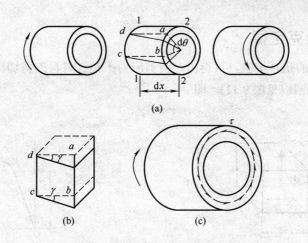

图 9.8 小微段上的变形分析及筒壁上的剪应力分布规律

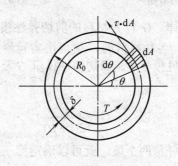

图 9.9 筒壁上的微剪力与扭矩之间的关系

当 $\dfrac{\delta}{R_0} \leqslant \dfrac{1}{10}$ 时，由式(9.2)计算的结果与精确值非常接近。因此，在筒壁相对很薄时，认为剪应力沿壁厚均匀分布是合理的。

9.3.2 剪应力互等定理

如图 9.10 所示的微块，设其边长分别为 dx、dy 和 δ。

根据圆筒的变形情况，可知在 ab 和 cd 两侧面上只存在剪应力 τ，因此，剪应力的大小为 $\tau\delta dy$，指向相反，这两个剪应力组成一个力偶，其力偶矩的大小为 $\tau\delta dy \cdot dx$。由于微块处于平衡状态，上、下两个面上也必然存在剪应力 τ'，其剪力的大小为 $\tau'\delta dx$，指向也是相反的，它们组成力偶矩的大小为 $\tau'\delta dx \cdot dy$。根据力偶的性质，这两个力偶矩的大小应相等，转向相反，即

$$\tau\delta dy \cdot dx = \tau'\delta dx \cdot dy$$

故
$$\tau = \tau' \tag{9.3}$$

上式表明：在两个相互垂直的平面上，垂直于公共棱边的剪应力成对存在，且大小相等，方向指向(或背离)该公共棱边。这一关系称为**剪应力互等定理**。

如图 9.10 所示的微块的四个侧面上，只存在剪应力，而不存在正应力，这种受力状态称为**纯剪切状态**。

9.3.3 剪切胡克定律

通过薄壁圆筒的扭转实验,可得出:当剪应力不超过材料的剪切比例极限τ_p时,剪应力τ与剪应变γ成正比(见图9.11),即

$$\tau = G\gamma \tag{9.4}$$

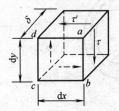

图 9.10 微块上的剪应力分析　　　　图 9.11 剪应力-剪应变曲线

上述关系称为**剪切胡克定律**。G 称为材料的**剪切弹性模量**,它反映了材料抵抗剪切变形的能力,单位为 Pa 或 MPa。各种材料的 G 值可由实验测定。

对于各向同性的材料,弹性模量 E、剪切弹性模量 G 及泊松比 μ,三者之间存在如下关系:

$$G = \frac{E}{2(1+\mu)} \tag{9.5}$$

根据上述关系,若已知其中的任意两个值,就可以确定第三个。

9.4 等直圆轴扭转时横截面上的应力

等直圆轴在扭转时横截面上只存在剪应力。现从几何变形方面和物理关系方面推导出剪应力在横截面上的变化规律,然后再结合静力学关系,导出等直圆轴在扭转时横截面上的剪应力计算公式。

9.4.1 几何变形方面

取一等直圆轴,在其表面上画上一些横向线和一些纵向线,在两端垂直于圆轴的平面内加上一对大小相等、转向相反的外力偶。可以观察到:圆轴扭转时发生的变形现象与薄壁圆筒扭转时的变形现象是相似的(见图9.12)。

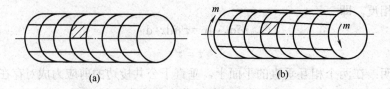

图 9.12 圆轴扭转时的变形分析

(1) 圆周线的形状、大小、间距均无变化,只是绕轴线发生了相对转动。

(2) 纵向线都倾斜了相同的角度 γ，原来的矩形变成了平行四边形。

根据上述变形现象，做出如下假设。

圆轴变形以后，其横截面仍然保持为平面(可视为刚性平面)，它的大小、形状和间距保持不变，只是绕轴线转了一个角度。这一假设称为圆轴扭转的平面假设。

要分析任意横截面上的变形情况，假想用两个横截面 $m\text{-}m$、$n\text{-}n$ 从圆轴中截取长为 $\mathrm{d}x$ 的微段，再用夹角无限小的两个径向纵截面从 $\mathrm{d}x$ 微段中截取一楔形块 O_1O_2abcd（见图 9.13(a)）。根据上述变形现象，该微段表面上的纵向线 da、cb 均转过了 γ 角，此 γ 角即为圆轴表面上的矩形 $abcd$ 变成了平行四边形 $a'b'cd$ 后，直角 adc 和 dcb 的改变量。假若左截面位置不动，右截面相对于左截面转过了微扭转角 $\mathrm{d}\varphi$（见图 9.13(b)），ab 边相对于 cd 边发生微小错动，错动的距离为 aa' 或 bb'。同理，距离轴心为 ρ 的任意位置处的剪应变为 γ_ρ，ef 边相对于 gh 边错动的距离为 ee' 或 ff'。

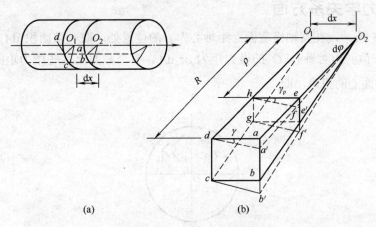

图 9.13 楔形体的变形分析

由几何关系可知：

$$\gamma_\rho \approx \frac{ee'}{he} \approx \rho \frac{\mathrm{d}\varphi}{\mathrm{d}x} \tag{a}$$

当 $\rho = R$ 时：

$$\gamma = R \cdot \frac{\mathrm{d}\varphi}{\mathrm{d}x}$$

式中，$\dfrac{\mathrm{d}\varphi}{\mathrm{d}x}$ 称为单位长度的扭转角，其国际单位为：$\mathrm{rad/m}$。对于同一截面，$\dfrac{\mathrm{d}\varphi}{\mathrm{d}x}$ 为一常数。因此，横截面上任一点的剪应变 γ_ρ 与该点到轴心的距离成正比。在同一圆周上，所有点的剪应变 γ_ρ 均相同；在圆轴表面上，剪应变达到最大值 $\gamma_{\max}$；在轴心处，剪应变为零。

9.4.2 物理关系方面

以 τ_ρ 表示横截面上距轴心为 ρ 处的剪应力，由剪切胡克定律可知：

$$\tau_\rho = G \cdot \gamma_\rho$$

将式(a)代入上式：

$$\tau_\rho = G \cdot \rho \cdot \frac{\mathrm{d}\varphi}{\mathrm{d}x} \tag{b}$$

上式表明：圆轴横截面上任意位置处的剪应力的大小 τ_ρ 与该点到轴心的距离 ρ 成正比，即剪应力的大小沿半径方向按直线规律变化，方向与半径垂直，指向与扭矩的转向一致。在圆轴表面上($\rho=R$)，剪应力值最大；在轴心上剪应力为零，如图 9.14 所示。

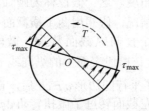

图 9.14 剪应力在横截面上的分布规律

9.4.3 静力学关系方面

如图 9.15 所示，在圆轴横截面上距轴心为 ρ 的位置处，取一微面积 dA，其上的微剪力为 $\tau_\rho dA$，该微剪力对轴心 O 的微力矩为 $\rho\tau_\rho dA$。整个截面上这些微力矩的代数和应等于作用在该截面上的扭矩，即

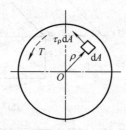

图 9.15 微剪力与扭矩之间的关系

$$T = \int_A \rho\tau_\rho dA = \int_A \rho \cdot G \cdot \rho \cdot \frac{d\varphi}{dx} \cdot dA = G \cdot \frac{d\varphi}{dx}\int_A \rho^2 dA \tag{c}$$

令

$$I_P = \int_A \rho^2 dA \tag{d}$$

I_P 称为横截面对圆心的**极惯性矩**，其国际单位为 mm^4 或 m^4。将 I_P 代入式(c)，得

$$T = G \cdot I_P \cdot \frac{d\varphi}{dx} \tag{e}$$

因此：

$$\frac{d\varphi}{dx} = \frac{T}{GI_P} \tag{9.6}$$

上式即为圆轴扭转时单位长度扭转角的计算公式。

将式(9.6)代入式(b)：

$$\tau_\rho = \frac{T\rho}{I_P} \tag{9.7}$$

上式即为圆轴扭转时横截面上任一点的剪应力计算公式。

在圆轴表面上，剪应力达到最大值：

$$\tau_{\max} = \frac{TR}{I_P} \tag{9.8}$$

令

$$W_P = \frac{I_P}{R}$$

则

$$\tau_{\max} = \frac{T}{W_P} \tag{9.9}$$

W_P 称为**抗扭截面系数**，其国际单位为 mm³ 或 m³。它只与截面的几何形状和尺寸有关。当扭矩一定时，最大剪应力与抗扭截面系数成反比，说明 W_P 是反映圆轴抵抗破坏能力的一个几何量。W_P 越大，杆轴越不容易发生破坏。

9.4.4 公式的适用范围

(1) 受扭的杆件是等直圆轴。
(2) 必须在弹性范围之内，即横截面上的剪应力不超过材料的剪切比例极限。

9.5 极惯性矩和抗扭截面系数

如图 9.16 所示，微面积 dA 与它到某一点的距离 ρ 的平方的乘积在整个截面 A 上的总和，称为平面图形对该点的**极惯性矩**。即

$$I_P = \int_A \rho^2 dA \tag{9.10}$$

极惯性矩恒为正值。其常用单位为 m⁴ 或 mm⁴。

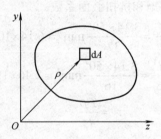

图 9.16 极惯性矩的定义分析图

如图 9.17 所示，对于直径为 D 的实心圆截面，其对圆心的极惯性矩计算如下：

取

$$dA = 2\pi\rho \cdot d\rho$$

则

$$I_P = \int_A \rho^2 dA = \frac{\pi D^4}{32} \tag{9.11}$$

抗扭截面系数为

$$W_P = \frac{I_P}{\frac{D}{2}} = \frac{\pi D^3}{16} \tag{9.12}$$

抗扭截面系数的常用单位为 m³ 或 mm³。

对于空心圆截面(见图9.18)，外径为D，内径为d，内外径之比$\alpha = \dfrac{d}{D}$，则

$$I_\mathrm{P} = \int_A \rho^2 \mathrm{d}A = \int_{\frac{d}{2}}^{\frac{D}{2}} \rho^2 2\pi\rho\mathrm{d}\rho = \frac{\pi}{32}(D^4 - d^4) = \frac{\pi D^4}{32}(1 - \alpha^4) \tag{9.13}$$

抗扭截面系数为

$$W_\mathrm{P} = \frac{I_\mathrm{P}}{\dfrac{D}{2}} = \frac{\pi D^3}{16}(1 - \alpha^4) \tag{9.14}$$

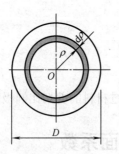

图9.17 实心圆

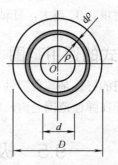

图9.18 空心圆

【例 9.2】一直径$d = 50\mathrm{mm}$的圆轴，已知轴上的扭矩为$T = 1\mathrm{kN} \cdot \mathrm{m}$，材料的剪切弹性模量$G = 80\mathrm{GPa}$。试求：

(1) 距离圆心$\rho = 20\mathrm{mm}$处的剪应力和剪应变。

(2) 最大剪应力和单位长度的扭转角。

解：(1) 计算截面的极惯性矩和抗扭截面系数：

$$I_\mathrm{P} = \frac{\pi d^4}{32} = \frac{3.14 \times 50^4}{32} \mathrm{mm}^4 = 6.14 \times 10^5 \mathrm{mm}^4$$

$$W_\mathrm{P} = \frac{\pi d^3}{16} = \frac{3.14 \times 50^3}{16} \mathrm{mm}^3 = 2.46 \times 10^4 \mathrm{mm}^3$$

由

$$\tau_\rho = \frac{T\rho}{I_\mathrm{P}}$$

得

$$\tau_\rho = \frac{1 \times 10^6 \times 20}{6.14 \times 10^5} \mathrm{MPa} = 32.57 \mathrm{MPa}$$

由胡克定律

$$\tau_\rho = G \cdot \gamma_\rho$$

得

$$\gamma_\rho = \frac{\tau_\rho}{G} = \frac{32.57}{8 \times 10^4} \mathrm{rad} = 4.07 \times 10^{-4} \mathrm{rad}$$

(2) 最大剪应力为

$$\tau_{\max} = \frac{T}{W_\mathrm{P}} = \frac{1 \times 10^6}{2.46 \times 10^4} \mathrm{MPa} = 40.65 \mathrm{MPa}$$

单位长度的扭转角为

$$\frac{\mathrm{d}\varphi}{\mathrm{d}x} = \frac{T}{GI_\mathrm{P}} = \frac{1 \times 10^3}{80 \times 10^9 \times 6.14 \times 10^5 \times 10^{-12}} \mathrm{rad/m} = 2.03 \times 10^{-2} \mathrm{rad/m}$$

9.6 圆轴扭转时的强度条件和刚度条件

9.6.1 强度条件

为了使圆轴在工作中不因强度不足而发生破坏，应使轴内的最大剪应力不超过材料的许用剪应力。因此，圆轴扭转时的强度条件为

$$\tau_{\max} = \frac{T_{\max}}{W_P} \leqslant [\tau] \tag{9.15}$$

式中，$T_{\max}$ 为整个圆轴内的最大扭矩。最大扭矩所在的截面称为危险截面。显然，圆轴内的最大剪应力发生在最大扭矩所在截面的圆轴表面上。$[\tau]$ 为材料的许用剪应力。各种材料的许用剪应力可从有关手册中查找。实验表明，在静荷载作用下，材料的许用剪应力 $[\tau]$ 与材料的许用正应力 $[\sigma]$ 存在如下关系：

塑性材料：$[\tau] = (0.5 \sim 0.6)[\sigma]$；
脆性材料：$[\tau] = (0.8 \sim 1.0)[\sigma]$。

9.6.2 圆轴扭转时的变形

圆轴扭转时的变形是用两个横截面绕轴线发生的相对转角即扭转角来度量的。

由公式(9.6)知，单位长度的扭转角为

$$\frac{\mathrm{d}\varphi}{\mathrm{d}x} = \frac{T}{GI_P}$$

式中，$\mathrm{d}\varphi$ 代表相距为 $\mathrm{d}x$ 的两个横截面间的扭转角。因此，长度为 L 的圆轴，两端面间的相对扭转角 φ 为

$$\varphi = \int_L \mathrm{d}\varphi = \int_0^L \frac{T}{GI_P} \mathrm{d}x$$

对于用同一种材料制成的等截面圆轴，G 及 I_P 均为常量。如果在杆长为 L 的范围内，所有横截面的扭矩均相等，则上式可写成

$$\varphi = \frac{TL}{GI_P} \tag{9.16}$$

式(9.16)即为圆轴扭转时的变形计算公式。上式表明，扭转角 φ 与 GI_P 成反比，即当 GI_P 越大时，扭转角 φ 就越小，说明圆轴越不容易发生扭转变形。因此，GI_P 反映了圆轴抵抗扭转变形的能力，称为圆轴的**抗扭刚度**。扭转角 φ 的单位为 rad(弧度)。

因为单位长度的扭转角的计算公式是在材料的剪应力不超过材料的剪切比例极限的条件下推导出来的，所以，该公式的使用范围是弹性范围。

【例 9.3】 如图 9.19 所示传动轴，已知外力偶矩 $m_1 = 0.8 \mathrm{kN \cdot m}$，$m_2 = 2.3 \mathrm{kN \cdot m}$，$m_3 = 1.5 \mathrm{kN \cdot m}$，$AB$ 段的直径 $d_1 = 40 \mathrm{mm}$，BC 段的直径 $d_2 = 70 \mathrm{mm}$。已知材料的剪切弹性模量 $G = 80 \mathrm{GPa}$，试计算 AC 圆轴的扭转角 φ_{AC}。

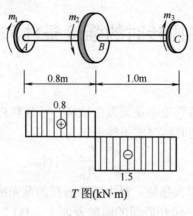

图9.19 例9.3图

解：(1) 计算扭矩并画扭矩图。

AB 段：$T_1 = 0.8 \text{kN} \cdot \text{m}$

BC 段：$T_2 = -1.5 \text{kN} \cdot \text{m}$

画扭矩图如图9.19所示。

(2) 计算极惯性矩。

AB 段：$I_{P1} = \dfrac{\pi d_1^4}{32} = \dfrac{\pi \times 4^4}{32} \text{cm}^4 = 25.13 \text{cm}^4$

BC 段：$I_{P2} = \dfrac{\pi d_2^4}{32} = \dfrac{\pi \times 7^4}{32} \text{cm}^4 = 235.72 \text{cm}^4$

(3) 计算扭转角 φ_{AC}。

由于 AB 段和 BC 段的扭矩不同，故应分别计算 AB 段和 BC 段的相对扭转角 φ_{AB} 和 φ_{BC}，取其代数和即得 φ_{AC}。

$$\varphi_{AB} = \dfrac{T_1 l_1}{GI_{P_1}} = \dfrac{0.8 \times 10^3 \times 0.8}{80 \times 10^9 \times 25.13 \times 10^{-8}} \text{rad} = 0.0318 \text{rad}$$

$$\varphi_{BC} = \dfrac{T_2 l_2}{GI_{P_2}} = \dfrac{-1.5 \times 10^3 \times 1.0}{80 \times 10^9 \times 235.72 \times 10^{-8}} \text{rad} = -0.0079 \text{rad}$$

因此 $\varphi_{AC} = \varphi_{AB} + \varphi_{BC} = 0.0318 - 0.0079 \text{rad} = 0.0239 \text{rad}$

9.6.3 刚度条件

在工程中，为了保证圆轴的正常工作，除了要满足强度条件外，还要限制它的扭转变形。例如机器的传动轴如有过大的扭转角，将会使机器在工作时产生较大的震动；精密机床上的转轴若变形过大，将影响机床的加工精度，等等。通常这种变形是通过限制圆轴的最大单位长度扭转角不超过许用的单位长度扭转角来实现的，即

$$\dfrac{\varphi}{l} = \dfrac{T}{GI_P} \leqslant \left[\dfrac{\varphi}{l} \right]$$

上式即为圆轴扭转时的刚度条件。$\left[\dfrac{\varphi}{l}\right]$ 是许用单位长度扭转角，单位为 °/m。$\dfrac{\varphi}{l}$ 是圆轴

的最大单位长度扭转角,单位为 rad/m。为了使两边的单位一致,上式应为

$$\frac{\varphi}{l} = \frac{T}{GI_P} \cdot \frac{180}{\pi} \leq \left[\frac{\varphi}{l}\right]$$

式中,$\left[\dfrac{\varphi}{l}\right]$ 的数值,可从有关手册中查到。

9.6.4 计算举例

【例 9.4】 某空心传动轴,外径 D=90mm,内径 d=84mm。已知作用在轴上的外力偶矩 m=1.6kN·m,许用剪应力 $[\tau]$ = 60MPa,许用的单位长度扭转角 $\left[\dfrac{\varphi}{l}\right]$=0.026rad/m,材料的剪切弹性模量 G=80GPa。试求:(1)进行强度和刚度校核。(2)若改用强度相同的实心轴,求其直径和两轴的重量比。

解:(1) 进行强度和刚度校核。

① 计算扭矩。

由截面法可得圆轴横截面上的扭矩为

$$T = m = 1.6 \text{kN·m}$$

② 计算圆轴的极惯性矩和抗扭截面系数。

$$I_P = \frac{\pi D^4}{32}\left[1-\left(\frac{d}{D}\right)^4\right] = \frac{\pi \times 90^4}{32}\left[1-\left(\frac{84}{90}\right)^4\right]\text{mm}^4 = 1.55\times 10^6 \text{mm}^4$$

$$W_P = \frac{I_P}{\dfrac{D}{2}} = \frac{1.55\times 10^6}{\dfrac{90}{2}}\text{mm}^3 = 3.44\times 10^4 \text{mm}^3$$

③ 强度校核。

圆轴的最大剪应力为

$$\tau_{\max} = \frac{T}{W_P} = \frac{1.6\times 10^6}{3.44\times 10^4} = 46.51(\text{MPa}) < [\tau]$$

因此,圆轴满足强度条件。

④ 刚度校核。

圆轴的最大单位长度扭转角为

$$\frac{\varphi}{l} = \frac{T}{GI_P} = \frac{1.6\times 10^3}{80\times 10^9 \times 1.55\times 10^6 \times 10^{-12}} = 0.013(\text{rad/m}) < \left[\frac{\varphi}{l}\right]$$

因此,满足刚度条件。

(2) 求其直径和两轴的重量比。

根据已知条件,实心轴的强度应和空心轴的强度相等。若实心轴的直径为 D',则

$$\tau_{\max} = \frac{T}{W_P} = \frac{T}{\dfrac{\pi D'^3}{16}} = \frac{1.6\times 10^6}{\dfrac{\pi D'^3}{16}}\text{MPa} = 46.51\text{MPa}$$

则

$$D' = \sqrt[3]{\frac{1.6 \times 10^6 \times 16}{\pi \times 46.51}} \text{mm} = 55.96 \text{mm}$$

在两轴长度相等、材料相同的情况下，其重量比等于横截面积之比。

空心圆轴的面积为

$$A = \frac{\pi}{4}(D^2 - d^2) = \frac{\pi}{4} \times (90^2 - 84^2) \text{mm}^2 = 819.96 \text{mm}^2$$

实心轴的面积为

$$A' = \frac{\pi D'^2}{4} = \frac{\pi \times 55.96^2}{4} \text{mm}^2 = 2459.49 \text{mm}^2$$

两轴的重量比为

$$\frac{A}{A'} = \frac{819.96}{2459.49} = 0.33$$

【例 9.5】一空心圆截面轴，已知轴的内径 $d=85\text{mm}$，外径 $D=90\text{mm}$，材料的许用剪应力 $[\tau] = 60\text{MPa}$，剪切弹性模量 $G = 80\text{GPa}$，轴的许用单位长度扭转角 $\left[\dfrac{\varphi}{l}\right] = 0.8°/\text{m}$。试求轴所能传递的许用扭矩。

解：(1) 强度方面。

圆轴的抗扭截面系数为

$$W_P = \frac{\pi D^3}{16}\left[1 - \left(\frac{d}{D}\right)^4\right] = \frac{\pi \times 90^3}{16}\left[1 - \left(\frac{85}{90}\right)^4\right] \text{mm}^3 = 2.93 \times 10^4 \text{mm}^3$$

由强度条件得

$$T \leq W_P[\tau] = 2.93 \times 10^4 \times 60 = 1.76 \times 10^6 (\text{N} \cdot \text{mm}) = 1.76 \text{kN} \cdot \text{m}$$

(2) 刚度方面。

圆轴的极惯性矩为

$$I_P = \frac{\pi D^4}{32}\left[1 - \left(\frac{d}{D}\right)^4\right] = \frac{\pi \times 90^4}{32}\left[1 - \left(\frac{85}{90}\right)^4\right] \text{mm}^4 = 1.32 \times 10^6 \text{mm}^4$$

由刚度条件得

$$T \leq GI_P \cdot \frac{\pi}{180} \cdot \left[\frac{\varphi}{l}\right] = 80 \times 10^3 \times 1.32 \times 10^6 \times \frac{\pi}{180} \times 0.8 \times 10^{-3} = 1.47 \times 10^6 (\text{N} \cdot \text{mm}) = 1.47 \text{kN} \cdot \text{m}$$

因此，圆轴所能传递的许用扭矩为 $[T] = 1.47 \text{kN} \cdot \text{m}$。

【例 9.6】已知某传动轴，转速 $n = 300 \text{r/min}$，功率 $P = 22 \text{kW}$，材料的剪切弹性模量 $G = 80 \text{GPa}$，许用剪应力 $[\tau] = 60 \text{MPa}$，许用单位长度扭转角 $\left[\dfrac{\varphi}{l}\right] = 0.5°/\text{m}$。试按强度条件和刚度条件选择此轴的直径。

解：(1) 计算外力偶矩。

$$m = 9.55 \frac{P}{n} = 9.55 \times \frac{22}{300} \text{kN} \cdot \text{m} = 0.7 \text{kN} \cdot \text{m}$$

(2) 计算扭矩。

$$T = m = 0.7 \text{kN} \cdot \text{m}$$

(3) 按强度条件选择此轴的直径。

由强度条件：

$$\tau_{max} = \frac{T_{max}}{W_P} \leqslant [\tau]$$

式中，$W_P = \dfrac{\pi D^3}{16}$，则

$$D \geqslant \sqrt[3]{\frac{16T_{max}}{\pi[\tau]}} = \sqrt[3]{\frac{16 \times 0.7 \times 10^6}{\pi \times 60}} \text{mm} = 39.02\text{mm}$$

(4) 按刚度条件选择此轴的直径。

由刚度条件：

$$\frac{\varphi}{l} = \frac{T_{max}}{GI_P} \cdot \frac{180}{\pi} \leqslant \left[\frac{\varphi}{L}\right]$$

式中，$I_P = \dfrac{\pi D^4}{32}$，则

$$D \geqslant \sqrt[4]{\frac{32T_{max} \times 180}{G\pi^2\left[\dfrac{\varphi}{l}\right]}} = \sqrt[4]{\frac{32 \times 0.7 \times 10^6 \times 180}{80 \times 10^3 \times \pi^2 \times 0.5 \times 10^{-3}}} \text{mm} = 56.53\text{mm}$$

为使轴同时满足强度条件和刚度条件，应选直径较大者，取 $D = 56.53$mm。

9.7 小 结

本章主要研究圆轴扭转时的内力、应力和变形及其强度和刚度的计算；薄壁圆筒扭转时横截面上的剪应力、剪应力互等定理和剪切胡克定律。

1. 外力偶矩、扭矩和扭矩图

外力偶矩与功率、转速之间的换算关系为

$$m = 9.55\frac{P}{n}(\text{kN·m}) \quad \text{或} \quad m = 7\frac{P}{n}(\text{kN·m})$$

在外力偶的作用下，圆轴横截面上的内力是一个作用在该截面内的力偶，其力偶矩 T 称为扭矩。计算扭矩的方法是截面法。扭矩的正负号由右手螺旋法则来判断。

表示轴上各横截面上的扭矩变化规律的图形称为扭矩图。根据扭矩图，可确定圆轴上的最大扭矩值及其所在截面的位置，从而进行强度和刚度的计算。

2. 薄壁圆筒的扭转、剪应力互等定理和剪切胡克定律

薄壁圆筒扭转时横截面上的剪应力沿筒壁均匀分布，其计算公式为

$$\tau = \frac{T}{2\pi R_0^2 \delta} = \frac{T}{2A_0\delta}$$

在两个相互垂直的平面上，垂直于公共棱边的剪应力成对存在，且大小相等，方向指向(或背离)该公共棱边。这一关系称为剪应力互等定理。其表达式为：$\tau = \tau'$。

当剪应力不超过材料的剪切比例极限 τ_p 时，剪应力 τ 与剪应变 γ 成正比，即 $\tau = G\gamma$，这种关系称为剪切胡克定律。

3. 圆轴扭转时横截面上的剪应力及剪切强度条件

在弹性范围内，圆轴扭转时横截面上的剪应力沿半径呈线性规律分布。其计算公式为

$$\tau_\rho = \frac{T\rho}{I_P}$$

在圆心处，剪应力为零；在圆周上，剪应力达到最大值，其值为：$\tau_{max} = \dfrac{T}{W_P}$。

圆轴扭转时的剪切强度条件为

$$\tau_{max} = \frac{T_{max}}{W_P} \leqslant [\tau]$$

4. 圆轴扭转时的变形和刚度条件

圆轴扭转时的变形是用两个横截面绕轴线发生的相对转角即扭转角来度量的。对于用同一种材料制成的等截面圆轴，在杆长为 L 的两端面间的相对扭转角 φ 为

$$\varphi = \frac{TL}{GI_P}$$

圆轴扭转时的刚度条件为

$$\frac{\varphi}{l} = \frac{T}{GI_P} \leqslant \left[\frac{\varphi}{l}\right]$$

通过圆轴扭转时的强度和刚度计算，可解决三个方面的工程实际问题，即：强度和刚度校核、设计截面和确定许可荷载。这是本章的重点内容。

9.8 思 考 题

1. 轴所传递的功率、转速与外力偶矩之间有何关系？
2. 圆轴扭转时横截面上的剪应力方向与截面上的扭矩转向有什么关系？剪应力在横截面上是怎样分布的？如图 9.20 所示的剪应力分布图是否正确？若有错误，请改正之。图中 T 为横截面上的扭矩。

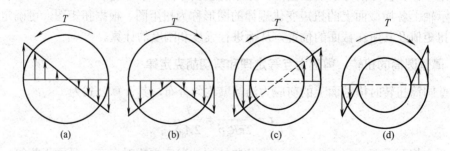

图 9.20 思考题 2 图

3. 若实心圆轴的直径减小一半，其他条件不变，则轴的最大剪应力和最大扭转角有什么变化？

4. 内、外径和长度均相同，材料不同的两根空心圆轴，在相同扭矩作用下，问它们的最大剪应力是否相同？最大扭转角是否相同？

5. 一空心圆轴，外径为 D，内径为 d，其极惯性矩 I_P 和抗扭截面系数 W_P，按下式计算是否正确？

$$I_P = I_{P外} - I_{P内} = \frac{\pi D^4}{32} - \frac{\pi d^4}{32}$$

$$W_P = W_{P外} - W_{P内} = \frac{\pi D^3}{16} - \frac{\pi d^3}{16}$$

6. 在强度相同的条件下，空心轴为什么比实心轴省料？

7. 三个轮子的布置如图 9.21 所示，对轴的受力来说，哪一种布置比较合理？

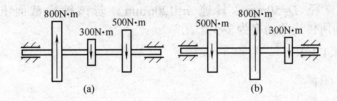

图 9.21 思考题 7 图

9.9 习　　题

1. 如图 9.22 所示，求圆轴各段的扭矩，并画扭矩图。

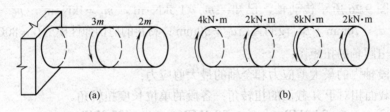

图 9.22 习题 1 图

2. 如图 9.23 所示，一传动轴以 200r/min 做匀速转动，主动轮 2 的输入功率为 $P_2 = 60\text{kW}$，从动轮 1、3、4、5 的输出功率依次为：$P_1 = 18\text{kW}$，$P_3 = 12\text{kW}$，$P_4 = 22\text{kW}$，$P_5 = 8\text{kW}$，试画出该轴的扭矩图。

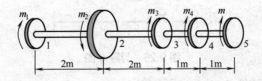

图 9.23 习题 2 图

3. 如图 9.24 所示，实心圆轴的直径 $D=100$mm，横截面上的扭矩 $T=14$kN·m，试求：

(1) 横截面上 A、B、O 三点的剪应力；

(2) 轴内的最大剪应力；

(3) 画出横截面上的剪应力分布图。

答案：(1) $\tau_A = 71.3$MPa，$\tau_B = 35.65$MPa，$\tau_O = 0$

       (2) $\tau_{max} = 71.3$MPa

       (3)   略

4. 如图 9.25 所示，空心圆轴外径 $D=100$mm，内径 $d=50$mm，两端受外力偶矩 $m=1000$ N·m 作用，试求：

(1) 横截面上的最大剪应力 τ_{max} 和最小剪应力 τ_{min}；

(2) 画出横截面上的剪应力分布图。

答案： $\tau_{max} = 5.43$MPa，$\tau_{min} = 2.72$MPa

5. 圆轴的直径 $D=50$mm，转速 $n=120$r/min。若该轴横截面上的最大剪应力 $\tau_{max} = 60$MPa，问所传递的功率为多少千瓦？

答案：$P = 18.47$kW

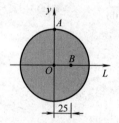

图 9.24 习题 3 图

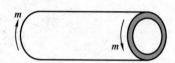

图 9.25 习题 4 图

6. 如图 9.26 所示传动轴，已知：$m_A = 1.5$kN·m，$m_B = 1$kN·m，$m_C = 0.5$kN·m；AB 段的直径 $d_1 = 70$mm，BC 段的直径 $d_2 = 50$mm；材料的剪切弹性模量 $G = 80$GPa。试求：

(1) 画出圆轴的扭矩图；

(2) 各段轴内的最大剪应力和全轴的最大剪应力；

(3) C 截面相对于 A 截面的扭转角；各段的单位长度扭转角。

答案：(2) $\tau_{AB} = 22.3$MPa，$\tau_{BC} = 20.4$MPa，$\tau_{max} = 22.3$MPa

       (3) $\varphi_{AC} = 0.0323$rad，$\varphi_{AB}/l = 0.4558°/$m，$\varphi_{BC}/l = 0.5836°/$m

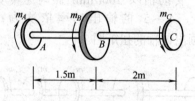

图 9.26 习题 6 图

7. 一空心圆轴，外径 $D=90$mm，内径 $d=60$mm。

(1) 求该轴横截面的抗扭截面系数 W_P；

(2) 若改用实心圆轴，在截面面积不变的情况下，求此实心圆轴的直径和抗扭截面系数；

(3) 求实心圆轴和空心圆轴抗扭截面系数的比值。

答案：(1) $W_P = 1.15 \times 10^5 \text{mm}^3$

(2) $D_{实} = 67.1 \text{mm}$，$W_{实} = 5.93 \times 10^4 \text{mm}^3$

(3) $W_{实}/W_{空} = 0.516$

8. 某轴两端受外力偶矩 $m = 300 \text{N} \cdot \text{m}$ 作用，已知材料的许用剪应力 $[\tau] = 70 \text{MPa}$，试按下列两种情况校核轴的强度。

(1) 实心圆轴，直径 $D = 30 \text{mm}$；

(2) 空心圆轴，外径 $D_1 = 40 \text{mm}$，内径 $d_1 = 20 \text{mm}$。

答案：(1) $\tau_{\max} = 56.6 \text{MPa}$

(2) $\tau_{\max} = 25.46 \text{MPa}$

9. 如图 9.27 所示传动轴，AC 段是空心圆轴，外径 $D_1 = 100 \text{mm}$，内径 $d_1 = 80 \text{mm}$；CD 段为实心圆轴，直径 $D = 80 \text{mm}$。B 轮的输入功率 $P_B = 250 \text{kW}$，A 轮的输出功率 $P_A = 120 \text{kW}$，D 轮的输出功率 $P_D = 130 \text{kW}$。已知轴的转速 $n = 300 \text{r/min}$，材料的许用剪应力 $[\tau] = 40 \text{MPa}$，许用单位长度扭转角 $\left[\dfrac{\varphi}{l}\right] = 1°/\text{m}$，$G = 80 \text{GPa}$。试校核轴的强度和刚度。

10. 如图 9.28 所示传动轴，转速 $n = 400 \text{r/min}$，B 轮的输入功率 $P_B = 60 \text{kW}$，A、C 轮的输出功率 $P_A = P_C = 30 \text{kW}$。已知 $[\tau] = 40 \text{MPa}$，$\left[\dfrac{\varphi}{l}\right] = 0.5°/\text{m}$，$G = 80 \text{GPa}$。试按强度和刚度条件选择轴的直径 d。

答案：按强度条件，$d = 45 \text{mm}$；按刚度条件，$d = 57 \text{mm}$。

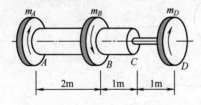

图 9.27 习题 9 图

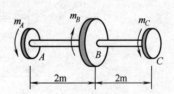

图 9.28 习题 10 图

第 10 章 截面的几何性质

本章的学习要求：

- 理解静矩、惯性矩、惯性积的概念；能够确定一般简单图形的形心位置，熟练计算图形对指定坐标轴的静矩和惯性矩。
- 理解和掌握平行移轴定理，熟悉平行移轴定理中各项的意义；能够利用移轴公式计算常用的组合图形的惯性矩。
- 了解转轴定理，理解形心主惯性轴和形心主惯性矩的概念；能够计算一般图形的形心主惯性矩。

10.1 静矩和形心

计算杆件在外力作用下的应力和变形时，将用到杆横截面的几何性质。

例如，在计算拉(压)杆时所用的横截面面积 A，计算杆在扭转时所用的极惯性矩 I_p，以及在弯曲等问题的计算中所用到的横截面面积矩、惯性矩和惯性积等，下面首先介绍静矩的定义及计算方法。

从任意物体(设面积为 A)中取微面积 dA，如图 10.1 所示，其在图中所示的坐标系 yoz 中对应的坐标为 (y,z)，把乘积 zdA 及 ydA 分别称为微面积 dA 对于 y 轴和 z 轴的静矩。而对于整个图形而言，应计算其总和。即微面积 dA 与其到某一坐标轴距离的乘积在整个面积上的总和，称为图形对该轴的**静矩(或面积矩)**，用 S_y 和 S_z 表示。故有

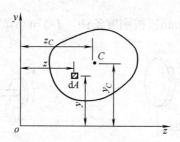

图 10.1 静矩与形心关系图

$$\left. \begin{array}{l} S_y = \int_A z dA \\ S_z = \int_A y dA \end{array} \right\} \tag{10.1}$$

截面的静矩(面积矩)是对于一定的坐标轴而言的，同一截面对于不同的坐标轴其静矩数值不同。计算时静矩可能为正值，也可能为负值，或者等于零。静矩的量纲为[面积]·[长度]=[长度]^3，其常用的单位为 cm^3 或 mm^3。

工程实际中的构件，其几何形状一般都是一些形状简单的几何图形，其形心位置是已

知的；对于其他形状的截面图形，由于截面形心就是截面图形的几何中心，在静力学中，已求出均质等厚度薄板的重心，而薄板的重心与平面图形的形心是重合的，形心坐标为

$$y_C = \frac{\sum y_{Ci} A_i}{A}, \quad z_C = \frac{\sum z_{Ci} A_i}{A}$$

对于任一形状的截面图形，可通过积分关系建立静矩与形心坐标之间的关系为

$$\left. \begin{aligned} y_C &= \frac{\int_A y \mathrm{d}A}{A} = \frac{S_z}{A} \\ z_C &= \frac{\int_A z \mathrm{d}A}{A} = \frac{S_y}{A} \end{aligned} \right\} \tag{10.2}$$

故式(10.1)可改写为

$$\left. \begin{aligned} S_y &= A z_C \\ S_z &= A y_C \end{aligned} \right\} \tag{10.3}$$

由此可见：
(1) 截面对于某一轴的静矩若等于零，则该轴必通过截面的形心。
(2) 截面对于通过其形心的轴的静矩恒等于零。

当截面由若干个简单图形如矩形、圆形、三角形等组成时，这种截面称为组合截面。由于简单图形的面积及其形心位置均为已知，由面积矩的定义可知，截面各组成部分对于某一轴的静矩，可用下式表述为

$$\left. \begin{aligned} S_y &= \sum S_{yi} = \sum_{i=1}^{n} A_i z_{Ci} \\ S_z &= \sum S_{zi} = \sum_{i=1}^{n} A_i y_{Ci} \end{aligned} \right\} \tag{10.4}$$

式中，A_i、y_{Ci}、z_{Ci} 分别表示任一简单图形的面积及其形心在坐标系中的坐标；$\sum$ 为组成此截面的简单图形对该轴静矩的代数和。

代入式(10.2)可得到组合截面的形心位置计算式。

设组合截面的形心坐标为 y_C、z_C，则有

$$\left. \begin{aligned} y_C &= \frac{S_z}{A} = \frac{\sum_{i=1}^{n} A_i y_{Ci}}{A} \\ z_C &= \frac{S_y}{A} = \frac{\sum_{i=1}^{n} A_i z_{Ci}}{A} \end{aligned} \right\} \tag{10.5}$$

【例10.1】 计算如图10.2所示对称T形截面对z轴的静矩S_z及形心位置。

解： 把图形分为A_1及A_2两个矩形，面积分别为

$$A_1 = 300 \times 30 \mathrm{mm}^2 = 9 \times 10^3 \mathrm{mm}^2$$
$$A_2 = 50 \times 270 \mathrm{mm}^2 = 13.5 \times 10^3 \mathrm{mm}^2$$

矩形截面形心到z轴的距离为

$$y_{C1} = 15 \mathrm{mm} \qquad y_{C2} = 165 \mathrm{mm}$$

应用式(10.4)计算：

$$S_z = \sum A_i y_{Ci} = A_1 y_{C1} + A_2 y_{C2}$$
$$= (9 \times 10^3 \times 15 + 13.5 \times 10^3 \times 165) \text{mm}^3$$
$$= 2.36 \times 10^6 \text{mm}^3$$

截面形心坐标为

$$y_C = \frac{S_z}{A} = \frac{2.36 \times 10^6}{9 \times 10^3 + 13.5 \times 10^3} \text{mm} = 105 \text{mm}$$

因截面对称，故 $z_C = 0$。

【例 10.2】 某矩形截面如图 10.3 所示，高为 h，宽为 b，试分别计算截面对 z 轴和形心轴 z_C 轴的静矩。

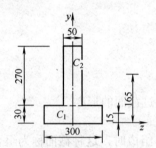
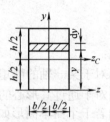

图 10.2 例 10.1 图   图 10.3 例 10.2 图

解：(1) 计算对 z 轴的静矩。

取平行于 z 轴的长条微面积 $dA = bdy$，dA 到 z 轴的距离为 y，则有

$$S_z = \int_A y dA = \int_0^h y(bdy) = \frac{1}{2} bh^2$$

或

$$S_z = A y_C = b \cdot h \cdot \frac{h}{2} = \frac{1}{2} bh^2$$

(2) 计算对形心轴 z_C 轴的静矩。

$$S_{z_C} = A y_{z_C} = 0$$

10.2 惯性矩与惯性积

10.2.1 惯性矩

在如图 10.1 所示的图形中，微面积 dA 与它到 z 轴(或 y 轴)距离平方的乘积在整个截面上的总和，称为截面对 z 轴(或 y 轴)的**惯性矩**，用 I_z(或 I_y)表示为

$$\left. \begin{array}{l} I_z = \int_A y^2 dA \\ I_y = \int_A z^2 dA \end{array} \right\} \tag{10.6}$$

惯性矩 I_z、I_y 恒为正值，且不会等于零。

【例 10.3】 如图 10.4 所示，矩形截面高为 h，宽为 b，尺寸如图所示，试计算截面对形心轴 y 和 z 轴的惯性矩 I_y、I_z。

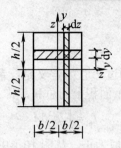

图 10.4 例 10.3 图

解：(1) 计算 I_z。

取平行于 z 轴的微面积 $dA = bdy$，dA 到 z 轴的距离为 y，则有

$$I_z = \int_A y^2 dA = \int_{-\frac{h}{2}}^{\frac{h}{2}} y^2 (bdy) = \frac{h}{3} y^3 \bigg|_{-\frac{h}{2}}^{\frac{h}{2}} = \frac{bh^3}{12}$$

(2) 计算 I_y。

取平行于 y 轴的微面积 $dA = hdz$，则有

$$I_y = \int_A z^2 dA = \int_{-\frac{b}{2}}^{\frac{b}{2}} z^2 (hdz) = \frac{h}{3} z^3 \bigg|_{-\frac{b}{2}}^{\frac{b}{2}} = \frac{hb^3}{12}$$

10.2.2 惯性积

截面上的微面积 dA 与它到 y、z 轴距离的乘积的总和，称为截面对 y、z 轴的**惯性积**，用 I_{yz} 表示为

$$I_{yz} = \int_A yz dA \tag{10.7}$$

惯性积的量纲也是[长度]^4。它的值可能为正，可能为负，也可能为零。

如果截面具有一个(或一个以上)对称轴，如图 10.5 所示，则对称轴两侧微面积的 $yzdA$ 值大小相等，符号相反，这两个对称位置的微面积对 y、z 轴的惯性积之和等于零。推广到整个截面，则整个截面的 $I_{yz} = 0$。这说明，只要 y、z 轴之一为截面的对称轴，该截面对两轴的惯性积就一定等于零。

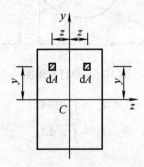

图 10.5 惯性积计算

10.2.3 极惯性矩

极惯性矩在扭转计算中已遇到过，它的定义是：截面上的微面积 dA 与它到坐标原点(也称极点)距离 ρ 平方的乘积在整个面积上的总和，称为截面的**极惯性矩**，记为 I_p。

$$I_p = \int_A \rho^2 dA \tag{10.8}$$

极惯性矩的量纲是[长度]^4，它的值恒为正。从图 10.1 中可以看到：

$$\rho^2 = y^2 + z^2$$

代入式(10.8)后，可得

$$I_p = \int_A \rho^2 dA = \int_A (y^2 + z^2) dA = I_z + I_y$$

此式表明 I_p、I_y、I_z 之间的关系为：截面对任意两个相互垂直的轴的交点的极惯性矩，等于截面对该两轴惯性矩之和。

10.3 平行移轴定理及组合截面惯性矩的计算

10.3.1 平行移轴定理

同一截面对不同坐标轴的惯性矩是不相同的，但相互之间存在一定的关系。

如图 10.6 所示，c 为截面形心，y_c 和 z_c 为形心轴，oz 轴与 z_c 轴相互平行，间距为 a；y 轴与 y_c 轴相互平行，其间距为 b。相互平行的坐标轴间存在下列关系：

$$\left. \begin{array}{l} y = y_c + a \\ z = z_c + b \end{array} \right\} \tag{a}$$

根据定义，截面图形 A 对形心轴 y_c 及 z_c 的惯性矩分别为

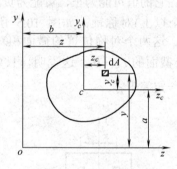

图 10.6 平行移轴图

$$\left. \begin{array}{l} I_{z_c} = \int_A y_c^2 dA \\ I_{y_c} = \int_A z_c^2 dA \end{array} \right\} \tag{b}$$

对 y、z 轴的惯性矩分别为

$$\left. \begin{array}{l} I_z = \int_A y^2 dA \\ I_y = \int_A z^2 dA \end{array} \right\} \tag{c}$$

将式(a)代入式(c)中得

$$I_z = \int_A (y_c + a)^2 dA = \int_A (y_c^2 + 2ay_c + a^2) dA$$
$$= \int_A y_c^2 dA + 2a\int_A y_c dA + a^2 \int_A dA$$

式中第一项 $\int_A y_c^2 dA$ 是截面对形心轴 z_c 的惯性矩 I_{z_c}；第二项 $\int_A y_c dA$ 是截面对 z_c 轴的静矩 S_{z_c}，因 z_c 轴是形心轴，故 $S_{z_c} = 0$；第三项 $\int_A dA$ 是截面的面积 A。故上式可写为

$$I_z = I_{z_c} + a^2 A \tag{10.9}$$

同理：
$$I_y = I_{y_c} + b^2 A \tag{10.10}$$

截面对相互平行的坐标轴的惯性积，也可通过类似的方法求得

$$I_{yz} = I_{y_c z_c} + abA \tag{10.11}$$

式(10.9)～式(10.11)称为**平行移轴定理**，或**平行移轴公式**。

由此可知：

(1) 截面对任意轴的惯性矩，等于截面对与该轴平行的形心轴的惯性矩加上截面面积与两轴间距离平方的乘积。由于面积为正值，a^2 及 b^2 亦非负，因此，截面对形心轴的惯性矩是对所有与其平行的轴的惯性矩中的最小值。

(2) 截面对任意一对正交轴的惯性积，等于截面对与轴平行的一对正交形心轴的惯性积加上截面面积与两对轴之间距离的乘积。

实际上 a 和 b 就是截面形心在 yoz 坐标系中的坐标，二者同号时 abA 为正，异号时 abA 为负。故移轴后的惯性积有可能增大，也有可能减小。如果形心轴中有一根轴是截面的对称轴，则 $I_{y_c z_c} = 0$，此时 $I_{yz} = abA$。

【例 10.4】 计算如图 10.7 所示矩形截面对 y 与 z 轴的惯性矩 I_y、I_z 及惯性积 I_{yz}。

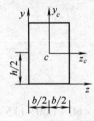

图 10.7 例 10.4 图

解：矩形截面对形心轴 y_c 与 z_c 的惯性矩及惯性积分别为

$$I_{z_c} = \frac{bh^3}{12}, \quad I_{y_c} = \frac{hb^3}{12}, \quad I_{y_c z_c} = 0$$

应用平行移轴公式可得

$$I_z = I_{z_c} + a^2 A = \frac{bh^3}{12} + \left(\frac{h}{2}\right)^2 bh = \frac{bh^3}{3}$$

$$I_y = \frac{hb^3}{12} + \left(\frac{b}{2}\right)^2 bh = \frac{hb^3}{3}$$

$$I_{yz} = 0 + \frac{h}{2} \times \frac{b}{2} bh = \frac{b^2 h^2}{4}$$

10.3.2 组合截面惯性矩的计算

组合图形是由若干个简单图形组成的，由惯性矩的定义可知，组合图形对某轴的惯性矩，等于组成组合图形的各简单图形对同一轴的惯性矩之和。由于各种简单截面对形心轴的惯性矩通常为已知，故利用平行移轴公式计算组合截面的惯性矩十分方便。

【例 10.5】 求如图 10.8 所示截面的形心位置及对形心轴 y_c 与 z_c 的惯性矩。

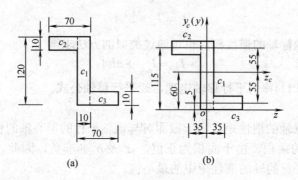

图 10.8 例 10.5 图

解：(1) 计算截面形心的位置。

选参考坐标系 yoz，如图 10.8(b)所示。现将组合截面划分为三个矩形，此三个矩形的截面积与形心坐标分别为

$A_1 = 10 \times 120 \text{mm}^2 = 1200 \text{mm}^2$

$y_{c1} = 60 \text{mm}$，$z_{c1} = 0$

$A_2 = 60 \times 10 \text{mm}^2 = 600 \text{mm}^2$

$y_{c2} = 115 \text{mm}$，$z_{c2} = -35 \text{mm}$

$A_3 = 60 \times 10 \text{mm}^2 = 600 \text{mm}^2$

$y_{c3} = 5 \text{mm}$，$z_{c3} = 35 \text{mm}$

$y_c = \dfrac{A_1 y_{c1} + A_2 y_{c2} + A_3 y_{c3}}{A_1 + A_2 + A_3} = \dfrac{1200 \times 60 + 600 \times 115 + 600 \times 5}{1200 + 600 + 600} \text{mm} = 60 \text{mm}$

$z_c = \dfrac{A_1 z_{c1} + A_2 z_{c2} + A_3 z_{c3}}{A_1 + A_2 + A_3} = \dfrac{1200 \times 0 + 600 \times (-35) + 600 \times 35}{1200 + 600 + 600} \text{mm} = 0$

(2) 计算对形心轴 y_c 与 z_c 的惯性矩。

形心 c 的位置已经确定，通过 c 点作平行于底边的 z_c 轴和垂直于底边的 y_c 轴。组合截面的 I_{z_c} 和 I_{y_c} 分别等于各矩形截面对 z_c 轴和 y_c 轴的惯性矩之和。利用平行移轴公式得

$I_{z_c} = I_{z_{c1}} + I_{z_{c2}} + I_{z_{c3}}$

$= \left\{ \dfrac{10 \times 120^3}{12} + \left(\dfrac{60 \times 10^3}{12} + 55^2 \times 600 \right) + \left[\dfrac{60 \times 10^3}{12} + (-55)^2 \times 600 \right] \right\} \text{mm}^4$

$= (1.44 \times 10^6 + 1.82 \times 10^6 + 1.82 \times 10^6) \text{mm}^4 = 5.08 \times 10^6 \text{mm}^4$

$$I_{y_c} = I_{y_{c1}} + I_{y_{c2}} + I_{y_{c3}}$$

$$= \left\{ \frac{120 \times 10^3}{12} + \left[\frac{10 \times 60^3}{12} + (-35)^2 \times 600 \right] + \left(\frac{10 \times 60^3}{12} + 35^2 \times 600 \right) \right\} \text{mm}^4$$

$$= (10 \times 10^3 + 915 \times 10^3 + 915 \times 10^3) \text{mm}^4 = 1.84 \times 10^6 \text{mm}^4$$

10.4 转轴定理、主惯性轴及主惯性矩

10.4.1 转轴定理

图 10.9 所示一任意截面图形，它对于通过其上任意一点 O 的 y、z 两坐标轴的惯性矩 I_y、I_z 以及惯性积 I_{yz} 均为已知。若这一对坐标轴绕 O 点旋转 α 角至 y_1、z_1 位置，则该截面对于这两个新坐标轴 y_1、z_1 的惯性矩和惯性积分别为 I_{y_1}、I_{z_1} 和 $I_{y_1z_1}$，它们都可以用已知的 I_y、I_z、I_{yz} 和 α 角来表达。

图 10.9 所示截面内任意微面积 $\text{d}A$ 在 y_1Oz_1 中的坐标与在 yOz 中的坐标之间存在如下关系：

$$y_1 = \overline{AC} = \overline{AD} - \overline{EB} = y\cos\alpha - z\sin\alpha$$

$$z_1 = \overline{OC} = \overline{OE} + \overline{BD} = z\cos\alpha + y\sin\alpha$$

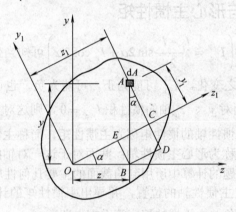

图 10.9　坐标轴旋转关系

根据定义截面对 z_1 轴的惯性矩为

$$I_{z_1} = \int_A y_1^2 \text{d}A = \int_A (y\cos\alpha - z\sin\alpha)^2 \text{d}A$$

$$= \int_A (y^2 \cos^2\alpha - 2yz\sin\alpha\cos\alpha + z^2\sin^2\alpha) \text{d}A$$

$$= I_z \cos^2\alpha + I_y \sin^2\alpha - 2I_{yz}\sin\alpha\cos\alpha$$

上式中：

$$\int_A y^2 \text{d}A = I_z, \quad \int_A z^2 \text{d}A = I_y, \quad \int_A yz \text{d}A = I_{yz}$$

利用三角形关系：

$$\sin^2\alpha = \frac{1-\cos 2\alpha}{2}, \quad \cos^2\alpha = \frac{1+\cos 2\alpha}{2}, \quad \sin 2\alpha = 2\sin\alpha\cos\alpha$$

整理可得

$$I_{z_1} = \frac{I_z+I_y}{2} + \frac{I_z-I_y}{2}\cos 2\alpha - I_{yz}\sin 2\alpha \tag{10.12}$$

同理可得

$$I_{y_1} = \int_A z_1^2 dA = \int_A (z\cos\alpha + y\sin\alpha)^2 dA$$
$$= \int_A (z^2\cos^2\alpha + 2yz\sin\alpha\cos\alpha + y^2\sin^2\alpha)dA$$
$$= I_y\cos^2\alpha + I_z\sin^2\alpha + 2I_{yz}\sin\alpha\cos\alpha$$

$$I_{y_1} = \frac{I_z+I_y}{2} - \frac{I_z-I_y}{2}\cos 2\alpha + I_{yz}\sin 2\alpha \tag{10.13}$$

$$I_{y_1z_1} = \int_A y_1z_1 dA = \int_A (y\cos\alpha - z\sin\alpha)(z\cos\alpha + y\sin\alpha)dA$$
$$= \frac{I_z-I_y}{2}\sin 2\alpha + I_{yz}\cos 2\alpha \tag{10.14}$$

式(10.12)~式(10.14)称为惯性矩与惯性积的转轴公式。比较式(10.12)和式(10.13)可得出如下关系：

$$I_{y_1} + I_{z_1} = I_y + I_z \tag{10.15}$$

式(10.15)说明截面对于通过同一点的任意一对正交坐标轴的惯性矩之和为一常数。

10.4.2 形心主轴与形心主惯性矩

由惯性积的转轴公式 $\left(I_{y_1z_1} = \frac{I_z-I_y}{2}\sin 2\alpha + I_{yz}\cos 2\alpha\right)$ 可知当坐标轴的旋转角度 α 发生周期性变化时，$I_{y_1z_1}$ 也随之变化。$I_{y_1z_1}$ 可能为正，可能为负，也可能为零。因此总可以找到一个特殊角度 α_0 使截面对 y_0、z_0 轴的惯性积 $I_{y_0z_0}=0$，则这对坐标轴称为截面的**主惯性轴**，简称**主轴**。截面对主惯性轴的惯性矩称为**主惯性矩**，简称**主惯矩**。这一对主惯性轴的交点与截面形心重合时就称为**形心主惯性轴**；截面对于这一对轴的惯性矩即称为**形心主惯性矩**。它们是在弯曲等问题的计算中所用到的截面的主要几何性质。

现首先研究如何确定主惯性轴的位置，并导出主惯性矩的计算公式。设 α_0 角为主惯性轴与原坐标轴之间的夹角，由于惯性积应等于零，即有

$$\frac{I_z-I_y}{2}\sin 2\alpha_0 + I_{yz}\cos 2\alpha_0 = 0$$

上式可改写为

$$\tan 2\alpha_0 = \frac{-2I_{yz}}{I_z-I_y}$$

由此可求解出 α_0 的数值，并确定了两主惯性轴中 z_0 轴的位置。

为今后计算方便，将 α_0 代入式(10.12)和式(10.13)中，经简化后即可得到主惯性矩的计算公式为

$$I_{z_0} = \frac{I_z+I_y}{2} + \sqrt{\left(\frac{I_z-I_y}{2}\right)^2 + I_{yz}^2} \quad \left(\text{或}I_{z_0} = \frac{I_z+I_y}{2} + \frac{1}{2}\sqrt{(I_z-I_y)^2 + 4I_{yz}^2}\right)$$

$$I_{y_0} = \frac{I_z + I_y}{2} - \sqrt{\left(\frac{I_z - I_y}{2}\right)^2 + I_{yz}^2} \quad \text{或} \quad I_{y_0} = \frac{I_z + I_y}{2} - \frac{1}{2}\sqrt{(I_z - I_y)^2 + 4I_{yz}^2}$$

经分析通过形心的各轴计算可知，惯性矩取得极值时的转角即为 α_0，故截面对于通过任一点的主惯性轴的主惯性矩之值，即为对于通过该点的所有轴的惯性矩中的极大值 $I_{\max}$ 和极小值 $I_{\min}$。

在确定形心主惯性轴的位置和计算形心主惯性矩时，同样可应用上述公式。若截面具有一个对称轴，则包括此轴在内的一对相互垂直的轴即为形心主惯性轴。在计算组合截面的形心主惯性矩时应先确定其形心位置，然后通过形心选择一对便于计算惯性矩和惯性积的坐标轴，算出组合截面对于这一对坐标轴的惯性矩和惯性积。

综上所述，对于任意形状截面的形心主惯矩计算可按下述步骤进行。

(1) 确定截面形心位置。

(2) 建立一对通过形心的坐标轴并计算出截面对这对轴的惯性矩 I_y、I_z 和惯性积 I_{yz}。坐标轴的选择应便于计算惯性矩和惯性积，一般选用与简单截面的形心轴相平行的轴，惯性积的计算中应特别注意正负号。

(3) 应用公式确定形心主轴的位置。

(4) 应用公式计算形心主惯性矩。

【例 10.6】求如图 10.10 所示截面的形心主惯性矩。

解： (1) 计算组合截面的形心。

截面可分为 A_1、A_2 两个矩形。为求组合截面形心的位置，选取参考坐标系 y_1Oz_1，则组合截面的形心坐标为

$$y_c = \frac{\sum_{i=1}^{n} A_i y_{ci}}{A} = \frac{10 \times 120 \times 60 + 70 \times 10 \times 5}{10 \times 120 + 70 \times 10} \text{mm} = 40\text{mm}$$

$$z_c = \frac{\sum_{i=1}^{n} A_i z_{ci}}{A} = \frac{10 \times 120 \times 5 + 70 \times 10 \times 45}{10 \times 120 + 70 \times 10} \text{mm} = 20\text{mm}$$

(2) 求组合截面对形心轴的惯性矩与惯性积。

利用平行移轴公式可得

$$I_z = \sum(I_{z_{ci}} + a_i^2 A_i) = \left\{\left[\frac{10 \times 120^3}{12} + 20^2 \times (10 \times 120)\right] + \left[\frac{70 \times 10^3}{12} + (-35)^2 \times (70 \times 10)\right]\right\}\text{mm}^4$$

$$= (144 \times 10^4 + 48 \times 10^4 + 0.6 \times 10^4 + 85.8 \times 10^4)\text{mm}^4 = 2.784 \times 10^6 \text{mm}^4$$

$$I_y = \sum(I_{y_{ci}} + b_i^2 A_i) = \left\{\left[\frac{120 \times 10^3}{12} + (-15)^2 \times 10 \times 120\right] + \left[\frac{10 \times 70^3}{12} + 25^2 \times 70 \times 10\right]\right\}\text{mm}^4$$

$$= (1 \times 10^4 + 27 \times 10^4 + 28.6 \times 10^4 + 43.8 \times 10^4)\text{mm}^4 = 1.004 \times 10^6 \text{mm}^4$$

$$I_{yz} = \sum(I_{y_i z_i} + a_i b_i A_i) = [0 + (-15 \times 20) \times (10 \times 120) + 25 \times (-35) \times (70 \times 10)]\text{mm}^4$$

$$= (-36 \times 10^4 - 61.3 \times 10^4)\text{mm}^4 = -9.73 \times 10^5 \text{mm}^4$$

$$\tan 2\alpha_0 = -\frac{2I_{yz}}{I_z - I_y} = -\frac{2 \times (-9.73 \times 10^5)}{2.784 \times 10^6 - 1.004 \times 10^6} = 1.09$$

故有

$$\alpha_0 = 23°44' \text{ 或 } \alpha_0 = 113°44'$$

$$I_{z_C} = I_{\max} = \frac{I_z + I_y}{2} + \sqrt{\left(\frac{I_z - I_y}{2}\right)^2 + I_{yz}^2}$$

$$= \left(\frac{2.784 \times 10^6 + 1.004 \times 10^6}{2} + \sqrt{\frac{2.784 \times 10^6 - 1.004 \times 10^6}{2} + (-9.73 \times 10^5)^2}\right) \text{mm}^4$$

$$= 3.214 \times 10^6 \text{ mm}^4$$

$$I_{y_C} = I_{\min} = \frac{I_z + I_y}{2} - \sqrt{\left(\frac{I_z - I_y}{2}\right)^2 + I_{yz}^2}$$

$$= \left(\frac{2.784 \times 10^6 + 1.004 \times 10^6}{2} - \sqrt{\frac{2.784 \times 10^6 - 1.004 \times 10^6}{2} + (-9.73 \times 10^5)^2}\right) \text{mm}^4$$

$$= 0.574 \times 10^6 \text{ mm}^4$$

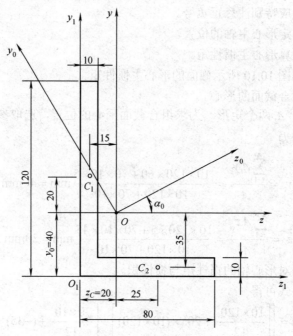

图 10.10　例 10.6 图

10.5　小　结

截面的几何性质主要是研究与杆件的截面形状和尺寸有关的几何量，它们直接影响杆件的强度、刚度和稳定性，在力学计算中与构件承载能力之间有着密切的联系。

(1) 截面的几何性质都是对确定的坐标系而言的。静矩和惯性矩是对一根坐标轴而言的；惯性积是对过一点的正交坐标系而言的；极惯性矩则是对坐标原点而言的。

(2) 截面的几何性质和计算公式如下。

① 静矩：$$S_z = \int_A y\mathrm{d}A, \quad S_y = \int_A z\mathrm{d}A$$

② 形心坐标公式：$$y_c = \frac{\sum_{i=1}^{n} y_{ci} A_i}{A}, \quad z_c = \frac{\sum_{i=1}^{n} Z_{ci} A_i}{A}$$

③ 惯性矩：$$I_z = \int_A y^2 \mathrm{d}A, \quad I_y = \int_A z^2 \mathrm{d}A$$

④ 惯性积：$$I_{yz} = \int_A yz\mathrm{d}A$$

⑤ 极惯性矩：$$I_p = \int_A \rho^2 \mathrm{d}A$$

⑥ 平行移轴公式：
$$I_z = I_{z_c} + a^2 A$$
$$I_y = I_{y_c} + b^2 A$$
$$I_{yz} = I_{y_c z_c} + abA$$

⑦ 形心主轴和形心主惯性矩：
$$\tan \alpha_0 = \frac{-2I_{yz}}{I_z - I_y}$$

$$I_{z_0} = \frac{I_z + I_y}{2} + \sqrt{\left(\frac{I_z - I_y}{2}\right)^2 + I_{yz}^2}$$

$$I_{y_0} = \frac{I_z + I_y}{2} - \sqrt{\left(\frac{I_z - I_y}{2}\right)^2 + I_{yz}^2}$$

(3) 惯性矩、极惯性矩的值恒为正；静矩、惯性积的值可能为正，可能为负，也可能为零，其值与所选的坐标轴的位置有关。当轴通过形心时静矩一定为零；当轴为对称轴时惯性积一定为零。

(4) 组合截面对形心轴的惯性矩的计算，是工程中常见的问题，也是本章的重点内容，计算过程中需要使用平行移轴公式(平行移轴定理)。应用时需注意其适用条件：其中的一对轴必须是形心轴。使用惯性积的平行移轴公式时，应注意截面形心在平移后的坐标系中的坐标值 a、b 的正负号。

(5) 在计算各个几何量时，对比较复杂的组合截面，最有效的方法是分割复杂图形。

(6) 任何截面必定至少存在一对形心主轴，其具有下列特性。
① 整个截面对形心主轴的静矩恒等于零。
② 整个截面对一对正交形心主轴的惯性积等于零。
③ 在通过形心的所有轴中，截面对一对正交形心主轴的惯性矩，分别为极大值和极小值。
④ 通过截面形心并包含对称轴的一对正交轴，必定是形心主轴。

10.6 思 考 题

1. 静矩、惯性矩、极惯性矩、惯性积的定义及量纲是什么？为什么它们的数值有的恒为正，有的可正、可负，还可能为零？
2. 如图 10.11 所示的倒 T 形截面，c 为形心，z 为形心轴，那么 z 轴上下两部分的形心 c_1 和 c_2 到 z 轴的距离存在着什么关系？
3. 如图 10.12 所示矩形截面，m-m 以上部分和以下部分对形心轴的静矩存在何种关系？

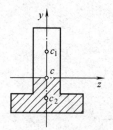

图 10.11 思考题 2 图

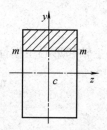

图 10.12 思考题 3 图

4. 应用平行移轴公式时应注意哪些方面的问题？
5. 为什么截面对于包括对称轴在内的正交坐标系的惯性积一定等于零？
6. 说出主轴、主惯性矩、形心主轴和形心主惯性矩的概念；在一正交坐标系中，若其中一轴为形心轴，则另一轴是否必为主轴？是否必为形心主轴？截面的对称轴是否必定为形心主轴？形心主轴是否一定是对称轴？

10.7 习 题

1. 试计算如图 10.13 所示截面的形心位置，图中尺寸的单位为 mm。
2. 试计算如图 10.13 所示截面对 y、z 轴的惯性矩。

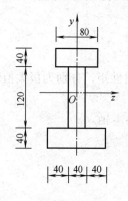 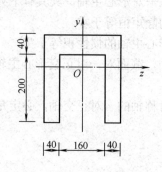 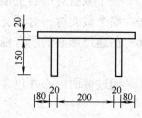

图 10.13 习题 1 和习题 2 图

3. 计算如图 10.14 所示的矩形截面对形心轴 z 的惯性矩；若将矩形截面的中间部分移至两边构成工字形(如图中虚线所示)，此时对形心轴 z 的惯性矩有何变化？

4. 由两个∠100×10 的等边角钢连接成如图 10.15 所示的组合截面，试求其对形心轴 z 轴和 y 轴的惯性矩。

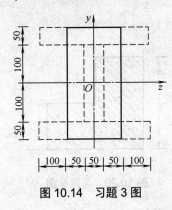

图 10.14　习题 3 图

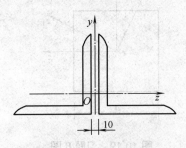

图 10.15　习题 4 图

5. 试确定如图 10.16 所示截面形心主惯性轴的位置，并计算其形心主惯性矩。

答案：$I_{z_c} = 33.29 \times 10^6 \text{mm}^4$，$I_{y_c} = 116.62 \times 10^6 \text{mm}^4$

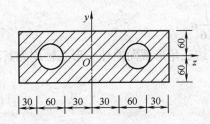

图 10.16　习题 5 图

6. 如图 10.17 所示两个由 No.25a 号槽钢组成的组合截面，欲使此截面对其对称轴的惯性矩 I_y 和 I_z 相等，则两槽钢的间距 a 应为多少？

答案：$a = 111 \text{mm}$

7. 求如图 10.18 所示截面的惯性积 I_{yz}。

答案：$I_{yz} = 4.98 \times 10^5 \text{mm}^4$

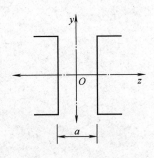

图 10.17　习题 6 图

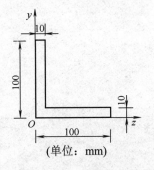

图 10.18　习题 7 图

8. 求如图 10.19 所示正方形截面的惯性积 $I_{y_1z_1}$ 和惯性矩 I_{y_1}、I_{z_1} 并做出相应的结论。

答案：$I_{y_1} = \dfrac{a^4}{12}$，$I_{z_1} = \dfrac{a^4}{12}$，$I_{y_1z_1} = 0$

9. 边长为 a 的正方形截掉 1/4 后所得图形如图 10.20 所示，试计算：

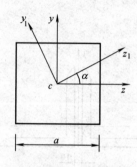

图 10.19　习题 8 图

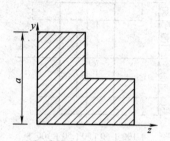

图 10.20　习题 9 图

(1) 图形的形心。
(2) 对 y、z 轴的静矩。
(3) 对 y、z 轴的惯性矩。

答案：$\dfrac{5}{12}a$，$\dfrac{5}{16}a^3$，$\dfrac{1}{16}a^4$

10. 试证明正方形及等边三角形截面的任一形心轴均为其形心主惯性轴，并由此推出这一结论的一般性条件。

第 11 章 弯 曲 内 力

本章的学习要求:

- 理解弯曲变形及平面弯曲的概念。熟悉梁的基本形式。
- 熟练掌握梁横截面上的内力——剪力和弯矩的正负号规定及计算方法。
- 熟练掌握梁的内力图绘制方法,特别是叠加法的应用。

弯曲变形是比较重要的一种变形形式。梁的内力图绘制不仅是材料力学的重要内容之一,也为后继专业课程的学习打下良好的基础。本章将介绍 3 种绘制内力图的方法:用列剪力方程和弯矩方程的方法;用弯矩、剪力与分布荷载集度三者之间的微分关系绘制内力图的方法及叠加法。

11.1 梁的平面弯曲

11.1.1 弯曲变形和平面弯曲

杆件在垂直于轴线的外力作用下或在纵向平面内受到外力偶作用(见图 11.1),使杆件的轴线由直线变成曲线,这种变形称为**弯曲变形**。凡以弯曲为主要变形的杆件通常称为梁。梁是一种常用的构件,在各类工程中均占有重要地位。

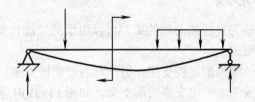

图 11.1 梁的弯曲变形

弯曲变形是工程中最常见的一种变形形式。例如房屋建筑中的楼面梁(见图 11.2(a)、图 11.2(b)),阳台的挑梁(见图 11.3(a)、图 11.3(b))等,都是以弯曲变形为主的构件。

工程中常用的梁,其横截面通常采用对称形状,如矩形、圆形、工字形、T 形等。因此,这些横截面都有一根纵向对称轴(见图 11.4),该对称轴与梁轴线形成的平面称为纵向对称平面(见图 11.5)。如果作用在梁上的外力和外力偶(荷载和支座反力)均位于纵向对称平面内,变形后的梁轴线将在此纵向对称平面内弯曲。这种外力作用平面与梁的弯曲平面相重合的弯曲,称为**平面弯曲**。平面弯曲是弯曲问题中最简单和最常见的情况。本章及后面两章,将以平面弯曲为主,介绍梁的内力、应力和变形的计算。

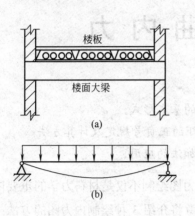

图 11.2 楼面梁

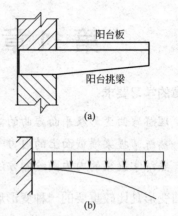

图 11.3 阳台挑梁

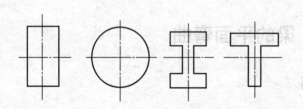

图 11.4 常见梁的截面形状

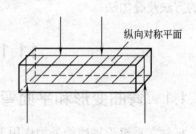

图 11.5 梁的纵向对称平面

11.1.2 梁的基本形式

对于截面相等且杆轴为直线或曲线的梁，可以用梁的轴线代替梁。工程计算中，最常用的梁有如下 3 种基本形式。

(1) 简支梁：梁的一端为固定铰支座，另一端为可动铰支座，如图 11.6(a)所示。
(2) 外伸梁：一端或两端伸出支座的简支梁，如图 11.6(b)所示。
(3) 悬臂梁：一端为固定端支座，另一端为自由端，如图 11.6(c)所示。

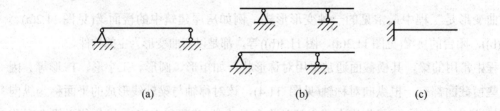

图 11.6 梁的类型

本章所研究的梁不外乎以上 3 种基本形式。

11.2 梁的内力

为了对梁进行强度和刚度计算，首先应该确定梁在外力作用下任一横截面上的内力。计算内力的方法仍然是截面法。梁横截面上的内力是剪力和弯矩。

11.2.1 剪力和弯矩

图 11.7 所示简支梁，在荷载和支座反力共同作用下处于平衡状态。现计算距离 A 支座为 x 的任意截面上的内力。为了计算任意截面上的内力，用一个假想的截面 $m\text{-}m$ 在所求内力处截开(见图 11.7(a))，取左边部分为研究对象，如图 11.7(b)所示。

左段梁上作用向上的支座反力 F_{RA}，为了与 F_{RA} 保持平衡，截面 $m\text{-}m$ 上必然存在一个内力 F_Q，与 F_{RA} 大小相等，方向相反。因此由

$$\sum Y = 0 \qquad F_{RA} - F_Q = 0$$

得

$$F_Q = F_{RA}$$

内力 F_Q 称为剪力。单位为 kN 或 N。剪力 F_Q 与 F_{RA} 组成了一个力偶，根据力偶的性质，力偶只能跟力偶平衡，因此，为了与该力偶矩保持平衡，截面 $m\text{-}m$ 上必然存在一个内力偶矩 M 与该力偶矩大小相等、转向相反。因此由

$$\sum M_O = 0 \qquad M - F_{RA}x = 0$$

得

$$M = F_{RA}x$$

式中，矩心 O 为横截面的形心。内力偶矩 M 称为弯矩，单位为 kN·m 或 N·m。

如果取右段梁为研究对象，同样可求得截面 $m\text{-}m$ 上的剪力和弯矩。根据作用与反作用力公理，右段梁在截面 $m\text{-}m$ 上的剪力和弯矩与左段梁在同一截面上的剪力和弯矩应该大小相等，方向相反(见图 11.7(c))。

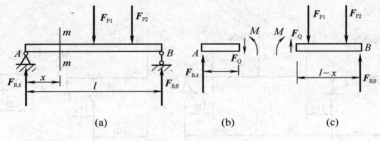

图 11.7 梁的内力分析

11.2.2 剪力和弯矩的正负号规定

为了使左、右两段梁在同一截面上的剪力 F_Q 和弯矩 M 具有一致的正负号，根据梁的变形情况，对其做如下规定。

1. 剪力的正负号

当横截面上的剪力使所选取的脱离体产生顺时针方向转动趋势时为正；反之为负，如

图 11.8 所示。

2. 弯矩的正负号

当横截面上的弯矩使所选取的脱离体产生下凸上凹(即下部受拉、上部受压)的变形时为正；反之为负，如图 11.9 所示。

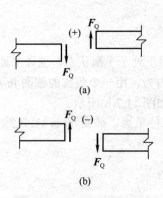
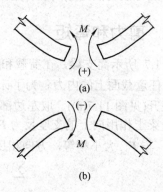

图 11.8　剪力的正负号规定　　　　图 11.9　弯矩的正负号规定

11.2.3　用截面法计算指定截面上的剪力和弯矩

用截面法计算指定截面上的剪力和弯矩的一般步骤如下。
(1) 计算支座反力。
(2) 用假想的截面在所求内力处截开，选取其中的任何一部分为研究对象，画出其受力图(剪力和弯矩全部假设为正值)。
(3) 根据平衡条件，建立平衡方程，求解未知内力。

【例 11.1】如图 11.10 所示简支梁，已知 F_{P1}=20kN，F_{P2}=30kN，试求截面 1-1 和 2-2 上的剪力和弯矩。

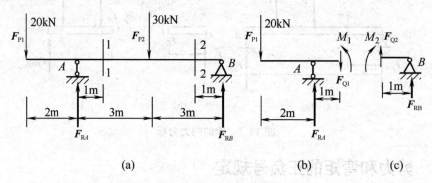

图 11.10　例 11.1 图

解：(1) 求支座反力。
选 AB 梁为研究对象，所画受力图如图 11.10(a)所示。
由
$$\sum M_A = 0$$

得
$$20\times2-30\times3+F_{RB}\times6=0$$
$$F_{RB}=8.33\text{kN}$$
由
$$\sum M_B=0$$
得
$$20\times8+30\times3-F_{RA}\times6=0$$
$$F_{RA}=41.67\text{kN}$$
校核：
$$\sum Y=8.33+41.67-20-30=0$$
故计算无误。

(2) 计算内力。

利用假想面 1-1 截取左段梁为研究对象(见图 11.10(b))，假设剪力和弯矩均为正值，根据平衡条件

$$\sum Y=0 \qquad -20\text{kN}-F_{Q1}+41.67\text{kN}=0$$
$$F_{Q1}=(-20+41.67)\text{kN}=21.67\text{kN}$$
$$\sum M_{O_1}=0 \qquad (20\times3-41.67\times1)\text{kN}\cdot\text{m}+M_1=0$$
$$M_1=(-20\times3+41.67)\text{kN}\cdot\text{m}=-18.33\text{kN}\cdot\text{m}$$

同理可得
$$F_{Q2}=8.33\text{kN}$$
$$M_2=8.33\text{kN}\cdot\text{m}$$

以上计算结果为正值，说明剪力和弯矩的实际方向与假设方向相同，即为正的剪力和弯矩；计算结果为负，说明剪力和弯矩的实际方向与假设方向相反，即为负的剪力和弯矩。

通过这个例题，可以总结出计算任一横截面上的剪力和弯矩的规律：必须假设任一横截面上的剪力和弯矩均为正值。

梁任意截面上的剪力，等于截面一侧所有的外力(荷载和支座反力)在剪力方向上投影的代数和。即对于左边部分，向上的外力产生正的剪力，向下的外力产生负的剪力；对于右边部分，向上的外力产生负的剪力，向下的外力产生正的剪力。也就是说，在等号的右侧，凡是与假设正的剪力方向相反的外力取正值；反之，取负值。

梁任意截面上的弯矩，等于截面一侧所有的外力(荷载和支座反力、外力偶)对截面中心取力矩的代数和。即对于左边部分，向上的外力及顺时针转向的外力偶，产生正的弯矩，向下的外力及逆时针转向的外力偶，产生负的弯矩；对于右边部分，向上的外力及逆时针转向的外力偶，产生正的弯矩，向下的外力及顺时针转向的外力偶，产生负的弯矩。也就是说，在等号的右侧，凡是与假设正的弯矩方向相反的外力及外力偶取正值；反之，取负值。

在以后的实际计算中，如果利用上述总结的规律计算内力，就可以省略画受力图和列平衡方程，直接写出剪力和弯矩的计算结果，因此，非常简便。下面通过几个例题进一步熟悉这种规律的应用。

【例 11.2】如图 11.11 所示的外伸梁，试求指定截面上的内力。

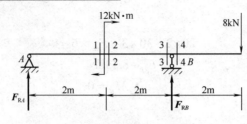

图 11.11 例 11.2 图

解：(1) 计算支座反力。

选 AB 梁为研究对象，所画受力图如图 11.11 所示。

由
$$\sum M_A = 0$$

得
$$F_{RB} \times 4 - 12\text{kN} - 8 \times 6\text{kN} = 0$$
$$F_{RB} = 15\text{kN}$$

由
$$\sum M_B = 0$$

得
$$-8 \times 2\text{kN} - 12\text{kN} - F_{RA} \times 4 = 0$$
$$F_{RA} = -7\text{kN}$$

校核：
$$\sum Y = 15 - 7 - 8 = 0$$

故计算无误。

(2) 计算内力。

利用前面总结的规律计算内力。

$$F_{Q1} = -7\text{kN}$$
$$M_1 = -7 \times 2\text{kN}\cdot\text{m} = -14\text{kN}\cdot\text{m}$$
$$F_{Q2} = -7\text{kN}$$
$$M_2 = (-7 \times 2 + 12)\text{kN}\cdot\text{m} = -2\text{kN}\cdot\text{m}$$
$$F_{Q3} = (-15 + 8)\text{kN} = -7\text{kN}$$
$$M_3 = (-8 \times 2)\text{kN}\cdot\text{m} = -16\text{kN}\cdot\text{m}$$
$$F_{Q4} = 8\text{kN}$$
$$M_4 = -8 \times 2\text{kN}\cdot\text{m} = -16\text{kN}\cdot\text{m}$$

比较集中力偶作用的左截面 1-1 和右截面 2-2 上的内力值，可以发现，剪力无变化，而弯矩发生变化，其变化值为 $M_2 - M_1 = [-2-(-14)]\text{kN}\cdot\text{m} = 12\text{kN}\cdot\text{m}$，恰是集中力偶的大小。这说明，在集中力偶作用的地方，剪力不发生变化，弯矩发生突变，其突变值等于集中力偶的大小。

同样，在集中力作用的地方，弯矩不发生变化，剪力发生突变，其突变值等于集中力的大小。这个规律在以后画内力图时是非常重要的。

【例 11.3】 如图 11.12 所示的简支梁，试求指定截面上的内力。

解：(1) 计算支座反力。

选 AB 梁为研究对象，所画受力图如图 11.12 所示，列平衡方程。

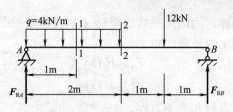

图 11.12 例 11.3 图

由 $\sum M_A = 0$

得 $F_{RB} \times 4 - 12 \times 3\text{kN} - 4 \times 2 \times 1\text{kN} = 0$

$F_{RB} = 11\text{kN}$

由 $\sum M_B = 0$

得 $4 \times 2 \times 3\text{kN} + 12 \times 1\text{kN} - F_{RA} \times 4 = 0$

$F_{RA} = 9\text{kN}$

校核： $\sum Y = 11 + 9 - 12 - 8 = 0$

故计算无误。

(2) 计算内力。

利用前面总结的规律计算内力。

$F_{Q1} = 9\text{kN} - 4 \times 1\text{kN} = 5\text{kN}$

$M_1 = 9 \times 1\text{kN} \cdot \text{m} - 4 \times 1 \times 0.5\text{kN} \cdot \text{m} = 7\text{kN} \cdot \text{m}$

$F_{Q2} = 9\text{kN} - 4 \times 2\text{kN} = 1\text{kN}$

$M_2 = 9 \times 2\text{kN} \cdot \text{m} - 4 \times 2 \times 1\text{kN} \cdot \text{m} = 10\text{kN} \cdot \text{m}$

【例 11.4】如图 11.13 所示的悬臂梁，试求指定截面上的内力。

解：对于悬臂梁，计算指定截面上的内力，可以选取截面到自由端部分为脱离体，而不需要计算支座反力。因此，指定截面上的内力为

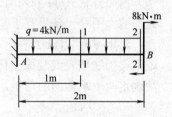

$F_{Q1} = 4 \times 1\text{kN} = 4\text{kN}$

$M_1 = -4 \times 1 \times 0.5\text{kN} \cdot \text{m} - 8\text{kN} \cdot \text{m} = -10\text{kN} \cdot \text{m}$

$F_{Q2} = 0$

$M_2 = -8\text{kN} \cdot \text{m}$

图 11.13 例 11.4 图

11.3 剪力方程和弯矩方程以及梁的内力图

为了计算梁的强度和刚度，除了要计算指定截面上的剪力和弯矩外，还需要知道剪力和弯矩沿梁轴线的变化规律，从而确定梁内剪力和弯矩的最大值及它们所在的截面位置。

11.3.1 剪力方程和弯矩方程

从 11.2 节可以看出，梁内不同截面上的剪力和弯矩一般是不相同的。为了表示剪力

和弯矩沿梁轴线的变化规律,用沿梁轴线的坐标 x 来表示横截面的位置,则各横截面上的剪力和弯矩都表示为坐标 x 的函数,即

$$F_Q = F_Q(x)$$
$$M = M(x)$$

以上两式,分别称为剪力方程和弯矩方程。

11.3.2 剪力图和弯矩图

为了直观地表示剪力和弯矩沿梁轴线的变化规律,可根据剪力方程和弯矩方程分别绘制剪力图和弯矩图。它们的画法与画轴力图和扭矩图相似,首先建立剪力和弯矩与横截面位置 x 的函数表达式,每一横截面位置 x 都对应着该截面上的剪力值和弯矩值。然后,画一条基线平行于梁的轴线,用垂直于基线的短线表示相应截面上剪力和弯矩的大小。一般来说,正的剪力画在基线的上方,负的剪力画在基线的下方;弯矩图画在梁受拉的一侧。

下面通过几个例题说明剪力方程和弯矩方程的建立以及剪力图和弯矩图的绘制方法。

【例 11.5】 如图 11.14(a)所示,悬臂梁受集中力作用,试画出梁的剪力图和弯矩图。

解:(1) 列剪力方程和弯矩方程。

选梁的左端 A 点为坐标原点(见图 11.14(a)),根据上一节总结的任一横截面上剪力和弯矩的计算规律,距离 A 点为 x 截面处的剪力方程和弯矩方程可直接表达为

$$F_Q(x) = -F_P \quad (0 < x < l) \tag{11.1}$$
$$M(x) = -F_P x \quad (0 \leqslant x < l) \tag{11.2}$$

方程右边的括号表明了内力方程的适用范围。

(2) 画剪力图和弯矩图。

剪力方程式(11.1)表明,梁内各截面上的剪力与横截面的位置无关,其值均为 $-P$。因此,剪力图是一条平行于基线的水平线,且位于基线的下方,如图 11.14(b)所示。

弯矩方程式(11.2)表明,梁内各截面上的弯矩是横截面位置 x 的一次函数,因此,弯矩沿梁轴线按直线规律变化。只要确定梁内任意两个横截面的弯矩,便可画出弯矩图,通常确定两个端截面的弯矩,即

当 $x = 0$ 时 $\qquad M_A = 0$
当 $x = l$ 时 $\qquad M_B = -F_P l$

画出弯矩图,如图 11.14(c)所示。因为弯矩为负值,故弯矩图应画在基线的上方。

从剪力图上可以看出,整个梁上的剪力是相同的;从弯矩图上看出,最大弯矩值发生在固定端支座处,即

$$|F_Q|_{max} = F_P$$
$$|M|_{max} = F_P l$$

【例 11.6】 如图 11.15(a)所示,简支梁受均布荷载作用,试画出梁的剪力图和弯矩图。

解:(1) 计算支座反力。

根据对称关系,可得

$$F_{RA} = F_{RB} = \frac{1}{2}ql$$

(2) 列剪力方程和弯矩方程。

选梁的 A 支座为坐标原点(见图 11.15(a))，在距离 A 点为 x 的位置处，用假想的截面将梁截开，根据左段梁的平衡，可得

$$F_Q(x) = F_{RA} - qx = \frac{1}{2}ql - qx \quad (0 < x < l) \tag{11.3}$$

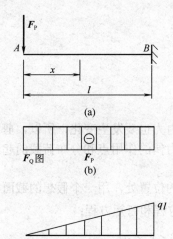

图 11.14　例 11.5 图

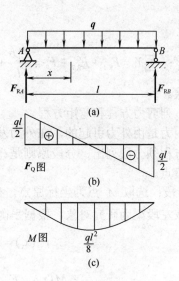

图 11.15　例 11.6 图

$$M(x) = F_{RA}x - \frac{1}{2}qx^2 = \frac{1}{2}qlx - \frac{1}{2}qx^2 \quad (0 \leqslant x \leqslant l) \tag{11.4}$$

(3) 画剪力图和弯矩图。

F_Q 图：由式(11.3)可见，剪力是横截面位置 x 的一次函数，故剪力图应该是一条斜直线，即

当 $x = 0$ 时 $\qquad F_{QA右} = \dfrac{ql}{2}$

当 $x = l$ 时 $\qquad F_{QB左} = -\dfrac{ql}{2}$

根据上述计算结果，画剪力图如图 11.15(b)所示。由图中可见，最大剪力发生在左、右支座处，$|F_Q|_{max} = \dfrac{ql}{2}$。

M 图：由式(11.4)可见，弯矩是 x 的二次函数，说明弯矩图应该是一条二次抛物线，至少要确定三个截面的弯矩值才可绘出抛物线的大致形状，即

当 $x = 0$ 时 $\qquad M_A = 0$

当 $x = \dfrac{l}{2}$ 时 $\qquad M_中 = \dfrac{1}{8}ql^2$

当 $x = l$ 时 $\qquad M_B = 0$

画弯矩图如图 11.15(c)所示。由图中可见，最大弯矩发生在跨中截面处，

$|M|_{\max} = \dfrac{1}{8}ql^2$,此处的剪力为零。

【例 11.7】 如图 11.16(a)所示,简支梁受集中力作用,试画出梁的剪力图和弯矩图。

解:(1) 求支座反力。

选 AB 梁为研究对象,画受力图如图 11.16(a)所示,根据梁的平衡条件,得

$$F_{RA} = \frac{F_P b}{l}$$

$$F_{RB} = \frac{F_P a}{l}$$

校核:$\sum Y = F_{RA} + F_{RB} - F_P = \dfrac{F_P b}{l} + \dfrac{F_P a}{l} - F_P = 0$

计算无误。

(2) 列剪力方程和弯矩方程。

因内力是由外力引起的,在外力发生变化的地方内力也要发生变化,所以,剪力方程和弯矩方程须分段列出,分段原则是:集中力、集中力偶的作用点和分布荷载的起止点均作为分段点。

AC 段:选取 A 点为坐标原点,在距 A 点为 x_1 的位置处,用一个假想的截面将梁截开,选取左段梁为研究对象,根据平衡条件,列剪力方程和弯矩方程:

$$F_Q(x_1) = F_{RA} = \frac{F_P b}{l} \qquad (0 < x_2 < a) \qquad (11.5)$$

$$M(x_1) = F_{RA} \cdot x_1 = \frac{F_P b}{l} \cdot x_1 \qquad (0 \leqslant x_1 \leqslant a) \qquad (11.6)$$

CB 段:选取 B 点为坐标原点,在距 B 点为 x_2 的位置处,用一个假想的截面将梁截开,选取右段梁为研究对象,根据平衡条件,列剪力方程和弯矩方程为

$$F_Q(x_2) = -F_{RB} = -\frac{F_P a}{l} \qquad (0 < x_2 < b) \qquad (11.7)$$

$$M(x_2) = F_{RB} \cdot x_2 = \frac{F_P a}{l} \cdot x_2 \qquad (0 \leqslant x_2 \leqslant b) \qquad (11.8)$$

(3) 画剪力图和弯矩图。

F_Q 图:AB 段的剪力值为常数,即 $\dfrac{F_P b}{l}$,其剪力图是一条平行于基线的水平线,且位于 x 轴的上方。BC 段的剪力值也为常数,其值为 $-\dfrac{F_P a}{l}$,剪力图也是一条平行于基线的水平线,且位于 x 轴的下方。剪力图如图 11.16(b)所示。当 $a > b$ 时,最大剪力值 $|F_Q|_{\max} = \dfrac{F_P a}{l}$。

M 图:AB 段的弯矩是横截面 x_1 的一次函数,弯矩图是一条斜线,只要计算出两个控制截面的弯矩值,就可以画出弯矩图。

当 $x_1 = 0$ 时 $\qquad\qquad\qquad\qquad M_A = 0$

当 $x_1 = a$ 时 $\qquad\qquad\qquad\qquad M_C = \dfrac{F_P ab}{l}$

根据计算结果，画出 AC 段的弯矩图。CB 段的弯矩也是横截面 x_2 的一次函数，弯矩图是一条斜线。

当 $x_2=0$ 时　　　　　　　　　　　$M_B=0$

当 $x_2=b$ 时　　　　　　　　　　　$M_C=\dfrac{F_P ab}{l}$

画 CB 段的弯矩图，如图 11.16(c)所示。最大弯矩值 $|M|_{max}=\dfrac{F_P ab}{l}$，发生在集中力作用截面处。

(4) 讨论。

由剪力图可见，在集中力作用点 C 稍左的截面上 $F_{QC左}=\dfrac{F_P b}{l}$；在集中力作用点 C 稍右的截面上 $F_{QC右}=-\dfrac{F_P a}{l}$，剪力在集中力作用处发生了突变，其突变值为

$$\dfrac{F_P b}{l}+\left|-\dfrac{F_P a}{l}\right|=F_P$$

正好等于集中力的大小。这种突变现象是由于将分布荷载简化为集中力引起的，实际上荷载是分布在梁的一段微小长度上(见图 11.17(a))，剪力图在这一微小长度上是由 $\dfrac{F_P b}{l}$ 逐渐变到 $-\dfrac{F_P a}{l}$ 的(见图 11.17(b))。弯矩图在 C 点也不是尖角，而是在这一微小长度上的曲线(见图 11.17(c))。

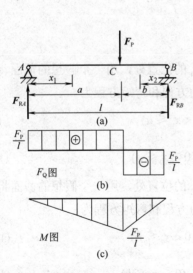

图 11.16　例 11.7 图

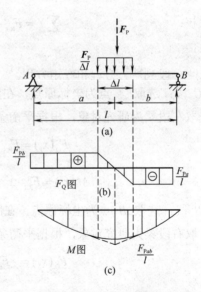

图 11.17　集中力作用下的内力分析

由集中力作用下的剪力图和弯矩图可见，在集中力作用的地方，剪力图发生突变，其突变值等于集中力的大小；弯矩图出现尖角。

【例 11.8】如图 11.18(a)所示，简支梁受集中力偶作用，试画出梁的剪力图和弯矩图。

解：(1) 求支座反力。

选 AB 梁为研究对象，画受力图如图 11.18(a)所示，根据梁的平衡条件，得

$$F_{RA} = -\frac{M}{l}$$

$$F_{RB} = \frac{M}{l}$$

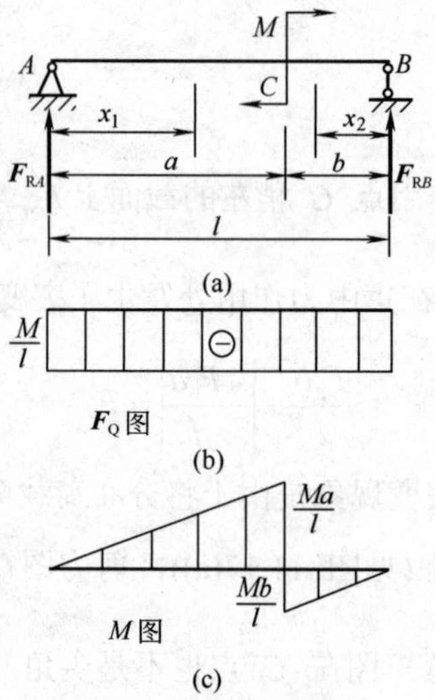

图 11.18 例 11.8 图

校核： $\sum Y = F_{RA} + F_{RB} = -\dfrac{M}{l} + \dfrac{M}{l} = 0$

计算无误。

(2) 分段列剪力方程和弯矩方程。

AC 段：选取 A 点为坐标原点，在距 A 点为 x_1 的位置处，用一个假想的截面将梁截开，选取左段梁为研究对象，根据平衡条件，列剪力方程和弯矩方程为

$$F_Q(x_1) = F_{RA} = -\frac{M}{l} \quad (0 < x_1 \leqslant a) \tag{11.9}$$

$$M(x_1) = F_{RA} \cdot x_1 = -\frac{M}{l} \cdot x_1 \quad (0 \leqslant x_1 \leqslant a) \tag{11.10}$$

CB 段：选取 B 点为坐标原点，在距 B 点为 x_2 的位置处，用一个假想的截面将梁截开，选取右段梁为研究对象，根据平衡条件，列剪力方程和弯矩方程为

$$F_Q(x_2) = -F_{RB} = -\frac{M}{l} \quad (0 < x_2 \leqslant b) \tag{11.11}$$

$$M(x_2) = F_{RB} \cdot x_2 = \frac{M}{l} \cdot x_2 \quad (0 \leqslant x_2 \leqslant b) \tag{11.12}$$

(3) 画剪力图和弯矩图。

F_Q 图：AB 段和 BC 段的剪力值为常数，其值均为 $-\dfrac{M}{l}$，剪力图是一条平行于基线的

水平线,且位于 x 轴的下方。剪力图如图 11.18(b)所示。最大剪力值为 $|F_Q|_{max} = \dfrac{M}{l}$。

M 图:AB 段的弯矩是横截面 x_1 的一次函数,弯矩图是一条斜线,两个控制截面的弯矩值为

当 $x_1 = 0$ 时 $\qquad\qquad\qquad\qquad M_A = 0$

当 $x_1 = a$ 时 $\qquad\qquad\qquad\qquad M_C = -\dfrac{Ma}{l}$

根据计算结果,画出 AC 段的弯矩图,如图 11.18(c)所示。CB 段的弯矩也是横截面 x_2 的一次函数,弯矩图也是一条斜线。

当 $x_2 = 0$ 时 $\qquad\qquad\qquad\qquad M_B = 0$

当 $x_2 = b$ 时 $\qquad\qquad\qquad\qquad M_C = \dfrac{Mb}{l}$

画 CB 段的弯矩图,如图 11.18(c)所示。若 $a > b$,则最大弯矩值为 $|M|_{max} = \dfrac{Ma}{l}$。

由剪力图和弯矩图可见,在集中力偶作用的地方,剪力图无变化;弯矩图发生突变,其突变值等于集中力偶的大小。

11.4 弯矩、剪力与分布荷载集度三者之间的微分关系及其应用

梁任一截面上的弯矩、剪力与分布荷载集度三者之间存在一定的微分关系,掌握这一关系,将更加有利于剪力图和弯矩图的绘制。

如图 11.19(a)所示,简支梁上作用任意分布荷载 $q = q(x)$,是横截面位置 x 的函数,并规定向上为正,向下为负。选取支座 A 为坐标原点,且 x 轴以向右为正。

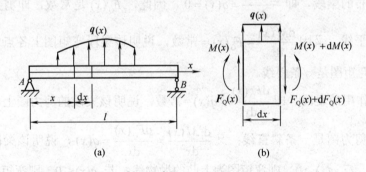

图 11.19 简支梁上 dx 微段的内力分析

用坐标为 x 和 $x+dx$ 的两个相邻截面,假想从梁中截取长度为 dx 的微段来进行分析(见图 11.19(b))。设坐标为 x 的横截面上的剪力为 $F_Q(x)$,弯矩为 $M(x)$,该处的分布荷载集度为 $q(x)$;当坐标增加 dx 微段时,横截面上的剪力和弯矩也将产生一定的增量。因此,在坐标为 $x+dx$ 的截面上剪力应为 $F_Q(x) + dF_Q(x)$,弯矩为 $M(x) + dM(x)$。上述剪力和弯矩均假设为正值。因为 dx 微段很小,所以认为分布荷载集度 $q(x)$ 在该微段上均匀分

布。对于 dx 微段而言，截面上的剪力和弯矩及分布荷载均为外力，在这些外力作用下微段处于平衡状态，于是该微段的平衡方程如下。

由 $\sum Y = 0$，$F_Q(x) - [F_Q(x) + dF_Q(x)] + q(x)dx = 0$

得

$$\frac{dF_Q(x)}{dx} = q(x) \quad (11.13)$$

式(11.13)表明，梁任意截面上的剪力对 x 的一阶导数等于作用在该截面处的分布荷载集度。这一微分关系的几何意义是，剪力图上某点切线的斜率等于相应截面处的分布荷载集度。

由 $\sum M_O = 0$，$[M(x) + dM(x)] - M(x) - F_Q(x)dx - q(x)dx\frac{dx}{2} = 0$

忽略高阶微量 $q(x)dx\frac{dx}{2}$，得

$$\frac{dM(x)}{dx} = F_Q(x) \quad (11.14)$$

式(11.14)表明，梁任意截面上的弯矩对 x 的一阶导数等于作用该截面上的剪力。这一微分关系的几何意义是，弯矩图上某点切线的斜率等于相应截面上的剪力。

由式(11.13)和式(11.14)可得

$$\frac{d^2M(x)}{dx^2} = \frac{dF_Q(x)}{dx} = q(x) \quad (11.15)$$

式(11.15)表明，梁任意截面上的弯矩对 x 的二阶导数等于该截面处的分布荷载集度。这一微分关系的几何意义是，弯矩图上某点的曲率等于相应截面处的分布荷载集度。由分布荷载集度的正负可以确定弯矩的凹凸方向。

根据上述微分关系及其几何意义，可以总结出如下规律。

无荷载分布的梁段，即 $\frac{dF_Q(x)}{dx} = q(x) = 0$，因此，$F_Q(x)$ 是常数，即剪力图是一条平行于基线的水平线。又因 $\frac{dM(x)}{dx} = F_Q(x) =$ 常数，说明该梁段弯矩图上各点切线的斜率为常数，因此，弯矩图是一条斜线。

均布荷载作用的梁段，即 $\frac{dF_Q(x)}{dx} = q(x) =$常数，说明该梁段的剪力图上各点切线的斜率为常数，即剪力图是一条斜直线；又 $\frac{d^2M(x)}{dx^2} = \frac{dF_Q(x)}{dx} = q(x)$，说明该梁段弯矩图为一条二次抛物线。若 $q(x) > 0$，则弯矩图为上凸的抛物线；若 $q(x) < 0$，则弯矩图为下凸的抛物线。

在 $\frac{dM(x)}{dx} = F_Q(x) = 0$ 的截面处，弯矩存在极值，即剪力等于零的截面处弯矩具有极大值或极小值。

根据本节及上节总结的画剪力图和弯矩图的规律，只要计算出内力图控制截面上的内力值，就可以很方便地画出内力图。下面举例说明。

【例 11.9】 如图 11.20(a)所示，试画出简支梁的剪力图和弯矩图。

解：(1) 求支座反力。

由梁的平衡方程得

$$F_{RA} = F_{RB} = 30\text{kN}$$

(2) 画剪力图。

根据梁上荷载的作用情况，计算控制截面上的剪力值如下：AC 段和 CD 段均是无荷载作用的梁段，其剪力图应该是平行于基线的水平线，因此，只要计算出任何一个截面上的剪力值即可。由式(11.14)总结的规律可得

$$F_{QAC} = 30\text{kN}$$

$$F_{QCD} = 10\text{kN}$$

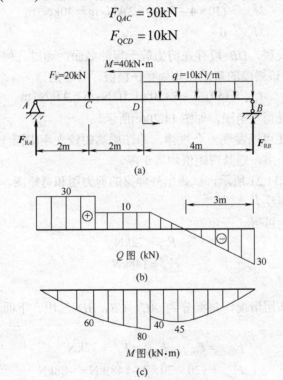

图 11.20 例 11.9 图

为了明确表示各截面的内力，在内力符号的右下角采用双下标，第一个下标表示该内力所在杆端的名称，第二个下标表示该内力所在杆件另一端的名称，如 F_{QAC} 表示 AC 杆件 A 端的剪力，F_{QCA} 表示 AC 杆件 C 端的剪力；M_{AC} 表示 AC 杆件 A 端的弯矩，M_{CA} 表示 AC 杆件 C 端的弯矩。

DB 段作用均布荷载，剪力图应该是一条斜线，只要计算出控制这条斜线的两个端截面(D、B 截面)的剪力值即可。因此

$$F_{QDB} = 10\text{kN}$$

$$F_{QBD} = -30\text{kN}$$

D 截面上作用集中力偶，剪力图在集中力偶作用处不发生变化。根据上述计算，画剪力图如图 11.20(b)所示。

(3) 画弯矩图。

AC 段和 CD 段均是无荷载作用的梁段，其弯矩图应该分别是一条斜线，须计算出控制这条斜线的两个端截面的弯矩值，且弯矩图在集中力作用的地方出现尖角。因此

$$M_{AC} = 0$$
$$M_{CA} = M_{CD} = 30 \times 2 \text{kN} \cdot \text{m} = 60 \text{kN} \cdot \text{m}$$
$$M_{DC} = (30 \times 4 - 20 \times 2) = 80 \text{kN} \cdot \text{m}$$

DB 段是均布荷载作用的梁段，弯矩图是一条抛物线，须计算出三个控制截面的弯矩值，先计算两个端点处，结果如下：

$$M_{DB} = (30 \times 4 - 4 \times 10 \times 2) \text{kN} \cdot \text{m} = 40 \text{kN} \cdot \text{m}$$
$$M_{BD} = 0$$

从剪力图上可以发现，DB 段存在剪力等于零的截面，通过几何关系可知，该截面距离 B 支座为 3m，说明该梁段的弯矩在此处存在极值，其值为

$$M_{\max} = (30 \times 3 - 3 \times 10 \times 1.5) \text{kN} \cdot \text{m} = 45 \text{kN} \cdot \text{m}$$

根据上述计算结果画弯矩图，如图 11.20(c)所示。

通过这个例题，还可以发现一个规律，即在梁端的铰支座(固定铰支座和可动铰支座)处，若没有集中力偶作用，则其弯矩值均等于零。

【例 11.10】如图 11.21 所示，试画出外伸梁的剪力图和弯矩图。

解：(1) 计算支座反力。

由梁的平衡条件，可得

$$F_{RA} = 72 \text{kN}$$
$$F_{RB} = 148 \text{kN}$$

(2) 画剪力图。

根据梁上的荷载作用情况，将梁分为 AC、CB、BD 三段。下面计算每段梁控制截面上的剪力值：

$$F_{QAC} = F_{QCA} = F_{QCB} = F_{RA} = 72 \text{kN}$$
$$F_{QBC} = (20 + 20 \times 2 - 148) \text{kN} = -88 \text{kN}$$
$$F_{QBD} = (20 + 20 \times 2) \text{kN} = 60 \text{kN}$$
$$F_{QDB} = 20 \text{kN}$$

根据上述计算结果画剪力图，如图 11.21(b)所示。

(3) 画弯矩图。

同样，将梁分为 AC、CB、BD 三段，计算每段梁控制截面上的弯矩值。即

$$M_{CA} = 72 \times 2 \text{kN} \cdot \text{m} = 144 \text{kN} \cdot \text{m}$$
$$M_{CB} = (72 \times 2 - 160) \text{kN} \cdot \text{m} = -16 \text{kN} \cdot \text{m}$$
$$M_{BC} = (-20 \times 2 - 2 \times 20 \times 1) \text{kN} \cdot \text{m} = -80 \text{kN} \cdot \text{m}$$
$$M_{DB} = 0$$

剪力等于零的点距离 C 截面 x=3.6m，弯矩在该截面处存在极值：

$$M_{\max} = (72 \times 5.6 - 160 - 20 \times 3.6 \times 1.8) \text{kN} \cdot \text{m} = 113.6 \text{kN} \cdot \text{m}$$

根据上述计算结果画弯矩图，如图 11.21(c)所示。

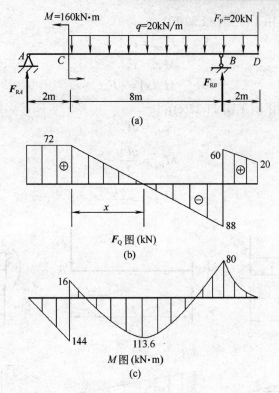

图 11.21 例 11.10 图

利用微分关系绘制内力图的一般步骤如下。

(1) 计算支座反力。

(2) 根据梁上荷载和约束反力的作用情况将梁进行分段，分段原则如前所述，然后，分别计算各段控制截面上的内力。

(3) 利用弯矩、剪力与分布荷载集度三者之间的微分关系及前面总结的规律，画出梁的剪力图和弯矩图。

11.5 叠加法画弯矩图

11.5.1 叠加原理

悬臂梁受集中力及均布荷载作用，如图 11.22 所示。现分别计算该梁在集中力及均布荷载共同作用、集中力和均布荷载单独作用时的支座反力，并列出了弯矩方程，画出了弯矩图，如图 11.22 所示。

(1) 在 F_P、q 共同作用下(见图 11.22(a))：

$$F_{RA} = F_P + ql$$

$$M_A = F_P l + \frac{ql^2}{2}$$

$$M(x) = -F_P x - \frac{qx^2}{2}$$

(2) 在 F_P 单独作用下(见图 11.22(b))：

$$F_{RAP} = F_P$$
$$M_{AP} = F_P l$$
$$M_P(x) = -F_P x$$

(3) 在 q 单独作用下(见图 11.22(c))：

$$F_{RAq} = ql$$
$$M_{Aq} = \frac{ql^2}{2}$$
$$M_q(x) = -\frac{qx^2}{2}$$

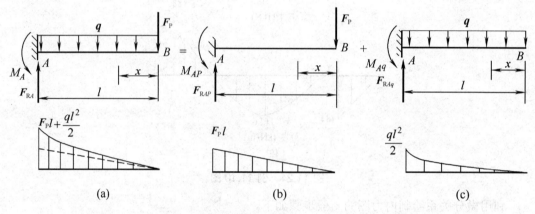

图 11.22 叠加原理分析图

由上述各式可见，支座反力、弯矩与荷载均呈线性关系，因此可得

$$F_{RA} = F_{RAP} + F_{RAq}$$
$$M_A = M_{AP} + M_{Aq}$$
$$M(x) = M_P(x) + M_q(x)$$

即在 F_P、q 共同作用下引起的支座反力及弯矩等于 F_P 与 q 单独作用下引起的支座反力及弯矩的代数和。

这种关系不仅在计算支座反力和内力时存在，在计算应力和变形时也同样存在。即由 n 个荷载共同作用时所引起的某一参数值(支座反力、内力、应力、变形)等于各个荷载单独作用时所引起的同一参数值的代数和。这种关系称为**叠加原理**。

叠加原理的适用条件是：该参数与荷载呈线性关系。对于静定梁，只要满足小变形条件，上述参数均与荷载呈线性关系，因此，都可以应用叠加原理进行计算。一般来说，不作特别说明，均可应用。

11.5.2 叠加法画弯矩图

根据叠加原理绘制内力图的方法称为**叠加法**。由于梁在常见荷载作用下，剪力图比较简单，一般不用叠加法绘制。通常只用叠加法绘制弯矩图。

根据前面总结的画弯矩图的规律，在无荷载作用的区段，弯矩图是一条斜线，只要计算出控制这条斜线的两个端截面的弯矩值,即可画出该梁段的弯矩图,因此,对于无荷载作用的区段,一般无须使用叠加法。当然,根据荷载作用的具体情况,如果用叠加法画比较快捷的话,最好还是用叠加法。在均布荷载作用的梁段,弯矩图是一条曲线,往往利用叠加法来绘制这段弯矩图。首先计算出控制这段弯矩图的两个端截面的弯矩值,连一虚线,然后,叠加上简支梁承受满跨均布荷载作用下的弯矩图,即为该段梁的弯矩图。通常取跨中截面的弯矩确定控制这条曲线的第三个点,但该点的弯矩值不一定是极值,要确定该梁段弯矩的极值,还需确定剪力等于零的截面位置,然后才能计算出该截面的弯矩值。需要注意的是:弯矩的叠加,是将同一截面上的弯矩值代数相加减。反映在弯矩图上,是弯矩图在对应点处垂直于杆轴的纵坐标相叠加,而不是弯矩图的简单拼合。

【例 11.11】如图 11.23 所示,简支梁受集中力偶 m 及均布荷载 q 作用。试用叠加法画梁的弯矩图。

解:(1) 计算支座反力。
由简支梁的平衡条件,可得

$$F_{RA} = 6\text{kN}$$
$$F_{RB} = 10\text{kN}$$

(2) 画弯矩图。
根据荷载的作用情况,无须对梁进行分段。控制截面上的弯矩值为

$$M_{AB} = 0$$
$$M_{BA} = -8\text{kN} \cdot \text{m}$$

画出这两个控制截面的弯矩,连一虚线,然后,以这条虚线为基线,叠加上简支梁承受满跨均布荷载的弯矩图,曲线与基线包围的图形,即为最后的弯矩图。由叠加法,得跨中截面的弯矩值为

$$M_{AB}^{中} = \left(\frac{-8}{2} + \frac{1}{8} \times 4 \times 4^2\right)\text{kN} \cdot \text{m} = 4\text{kN} \cdot \text{m}$$

画弯矩图,如图 11.23 所示。

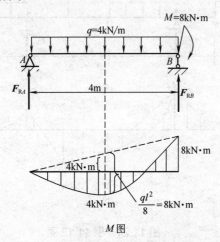

图 11.23 例 11.11 图

需要注意,在计算跨中截面的弯矩时,位于基线上方的弯矩取负值,位于基线下方的

弯矩取正值。

【例 11.12】 如图 11.24(a)所示，试用叠加法画出外伸梁的弯矩图。

解：(1) 计算支座反力。

由外伸梁的平衡条件，可得

$$F_{RA} = 15\text{kN}$$
$$F_{RB} = 11\text{kN}$$

(2) 画弯矩图。

从图 11.24 (a)可以看出，CA 段、DE 段和 EB 段均是无荷载作用的梁段，因此，这三段的弯矩图只需计算出控制截面的弯矩值连一直线即可。各控制截面的弯矩值为

$$M_{CA} = 0$$
$$M_{AC} = -6 \times 2\text{kN} \cdot \text{m} = -12\text{kN} \cdot \text{m}$$
$$M_{DE} = M_{DA} = (15 \times 4 - 6 \times 6 - 2 \times 4 \times 2)\text{kN} \cdot \text{m} = 8\text{kN} \cdot \text{m}$$
$$M_{ED} = M_{EB} = (11 \times 2 - 2 \times 2 \times 3)\text{kN} \cdot \text{m} = 10\text{kN} \cdot \text{m}$$
$$M_{BE} = M_{BF} = -2 \times 2 \times 1\text{kN} \cdot \text{m} = -4\text{kN} \cdot \text{m}$$

将上述计算的控制截面的弯矩值画在弯矩图上，把 A、D 两截面的弯矩连一虚线，再叠加上简支梁承受满跨均布荷载作用下的弯矩图，曲线与基线包围的图形即为 AD 段的弯矩图。AD 梁段中间截面的弯矩值为

$$M_{AD}^{\text{中}} = \left(\frac{-12}{2} + \frac{8}{2} + \frac{1}{8} \times 2 \times 4^2\right)\text{kN} \cdot \text{m} = 2\text{kN} \cdot \text{m}$$

同样，BF 梁段中间截面的弯矩值为

$$M_{BF}^{\text{中}} = \left(\frac{-4}{2} + \frac{1}{8} \times 2 \times 2^2\right)\text{kN} \cdot \text{m} = -1\text{kN} \cdot \text{m}$$

根据上述计算结果，画弯矩图如图 11.24(b)所示。

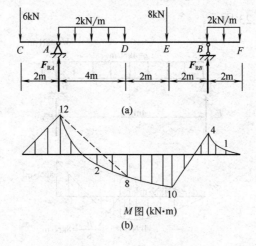

图 11.24　例 11.12 图

11.6 小　　结

本章主要研究平面弯曲时梁横截面上的内力——剪力和弯矩。熟练掌握剪力和弯矩的计算及剪力图和弯矩图的绘制是对梁进行强度和刚度计算的前提，同时，也为后继课程的学习打下良好的基础。

(1) 平面弯曲时，梁横截面上的内力是剪力和弯矩。计算剪力和弯矩的方法是截面法。剪力和弯矩正负号规定如下。

剪力：梁横截面上的剪力使所选取的脱离体有顺时针转动趋势时为正；有逆时针转动趋势时为负。

弯矩：梁横截面上的弯矩使所选取的脱离体产生下凸上凹变形时为正；产生下凹上凸变形时为负。

(2) 用前面总结出的计算任一横截面上的剪力和弯矩的规律来计算剪力和弯矩是非常方便的，即梁任意截面上的剪力，等于截面一侧所有的外力(荷载和支座反力)在剪力方向上投影的代数和。对于左边部分，向上的外力产生正的剪力，向下的外力产生负的剪力；对于右边部分，向上的外力产生负的剪力，向下的外力产生正的剪力。也就是说，在等号的右侧，凡是与假设正的剪力方向相反的外力取正值；反之，取负值。

梁任意截面上的弯矩，等于截面一侧所有的外力(荷载和支座反力、外力偶)对截面中心取力矩的代数和。即对于左边部分，向上的外力及顺时针转向的外力偶，产生正的弯矩，向下的外力及逆时针转向的外力偶，产生负的弯矩；对于右边部分，向上的外力及逆时针转向的外力偶，产生正的弯矩，向下的外力及顺时针转向的外力偶，产生负的弯矩。也就是说，在等号的右侧，凡是与假设正的弯矩方向相反的外力及外力偶取正值；反之，取负值。

需要注意，必须假设任一横截面上的剪力和弯矩均为正值。

(3) 画剪力图和弯矩图的 3 种方法。

① 用列剪力方程和弯矩方程的方法画剪力图和弯矩图。这种方法是画剪力图和弯矩图的基本方法，但当分段较多时，比较烦琐。

② 用弯矩、剪力与荷载集度三者之间的微分关系画剪力图和弯矩图。

③ 用叠加法画剪力图和弯矩图。这是一种简便而有效的方法，因此，这种方法用得最多。

(4) 画内力图需掌握以下几点。

① 分段原则：无论用哪一种方法画内力图都要进行分段，即集中力、集中力偶的作用点及均布荷载起止点都应作为分段点。

② 在集中力作用处，剪力图发生突变，其突变值等于集中力的大小；弯矩图出现尖角。在集中力偶作用处，剪力图无变化；弯矩图发生突变，其突变值等于集中力偶的大小。在无荷载作用的区段，剪力图是一段平行于基线的水平线；弯矩图是一段斜线。在均布荷载作用的区段，剪力图是一段斜线；弯矩图是一段曲线。利用这些规律可以校核所画的内力图是否正确。

11.7 思 考 题

1. 什么是平面弯曲？试举例说明。
2. 什么是剪力和弯矩？它们的正负号是怎样规定的？
3. 什么是剪力方程和弯矩方程？什么是剪力图和弯矩图？它们与坐标原点的选择有无关系？
4. 列剪力方程和弯矩方程的分段原则是什么？
5. 为什么在计算梁横截面上的剪力和弯矩时，最好规定为正值？当计算结果为正值或为负值时，分别说明什么问题？
6. 在计算梁任意横截面上的内力时，为什么可直接由该截面任一侧梁上的外力来计算？如何根据外力直接确定所求横截面上的内力？
7. 简述剪力 F_Q、弯矩 M、荷载集度 q 三者之间的微分关系。它们的几何意义是什么？
8. 在集中力、集中力偶作用处剪力图和弯矩图各有什么特征？
9. 两根跨度相等的简支梁，承受相同的荷载作用，问在下列情况下，其内力图是否相同？
   (1) 两根梁的材料不同，截面形状、尺寸相同。
   (2) 两根梁的截面形状、尺寸不同，材料相同。
10. 怎样确定弯矩的极值？弯矩图上的极值是否一定就是梁内的最大弯矩值？梁的最大弯矩值一般发生在何处？
11. 什么是叠加原理？如图 11.25 所示两弯矩图叠加是否正确？若有错误，请改正。

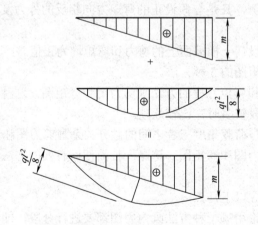

图 11.25　思考题 11 图

12. 判断下列说法是否正确。
   (1) 剪力和弯矩的正负号与坐标的选择有关。
   (2) 在截面的任一侧，向上的集中力产生正的剪力，向下的集中力产生负的剪力。
   (3) 在截面的任一侧，向上的集中力产生正的弯矩，向下的集中力产生负的弯矩。
   (4) 如果某段梁内的弯矩为零，则该段内的剪力也为零。

(5) 梁弯曲时，最大弯矩值一定发生在剪力为零的截面上。
(6) 若简支梁上只作用若干个集中力，则最大弯矩一定发生在最大集中力作用处。
(7) 当梁上作用的外力全部是力偶时，梁才可能发生纯弯曲变形。
(8) 纯弯曲与剪切弯曲的根本区别在于梁内是否有剪力。
(9) 若直梁的某段上，弯矩图为斜直线，则该段上必无均布荷载作用。
(10) 梁支座处的弯矩必为零。
(11) 悬臂梁或外伸梁的自由端处，弯矩必为零。
(12) 梁上多加几个集中力偶作用，对剪力图的形状并无影响。
(13) 若弯矩图抛物线下凸，则该段梁上的均布荷载向上作用。
(14) 若弯矩图为斜直线，则该段梁上的剪力图为一水平直线。
(15) 梁横截面上的内力只与跨度、荷载有关，而与梁的材料、横截面的形状及尺寸无关。

13. 如图 11.26 所示，下列各梁的剪力图(上图)和弯矩图(下图)是否正确？若有错误，请指出并加以改正。

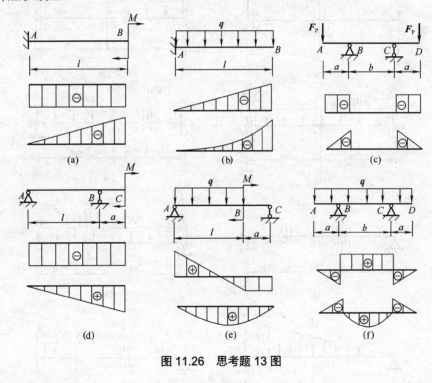

图 11.26 思考题 13 图

11.8 习 题

1. 如图 11.27 所示，用计算剪力和弯矩的规律，直接根据外力求图示各梁指定截面上的剪力和弯矩。

答案：

(a) $F_{Q1} = F_P$，$M_1 = -3F_P a$；$F_{Q2} = F_P$，$M_2 = -F_P a$；$F_{Q3} = F_P$，$M_3 = 0$

(b) $F_{Q1}=8\text{kN}$, $M_1=-16\text{kN}\cdot\text{m}$; $F_{Q2}=8\text{kN}$, $M_2=0$

(c) $F_{Q1}=9\text{kN}$, $M_1=4\text{kN}\cdot\text{m}$; $F_{Q2}=1\text{kN}$, $M_2=14\text{kN}\cdot\text{m}$;
$F_{Q3}=-7\text{kN}$, $M_3=8\text{kN}\cdot\text{m}$

(d) $F_{Q1}=12.5\text{kN}$, $M_1=0$; $F_{Q2}=12.5\text{kN}$, $M_2=25\text{kN}\cdot\text{m}$;
$F_{Q3}=2.5\text{kN}$, $M_3=25\text{kN}\cdot\text{m}$; $F_{Q4}=2.5\text{kN}$, $M_4=30\text{kN}\cdot\text{m}$

(e) $F_{Q1}=2\text{kN}$, $M_1=4\text{kN}\cdot\text{m}$; $F_{Q2}=2\text{kN}$, $M_2=8\text{kN}\cdot\text{m}$;
$F_{Q3}=2\text{kN}$, $M_3=12\text{kN}\cdot\text{m}$; $F_{Q4}=-6\text{kN}$, $M_4=12\text{kN}\cdot\text{m}$

(f) $F_{Q1}=10.5\text{kN}$, $M_1=0$; $F_{Q2}=6.5\text{kN}$, $M_2=17\text{kN}\cdot\text{m}$;
$F_{Q3}=6\text{kN}$, $M_3=-5\text{kN}\cdot\text{m}$; $F_{Q4}=4\text{kN}$, $M_4=0$

(g) $F_{Q1}=3\text{kN}$, $M_1=27\text{kN}\cdot\text{m}$

(h) $F_{Q1}=-0.5\text{kN}$, $M_1=-1\text{kN}\cdot\text{m}$; $F_{Q2}=-2.5\text{kN}$, $M_2=1\text{kN}\cdot\text{m}$; $F_{Q3}=0$, $M_3=0$

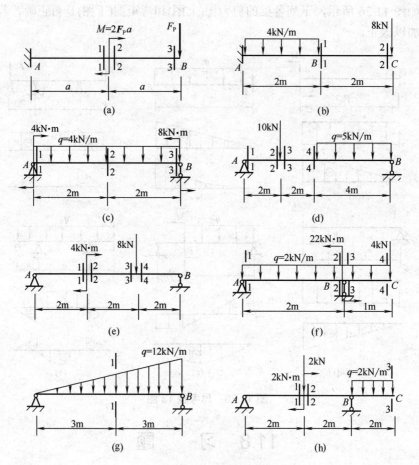

图 11.27 习题 1 图

2. 如图 11.28 所示，建立下列各梁的剪力方程和弯矩方程，并画出剪力图和弯矩图，求出 $|F_Q|_{max}$ 和 $|M|_{max}$。

答案:

(a) $F_{QAB} = ql$，$M_{AB} = -\frac{1}{2}ql^2$；$|F_Q|_{max} = ql$，$|M|_{max} = \frac{1}{2}ql^2$

(b) $F_{QAC} = 1\text{kN}$，$F_{QCB} = -3\text{kN}$，$M_{CA} = 2\text{kN}\cdot\text{m}$，$M_{CB} = 6\text{kN}\cdot\text{m}$；
$|F_Q|_{max} = 3\text{kN}$，$|M|_{max} = 6\text{kN}\cdot\text{m}$

(c) $F_{QAB} = 3\text{kN}$，$F_{QBA} = -5\text{kN}$，$F_{QBC} = 4\text{kN}$，$M_{BA} = M_{BC} = -4\text{kN}\cdot\text{m}$；
$|F_Q|_{max} = 5\text{kN}$，$|M|_{max} = 4\text{kN}\cdot\text{m}$

(d) $F_{QAB} = 9\text{kN}$，$F_{QBA} = -11\text{kN}$，$F_{QBC} = 0$，$M_{BA} = -4\text{kN}\cdot\text{m}$，$M_{BC} = -4\text{kN}\cdot\text{m}$；
$|F_Q|_{max} = 11\text{kN}$，$|M|_{max} = 8.1\text{kN}\cdot\text{m}$

(e) $F_{QAC} = 2\text{kN}$，$F_{QBC} = -6\text{kN}$，$M_{CA} = M_{CB} = 4\text{kN}\cdot\text{m}$；
$|F_Q|_{max} = 6\text{kN}$，$|M|_{max} = 4.5\text{kN}\cdot\text{m}$

(f) $F_{QAB} = -6\text{kN}$，$F_{QBC} = 8\text{kN}$，$F_{QCB} = -4\text{kN}$，$M_{BA} = M_{BC} = -6\text{kN}\cdot\text{m}$；
$|F_Q|_{max} = 8\text{kN}$，$|M|_{max} = 6\text{kN}\cdot\text{m}$

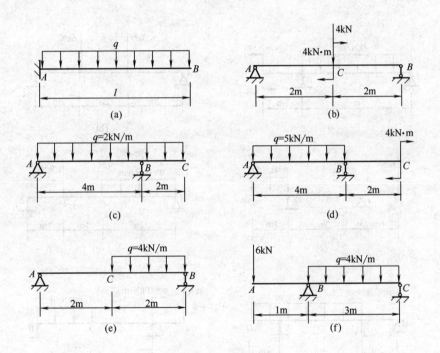

图 11.28 习题 2 图

3. 如图 11.29 所示，利用 M、F_Q、q 三者之间的微分关系画 F_Q、M 图，并求出 $|F_Q|_{max}$ 和 $|M|_{max}$。

答案:

(a) $F_{QAB} = 5\text{kN}$，$F_{QBA} = -7\text{kN}$，$F_{QBC} = 0$，$M_{BA} = M_{BC} = M_{CB} = -3\text{kN}\cdot\text{m}$；
$|F_Q|_{max} = 7\text{kN}$，$|M|_{max} = 3.125\text{kN}\cdot\text{m}$

(b) $F_{QAC} = 4\text{kN}$, $F_{QCD} = 1\text{kN}$, $F_{QDB} = -5\text{kN}$, $M_{CA} = M_{CD} = 8\text{kN}\cdot\text{m}$,
$M_{DC} = M_{DB} = 10\text{kN}\cdot\text{m}$; $|F_Q|_{\max} = 5\text{kN}$, $|M|_{\max} = 10\text{kN}\cdot\text{m}$

(c) $F_{QCA} = -8\text{kN}$, $F_{QAB} = 3\text{kN}$, $F_{QBD} = 4\text{kN}$, $M_{AC} = M_{AB} = -8\text{kN}\cdot\text{m}$,
$M_{BA} = M_{BD} = -2\text{kN}\cdot\text{m}$; $|F_Q|_{\max} = 8\text{kN}$, $|M|_{\max} = 8\text{kN}\cdot\text{m}$

(d) $F_{QAC} = 17.5\text{kN}$, $F_{QCA} = F_{QCD} = -2.5\text{kN}$, $F_{QDB} = -12.5\text{kN}$,
$M_{CA} = M_{CD} = 15\text{kN}\cdot\text{m}$, $M_{DC} = M_{DB} = 12.5\text{kN}\cdot\text{m}$;
$|F_Q|_{\max} = 17.5\text{kN}$, $|M|_{\max} = 15.31\text{kN}\cdot\text{m}$

(e) $F_{QAC} = 5\text{kN}$, $F_{QBC} = -35\text{kN}$, $F_{QBD} = 20\text{kN}$, $M_{CA} = 10\text{kN}\cdot\text{m}$,
$M_{CB} = 40\text{kN}\cdot\text{m}$, $M_{BC} = M_{BD} = -20\text{kN}\cdot\text{m}$;
$|F_Q|_{\max} = 35\text{kN}$, $|M|_{\max} = 41.25\text{kN}\cdot\text{m}$

(f) $F_{QCA} = -4\text{kN}$, $F_{QAD} = 4.5\text{kN}$, $F_{QBD} = 0.5\text{kN}$,
$M_{AC} = -4\text{kN}\cdot\text{m}$, $M_{AD} = -14\text{kN}\cdot\text{m}$, $M_{DA} = M_{DB} = -5\text{kN}\cdot\text{m}$;
$|F_Q|_{\max} = 4.5\text{kN}$, $|M|_{\max} = 14\text{kN}\cdot\text{m}$

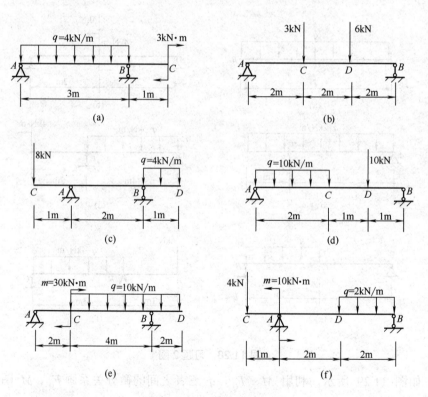

图 11.29　习题 3 图

4. 如图 11.30 所示，试用叠加法画出下列各梁的弯矩图。

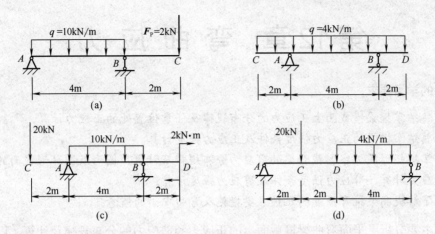

图 11.30 习题 4 图

答案：

(a) $M_{BA} = M_{BC} = -21 \text{kN} \cdot \text{m}$

(b) $M_{AC} = M_{AB} = -8 \text{kN} \cdot \text{m}$, $M_{BA} = M_{BD} = -8 \text{kN} \cdot \text{m}$

(c) $M_{AC} = M_{AB} = -40 \text{kN} \cdot \text{m}$, $M_{BA} = M_{BD} = -2 \text{kN} \cdot \text{m}$, $M_{DB} = -2 \text{kN} \cdot \text{m}$

(d) $M_{CA} = M_{CD} = 38 \text{kN} \cdot \text{m}$, $M_{DC} = M_{DB} = 36 \text{kN} \cdot \text{m}$

5. 试用叠加法画出习题 3 中各梁的弯矩图。

第 12 章 弯曲应力

本章的学习要求：

- 熟练掌握梁横截面上正应力的分布规律及任意位置处的正应力计算。
- 熟练掌握梁的正应力强度条件及正应力强度计算。
- 掌握矩形及工字形截面梁的剪应力分布规律及计算、圆形及圆环形截面的最大剪应力计算、剪应力强度条件及剪应力强度计算。
- 了解提高梁抗弯强度的几种主要措施及弯曲中心的概念。

本章主要分析了平面弯曲梁横截面上的正应力和剪应力的分布规律及计算，以及正应力和剪应力的强度条件和强度计算，也为后续组合变形的计算奠定了基础。

弯矩和剪力是平面弯曲的梁横截面上的内力，实际上，弯矩是作用在横截面上的合内力偶矩，剪力是平行于横截面上的合内力。为了对梁进行强度计算，就必须知道弯矩和剪力在横截面上的分布情况；而弯矩是以正应力的形式分布在横截面上的，剪力是以剪应力的形式分布在横截面上的。

本章将分别研究梁横截面上的正应力和剪应力的分布规律，推导出正应力和剪应力的计算公式，并建立相应的强度条件及在实际工程中的应用。

12.1 梁横截面上的正应力

图 12.1(a)所示的简支梁，受到两个对称的集中力作用，其剪力图和弯矩图如图 12.1(b)、图 12.1(c)所示。从 F_Q、M 图上可以看出，在梁的 AC 段和 DB 段，各横截面上同时存在剪力和弯矩，这种弯曲称为**剪切弯曲**或**横力弯曲**；而在 CD 段，各横截面上只存在弯矩而无剪力，这种弯曲称为**纯弯曲**。为了使问题简单化，以矩形截面梁为例，讨论梁纯弯曲时横截面上的正应力，进一步推广到剪切弯曲时横截面上的正应力计算。

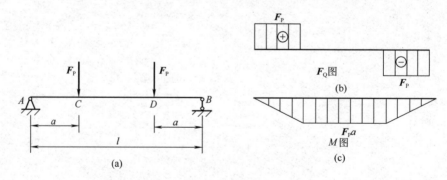

图 12.1 梁的剪切弯曲和纯弯曲

12.1.1 纯弯曲时梁横截面上的正应力

下面分别从几何变形、物理关系和静力学关系三个方面推导纯弯曲时梁横截面上的正应力的分布情况及计算公式。

1. 几何变形方面

力虽然存在,但看不见摸不着,因此,只能通过观察变形推断横截面上的应力分布情况。现取一根矩形截面的橡皮梁,在其表面上画上一些与轴线平行的纵向线及与轴线垂直的横向线,形成许多小矩形,如图 12.2(a)所示。然后在梁两端的纵向对称平面内施加一对大小相等、转向相反的外力偶作用,使梁发生纯弯曲变形,如图 12.2 (b)所示。这时可以观察到如下现象。

(1) 所有的纵向线都弯成了曲线,且靠近底面的纵向线伸长了,靠近顶面的纵向线缩短了。

(2) 所有的横向线仍保持为直线,只是相互倾斜了一个角度,但仍与弯成曲线的纵向线相垂直。

(3) 原为矩形的横截面上部变宽,下部变窄。

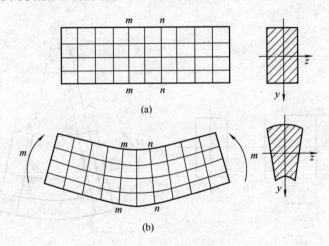

图 12.2 纯弯曲梁的变形

根据上面观察到的现象,可做出下列假设和推断。

(1) 平面假设。在纯弯曲时,梁的横截面在梁弯曲后仍保持为平面,且垂直于弯曲后的梁轴线。

(2) 单向受力假设。将梁看成由无数根纵向纤维组成,各纤维只受到轴向拉伸或压缩,不存在相互挤压。

上部的纵向线缩短、截面变宽,说明位于上部的纤维受到压缩;下部的纵向线伸长、截面变窄,说明位于下部的纤维受到拉伸。从上部纤维的缩短到下部纤维伸长的过程中,必然存在一层纤维既不缩短也不伸长,这层纤维称为**中性层**。中性层与横截面的交线称为**中性轴**,如图 12.3 所示。中性轴将横截面分为受压区和受拉区两个区域。纵向纤维的缩短或伸长是由于横截面绕中性轴转动引起的。

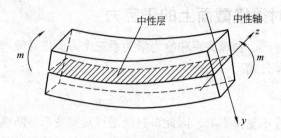

图 12.3 梁的中性层和中性轴

现在来分析距离中性轴为任意位置 y 处的这层纤维的变形情况。为此，在变形之前，用相邻两个横截面 $m\text{-}m$ 和 $n\text{-}n$ 截取长度为 dx 的微段，其横截面为矩形，如图 12.4(a)所示。假设 O_1O_2 为中性层(位置未知)，在弯矩的作用下，两相邻横截面 $m\text{-}m$ 和 $n\text{-}n$ 转动后，$m_1\text{-}m_1$ 和 $n_1\text{-}n_1$ 的延长线相交于 O 点，O 点称为中性层的**曲率中心**。中性层的曲率半径用 ρ 表示。两横截面间的夹角用 $d\theta$ 表示。设 y 轴为横截面的纵向对称轴，z 轴为中性轴(由平面弯曲可知中性轴一定垂直于截面的纵向对称轴，见图 12.4(b))，现求距中性层为 y 的位置处的纵向纤维 ab 的线应变(见图 12.4(c))。

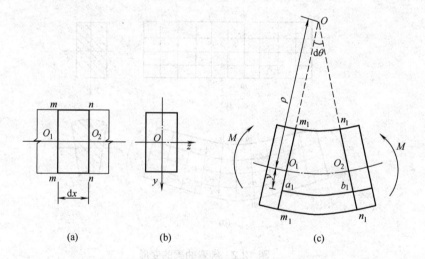

图 12.4 梁的变形分析

纤维 ab 的原长 $\overline{ab} = dx = \overline{O_1O_2} = \rho d\theta$；由于变形是微小的，可认为变形后 a_1b_1 的弧长与其弦长是近似相等的，即 $\overline{a_1b_1} = (\rho + y)d\theta$，故 ab 纤维的线应变为

$$\varepsilon = \frac{\overline{a_1b_1} - \overline{ab}}{\overline{ab}} = \frac{(\rho + y)d\theta - \rho d\theta}{\rho d\theta} = \frac{y}{\rho} \tag{12.1}$$

对于确定的截面来说，ρ 是常量。所以各层纤维的纵向线应变与它到中性层的距离 y 成正比。

2. 物理关系方面

由于假设纵向纤维只受单向拉伸或压缩，因此，当梁横截面上的正应力不超过材料的

比例极限时，由胡克定律可得

$$\sigma = E\varepsilon = E \cdot \frac{y}{\rho} \tag{12.2}$$

对于确定的截面，E 与 ρ 均为常量，所以上式表明，梁横截面上任意点处的正应力与该点到中性轴的距离成正比。即弯曲正应力沿横截面高度按线性规律分布，如图 12.5 所示。

3. 静力学关系方面

通过式(12.2)可以知道正应力在横截面上的分布规律，但还不能计算正应力的大小，因为中性轴的位置和曲率半径均未知，因此，还需要借助于静力学关系来确定这两个未知量。

纯弯曲的梁，横截面上的内力只有弯矩，如图 12.6 所示。在横截面上坐标为$(y、z)$处取微面积 dA，其上的微内力为 $\sigma \cdot dA$。这些微内力的合力即为轴力，而横截面上是不存在轴力的，因此可得

$$\int_A \sigma \cdot dA = F_N = 0 \tag{12.3}$$

将式(12.2)代入式(12.3)，得

$$\int_A \frac{E}{\rho} y \cdot dA = \frac{E}{\rho} \int_A y \cdot dA = 0$$

而

$$\frac{E}{\rho} \neq 0$$

所以有

$$\int_A y \cdot dA = 0$$

上式表明横截面对中性轴的静矩等于零，由此可知，梁在弯曲时，中性轴即为形心轴。

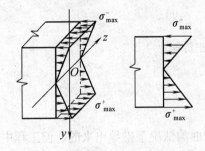

图 12.5 正应力沿梁高度的分布规律

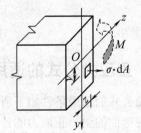

图 12.6 静力学关系方面分析图

这些微内力的合力对中性轴取力矩的代数和即为横截面上的弯矩，于是可得

$$\int_A y \cdot \sigma \cdot dA = M \tag{12.4}$$

将式(12.2)代入式(12.4)得

$$\int_A \frac{E}{\rho} y^2 \cdot dA = \frac{E}{\rho} \int_A y^2 \cdot dA = M$$

而 $\int_A y^2 \cdot dA$ 是横截面对中性轴的惯性矩 I_z，因此上式可写成：

$$\frac{1}{\rho} = \frac{M}{EI_z} \tag{12.5}$$

式中，$\frac{1}{\rho}$是中性层的曲率，由于梁轴线位于中性层上，所以该曲率也是弯曲后梁轴线的曲率，它反映了梁的弯曲程度。EI_z称为**梁的抗弯刚度**，它反映了梁抵抗弯曲变形的能力，即梁的抗弯刚度越大，曲率就越小，说明梁抵抗弯曲变形的能力越好；反之，就越差。式(12.5)表明，梁弯曲后轴线的曲率与弯矩成正比，与梁的抗弯刚度成反比。此式是计算梁弯曲变形的基本公式。

将式(12.5)代入式(12.2)，得

$$\sigma = \frac{My}{I_z} \tag{12.6}$$

上式即为梁在纯弯曲时横截面上任一点的正应力计算公式。它表明：梁横截面上任一点的正应力与弯矩 M 和该点到中性轴的距离 y 成正比，与横截面对中性轴的惯性矩 I_z 成反比。

正应力的正负号由直观判断确定，即当所求正应力位于受拉区时，即为拉应力，取正值；反之，位于受压区时，即为压应力，取负值，如图 12.7 所示。在计算时，可将 M 和 y 均以绝对值代入。

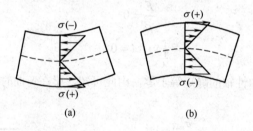

图 12.7 正应力的正负号

12.1.2 正应力公式的适用条件

正应力公式的适用条件如下所述。

(1) 纯弯曲的梁。正应力的计算公式是在纯弯曲的情况下推导出来的，但工程中的很多情况属于剪切弯曲，即梁的横截面上既有剪力，又有弯矩。由弹性力学的分析可知，当跨度与横截面的高度之比 $\frac{l}{h} > 5$ 时，剪应力的存在对正应力的影响很小，可以忽略不计。因此，该公式也适用于跨度与横截面的高度之比 $\frac{l}{h} > 5$ 的剪切弯曲的梁。

(2) 梁上的最大正应力不超过材料的比例极限，即 $\sigma \leq \sigma_p$。

(3) 适用于所有具有纵向对称轴的横截面梁，例如，矩形、圆形、方形、工字形、T形、槽形等。

【例 12.1】 如图 12.8 所示，一矩形截面简支梁受均布荷载作用。已知：$q = 2\text{kN/m}$，梁的跨度 $l = 4\text{m}$，$b = 100\text{mm}$，$h = 200\text{mm}$。试求：

(1) C 截面上 a、b、c、d 四点处的正应力。
(2) 梁上的最大正应力及其位置。

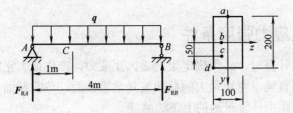

图 12.8 例 12.1 图

解： (1) 计算 C 截面上 a、b、c、d 四点处的正应力。
首先，计算支座反力。由于对称，因此可得

$$F_{RA} = F_{RB} = \frac{1}{2} \times 2 \times 4 \text{kN} = 4 \text{kN}$$

计算 C 截面的弯矩为

$$M_C = F_{RA} \times 1 - \frac{1}{2}ql^2 = \left(4 \times 1 - \frac{1}{2} \times 2 \times 1^2\right) \text{kN} \cdot \text{m} = 3 \text{kN} \cdot \text{m}$$

计算横截面对中性轴的惯性矩为

$$I_z = \frac{100 \times 200^3}{12} \text{mm}^4 = \frac{2}{3} \times 10^8 \text{mm}^4$$

计算各点的正应力为

$$\sigma_a = \frac{M_C \cdot y_a}{I_z} = \frac{3 \times 10^6 \times 100}{\frac{2}{3} \times 10^8} \text{MPa} = 4.5 \text{MPa}(压)$$

$$\sigma_b = \frac{M_C \cdot y_b}{I_z} = 0$$

$$\sigma_c = \frac{M_C \cdot y_c}{I_z} = \frac{3 \times 10^6 \times 50}{\frac{2}{3} \times 10^8} \text{MPa} = 2.25 \text{MPa}(拉)$$

$$\sigma_d = \frac{M_C \cdot y_d}{I_z} = \frac{3 \times 10^6 \times 100}{\frac{2}{3} \times 10^8} \text{MPa} = 4.5 \text{MPa}(拉)$$

(2) 计算梁上的最大正应力。
对于作用满跨均布荷载的简支梁，最大弯矩发生在跨中截面处，其值为

$$M_{\max} = \frac{1}{8}ql^2 = \frac{1}{8} \times 2 \times 4^2 \text{kN} \cdot \text{m} = 4 \text{kN} \cdot \text{m}$$

梁的最大正应力发生在跨中截面的上下边缘处，上边缘处为最大压应力，下边缘处为最大拉应力。因横截面关于中性轴对称，最大拉压应力是相等的，其值为

$$\sigma_{\max} = \frac{M_{\max} \cdot y_{\max}}{I_z} = \frac{4 \times 10^6 \times 100}{\frac{2}{3} \times 10^8} \text{MPa} = 6 \text{MPa}$$

12.2 梁的正应力强度计算

12.2.1 梁的正应力强度条件

在对梁进行强度计算时,必须确定梁的最大正应力。产生最大正应力的截面,称为**危险截面**。对于等截面直梁,弯矩最大的截面就是危险截面。危险截面上的最大正应力处称为**危险点**,它发生在距中性轴最远的上下边缘处。

对于中性轴为截面对称轴的梁,最大正应力为

$$\sigma_{max} = \frac{M_{max} \cdot y_{max}}{I_z}$$

令 $W_z = \dfrac{I_z}{y_{max}}$,则有

$$\sigma_{max} = \frac{M_{max}}{W_z} \tag{12.7}$$

式中,W_z 为**抗弯截面系数**,它是一个与截面形状和尺寸有关的几何量,单位为 m^3 或 mm^3。

对于高度为 h、宽度为 b 的矩形截面,其抗弯截面系数为

$$W_z = \frac{I_z}{y_{max}} = \frac{bh^3/12}{h/2} = \frac{bh^2}{6}$$

对于直径为 D 的圆形截面,其抗弯截面系数为

$$W_z = \frac{I_z}{y_{max}} = \frac{\pi D^4/64}{D/2} = \frac{\pi D^3}{32}$$

各种型钢的抗弯截面系数可从型钢表中查得。

对于中性轴不是截面对称轴的梁,例如 T 形截面梁,如图 12.9 所示,假如梁的下边受拉,上边受压,则最大拉应力发生在截面的下边缘处,最大压应力发生在截面的上边缘处,其值如下所述。

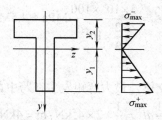

图 12.9 T 形截面的最大拉压应力

最大拉应力:$\sigma_{max}^+ = \dfrac{My_1}{I_z}$

最大压应力:$\sigma_{max}^- = \dfrac{My_2}{I_z}$

令 $W_1 = \dfrac{I_z}{y_1}$, $W_2 = \dfrac{I_z}{y_2}$, 则有

$$\sigma_{max}^+ = \dfrac{M}{W_1}, \quad \sigma_{max}^- = \dfrac{M}{W_2}$$

为了保证梁的安全工作，必须使梁横截面上的最大正应力不超过材料的许用应力，而根据材料的性质不同，分为两种情况。

(1) 当材料的抗拉压能力相同时，其正应力强度条件为

$$\sigma_{max} = \dfrac{M_{max}}{W_z} \leqslant [\sigma] \tag{12.8}$$

(2) 当材料的抗拉压能力不相同时，其正应力强度条件为

$$\sigma_{max}^+ = \dfrac{M_{max}}{W_1} \leqslant [\sigma_+]$$

$$\sigma_{max}^- = \dfrac{M_{max}}{W_2} \leqslant [\sigma_-] \tag{12.9}$$

12.2.2 梁的正应力强度计算

根据梁的正应力强度条件，可以解决实际工程中三个方面的强度计算问题。

(1) 强度校核。当已知梁的横截面形状和尺寸、材料及所受荷载时，可校核该梁是否满足强度要求。

(2) 设计截面。当已知梁的材料和所受荷载时，可根据强度条件，先求出抗弯截面系数 W_z，即

$$W_z \geqslant \dfrac{M_{max}}{[\sigma]}$$

然后，根据所选用的截面形状，确定截面的几何尺寸。

(3) 确定许可荷载。当已知梁的材料、横截面形状和尺寸时，可根据强度条件，先计算出梁所能承受的最大弯矩，即

$$M_{max} \leqslant W_z[\sigma]$$

然后，根据最大弯矩与荷载之间的关系，确定出该梁的许可荷载 $[P]$。

【例 12.2】 如图 12.10 所示，一悬臂梁受均布荷载作用，已知 $q=20$kN/m，梁的跨度 $l=2$m，材料的许用应力 $[\sigma]=160$MPa，梁由 20b 号工字钢制成。试校核梁的正应力强度。

解：(1) 计算梁的最大弯矩。

悬臂梁的最大弯矩发生在固定端支座处，其值为

$$M_{max} = \dfrac{1}{2}ql^2 = \dfrac{1}{2} \times 20 \times 2^2 \text{kN}\cdot\text{m} = 40\text{kN}\cdot\text{m}$$

(2) 查附录型钢表可知：20b 号工字钢的抗弯截面系数为

$$W_z = 250\text{cm}^3$$

(3) 校核梁的正应力强度

$$\sigma_{max} = \dfrac{M_{max}}{W_z} = \dfrac{40 \times 10^6}{250 \times 10^3}\text{MPa} = 160\text{MPa} = [\sigma]$$

故满足正应力强度条件。

【例 12.3】 如图 12.11 所示，矩形截面简支松木梁。已知梁的跨度 $l = 5\text{m}$，材料的许用应力 $[\sigma] = 10\text{MPa}$。试求：

(1) 设截面的高宽比为 $h/b = 2$，$q = 3.6\text{kN/m}$，试确定简支木梁的截面尺寸 b、h。

(2) 若木梁采用 $b = 140\text{mm}$，$h = 210\text{mm}$ 的矩形截面，试计算作用在梁上的许可荷载 $[q]$。

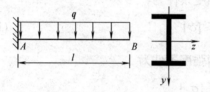

图 12.10 例 12.2 图   图 12.11 例 12.3 图

解： (1) 设计木梁的截面尺寸。

最大弯矩发生在跨中截面，即
$$M_{\max} = \frac{1}{8}ql^2 = \frac{1}{8} \times 3.6 \times 5^2 \text{kN} \cdot \text{m} = 11.25 \text{kN} \cdot \text{m}$$

根据正应力强度条件，可得所需要的抗弯截面系数为
$$W_z = \frac{M_{\max}}{[\sigma]} = \frac{11.25 \times 10^6}{10} \text{mm}^3 = 1.125 \times 10^6 \text{mm}^3$$

由 $$h/b = 2$$

得 $$W_z = \frac{bh^2}{6} = \frac{2}{3}b^3$$

即 $$\frac{2}{3}b^3 \geqslant 1.125 \times 10^6$$

于是有 $$b \geqslant \sqrt[3]{1.125 \times 10^6 \times \frac{3}{2}} \text{mm} = 119 \text{mm}$$

取 $$b = 120\text{mm}, \quad h = 240\text{mm}$$

(2) 计算作用在梁上的许可荷载 $[q]$。

当 $b = 140\text{mm}$，$h = 210\text{mm}$ 时，抗弯截面系数为
$$W_z = \frac{bh^2}{6} = \frac{140 \times 210^2}{6} \text{mm}^3 = 1.029 \times 10^6 \text{mm}^3$$

木梁所能承受的最大弯矩为
$$M_{\max} \leqslant W_z[\sigma] = 1.029 \times 10^6 \times 10 \text{N} \cdot \text{m} = 1.029 \times 10^7 \text{N} \cdot \text{m} = 10.29 \text{kN} \cdot \text{m}$$

而 $$M_{\max} = \frac{1}{8}ql^2$$

即 $$\frac{1}{8}ql^2 \leqslant 10.29$$

所以有 $$[q] = \frac{10.29 \times 8}{5^2} \text{kN/m} = 3.29 \text{kN/m}$$

【例 12.4】 如图 12.12 所示，T 形截面的外伸梁。已知材料的许用拉应力 $[\sigma_+]=120\text{MPa}$，许用压应力 $[\sigma_-]=150\text{MPa}$。试校核梁的正应力强度。

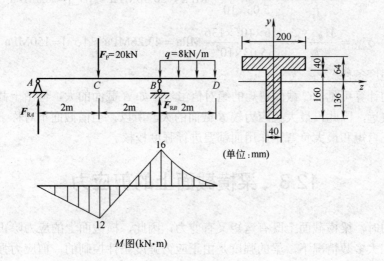

图 12.12　例 12.4 图

解：(1) 计算支座反力：
$$F_{RA}=6\text{kN}$$
$$F_{RB}=30\text{kN}$$

(2) 画弯矩图见图 12.12：
$$M_B=-\frac{1}{2}\times 8\times 2^2\text{kN}\cdot\text{m}=-16\text{kN}\cdot\text{m}$$
$$M_C=6\times 2\text{kN}\cdot\text{m}=12\text{kN}\cdot\text{m}$$

由图可见，最大正弯矩发生在 C 截面处，最大负弯矩发生在 B 截面处。

(3) 确定中性轴位置并计算截面对中性轴的惯性矩。
截面形心距底边为
$$y_c=136\text{mm}$$
$$I_z=\left[\frac{200\times 40^3}{12}+(20+160-136)^2\times 200\times 40+\frac{40\times 160^3}{12}+(136-80)^2\times 160\times 40\right]\text{mm}^4$$
$$=5.03\times 10^7\text{mm}^4$$

(4) 强度校核。

由于材料的抗拉压能力不同，且截面关于中性轴又不对称，因此，对梁的最大正弯矩和最大负弯矩作用面都要进行强度校核。

C 截面：该截面的最大拉应力发生在下边缘，最大压应力发生在上边缘，即
$$\sigma_{max}^+=\frac{M_C\cdot y_下}{I_z}=\frac{12\times 10^6\times 136}{5.03\times 10^7}\text{MPa}=32.5\text{MPa}\leqslant[\sigma_+]=120\text{MPa}$$
$$\sigma_{max}^-=\frac{M_C\cdot y_上}{I_z}=\frac{12\times 10^6\times 64}{5.03\times 10^7}\text{MPa}=15.2\text{MPa}\leqslant[\sigma_-]=150\text{MPa}$$

B 截面：该截面的最大拉应力发生在上边缘，最大压应力发生在下边缘，即

$$\sigma_{\max}^+ = \frac{M_B \cdot y_{\text{下}}}{I_z} = \frac{16 \times 10^6 \times 64}{5.03 \times 10^7} \text{MPa} = 20.36 \text{MPa} \leqslant [\sigma_+] = 120 \text{MPa}$$

$$\sigma_{\max}^- = \frac{M_B \cdot y_{\text{上}}}{I_z} = \frac{16 \times 10^6 \times 136}{5.03 \times 10^7} \text{MPa} = 43.26 \text{MPa} \leqslant [\sigma_-] = 150 \text{MPa}$$

因此，满足强度条件。

由以上的计算可见，C 截面弯矩的绝对值虽然不如 B 截面的大，但由于截面的受拉边缘距中性轴较远，因此，最大拉应力较 B 截面的大。所以，当横截面不对称于中性轴时，对梁的最大正弯矩和最大负弯矩作用面都要进行强度校核。

12.3 梁横截面上的剪应力

剪切弯曲时，梁横截面上既有弯矩又有剪力，因此，横截面上的应力除正应力外，还有剪应力。在大多数情况下，梁的强度是由正应力强度条件控制的，剪应力强度条件只是次要因素，本节只作简单介绍。

12.3.1 矩形截面梁的剪应力

梁横截面上的剪力是以剪应力的形式分布在横截面上的，经过研究分析，对于剪应力沿横截面宽度的变化规律及剪应力的方向，可作如下假设。

(1) 在横截面上距中性轴等距离的各点处的剪应力大小相等，即剪应力沿截面宽度是均匀分布的。

(2) 横截面上各点处的剪应力方向都与剪力的方向一致。

对于高度大于宽度的狭长矩形截面，横截面上任意一点处的剪应力(单位为 MPa)计算公式为

$$\tau = \frac{F_Q S_z^*}{I_z b} \tag{12.10}$$

式中：F_Q——横截面上的剪力，单位为 N 或 kN；

S_z^*——横截面上所求剪应力处水平线以下或以上部分面积 A^* 对中性轴的静矩，单位为 mm^3；

I_z——横截面对中性轴的惯性矩，单位为 mm^4；

b——矩形截面的宽度，单位为 mm。

在应用该公式时，F_Q、S_z^* 均用绝对值代入，得到的是剪应力的大小。

下面分析剪应力沿横截面高度的分布规律。从式(12.10)可以看出，对于同一横截面，F_Q、I_z 和 b 均为常数，因此，剪应力沿横截面高度的分布规律只取决于静矩的变化规律。

如图 12.13(a)所示，矩形截面的高度为 h，宽度为 b，横截面上的任意点 m 到中性轴的距离为 y，则 m 点水平线以下(或以上)部分的面积 A^* 对中性轴的静矩为

$$S_z^* = A^* \cdot y^* = b \cdot \left(\frac{h}{2} - y\right) \cdot \left[y + \frac{1}{2}\left(\frac{h}{2} - y\right)\right] = \frac{bh^2}{8}\left(1 - \frac{4y^2}{h^2}\right)$$

将 $I_z = \dfrac{bh^3}{12}$ 及上式代入式(12.10)，得

$$\tau = \frac{F_Q S_z^*}{I_z b} = \frac{3}{2} \cdot \frac{F_Q}{bh} \cdot \left(1 - \frac{4y^2}{h^2}\right)$$

上式表明，剪应力沿截面高度是按二次抛物线规律变化的(见图 12.13(b))。当 $y = \pm\dfrac{h}{2}$ 时，即在横截面距中性轴最远的上下边缘处，剪应力为零；当 $y = 0$ 时，即在横截面的中性轴各点处，剪应力达到最大值 τ_{max}，此时有

$$\tau_{max} = \frac{3}{2} \cdot \frac{F_Q}{bh}$$

或

$$\tau_{max} = \frac{3}{2} \cdot \frac{F_Q}{A} \tag{12.11}$$

式中，A 为矩形截面的横截面面积，$A = bh$。式(12.11)说明，矩形截面梁横截面上的最大剪应力是平均剪应力的 1.5 倍。

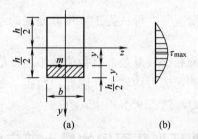

图 12.13 矩形截面上剪应力的分布规律

12.3.2 工字形截面梁的剪应力

对于工字形截面，其腹板是一个狭长的矩形，它的剪应力计算公式与矩形截面的剪应力计算公式相同，即

$$\tau = \frac{F_Q S_z^*}{I_z d} \tag{12.12}$$

式中：d——腹板的厚度，单位为 mm；

S_z^*——横截面上所求剪应力处水平线以下或以上部分面积 A^* 对中性轴的静矩，单位为 mm^3。

上式表明：在腹板范围内，剪应力沿腹板高度同样是按二次抛物线规律变化，如图 12.14 所示。最大剪应力也发生在中性轴上，其值为

$$\tau_{max} = \frac{F_Q S_{z\,max}^*}{I_z d} = \frac{F_Q}{(I_z / S_{z\,max}^*) \cdot d} \tag{12.13}$$

式中，$S_{z\,max}^*$ 为中性轴以下或以上部分对中性轴的静矩；对于工字钢，$I_z / S_{z\,max}^*$ 可从型钢表

中查得。

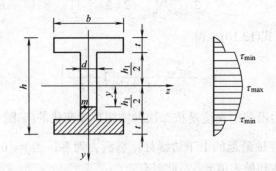

图 12.14 工字形截面上的剪应力沿腹板高度的分布规律

最小剪应力 τ_{min} 发生在腹板与翼缘的交界处。由计算可知，最小剪应力与最大剪应力相差不大，特别是当腹板的宽度较小时，两者相差更小。因此，可近似认为腹板上的剪应力是均匀分布的，即

$$\tau = \frac{F_Q}{h_1 d}$$

在计算精度要求不高的情况下，可认为工字形截面梁的最大剪应力近似等于腹板上的平均剪应力。

在翼缘部分，剪应力的分布比较复杂，且数值较小，一般情况下不予考虑。由于翼缘部分离中性轴较远，各点处的正应力均较大，因此，负担了截面上的大部分弯矩。而腹板则负担了截面上的大部分剪力，约占 95% 以上。

12.3.3 圆形截面和圆环形截面梁的最大剪应力

圆形截面和圆环形截面上的剪应力分布比较复杂。由理论分析可知，最大剪应力仍发生在中性轴上，且均匀分布，其方向与该截面上的剪力方向相同，如图 12.15 所示。

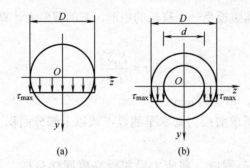

图 12.15 圆形和圆环形截面上的最大剪应力

其最大剪应力分别如下。

圆形截面：
$$\tau_{max} = \frac{4}{3} \cdot \frac{F_Q}{A} \tag{12.14}$$

式中：F_Q——横截面上的剪力，单位为 kN；

A——圆形截面的面积，$A = \dfrac{\pi D^2}{4}$，单位为 mm^2。

式(12.14)表明：圆形截面梁的最大剪应力是平均剪应力的 $\dfrac{4}{3}$ 倍。

圆环形截面： $$\tau_{max} = 2 \cdot \dfrac{F_Q}{A} \tag{12.15}$$

式中：F_Q——横截面上的剪力，单位为 kN；

A——圆环形截面的面积，$A = \dfrac{\pi D^2}{4} - \dfrac{\pi d^2}{4}$，单位为 mm^2。

式(12.15)表明：圆环形截面梁的最大剪应力是平均剪应力的 2 倍。

【例 12.5】 如图 12.16(a) 所示，矩形截面简支梁受均布荷载作用。已知，$b = 100\,mm$，$h = 200\,mm$，荷载集度 $q = 2\,kN/m$，跨度 $l = 4\,m$。试求：

(1) 截面 m-m 上距中性轴 $y = 50\,mm$ 处 k 点的剪应力。
(2) 比较梁中的最大正应力和最大剪应力。
(3) 若用 No.32a 工字钢，求其最大剪应力。

解：(1) 求截面 m-m 上 k 点的剪应力。

计算支座反力为
$$F_{RA} = F_{RB} = 4\,kN$$

画梁的剪力图和弯矩图，如图 12.16(b)、图 12.16(c)所示。截面 m-m 上的剪力为
$$F_{Qm} = 4\,kN$$

计算 S_z^* 和 I_z 为
$$S_z^* = 50 \times 100 \times 75\,mm^3 = 375 \times 10^3\,mm^3$$
$$I_z = bh^3/12 = 100 \times 200^3/12\,mm^4 = \dfrac{2}{3} \times 10^8\,mm^4$$

计算 k 点的剪应力为
$$\tau_k = \dfrac{F_Q S_z^*}{I_z b} = \dfrac{4 \times 10^3 \times 375 \times 10^3}{\dfrac{2}{3} \times 10^8 \times 100}\,MPa = 0.225\,MPa$$

(2) 比较梁中的最大正应力和最大剪应力。

从剪力图和弯矩图上可以看出，$F_{Qmax} = 4\,kN$，$M_{max} = 4(kN \cdot m)$

梁上的最大剪应力为
$$\tau_{max} = \dfrac{3}{2} \cdot \dfrac{F_{Qmax}}{A} = \dfrac{3}{2} \cdot \dfrac{4 \times 10^3}{100 \times 200}\,MPa = 0.3\,MPa$$

梁上的最大正应力为
$$\sigma_{max} = \dfrac{M_{max}}{W_z} = \dfrac{M_{max}}{\dfrac{1}{6}bh^2} = \dfrac{4 \times 10^6}{\dfrac{1}{6} \times 100 \times 200^2}\,MPa = 6\,MPa$$

故有
$$\sigma_{max}/\tau_{max} = 6/0.3 = 20$$

由此可见：梁中的最大正应力比最大剪应力大得多，所以，在梁的强度计算中，正应

力强度条件起到控制作用。

(3) 计算工字钢梁的最大剪应力。

由型钢表查得：$I_z/S_{z\max}^* = 27.5\,\text{cm} = 275\,\text{mm}$，$d = 9.5\,\text{mm}$。

最大剪应力为

$$\tau_{\max} = \frac{F_{Q\max}}{(I_z/S_{z\max}^*) \cdot d} = \frac{4 \times 10^3}{275 \times 9.5}\,\text{MPa} = 1.53\,\text{MPa}$$

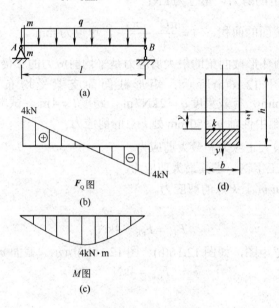

图 12.16　例 12.5 图

12.4　梁的剪应力强度计算

12.4.1　梁的剪应力强度条件

由上一节的分析可知，梁弯曲时的最大剪应力发生在剪力最大的横截面的中性轴上。为了保证梁的安全工作，整个梁上的最大剪应力不应该超过材料弯曲时的许用剪应力，因此，梁的剪应力强度条件为

$$\tau_{\max} = \frac{F_{Q\max} \cdot S_{z\max}^*}{I_z b} \leqslant [\tau] \tag{12.16}$$

12.4.2　梁的剪应力强度计算

在对梁进行强度计算时，必须同时满足正应力和剪应力两个强度条件。设计截面时，通常先根据正应力强度条件选择截面，再对剪应力强度条件进行校核。实际工程中，大多数细长梁的强度是由正应力强度条件控制的，剪应力强度条件一般都能够满足，因此，不必进行剪应力强度校核。但在以下几种特殊情况下，必须进行剪应力强度校核。

(1) 梁的跨度较小或在支座附近作用较大荷载时，梁内可能出现弯矩较小而剪力很大的情况。

(2) 焊接或铆接的组合截面(例如，工字形、槽形等)钢梁中，其横截面腹板部分的厚度与梁高之比小于型钢截面的相应比值，腹板内可能出现剪应力较大的情况。

(3) 对于木梁，由于在剪切弯曲时，最大剪应力发生在中性轴上，根据剪应力互等定理，中性层上将产生同样大小的剪应力；而木材在其顺纹方向的抗剪强度较差，有可能因中性层上的剪应力过大而使梁沿中性层发生剪切破坏，因此，需对木梁进行顺纹方向的剪应力强度校核。

【例 12.6】如图 12.17(a)所示，一外伸 No.22a 工字形钢梁。已知，$F_P = 30\text{kN}$，$q = 6\text{kN/m}$，材料的许用应力$[\sigma] = 170\text{MPa}$，$[\tau] = 100\text{MPa}$，试校核该梁的强度。

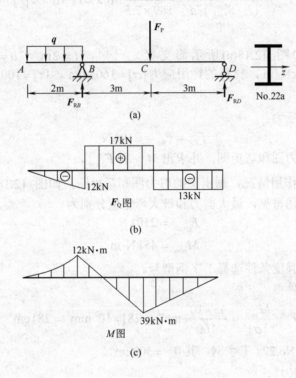

图 12.17 例 12.6 图

解：(1) 求支座反力：
$$F_{RB} = 29\text{kN}, \quad F_{RD} = 13\text{kN}$$

(2) 画出梁的剪力图和弯矩图，并求出 M_{max} 和 F_{Qmax}。

根据梁上荷载的作用情况，画出梁的剪力图和弯矩图，如图 12.17(b)、图 12.17(c)所示。由剪力图和弯矩图可见，最大剪力和最大弯矩值分别为
$$F_{Qmax} = 17\text{kN}$$
$$M_{max} = 39\text{kN·m}$$

(3) 查型钢表。

由型钢表查得 No.22a 工字钢的有关数据为

$$W_z = 309\,\text{cm}^3$$
$$I_z/S_{z\max}^* = 18.9\,\text{cm}$$
$$d = 7.5\,\text{mm}$$

(4) 校核梁的强度。
梁的最大正应力为
$$\sigma_{\max} = \frac{M_{\max}}{W_z} = \frac{39\times10^6}{309\times10^3}\,\text{MPa} = 126\,\text{MPa} < [\sigma]$$

梁的最大剪应力为
$$\tau_{\max} = \frac{F_{Q\max}}{(I_z/S_{z\max}^*)\cdot d} = \frac{17\times10^3}{189\times7.5}\,\text{MPa} = 12\,\text{MPa} < [\tau]$$

故梁满足强度要求。

【例 12.7】 如图 12.18(a)所示简支梁。已知，$l=2\,\text{m}$，$a=0.2\,\text{m}$，梁上荷载 $F_P=200\,\text{kN}$，$q=10\,\text{kN/m}$，材料的许用应力$[\sigma]=160\,\text{MPa}$，$[\tau]=100\,\text{MPa}$。试选择工字钢梁的型号。

解：(1) 求支座反力：
$$F_{RA} = F_{RB} = 210\,\text{kN}$$

(2) 画出梁的剪力图和弯矩图，并求出 $M_{\max}$ 和 $F_{Q\max}$。
根据梁上荷载的作用情况，画出梁的剪力图和弯矩图，如图 12.18(b)、图 12.18(c)所示。由剪力图和弯矩图可见，最大剪力和最大弯矩值分别为
$$F_{Q\max} = 210\,\text{kN}$$
$$M_{\max} = 45\,\text{kN}\cdot\text{m}$$

(3) 根据正应力强度条件选择工字钢型号。
由正应力强度条件得
$$W_z = \frac{M_{\max}}{[\sigma]} = \frac{45\times10^6}{160}\,\text{mm}^3 = 281\times10^3\,\text{mm}^3 = 281\,\text{cm}^3$$

查型钢表，选用 No.22a 工字钢，其 $W_z = 309\,\text{cm}^3$。

(4) 剪应力强度校核。
由型钢表查得 No.22a 工字钢的有关数据如下：
$$I_z/S_{z\max}^* = 18.9\,\text{cm}，\quad d = 7.5\,\text{mm}$$

梁的最大剪应力为
$$\tau_{\max} = \frac{F_{Q\max}}{(I_z/S_{z\max}^*)\cdot d} = \frac{210\times10^3}{189\times7.5}\,\text{MPa} = 148\,\text{MPa} > [\tau] = 100\,\text{MPa}$$

因为最大剪应力远大于许用剪应力，故应重选截面。

(5) 按剪应力强度条件重选工字钢型号。
选 No.25b 工字钢，其有关数据为
$$I_z/S_{z\max}^* = 21.27\,\text{cm}，\quad d = 10\,\text{mm}$$
$$\tau_{\max} = \frac{F_{Q\max}}{(I_z/S_{z\max}^*)\cdot d} = \frac{210\times10^3}{212.7\times10}\,\text{MPa} = 98.7\,\text{MPa} < [\tau] = 100\,\text{MPa}$$

最后选用 No.25b 工字钢。

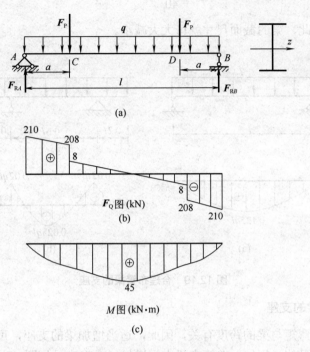

图 12.18 例 12.7 图

12.5 提高梁抗弯强度的措施

在设计梁时，既要保证梁在荷载作用下安全正常地工作，又要充分发挥材料的潜能，节省材料，减轻自重，满足工程上既安全又经济的要求。一般情况下，梁的弯曲强度主要是由正应力控制的，因此，提高梁抗弯强度的措施，应以弯曲正应力强度条件作为依据。等截面梁的正应力强度条件为

$$\sigma_{max} = \frac{M_{max}}{W_z} \leq [\sigma]$$

由此可见，梁横截面上的最大正应力与最大弯矩成正比，与抗弯截面系数成反比。因此，一方面要合理安排梁的受力情况，降低最大弯矩值；另一方面要选择合理的截面形状，充分利用材料，提高抗弯截面系数的数值。

12.5.1 合理安排梁的受力情况

1. 合理布置梁的支座

例如，一简支梁承受满跨均布荷载作用，如图 12.19(a)所示，跨中截面的最大弯矩值为

$$M_{max} = \frac{1}{8}ql^2 = 0.125ql^2$$

若将两端支座各向中间移动 $0.2l$，如图 12.19(b)所示，则最大弯矩将减小为

$$M_{max} = \frac{1}{40}ql^2 = 0.025ql^2$$

仅为原来的 $\frac{1}{5}$，因此，梁的截面尺寸就可大大减小。

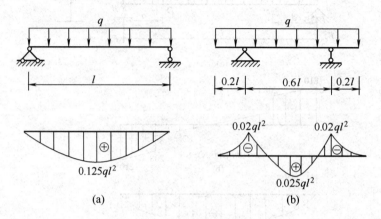

图 12.19　合理布置梁的支座

2. 适当增加梁的支座

由于梁的最大弯矩与梁的跨度有关，因此，适当增加梁的支座，可减小梁的跨度，达到降低最大弯矩的目的。例如，在简支梁中间增加一个支座，如图 12.20 所示，绝对最大弯矩值 $|M_{max}| = 0.03125ql^2$，只是原来的 $\frac{1}{4}$。

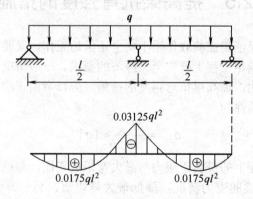

图 12.20　适当增加梁的支座

3. 改善荷载的布置情况

在条件允许的情况下，合理安排梁上的荷载，可降低最大弯矩值。例如，简支梁在跨中受一集中力 F_P 作用，如图 12.21(a)所示，最大弯矩值为 $M_{max} = \frac{1}{4}F_P l$。

若在梁上安置一根辅梁，如图 12.21(b)所示，则梁的最大弯矩值为 $M_{max} = \frac{1}{8}F_P l$，仅为原来的 $\frac{1}{2}$。

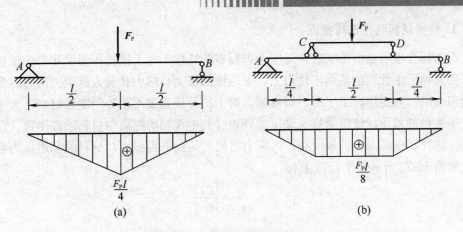

图 12.21 改善荷载的布置情况

12.5.2 选择合理的截面形状

1. 根据抗弯截面系数与梁横截面面积的比值 $\dfrac{W_z}{A}$ 选择截面

由弯曲正应力强度条件可知，在弯矩不变的情况下，梁横截面上的正应力与抗弯截面系数成反比，而用料的多少又与横截面面积成正比，因此，合理的截面形状应是在横截面面积相同的情况下具有较大的抗弯截面系数，即比值 $\dfrac{W_z}{A}$ 大的截面形状合理。

下面对同高度不同形状截面的 $\dfrac{W_z}{A}$ 值作一比较。

直径为 h 的圆形截面为

$$\dfrac{W_z}{A} = \dfrac{\pi h^3/32}{\pi h^2/4} = 0.125h$$

高度为 h、宽度为 b 的矩形截面为

$$\dfrac{W_z}{A} = \dfrac{bh^2/6}{bh} = 0.167h$$

高度为 h 的槽形和工字形截面为

$$\dfrac{W_z}{A} = (0.27 \sim 0.31)h$$

由此可见，槽形和工字形截面比矩形截面合理，而矩形截面又比圆形截面合理。

2. 根据正应力的分布选择截面

由正应力的计算公式可知，弯曲正应力沿截面高度呈直线规律分布，中性轴附近正应力很小，这部分材料没有得到充分利用。如果把中性轴附近的材料尽量减少，把大部分材料布置在离中性轴较远处，这样材料就会得到充分利用，截面形状就比较合理。因此，在工程中经常采用工字形、圆环形等截面形状。建筑工程中的楼板常用空心的，也是这个道理。

3. 根据材料特性选择截面

在选择合理的截面形状时，还应考虑材料的特性。对于抗拉压强度相等的塑性材料，宜采用对称于中性轴的截面，使得上、下边缘的最大拉应力和最大压应力同时达到材料的许用应力值，如矩形、工字形、圆形等。对于抗拉压强度不相等的脆性材料，宜采用不对称于中性轴的截面，使得受拉、受压最外边缘到中性轴的距离与材料的许用拉、压应力成正比，这样，横截面上的最大拉、压应力将同时达到许用应力，材料的利用最为合理。例如，如图12.22所示的T形截面有

$$\frac{y^+}{y^-} = \frac{[\sigma_+]}{[\sigma_-]}$$

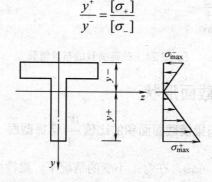

图 12.22 T形截面的最大拉、压应力

12.5.3 采用变截面梁和等强度梁

梁的正应力强度条件是根据产生最大弯矩截面上的最大拉、压应力达到材料的许用应力而建立的，这时，梁内其他截面的弯矩值都小于最大弯矩值，因此，这些截面的材料均得不到充分利用，造成材料的浪费。为了充分利用这些材料，应该在弯矩较大处采用较大的截面，在弯矩较小处采用较小的截面。这种横截面沿轴线变化的梁称为**变截面梁**。若使每一横截面上的最大正应力都恰好等于材料的许用正应力，即 $\sigma = \dfrac{M}{W_z} = [\sigma]$，这样的梁称为**等强度梁**。

从强度方面看，等强度梁最合理，但截面变化较大，给施工造成一定的困难。工程中往往采用形状比较简单而接近等强度梁的变截面梁。如房屋建筑中的阳台挑梁及雨篷梁，如图12.23所示。

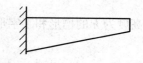

图 12.23 雨篷及阳台的挑梁

12.6 弯曲中心的概念

梁的平面弯曲，要求梁具有纵向对称平面，且荷载和支座反力均作用在该纵向对称平面内。但工程中经常采用某些薄壁梁，其截面往往只有一个对称轴，如槽形、T形等。当外力作用在这种截面内时，梁除发生弯曲变形外，还会发生扭转变形。

实验和理论都证明，对于开口薄壁截面梁，横向力只有作用在与梁的形心主惯性平面平行的平面内的某一特定点A时，才能保证梁只发生弯曲变形而无扭转变形。横截面内的

这一特定点 A 称为**弯曲中心**。实验表明，弯曲中心的位置与荷载无关，只与截面的形状和尺寸有关。因此，弯曲中心也是截面的几何性质之一。

开口薄壁截面梁，因其抗扭刚度较差，很容易发生扭转变形，这对梁十分不利。为了避免扭转变形的产生，应确定薄壁截面梁的弯曲中心的位置，并使梁上的荷载及支座反力通过截面的弯曲中心。

对于常见的薄壁截面，其弯曲中心的位置的确定，可遵循以下几条原则。

（1）具有两个对称轴的截面，则两个对称轴的交点就是弯曲中心，如图 12.24(a)、图 12.24(b)所示。

（2）具有一个对称轴的截面，弯曲中心一定位于对称轴上，如图 12.24(c)所示。

（3）若截面是由中心线相交于一点的几个狭长矩形所组成的，则此交点就是弯曲中心，如图 12.24(d)所示。

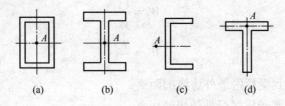

图 12.24　不同截面形状弯曲中心的位置

12.7　小　　结

本章主要研究梁在平面弯曲时横截面上的正应力、剪应力的分布规律和计算方法，在此基础上建立正应力和剪应力强度条件，从而进行梁的强度计算。

1. 梁的正应力

（1）正应力计算公式：

$$\sigma = \frac{My}{I_z}$$

适用条件：弹性范围。纯弯曲及跨度与横截面的高度之比 $\frac{l}{h}>5$ 的剪切弯曲的梁。

正应力的大小沿截面高度呈直线规律变化，且在中性轴各点处为零，上、下边缘处最大。其最大值为

$$\sigma_{max} = \frac{M \cdot y_{max}}{I_z}$$

中性轴通过截面形心，并将横截面分为受拉区和受压区两部分。

正应力的正负号规定：正应力的正负号根据弯矩的正负号直观判断，即当所求正应力位于受拉区时为正；位于受压区时为负。

（2）正应力强度条件。

对于抗拉压能力相同的材料，其正应力强度条件为

$$\sigma_{max} = \frac{M_{max}}{W_z} \leqslant [\sigma]$$

式中，抗弯截面系数为

$$W_z = \frac{I_z}{y_{max}}$$

对于抗拉压能力不相同的材料，其正应力强度条件为

$$\sigma_{max}^+ = \frac{M_{max}}{W_1} \leqslant [\sigma_+]$$

$$\sigma_{max}^- = \frac{M_{max}}{W_2} \leqslant [\sigma_-]$$

式中，抗弯截面系数为

$$W_1 = \frac{I_z}{y_1}$$

$$W_2 = \frac{I_z}{y_2}$$

式中：y_1——中性轴到受拉区最外边缘的距离；

y_2——中性轴到受压区最外边缘的距离。

2. 梁的剪应力

(1) 剪应力计算公式。

矩形截面为

$$\tau = \frac{F_Q S_z^*}{I_z b}$$

剪应力沿截面高度呈抛物线规律变化，在中性轴各点处剪应力最大，在上、下边缘处为零。

工字形截面腹板上的剪应力为

$$\tau = \frac{F_Q S_z^*}{I_z d}$$

剪应力沿腹板高度也呈抛物线规律变化，在中性轴各点处剪应力最大，在上、下边缘处最小。

圆形截面上的最大剪应力为

$$\tau_{max} = \frac{4}{3} \frac{F_Q}{A}$$

圆环形截面上的最大剪应力为

$$\tau_{max} = 2 \frac{F_Q}{A}$$

(2) 剪应力强度条件：

$$\tau_{max} = \frac{F_{Q\,max} \cdot S_{z\,max}^*}{I_z b} \leqslant [\tau]$$

根据强度条件可解决三个方面的工程实际问题,即强度校核、设计截面和确定许可荷载。

3. 提高梁抗弯强度的措施

提高梁抗弯强度的措施是根据正应力强度条件提出的。一方面在条件允许的情况下,尽可能降低最大弯矩值;另一方面是选择合理的截面形状,在不增加材料用量的前提下,尽可能增大截面对中性轴的惯性矩。

12.8 思 考 题

1. 下列概念有何区别:纯弯曲和剪切弯曲;中性轴和形心轴;惯性矩和极惯性矩;抗弯刚度和抗弯截面系数。

2. 梁在纯弯曲时,横截面上正应力公式的适用范围是什么?在什么条件下可用于剪切弯曲的计算?

3. 如图 12.25 所示一些梁的横截面形状,当梁发生平面弯曲时,试绘出截面上沿直线 1-1 和 2-2 的正应力分布图(C 点为截面形心)。

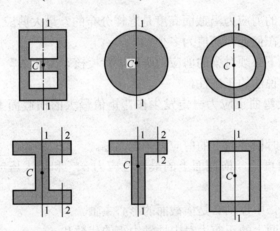

图 12.25 思考题 3 图

4. 如图 12.26 所示,画出各梁指定截面 n-n 上的中性轴位置,标出该截面的受拉区和受压区,并说明各梁的最大拉应力和最大压应力分别发生在何处?

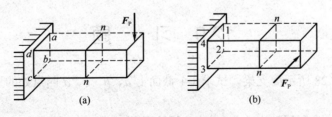

图 12.26 思考题 4 图

5. 截面形状和尺寸完全相同的一根木梁和一根钢梁,承受相同荷载作用,问这两根梁的剪力图和弯矩图是否相同？横截面上的正应力和剪应力的大小及分布规律是否相同？相应点处的线应变是否相同？

6. 根据梁的正应力强度条件可解决哪三个方面的工程实际问题？

7. 提高梁抗弯强度的主要措施有哪几方面？

8. 若某梁的截面形状如图 12.27 所示，则该截面的抗弯截面系数是否可按下式计算：

$$W_z = \frac{BH^2}{6} - \frac{bh^2}{6}$$

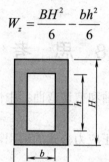

图 12.27　思考题 8 图

9. 梁横截面上的剪应力沿截面高度是怎样分布的？最大剪应力通常发生在何处？最小的剪应力通常发生在何处？其值为多少？

10. 在什么情况下必须对梁的剪应力强度进行校核？为什么？

11. 试判断下列说法的正确性。

(1) 梁内的最大弯曲正应力一定发生在弯矩值最大的横截面上，且距中性轴的最远点处。

(2) 梁在纯弯曲时横截面上的剪应力一定为零。

(3) 对于等截面直梁，横截面上的最大拉应力 σ_{max}^+ 和最大压应力 σ_{max}^- 在数值上必然相等。

(4) 平面弯曲时，中性轴必是横截面的形心主轴。

(5) 弯矩是横截面上的正应力对中性轴力矩的代数和。

(6) 剪切弯曲时，横截面上的各点必然同时存在正应力和剪应力。

(7) 矩形截面梁横截面上各点的剪应力方向与剪力的方向相同。

(8) 剪切弯曲的梁，在中性层的各点都处于纯剪切状态。

12.9　习　题

1. 如图 12.28 所示简支梁，试求 1-1 截面上 a、b、c、d 四点处的正应力及梁内最大的正应力。

答案：$\sigma_a = 0.75\text{MPa}(压)$，$\sigma_b = 0.375\text{MPa}(压)$，$\sigma_c = 0$，$\sigma_d = 0.375\text{MPa}(拉)$；$\sigma_{max} = 1.5\text{MPa}$

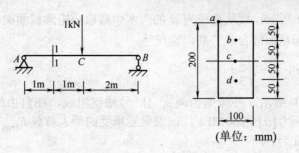

图 12.28 习题 1 图

2. 如图 12.29 所示，试求下列各梁的最大正应力及其所发生的位置。

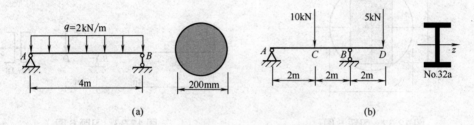

图 12.29 习题 2 图

答案：(a) $\sigma_{max} = 5.09\,\text{MPa}$，发生在跨中截面的上、下边缘处

(b) $\sigma_{max} = 14.45\,\text{MPa}$，发生在 B 截面的上、下边缘处

3. 如图 12.30 所示，悬臂梁长 $l = 2\,\text{m}$，自由端受集中力 $F_P = 5\,\text{kN}$ 作用，梁由两根不等边角钢 $2\angle 125 \times 80 \times 10$ 组成，材料的许用正应力 $[\sigma] = 160\,\text{MPa}$，试校核梁的正应力强度。

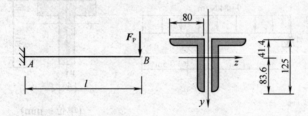

图 12.30 习题 3 图

答案：$\sigma_{max} = 133.94\,\text{MPa}$

4. 如图 12.31 所示外伸圆木梁，已知 $F_P = 4\,\text{kN}$，$q = 2\,\text{kN/m}$。材料的许用正应力 $[\sigma] = 10\,\text{MPa}$。试选择梁的直径 d。

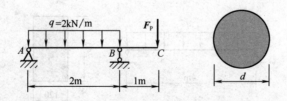

图 12.31 习题 4 图

答案：$d = 160\,\text{mm}$

5. 如图 12.32 所示，欲从直径为 d 的圆木中截取一矩形截面梁，若使其抗弯截面系数最大，试确定矩形截面最合理的高、宽尺寸。

答案：$b = \dfrac{\sqrt{3}}{3}d$，$h = \sqrt{\dfrac{2}{3}}d$

6. 如图 12.33 所示，外伸梁由两根 18 号槽钢组成，在自由端分别承受集中力作用，钢材的许用正应力 $[\sigma] = 160 \text{MPa}$，试求梁能承受的最大荷载 $F_{P\max}$。

答案：$F_{P\max} = 24.32 \text{kN}$

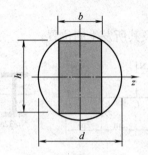
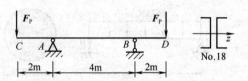

图 12.32 习题 5 图 　　　　　图 12.33 习题 6 图

7. 如图 12.34 所示，T 形截面的简支梁受均布荷载作用。求梁中横截面上的最大拉应力和最大压应力。

答案：$\sigma_{\max}^{+} = 15.11 \text{MPa}$，$\sigma_{\max}^{-} = 9.6 \text{MPa}$

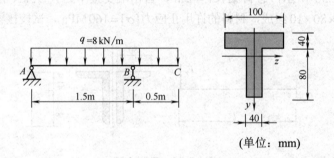

图 12.34 习题 7 图

8. 如图 12.35 所示简支松木梁，材料的许用应力 $[\sigma] = 10 \text{MPa}$，不考虑自身重力，试确定许可均布荷载 $[q]$。

答案：$[q] = 5.76 \text{kN/m}$

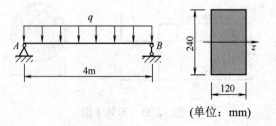

图 12.35 习题 8 图

9. 如图 12.36 所示，一矩形截面简支木梁，承受均布荷载 q 作用。已知 $q=2\text{kN/m}$，$l=3\text{m}$，$h=2b=240\text{mm}$。试求截面竖放和横放时梁内的最大正应力，并进行比较。

答案：竖放 $\sigma_{\max}=3.91\text{MPa}$，横放 $\sigma_{\max}=1.95\text{MPa}$；比值 2

10. 如图 12.37 所示槽形截面悬臂梁，c 为形心，截面对中性轴的惯性矩 $I_z=1.02\times10^8\text{mm}^4$，材料的许用拉应力 $[\sigma_+]=40\text{MPa}$，许用压应力 $[\sigma_-]=120\text{MPa}$。已知 $F_P=10\text{kN}$，$m=70\text{kN}\cdot\text{m}$，$a=3\text{m}$。试对此梁进行强度校核。

答案：$\sigma_{\max}^+=60.24\text{MPa}>[\sigma_+]$，$\sigma_{\max}^-=45.18\text{MPa}<[\sigma_-]$

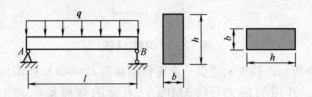

图 12.36　习题 9 图

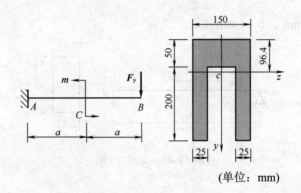

(单位：mm)

图 12.37　习题 10 图

11. 试求习题 1 中简支梁 1-1 截面上 a、b、c、d 四点处的剪应力及梁内最大的剪应力。

答案：$\tau_a=0$，$\tau_b=\tau_d=0.028\text{MPa}$，$\tau_c=0.0375\text{MPa}$；$\tau_{\max}=0.0375\text{MPa}$

12. 试求习题 2 中各梁的最大剪应力及其所发生的位置。

答案：(a) $\tau_{\max}=0.17\text{MPa}$；(b) $\tau_{\max}=2.87\text{MPa}$

13. 如图 12.38 所示，一矩形截面木梁受均布荷载作用，材料的许用正应力 $[\sigma]=10\text{MPa}$，许用剪应力 $[\tau]=2\text{MPa}$。试校核该梁的正应力和剪应力强度。

答案：$\sigma_{\max}=9.26\text{MPa}$，$\tau_{\max}=0.52\text{MPa}$

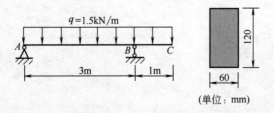

(单位：mm)

图 12.38　习题 13 图

14. 如图 12.39 所示，一简支工字钢梁，受一集中力和均布荷载作用。已知 $l=6\text{m}$，$q=8\text{kN/m}$，$F_\text{P}=10\text{kN}$，钢材的许用正应力 $[\sigma]=170\text{MPa}$，许用剪应力 $[\tau]=100\text{MPa}$。试选择工字钢的型号。

答案：No.22a

图 12.39 习题 14 图

15. 如图 12.40 所示，简支木梁受一个可移动荷载 $F_\text{P}=40\text{kN}$ 作用，已知木材的许用正应力 $[\sigma]=10\text{MPa}$，许用剪应力 $[\tau]=3\text{MPa}$，木梁的截面形状为矩形，其高宽比为 $\dfrac{h}{b}=\dfrac{3}{2}$。试选择该梁的截面尺寸。

答案：$h=210\text{mm}$，$b=140\text{mm}$

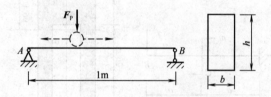

图 12.40 习题 15 图

第13章 弯曲变形

本章的学习要求：

- 掌握挠度和转角的概念；了解梁挠曲线的概念及挠曲线的近似微分方程、转角方程。
- 了解用积分法计算梁的挠度和转角。
- 会用叠加法计算梁的变形。
- 掌握梁的刚度条件及刚度计算；了解提高梁弯曲刚度的主要措施。

本章主要介绍了用积分法和叠加法计算梁的变形，梁的刚度条件及刚度计算。梁的内力、应力、变形计算是材料力学的重要组成部分，并为后继专业课程的学习打下有力的理论基础。

13.1 弯曲变形的概念

在工程中，对于梁一类的受弯构件，除满足强度要求外，还应满足刚度要求，即要控制梁的弯曲变形，使其不能超过工程中要求的允许值。例如，楼板梁弯曲变形过大，就会使梁下面的抹灰层开裂或脱落；桥梁的变形过大，会使机动车在运行中引起较大振动，等等。因此，只要把梁的变形控制在规定的范围之内，就能够保证梁的正常工作。

下面以图 13.1 所示简支梁为例，说明平面弯曲变形的有关概念。以变形前梁的轴线 AB 为 x 轴，并规定 x 轴以向右为正；支座 A 为坐标原点，y 轴以向下为正。Axy 平面即为梁的纵向对称平面，外力和支座反力都作用在该平面内，梁轴线也在该平面内弯曲。

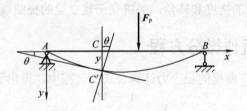

图 13.1 梁的挠度和转角

13.1.1 挠度和转角

由图 13.1 可以看出，梁的横截面产生了两种位移。

1. 挠度

梁任一横截面的形心沿 y 轴方向的线位移 CC'，称为该截面的**挠度**，用 y 表示，并规定向下为正。单位为 m 或 mm。

横截面的形心沿 x 轴方向的线位移与沿 y 轴方向的线位移相比很小，可忽略不计。

2. 转角

梁弯曲变形以后的横截面相对于变形之前的横截面所转过的角度，称为该截面的**转角**，用 θ 表示，并规定顺时针转向为正，逆时针转向为负。单位为弧度，即 rad。

13.1.2 梁的挠曲线及挠曲线方程

1. 挠曲线

由图 13.1 可见，弯曲变形后的梁轴线变成了一条光滑连续的曲线，这条曲线称为梁的**挠曲线**。

2. 挠曲线方程

挠曲线上任一点的纵坐标 y 随着横截面位置 x 的变化而变化，即是横截面位置 x 的函数，用方程

$$y = f(x) \tag{13.1a}$$

表示，称为梁的**挠曲线方程**。它表示梁的挠度沿长度的变化规律。

根据平面假设，梁的横截面在弯曲变形前垂直于梁轴线，弯曲变形后仍将垂直于挠曲线在该处的切线，因此，截面的转角 θ 也等于挠曲线在该处的切线与 x 轴的夹角。由数学知识可知，挠曲线上任一点处的切线斜率为

$$\tan\theta = \frac{dy}{dx}$$

实际上，截面转角 θ 的值是很小的，因此

$$\theta \approx \lim_{\theta \to 0}\tan\theta = \frac{dy}{dx} \tag{13.1b}$$

称为**转角方程**。表明挠曲线上任一点处的切线斜率等于该点处横截面的转角。

由此可见，确定梁的挠度和转角，关键在于建立梁的挠曲线方程。

13.1.3 挠曲线近似微分方程

第 12 章在推导纯弯曲梁的正应力计算公式的过程中，得出了曲率的计算公式

$$\frac{1}{\rho} = \frac{M}{EI_z}$$

式中，曲率半径 ρ 和弯矩 M 均为常量。而对于剪切弯曲的梁，通常梁的跨度较横截面的高度大得多，剪力对梁的变形影响很小，可以忽略不计，因此，上式仍可应用。这时曲率半径 ρ 和弯矩 M 不再为常量，而都是横截面位置 x 的函数，于是，上式应改写为

$$\frac{1}{\rho(x)} = \frac{M(x)}{EI_z} \tag{a}$$

由高等数学知识可知，平面曲线的曲率与曲线方程之间的关系为

$$\frac{1}{\rho(x)} = \pm \frac{\dfrac{d^2y}{dx^2}}{\left[1+\left(\dfrac{dy}{dx}\right)^2\right]^{\frac{3}{2}}}$$

因梁横截面的转角 $\theta = \dfrac{dy}{dx}$ 是很小的，所以，$\left(\dfrac{dy}{dx}\right)^2$ 与 1 相比更加微小，属于高阶微量，可忽略不计。于是，上式可近似地表达为

$$\frac{1}{\rho(x)} = \pm \frac{d^2y}{dx^2} \tag{b}$$

由式(a)、式(b)两式可得

$$\frac{d^2y}{dx^2} = \pm \frac{M(x)}{EI_z} \tag{c}$$

式中的正负号，取决于坐标系的选择和弯矩正负号的规定。

在图 13.2 所示的坐标系中，当弯矩 M 为正值($M>0$)，挠曲线向下凸，挠度存在极大值，由数学关系可知，它的二阶导数应小于零，即

$$\frac{d^2y}{dx^2} < 0$$

当弯矩 M 为负值($M<0$)，挠曲线向上凸，挠度存在极小值，它的二阶导数应大于零，即

$$\frac{d^2y}{dx^2} > 0$$

说明等式两边的正负号总是相反的，于是

$$\frac{d^2y}{dx^2} = -\frac{M(x)}{EI_z} \tag{13.2}$$

上式称为**梁的挠曲线近似微分方程**。只适用于弹性范围内的小变形情况。

式(13.2)是计算梁变形的基本公式。解这个微分方程，就可以得到梁的挠曲线方程及转角方程，据此可计算出梁任意截面的挠度和转角。

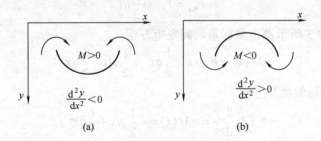

图 13.2　挠曲线近似微分方程的正负号分析图

13.2　积分法计算梁的变形

对于等截面直梁，抗弯刚度 EI_z 为常数，弯矩 $M(x)$ 是横截面位置 x 的函数，对式(13.2)

两边积分一次得转角方程

$$\theta = \frac{dy}{dx} = -\frac{1}{EI_z}\left[\int M(x)dx + C\right] \tag{13.3}$$

再积分一次得挠曲线方程

$$y = -\frac{1}{EI_z}\left\{\int\left[\int M(x)dx\right]dx + Cx + D\right\} \tag{13.4}$$

以上两式中的 C、D 均为积分常数，可通过梁挠曲线上已知的位移条件确定。这种已知的位移条件称为**边界条件**。例如，如图 13.3 所示的简支梁，两个铰支座处的挠度均为零；如图 13.4 所示的悬臂梁，固定端支座处的挠度和转角也均等于零，等等。

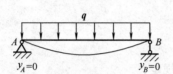 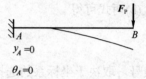

图 13.3　简支梁的边界条件　　　　　图 13.4　悬臂梁的边界条件

【例 13.1】 如图 13.5 所示，简支梁 AB 受均布荷载 q 作用。EI_z 为常数，试求该梁的转角和挠曲线方程，并求支座截面的转角 θ_A、θ_B 和最大挠度 y_{max}。

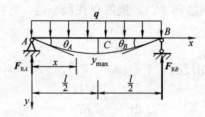

图 13.5　例 13.1 图

解：(1) 求支座反力。

$$F_{RA} = F_{RB} = \frac{1}{2}ql$$

(2) 建立图 13.5 所示直角坐标系，列弯矩方程。

$$M(x) = F_{RA} \cdot x - \frac{1}{2}qx^2 = \frac{1}{2}qlx - \frac{1}{2}qx^2$$

(3) 列挠曲线近似微分方程。

$$EI_z\frac{d^2y}{dx^2} = -M(x) = -\frac{1}{2}qlx + \frac{1}{2}qx^2$$

积分一次，得

$$EI_z\frac{dy}{dx} = EI_z\theta = -\frac{ql}{4}x^2 + \frac{q}{6}x^3 + C \tag{a}$$

再积分一次，得

$$EI_z y = -\frac{ql}{12}x^3 + \frac{q}{24}x^4 + Cx + D \tag{b}$$

(4) 确定积分常数。

简支梁的边界条件是在两个铰支座 A、B 处的挠度等于零。

A 支座处，$x=0$，$y=0$，代入式(b)得

$$D=0$$

B 支座处，$x=l$，$y=0$，代入式(b)得

$$C=\frac{1}{24}ql^3$$

(5) 列出转角方程和挠曲线方程。

将积分常数 C、D 分别代入式(a)、式(b)，得转角方程

$$\theta=\frac{1}{EI_z}\left(-\frac{1}{4}qlx^2+\frac{1}{6}qx^3+\frac{1}{24}ql^3\right) \quad (c)$$

挠曲线方程

$$y=\frac{1}{EI_z}\left(-\frac{1}{12}qlx^3+\frac{1}{24}qx^4+\frac{1}{24}ql^3x\right) \quad (d)$$

(6) 求截面的转角 θ_A、θ_B 和最大挠度 y_{max}。

A 截面处，将 $x=0$ 代入式(c)，得

$$\theta_A=\frac{ql^3}{24EI_z}$$

式中，θ_A 为正值，表明其转向为顺时针。

B 截面处，将 $x=l$ 代入式(c)，得

$$\theta_B=-\frac{ql^3}{24EI_z}$$

式中，θ_B 为负值，表明其转向为逆时针。

最大挠度发生在挠曲线微分方程一阶导数等于零的截面处，即

$$\frac{dy}{dx}=0$$

得

$$x=\frac{l}{2}$$

此时，梁的最大挠度为

$$y_{max}=y_C=\frac{5ql^4}{384EI_z}$$

挠度为正值，表明其方向是铅垂向下的。

【例 13.2】如图 13.6 所示，悬臂梁在自由端受集中力 F_P 作用。EI_z 为常数，试求该梁的最大转角和最大挠度。

解：(1) 建立图 13.6 所示直角坐标系。列弯矩方程。

$$M(x)=-F_P(l-x)$$

(2) 列挠曲线近似微分方程。

$$EI_z\frac{d^2y}{dx^2}=-M(x)=F_P(l-x)$$

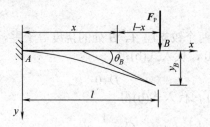

图 13.6　例 13.2 图

积分一次，得

$$EI_z \frac{dy}{dx} = EI_z \theta = F_P lx - \frac{1}{2} Px^2 + C \tag{a}$$

再积分一次，得

$$EI_z y = \frac{1}{2} Plx^2 - \frac{1}{6} F_P x^3 + Cx + D \tag{b}$$

(3) 确定积分常数。

悬臂梁的边界条件是固定端支座处的挠度和转角均为零，即

$x=0$，$\theta=0$，代入式(a)，得 $C=0$

$x=0$，$y=0$，代入式(b)，得 $D=0$

(4) 列出转角方程和挠曲线方程。

将积分常数 C、D 分别代入式(a)、式(b)，得

转角方程

$$\theta = \frac{1}{EI_z}\left(F_P lx - \frac{1}{2} F_P x^2\right) \tag{c}$$

挠曲线方程

$$y = \frac{1}{EI_z}\left(\frac{1}{2} F_P lx^2 - \frac{1}{6} F_P x^3\right) \tag{d}$$

(5) 求最大转角 θ_{max} 和最大挠度 y_{max}

根据梁的受力情况，梁的挠曲线大致形状如图 13.6 所示，最大转角 θ_{max} 和最大挠度 y_{max} 都发生在自由端处。

将 $x=l$ 分别代入式(c)、式(d)，得

$$\theta_{max} = \theta_B = \frac{F_P l^2}{2EI_z}$$

$$y_{max} = y_B = \frac{F_P l^3}{3EI_z}$$

13.3　叠加法计算梁的变形

从上节的例题中可以看出，梁的转角和挠度均与梁上的荷载呈线性关系。这样，梁上某一荷载单独作用所引起的变形，不受同时作用的其他荷载的影响，即各荷载对弯曲变形

的影响是各自独立的。因此，可以用叠加法计算梁的变形，即梁在几种荷载(集中力、集中力偶和均布荷载)共同作用下所引起的某一截面的转角和挠度，分别等于每一种荷载单独作用所引起的同一截面的转角和挠度的代数和。

梁在简单荷载作用下的挠度和转角可从表 13.1 中查得。

表 13.1　梁在简单作用下的变形

序号	梁的简图	挠曲线方程	梁端转角	最大挠度
1		$y = \dfrac{F_P x^2}{6EI_z}(3l - x)$	$\theta_B = \dfrac{F_P l^2}{2EI_z}$	$y_B = \dfrac{F_P l^3}{3EI_z}$
2		$y = \dfrac{F_P x^2}{6EI_z}(3a - x)$ $(0 \leq x \leq a)$ $y = \dfrac{F_P a^2}{6EI_z}(3x - a)$ $(a \leq x \leq l)$	$\theta_B = \dfrac{F_P a^2}{2EI_z}$	$y_B = \dfrac{F_P a^2}{6EI_z}(3l - a)$
3		$y = \dfrac{qx^2}{24EI_z}(x^2 - 4lx + 6l^2)$	$\theta_B = \dfrac{ql^3}{6EI_z}$	$y_B = \dfrac{ql^4}{8EI_z}$
4		$y = \dfrac{Mx^2}{2EI_z}$	$\theta_B = \dfrac{Ml}{EI_z}$	$y_B = \dfrac{Ml^2}{2EI_z}$
5		$y = \dfrac{F_P x}{48EI_z}(3l^2 - 4x^2)$ $\left(0 \leq x \leq \dfrac{l}{2}\right)$	$\theta_A = -\theta_B = \dfrac{F_P l^2}{16EI_z}$	$y_C = \dfrac{F_P l^3}{48EI_z}$
6		$y = \dfrac{F_P bx}{6lEI_z}(l^2 - x^2 - b^2)$ $(0 \leq x \leq a)$ $y = \dfrac{F_P a(l-x)}{6lEI_z}(2lx - x^2 - a^2)$ $(a \leq x \leq l)$	$\theta_A = \dfrac{F_P ab(l+b)}{6lEI_z}$ $\theta_B = -\dfrac{F_P ab(l+a)}{6lEI_z}$	设 $a > b$ 在 $x = \sqrt{\dfrac{l^2 - b^2}{3}}$ 处， $y_{max} = \dfrac{\sqrt{3} F_P b}{27 l EI_z}(l^2 - b^2)^{\frac{3}{2}}$ 在 $x = \dfrac{l}{2}$ 处 $y_{\frac{l}{2}} = \dfrac{F_P b}{48 EI_z}(3l^2 - 4b^2)$

续表

序号	梁的简图	挠曲线方程	梁端转角	最大挠度
7	简支梁,均布荷载 q,长 l	$y = \dfrac{qx}{24EI_z}(l^3 - 2lx^2 + x^3)$	$\theta_A = -\theta_B = \dfrac{ql^3}{24EI_z}$	在 $x = \dfrac{l}{2}$ 处 $y_{\max} = \dfrac{5ql^4}{384EI_z}$
8	简支梁,左端力偶 M,长 l	$y = \dfrac{Mx}{6lEI_z}(l-x)(2l-x)$	$\theta_A = \dfrac{Ml}{3EI_z}$；$\theta_B = -\dfrac{Ml}{6EI_z}$	在 $x = \left(1 - \dfrac{1}{\sqrt{3}}\right)l$ 处 $y_{\max} = \dfrac{Ml^2}{9\sqrt{3}EI_z}$；在 $x = \dfrac{l}{2}$ 处 $y_{\frac{l}{2}} = \dfrac{Ml^2}{16EI_z}$
9	简支梁,右端力偶 M,长 l	$y = \dfrac{Mx}{6lEI_z}(l^2 - x^2)$	$\theta_A = \dfrac{Ml}{6EI_z}$；$\theta_B = -\dfrac{Ml}{3EI_z}$	在 $x = \dfrac{l}{\sqrt{3}}$ 处 $y_{\max} = \dfrac{Ml^2}{9\sqrt{3}EI_z}$；在 $x = \dfrac{l}{2}$ 处 $y_{\frac{l}{2}} = \dfrac{Ml^2}{16EI_z}$
10	外伸梁,自由端集中力 F_P,伸出长 a	$y = -\dfrac{F_P a x}{6lEI_z}(l^2 - x^2)$ $(0 \leqslant x \leqslant l)$；$y = \dfrac{F_P(l-x)}{6EI_z}[(x-l)^2 - 3ax + al]$ $(l \leqslant x \leqslant (l+a))$	$\theta_A = -\dfrac{F_P a l}{6EI_z}$；$\theta_B = \dfrac{F_P a l}{3EI_z}$；$\theta_C = \dfrac{F_P a(2l + 3a)}{6EI_z}$	$y_C = \dfrac{F_P a^2}{3EI_z}(l + a)$
11	外伸梁,伸出段均布荷载 q,伸出长 a	$y = -\dfrac{qa^2 x}{12lEI_z}(l^2 - x^2)$ $(0 \leqslant x \leqslant l)$；$y = \dfrac{q(l-x)}{24EI_z}[2a^2(3x - l) + (x - l)^2(x - l - 4a)]$ $(l \leqslant x \leqslant (l+a))$	$\theta_A = -\dfrac{qa^2 l}{12EI_z}$；$\theta_B = \dfrac{qa^2 l}{6EI_z}$；$\theta_C = \dfrac{qa^2(l + a)}{6EI_z}$	$y_C = \dfrac{qa^3}{24EI_z}(3a + 4l)$
12	外伸梁,自由端力偶 M,伸出长 a	$y = -\dfrac{Mx}{6lEI_z}(l^2 - x^2)$ $(0 \leqslant x \leqslant l)$；$y = \dfrac{M}{6EI_z}(3x^2 - 4lx + l^2)$ $(l \leqslant x \leqslant (l+a))$	$\theta_A = -\dfrac{Ml}{6EI_z}$；$\theta_B = \dfrac{Ml}{3EI_z}$；$\theta_C = \dfrac{M}{3EI_z}(l + 3a)$	$y_C = \dfrac{Ma}{6EI_z}(2l + 3a)$

【例 13.3】 简支梁受荷载作用如图 13.7 所示。EI_z 为常数,试用叠加法求跨中截面的最大挠度 $y_{\max}$ 和支座处截面的转角 θ_A、θ_B。

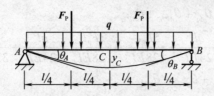

图 13.7 例 13.3 图

解：在计算梁的挠度和转角时，可将梁上的荷载分为三种简单的荷载作用，然后，分别计算每一种简单荷载作用下的同一截面的挠度和转角，取其代数和即可。

由表 13.1 可以查得：在均布荷载 q 作用下，梁的跨中截面 C 的挠度 y_{Cq} 及支座截面的转角 θ_{Aq}、θ_{Bq} 分别为

$$y_{Cq}=\frac{5ql^4}{384EI_z}, \quad \theta_{Aq}=\frac{ql^3}{24EI_z}, \quad \theta_{Bq}=-\frac{ql^3}{24EI_z}$$

在左边集中力 F_P 的作用下，梁的跨中截面 C 的挠度 $y_{CP左}$ 及支座截面的转角 $\theta_{AP左}$、$\theta_{BP左}$ 分别如下。

当 $x=\dfrac{l}{2}$，$a=\dfrac{l}{4}$，$b=\dfrac{3}{4}l$ 时

$$y_{CP左}=\frac{F_P\cdot\dfrac{l}{4}\left(l-\dfrac{l}{2}\right)}{6lEI_z}\left[2l\cdot\dfrac{l}{2}-\left(\dfrac{l}{2}\right)^2-\left(\dfrac{l}{4}\right)^2\right]=\frac{11F_P l^3}{768EI_z}$$

$$\theta_{AP左}=\frac{F_P\cdot\dfrac{l}{4}\cdot\dfrac{3l}{4}\left(l+\dfrac{3l}{4}\right)}{6lEI_z}=\frac{7F_P l^2}{128EI_z}$$

$$\theta_{BP左}=-\frac{F_P\cdot\dfrac{l}{4}\cdot\dfrac{3l}{4}\left(l+\dfrac{1}{4}\right)}{6lEI_z}=-\frac{5F_P l^2}{128EI_z}$$

在右边集中力 F_P 的作用下，梁的跨中截面 C 的挠度 $y_{CP右}$ 及支座截面的转角 $\theta_{AP右}$、$\theta_{BP右}$，利用对称关系分别为(也可直接查表)

$$y_{CP右}=\frac{11F_P l^3}{768EI_z}$$

$$\theta_{AP右}=\frac{5F_P l^2}{128EI_z}$$

$$\theta_{BP右}=-\frac{7F_P l^2}{128EI_z}$$

三种荷载共同作用下，跨中截面的最大挠度 y_{max} 和支座处截面的转角 θ_A、θ_B 分别为

$$y_{max}=y_C=y_{Cq}+y_{CP左}+y_{CP右}$$

$$=\frac{5ql^4}{384EI_z}+\frac{11F_P l^3}{768EI_z}+\frac{11F_P l^3}{768EI_z}=\frac{5ql^4+11F_P l^3}{384EI_z}$$

$$\theta_A = \theta_{Aq} + \theta_{AP左} + \theta_{AP右}$$

$$= \frac{ql^3}{24EI_z} + \frac{5F_P l^2}{128EI_z} + \frac{7F_P l^2}{128EI_z} = \frac{ql^3}{24EI_z} + \frac{3F_P l^2}{32EI_z}$$

$$\theta_B = \theta_{Bq} + \theta_{BP左} + \theta_{BP右}$$

$$= -\frac{ql^3}{24EI_z} - \frac{5F_P l^2}{128EI_z} - \frac{7F_P l^2}{128EI_z} = -\left(\frac{ql^3}{24EI_z} + \frac{3F_P l^2}{32EI_z}\right)$$

【例 13.4】 悬臂梁受均布荷载作用，如图 13.8(a)所示。EI_z 为常数，试用叠加法计算自由端 B 截面的挠度 y_B 和转角 θ_B。

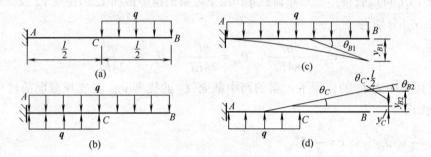

图 13.8　例 13.4 图

解： 将均布荷载向左延长到支座 A 处，并在延长部分 AC 段上加上荷载集度相同而方向相反的均布荷载，如图 13.8(b)所示。这样，图(b)所示的梁与原来梁的受力和变形是完全相同的。

将作用在图 13.8(b)梁上的荷载分解为图 13.8(c)和图 13.8(d)所示两种均布荷载。

在图 13.8(c)荷载作用下，梁自由端 B 截面的挠度和转角由表 13.1 查得

$$y_{B1} = \frac{ql^4}{8EI_z}, \quad \theta_{B1} = \frac{ql^3}{6EI_z}$$

在图 13.8(d)荷载作用下，梁在 C 截面的挠度和转角由表 13.1 查得

$$y_C = -\frac{q\left(\frac{l}{2}\right)^4}{8EI_z} = -\frac{ql^4}{128EI_z}$$

$$\theta_C = -\frac{q\left(\frac{l}{2}\right)^3}{6EI_z} = -\frac{ql^3}{48EI_z}$$

由于 BC 段上没有荷载作用，在这一段上梁的弯矩为零，因此，这一梁段不会发生弯曲变形，但它受 AC 段变形的影响而发生位移，如图 13.8(d)所示，这时，B 截面的挠度和转角为

$$y_{B2} = y_C + \theta_C \cdot \frac{l}{2} = -\frac{ql^4}{128EI_z} - \frac{ql^3}{48EI_z} \cdot \frac{l}{2} = -\frac{7ql^4}{384EI_z}$$

$$\theta_{B2} = \theta_C = -\frac{ql^3}{48EI_z}$$

将图 13.8(c)和图 13.8(d)两种情况下的变形相叠加，即得到梁 B 截面的挠度和转角为

$$y_B = y_{B1} + y_{B2} = \frac{ql^4}{8EI_z} - \frac{7ql^4}{384EI_z} = \frac{41ql^4}{384EI_z}$$

$$\theta_B = \theta_{B1} + \theta_{B2} = \frac{ql^3}{6EI_z} - \frac{ql^3}{48EI_z} = \frac{7ql^3}{48EI_z}$$

13.4 梁的刚度校核及提高弯曲刚度的措施

13.4.1 梁的刚度校核

根据强度条件选择了梁的截面后，往往还要对梁进行刚度校核，检查一下梁的变形是否在允许的范围以内，以便保证梁的正常工作。根据经验，在土建工程中通常只校核梁的最大挠度。由梁的挠曲线方程可知，梁的最大挠度发生在 $\theta = y' = 0$ 的截面或边界截面。

对于梁的挠度，其许可值通常用许可的挠度与梁跨度的比值 $\left[\dfrac{f}{l}\right]$ 作为标准，因此，梁的刚度条件为

$$\frac{y_{\max}}{l} \leq \left[\frac{f}{l}\right] \tag{13.5}$$

按照各类工程构件的不同用途，在有关设计规范中，对 $\left[\dfrac{f}{l}\right]$ 均有具体规定。例如，在土建工程中，$\left[\dfrac{f}{l}\right]$ 的值一般限制在 $\dfrac{1}{250} \sim \dfrac{1}{1000}$ 范围以内。

【例 13.5】如图 13.9 所示，简支梁由 No.28b 工字钢制成，在跨中受集中荷载作用。已知 $F_P = 20\text{kN}$，$l = 9\text{m}$，$E = 210\text{GPa}$，$[\sigma] = 170\text{MPa}$，$\left[\dfrac{f}{l}\right] = \dfrac{1}{500}$。试校核梁的强度和刚度。

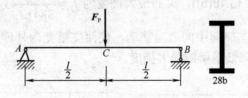

图 13.9　例 13.5 图

解：(1) 由型钢表查得：

$$W_z = 534.286\,\text{cm}^3$$
$$I_z = 7480.006\,\text{cm}^4$$

(2) 强度校核：

$$M_{\max} = \frac{F_P l}{4} = \frac{20 \times 9}{4} = 45(\text{kN}\cdot\text{m})$$

$$\sigma_{\max} = \frac{M_{\max}}{W_z} = \frac{45 \times 10^6}{534.286 \times 10^3} = 84.2(\text{MPa}) < [\sigma]$$

因此，满足强度要求。

(3) 刚度校核。

由表 13.1 查得

$$\frac{f}{l} = \frac{F_p l^2}{48EI_z} = \frac{20 \times 10^3 \times 9^2 \times 10^6}{48 \times 210 \times 10^3 \times 7480.006 \times 10^4} = \frac{1}{465} > \left[\frac{f}{l}\right]$$

因此，不满足刚度要求。

13.4.2 提高梁弯曲刚度的措施

由表 13.1 可以看出，梁的挠度和转角与梁的抗弯刚度 EI_z、跨度 l、支座情况、荷载作用形式及位置有关，要提高梁的弯曲刚度，在使用要求允许的情况下，可采取下列几条措施。

1．增大梁的抗弯刚度 EI_z

梁的抗弯刚度与材料的弹性模量及横截面对中性轴的惯性矩有关。不同材料的弹性模量是不一样的。对于钢材来说，采用高强度钢材可以显著提高梁的强度，但对梁的刚度影响不大，因为高强度钢材与普通低碳钢的弹性模量相差不大。因此，增大梁的抗弯刚度，主要应设法增大梁横截面的惯性矩。在截面面积不变的情况下，采用合理的截面形状，可以增大梁横截面的惯性矩。例如采用工字形、箱形、圆环形、T 形等截面形状，不仅提高了梁的刚度，同时也提高了梁的强度。

2．减小梁的跨度

梁的变形与其跨度的 n 次方成正比。因此，设法减小梁的跨度，将会显著减小梁的变形。例如，均布荷载作用下的简支梁，跨中的最大挠度为 $f = \frac{5ql^4}{384EI_z}$（见图 13.10(a)），若在跨中增加一支座(见图 13.10(b))，梁的最大挠度为 $f_1 = \frac{0.13ql^4}{384EI_z}$，约为原来的 $\frac{1}{38}$。如果条件允许，可将简支梁的支座向中间适当移动，使简支梁变为外伸梁(见图 13.11(a)、(b))。由于减小了跨度，从而降低了梁的最大挠度。

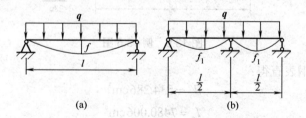

图 13.10 减小跨度，提高刚度

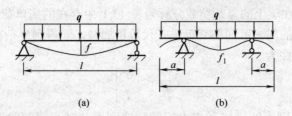

图 13.11 调整支座，减小最大挠度

3．改善荷载的作用情况

在条件允许的条件下，合理调整荷载的作用情况，可以降低弯矩，从而达到降低最大挠度的目的。如图 13.12 所示，将简支梁上的集中力通过一根短梁作用在该梁上，弯矩变为原来的 1/2，梁的最大挠度也变为原来的 1/2。

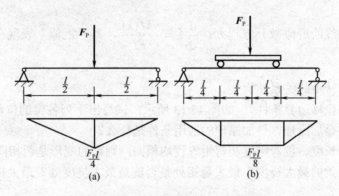

图 13.12 改善荷载布置，减小挠度

13.5 小　　结

本章主要研究平面弯曲梁的变形计算，进一步建立梁的刚度条件。
(1) 平面弯曲的梁，在外力作用下产生两种位移：挠度和转角，二者之间的关系为

$$\theta = \frac{dy}{dx}$$

梁的挠曲线近似微分方程为

$$\frac{d^2y}{dx^2} = -\frac{M(x)}{EI_z}$$

适用条件：弹性范围。小变形。
挠度的正负号为：以向下为正，向上为负。转角的正负号为：以顺时针转向为正，逆时针转向为负。
(2) 计算梁变形的方法。
积分法是计算梁变形的一种基本方法。这种方法需分段列出弯矩方程，然后，根据梁的挠曲线近似微分方程及转角方程，两边积分而得到横截面的挠度和转角。显然，当分段较多时，计算较烦琐，因此，积分法不是计算梁变形的简便方法。

叠加法是将作用在梁上的复杂荷载分解为表 13.1 中存在的简单荷载,通过查表,将各简单荷载作用下引起的同一截面的变形进行代数相加减,即得到复杂荷载作用下的变形。

(3) 梁的刚度条件为

$$\frac{y_{\max}}{l} \leqslant \left[\frac{f}{l}\right]$$

(4) 提高梁弯曲刚度的措施:增大梁的抗弯刚度;减小梁的跨度;改善荷载的布置情况。

13.6 思 考 题

1. 平面弯曲时梁的横截面产生哪几种位移?它们的正负号是怎样规定的?单位分别是什么?

2. 梁挠曲线的近似微分方程为 $\dfrac{d^2 y}{dx^2} = -\dfrac{M(x)}{EI_z}$,其"近似"表现在何处?式中 $\dfrac{d^2 y}{dx^2}$ 代表什么意义?

3. 挠度和转角的关系如何?

4. 什么是位移边界条件? 如图 13.13 所示,试写出下列各梁的位移边界条件。

5. 什么是叠加原理?叠加原理的适用条件是什么?

6. 若梁的长度、抗弯刚度和弯矩方程均相同,则梁的变形是否相同?为什么?

7. 如何求梁的最大挠度?最大弯矩处是否就是最大挠度处?最大挠度处的截面转角是否一定等于零?

8. 试简述如何用叠加法计算梁横截面的挠度和转角。

9. 梁的截面位移与变形有何区别?它们之间又有何联系?图 13.14 中 AC 段和 CB 段是否都产生位移?是否都产生变形?

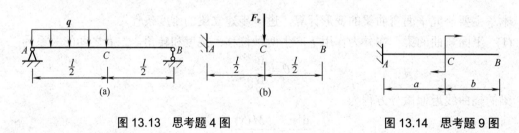

图 13.13 思考题 4 图   图 13.14 思考题 9 图

10. 如图 13.15 所示,试根据荷载和支座情况,画出下列各梁挠曲线的大致形状。

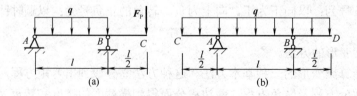

图 13.15 思考题 10 图

11. 提高梁弯曲刚度的措施有哪些方面？
12. 判断下列说法是否正确。
(1) 梁的 EI_z 越大，梁的变形就越大。
(2) 简支梁在集中力作用下，其最大挠度一定发生在集中力作用处。
(3) 通常所说的梁的变形是指梁的挠度。
(4) 挠度的单位与长度的单位相同。
(5) 平面弯曲变形后的梁轴线称为梁的挠曲线。

13.7 习　题

1. 试用积分法计算如图 13.16 所示各梁指定截面的挠度和转角。

答案：(a) $y_B = \dfrac{ql^4}{8EI_z}$，$\theta_B = \dfrac{ql^3}{6EI_z}$

(b) $y_B = \dfrac{Ml^2}{2EI_z}$，$\theta_B = \dfrac{Ml}{EI_z}$

(c) $\theta_A = \dfrac{Ml}{3EI_z}$，$\theta_B = -\dfrac{Ml}{6EI_z}$，$y_C = \dfrac{Ml^2}{16EI_z}$

(d) $\theta_A = -\dfrac{ql^3}{48EI_z}$，$y_C = \dfrac{11ql^4}{384EI_z}$

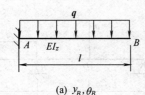
(a) y_B, θ_B

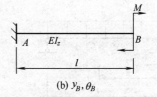
(b) y_B, θ_B

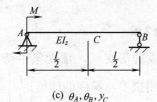
(c) θ_A, θ_B, y_C

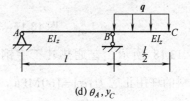
(d) θ_A, y_C

图 13.16　习题 1 图

2. 试用叠加法计算如图 13.17 所示各梁指定截面的挠度和转角。各杆 EI_z 均为常数。

答案：(a) $y_B = \dfrac{7F_P l^3}{2EI_z}$，$\theta_B = \dfrac{5F_P l^2}{2EI_z}$

(b) $y_B = \dfrac{17F_P l^3}{6EI_z}$，$\theta_B = \dfrac{5F_P l^2}{2EI_z}$

(c) $y_C = \dfrac{13ql^4}{48EI_z}$, $\theta_C = \dfrac{19ql^3}{24EI_z}$

(d) $y_C = \dfrac{5ql^4}{48EI_z}$, $\theta_C = \dfrac{ql^3}{3EI_z}$

(e) $\theta_A = -\dfrac{7ql^3}{24EI_z}$, $\theta_B = \dfrac{ql^3}{8EI_z}$, $y_C = -\dfrac{19ql^4}{384EI_z}$

(f) $y_C = \dfrac{5ql^4}{24EI_z}$, $y_D = \dfrac{ql^4}{24EI_z}$

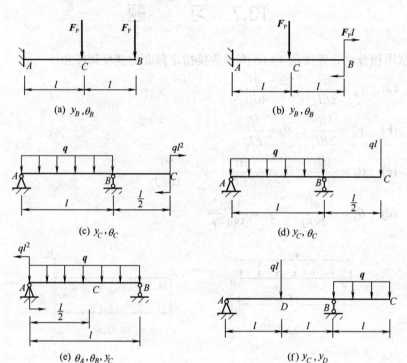

图 13.17 习题 2 图

3. 如图 13.18 所示，普通热轧工字钢制成的简支梁，承受集中荷载作用。已知 $F_P = 22\text{kN}$，材料的许用正应力 $[\sigma] = 160\text{MPa}$，许用挠度与跨度的比值 $\left[\dfrac{f}{l}\right] = \dfrac{1}{400}$，材料的弹性模量 $E = 200\text{GPa}$。试确定工字钢的型号。

答案：No.18

4. 如图 13.19 所示，承受均布荷载的简支梁由两根竖置普通槽钢组成。已知 $q = 10\text{kN/m}$，材料的许用正应力 $[\sigma] = 100\text{MPa}$，许用挠度与跨度的比值 $\left[\dfrac{f}{l}\right] = \dfrac{1}{1000}$，材料的弹性模量 $E = 200\text{GPa}$。试确定槽钢的型号。

答案：No.22a

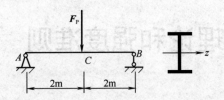

图 13.18 习题 3 图　　　　　　图 13.19 习题 4 图

5. 如图 13.20 所示，一简支梁用 No.20b 工字钢制成，已知 $F_P=10\text{kN}$，$q=4\text{kN/m}$，材料的弹性模量 $E=200\text{GPa}$，许用挠度与跨度的比值 $\left[\dfrac{f}{l}\right]=\dfrac{1}{400}$。试校核梁的刚度。

答案：$\dfrac{y_{\max}}{l}=\dfrac{1}{266.7}$

6. 如图 13.21 所示工字钢简支梁，已知 $q=4\text{kN/m}$，$m=4\text{kN}\cdot\text{m}$，材料的弹性模量 $E=200\text{GPa}$，材料的许用正应力 $[\sigma]=160\text{MPa}$，许用挠度与跨度的比值 $\left[\dfrac{f}{l}\right]=\dfrac{1}{400}$。试按强度条件选择工字钢的型号，并校核梁的刚度。

答案：No.14

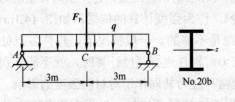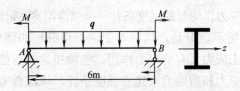

图 13.20 习题 5 图　　　　　　图 13.21 习题 6 图

第 14 章 应力状态理论和强度准则

本章的学习要求：

- 正确理解一点应力状态的概念，能够正确地用微元表示一点的应力状态。
- 熟练应用解析法和应力圆确定平面应力状态中任意方向面上的应力。
- 理解主平面、主应力的概念；重点是用应力圆确定平面应力状态的主应力及其方向和最大剪应力。
- 了解广义胡克定律及其应用条件。

14.1 一点的应力状态概述

14.1.1 一点应力状态的概念

前面几章讨论了杆件在轴向拉压、剪切、扭转和弯曲等几种基本受力和变形形式下，杆件横截面上的应力计算，并根据横截面上的应力以及相应的试验结果，建立了只有正应力和剪应力作用时的强度条件——强度准则(强度理论)，作为强度计算的依据，如图 14.1(a)、(b)所示。但是，这些对于进一步分析的强度问题是不够的。一般情况下，构件各点处既有正应力又有剪应力作用，当须按这些点处的应力对构件进行强度计算时，就不能分别按正应力和剪应力来建立强度条件，须综合考虑这两种应力共同作用对材料强度的影响。对于受力构件的破坏现象，用横截面的强度条件也不能解释。例如，仅根据横截面上的应力，无法解释为什么在拉伸试验中，低碳钢试件在屈服时其表面上会出现与轴线夹角为 45°的滑移线；也不能解释铸铁试件在压缩时沿斜截面破坏，其破坏面呈错动光滑状的现象。即，仅仅根据横截面上的应力，不能直接建立图 14.1(c)所示的既有正应力又有剪应力时的强度准则。因此，除了分析横截面上的应力外，还必须分析斜截面上的应力，寻找引起杆件发生各种破坏或失效的原因。

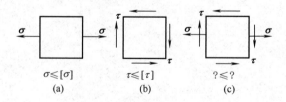

图 14.1 平面应力状态图

实际上，杆件在受力和变形后，不仅横截面上会产生应力，而且在斜截面上也产生应力。如果在拉杆的表面上绘一正方形，杆件受拉后正方形变成了菱形。这表明斜截面上存在剪应力使得原来的正方形的直角发生了改变，如图 14.2(a)、(b)所示，即产生了剪应变。又如，在圆轴表面上画一圆，圆轴受扭后此圆变成了一斜置的椭圆，长轴方向表示承受拉应力而伸长，短轴方向表示承受压应力而缩短，如图 14.2(c)、(d)所示。此现象表明，扭转时杆件斜截面上存在正应力。

上述试验现象反映出下述规律：拉中有剪，剪中有拉。即在过一点的某个方向截面上虽然只有正应力，但在另外一些方向截面上还存在剪应力。或者，在过一点的某个方向截面上虽然只有剪应力，但在另外一些方向截面上，还存在着正应力。

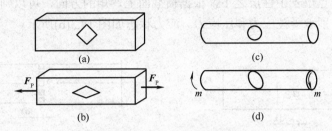

图 14.2 拉伸与扭转变形图

过一点，所有方向面上的应力集合，称为这一点的**应力状态**。对微元体各方位截面上应力变化规律的研究，称为**应力状态理论**。

本章首先分析一点的应力状态，然后应用应力状态理论以及不同应力状态下失效的共同规律，建立一般应力状态下的强度准则，作为复杂应力状态下强度计算的依据。

14.1.2 一点的应力状态的描述

为了描述一点的应力状态，在一般情况下，围绕这一点取一个三对面互相垂直的六面体，当其边长很小时，便趋近于点，称为**微元体**(或单元体)，简称"**微元**"。当微元体三对面上的应力已知时，可以用截面法和平衡条件，求得过这一点任意方向面上的应力，因此，微元体及其三对互相垂直面上的应力，可以描述一点的应力状态。

要确定过一点任意方向面上的应力，首先应确定代表这一点的微元体三对互相垂直面上的应力。因此，截取微元体时，应尽量使其三对互相垂直面上的应力为已知或容易由基本受力与变形形式下的应力公式计算出。故对于矩形截面杆，微元体三对面中有一对为相距很近的横截面，另外两对面为相距很近、平行于杆件表面的纵截面；对于圆形截面杆，微元体三对面中有一对为相距很近的横截面，其余两对面中有一对为相距很近的同轴圆柱面，另一对为通过轴线且有一微小夹角的纵截面。

例如，如图 14.3(a)所示的矩形截面拉杆，为确定其上任意点的应力状态，先在该点左、右两侧，用相距为 dx 的两横截面从杆上截取一微段，然后，再在该点的上、下和前、后两侧，用相距为 dy 和 dz 的两对纵截面，自 dx 微段上截取一微元。根据轴向拉伸时横截面上的正应力的计算公式，可计算出左、右两侧面上的正应力。这一对面上无剪应力作用，于是得出拉杆中任意一点的应力状态。

如图 14.3(b)所示的自由端承受集中力作用的矩形截面悬臂梁，为求梁中任意横截面处 1、2、3、4、5 点的应力状态，用相距为 dx 的一对横截面截取一微段。对于 1 点和 5 点，位于梁的上、下边缘，分别是最大拉应力和最大压应力作用点，故微元左、右两侧面上都有正应力作用；由于上、下表面上无外力作用，故其上的正应力和剪应力均为零；根据剪应力互等定理，此两点左、右面上无剪应力作用。对于 3 点，因为位于梁的中性层上，故其左、右两侧面上无正应力作用；但由于梁的横截面上存在剪力，与之对应，在横截面上有与剪力方向相同的剪应力存在，并在此点处数值最大。根据剪应力互等定理，微元的上、下面上亦有大小相等的剪应力作用。对于 2 点和 4 点，其微元左、右两侧面上既有正应力作用，又有剪应力作用，剪应力的方向都与横截面上的剪力方向相同；但 2 点位于中性层之上，4 点位于中性层之下，根据横截面上弯矩的方向，可以判断出此两点微元左、右两侧面上分别承受拉应力和压应力。应力状态如图14.3(b)所示。

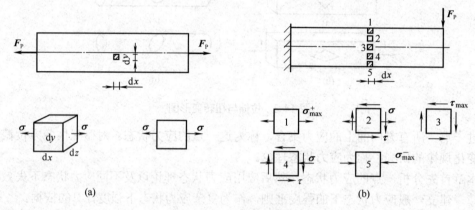

图 14.3　点的应力状态图

微元体中所受的应力作用线都处于相互平行的平面内，这种应力状态称为**平面应力状态**。只承受单一方向正应力作用的称为**单向应力状态**；只承受剪应力作用的称为**纯剪应力状态**；既有正应力又有剪应力作用的称为**复杂应力状态**。

14.2　平面应力状态分析

14.2.1　平面应力状态的数解法

图 14.4 所示的应力状态中，正应力与剪应力均处于同一平面内，且上、下及左、右两对面上都有正应力和剪应力作用，故属于平面应力状态的一般情况。

当 $\sigma_y = \tau_{xy} = 0$ 时，为单向应力状态；当 $\sigma_x = \sigma_y = 0$ 时，为纯剪应力状态。

为求任意方向面上的应力与已知应力的关系，考察以 α 角表示的任意方向截面，如图 14.4(a)所示。

用截面法截取任一部分为研究对象，如图 14.4(b)所示。α 角为任意方向面的外法线 n 与 x 轴的夹角，并规定：自 x 轴正方向逆时针方向转至截面外法线正方向时 α 角为正，反之为负。

对于应力，其符号规定与以前的规定相同。

正应力——拉应力为正，压应力为负。

剪应力——使截取部分有顺时针转动趋势时为正，反之为负。

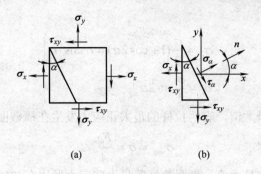

图 14.4 任意方向面上的应力

设所考察的方向面面积为 dA，则截开部分的左侧及下部的面积分别为 $dA\cos\alpha$ 和 $dA\sin\alpha$，截取部分上的所有力，应满足沿方向面法线和切线方向的平衡条件。

$$\sum F_N = 0 (\sigma_\alpha dA) - (\sigma_x dA\cos\alpha)\cos\alpha + (\tau_{xy} dA\cos\alpha)\sin\alpha - (\sigma_y dA\sin\alpha)\sin\alpha + (\tau_{xy} dA\sin\alpha)\cos\alpha = 0$$

$$\sum F_T = 0 (\tau_\alpha dA) - (\sigma_x dA\cos\alpha)\sin\alpha - (\tau_{xy} dA\cos\alpha)\cos\alpha + (\sigma_y dA\sin\alpha)\cos\alpha + (\tau_{xy} dA\sin\alpha)\sin\alpha = 0$$

利用三角关系式

$$\sin^2\alpha = \frac{1-\cos 2\alpha}{2}$$

$$\cos^2\alpha = \frac{1+\cos 2\alpha}{2}$$

$$\sin 2\alpha = 2\sin\alpha\cos\alpha$$

整理得

$$\left.\begin{aligned}\sigma_\alpha &= \frac{\sigma_x + \sigma_y}{2} + \frac{\sigma_x - \sigma_y}{2}\cos 2\alpha - \tau_{xy}\sin 2\alpha \\ \tau_\alpha &= \frac{\sigma_x - \sigma_y}{2}\sin 2\alpha + \tau_{xy}\cos 2\alpha\end{aligned}\right\} \quad (14.1)$$

此即平面应力状态中任意方向面上的正应力和剪应力计算公式，它适用于所有的平面应力状态。

【例 14.1】 求图 14.5 所示拉杆中任意斜截面的应力，并说明最大正应力和最大剪应力发生在哪个方向面上，杆横截面积为 A，拉力为 F_P。

解： 拉杆中任意点均为单向拉伸应力状态，故只要求得微元体任意方向面上的应力，即为拉杆任意斜截面上的应力。由图可知

$$\sigma_x = \sigma$$
$$\sigma_y = 0$$
$$\tau_{xy} = 0$$

将上述数值代入式(14.1)，即可得到单向拉伸应力状态下，任意方向面上的正应力和剪

应力。

$$\left.\begin{aligned}\sigma_\alpha &= \frac{\sigma}{2}(1+\cos 2\alpha) = \sigma\cos^2\alpha \\ \tau_\alpha &= \frac{\sigma}{2}\sin 2\alpha\end{aligned}\right\} \quad (14.2)$$

当 $\alpha = 0$ 时，σ_α 有最大值，表明拉杆的最大正应力发生在横截面上，数值为

$$\sigma_{\max} = \sigma = \frac{F_P}{A}$$

当 $\alpha = 45°$ 时，τ_α 有最大值，表明拉杆的最大剪应力发生在与轴线夹角为 45°的斜截面上，数值为

$$\tau_{\max} = \frac{\sigma}{2} = \frac{F_P}{2A}$$

根据上述结论，可以说明强度试验中某些试验现象产生的原因。例如，低碳钢拉伸试验至屈服阶段时，光滑试件表面会出现与杆轴线夹 45°角的滑移线。这是由于在 45°角斜截面上剪应力最大；当其达到一定数值时，与轴线夹 45°角的斜截面便发生相互错动，从而表面形成滑移线。

【例 14.2】 某受扭矩作用的纯扭圆轴，若 m、d 等均为已知，试分析其表面各点任意方向面上的正应力和剪应力。

解： 承受纯扭转的圆轴，横截面上只有剪应力而无正应力作用，剪应力的方向垂直于圆半径，指向与扭矩的转动方向一致。因此，微元体左、右两侧面上只有剪应力；根据剪应力互等定理，上、下面上也有剪应力作用。其表面上各点均为纯剪应力状态，如图 14.6 所示。

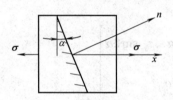

图 14.5 例 14.1 图

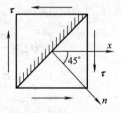

图 14.6 例 14.2 图

由扭矩计算出截面上的剪应力为

$$\tau = \frac{F_T}{W_P} = \frac{16m}{\pi d^3}$$

对于纯剪应力状态，由图可知

$$\sigma_x = \sigma_y = 0$$
$$\tau_{xy} = \tau$$

代入式(14.1)，得到纯剪应力状态中，任意方向面上正应力和剪应力的表示式。

$$\left.\begin{aligned}\sigma_\alpha &= -\tau\sin 2\alpha \\ \tau_\alpha &= \tau\cos 2\alpha\end{aligned}\right\} \quad (14.3)$$

根据式(14.3)可知

当 $\alpha = 0$ 时，剪应力 τ_α 有最大值。这表明，纯扭圆轴表面各点所有方向面中，与横截面对应的方向面上剪应力最大，其值为

$$\tau_{\max} = \tau$$

需要注意的是，此处所说的剪应力最大值是指过同一点、不同方向面上的剪应力最大值；它不同于扭转圆轴横截面上剪应力分布中的最大值(即同一截面不同点的最大值)。

当 $\alpha = -45°$ 时，正应力 σ_α 有最大值。这表明在 $-45°$ 的方向面上正应力最大，而且为拉应力，其数值为

$$\sigma_{\max} = \tau$$

根据这一结论，可以解释铸铁圆轴扭转破坏时之所以沿与轴线成 $45°$ 角的螺旋面断开，是由于此面上的拉应力最大，当其达到一定数值时，便沿其作用面断开。

【例 14.3】 微元体各面上的应力如图 14.7 所示，图中应力单位为 MPa，试求与水平面夹角为 $30°$ 的方向面上的正应力和剪应力。

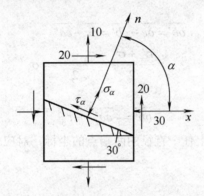

图 14.7 例 14.3 图

解： 对于所给定的应力状态，各种应力值为

$$\sigma_x = -30\text{MPa}, \quad \sigma_y = 10\text{MPa}, \quad \tau_{xy} = -20\text{MPa}, \quad \alpha = 60°$$

代入式(14.1)中可得

$$\sigma_\alpha = \frac{-30+10}{2} + \frac{-30-10}{2}\cos120° - (-20)\sin120°$$

$$= -10 - 20\cos120° + 20\sin120° = 17.3(\text{MPa})$$

$$\tau_\alpha = \frac{-30-10}{2}\sin120° + (-20)\cos120°$$

$$= -20\sin120° - 20\cos120° = -7.32(\text{MPa})$$

14.2.2 平面应力状态的图解法——应力圆

1. 应力圆方程

将式(14.1)整理后可得

$$\left(\sigma_\alpha - \frac{\sigma_x + \sigma_y}{2}\right)^2 + \tau_\alpha^2 = \left[\frac{1}{2}\sqrt{(\sigma_x - \sigma_y)^2 + 4\tau_{xy}^2}\right]^2 \tag{14.4}$$

此式表明：在以 σ_α 为横坐标轴，τ_α 为纵坐标轴的坐标系中，式(14.4)为圆方程，圆心坐标为 $\left(\dfrac{\sigma_x+\sigma_y}{2},0\right)$，即圆心位于横轴上，圆半径为 $\dfrac{1}{2}\sqrt{(\sigma_x-\sigma_y)^2+4\tau_{xy}^2}$，根据式(14.4)画出的圆，称为**应力圆**或**莫尔圆**，其示意图如图14.8所示。

应力圆方程表明，一点应力状态中，任意方向面上的正应力和剪应力，对应着 σ_α-τ_α 坐标系中应力圆上某一点的两个应力坐标值，这种对应关系称为**点面对应**。

2. 应力圆的绘制方法

设应力圆上 a 点的两个坐标值，对应于所取微元上垂直于 x 轴的 A 面上的应力 (σ_x,τ_{xy})。如图14.8(b)所示，将 a 点与圆心 c 相连，并延长 ac 使之与应力圆相交于 b 点。利用图中的几何关系，可以证明，b 点的两个坐标值分别对应着微元上与 A 面垂直的 B 面上的正应力和剪应力 $(\sigma_y,-\tau_{xy})$。

b 点的横坐标为

$$\overline{ob'}=\overline{oc}-\overline{cb'}=\overline{oc}-\overline{ca'}$$
$$=\dfrac{\sigma_x+\sigma_y}{2}-\dfrac{\sigma_x-\sigma_y}{2}=\sigma_y$$

b 点的纵坐标为

$$\overline{bb'}=-\overline{aa'}=-\tau_{xy}$$

上述分析表明，应力圆上任一直径的两端点的坐标，对应着微元上两相互垂直面上的应力数值。

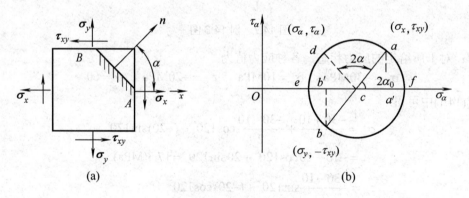

图 14.8 应力圆示意图

绘制应力圆的步骤如下。

(1) 以 σ_α 为横轴，τ_α 为纵轴建立 σ_α-τ_α 坐标系。

(2) 取适当的比例，在 σ_α-τ_α 坐标系中，按比例绘出微元中两相互垂直的 A 面相对应的 a 点应力 (σ_x,τ_{xy}) 及 B 面上对应的 b 点应力 $(\sigma_x,-\tau_{xy})$。

(3) 连接 a、b 二点交横轴于 c 点。以 c 点为圆心，以 ca 或 cb 为半径画圆，即为与给定的应力状态相对应的应力圆。

需要指出的是：当 σ_x、σ_y、τ_{xy} 取不同的数值时，应力圆的位置和大小会因此而异。

不同应力状态下对应的应力圆，有的可能在纵坐标轴的右侧，有的可能在纵坐标轴的左侧，也有的可能部分在左侧，另一部分在右侧。

3. 应力圆确定任意方向面上的应力

由上述分析可知，当微元 A 面的法线逆时针方向转过 $\pi/2$ 时，到达了 B 面的法线方向，应力圆上与 A 面对应的 a 点处，半径按相同方向转到与 B 面对应的 b 点处半径位置。即"应力圆半径的转动方向与微元面法线的转动方向一致，但前者转过的角度是后者转过角度的二倍"。据此，可利用应力圆求得微元体任意方向面(斜截面)上的应力。

综上所述，应力圆上的点与微元体上的面之间存在如下对应关系。

(1) 点面对应：应力圆上某点的坐标对应着微元体上某个截面上的应力。

(2) 倍角对应：应力圆上两点之间的圆弧所对应的圆心角，是微元体上对应的两个截面之间夹角的两倍(即两倍角关系)。

(3) 转向对应：应力圆上沿圆周由一点转到另一点所转动的方向，与微元体对应的两个截面外法线转动方向一致。

掌握上述对应关系，是利用应力圆对构件任一点处进行应力状态分析的关键。

【例 14.4】 微元各面上的应力如图 14.9 所示，单位 MPa，$\alpha = 30°$，试求：

(1) 画出对应的应力圆；

(2) 由应力圆求 D 面上的正应力和剪应力。

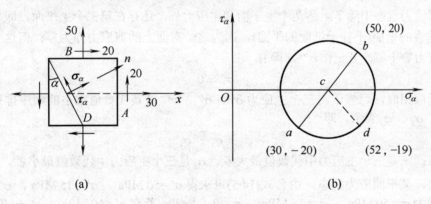

图 14.9 例 14.4 图

解：(1) 画应力圆。

建立 σ_α - τ_α 坐标系，标出与微元 A 面和 B 面上应力对应的 a 点 $(30,-20)$ 和 b 点 $(50,20)$，连接 a、b 交横轴于 c 点。以 c 点为圆心，ca 或 cb 为半径画圆，即为与给定的应力状态相对应的应力圆。

(2) 求 D 面上的应力。

如图 14.9(a)所示，由 A 面法线(x)到 D 面的法线(n)，将逆时针转过 $30°$，在应力圆上与 A 面对应的 a 点处，半径 ca 逆时针转过 $2×30°=60°$ 角至 cd 位置，则 d 点的坐标即为所要求的 D 面上的应力。按比例量得

$$\sigma_\alpha = 52 \text{MPa} \qquad \tau_\alpha = -19 \text{MPa}$$

14.3　主应力与最大剪应力

14.3.1　主应力与主平面的位置

利用应力圆求主应力及确定主平面位置十分方便,考察平面应力状态及其所对应的应力圆(见图 14.8),可以发现,应力圆与横轴的两个交点 e 和 f 具有下列特征。

(1) 两点的纵坐标为零,表明应力状态中与这两点对应,有一对相互垂直的面 E 和 F,其上的剪应力等于零。

(2) 两点的横坐标值相对应于应力圆上其余点的正应力,分别为极大值和极小值。

只有正应力而无剪应力作用的微元方向截面,称为**主平面**,主平面上的正应力称为一点的**主应力**,用 σ' 和 σ'' 表示。主平面的方向角,即主平面的外法线与 x 轴的夹角,称为**主方向角**。

由几何关系可得

$$\left.\begin{aligned}\sigma' &= \frac{\sigma_x + \sigma_y}{2} + \frac{1}{2}\sqrt{(\sigma_x - \sigma_y)^2 + 4\tau_{xy}^2} \\ \sigma'' &= \frac{\sigma_x + \sigma_y}{2} - \frac{1}{2}\sqrt{(\sigma_x - \sigma_y)^2 + 4\tau_{xy}^2}\end{aligned}\right\} \quad (14.5)$$

平面应力状态中除了上述两个主平面和主应力外,还存在第三个主平面,即与 A 面和 B 面都垂直的平面(平行于纸面的平面),因为这一对面上的剪应力亦为零;但这一主平面上的主应力等于零。若记作 σ''',即有

$$\sigma''' = 0$$

实际应用时,习惯于将三个主应力 σ'、σ''、σ''' 按其代数值大小的顺序排列并改用记号 σ_1、σ_2、σ_3 表示,即

$$\sigma_1 \geqslant \sigma_2 \geqslant \sigma_3$$

上式表明:σ_1 是三个主应力中代数值最大者。σ_3 是三个主应力中代数值最小者。

例如,某平面应力状态,由公式(14.5)可求得 σ' =50 MPa,σ'' =15 MPa,σ''' =0;于是可以记为 σ_1 =50 MPa,σ_2 =15 MPa,σ_3 =0。又如,若有 σ' =60 MPa,σ'' = −70 MPa,σ''' =0;则可记为 σ_1 =60 MPa,σ_2 = −70 MPa,σ_3 = 0。

利用应力圆确定主平面的位置也很方便。图 14.8 所示的应力圆上 a 点到 f 点为顺时针旋转 $2\alpha_0$,在微元体上由 x 轴按顺时针方向旋转 α_0 便可确定主平面的法线位置。顺时针方向旋转时角度为负值,从应力圆上可得

$$\tan 2\alpha_0 = -\frac{\overline{aa'}}{\overline{ca'}} = -\frac{\tau_x}{\dfrac{\sigma_x - \sigma_y}{2}} = -\frac{2\tau_x}{\sigma_x - \sigma_y} \quad (14.6)$$

应力圆上 f 点到 e 点旋转了 $180°$,微元体上相应面的法线间的夹角为 $90°$,说明两个主平面相互垂直。

14.3.2 最大剪应力

平面应力状态的主应力确定后，一点的应力状态即可用主应力作用的微元体表示。当一个主应力为零时便成为平面应力状态。

在平行 σ_1 作用方向的任意方向面上，正应力与剪应力都与 σ_1 无关。这是因为作用在截开部分左、右两侧的主应力 σ_1 与其作用面面积的乘积，组成自相平衡的力系。于是，当研究平行于 σ_1 作用方向的这一组方向面上的应力时，可以不考虑 σ_1 的影响，而将其视为只有 σ_2 和 σ_3 作用的平面应力状态。据此可以绘出与这一组方向面上应力相对应的应力圆，如图 14.10 所示。

同理，对于平行于 σ_2 和 σ_3 作用方向的另外两组平面，其上的正应力和剪应力则分别与 σ_2 和 σ_3 无关。据此可以绘出与方向面上应力相对应的两个应力圆。

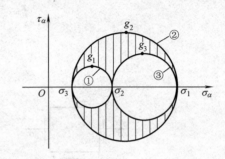

图 14.10 主应力与应力圆关系图

根据三组方向面上的应力所对应的三个应力圆可以看出，一点应力状态中的最大剪应力(应力圆中的最高点)为

$$\tau_{\max} = \frac{\sigma_1 - \sigma_3}{2} \tag{14.7}$$

由应力圆图中可以看出，横轴上表示主应力的点旋转90°达到最高点，故微元体上相应的面法线间夹角为45°，即最大剪应力作用面与主平面成45°角。

【例 14.5】平面应力状态如图 14.11 所示，若 σ 和 τ 均为已知，试绘出其应力圆并写出主应力和最大剪应力的表达式。

解：(1) 画应力圆。

建立 σ_α-τ_α 坐标系如图所示，根据微元体相互垂直面上的应力，在 σ_α-τ_α 坐标系中找到相对应的两点 $a(\sigma,\tau)$、$b(0,-\tau)$，连接 a、b，以此为直径绘出应力圆②，它与横轴交于 e、f 两点，此两点的横坐标值即为主应力。由于有一个主应力为零，故 e 点为 σ_1，坐标原点为 σ_2，f 点为 σ_3。根据 σ_1 和 σ_2 以及 σ_2 和 σ_3 还可以作出其他两个应力圆。

(2) 求主应力与最大剪应力。

由于
$$\sigma_x = \sigma, \quad \sigma_y = 0, \quad \tau_{xy} = \tau$$

于是有
$$\sigma' = \frac{\sigma}{2} + \frac{1}{2}\sqrt{\sigma^2 + 4\tau^2}$$
$$\sigma'' = \frac{\sigma}{2} - \frac{1}{2}\sqrt{\sigma^2 + 4\tau^2}$$
$$\sigma''' = 0$$

根据 $\sigma_1 > \sigma_2 > \sigma_3$，得到图 14.11 所示平面应力状态的主应力为

$$\left.\begin{array}{l}\sigma_1 = \dfrac{\sigma}{2} + \dfrac{1}{2}\sqrt{\sigma^2 + 4\tau^2}\\ \sigma_2 = 0 \\ \sigma_3 = \dfrac{\sigma}{2} - \dfrac{1}{2}\sqrt{\sigma^2 + 4\tau^2}\end{array}\right\} \quad (14.8)$$

此平面应力状态下最大剪应力为

$$\tau_{\max} = \dfrac{\sigma_1 - \sigma_3}{2} = \dfrac{1}{2}\sqrt{\sigma^2 + 4\tau^2} \quad (14.9)$$

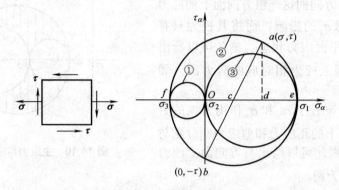

图 14.11 例 14.5 图

【例 14.6】 从图 14.12(a)所示的受扭圆轴中取出图 14.12(b)所示微元体，系纯剪应力状态，试用应力圆求其主应力的大小并确定其主平面的位置。

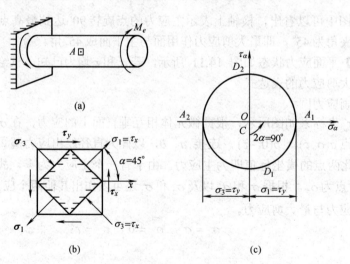

图 14.12 例 14.6 图

解：(1) 绘制应力圆。

建立 σ_α-τ_α 坐标系，由 x 面上的应力为 $\sigma_x = 0$ 及 τ_x(负值)，在坐标轴上定出 D_1 点；由 y 面上的应力为 $\sigma_y = 0$，$\tau_y = -\tau_x$(正值)，可定出 D_2 点。以 $\overline{D_1 D_2}$ 为直径作圆，圆心 C 与坐标原点 O 重合。

(2) 求主应力及确定主平面位置。

在应力圆上直接量得主应力值为

$$\sigma_1 = \overline{OA_1} = |\tau_x|, \quad \sigma_3 = \overline{OA_2} = -|\tau_x|$$

应力圆上 D_1 到 A_1 点为逆时针转 $2\alpha_0 = 90°$，微元体从 x 轴逆时针转 $\alpha_0 = 45°$ 得到 σ_1 所在主平面法线的位置。σ_3 所在主平面与 σ_1 所在主平面互相垂直。

14.4 平面应力状态下的应力-应变关系

对于图 14.13(a)所示的平面一般应力状态，为研究在 x，y 方向产生的正应变以及剪应变，在线弹性和小变形的前提下，可以分解为图 14.13(b)、(c)、(d)三种情形的叠加。

从图 14.13 中不难看出，σ_x、σ_y 不仅在沿它们各自的作用方向会产生正应变，而且在与之垂直方向上也会产生正应变，且满足 $\varepsilon_x = -\mu\varepsilon_y$，$\varepsilon_y = -\mu\varepsilon_x$ 的关系。在小变形的情况下，图 14.13(d)中所示的剪应力也会产生剪应变，但不会在 x、y 方向产生正应变。

于是，利用叠加原理，可得到下列应力-应变关系。

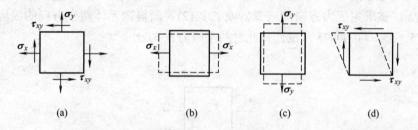

图 14.13 应力状态叠加图

$$\left. \begin{array}{l} \varepsilon_x = \dfrac{\sigma_x}{E} - \mu\dfrac{\sigma_y}{E} \\[6pt] \varepsilon_y = \dfrac{\sigma_y}{E} - \mu\dfrac{\sigma_x}{E} \\[6pt] \gamma_{xy} = \dfrac{\tau_{xy}}{G} \end{array} \right\} \tag{14.10}$$

若 ε_x、ε_y、γ_{xy} 已知，则有

$$\left. \begin{array}{l} \sigma_x = \dfrac{E}{1-\mu^2}(\varepsilon_x + \mu\varepsilon_y) \\[6pt] \sigma_y = \dfrac{E}{1-\mu^2}(\varepsilon_y + \mu\varepsilon_x) \\[6pt] \tau_{xy} = G\gamma_{xy} \end{array} \right\} \tag{14.11}$$

同理，对应于三个主应力 σ_1、σ_2、σ_3 表示的应力状态，三个主应力方向的正应变为

$$\left.\begin{array}{l}\varepsilon_1 = \dfrac{\sigma_1}{E} - \mu\dfrac{\sigma_2}{E} - \mu\dfrac{\sigma_3}{E} = \dfrac{1}{E}[\sigma_1 - \mu(\sigma_2 + \sigma_3)] \\ \varepsilon_2 = \dfrac{\sigma_2}{E} - \mu\dfrac{\sigma_1}{E} - \mu\dfrac{\sigma_3}{E} = \dfrac{1}{E}[\sigma_2 - \mu(\sigma_1 + \sigma_3)] \\ \varepsilon_3 = \dfrac{\sigma_3}{E} - \mu\dfrac{\sigma_1}{E} - \mu\dfrac{\sigma_2}{E} = \dfrac{1}{E}[\sigma_3 - \mu(\sigma_1 + \sigma_2)] \end{array}\right\} \quad (14.12)$$

上述三式均称为广义胡克定律。表示了应力不超过比例极限时空间应力状态下应力与应变之间的物理关系。计算时应力与应变均为代数值，若计算结果为正，表示是拉应变；为负，则表示是压应变。ε_1、ε_2、ε_3 是分别与主应力 σ_1、σ_2、σ_3 方向对应的主应变。在小变形情况下剪应力对线应变不产生影响。当其中有一个主应力等于零时，即为平面应力状态的情况。公式中的三个弹性常数 E、G、μ 并不是相互独立的，它们之间存在下列关系：

$$G = \dfrac{E}{2(1+\mu)} \quad (14.13)$$

【例 14.7】 图 14.14 所示微元体，$E = 200\,\text{GPa}$，$\mu = 0.3$，(1)若 $\sigma_1 = 100\,\text{MPa}$，$\sigma_2 = 50\,\text{MPa}$，试求主应力方向的应变 ε_1 及 ε_2；(2)若测得微元体两个方向的线应变分别为 $\varepsilon_1 = 0.00075$，$\varepsilon_2 = -0.00075$，试计算此时的主应力 σ_1 与 σ_2。

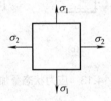

图 14.14 例 14.7 图

解：(1) 计算 ε_1 与 ε_2。

$$\varepsilon_1 = \dfrac{1}{E}(\sigma_1 - \mu\sigma_2) = \dfrac{1}{200\times 10^3}(100 - 0.3\times 50) = 0.000425$$

$$\varepsilon_2 = \dfrac{1}{E}(\sigma_2 - \mu\sigma_1) = \dfrac{1}{200\times 10^3}(50 - 0.3\times 100) = 0.0001$$

(2) 计算主应力 σ_1 与 σ_2。

处于平面应力状态时，有

$$\sigma_1 = \dfrac{E}{1-\mu^2}(\varepsilon_1 + \mu\varepsilon_2) = \dfrac{200\times 10^3}{1-0.3^2}(0.00075 - 0.3\times 0.00065) = 122(\text{MPa})$$

$$\sigma_2 = \dfrac{E}{1-\mu^2}(\varepsilon_2 + \mu\varepsilon_1) = \dfrac{200\times 10^3}{1-0.3^2}(-0.00065 + 0.3\times 0.00075) = -93.5(\text{MPa})$$

14.5 强度准则

14.5.1 强度准则的概念

在强度问题中，失效或"破坏"包含两种不同的含义。其一是指构件在外力作用下，由于应力过大而导致断裂，例如铸铁试件拉伸和扭转时的破坏。其二是指构件在荷载作用下出现明显的塑性变形，例如低碳钢试件拉伸至屈服时属于此类。在工作过程中，出现这两种情形中的任意一种时，构件都会丧失正常功能。

在基本变形中，杆件拉伸时(单向应力状态)和圆轴扭转时(纯剪应力状态)，都是通过试验确定极限应力值(屈服强度和强度极限)，再直接利用试验结果建立强度准则(强度理论)的，但这种方法不适用于复杂应力状态。

在复杂应力状态下，当三个主应力 σ_1、σ_2、σ_3 中有两个或三个不为零时，即使对同一材料，在不同的主应力比值下，材料达到失效状态时的极限应力值也是各不相同的。例如三向等拉时，应力数值很低时，材料就会失效；而同样的材料在三向等压作用下，应力数值很高时，才会发生失效。主应力 σ_1、σ_2、σ_3 之间的比值有无穷多种组合，要想通过试验确定材料在不同主应力比值下发生失效的极限应力值是不可能的。

尽管应力状态各种各样，材料发生破坏时都存在一定的规律。在常温、静载作用时，材料在不同的应力状态下的破坏大致可分为两种形式：一种是破坏时有明显的塑性变形的剪断或屈服；另一种是破坏时没有明显的塑性变形的脆性断裂。对于同一类破坏形式，有可能存在引起破坏的共同因素，若能从材料破坏的现象中总结出破坏规律，找出引起破坏的决定性的共同因素，那么复杂应力状态和简单应力状态，都可以通过简单的拉、压试验的测试结果来建立强度条件。

所谓的"强度理论"就是关于材料在不同应力状态下引起破坏的决定因素的各种假设，根据这些假设，推知材料在复杂应力状态下，何时发生破坏，从而建立起相应的强度计算依据，即强度条件。

材料破坏按其物理性质可分为屈服和断裂两种类型，故强度理论也分为两类：一类是用来解释断裂破坏原因的，包括最大拉应力理论和最大拉应变理论；另一类是解释屈服破坏原因的，包括最大剪应变理论和形状改变比能理论。

14.5.2 常用的强度准则

1. 最大拉应力理论(第一强度理论)

这一理论认为：不管材料处在何种应力状态下，引起材料破坏的主要因素是最大拉应力，即只要危险点的最大拉应力($\sigma_{max} = \sigma_1$)达到材料轴向拉伸破坏时的拉应力极限值 σ^0，就引起断裂破坏。

破坏条件为
$$\sigma_1 = \sigma^0$$

于是，强度条件为
$$\sigma_1 \leqslant [\sigma] \tag{14.14}$$

式中：σ_1——材料在复杂应力状态下的最大拉应力($\sigma_1 = \sigma_b$)；

$[\sigma]$——材料在轴向拉伸时的许用应力，$[\sigma] = \dfrac{\sigma^0}{K}$。

试验结果表明，这一准则只适用于脆性材料在各种应力状态下发生脆性断裂的情形，而对塑性材料并不符合。同时，这一理论没有考虑其他两个主应力的影响，对只有压应力而没有拉应力状态无法应用。

2. 最大拉应变理论(第二强度理论)

这一理论认为：引起材料破坏的主要因素是最大拉应变。即材料在复杂应力状态下，只要危险点处的最大拉应变($\varepsilon_{max} = \varepsilon_1$)达到材料单向拉伸断裂时的极限拉应变$\varepsilon^0$，材料就发生断裂破坏。

其破坏条件是
$$\varepsilon_1 = \varepsilon^0$$

根据广义胡克定律，复杂应力状态下的应变可由主应力表达
$$\varepsilon_1 = \frac{1}{E}[\sigma_1 - \mu(\sigma_2 + \sigma_3)]$$

轴向拉伸破坏的线应变为
$$\varepsilon^0 = \frac{\sigma^0}{E}$$

由主应力表达的破坏条件是
$$\sigma_1 - \mu(\sigma_2 + \sigma_3) = \sigma^0$$

于是按第二强度理论建立的强度条件是
$$\sigma_1 - \mu(\sigma_2 + \sigma_3) \leqslant [\sigma] \tag{14.15}$$

第二强度理论只对部分脆性材料适用，此理论认为：单向受拉要比二向受拉及三向受拉更易破坏。这与实际结果不相符合，故目前很少应用。

3. 最大剪应力理论(第三强度理论)

这一理论认为：引起材料破坏的主要因素是最大剪应力。即：不论材料处于什么应力状态，只要危险点的最大剪应力τ_{max}达到材料在单向应力状态下屈服时的极限值τ^0，材料就发生塑性破坏。

破坏条件为
$$\tau_{max} = \tau^0$$

材料在复杂应力状态下的最大剪应力为
$$\tau_{max} = \frac{\sigma_1 - \sigma_3}{2}$$

材料在单向拉伸时，当横截面上的正应力达到屈服极限σ_s时，与轴线成$45°$角的斜截面上的剪应力达到材料的极限值，此时最大剪应力为
$$\tau^0 = \frac{\sigma^0}{2} \quad (\sigma^0 = \sigma_s)$$

破坏条件由主应力可表达为
$$\sigma_1 - \sigma_3 = \sigma^0$$

故强度条件为
$$\sigma_1 - \sigma_3 \leqslant [\sigma] \tag{14.16}$$

实践证明这一理论对塑性材料比较符合，理论表达的强度条件形式简明，在对塑性材料制成的构件进行强度计算时，经常被采用。但这一理论没有考虑中间主应力σ_2对材料

屈服的影响，计算结果有误差。

4. 状态改变比能理论(第四强度理论)

构件受力变形后，外力所做的功转变为物体的"弹性变形能"，单位体积的变形能称为"变形比能"，它包括两部分：只引起体积改变的和只引起形状改变的变形比能。后者称为"形状改变比能"，用 u_d 表示。形状改变比能理论认为：形状改变比能是引起材料破坏的主要因素。即材料无论处于什么应力状态下，只要最大形状改变比能 u_d 达到轴向拉伸破坏时的形状改变比能 u_d^0，就会引起塑性破坏。

破坏条件为

$$u_d = u_d^0$$

复杂应力状态下的形状改变比能为

$$u_d = \frac{1+\mu}{6E}[(\sigma_1-\sigma_2)^2+(\sigma_2-\sigma_3)^2+(\sigma_3-\sigma_1)^2]$$

轴向拉伸破坏时的形状改变比能为

$$u_d^0 = \frac{1+\mu}{6E}2(\sigma^0)^2 = \frac{1+\mu}{3E}(\sigma^0)^2$$

破坏条件用主应力表达为

$$\sqrt{\frac{1}{2}[(\sigma_1-\sigma_2)^2+(\sigma_2-\sigma_3)^2+(\sigma_3-\sigma_1)^2]} = \sigma^0$$

故强度条件为

$$\sqrt{\frac{1}{2}[(\sigma_1-\sigma_2)^2+(\sigma_2-\sigma_3)^2+(\sigma_3-\sigma_1)^2]} \leqslant [\sigma] \tag{14.17}$$

试验结果表明：第四强度理论能较好地符合塑性材料，比第三强度理论更接近实际，因而在工程上得到广泛应用。

综合上述 4 种强度理论的强度条件，表达式可写成统一形式

$$\sigma_r \leqslant [\sigma] \tag{14.18}$$

式中，σ_r 是按不同强度理论得出的危险点的主应力的综合值，从形式上看，它与轴向拉伸时的拉应力在安全程度上是相当的，故称为**相当应力或计算应力**。$[\sigma]$ 为轴向拉伸时材料的许用应力。

4 个强度理论的相当应力分别为

$$\left.\begin{array}{l}\sigma_{r1}=\sigma_1\\\sigma_{r2}=\sigma_1-\mu(\sigma_2+\sigma_3)\\\sigma_{r3}=\sigma_1-\sigma_3\\\sigma_{r4}=\sqrt{\frac{1}{2}[(\sigma_1-\sigma_2)^2+(\sigma_2-\sigma_3)^2+(\sigma_3-\sigma_1)^2]}\end{array}\right\} \tag{14.19}$$

强度理论是个非常复杂的问题，各种因素间存在着错综复杂的相互影响，随着生产和科学技术的发展，对材料破坏的认识也必将进一步深化，将来会建立起更加符合实际的、新的强度理论。

14.5.3 强度理论的适用范围及应用

上述 4 种强度理论，只是对确定的破坏形式(屈服或断裂)才适用，对于受力杆件处于复杂应力状态下的危险点进行强度计算时，应先根据材料的性能(塑性还是脆性)和应力状态，判断构件可能发生的破坏形式，再选择合适的强度理论。

4 种强度理论，一类是说明断裂破坏的，一类是说明塑性破坏的。一般情况下，脆性材料抗断裂的能力比抗剪能力低，破坏时表现为脆性断裂，因此常采用第一或第二强度理论；塑性材料抗剪能力比抗断裂能力低，破坏时，常表现为屈服或剪断的形式，因此第二、第四强度理论较适用。

上述情况是对材料在常温、静载条件下而言的。事实上，不同性质的材料固然会发生不同形式的破坏，就是同一种材料在不同的条件或不同的应力状态下也会发生不同形式的破坏。实验结果表明，塑性材料在一定的条件下(例如低温或三向等拉)，会发生脆性断裂，而脆性材料在特定的应力状态下(例如静水压力)，会发生塑性屈服或剪断。

计算应力或相当应力只是为了计算方便而引入的名词和符号，它们本身并不具有应力的含义；强度准则并不包括强度计算的全过程，而只是确定了危险点及其应力状态之后的计算过程。因此，在对构件进行强度计算时，要根据受力分析绘制构件的内力图；由内力图判断可能的危险截面；再由危险截面上的内力分量引起的内力分布，确定可能的危险点及其应力状态；最后根据可能的失效形式选择合适的准则进行强度计算。

一般情况下，梁的危险点在截面的上、下边缘的正应力最大点处，作正应力的强度校核可满足要求；在下列情况下需考虑作主应力的校核。

(1) 梁截面为工字钢、槽钢等有翼缘的薄壁截面，腹板与翼缘板交接处正应力与剪应力均接近该截面的最大值。

(2) 梁在同一截面上的弯矩和剪力均为全梁的最大值，且剪力数值很大。

应用强度理论对处于复杂应力状态下的构件进行强度计算时，可按下列步骤进行。

① 分析构件危险点处的应力，计算危险点处微元体上的主应力 σ_1、σ_2、σ_3；

② 选用合适的强度理论，应用式(14.19)确定相当应力；

③ 建立强度条件，进行强度计算。

【例 14.8】某危险点的应力微元体如图 14.15 所示，试按四个强度理论分别建立强度条件。

解：(1) 计算微元体的主应力：

$$\sigma_1 = \frac{\sigma}{2} + \sqrt{\left(\frac{\sigma}{2}\right)^2 + \tau^2}$$

$$\sigma_2 = 0$$

$$\sigma_3 = \frac{\sigma}{2} - \sqrt{\left(\frac{\sigma}{2}\right)^2 + \tau^2}$$

(2) 计算相当应力 σ_r，并列强度条件：

$$\sigma_{r1} = \sigma_1 = \frac{\sigma}{2} + \sqrt{\left(\frac{\sigma}{2}\right)^2 + \tau^2} \leqslant [\sigma]$$

$$\sigma_{r2} = \sigma_1 - \mu(\sigma_2 + \sigma_3) = \left[\frac{\sigma}{2} + \sqrt{\left(\frac{\sigma}{2}\right)^2 + \tau^2}\right] - \mu\left[\frac{\sigma}{2} - \sqrt{\left(\frac{\sigma}{2}\right)^2 + \tau^2}\right]$$

$$= \frac{1-\mu}{2}\sigma + \frac{1+\mu}{2}\sqrt{\sigma^2 + 4\tau^2} \leqslant [\sigma]$$

$$\sigma_{r3} = \sigma_1 - \sigma_3 = \sqrt{\sigma^2 + 4\tau^2} \leqslant [\sigma]$$

$$\sigma_{r4} = \sqrt{\frac{1}{2}[(\sigma_1-\sigma_2)^2 + (\sigma_2-\sigma_3)^2 + (\sigma_3-\sigma_1)^2]} = \sqrt{\sigma^2 + 3\tau^2} \leqslant [\sigma]$$

【例 14.9】已知铸铁构件上的危险点的应力状态如图 14.16 所示，若铸铁抗拉的许用应力$[\sigma] = 30\text{MPa}$，试校核该点的强度是否安全。

图 14.15　例 14.8 图　　　　　　图 14.16　例 14.9 图

解： 根据所给的危险点的应力状态，微元体各面上只有拉应力而无压应力，故可以认为铸铁将发生脆性断裂，故采用第一强度理论校核。

$$\sigma' = \frac{\sigma_x + \sigma_y}{2} + \frac{1}{2}\sqrt{(\sigma_x - \sigma_y)^2 + 4\tau_{xy}^2}$$

$$= \frac{10+23}{2} + \frac{1}{2}\sqrt{(10-23)^2 + 4(-11)^2} = 29.3(\text{MPa})$$

$$\sigma'' = \frac{\sigma_x + \sigma_y}{2} - \frac{1}{2}\sqrt{(\sigma_x - \sigma_y)^2 + 4\tau_{xy}^2}$$

$$= \frac{10+23}{2} - \frac{1}{2}\sqrt{(10-23)^2 + 4(-11)^2} = 3.7(\text{MPa})$$

因是平面应力状态，故主应力为：$\sigma''' = 0$

$$\sigma_1 = \sigma' = 29.3\text{MPa}, \quad \sigma_2 = \sigma'' = 3.7\text{MPa}, \quad \sigma_3 = \sigma''' = 0$$

$$\sigma_{r1} = \sigma_1 = 29.3\text{MPa} < [\sigma] = 30\text{MPa}$$

该危险点是安全的。

【例 14.10】工字钢简支梁受力如图 14.17 所示，已知$[\sigma] = 160\text{MPa}$，$[\tau] = 100\text{MPa}$。试按强度条件选择工字钢的型号，并作主应力校核。

解： (1) 绘制梁的内力图。

梁的剪力图和弯矩图如图 14.17(b)、(c)所示，由内力图可以看出，截面C与D处弯矩与剪力均为最大，故此两个截面为危险截面。

$$M_C = M_{max} = 84 \text{kN} \cdot \text{m}$$
$$F_{QC} = F_{Qmax} = 200 \text{kN}$$

(2) 按正应力强度条件选择截面。
$$W \geqslant \frac{M_{max}}{[\sigma]} = \frac{84 \times 10^6}{160} = 5.25 \times 10^5 (\text{mm}^3) = 525 \text{cm}^3$$

选用 No.28b 工字钢，截面尺寸如图 14.7(d)所示，查附表可得
$$I = 7480 \text{cm}^4 ，\quad I/S_z^* = 24.2 \text{cm} ，\quad W = 534.3 \text{cm}^3 ，\quad 腹板厚为 b = 10.5 \text{mm}$$

梁内实际最大正应力为
$$\sigma_{max} = \frac{M_{max}}{W} = \frac{84 \times 10^6}{534.3 \times 10^3} = 157.2 (\text{N/mm}^2) = 157 \text{MPa}$$

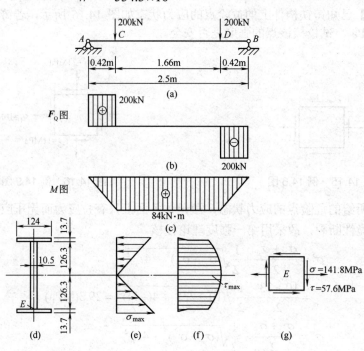

图 14.17 例 14.10 图

(3) 剪应力校核。
$$\tau_{max} = \frac{F_{Qmax} S_z^*}{Ib} = \frac{F_{Qmax}}{(I/S_z^*)b} = \frac{200 \times 10^3}{24.2 \times 10 \times 10.5} = 78.7 (\text{N/mm}^2) = 78.7 \text{MPa} < [\tau]$$

故所选的截面满足剪应力要求。

(4) 主应力校核。

由于 C、D 截面上具有 M、F_Q 最大值，在截面腹板和翼缘板交接处（E 点处）正应力与剪应力都接近最大值，两者的组合作用使 E 点处的主应力也相应较大，应选择合适的强度理论对 E 点作主应力校核。

$$S = 12.4 \times 1.37 \times \left(12.63 + \frac{1.37}{2}\right) = 226.2 (\text{cm}^3)$$

$$\sigma_E = \frac{My}{I} = \frac{84 \times 10^6 \times 126.3}{7480 \times 10^4} = 141.8(\text{N}/\text{mm}^2) = 141.8\text{MPa}$$

$$\tau_E = \frac{F_Q S_z^*}{Ib} = \frac{200 \times 10^3 \times 226.2 \times 10^3}{7480 \times 10^4 \times 10.5} = 57.6(\text{N}/\text{mm}^2) = 57.6\text{MPa}$$

E点微元体的应力状态如图 14.17(g)所示,处于平面应力状态,采用第四强度理论进行校核。

强度条件为

$$\sigma_{r4} = \sqrt{\sigma^2 + 3\tau^2} \leqslant [\sigma]$$

$$\sigma_{r4} = \sqrt{\sigma^2 + 3\tau^2} = \sqrt{141.8^2 + 3 \times 57.6^2} = 173(\text{MPa}) > [\sigma]$$

上述计算说明在腹板与翼缘板交接处的强度不足,需要选择更大的截面。

若选用 No.32a 工字钢,则有:$I = 11075.5\text{cm}^4$,腹板厚为 $b = 9.5\text{mm}$

根据截面尺寸可计算 E 点处的参数为

$$S = 13 \times 1.5 \times \left(14.5 + \frac{1.5}{2}\right) = 298(\text{cm}^3)$$

$$\sigma_E = \frac{My}{I} = \frac{84 \times 10^6 \times 145}{11075.5 \times 10^4} = 110(\text{N}/\text{mm}^2) = 110\text{MPa}$$

$$\tau_E = \frac{F_Q S_z^*}{Ib} = \frac{200 \times 10^3 \times 298 \times 10^3}{11075.5 \times 10^4 \times 9.5} = 56.6(\text{N}/\text{mm}^2) = 56.6\text{MPa}$$

$$\sigma_{r4} = \sqrt{\sigma^2 + 3\tau^2} = \sqrt{110^2 + 3 \times 56.6^2} = 147(\text{MPa}) < [\sigma]$$

由上述计算可知选用 No.32a 工字钢满足要求。

14.6 小　　结

本章讨论了应力状态理论和强度理论(强度准则),通过对受力构件内任一点应力状态的分析,进而对平面应力状态下构件的强度问题进行全面研究,列出了常用的强度理论,从而解决了复杂应力状态下构件的强度计算问题。

1. 一点处的应力状态

是指围绕一点所取微元体的各个方向面上应力的总体情况。

2. 平面应力状态分析

平面应力状态分析方法有解析法和应力圆法两种。利用平面应力状态分析的结果,可求得任意方向斜截面上的应力、主应力及最大剪应力的数值。

1) 解析法

微元体各个方向面上的应力计算公式为

$$\sigma_\alpha = \frac{\sigma_x + \sigma_y}{2} + \frac{\sigma_x - \sigma_y}{2}\cos 2\alpha - \tau_{xy}\sin 2\alpha$$

$$\tau_\alpha = \frac{\sigma_x - \sigma_y}{2}\sin 2\alpha + \tau_{xy}\cos 2\alpha$$

微元体各个方向面中，剪应力为零的面称为主平面；主平面上的正应力称为主应力；主应力是各斜截面上正应力的最大值或最小值。其计算公式为

$$\begin{matrix} \sigma_{max} \\ \sigma_{min} \end{matrix} = \begin{matrix} \sigma_1 \\ \sigma_3 \end{matrix} = \frac{\sigma_x + \sigma_y}{2} \pm \sqrt{\left(\frac{\sigma_x - \sigma_y}{2}\right)^2 + \tau_{xy}^2}$$

最大剪应力作用面与主平面成 $45°$ 夹角，其大小为两个主应力差值的一半。即

$$\tau_{max} = \frac{\sigma_1 - \sigma_3}{2}$$

2) 应力圆法

应力圆是解决一点处应力计算的一种形象而又简便的工具，可按下述步骤绘制。

① 建立 σ-τ 坐标。
② 按适当比例选定基准点(由 A 面及 B 面的应力 σ_x、σ_y、τ_{xy} 的数值确定 a 点和 b 点)。
③ 连接两点确定圆心及半径，绘出应力圆。

应力圆上的点和微元体的面之间存在三个对应关系，分别为：点面对应、倍角对应及转向对应。

3. 广义胡克定律

广义胡克定律建立了微元体在复杂应力状态下应力与应变间的关系。平面应力状态下有

$$\varepsilon_x = \frac{\sigma_x}{E} - \mu\frac{\sigma_y}{E}, \quad \varepsilon_y = \frac{\sigma_y}{E} - \mu\frac{\sigma_x}{E}, \quad \gamma_{xy} = \frac{\tau_{xy}}{G}$$

4. 强度准则

复杂应力状态下的强度条件须根据强度条件来建立。目前的强度理论尚不完善，通过对材料破坏现象的观察和研究，提出了只要破坏类型相同，则引起材料破坏的主要因素也相同的各种假说；利用单向应力状态的试验结果，建立复杂应力状态的强度条件。各种强度理论都有一定的适用范围，须根据材料的性能和破坏形式选用合适的强度理论进行强度计算。一般情况下，第一及第二强度理论适用于断裂破坏的脆性材料；第三和第四强度理论适用于屈服破坏的塑性材料。

四个强度理论的相当应力分别为

$$\sigma_{r1} = \sigma_1$$
$$\sigma_{r2} = \sigma_1 - \mu(\sigma_2 + \sigma_3)$$
$$\sigma_{r3} = \sigma_1 - \sigma_3$$
$$\sigma_{r4} = \sqrt{\frac{1}{2}[(\sigma_1 - \sigma_2)^2 + (\sigma_2 - \sigma_3)^2 + (\sigma_3 - \sigma_1)^2]}$$

四种强度理论的强度条件表达式的统一形式为

$$\sigma_r \leqslant [\sigma]$$

14.7 思 考 题

1. 什么是一点处的应力状态？为何要研究应力状态问题？
2. 微元体的正应力、主应力、最大正应力有什么区别和联系？
3. 微元体的最大正应力作用面上有没有剪应力？最大剪应力作用面上有没有正应力？
4. 当微元体上同时存在正应力和剪应力时，剪应力互等定理是否成立？
5. 如图 14.18 所示应力圆各表示何种应力状态？画出各应力圆所对应的微元应力状态图。

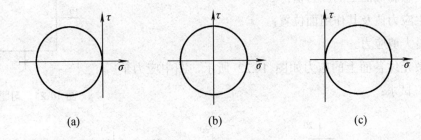

图 14.18　思考题 5 图

6. 强度理论的内容是什么？什么是相当应力？四种强度理论的相当应力是什么？

14.8 习　　题

1. 试绘出图 14.19 所示简支梁内五点处的微元体图，并标明各个面上的应力分布情况。

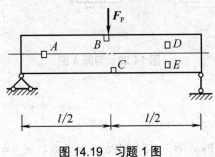

图 14.19　习题 1 图

2. 微元体上应力如图 14.20 所示，试采用解析法和应力圆法求出指定斜截面上的应力(单位为 MPa)。

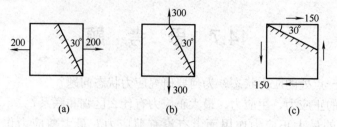

图 14.20 习题 2 图

3. 对于图 14.21 所示微元体应力图，试根据单项应力状态的结论求出：

(1) 任意斜截面上的应力值；

(2) 主应力值及其作用面位置；

(3) 最大剪应力。

4. 微元体各面上的应力如图 14.22 所示，图中应力单位为 MPa，试求：

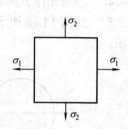

图 14.21 习题 3 图

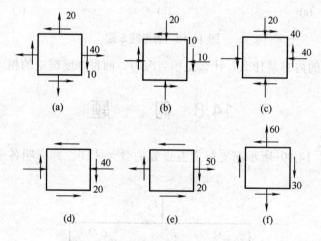

图 14.22 习题 4 图

(1) 主应力；

(2) 主方向角；

(3) 最大剪应力。

答案：(a)　$\sigma_1 = 44.1\,\text{MPa}$，$\sigma_2 = 15.9\,\text{MPa}$，$\sigma_3 = 0$，$\tau_{\max} = 22.1\,\text{MPa}$

(b)　$\sigma_1 = 0$，$\sigma_2 = -3.8\,\text{MPa}$，$\sigma_3 = -26.2\,\text{MPa}$，$\tau_{\max} = 13.1\,\text{MPa}$

(c)　$\sigma_1 = 11.4\,\text{MPa}$，$\sigma_2 = 0$，$\sigma_3 = -71.4\,\text{MPa}$，$\tau_{\max} = 41.4\,\text{MPa}$

(d)　$\sigma_1 = 8.1\,\text{MPa}$，$\sigma_2 = 0$，$\sigma_3 = -48.1\,\text{MPa}$，$\tau_{\max} = 28.1\,\text{MPa}$

(e)　$\sigma_1 = 57\,\text{MPa}$，$\sigma_2 = 0$，$\sigma_3 = -7\,\text{MPa}$，$\tau_{\max} = 32\,\text{MPa}$

(f)　$\sigma_1 = 72.4\,\text{MPa}$，$\sigma_2 = 0$，$\sigma_3 = -12.4\,\text{MPa}$，$\tau_{\max} = 42.4\,\text{MPa}$

5. 已知微元体应力如图 14.23 所示(应力单位 MPa)，试求：

(1) 主应力 σ_1、σ_2、σ_3 的数值；
(2) 主平面位置(用微元体图表示)；
(3) 最大剪应力值。

答案：(a)　$\sigma_1 = 57\,\text{MPa}$，$\sigma_2 = 0$，$\sigma_3 = -7\,\text{MPa}$，$\tau_{\max} = 32\,\text{MPa}$
　　　(b)　$\sigma_1 = 5\,\text{MPa}$，$\sigma_2 = 0$，$\sigma_3 = -85\,\text{MPa}$，$\tau_{\max} = 45\,\text{MPa}$
　　　(c)　$\sigma_1 = 25\,\text{MPa}$，$\sigma_2 = 0$，$\sigma_3 = -25\,\text{MPa}$，$\tau_{\max} = 25\,\text{MPa}$

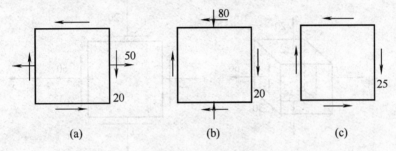

图 14.23　习题 5 图

6. 如图 14.24 所示为边长为 $10\,\text{mm}$ 的正方体钢块，放在一刚性槽内，钢块与槽之间无间隙，今在钢块表面施加均布压力，其合力为 $F_p = 6\,\text{kN}$。若已知 $\mu = 0.33$，求钢块内任意一点的主应力。

答案：$\sigma_1 = 0$，$\sigma_2 = -19.8\,\text{MPa}$，$\sigma_3 = -60\,\text{MPa}$

7. 铸铁构件上危险点的应力微元体如图 14.25 所示，试对危险点在下列应力数值时进行强度校核。若已知铸铁的抗拉许用应力 $[\sigma]_l = 30\,\text{MPa}$，$\mu = 0.25$。

(1)　$\sigma_x = \sigma_y = 0$，$\tau_{xy} = 30\,\text{MPa}$；
(2)　$\sigma_x = 10\,\text{MPa}$，$\sigma_y = 23\,\text{MPa}$，$\tau_{xy} = -11\,\text{MPa}$。

答案：(1)　$\sigma_{r1} = 30\,\text{MPa}$，$\sigma_{r2} = 37.5\,\text{MPa}$
　　　(2)　$\sigma_{r1} = 29.3\,\text{MPa}$，$\sigma_{r2} = 28.4\,\text{MPa}$

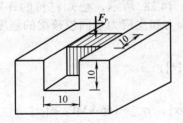
图 14.24　习题 6 图

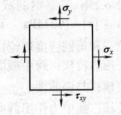
图 14.25　习题 7 图

8. 试计算图 14.26 所示应力状态的相当应力(应力单位为 MPa)。若材料为低碳钢，许用应力为 $[\sigma] = 100\,\text{MPa}$，试校核这一应力状态是否安全。

答案：(1)　$\sigma_{r3} = 26\,\text{MPa} < [\sigma]$，$\sigma_{r4} = 24\,\text{MPa} < [\sigma]$

9. 图 14.27 所示的简支梁由三块钢板焊接而成，已知 $F_p = 100\,\text{kN}$，$l = 4\,\text{m}$，试求：
(1) 危险截面翼缘与腹板交接处，A、B 两点的主应力值；
(2) 根据第三、第四强度理论，计算其相当应力。

答案：A 点处：$\sigma_1 = 5.9\,\text{MPa}$，$\sigma_3 = -91.1\,\text{MPa}$，$\alpha_0 = -75.8°$，$\sigma_{r3} = 97\,\text{MPa}$，$\sigma_{r4} = 94.1\,\text{MPa}$。

B 点处：$\sigma_1 = 91.1\,\text{MPa}$，$\sigma_3 = -5.9\,\text{MPa}$，$\alpha_0 = -14.20°$，$\sigma_{r3} = 97\,\text{MPa}$，$\sigma_{r4} = 94.1\,\text{MPa}$。

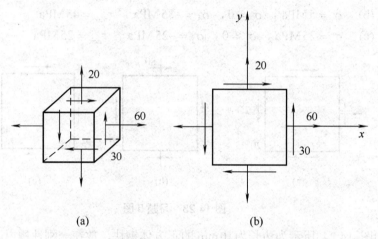

图 14.26 习题 8 图

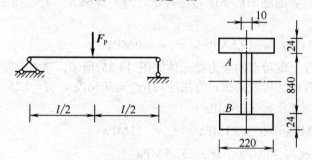

图 14.27 习题 9 图

10. 由 No.25b 工字钢制成的简支梁受力如图 14.28 所示，已知材料的许用应力 $[\sigma] = 170\,\text{MPa}$，$[\tau] = 100\,\text{MPa}$，试根据正应力、剪应力和主应力全面校核梁的强度(主应力校核采用第三和第四强度理论)。

答案：正应力校核：跨中截面 $\sigma_{\max} = 114.7\,\text{MPa} < [\tau]$；

剪应力校核：与座截面 $\tau_{\max} = 96.4\,\text{MPa} < [\tau]$；

主应力校核：集中力作用截面 $\sigma_{r3} = 162.2\,\text{MPa} < [\sigma]$，$\sigma_{r4} = 146.8\,\text{MPa} < [\sigma]$。

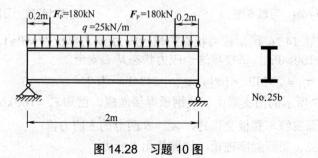

图 14.28 习题 10 图

第15章 组合变形的强度计算

本章的学习要求：

- 掌握组合变形的基本概念及解题方法。
- 掌握斜弯曲的强度计算。
- 掌握单向偏心压缩(拉伸)的强度计算；了解双向偏心压缩时的应力及强度计算。
- 了解截面核心的概念。

15.1 组 合 变 形

15.1.1 组合变形的概念

前面各章已经分别讨论了杆件在轴向拉伸(压缩)、剪切、扭转和弯曲等基本变形时的强度和刚度计算，它们都属于单一的最基本的简单变形。然而在实际工程中，有些杆件所受的荷载比较复杂，其变形不是单一的基本变形，而往往发生两种或两种以上的基本变形。例如，图 15.1(a)所示的烟囱，除由本身的自重引起的轴向压缩变形外，还有因水平方向的风力作用而产生的弯曲变形；图 15.1(b)所示的厂房柱，由于受到偏心压力的作用，柱子同时产生轴向压缩和弯曲变形；图 15.1(c)所示的屋架檩条，由于荷载不作用在纵向对称面内，所以，檩条的弯曲不是平面弯曲，将檩条所受的荷载 q 沿 y 轴和 z 轴分解后可见，檩条的变形是由两个互相垂直的平面弯曲组合而成。

像这种由两种或两种以上的基本变形组合而成的变形，称为组合变形。

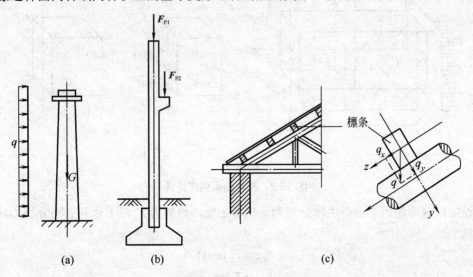

图 15.1 组合变形例图

15.1.2 组合变形的解题方法

杆件由于外荷载的作用,在产生组合变形的情况下,横截面上的应力是比较复杂的。但为了简化起见,我们采用叠加法来解决组合变形的强度问题。即:首先将杆件的组合变形分解为几种基本变形;然后分别计算杆件在每一种基本变形情况下所产生的应力;最后再将同一点的应力叠加起来,便可得到杆件在组合变形下的应力。实践证明,只要杆件符合小变形条件,且材料在弹性范围内工作,由上述叠加法所计算的结果与实际情况基本上是符合的。

15.2 斜 弯 曲

前面我们已经讨论过平面弯曲的问题。当外力作用在梁的纵向对称面内时,梁变形后的轴线也位于外力所在的平面,这种变形称为梁的平面弯曲。如果外力的作用平面虽然通过梁轴线,但是它并不与梁的纵向对称面重合,这时,变形后梁的轴线将不在外力作用平面内,这种弯曲称为斜弯曲。如图 15.1(c)所示檩条所产生的变形即为斜弯曲。

为简单起见,现以图 15.2(a)所示的矩形截面悬臂梁为例来分析斜弯曲梁的强度计算的一般过程。

15.2.1 外力分解

设集中力 F_P 作用在悬臂梁的自由端,其作用线通过截面形心并与竖向对称轴成 φ 角(见图 15.2(a))。

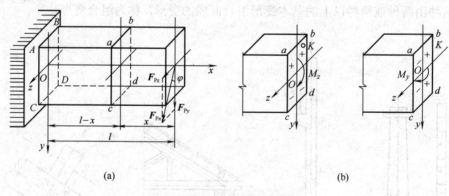

图 15.2 斜弯曲梁强度计算

设矩形截面的两个形心主轴分别为 y 轴和 z 轴,将外力 F_P 沿 y 轴和 z 轴分解为两个分力,得

$$F_{Py} = F_P \cos\varphi$$
$$F_{Pz} = F_P \cos\varphi$$

分力 F_{Py} 将使梁在 xOy 平面内产生平面弯曲;而分力 F_{Pz} 将使梁在 xOz 平面内产生平面弯曲。即将斜弯曲分解为两个相互垂直平面内的平面弯曲,也就是说,斜弯曲实质上是

梁的两个相互垂直的平面弯曲的组合。

15.2.2 内力分析

斜弯曲时梁的横截面上存在着剪力和弯矩。在一般情况下，斜弯曲梁的强度是由最大正应力控制的。因此，在内力分析时，只考虑弯矩。

在距自由端为 x 的横截面 m-m 上，由 F_{Py}、F_{Pz} 所引起的弯矩值分别为

$$M_z = F_{Py} \cdot x = F_P \cos\varphi \cdot x = M \cdot \cos\varphi$$

$$M_y = F_{Pz} \cdot x = F_P \sin\varphi \cdot x = M \cdot \sin\varphi$$

其中
$$M = F_P \cdot x$$

15.2.3 应力计算

在 m-m 截面上任意点 K 处(坐标为 y、z)，由 M_z 和 M_y 所引起的正应力分别为

$$\sigma' = \frac{M_z \cdot y}{I_z}$$

$$\sigma'' = \frac{M_y \cdot z}{I_y}$$

应用叠加法，K 点的正应力为

$$\sigma = \sigma' + \sigma'' = \frac{M_z \cdot y}{I_z} + \frac{M_y \cdot z}{I_y} \tag{15.1}$$

式中，I_z 和 I_y 分别是横截面对形心主轴 z 和 y 的惯性矩。

K 点应力 σ' 和 σ'' 是拉应力还是压应力，可通过平面弯曲的变形情况直接判断，拉应力取正号，压应力取负号，如图 15.2(b)所示。

15.2.4 强度条件

在进行强度计算时，必须首先确定危险截面和危险点的位置。对图 15.2 所示的悬臂梁，固定端截面的弯矩值最大，是危险截面。由 M_z 产生的最大拉应力发生在该截面的 AB 边上；由 M_y 产生的最大拉应力发生在 BD 边上。可见，此梁的最大拉应力发生在 AB 边和 BD 边的交点 B 上。同理，最大压应力发生在 C 点。所以，B、C 两点就是危险点。

若材料的抗拉和抗压强度相等，则斜弯曲的强度条件为

$$\sigma_{\max} = \frac{M_{z\max}}{W_z} + \frac{M_{y\max}}{W_y} \leqslant [\sigma] \tag{15.2}$$

其中
$$W_z = \frac{I_z}{y_{\max}} \quad W_y = \frac{I_y}{z_{\max}}$$

根据这一强度条件，同样可以进行强度校核、截面设计和确定许可荷载的计算。需要注意的是，在设计截面尺寸时，要遇到 W_z 和 W_y 两个未知量，计算时，可以先假设一个 $\dfrac{W_z}{W_y}$ 的比值，然后根据式(15.2)计算出杆件所需的 W_z 值，从而确定截面的尺寸及计算出 W_y

值，再按式(15.2)进行强度校核。通常对矩形截面取 $\dfrac{W_z}{W_y} = \dfrac{h}{b} = 1.2 \sim 2$，对工字形截面取 $\dfrac{W_z}{W_y} = 8 \sim 10$，对槽形截面取 $\dfrac{W_z}{W_y} = 6 \sim 8$。

若材料的抗拉强度和抗压强度不同时，须分别对拉压强度进行计算。

【例 15.1】 某屋面构造如图 15.3 所示，木檩条简支在屋架上，其跨距为 3.6m。承受由屋面传来的竖向均布荷载 $q = 1\text{kN/m}$。屋面的倾角 $\varphi = 26°34'$，檩条为矩形截面，$b=90\text{mm}$，$h=140\text{mm}$，材料的许用应力 $[\sigma] = 10\text{MPa}$。试校核檩条强度。

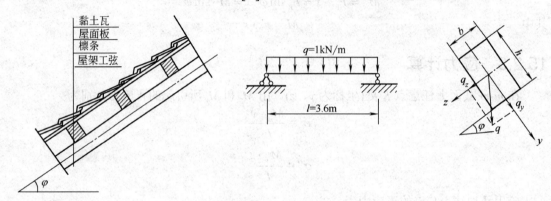

图 15.3 例 15.1 图

解：（1）荷载分解。

荷载 q 与 y 轴间的夹角 $\varphi = 26°34'$，将均布荷载 q 沿 y、z 轴分解，得

$$q_y = q\cos\varphi = 1 \times 0.894 = 0.894(\text{kN/m})$$

$$q_z = q\sin\varphi = 1 \times 0.447 = 0.447(\text{kN/m})$$

（2）内力计算。

檩条在荷载 q_y 和 q_z 作用下，最大弯矩发生在跨中截面，其值分别为

$$M_{z\max} = \dfrac{q_y l^2}{8} = \dfrac{0.894 \times 3.6^2}{8} = 1.448(\text{kN}\cdot\text{m})$$

$$M_{y\max} = \dfrac{q_z l^2}{8} = \dfrac{0.447 \times 3.6^2}{8} = 0.724(\text{kN}\cdot\text{m})$$

（3）强度校核。

截面对 z 和 y 轴的抗弯截面系数分别为

$$W_z = \dfrac{bh^2}{6} = \dfrac{90 \times 140^2}{6} = 2.94 \times 10^5 (\text{mm}^3)$$

$$W_y = \dfrac{bh^2}{6} = \dfrac{140 \times 90^2}{6} = 1.89 \times 10^5 (\text{mm}^3)$$

根据强度条件式(15.2)校核：

$$\sigma_{\max} = \frac{M_{z\max}}{W_z} + \frac{M_{y\max}}{W_y} = \frac{1.448 \times 10^6}{2.94 \times 10^5} + \frac{0.724 \times 10^6}{1.89 \times 10^5}$$

$$= 4.93 + 3.83 = 8.76 (\text{N/mm}^2) = 8.76 \text{MPa} < [\sigma] = 10 \text{MPa}$$

所以檩条强度满足要求。

【例 15.2】 图 15.4 所示吊车梁由工字钢制成，材料的许用应力$[\sigma]$=160MPa，l=4m，F_P=30kN，现因某种原因使F_P偏离纵向对称面，与 y 轴的夹角φ=5°。试选择工字钢的型号。

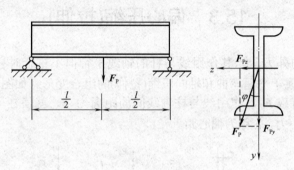

图 15.4 例 15.2 图

解：(1) 荷载分解和内力计算。

吊车荷载 F_P 位于梁的跨中时，吊车梁处于最不利的受力状态，梁的跨中截面弯矩最大，是危险截面。

先将荷载 F_P 沿 y、z 轴分解，得

$$F_{Py} = F_P \cos\varphi = 30 \times 0.996 = 29.9 (\text{kN})$$

$$F_{Pz} = F_P \sin\varphi = 30 \times 0.0872 = 2.62 (\text{kN})$$

由 F_{Py} 引起绕中性轴 z 轴的平面弯曲，跨中的最大弯矩为

$$M_{z\max} = \frac{F_{Py} l}{4} = \frac{29.9 \times 4}{4} = 29.9 (\text{kN} \cdot \text{m})$$

由 F_{Pz} 引起绕中性轴 y 轴的平面弯曲，跨中的最大弯矩为

$$M_{y\max} = \frac{F_{Pz} l}{4} = \frac{2.62 \times 4}{4} = 2.62 (\text{kN} \cdot \text{m})$$

(2) 选择截面。

先设 $\dfrac{W_z}{W_y} = 8$，将强度条件式(15.2)变换为

$$\frac{1}{W_z}\left(M_{z\max} + M_{y\max} \frac{W_z}{W_y}\right) \leqslant [\sigma]$$

所以 $W_z \geqslant \dfrac{M_{z\max} + M_{y\max} \dfrac{W_z}{W_y}}{[\sigma]} = \dfrac{29.9 \times 10^6 + 2.62 \times 10^6 \times 8}{160} = 318 \times 10^3 (\text{mm}^3)$

查型钢表，选用 No.22b 工字钢，$W_z = 325 \text{cm}^3 = 325 \times 10^3 \text{mm}^3$，$W_y = 42.7 \text{cm}^3 = 42.7 \times 10^3 \text{mm}^3$。

(3) 强度校核。

按选用的型号，根据强度条件式(15.2)进行校核

$$\sigma_{max} = \frac{M_{z\,max}}{W_z} + \frac{M_{y\,max}}{W_y} = \frac{29.9 \times 10^6}{325 \times 10^3} + \frac{2.62 \times 10^6}{42.7 \times 10^3}$$

$$= 92 + 61.4 = 153.4(\text{N}/\text{mm}^2) = 153.4\text{MPa} < [\sigma]$$

所以选用 No.22b 工字钢是合适的。

15.3 偏心压缩(拉伸)

作用在杆件上的外力，当其作用线与杆的轴线平行但不重合时杆件就受到偏心压缩(或拉伸)。偏心压缩属于平面弯曲和轴向压缩(拉伸)的组合变形。如图 15.5 所示的柱子受到上部结构传来的荷载 F_P，作用线与柱轴线间的距离为 e，就使柱子产生偏心压缩的变形。荷载 F_P 称为偏心力，e 称为偏心距。

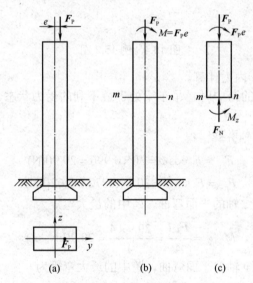

图 15.5 偏心压缩杆件

另外，如挡土墙、烟囱这类构件，同时受到轴向力和横向力的作用，也属于平面弯曲和轴向压缩的组合变形。对这一类构件，在工程实际中，习惯上也称为"偏心受压"问题。对这一类问题只通过例题说明就可以了。本节着重讨论偏心压力作用下的组合变形问题。

15.3.1 单向偏心压缩(拉伸)时的应力和强度条件

图 15.5(a)所示的柱子，偏心力 F_P 通过截面一根形心主轴时，称为单向偏心压缩。

1. 外力分析

首先将偏心力 F_P 向截面形心平移，得到一个通过形心的轴向压力 F_P 和一个力偶矩为

$M=F_p e$ 的力偶(图 15.5(b))。即偏心压缩实际上是轴向压缩和平面弯曲的组合变形。

2. 内力计算

运用截面法可求得任意横截面 m-n 上的内力。显然，在这种情况下，所有横截面上的内力是相同的。由图 15.5(c)可知，横截面 m-n 上的内力为轴力 $F_N = F_P$ 和弯矩 $M_z = F_P \cdot e$。

3. 应力计算和强度条件

现求横截面 m-n 上任一点 K(坐标为 y、z)的应力(见图 15.6)。

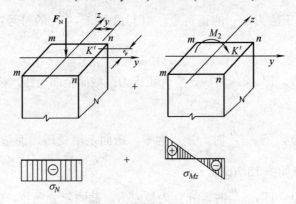

图 15.6　单向偏心压缩应力计算

由轴力 F_N 引起的 K 点的正应力为 $\sigma_N = -\dfrac{F_P}{A}$

由弯矩 M_z 引起的 K 点的正应力为 $\sigma_{M_z} = \pm \dfrac{M_z \cdot y}{I_z}$

则根据叠加原理，K 点的总应力为

$$\sigma = -\frac{F_P}{A} \pm \frac{M_z \cdot y}{I_z} \tag{15.3}$$

应用公式(15.3)计算正应力时，由弯矩引起的正应力的正负号可根据 K 点的位置来判定，当 K 点处于弯曲变形的受压区时取负号，处于受拉区时取正号。

显然，横截面上的最大正应力和最小正应力分别发生在截面的边线 m-m 和 n-n 上，其值分别为

$$\left. \begin{aligned} \sigma_{\max} &= \sigma_{\max}^+ = -\frac{F_P}{A} + \frac{M_z}{W_z} \\ \sigma_{\min} &= \sigma_{\max}^- = -\frac{F_P}{A} - \frac{M_z}{W_z} \end{aligned} \right\} \tag{15.4}$$

截面上各点都处于单向拉压状态，所以强度条件为

$$\left. \begin{aligned} \sigma_{\max} &= -\frac{F_P}{A} + \frac{M_z}{W_z} \leqslant [\sigma_+] \\ \sigma_{\min} &= \left| -\frac{F_P}{A} - \frac{M_z}{W_z} \right| \leqslant [\sigma_-] \end{aligned} \right\} \tag{15.5}$$

4. 最大正应力和偏心距 e 之间的关系

现在来讨论矩形截面偏心受压柱，截面边缘线上的最大正应力和偏心距 e 之间的关系。如图 15.7(a)所示的偏心受压柱，$A=bh$，$W_z=\dfrac{bh^2}{6}$，$M_z=F_P e$，将各值代入式(15.4)得

$$\sigma_{\max}=-\dfrac{F_P}{bh}+\dfrac{F_P e}{\dfrac{bh^2}{6}}=-\dfrac{F_P}{bh}\left(1-\dfrac{6e}{h}\right) \tag{15.6}$$

边缘 A-D 上的正应力 $\sigma_{\max}$ 的正负号，由上式中 $\left(1-\dfrac{6e}{h}\right)$ 的符号决定，可能出现三种情况。

(1) 当 $1-\dfrac{6e}{h}>0$，即 $e<\dfrac{h}{6}$ 时，$\sigma_{\max}$ 为压应力。截面全面受压，应力分布如图 15.7(c) 所示。

(2) 当 $1-\dfrac{6e}{h}=0$，即 $e=\dfrac{h}{6}$ 时，$\sigma_{\max}$ 为零。截面全部受压，而边缘 A-D 上的正应力正好为零。应力分布如图 15.7(d)所示。

(3) 当 $1-\dfrac{6e}{h}<0$，即 $e>\dfrac{h}{6}$ 时，$\sigma_{\max}$ 为拉应力。截面部分受拉，部分受压，应力分布如图 15.7(e)所示。

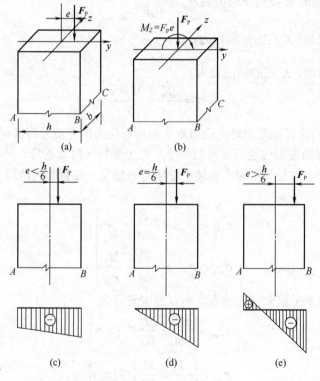

图 15.7 单向偏心压缩

可见，截面上应力分布情况随偏心距 e 而变化，与偏心力 F_P 的大小无关。当偏心距 $1-\dfrac{6e}{h}>0$ 时，截面上出现受拉区；当偏心距 $1-\dfrac{6e}{h}\leqslant 0$ 时截面全部受压。

【例 15.3】 如图 15.8 所示矩形截面柱，柱顶有屋架传来的压力 F_{P1}=100kN，牛腿上承受吊车梁传来的压力 F_{P2}=45kN；F_{P2} 与柱轴线的偏心距 e 等于已知柱宽，b=200mm，求：

(1) 若 h=300mm，则柱截面中的最大拉应力和最大压应力各为多少？

(2) 要使柱截面不产生拉应力，截面高度 h 应为多大？在所选的 h 尺寸下，柱截面中的最大压应力为多少？

解：(1) 求 $\sigma^+_{\max}$ 和 $\sigma^-_{\max}$ 将作用力向截面形心简化，柱的轴向压力为

$$F_P = F_{P1} + F_{P2} = 145\text{kN}$$

截面的弯矩为 $\quad M_z = F_{P2}e = 45 \times 0.2 = 9(\text{kN}\cdot\text{m})$

由式(15.4)得

$$\sigma^+_{\max} = -\frac{F_P}{A} + \frac{M_z}{W_z} = -\frac{145\times 10^3}{200\times 300} + \frac{9\times 10^6}{\dfrac{200\times 300^2}{6}}$$

$$= -2.42 + 3 = 0.58(\text{N/mm}^2) = 0.58\text{MPa}$$

$$\sigma^-_{\max} = -\frac{F_P}{A} - \frac{M_z}{W_z} = -2.42 - 3 = -5.42(\text{MPa})$$

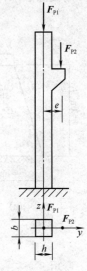

图 15.8 例 15.3 图

(2) 求 h 及 $\sigma^-_{\max}$，要使截面不产生拉应力，应满足

$$\sigma^+_{\max} = -\frac{F_P}{A} + \frac{M_z}{W_z} \leqslant 0$$

即

$$-\frac{145\times 10^3}{200h} + \frac{9\times 10^6}{\dfrac{200h^2}{6}} \leqslant 0$$

解得 $h\geqslant 372$mm

当取 $h=380$mm 时，截面的最大压应力为

$$\sigma^-_{\max} = -\frac{F_P}{A} - \frac{M_z}{W_z} = -\frac{145\times 10^3}{200\times 380} - \frac{9\times 10^6}{\dfrac{200\times 380^2}{6}}$$

$$= -1.908 - 1.870 = -3.78(\text{N/mm}^2) = -3.78(\text{MPa})$$

【例 15.4】 挡土墙的横截面形状和尺寸如图 15.9(a)所示，C 点为其形心。土壤对墙的侧压力每米长为 F_P=30kN，作用在离底面 $\dfrac{h}{3}$ 处，方向水平向左。挡土墙材料的容重 γ=23kN/m³。试画出基础面 m-n 上的应力分布图。

解：(1) 内力计算 挡土墙很长，且是等截面的，通常取 1m 长度来计算。每 1m 长墙自重为

$$G = \frac{1}{2}(b_1+b_2)h\cdot\gamma = \frac{1}{2}(1+2)\times 3\times 23 = 103.5(\text{kN})$$

土壤侧压力为

$$F_P = 30\text{kN}$$

用截面法求得基础面的内力(见图 15.9(b))为

$$F_N = G = 103.5\text{kN}$$

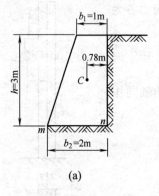
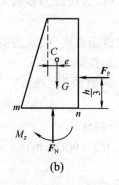
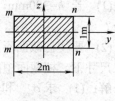
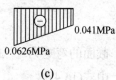

(a)　　　　　　　　(b)　　　　　　　　(c)

图 15.9　例 15.4 图

弯矩

$$M_z = F_P \times \frac{h}{3} - Ge$$

$$= 30\times\frac{3}{3} - 103.5\times(1-0.78) = 7.23(\text{kN}\cdot\text{m})$$

(2) 应力计算及画应力分布图。

基础面的面积：

$$A = b_2\times 10^3 = 2\times 10^6 (\text{mm}^2)$$

$$W_z = \frac{1}{6}\times 10^3 \times b_2^2 = \frac{1}{6}\times 10^3\times(2\times 10^3)^2 = 667\times 10^6 (\text{mm}^2)$$

基础面 *m-m* 边上的应力为

$$\sigma_m = -\frac{F_N}{A} - \frac{M_z}{W_z} = -\frac{103.5\times 10^3}{2\times 10^6} - \frac{7.23\times 10^6}{667\times 10^6}$$

$$= -0.0518 + 0.0108 = -0.0626(\text{N/mm}^2) = -0.0626(\text{MPa})$$

n-n 边上的应力为

$$\sigma_n = -\frac{F_N}{A} + \frac{M_z}{W_z}$$

$$= -0.0518 + 0.0108 = -0.041(\text{N/mm}^2) = -0.041(\text{MPa})$$

画出基础面的正应力分布图如图 15.9(c)所示。

15.3.2　双向偏心压缩(拉伸)时的应力和强度条件

如图 15.10 所示，当偏心压力 $\boldsymbol{F}_P$ 的作用线与柱轴线平行，但不通过截面任一形心主轴时，称为双向偏心压缩。

1. 外力分析

设压力 F_P 至 z 轴的偏心距为 e_y，至 y 轴的偏心距为 e_z(见图 15.10(a))。用力的平移定理先将压力 F_P 平移到 z 轴上，产生附加力偶矩 $m_z = F_P \cdot e_y$，它是绕 z 轴作用的，再将力 F_P 从 z 轴上平移到截面的形心，又产生一个附加力偶矩 $m_y = F_P \cdot e_z$，它是绕 y 轴作用的。偏心力 F_P 经过两次平移后，得到轴向压力 F_P 和两个力偶 m_z、m_y(见图 15.10(b))。即，双向偏心压缩是轴向压缩和两个相互垂直的平面弯曲的组合，由此而产生的截面上任一点的应力，等于这三种基本变形下应力的叠加。

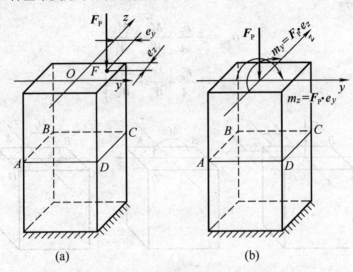

图 15.10 双向缩心压缩示例图

2. 内力计算

由截面法可求得任一横截面 $ABCD$ 上的内力为

$$F_N = F_P, \quad m_z = F_P \cdot e_y, \quad m_y = F_P \cdot e_z$$

3. 应力计算和强度条件

现求横截面 $ABCD$ 上任一点 K(坐标为 y、z)的应力。

由轴力 F_N 引起的 K 点的压应力为

$$\sigma_N = -\frac{F_P}{A}$$

由弯矩 M_z 引起的 K 点的应力为

$$\sigma_{M_z} = \pm \frac{M_z \cdot y}{I_z}$$

由弯矩 M_y 引起的 K 点的应力为

$$\sigma_{M_y} = \pm \frac{M_y \cdot z}{I_y}$$

则，根据叠加原理，K 点的正应力为

即
$$\sigma = \sigma_N + \sigma_{M_z} + \sigma_{M_y}$$

$$\sigma = -\frac{F_P}{A} \pm \frac{M_z \cdot y}{I_z} \pm \frac{M_y \cdot z}{I_y} \tag{15.7}$$

应用上式计算时，由弯矩 M_z、M_y 引起的正应力的正负号仍然可根据 K 点的位置来判定，当 K 点处于弯曲变形的受压区时取负号，处于受拉区时取正号。

由图 15.11 可见，最小正应力(最大压应力) $\sigma_{\min}$ 发生在 C 点，最大正应力 $\sigma_{\max}$ 发生在 A 点，其值分别为

$$\left. \begin{array}{l} \sigma_{\max} = -\dfrac{F_P}{A} + \dfrac{M_z}{W_z} + \dfrac{M_y}{W_y} \\[2mm] \sigma_{\min} = -\dfrac{F_P}{A} - \dfrac{M_z}{W_z} - \dfrac{M_y}{W_y} \end{array} \right\} \tag{15.8}$$

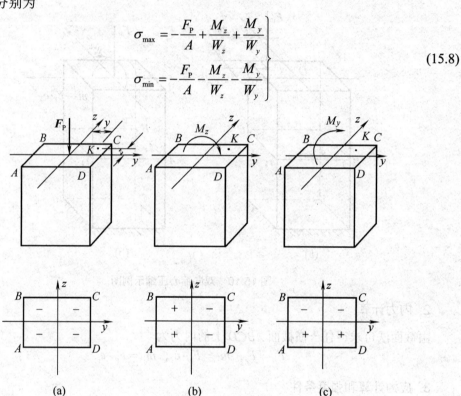

图 15.11 双向偏心压缩应力计算

危险点 A、C 都处于单向应力状态，所以强度条件为

$$\left. \begin{array}{l} \sigma_{\max} = -\dfrac{F_P}{A} + \dfrac{M_z}{W_z} + \dfrac{M_y}{W_y} \leqslant [\sigma_+] \\[2mm] \sigma_{\min} = \left| -\dfrac{F_P}{A} - \dfrac{M_z}{W_z} - \dfrac{M_y}{W_y} \right| \leqslant [\sigma_-] \end{array} \right\} \tag{15.9}$$

15.3.3 截面核心的概念

从前面图 15.7(e)可以看到，当偏心距 e 大于某一特定值($h/6$)时，横截面部分受压，部分受拉。而土建工程中大量使用的砖、石、混凝土等受压材料，其抗拉强度比抗压强度要

低得多,如果截面上产生拉应力,往往会使构件产生拉裂。因此,对此类材料做成的偏心受压构件,要求偏心压力的作用点至截面形心的距离不能太大,即截面上不能产生拉应力。当荷载作用在截面形心周围的一个区域内时,杆件横截面只产生压应力而不产生拉应力,这个荷载作用的区域就称为截面核心。

常见的矩形、圆形、工字形截面核心如图 15.12 所示。

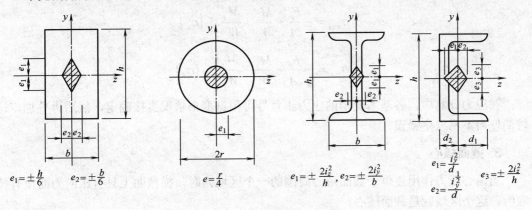

图 15.12 截面核心

15.4 小 结

在组合变形时杆件的应力和变形计算,是以各种基本变形的结果为基础,采用叠加方法进行的。因此本章的内容实际上是前几章有关理论和方法的综合应用。

1. 组合变形的计算步骤

(1) 外力分解。将作用在杆件上的荷载向截面形心简化或沿截面形心主轴分解为几组荷载,使每组荷载只引起一种基本变形。

(2) 内力分析。按分解后的基本变形计算内力,明确危险截面位置及危险面上的内力方向。

(3) 应力计算。按各基本变形计算应力,明确危险点的位置,用叠加法求出危险点应力的大小,从而建立强度条件。

2. 主要公式

(1) 斜弯曲是两个相互垂直平面内的平面弯曲的组合。强度条件为

$$\sigma_{max} = \frac{M_{z\,max}}{W_z} + \frac{M_{y\,max}}{W_y} \leqslant [\sigma]$$

(2) 偏心压缩(拉伸)是轴向压缩(拉伸)和平面弯曲的组合。单向偏心压缩(拉伸)的强度条件为

$$\sigma_{\max} = -\frac{F_P}{A} + \frac{M_z}{W_z} \leqslant [\sigma_+]$$

$$\sigma_{\min} = \left| -\frac{F_P}{A} - \frac{M_z}{W_z} \right| \leqslant [\sigma_-]$$

双向偏心压缩(拉伸)的强度条件为

$$\sigma_{\max} = -\frac{F_P}{A} + \frac{M_z}{W_z} + \frac{M_y}{W_y} \leqslant [\sigma_+]$$

$$\sigma_{\min} = \left| -\frac{F_P}{A} - \frac{M_z}{W_z} - \frac{M_y}{W_y} \right| \leqslant [\sigma_-]$$

在应力计算中，各基本变形的应力正负号可根据变形情况直接确定，然后再叠加，比较简便而不易发生错误。

3. 截面核心

当偏心压力作用点位于截面形心周围的一个区域内时，横截面上只有压应力而没有拉应力，这个区域就是截面核心。

15.5 思 考 题

1. 图 15.13 所示各杆的 AB、BC、CD 各段横截面上有哪些内力？各段产生什么组合变形？

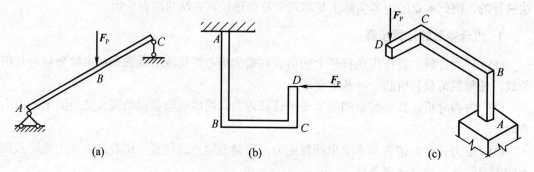

图 15.13 思考题 1 图

2. 图 15.14 所示各杆的组合变形是由哪些基本变形组合成的？并判定在各基本变形情况下 A、B、C、D 各点处正应力的正负号。

3. 图 15.15 所示三根短柱受压力 F_P 作用，图 15.15(b)、图 15.15(c) 的柱各挖去一部分。试判断在图 15.15(a)、图 15.15(b)、图 15.15(c) 三种情况下，短柱中的最大压应力的大小和位置。

第 15 章 组合变形的强度计算

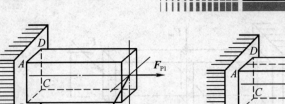

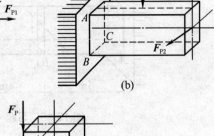

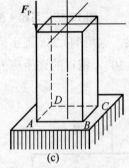

图 15.14 思考题 2 图

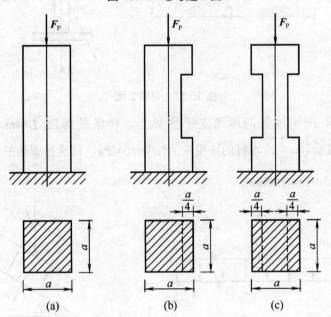

图 15.15 思考题 3 图

15.6 习　　题

1. 悬臂木梁受力如图 15.16 所示。$F_{P1}=0.8\text{kN}$，$F_{P2}=1.6\text{kN}$，矩形截面 $b \times h = 90\text{mm} \times 180\text{mm}$。试求梁的最大拉应力和最大压应力，并指出各发生在何处？

答案：$\sigma_{\max}=9.88\text{MPa}$，$\sigma_{\min}=-9.88\text{MPa}$

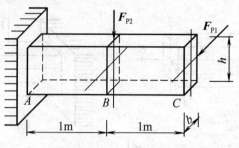

图 15.16 习题 1 图

2. 图 15.17 所示一简支梁，选用 No.25a 工字钢。已知荷载 F_P =5kN，力 F_P 的作用线与截面的形心主轴 y 的夹角 $\alpha=30°$，钢材的许用应力 $[\sigma]$=160MPa，试校核梁的强度。

答案：σ_{max} =63.7MPa

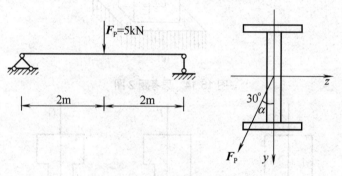

图 15.17 习题 2 图

3. 图 15.18 所示檩条两端简支于屋架上，檩条的跨度 L=4m，承受均布荷载 q=3kN/m，矩形截面 $\dfrac{b}{h}=\dfrac{3}{4}$，木材的许用应力 $[\sigma]$=10MPa。试选择檩条的截面尺寸。

答案：$b\times h$=150mm×200mm

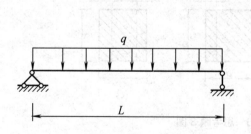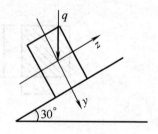

图 15.18 习题 3 图

4. 如图 15.19 所示水塔(包括基础)总重 G=6000kN，离地面 H=18m 处受水平力(风力的合力)F_P =50kN 的作用。基础为正方形截面，b=5m，埋深 3m，地基承载力 $[\sigma]$=0.3MPa，试校核地基能否承受？

答案：σ_{max} =0.29MPa

5. 砖墙和基础如图 15.20 所示。设在 1m 长的墙上有偏心力 F_P =40kN 的作用，偏心

距 e=0.05m。试画出 1-1、2-2、3-3 截面上正应力分布图。

答案：1-1 截面 σ_{max}=0.375MPa，σ_{min}=0.0417MPa

2-2 截面 σ_{max}=0.267MPa，σ_{min}=0MPa

3-3 截面 σ_{max}=0.052MPa，σ_{min}=0.028MPa

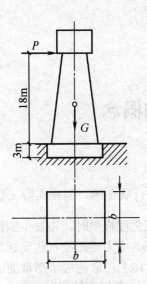

图 15.19 习题 4 图

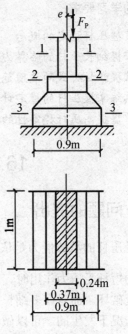

图 15.20 习题 5 图

6. 如图 15.21 所示为一松木矩形截面短柱。已知外力 F_1=50kN，F_2=5 kN，偏心距 e=20mm，矩形截面的 h=200mm，b=120mm，柱高 H=1.2m，材料的许用拉应力 $[\sigma_+]$=10 MPa，许用压应力 $[\sigma_-]$= 12 MPa，试校核该柱的强度。

答案：σ_{max} = 7.5 MPa，σ_{min} =11.66MPa

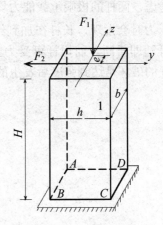

图 15.21 习题 6 图

第16章 压杆稳定

本章的学习要求：

- 掌握压杆稳定的概念。
- 掌握细长压杆的临界力公式——欧拉公式。
- 掌握欧拉公式的适用范围。
- 熟练掌握压杆的稳定计算。
- 掌握提高压杆稳定性的措施。

16.1 压杆稳定的概念

16.1.1 问题的提出

轴向受压杆的承载能力是依据强度条件 $\sigma = \dfrac{N}{A} \leqslant [\sigma]$ 确定的。但在实际工程中发现，长度很小的短杆受压力作用时，当应力达到屈服极限或强度极限时，将发生塑性变形或断裂，属强度破坏。而对许多细长的受压杆件的破坏是在其应力还远没有达到屈服极限或强度极限的情况下发生的。可以做一个简单的实验(见图 16.1)：取两根矩形截面的松木条，$A=30\text{mm}\times 5\text{mm}$，一杆长为 20mm，另一杆长为 1000mm，若松木的强度极限 $\sigma_b=40\text{MPa}$，按强度考虑，两杆的极限承载能力均应为 $F_P = \sigma_b \cdot A = 40\times 30\times 5 = 6000\text{N}$。但是，当给两杆缓缓施加压力时会发现，长杆在加到约 30N 时，杆发生了弯曲，当力再增加时，弯曲迅速增大，杆随即折断。而短杆可受力到接近 6000N，且在破坏前一直保持着直线状态。显然，短杆的破坏是达到强度后发生的，而长杆的破坏不是由于强度不足而引起的。

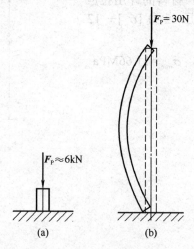

图 16.1 轴向近压杆破坏实验

工程结构中有很多类似的细长压杆。例如桁架、塔架和支撑系统中的细长压杆，钢筋混凝土细长的柱等。在工程史上，曾发生过不少类似细长压杆的突然弯曲破坏导致整个结构毁坏的事故。如 1907 年北美魁北克圣劳伦斯河上的大铁桥，因桁架中一根受压弦杆突然弯曲，引起大桥的坍塌。

这种细长压杆突然破坏的现象与强度破坏有着本质的区别。它是由于杆件丧失了保持直线状态的稳定性而造成的。这类破坏属稳定问题，称为丧失稳定。杆件招致丧失稳定破坏的压力比发生强度不足破坏的压力要小得多。因此，对细长压杆必须进行稳定性的计算。

16.1.2 平衡状态的稳定性

为了说明"丧失稳定"的实质，需要了解杆件平衡状态稳定性的三种状态。以图 16.2 所示的小球三种平衡状态作比拟，对平衡状态的稳定性加以说明。小球在 A、B、C 三个位置虽然都可以保持平衡，但这些平衡状态对干扰的反应能力不同。图 16.2(a)所示的小球在曲面槽内 A 点位置保持平衡。这时给小球一微小干扰力使其离开位置 A，当干扰力去掉后，经过几次来回的滚动后，小球能回到原来的位置继续保持平衡，则小球在 A 处的平衡状态称为稳定的平衡状态。图 16.2(b)所示小球在凸面顶处 B 点处于平衡状态，当它受到干扰力后，会沿曲面滚下去，再也不会回到原来的位置 B，则小球在 B 处的平衡状态，称为不稳定的平衡状态。图 16.2(c)所示小球在平面 C 处的平衡状态，在受到干扰力后，小球既不能回到原来的位置，又不会继续滚动，而是在新的位置保持了新的平衡，则小球在 C 处的平衡状态称为临界平衡状态。它是由稳定状态过渡到不稳定状态的一种平衡状态，显然它属于不稳定的平衡状态。

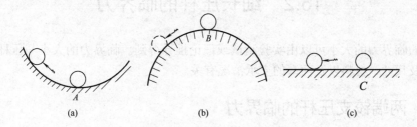

图 16.2　小球的三种平衡状态

一根压杆的平衡状态，根据它对干扰的承受能力也可区分为三种。如图 16.3 所示为一压杆，在微小的横向干扰力及轴向压力 F_P 的作用下，杆处于微弯曲状态。

(1) 当轴向压力 F_P 小于某一特定值 F_{Pcr}，即 $F_P < F_{Pcr}$ 时，去掉干扰力后，压杆仍能恢复到原来的直线平衡状态，如图 16.3(a)所示。这时的直线平衡状态是一种稳定的平衡状态。

(2) 当轴向压力 F_P 增大到等于特定值 F_{Pcr}，即 $F_P = F_{Pcr}$ 时，去掉干扰力后，杆件已不能回复到原来的直线形状，而会在微弯下保持新的平衡，如图 16.3(c)所示。这时的直线形状平衡状态是一种临界平衡状态。

(3) 当轴向压力增加到超过特定值 F_{Pcr}，即 $F_P > F_{Pcr}$ 时，去掉干扰力后，压杆的微弯曲将会继续增大，甚至到折断破坏，如图 16.3(b)所示。这时的直线形状平衡状态便是一种不稳定的平衡状态。

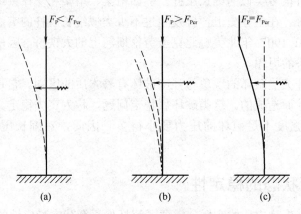

图 16.3　压杆的三种平衡状态

由以上分析可见，压杆直线形状平衡状态的稳定性与杆上所受到的压力的大小有关。当 $F_P<F_{Pcr}$ 时是稳定的，当 $F_P \geqslant F_{Pcr}$ 时是不稳定的。特定值 F_{Pcr} 称为压杆的临界力。

工程实际中的压杆，由于种种原因不可能达到理想的中心受压状态。制作的误差，材料的不均匀，周围物体振动的影响都相当于一种"干扰力"。所以，当压杆上的荷载达到临界力 F_{Pcr} 时，就会使直线形状的平衡状态变得不稳定，在这些不可避免的干扰下，即会发生"丧失稳定"的破坏。

因此，压杆的稳定性计算，关键在于确定各种杆件的临界力，以使杆上的压力不超过它，确保杆件不发生丧失稳定的破坏。

16.2　细长压杆的临界力

压杆的临界力的大小可以由实验测试或理论推导得到。临界力的大小与压杆的长度，截面形状及尺寸、材料以及两端的支承情况有关。

16.2.1　两端铰支压杆的临界力

图 16.4 为两端铰支的受压杆件，由实验分别测试不同长度、不同截面、不同材料的压杆在杆内应力不超过材料的比例极限时发生丧失稳定的临界力值 F_{Pcr}，可得到如下关系：

$$F_{Pcr} = \frac{\pi^2 EI}{l^2} \tag{16.1}$$

式中：π——圆周率；

　　　E——材料的弹性模量；

　　　l——杆件长度；

　　　I——杆件横截面对形心轴的惯性矩。当杆端在各方向的支承情况相同时，压杆总是在抗弯刚度最小的纵向平面内失稳，所以公式中的惯性矩 I 应取其横截面的最小形心主惯性矩 I_{min}。

式(16.1)就是两端铰支压杆临界力的计算公式，又称为欧拉公式。

式(16.1)也可以通过建立临界平衡状态时压杆的弯曲挠曲线微分方程，从理论上证明。(本书略)

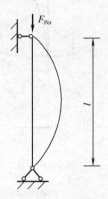

图 16.4　两端铰支的受压杆件

16.2.2　其他支承情况下细长压杆的临界力

对于其他支承方式的细长压杆，由于杆端约束的不同，临界力的大小会受到影响。杆端约束越强，压杆越不容易失稳，临界力就越大。下面用比较的方法来确定各种杆端支承杆件的临界力计算式，即以两端铰支的压杆作为基本情况，将其他约束的压杆的挠曲线形状与两端铰支压杆的挠曲线形状比较，来推导出不同杆端约束下的细长压杆的临界力公式。

如长为 l，一端固定、一端自由的压杆，临界平衡状态时的挠曲线形状(见图 16.5(b))与长度为 $2l$ 的两端铰支压杆的挠曲线上半段完全一样，因此，其临界力与相当于长度为 $2l$ 的两端铰支压杆的临界力相同，即

$$F_{Pcr} = \frac{\pi^2 EI}{(2l)^2} \tag{a}$$

同理，可以得到两端固定支承压杆(见图 16.5(c))的临界力为

$$F_{Pcr} = \frac{\pi^2 EI}{(0.5l)^2} \tag{b}$$

一端固定、一端铰支支承压杆(见图 16.5(d))的临界力为

$$F_{Pcr} = \frac{\pi^2 EI}{(0.7l)^2} \tag{c}$$

由上式比较可见，当压杆两端的支承情况不同时，其临界力也不相同，但临界力的公式基本相似，因此，可将各公式归纳为一个统一的公式：

$$F_{Pcr} = \frac{\pi^2 EI}{(\mu l)^2} \tag{16.2}$$

此式称为欧拉公式的通式。式中 μl 称为压杆的计算长度，μ 称为长度系数，它反映了杆端支承对临界力的影响。各种不同杆端支承的长度系数 μ 值列于表 16.1。

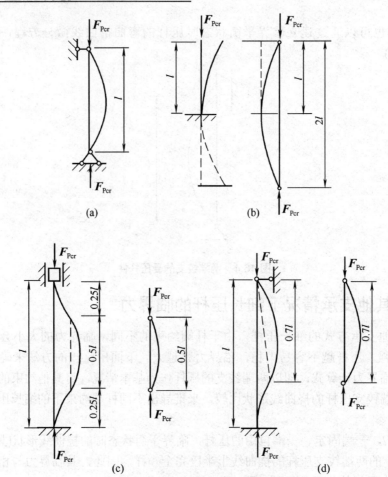

图 16.5 其他支承情况下的细长压杆

表 16.1 各种杆端支承压杆的长度系数 μ

杆端支承情况				
临界力 F_{Pcr}	$\dfrac{\pi^2 EI}{l^2}$	$\dfrac{\pi^2 EI}{(2l)^2}$	$\dfrac{\pi^2 EI}{(0.5l)^2}$	$\dfrac{\pi^2 EI}{(0.7l)^2}$
计算长度	l	$2l$	$0.5l$	$0.7l$
长度系数 μ	1	2	0.5	0.7

【例 16.1】 一端固定、一端自由的受压柱，长 $l=1\text{m}$，材料弹性模量 $E=200\text{GPa}$。试计算图 16.6(a)、图 16.6(b)所示两种截面时柱子的临界力。

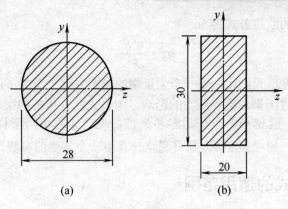

图 16.6 例 16.1 图

解：(1) 计算直径 $d=28$mm 的圆截面柱的临界力。
一端固定、一端自由的压杆，长度系数 $\mu=2$，截面惯性矩为

$$I = \frac{\pi d^4}{64} = \frac{\pi \times 28^4}{64} = 3.02 \times 10^4 (\text{mm}^4)$$

临界力为

$$F_{Pcr} = \frac{\pi^2 EI}{(\mu l)^2} = \frac{\pi^2 \times 200 \times 10^3 \times 3.02 \times 10^4}{(2 \times 10^3)^2} = 14890(\text{N}) = 14.89\text{kN}$$

(2) 计算 $b \times h = 20$mm$\times 30$mm 矩形截面柱的临界力。
长度系数 $\mu=2$，截面惯性矩为

$$I = \frac{hb^3}{12} = \frac{30 \times 20^3}{12} = 2 \times 10^4 (\text{mm}^4)$$

临界力为

$$F_{Pcr} = \frac{\pi^2 EI}{(\mu l)^2} = \frac{\pi^2 \times 200 \times 10^3 \times 2 \times 10^4}{(2 \times 10^3)^2} = 9860(\text{N}) = 9.86\text{kN}$$

16.3 欧拉公式的适用范围临界应力总图

16.3.1 临界应力

在临界力作用下，压杆横截面上的平均正应力称为压杆的临界应力，用 σ_{cr} 表示。如用 A 表示压杆的横截面面积，则由欧拉公式所得到的临界应力为

$$\sigma_{cr} = \frac{F_{Pcr}}{A} = \frac{\pi^2 EI}{(\mu l)^2 \cdot A} = \frac{\pi^2 E}{\left(\dfrac{\mu l}{i}\right)^2}$$

式中，i 为压杆横截面对中性轴的惯性半径，$i = \sqrt{\dfrac{I}{A}}$。令

$$\lambda = \frac{\mu l}{i} \tag{16.3}$$

则压杆临界应力的欧拉公式为

$$\sigma_{cr} = \frac{\pi^2 E}{\lambda^2} \tag{16.4}$$

λ 称为压杆的柔度或长细比,是一个无量纲的量,它综合反映了压杆的长度、支承情况、截面形状及尺寸等因素对临界应力的影响。由公式知,压杆的柔度 λ 越大,表示压杆细而长,临界应力 σ_{cr} 就越小,压杆越容易失稳;反之 λ 越小,压杆粗短,临界应力就大,压杆不容易失稳。所以柔度 λ 是压杆稳定计算中一个重要的参数。

16.3.2 欧拉公式的适用范围

欧拉公式是在杆内应力不超过材料的比例极限 σ_p 时得出的,因此,欧拉公式只适用于应力小于比例极限 σ_p 的情况,即

$$\sigma_{cr} = \frac{\pi^2 E}{\lambda^2} \leqslant \sigma_p$$

若用柔度来表示,则欧拉公式的适用范围为

$$\lambda \geqslant \lambda_p = \sqrt{\frac{\pi^2 E}{\sigma_p}} \tag{16.5}$$

式中:λ——压杆的实际柔度;

λ_p——σ_{cr} 等于比例极限 σ_p 时的柔度值。

工程中把 $\lambda \geqslant \lambda_p$ 的压杆称为细长杆或大柔度杆,只有这种细长杆才能应用欧拉公式计算临界力或临界应力。例如:Q235 钢,$E=206$GPa,$\sigma_p=200$MPa,代入公式(16.5)得

$$\lambda_p = \pi\sqrt{\frac{E}{\sigma_p}} = \pi\sqrt{\frac{206 \times 10^3}{200}} = 100$$

所以 Q235 钢制成的压杆,只有在 $\lambda \geqslant 100$ 时,才可应用欧拉公式。

【**例 16.2**】一中心受压柱,长 $l=8$m,矩形截面,$b \times h=120$mm$\times 200$mm,柱的支承情况是:在最大刚度平面内弯曲时(中性轴为 y 轴),两端铰支,如图 16.7(a)所示。在最小刚度平面内弯曲时(中性轴为 z 轴),两端固定,如图 16.7(b)所示。材料的弹性模量 $E=10$ GPa,$\lambda_p=110$,试求柱的临界应力和临界力。

解:(1) 计算最大刚度平面内的临界应力和临界力。

矩形截面的惯性半径 $i_y = \frac{h}{\sqrt{12}} = \frac{200}{\sqrt{12}} = 57.7$mm,在此平面内,柱子两端为铰支,所以长度系数 $\mu=1$,柔度为

$$\lambda_y = \frac{\mu l}{i_y} = \frac{1 \times 8 \times 10^3}{57.7} = 139 > 110$$

柱为细长压杆,可用欧拉公式。

临界应力为 $\sigma_{cr} = \frac{\pi^2 E}{\lambda_y^2} = \frac{\pi^2 \times 10 \times 10^3}{139^2} = 5.10$(N/mm^2) $= 5.10$MPa

临界力为 $F_{Pcr} = A \cdot \sigma_{cr} = 120 \times 200 \times 5.1 = 122.4 \times 10^3$(N) $= 122.4$kN

(2) 计算最小刚度平面的临界应力和临界力。

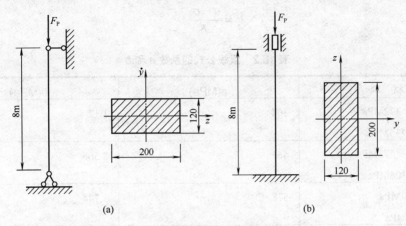

图 16.7　例 16.2 图

惯性半径 $i_z = \dfrac{b}{\sqrt{12}} = \dfrac{120}{\sqrt{12}} = 34.6\text{mm}$

在此平面内，柱子两端固定，所以 $\mu = 0.5$，柔度为

$$\lambda_z = \dfrac{\mu l}{i_z} = \dfrac{0.5 \times 8 \times 10^3}{34.6} = 115.6 > 110$$

用欧拉公式计算临界应力为

$$\sigma_{cr} = \dfrac{\pi^2 E}{\lambda_z^2} = \dfrac{\pi^2 \times 10 \times 10^3}{115.6^2} = 7.38(\text{MPa})$$

临界力为 $F_{Pcr} = A \cdot \sigma_{cr} = 120 \times 200 \times 7.38 = 177.1 \times 10^3 \text{N} = 177.1\text{kN}$

(3) 讨论。

计算结果表明，受压柱的最大刚度平面内临界力比最小刚度平面内临界力小，将先失稳。此例说明，当压杆在两个方向平面内支承情况不同时，不能光从刚度来判断，而应分别计算后才能确定在哪个方向失稳。

16.3.3　中长杆的临界应力计算

若压杆的柔度 $\lambda < \lambda_p$ 时，称为中长杆或中柔度杆。这类压杆的临界应力超出了比例极限的范围，欧拉公式已不能使用。通常采用以试验结果为依据的经验公式。下面仅介绍简单而常用的直线公式。

直线公式是把临界应力表示为柔度的线性函数

$$\sigma_{cr} = a - b\lambda \tag{16.6}$$

式中，a 和 b 是与材料性质有关的常数，由实验测定，其量纲与应力相同。几种常用材料的 a、b 值列于表 16.2 中。

直线公式(16.6)也有其适用范围，即压杆的临界应力不能超过材料的极限应力(σ_s 或 σ_b)。对塑性材料应有

$$\sigma_{cr} = a - b\lambda \leqslant \sigma_s$$

令 $\sigma_{cr} = \sigma_s$ 时的柔度为 λ_s，则有

$$\lambda_s = \frac{a - \sigma_s}{b} \tag{16.7}$$

表 16.2　直线公式的系数 a 和 b

材　料	a(MPa)	b(MPa)
Q235 钢 $\sigma_b \geqslant 372$MPa　　$\sigma_s = 235$MPa	304	1.12
优质碳钢 $\sigma_b \geqslant 471$MPa　　$\sigma_s = 306$MPa	461	2.568
硅钢 $\sigma_b \geqslant 510$MPa　　$\sigma_s = 353$MPa	578	3.744
铬钼钢	9807	5.296
铸铁	332.2	1.454
强铅	373	2.15
松木	28.7	0.19

这就是使用直线公式时柔度 λ 的最小值。对于脆性材料，由公式(16.7)中的 σ_s 改为 σ_b，就可以确定相应的 λ_b。于是，直线公式(16.6)的适用范围可用柔度表示为

$$\lambda_s \leqslant \lambda < \lambda_p (塑性材料) 或 \lambda_b \leqslant \lambda < \lambda_p (脆性材料)$$

如 Q235 钢，其 $\sigma_s = 235$MPa，$a = 304$MPa，$b = 1.12$MPa，可求得

$$\lambda_s = (304 - 235)/1.12 \approx 61$$

所以，用 Q235 钢制成的压杆，只有当其柔度 $61 \leqslant \lambda < 100$ 时，才能应用直线公式来计算临界应力。

16.3.4　临界应力总图

综合细长杆和中长杆的临界应力，将临界应力 σ_{cr} 和柔度 λ 的函数关系用曲线表示，所画出的曲线称为临界应力总图。图 16.8 所示某种塑性材料压杆的临界应力总图。由图上可以看出，中柔度杆与大柔度杆的临界应力 σ_{cr} 随柔度 λ 的增大而减少，这说明压杆越细长越易失稳。

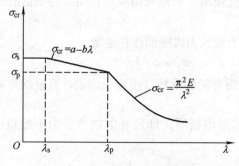

图 16.8　临界应力总图

16.4 压杆的稳定计算

16.4.1 压杆的稳定条件

要使压杆不丧失稳定,应使作用在杆上的压力 F_P 不超过压杆的临界力 F_{Pcr},则压杆的稳定条件为

$$F_P \leqslant \frac{F_{Pcr}}{K_{st}} \tag{16.8}$$

式中：F_P——实际作用在压杆上的压力；

F_{Pcr}——压杆的临界力；

K_{st}——稳定安全系数,是随 λ 而变化的。λ 越大,杆越细长,所取的安全系数 K_{st} 也越大。一般稳定安全系数比强度安全系数 K 大。

将稳定条件式(16.8)两边除以压杆横截面面积 A,即得到用应力形式表示的压杆稳定条件：

$$\sigma = \frac{F_P}{A} \leqslant \frac{F_{Pcr}}{A \cdot K_{st}} = \frac{\sigma_{cr}}{K_{st}}$$

或

$$\sigma = \frac{F_P}{A} \leqslant [\sigma_{st}] \tag{16.9}$$

式中：σ——杆内的实际工作压力；

$[\sigma_{st}]$——压杆的稳定许用应力,$[\sigma_{st}] = \dfrac{\sigma_{cr}}{K_{st}}$。由于临界应力 σ_{cr} 及稳定安全系数 K_{st} 都是随压杆的柔度而变化的,所以 $[\sigma_{st}]$ 也是随 λ 而变化的一个量。这与强度计算时材料的许用应力 $[\sigma]$ 不同。

16.4.2 折减系数

在工程设计计算中,通常将压杆的稳定许用应力 $[\sigma_{st}]$ 改为用强度许用应力 $[\sigma]$ 乘以一个随压杆柔度 λ 而变化的折减系数 φ 来表示,即

$$[\sigma_{st}] = \frac{\sigma_{cr}}{K_{st}}, \quad [\sigma] = \frac{\sigma^0}{K}$$

$$[\sigma_{st}] = \frac{\sigma_{cr}}{K_{st}} \cdot \frac{K}{\sigma^0}[\sigma] = \varphi[\sigma]$$

其中：

$$\varphi = \frac{[\sigma_{st}]}{[\sigma]} = \frac{\sigma_{cr}}{K_{st}} \cdot \frac{K}{\sigma^0}$$

由于 $\sigma_{cr} < \sigma^0$,$K_{st} > K$,因此 φ 总是小于 1。φ 称为折减系数。φ 也是一个随 λ 而变化的量。

压杆的稳定条件可用折减系数 φ 与强度许用应力 $[\sigma]$ 来表达

$$\sigma = \frac{F_P}{A} \leqslant \varphi[\sigma] \tag{16.10}$$

上式类似压杆的强度条件 $\sigma = \dfrac{F_P}{A} \leqslant [\sigma]$。从形式上可理解为：压杆因在强度破坏之前便丧失稳定，故由降低强度许用应力$[\sigma]$来保证杆的安全。

在《钢结构设计规范》(GBJ 17—88)中，根据我国常用构件的截面形式、尺寸和加工条件，考虑了截面上存在的残余应力，以及构件具有 $L/1000$ 的初弯曲，计算了96根压杆的稳定系数φ与柔度λ的关系值，然后把承载能力相近的截面归并为 a、b、c 三类，如表 16.3 所示。其中 a 类的残余应力影响较小，稳定性较好；c 类的残余应力影响较大，或截面没有双对称轴，其稳定性较差；b 类为除 a 类和 c 类以外的其他各种截面。根据不同材料分别给出 a、b、c 三类截面在不同柔度λ下的φ值，以供压杆设计时应用。表 16.4～表 16.6 给出了低碳钢各类截面的稳定系数φ。

对于木制压杆的稳定系数φ值，在《木结构设计规范》(GBJ 5—88)中，按照树种的强度等级分别给出了两组计算公式。

当树种强度等级为 TC17、TC15 及 TB20 时：

$$\lambda \leqslant 75, \quad \varphi = \dfrac{1}{1+\left(\dfrac{\lambda}{80}\right)^2} \tag{16.11}$$

$$\lambda > 75, \quad \varphi = \dfrac{3000}{\lambda^2} \tag{16.12}$$

当树种强度等级为 TC13、TC11、TB17 及 TB15 时：

$$\lambda \leqslant 91, \quad \varphi = \dfrac{1}{1+\left(\dfrac{\lambda}{65}\right)^2} \tag{16.13}$$

$$\lambda > 91, \quad \varphi = \dfrac{2800}{\lambda^2} \tag{16.14}$$

关于树种的强度等级，TC17 有柏木、东北落叶松等；TC15 有红杉、云杉等；TC13 有红松、马尾松等；TC11 有西北云杉、冷杉等；TB20 有栎木、桐木等；TB17 有水曲柳等；TB15 有栲木、桦木等。代号后的数字为树种的抗弯强度(MPa)。

表 16.3 中心受压直杆的截面分类

截面形式和对应轴				类别
(工字形)	轧制，$b/h \leqslant 0.8$，对 x 轴	(圆形)	轧制，对任意轴	a 类
(工字形)	轧制，$b/h \leqslant 0.8$，对 y 轴	(槽形)	轧制，$b/h > 0.8$，对 x、y 轴	b 类
(十字形)	焊接，翼缘为焰切边，对 x、y 轴	(工字形)	焊接，翼缘为轧制或剪切边，对 x 轴	

续表

截面形式和对应轴			类别
	轧制，对 x、y 轴		轧制或焊接，对 x 轴	
	轧制(等边角钢)对 x、y 轴		焊接，对任意轴	
	轧制或焊接，对 y 轴		轧制，对 x、y 轴	b 类
			焊接，对 x、y 轴	
			格构式，对 x、y 轴	
	焊接，翼缘为轧制或剪切边，对 y 轴		轧制或焊接，对 y 轴	
			无任何对称轴的截面，对任意轴	c 类
	轧制或焊接，对 x 轴		板件厚度大于 40mm 的焊接实腹截面、对任意轴	

注：当槽形截面用于格构式构件的分肢，计算分肢对垂直于腹板轴的稳定性时，应按 b 类截面考虑。

表 16.4　低碳钢 a 类截面中心受压直杆的稳定系数 φ

λ	0	1.0	2.0	3.0	4.0	5.0	6.0	7.0	8.0	9.0
0	1.000	1.000	1.000	1.000	0.999	0.999	0.998	0.998	0.997	0.966
10	0.995	0.994	0.993	0.992	0.991	0.989	0.988	0.986	0.985	0.983
20	0.981	0.979	0.977	0.976	0.974	0.972	0.970	0.968	0.966	0.964
30	0.963	0.961	0.959	0.957	0.955	0.952	0.950	0.948	0.946	0.944
40	0.941	0.939	0.937	0.934	0.932	0.929	0.927	0.924	0.921	0.919
50	0.916	0.913	0.910	0.907	0.904	0.900	0.897	0.894	0.890	0.886
60	0.883	0.879	0.875	0.871	0.867	0.863	0.858	0.851	0.849	0.844
70	0.834	0.830	0.829	0.824	0.818	0.813	0.807	0.801	0.795	0.789
80	0.788	0.776	0.770	0.763	0.757	0.750	0.743	0.736	0.728	0.721
90	0.714	0.706	0.699	0.691	0.684	0.676	0.668	0.661	0.653	0.645
100	0.638	0.630	0.622	0.615	0.607	0.600	0.592	0.585	0.577	0.570

续表

λ	0	1.0	2.0	3.0	4.0	5.0	6.0	7.0	8.0	9.0
110	0.563	0.555	0.548	0.541	0.534	0.527	0.520	0.514	0.507	0.500
120	0.494	0.488	0.481	0.475	0.469	0.463	0.457	0.451	0.445	0.440
130	0.434	0.429	0.423	0.418	0.412	0.407	0.402	0.397	0.392	0.387
140	0.383	0.378	0.373	0.369	0.364	0.360	0.356	0.351	0.347	0.343
150	0.339	0.335	0.331	0.327	0.323	0.320	0.316	0.312	0.309	0.305
160	0.302	0.298	0.295	0.292	0.289	0.285	0.282	0.279	0.276	0.273
170	0.270	0.267	0.264	0.262	0.259	0.256	0.253	0.251	0.248	0.246
180	0.243	0.241	0.238	0.236	0.233	0.231	0.229	0.226	0.224	0.222
190	0.220	0.218	0.215	0.213	0.211	0.209	0.207	0.205	0.203	0.201
200	0.199	0.198	0.196	0.194	0.192	0.190	0.189	0.187	0.185	0.183
210	0.182	0.180	0.179	0.177	0.175	0.174	0.172	0.171	0.169	0.168
220	0.166	0.165	0.164	0.162	0.161	0.159	0.158	0.157	0.155	0.154
230	0.153	0.152	0.150	0.149	0.148	0.147	0.146	0.144	0.143	0.142
240	0.141	0.140	0.139	0.138	0.136	0.135	0.134	0.133	0.132	0.131
250	0.130									

表 16.5 低碳钢 b 类截面中心受压直杆的稳定系数 φ

λ	0	1.0	2.0	3.0	4.0	5.0	6.0	7.0	8.0	9.0
0	1.000	1.000	1.000	0.999	0.999	0.998	0.997	0.996	0.995	0.994
10	0.992	0.991	0.989	0.987	0.985	0.983	0.981	0.978	0.976	0.973
20	0.970	0.967	0.963	0.960	0.957	0.953	0.950	0.946	0.943	0.939
30	0.936	0.932	0.929	0.925	0.922	0.918	0.914	0.910	0.906	0.903
40	0.899	0.895	0.891	0.887	0.882	0.878	0.874	0.870	0.865	0.861
50	0.856	0.852	0.847	0.842	0.838	0.833	0.828	0.823	0.818	0.813
60	0.807	0.802	0.797	0.791	0.786	0.780	0.774	0.769	0.763	0.757
70	0.751	0.745	0.739	0.732	0.726	0.720	0.714	0.707	0.701	0.694
80	0.688	0.681	0.675	0.668	0.665	0.661	0.648	0.641	0.635	0.628
90	0.621	0.614	0.608	0.601	0.594	0.588	0.581	0.575	0.568	0.561
100	0.555	0.549	0.542	0.536	0.529	0.523	0.517	0.511	0.505	0.499
110	0.493	0.487	0.481	0.475	0.470	0.464	0.458	0.453	0.447	0.442
120	0.437	0.432	0.426	0.421	0.416	0.411	0.406	0.402	0.397	0.392
130	0.387	0.383	0.378	0.374	0.370	0.365	0.361	0.357	0.353	0.349

续表

λ	0	1.0	2.0	3.0	4.0	5.0	6.0	7.0	8.0	9.0
140	0.345	0.341	0.337	0.333	0.329	0.326	0.322	0.318	0.315	0.311
150	0.308	0.304	0.301	0.298	0.295	0.291	0.288	0.285	0.282	0.279
160	0.276	0.273	0.270	0.267	0.265	0.262	0.295	0.256	0.254	0.251
170	0.249	0.246	0.244	0.241	0.239	0.236	0.234	0.232	0.229	0.227
180	0.225	0.223	0.220	0.218	0.216	0.214	0.212	0.210	0.208	0.206
190	0.204	0.202	0.200	0.198	0.197	0.195	0.193	0.191	0.190	0.188
200	0.186	0.184	0.183	0.181	0.180	0.178	0.176	0.175	0.173	0.172
210	0.170	0.169	0.167	0.166	0.165	0.163	0.162	0.160	0.159	0.158
220	0.156	0.155	0.154	0.153	0.151	0.150	0.149	0.148	0.146	0.145
230	0.144	0.143	0.142	0.141	0.140	0.138	0.137	0.136	0.135	0.134
240	0.133	0.132	0.131	0.130	0.129	0.128	0.127	0.126	0.125	0.124
250	0.123									

表 16.6 低碳钢 c 类截面中心受压直杆的稳定系数 φ

λ	0	1.0	2.0	3.0	4.0	5.0	6.0	7.0	8.0	9.0
0	1.000	1.000	1.000	0.999	0.999	0.998	0.997	0.996	0.995	0.993
10	0.992	0.990	0.988	0.986	0.983	0.981	0.978	0.976	0.973	0.970
20	0.966	0.959	0.953	0.947	0.940	0.934	0.928	0.921	0.915	0.909
30	0.902	0.896	0.890	0.884	0.877	0.871	0.865	0.858	0.852	0.846
40	0.839	0.833	0.826	0.820	0.814	0.807	0.801	0.794	0.788	0.781
50	0.775	0.768	0.762	0.755	0.748	0.742	0.735	0.729	0.722	0.715
60	0.709	0.702	0.695	0.689	0.682	0.676	0.669	0.662	0.656	0.649
70	0.643	0.636	0.629	0.623	0.616	0.610	0.604	0.579	0.591	0.584
80	0.578	0.572	0.566	0.559	0.553	0.547	0.541	0.535	0.529	0.523
90	0.517	0.511	0.505	0.500	0.494	0.488	0.483	0.477	0.472	0.467
100	0.463	0.458	0.454	0.449	0.445	0.441	0.439	0.436	0.428	0.428
110	0.419	0.415	0.411	0.407	0.403	0.399	0.395	0.391	0.387	0.383
120	0.379	0.375	0.371	0.367	0.364	0.360	0.356	0.353	0.349	0.346
130	0.342	0.339	0.335	0.332	0.328	0.325	0.322	0.319	0.315	0.312
140	0.309	0.306	0.303	0.300	0.297	0.294	0.291	0.288	0.285	0.282
150	0.280	0.277	0.274	0.271	0.269	0.266	0.264	0.261	0.258	0.256

续表

λ	0	1.0	2.0	3.0	4.0	5.0	6.0	7.0	8.0	9.0
160	0.254	0.251	0.249	0.246	0.244	0.242	0.239	0.237	0.235	0.233
170	0.230	0.228	0.226	0.224	0.222	0.220	0.218	0.216	0.214	0.212
180	0.210	0.208	0.206	0.205	0.203	0.201	0.199	0.197	0.196	0.194
190	0.192	0.190	0.189	0.187	0.186	0.184	0.182	0.181	0.179	0.178
200	0.176	0.175	0.173	0.172	0.170	0.169	0.168	0.166	0.165	0.163
210	0.162	0.161	0.159	0.158	0.157	0.156	0.154	0.153	0.152	0.151
220	0.150	0.148	0.147	0.146	0.145	0.144	0.143	0.142	0.140	0.139
230	0.138	0.137	0.136	0.135	0.134	0.133	0.132	0.131	0.130	0.129
240	0.128	0.127	0.126	0.125	0.124	0.124	0.123	0.122	0.121	0.120
250	0.119									

16.4.3 稳定计算

应用式(16.10)的稳定条件，可对压杆进行稳定方面的三种计算。

1. 稳定校核

已知压杆的长度、支承情况、材料、截面及荷载，校核压杆是否满足稳定条件。校核时，首先按压杆给定的支承情况确定 μ 值，然后由已知截面的形状、尺寸计算面积 A、惯性矩 I、惯性半径 i 及柔度 λ。再根据压杆的材料及 λ 值，查表查出 φ 值，最后验算是否满足 $\sigma = \dfrac{F_P}{A} \leqslant \varphi[\sigma]$ 这一稳定条件。

2. 确定许用荷载

首先根据压杆的支承情况、截面形状和尺寸，依次确定 μ 值计算 A、I、i、λ 各值。然后根据材料和 λ 值，由表查出 φ 值。最后按稳定条件计算许用荷载。

$$[F_P] = A \cdot [\sigma] \cdot \varphi$$

3. 选择截面

将稳定条件式改写为：$A \geqslant \dfrac{F_P}{\varphi[\sigma]}$

从上式看，要计算 A，需先查知 φ，而 φ 与 λ 有关，λ 与 i 有关，i 则与 A 有关，所以当 A 未求得之前，φ 值也不能查出。所以常采用试算法来进行计算。步骤如下。

(1) 先假设一个 φ_1 值(一般取 $\varphi_1 = 0.5 \sim 0.6$)，由此可定出截面尺寸 A_1。

(2) 按初选的截面 A_1 计算 i_1、λ_1，查出相应的 φ_1'。比较 φ_1' 与假设的 φ_1，若两者比较接近，可对所选截面进行稳定校核。

(3) 若 φ_1' 与 φ_1 相差较大，可再设 $\varphi_2 = \dfrac{\varphi_1 + \varphi_1'}{2}$，重复(1)、(2)步骤。直至求得的 φ' 与

所设的 φ 接近为止。一般重复二、三次便可达到目的。

【例 16.3】 一受压木柱，长 l=2m，两端铰支。用一根强度等级为 TC13 的松木圆杆制成，已知 d=150mm，F_P=50kN，$[\sigma]$=10MPa。试校核木柱的稳定性。

解：木柱两端铰支，故 $\mu=1$

木柱的惯性半径

$$i = \sqrt{\frac{I}{A}} = \sqrt{\frac{\frac{\pi d^4}{64}}{\frac{\pi d^2}{64}}} = \frac{d}{4}$$

柔度

$$\lambda = \frac{\mu l}{i} = \frac{1 \times 2000 \times 4}{150} = 53.3$$

则稳定系数为

$$\varphi = \frac{1}{1+\left(\frac{\lambda}{65}\right)^2} = \frac{1}{1+\left(\frac{53.3}{65}\right)^2} = 0.60$$

校核稳定性

$$\sigma = \frac{F_P}{A} = \frac{50 \times 10^3}{\frac{\pi \times 150^2}{4}} = 2.83(\text{N/mm}^2) = 2.83\text{MPa}$$

$$\varphi[\sigma] = 0.60 \times 10 = 6(\text{MPa})$$

$\sigma < \varphi[\sigma]$，木柱满足稳定条件

【例 16.4】 如图 16.9(b)所示钢柱由两根 No.10 槽钢制成，柱长 l=10m，两端固定。压杆材料为低碳钢，符合《钢结构设计规范》(GBJ 17—88)中的实腹式 b 类截面中心受压杆的要求。材料的强度许用应力$[\sigma]$=140MPa，试求钢柱能承受的轴向压力$[F_P]$。

解：由型钢表查得如图 16.9(a)所示一根 No.10 槽钢有关数值：$A_1 = 12.74\text{cm}^2$，$I_{z1} = 198.3\text{cm}^4$，$I_{y1} = 25.6\text{cm}^4$，$i_{z1} = 3.95\text{cm}$，$z_0 = 1.52\text{cm}$，则对刚柱：

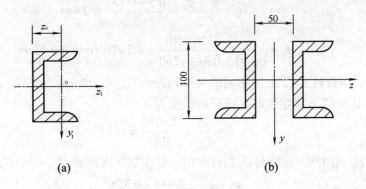

图 16.9 例 16.4 图

$A = 2 \times 12.74\text{cm}^2$
$I_z = 2 \times 198.3\text{cm}^4$
$i_z = 3.95\text{cm}$
$I_y = 2[25.6 + 12.74 \times (2.5+1.52)^2] = 463(\text{cm}^4)$

由于 $I_z<I_y$，故需按钢柱绕 z 轴的稳定性计算，两端固定时，$\mu=0.5$，所以

$$\lambda = \frac{\mu l}{i_z} = \frac{0.5 \times 1000}{3.95} = 126.6$$

由表 16.5 查得 $\lambda=126$ 时，$\varphi=0.406$；$\lambda=127$ 时，$\varphi=0.402$。用直线内插法求得

$$\varphi = 0.402 + \frac{0.406 - 0.402}{127 - 126}(126.6 - 126) = 0.4044$$

所以

$$[F_P] = \varphi A[\sigma] = 0.4044 \times 2 \times 12.74 \times 10^2 \times 140$$
$$= 144 \times 10^3 (\text{N}) = 144 \text{kN}$$

【例 16.5】 如图 16.10 所示立柱，一端固定，一端自由，受轴向压力 $F_P=320$kN 作用。立柱为用低碳钢制成的工字钢，符合《钢结构设计规范》(GBJ 17—88)中的实腹式 b 类截面中心受压柱的要求。在横截面 C 处，钻有直径 $d=80$mm 的圆孔。柱长 $l=1.5$m，许用压应力$[\sigma]=160$MPa。试选择工字钢型号。

解：用试算法选择工字钢型号。

(1) 先设 $\varphi_1=0.5$，则

$$A_1 = \frac{F_P}{\varphi_1[\sigma]} = \frac{320 \times 10^3}{0.5 \times 160} = 4 \times 10^3 (\text{mm}^2) = 40 \text{cm}^2$$

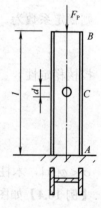

图 16.10 例 16.5 图

从型钢表中查得 No.22a 工字钢，其横截面面积 $A=42$cm^2，最小惯性半径 $i_{\min}=2.31$cm。

若选用 No.22a 工字钢时，压杆的柔度为

$$\lambda = \frac{\mu l}{i_{\min}} = \frac{2 \times 150}{2.31} = 130$$

查表得 $\varphi_1'=0.387$，此值与假设的 φ_1 相差较大，故需重新计算。

(2) 设

$$\varphi_2 = \frac{\varphi_1 + \varphi_1'}{2} = \frac{0.5 + 0.387}{2} \approx 0.444$$

则

$$A_2 = \frac{F_P}{\varphi_2[\sigma]} = \frac{320 \times 10^3}{0.444 \times 160} = 4.5 \times 10^3 (\text{mm}^2) = 45 \text{cm}^2$$

由型钢表中查得 No.22b 工字钢的 $A=46.4$cm^2，$i_{\min}=2.27$cm。

(3) 选用 No.22b 工字钢时，压杆的柔度为

$$\lambda = \frac{\mu l}{i_{\min}} = \frac{2 \times 150}{2.27} \approx 132$$

查表得 $\varphi_2'=0.378$，此值与 φ_2 仍有差距，需作第三次试算。

(4) 再设

$$\varphi_3 = \frac{\varphi_2 + \varphi_2'}{2} = \frac{0.444 + 0.378}{2} = 0.411$$

则

$$A_3 = \frac{F_P}{\varphi_3[\sigma]} = \frac{320 \times 10^3}{0.411 \times 160} = 4.87 \times 10^3 (\text{mm}^2) = 48.7 \text{cm}^2$$

由型钢表查得 No.25a 工字钢的 $A=48.5$cm^2，$i_{\min}=2.4$cm。

(5) 选用 No.25a 工字钢时，压杆的柔度为

$$\lambda = \frac{2 \times 150}{2.4} = 125$$

查表得 $\varphi_3' = 0.411$，φ_3' 与 φ_3 相同，故可选 No.25a 工字钢。

(6) 稳定校核：

$$\sigma = \frac{F_P}{A} = \frac{320 \times 10^3}{48.5 \times 10^2} = 66(\text{N/mm}^2) = 66\text{MPa}$$

$$\varphi[\sigma] = 0.411 \times 160 = 65.8(\text{MPa})$$

虽然 $\sigma > \varphi[\sigma]$，但仅超过

$$\frac{66 - 65.8}{65.8} \times 100\% = 0.3\%$$

这是允许的。故选用 No.25a 工字钢作主柱符合稳定性要求。

(7) 强度校核 由于 C 截面被圆孔削弱了，所以需对 C 截面进行强度校核。从型钢表中查得 No.25a 工字钢的腹板厚度 $t=8$mm，于是，C 截面的工作应力为

$$\sigma = \frac{F_P}{A - ta} = \frac{320 \times 10^3}{(48.5 - 0.8 \times 8) \times 10^2} = 76(\text{MPa}) < [\sigma]$$

可见，立柱的强度也符合要求。

16.5　提高压杆稳定性的措施

提高压杆的稳定性，就是要提高压杆的临界力或临界应力。由欧拉公式可以看出，压杆的临界力与压杆的截面形状、压杆的长度、杆端支承和压杆的材料有关。因此，要提高临界力可从下列两方面考虑。

16.5.1　柔度方面

对于一定材料制成的压杆，其临界应力与柔度 λ 的平方成反比，柔度越小，稳定性越好。为了减小柔度，可采取如下一些措施。

1. 选择合理的截面形状

柔度 λ 与惯性半径 i 成反比，因此，要提高压杆的稳定性，应尽量增大 i。由于 $i = \sqrt{\frac{I}{A}}$，所以在截面积一定的情况下，应尽量增大惯性矩 I。为此，应尽量使材料远离截面的中性轴。例如，采用空心截面(见图 16.11)或组合截面(见图 16.12)。

当压杆在各个弯曲平面内的支承情况相同时，为避免压杆在最小刚度平面内先发生失稳，应尽量使各个方向的惯性矩相同，如采用圆形、方形截面。

若压杆的两个弯曲平面支承情况不同，则采用两个方向惯性矩不同的截面，与相应的支承情况对应。例如采用矩形、工字形截面。在具体确定截面尺寸时，抗弯刚度大的方向对应支承固结程度低的方向，抗弯刚度小的方向对应支承固结强的方向，尽可能使两个方向的柔度相等或接近，抗失稳的能力大体相同。

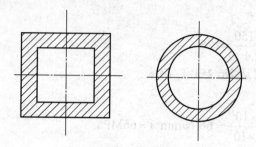
图 16.11 空心截面

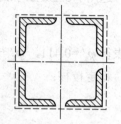
图 16.12 组合截面

2. 改善支承条件

由表 16.1 中可以看到，压杆端部固结越牢固，长度系数 μ 值越小，则压杆的柔度 λ 越小，说明压杆的稳定性越好。因此，在条件允许的情况下，应尽可能加强杆端约束。

3. 减小杆的长度

压杆临界力的大小与杆长平方成反比，缩小杆件长度可以大大提高临界力。因此，压杆应尽量避免细而长。在可能时，在压杆中间增加支承，也能起到有效作用。

16.5.2 材料方面

对于细长压杆，临界应力与材料的弹性模量 E 有关，由于各种钢材的弹性模量值相差不大。所以，对于细长杆来说，选用优质钢材对提高临界应力是没有意义的。对于中长杆，其临界应力与材料强度有关，强度越高的材料，其临界应力也越高。所以，对中长杆而言，选用优质钢材将有助于提高压杆的稳定性。

16.6 小　结

1. 压杆失稳

压杆直线形状的平衡状态，根据它对干扰力的抵抗能力不同，可分为稳定的平衡状态与不稳定的平衡状态。所谓压杆丧失稳定，就是指压杆在压力作用下，直线形状的平衡状态由稳定变成了不稳定。

2. 临界力

临界力是压杆从稳定平衡状态过渡到不稳定平衡状态的压力值。确定临界力(或临界应力)的大小，是解决压杆稳定问题的关键。

计算临界力的公式如下。

(1) 细长杆 ($\lambda \geqslant \lambda_p$)，使用欧拉公式：

$$F_{Pcr} = \frac{\pi^2 EI}{(\mu l)^2} \text{ 或 } \sigma_{cr} = \frac{\pi^2 E}{\lambda^2}$$

(2) 中长杆 ($\lambda_s \leqslant \lambda < \lambda_p$)，使用直线公式

$$\sigma_{cr} = a - b\lambda$$

3. 柔度

柔度 λ 是压杆的长度、支承情况、截面形状及尺寸等因素的一个综合值。

$$\lambda = \frac{\mu l}{i}$$

柔度 λ 是稳定计算中的重要几何参数。有关压杆的稳定计算都要先算出 λ。

4. 稳定性计算

土建工程中通常采用折减系数法。

稳定条件为
$$\sigma = \frac{F_P}{A} \leq \varphi[\sigma]$$

利用稳定条件可以对压杆进行下列三类问题的计算。

(1) 稳定校核；
(2) 确定许用荷载；
(3) 选择截面(试算法)。

在压杆截面有局部削弱时，稳定计算可不考虑削弱，但必须同时对削弱的截面(用净面积)进行强度校核。

16.7 思 考 题

1. 压杆失稳发生的弯曲与梁的弯曲有什么区别？
2. 如图 16.13 所示四根细长压杆，材料、截面均相同，问哪一种临界力最大？哪一种最小？

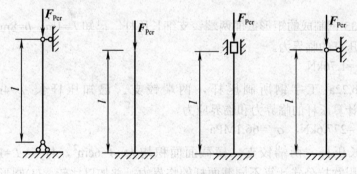

图 16.13 思考题 2 图

3. 什么叫柔度？它与哪些因素有关？它表征压杆的什么特征？
4. 如图 16.14 所示，下列截面各杆，杆端支承情况在各方面相同，失稳时将绕截面哪一根形心轴转动？
5. 如图 16.15 所示每组截面，两截面面积相同，试问作为压杆时，每组截面中哪个合理，为什么？

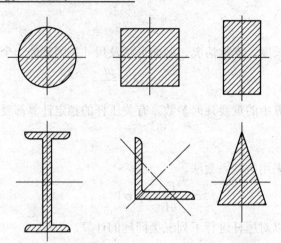

图 16.14　思考题 4 图

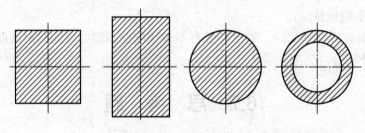

图 16.15　思考题 5 图

16.8 习　　题

1. 用 Q235 钢制成的矩形截面两端铰支细长压杆。已知 L=1m，b=8mm，h=20mm，E=210GPa，求压杆的临界力。

答案：F_{Pcr} =1.76kN

2. 由 No.22a 工字钢所制压杆，两端铰支。已知压杆长 L=4m，弹性模量 E=200GPa，试计算压杆的临界力和临界应力。

答案：F_{Pcr} =277.6kN，σ_{cr} =66.1MPa

3. 一细长压杆，两端铰支，横截面面积均为 A=6cm^2，杆长 L=1m，弹性模量 E=200GPa，试用欧拉公式计算不同截面杆的临界力，并加以比较。(1)圆形截面；(2)空心圆形截面，内外直径之比为 $\alpha = \dfrac{1}{2}$。

答案：圆形截面 F_{Pcr} =56.3kN，空心圆形 F_{Pcr} =94.2kN

4. 托架如图 16.16 所示。AB 杆的直径 d=40mm，长度 l=800mm，两端铰支，材料为 Q235 钢，E=206GPa。试根据 AB 杆的失稳来求托架的允许荷载 F_Q。

答案：F_Q =176kN

5. 两端铰支，强度等级为 TC13 的木柱，截面为 150mm×150mm 的正方形，长度 L=3.5m，许用应力 $[\sigma]$=10MPa。求木柱的最大安全荷载。

答案：$[F_P]$=88.4kN

6. 如图 16.17 所示结构材料为低碳钢，已知 F_P =25kN，α = 30°，a=1.25m，l=0.55m，d=20mm，$[\sigma]$=160MPa，若 CD 杆符合《钢结构设计规范》(GBJ 17—88)a 类截面中心受压杆的要求。试校核此结构是否安全？

答案：σ_{AB}=153.2MPa，σ_{CD}=79.6MPa<$\varphi[\sigma]$=90MPa

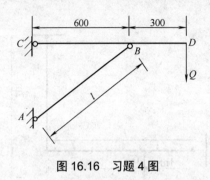

图 16.16 习题 4 图

图 16.17 习题 6 图

7. 由低碳钢制成的 a 类截面中心受压圆截面钢杆，长度 l=800mm，其下端固定，上端自由，承受轴向压力 100kN。已知材料的许用应力$[\sigma]$=170MPa，试求杆的直径 d。

答案：d=46mm

8. 压杆由两根等边角钢 L140×12 组成如图 16.18 所示。材料为低碳钢，符合《钢结构设计规范》(GBJ 17—88)中实腹式 b 类截面中心受压杆的要求。杆长 l=2.4m，两端铰支。承受轴向压力 F_P=800kN，$[\sigma]$=160MPa，铆钉孔直径 d=23mm，试对压杆作稳定和强度校核。

答案：$\sigma_{稳}$=123 MPa＜$\varphi[\sigma]$=133 MPa，$\sigma_{强}$=134.4 MPa

9. 如图 16.19 所示结构中，AB 梁由 25a 号工字钢制成，CD 杆由 2L63×63×5 两根等边角钢制成，CD 杆符合《钢结构设计规范》(GBJ 17—88)中实腹式 b 类截面中心受压柱的要求。已知 q=28kN/m，$[\sigma]$=170MPa，E=210GPa，试问梁和立柱是否安全？

答案：梁 σ_{max} =139.3MPa，主柱 σ =91.1MPa，$\varphi[\sigma]$=90.4MPa

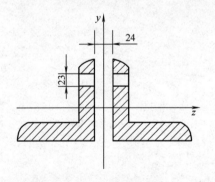

图 16.18 习题 8 图

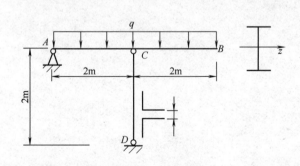

图 16.19 习题 9 图

10. 如图 16.20 所示，一简单托架，其斜杆 AB 为圆截面木杆，直径 d=120mm，强度等级为 TC15，已知 q=5kN/m，$[\sigma]$=11MPa，A、B、C 三点均为铰结点，试校核斜杆 AB 的稳定性。

答案：$\sigma = 1.8$ MPa $< \varphi[\sigma] = 3.3$ MPa

11. 如图 16.21 所示结构，AB 为刚性梁，A 端为可动铰支座，在 B 点和 C 点分别与直径 $d=40$mm 的钢圆杆铰接。已知 $q=35$kN/m，圆杆材料为低碳钢，$[\sigma]=170$ MPa。若 CE 杆符合《钢结构设计规范》(GBJ 17—88)中实腹式 a 类截面中心受压柱的要求，试问此结构是否安全？

答案：$\sigma_{CE} = 62.6$ MPa $< \varphi[\sigma] = 73.7$ MPa

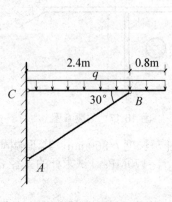

图 16.20　习题 10 图

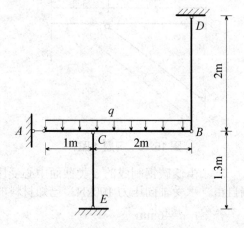

图 16.21　习题 11 图

附录 型钢规格表

附表1 热轧等边角钢(GB 9787—88)

符号意义:
b——边宽度;
d——边厚度;
r——内圆弧半径;
r_1——边端内圆弧半径;
I——惯性矩;
i——惯性半径;
W——截面系数;
z_0——重心距离。

角钢号数	尺寸 (mm) b	d	r	截面面积 (cm²)	理论重量 (kg/m)	外表面积 (m²/m)	$x-x$ I_x (cm⁴)	i_x (cm)	W_x (cm³)	x_0-x_0 I_{x_0} (cm⁴)	i_{x_0} (cm)	W_{x_0} (cm³)	y_0-y_0 I_{y_0} (cm⁴)	i_{y_0} (cm)	W_{y_0} (cm³)	x_1-x_1 I_{x_1} (cm⁴)	z_0 (cm)
2	20	3	3.5	1.132	0.889	0.078	0.40	0.59	0.29	0.63	0.75	0.45	0.17	0.39	0.20	0.81	0.60
	20	4		1.459	1.145	0.077	0.50	0.58	0.36	0.78	0.73	0.55	0.22	0.38	0.24	1.09	0.64
2.5	25	3		1.432	1.124	0.098	0.82	0.76	0.46	1.29	0.95	0.73	0.34	0.49	0.33	1.57	0.73
	25	4		1.859	1.459	0.097	1.03	0.74	0.59	1.62	0.93	0.92	0.43	0.48	0.40	2.11	0.76
3.0	30	3		1.749	1.373	0.117	1.46	0.91	0.68	2.31	1.15	1.09	0.61	0.59	0.51	2.71	0.85
	30	4		2.276	1.786	0.117	1.84	0.90	0.87	2.92	1.13	1.37	0.77	0.58	0.62	3.63	0.89
3.6	36	3	4.5	2.109	1.656	0.141	2.58	1.11	0.99	4.09	1.39	1.61	1.07	0.71	0.76	4.68	1.00
	36	4		2.756	2.163	0.141	3.29	1.09	1.28	5.22	1.38	2.05	1.37	0.70	0.93	6.25	1.04
	36	5		3.382	2.654	0.141	3.95	1.08	1.56	6.24	1.36	2.45	1.65	0.70	1.09	7.84	1.07

续表

角钢号数	尺寸 (mm) b	d	r	截面面积 (cm²)	理论重量 (kg/m)	外表面积 (m²/m)	参考数值 $x-x$ I_x (cm⁴)	i_x (cm)	W_x (cm³)	x_0-x_0 I_{x_0} (cm⁴)	i_{x_0} (cm)	W_{x_0} (cm³)	y_0-y_0 I_{y_0} (cm⁴)	i_{y_0} (cm)	W_{y_0} (cm³)	x_1-x_1 I_{x_1} (cm⁴)	z_0 (cm)
4.0	40	3	5	2.359	1.852	0.157	3.59	1.23	1.23	5.69	1.55	2.01	1.49	0.79	0.96	6.41	1.09
		4		3.086	2.422	0.157	4.60	1.22	1.60	7.29	1.54	2.58	1.91	0.79	1.19	8.56	1.13
		5		3.791	2.976	0.156	5.53	1.21	1.96	8.76	1.52	3.01	2.30	0.78	1.39	10.74	1.17
4.5	45	3	5	2.659	2.088	0.177	5.17	1.40	1.58	8.20	1.76	2.58	2.14	0.90	1.24	9.12	1.22
		4		3.486	2.736	0.177	6.65	1.38	2.05	10.56	1.74	3.32	2.75	0.89	1.54	12.18	1.26
		5		4.292	3.369	0.176	8.04	1.37	2.51	12.74	1.72	4.00	3.33	0.88	1.81	15.25	1.30
		6		5.076	3.985	0.176	9.33	1.36	2.95	14.76	1.70	4.64	3.89	0.88	2.06	18.36	1.33
5	50	3	5.5	2.971	2.332	0.197	7.18	1.55	1.96	11.7	1.96	3.22	2.98	1.00	1.57	12.50	1.34
		4		3.897	3.059	0.197	9.26	1.54	2.56	14.70	1.94	4.16	3.82	0.99	1.96	16.69	1.38
		5		4.803	3.770	0.196	11.21	1.53	3.13	17.79	1.92	5.03	4.64	0.98	2.31	20.90	1.42
		6		5.688	4.465	0.196	13.05	1.52	3.68	20.68	1.91	5.85	5.42	0.98	2.63	25.14	1.46
5.6	56	3	6	3.343	2.624	0.221	10.19	1.75	2.48	16.14	2.20	4.08	4.24	1.13	2.02	17.56	1.48
		4		4.390	3.446	0.220	13.18	1.73	3.24	20.92	2.18	5.28	5.46	1.11	2.52	23.43	1.53
		5		5.415	4.251	0.220	16.02	1.72	3.97	25.42	2.17	6.42	6.61	1.10	2.98	29.33	1.57
		8		8.367	6.568	0.219	23.63	1.68	6.03	37.37	2.11	9.44	9.89	1.09	4.16	47.24	1.68
6.3	63	4	7	4.978	3.907	0.248	19.03	1.96	4.13	30.17	2.46	6.78	7.89	1.26	3.29	33.35	1.70
		5		6.143	4.822	0.248	23.17	1.94	5.08	36.77	2.45	8.25	9.57	1.25	3.90	41.73	1.74
		6		7.288	5.721	0.247	27.12	1.93	6.00	43.03	2.43	9.66	11.20	1.24	4.46	50.14	1.78
		8		9.515	7.469	0.247	34.46	1.90	7.75	54.56	2.40	12.25	14.33	1.23	5.47	67.11	1.85

续表

角钢号数	尺寸 (mm) b	尺寸 (mm) d	尺寸 (mm) r	截面面积 (cm²)	理论重量 (kg/m)	外表面积 (m²/m)	参考数值 x—x I_x (cm⁴)	i_x (cm)	W_x (cm³)	x_0—x_0 I_{x_0} (cm⁴)	i_{x_0} (cm)	W_{x_0} (cm³)	y_0—y_0 I_{y_0} (cm⁴)	i_{y_0} (cm)	W_{y_0} (cm³)	x_1—x_1 I_{x_1} (cm⁴)	z_0 (cm)
6.3	63	10	7	11.657	9.151	0.246	41.09	1.88	9.39	64.85	2.36	14.56	17.33	1.22	6.36	84.31	1.93
7	70	4		5.570	4.372	0.275	26.39	2.18	5.14	41.80	2.74	8.44	10.99	1.40	4.17	45.74	1.86
		5		6.875	5.397	0.275	32.21	2.16	6.32	51.08	2.73	10.32	13.34	1.39	4.95	57.21	1.91
		6		8.160	6.406	0.275	37.77	2.15	7.48	59.93	2.71	12.11	15.61	1.38	5.67	68.73	1.95
		7	8	9.424	7.398	0.275	43.09	2.14	8.59	68.35	2.69	13.81	17.82	1.38	6.34	80.29	1.99
		8		10.667	8.373	0.275	48.17	2.12	9.68	76.37	2.68	15.43	19.98	1.37	6.98	91.92	2.03
(7.5)	75	5		7.367	5.818	0.295	39.97	2.33	7.32	63.30	2.92	11.94	16.63	1.50	5.77	70.56	2.04
		6		8.797	6.905	0.294	46.95	2.31	8.64	74.38	2.90	14.02	19.51	1.49	6.67	84.55	2.07
		7	9	10.160	7.976	0.294	53.57	2.30	9.93	84.96	2.89	16.02	22.18	1.48	7.44	98.71	2.11
		8		11.503	9.030	0.294	59.96	2.28	11.20	95.07	2.88	17.93	24.86	1.47	8.19	112.97	2.15
		10		14.126	11.089	0.293	71.98	2.26	13.64	113.92	2.84	21.48	30.05	1.46	9.56	141.71	2.22
8	80	5		7.912	6.211	0.315	48.79	2.48	8.34	77.33	3.13	13.67	20.25	1.60	6.66	85.36	2.15
		6		9.397	7.376	0.314	57.35	2.47	9.87	90.98	3.11	16.08	23.72	1.59	7.65	102.50	2.19
		7	9	10.860	8.525	0.314	65.58	2.46	11.37	104.07	3.10	18.40	27.09	1.58	8.58	119.70	2.23
		8		12.303	9.658	0.314	73.49	2.44	12.83	116.60	3.08	20.61	30.39	1.57	9.46	136.97	2.27
		10		15.126	11.874	0.313	88.43	2.42	15.64	140.09	3.04	24.76	36.77	1.56	11.08	171.74	2.35
9	90	6		10.637	8.350	0.354	82.77	2.79	12.61	131.26	3.51	20.63	34.28	1.80	9.95	145.87	2.44
		7	10	12.301	9.656	0.354	94.83	2.78	14.54	150.47	3.50	23.64	39.18	1.78	11.19	170.30	2.48
		8		13.944	10.946	0.353	106.47	2.76	16.42	168.97	3.48	26.55	43.97	1.78	12.35	194.80	2.52

续表

角钢号数	尺寸 (mm) b	尺寸 (mm) d	尺寸 (mm) r	截面面积 (cm²)	理论重量 (kg/m)	外表面积 (m²/m)	参考数值 $x-x$ I_x (cm⁴)	$x-x$ i_x (cm)	$x-x$ W_x (cm³)	x_0-x_0 I_{x_0} (cm⁴)	x_0-x_0 i_{x_0} (cm)	x_0-x_0 W_{x_0} (cm³)	y_0-y_0 I_{y_0} (cm⁴)	y_0-y_0 i_{y_0} (cm)	y_0-y_0 W_{y_0} (cm³)	x_1-x_1 I_{x_1} (cm⁴)	z_0 (cm)
9	90	10	10	17.167	13.476	0.353	128.58	2.74	20.07	203.90	3.45	32.04	53.26	1.76	14.52	244.07	2.59
		12		20.306	15.940	0.352	149.22	2.71	23.57	236.21	3.41	37.12	62.22	1.75	16.49	293.76	2.67
10	100	6	12	11.932	9.366	0.393	114.95	3.01	15.68	181.98	3.90	25.74	47.92	2.00	12.69	200.07	2.67
		7		13.796	10.830	0.393	131.86	3.09	18.10	208.97	3.89	29.55	54.74	1.99	14.26	233.54	2.71
		8		15.638	12.276	0.393	148.24	3.08	20.47	235.07	3.88	33.24	61.41	1.98	15.75	267.09	2.76
		10		19.261	15.120	0.392	179.51	3.05	25.06	284.68	3.84	40.26	74.35	1.96	18.54	334.48	2.84
		12		22.800	17.898	0.391	208.90	3.03	29.48	330.95	3.81	46.80	86.84	1.95	21.08	402.34	2.91
		14		26.256	20.611	0.391	236.53	3.00	33.73	374.06	3.77	52.90	99.00	1.94	23.44	470.75	2.99
		16		29.627	23.257	0.390	262.53	2.98	37.82	414.16	3.74	58.57	110.89	1.94	25.63	539.80	3.06
11	110	7	12	15.196	11.928	0.433	177.16	3.41	22.05	280.94	4.30	36.12	73.38	2.20	17.51	310.64	2.96
		8		17.238	13.532	0.433	199.46	3.40	24.95	316.49	4.28	40.69	82.42	2.19	19.39	355.20	3.01
		10		21.261	16.690	0.432	242.19	3.38	30.60	384.39	4.25	49.42	99.98	2.17	22.91	444.65	3.09
		12		25.200	19.782	0.431	282.55	3.35	36.05	448.17	4.22	57.62	116.93	2.15	26.15	534.60	3.16
12.5	125	8	14	19.750	15.504	0.492	297.03	3.88	32.52	470.89	4.88	43.28	123.16	2.50	25.86	521.01	3.24
		10		24.373	19.133	0.491	361.67	3.85	39.97	573.89	4.85	52.93	149.46	2.48	30.62	625.16	3.37
		12		28.912	22.696	0.491	423.16	3.83	41.17	671.44	4.82	64.93	174.88	2.46	35.03	651.93	3.45
		14		33.367	26.193	0.490	481.65	3.80	54.16	763.73	4.78	75.96	199.57	2.45	39.13	783.42	3.53
14	140	10		27.373	21.488	0.551	514.65	4.34	50.58	817.27	5.46	82.56	212.04	2.78	39.20	915.11	3.82

续表

角钢号数	尺寸 (mm) b	d	r	截面面积 (cm²)	理论重量 (kg/m)	外表面积 (m²/m)	参考数值									
							$x-x$			x_0-x_0			y_0-y_0			x_1-x_1	z_0
							I_x (cm⁴)	i_x (cm)	W_x (cm³)	I_{x_0} (cm⁴)	i_{x_0} (cm)	W_{x_0} (cm³)	I_{y_0} (cm⁴)	i_{y_0} (cm)	W_{y_0} (cm³)	I_{x_1} (cm⁴)	(cm)
14	140	12	14	32.512	25.522	0.551	603.68	4.31	59.80	958.79	5.43	96.85	248.57	2.76	45.02	1099.28	3.90
		14		37.567	29.490	0.550	688.81	4.28	68.75	1093.56	5.40	110.47	284.06	2.75	50.45	1284.22	3.98
		16		42.539	33.393	0.549	770.24	4.26	77.46	1221.81	5.36	123.42	318.67	2.74	55.55	1470.07	4.06
16	160	10		31.502	24.729	0.630	779.53	4.98	66.70	1237.30	6.27	109.36	321.76	3.20	52.76	1365.33	4.31
		12		37.441	29.391	0.630	916.58	4.95	78.98	1455.68	6.24	128.67	377.49	3.18	60.74	1639.57	4.39
		14		43.296	33.987	0.629	1048.36	4.92	90.95	1665.02	6.20	147.17	431.70	3.16	68.244	1914.68	4.47
		16	16	49.067	38.518	0.629	1175.08	4.89	102.63	1865.57	6.17	164.89	484.59	3.14	75.31	2190.82	4.55
18	180	12		42.241	33.159	0.710	1321.35	5.59	100.82	2100.10	7.05	165.00	542.61	3.58	78.41	2332.80	4.89
		14		48.896	38.388	0.709	1514.48	5.56	116.25	2407.42	7.02	189.14	625.53	3.56	88.38	2723.48	4.97
		16		55.467	43.542	0.709	1700.99	5.54	131.13	2703.37	6.98	212.40	698.60	3.55	97.83	3115.29	5.05
		18		61.955	48.634	0.708	1875.12	5.50	145.64	2988.24	6.94	234.78	762.01	3.51	105.14	3502.43	5.13
20	200	14	18	54.642	42.894	0.788	2103.55	6.20	144.70	3343.26	7.82	236.40	863.83	3.98	111.82	3734.10	5.46
		16		62.013	48.680	0.788	2366.15	6.18	163.65	3760.89	7.79	265.93	971.41	3.96	123.96	4270.39	5.54
		18		69.301	54.401	0.787	2620.64	6.15	182.22	4164.54	7.75	294.48	1076.74	3.94	135.52	4808.13	5.62
		20		76.505	60.056	0.787	2867.30	6.12	200.42	4554.55	7.72	322.06	1180.04	3.93	146.55	5347.51	5.69
		24		90.661	71.168	0.785	2338.25	6.07	236.17	5294.97	7.64	374.41	1381.53	3.90	166.55	6457.16	5.87

注：截面图中的 $r_1=\frac{1}{3}d$ 及表中 r 值的数据用于孔型设计，不做交货条件。

附表 2 热轧不等边角钢(GB 9787—88)

符号意义：
B——长边宽度；
b——短边宽度；
d——边厚度；
r——内圆弧半径；
r_1——边端内圆弧半径；
I——惯性矩；
i——惯性半径；
W——截面系数；
x_0——重心距离；
y_0——重心距离；

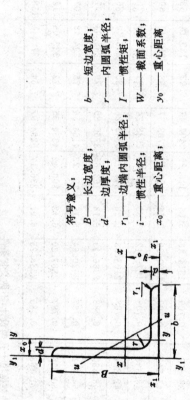

角钢号数	尺寸 (mm)				截面面积 (cm^2)	理论重量 (kg/m)	外表面积 (m^2/m)	参考数值												
								$x-x$			$y-y$			x_1-x_1	y_1-y_1		$u-u$			
	B	b	d	r				I_x (cm^4)	i_x (cm)	W_x (cm^3)	I_y (cm^4)	i_y (cm)	W_y (cm^3)	I_{x_1} (cm^4)	y_0 (cm)	I_{y_1} (cm^4)	x_0 (cm)	I_u (cm^4)	i_u (cm)	W_u (cm^3)	$\tan\alpha$
2.5/1.6	25	16	3	3.5	1.162	0.912	0.080	0.70	0.78	0.43	0.22	0.44	0.19	1.56	0.86	0.43	0.42	0.14	0.34	0.16	0.392
			4		1.499	1.176	0.079	0.88	0.77	0.55	0.27	0.43	0.24	2.09	0.90	0.59	0.46	0.17	0.34	0.20	0.381
3.2/2	32	20	3		1.492	1.171	0.102	1.53	1.01	0.72	0.46	0.55	0.30	3.27	1.08	0.82	0.49	0.28	0.43	0.25	0.382
			4		1.939	1.522	0.101	1.93	1.00	0.93	0.57	0.54	0.39	4.37	1.12	1.12	0.53	0.35	0.42	0.32	0.374
4/2.5	40	25	3	4	1.890	1.484	0.127	3.08	1.28	1.15	0.93	0.70	0.49	6.39	1.32	1.59	0.59	0.56	0.54	0.40	0.386
			4		2.467	1.936	0.127	3.93	1.26	1.49	1.18	0.69	0.63	8.53	1.37	2.14	0.63	0.71	0.54	0.52	0.381
4.5/2.8	45	28	3	5	2.149	1.687	0.143	4.45	1.44	1.47	1.34	0.79	0.62	9.10	1.47	2.23	0.64	0.80	0.61	0.51	0.383
			4		2.806	2.203	0.143	5.69	1.42	1.91	1.70	0.78	0.80	12.13	1.51	3.00	0.68	1.02	0.60	0.66	0.380
5/3.2	50	32	3	5.5	2.431	1.908	0.161	6.24	1.60	1.84	2.02	0.91	0.82	12.49	1.60	3.31	0.73	1.20	0.70	0.68	0.404
			4		3.177	2.494	0.160	8.02	1.59	2.39	2.58	0.90	1.06	16.65	1.65	4.45	0.77	1.53	0.69	0.87	0.402

附录 型钢规格表

续表

角钢号数	尺寸 (mm) B	b	d	r	截面面积 (cm²)	理论重量 (kg/m)	外表面积 (m²/m)	参考数值 $x-x$ I_x (cm⁴)	i_x (cm)	W_x (cm³)	$y-y$ I_y (cm⁴)	i_y (cm)	W_y (cm³)	x_1-x_1 I_{x_1} (cm⁴)	y_0 (cm)	y_1-y_1 I_{y_1} (cm⁴)	x_0 (cm)	$u-u$ I_u (cm⁴)	i_u (cm)	W_u (cm³)	$\tan\alpha$
5.6/3.6	56	36	3	6	2.743	2.153	0.181	8.88	1.80	2.32	2.92	1.03	1.05	17.54	1.78	4.70	0.80	1.73	0.79	0.87	0.408
			4		3.590	2.818	0.180	11.45	1.79	3.03	3.76	1.02	1.37	23.39	1.82	6.33	0.85	2.23	0.79	1.13	0.408
			5		4.415	3.466	0.180	13.86	1.77	3.71	4.49	1.01	1.65	29.25	1.87	7.94	0.88	2.67	0.78	1.36	0.404
6.3/4	63	40	4	7	4.058	3.185	0.202	16.49	2.02	3.87	5.23	1.14	1.70	33.30	2.04	8.63	0.92	3.12	0.88	1.40	0.398
			5		4.993	3.920	0.202	20.02	2.00	4.74	6.31	1.12	2.71	41.63	2.08	10.86	0.95	3.76	0.87	1.71	0.396
			6		5.908	4.638	0.201	23.36	1.96	5.59	7.29	1.11	2.43	49.98	2.12	13.12	0.99	4.34	0.86	1.99	0.393
			7		6.802	5.339	0.201	26.53	1.98	6.40	8.24	1.10	2.78	58.07	2.15	15.47	1.03	4.97	0.86	2.29	0.389
7/4.5	70	45	4	7.5	4.547	3.570	0.226	23.17	2.26	4.86	7.55	1.29	2.17	45.92	2.24	12.26	1.02	4.40	0.98	1.77	0.410
			5		5.609	4.403	0.225	27.95	2.23	5.92	9.13	1.28	2.65	57.10	2.28	15.39	1.06	5.40	0.98	2.19	0.407
			6		6.647	5.218	0.225	32.54	2.21	6.95	10.62	1.26	3.12	68.35	2.32	18.58	1.09	6.35	0.98	2.59	0.404
			7		7.657	6.011	0.225	37.22	2.20	8.03	12.01	1.25	3.57	79.99	2.36	21.84	1.13	7.16	0.97	2.94	0.402
(7.5/5)	75	50	5	8	6.125	4.808	0.245	34.86	2.39	6.83	12.61	1.44	3.30	70.00	2.40	21.04	1.17	7.41	1.10	2.74	0.435
			6		7.260	5.699	0.245	41.12	2.38	8.12	14.70	1.42	3.88	84.30	2.44	25.37	1.21	8.54	1.08	3.19	0.435
			8		9.467	7.431	0.244	52.39	2.35	10.52	18.53	1.40	4.99	112.50	2.52	34.23	1.29	10.87	1.07	4.10	0.429
			10		11.590	9.098	0.244	62.71	2.33	12.79	21.96	1.38	6.04	140.80	2.60	43.43	1.36	13.10	1.06	4.99	0.423
8/5	80	50	5	8	6.375	5.005	0.255	41.96	2.56	7.78	12.82	1.42	3.32	85.21	2.60	21.06	1.14	7.66	1.10	2.74	0.388
			6		7.560	5.935	0.255	49.49	2.56	9.25	14.95	1.41	3.91	102.53	2.65	25.41	1.18	8.85	1.08	3.20	0.387
			7		8.724	6.848	0.255	56.16	2.54	10.58	16.96	1.39	4.48	119.33	2.69	29.82	1.21	10.18	1.08	3.70	0.384
			8		9.867	7.745	0.254	62.83	2.52	11.92	18.85	1.38	5.03	136.41	2.73	34.32	1.25	11.38	1.07	4.16	0.381

续表

角钢号数	尺寸 (mm)				截面面积 (cm^2)	理论重量 (kg/m)	外表面积 (m^2/m)	参考数值													
								$x-x$			$y-y$			x_1-x_1	y_1-y_1		$u-u$				
	B	b	d	r				I_x (cm^4)	i_x (cm)	W_x (cm^3)	I_y (cm^4)	i_y (cm)	W_y (cm^3)	I_{x_1} (cm^4)	y_0 (cm)	I_{y_1} (cm^4)	x_0 (cm)	I_u (cm^4)	i_u (cm)	W_u (cm^3)	$\tan\alpha$
9/5.6	90	56	5	9	7.212	5.661	0.287	60.45	2.90	9.92	18.32	1.59	4.21	121.32	2.91	29.53	1.25	10.98	1.23	3.49	0.385
			6		8.557	6.717	0.286	71.03	2.88	11.74	21.42	1.58	4.96	145.59	2.95	35.58	1.29	12.90	1.23	4.18	0.384
			7		9.880	7.756	0.286	81.01	2.86	13.49	24.36	1.57	5.70	169.66	3.00	41.71	1.33	14.67	1.22	4.72	0.382
			8		11.183	8.779	0.286	91.03	2.85	15.27	27.15	1.56	6.41	194.17	3.04	47.93	1.36	16.34	1.21	5.29	0.380
10/6.3	100	63	6	10	9.617	7.550	0.320	99.06	3.21	14.64	30.94	1.79	6.35	199.71	3.24	50.50	1.43	18.42	1.38	5.25	0.394
			7		11.111	8.722	0.320	113.45	3.29	16.88	35.26	1.78	7.29	233.00	3.28	59.14	1.47	21.00	1.38	6.02	0.393
			8		12.584	9.878	0.319	127.37	3.18	19.08	39.39	1.77	8.21	266.32	3.32	67.88	1.50	23.50	1.37	6.78	0.391
			10		15.467	12.142	0.319	153.81	3.15	23.32	47.12	1.74	9.98	333.06	3.40	85.73	1.58	28.33	1.35	8.24	0.387
10/8	100	80	6	10	10.637	8.350	0.354	107.04	3.17	15.19	61.24	2.40	10.16	199.83	2.95	102.68	1.97	31.65	1.72	8.37	0.627
			7		12.301	9.656	0.354	122.73	3.16	17.52	70.08	2.39	11.71	233.20	3.00	119.98	2.01	36.17	1.72	9.60	0.626
			8		13.944	10.946	0.353	137.92	3.14	19.81	78.58	2.37	13.21	266.61	3.04	137.37	2.05	40.58	1.71	10.80	0.625
			10		17.167	13.476	0.353	166.87	3.12	24.24	94.65	2.35	16.12	333.63	3.12	172.48	2.13	49.10	1.69	13.12	0.622
11/7	110	70	6	10	10.637	8.350	0.354	133.37	3.54	17.85	42.92	2.01	7.90	265.78	3.53	69.08	1.57	25.36	1.54	6.53	0.403
			7		12.301	9.656	0.354	153.00	3.53	20.60	49.01	2.00	9.09	310.07	3.57	80.82	1.61	28.95	1.53	7.50	0.402
			8		13.944	10.946	0.353	172.04	3.51	23.30	54.87	1.98	10.25	354.39	3.62	92.70	1.65	32.45	1.53	8.45	0.401
			10		17.167	13.476	0.353	208.39	3.48	28.54	65.88	1.96	12.48	443.13	3.70	116.83	1.72	39.20	1.51	10.29	0.397
12.5/8	125	80	7	11	14.096	11.066	0.403	227.98	4.02	26.86	74.42	2.30	12.01	454.99	4.01	120.32	1.80	43.81	1.76	9.92	0.408
			8		15.989	12.551	0.403	256.77	4.01	30.41	83.49	2.28	13.56	519.99	4.06	137.85	1.84	49.15	1.75	11.18	0.407
			10		19.712	15.474	0.402	312.04	3.98	37.33	100.67	2.26	16.56	650.09	4.14	173.40	1.92	59.45	1.74	13.64	0.404

续表

角钢号数	尺寸(mm)				截面面积 (cm²)	理论重量 (kg/m)	外表面积 (m²/m)	参考数值												
								$x-x$			$y-y$			x_1-x_1		y_1-y_1		$u-u$		
	B	b	d	r				I_x (cm⁴)	i_x (cm)	W_x (cm³)	I_y (cm⁴)	i_y (cm)	W_y (cm³)	I_{x_1} (cm⁴)	y_0 (cm)	I_{y_1} (cm⁴)	x_0 (cm)	I_u (cm⁴)	i_u (cm)	W_u (cm³)	$\tan \alpha$
12.5/8	125	80	8	11	18.038	14.160	0.453	365.64	4.50	38.48	120.69	2.59	17.34	730.53	4.50	195.79	2.04	70.83	1.98	14.1	0.411
			10		22.261	17.475	0.452	445.50	4.47	47.31	146.03	2.56	21.22	913.20	4.58	245.92	2.12	85.82	1.96	17.48	0.409
			12		26.400	20.724	0.451	521.59	4.44	55.87	169.79	2.54	24.95	1096.09	4.66	296.89	2.19	100.21	1.95	20.54	0.406
14/9	140	90	8	12	23.351	18.330	0.402	364.41	3.95	44.01	116.67	2.24	19.43	780.39	4.22	209.67	2.00	69.35	1.72	16.01	0.400
			14		30.456	23.908	0.451	594.10	4.42	64.18	192.10	2.51	28.54	1279.26	4.74	348.82	2.27	114.13	1.94	23.52	0.403
16/10	160	100	10	13	25.315	19.872	0.512	668.69	5.14	62.13	205.03	2.85	26.56	1362.89	5.24	336.59	2.28	121.74	2.19	21.92	0.390
			12		30.054	23.592	0.511	784.91	5.11	73.49	239.06	2.82	31.28	1635.56	5.32	405.94	2.36	142.33	2.17	25.79	0.388
			14		34.709	27.247	0.510	896.30	5.08	84.56	271.20	2.80	35.83	1908.50	5.40	476.42	2.43	162.2	2.16	29.56	0.385
			16		39.281	30.835	0.510	1003.04	5.05	95.33	301.60	2.77	40.24	2181.79	5.48	548.22	2.51	182.57	2.16	33.44	0.382
18/11	180	110	10	14	28.373	22.273	0.571	956.25	5.80	78.96	278.11	3.13	32.49	1940.40	5.89	447.22	2.44	166.50	2.42	26.88	0.376
			12		33.712	26.464	0.571	1124.72	5.78	93.53	325.03	3.10	38.32	2328.38	5.98	538.94	2.52	194.87	2.40	31.66	0.374
			14		38.967	30.589	0.570	1286.91	5.75	107.76	369.55	3.08	43.97	2716.60	6.06	631.95	2.59	222.30	2.39	36.32	0.372
			16		44.139	34.649	0.569	1443.06	5.72	121.64	411.85	3.06	49.44	3105.15	6.14	726.46	2.67	248.94	2.38	40.87	0.369
20/12.5	200	125	12	14	37.912	29.761	0.641	1570.90	6.44	116.73	483.16	3.57	49.99	3193.85	6.54	787.74	2.83	285.79	2.74	41.23	0.392
			14		43.867	34.436	0.640	1800.97	6.41	134.65	550.83	3.54	57.44	3726.17	6.62	922.47	2.91	326.58	2.73	47.34	0.390
			16		49.739	39.045	0.639	2023.35	6.38	152.18	615.44	3.52	64.69	4258.86	6.70	1058.86	2.99	366.21	2.71	53.32	0.388
			18		55.526	43.588	0.639	2238.30	6.35	169.33	677.19	3.49	71.74	4792.00	6.78	1197.13	3.06	404.83	2.70	59.18	0.385

注: 1. 括号内型号不推荐使用。
2. 截面图中的 $r_1 = \frac{1}{3}d$ 及表中 r 的数据用于孔型设计, 不做交货条件。

附表 3 热轧槽钢(GB 707—88)

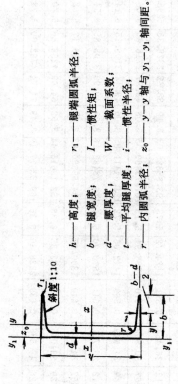

h——高度；
b——腿宽度；
d——腰厚度；
t——平均腿厚度；
r——内圆弧半径；
r_1——腿端圆弧半径；
I——惯性矩；
W——截面系数；
i——惯性半径；
z_0——$y-y$ 轴与 y_1-y_1 轴间距。

型号	尺寸(mm)						截面积 (cm²)	理论重量 (kg/m)	参考数值							
									$x-x$			$y-y$			y_0-y_0	z_0
	h	b	d	t	r	r_1			W_x (cm³)	I_x (cm⁴)	i_x (cm)	W_y (cm³)	I_y (cm⁴)	i_y (cm)	I_{y_0} (cm⁴)	(cm)
5	50	37	4.5	7	7	3.5	6.93	5.44	10.4	26	1.94	3.55	8.3	1.1	20.9	1.35
6.3	63	40	4.8	7.5	7.5	3.75	8.444	6.63	16.123	50.786	2.453		11.872	1.185	28.38	1.36
8	80	43	5	8	8	4	10.24	8.04	25.3	101.3	3.15	5.79	16.6	1.27	37.4	1.43
10	100	48	5.3	8.5	8.5	4.25	12.74	10	39.7	198.3	3.95	7.8	25.6	1.41	54.9	1.52
12.6	126	53	5.5	9	9	4.5	15.69	12.37	62.137	391.466	4.953	10.242	37.99	1.567	77.09	1.59
14a	140	58	6	9.5	9.5	4.75	18.51	14.53	80.5	563.7	5.52	13.01	53.2	1.7	107.1	1.71
14b	140	60	8	9.5	9.5	4.75	21.31	16.73	87.1	609.4	5.35	14.12	61.1	1.69	120.6	1.67
16a	160	63	6.5	10	10	5	21.95	17.23	108.3	866.2	6.28	16.3	73.3	1.83	144.1	1.8
16	160	65	8.5	10	10	5	25.15	19.74	116.8	934.5	6.1	17.55	83.4	1.82	160.8	1.75
18a	180	68	7	10.5	10.5	5.25	25.69	20.17	141.4	1272.7	7.04	20.03	98.6	1.96	189.7	1.88
18	180	70	9	10.5	10.5	5.25	29.29	22.99	152.2	1369.9	6.84	21.52	111	1.95	210.1	1.84

续表

型号	尺寸 (mm)						截面面积 (cm^2)	理论重量 (kg/m)	参考数值							
									$x-x$			$y-y$			y_0-y_0	z_0 (cm)
	h	b	d	t	r	r_1			W_x (cm^3)	I_x (cm^4)	i_x (cm)	W_y (cm^3)	I_y (cm^4)	i_y (cm)	I_{y_0} (cm^4)	
20a	200	73	7	11	11	5.5	28.83	22.63	178	1 780.4	7.86	24.2	128	2.11	244	2.01
20	200	75	9	11	11	5.5	32.83	25.77	191.4	1 913.7	7.64	25.88	143.6	2.09	268.4	1.95
22a	220	77	7	11.5	11.5	5.75	31.84	24.99	217.6	2 393.9	8.67	28.17	157.8	2.23	298.2	2.1
22	220	79	9	11.5	11.5	5.75	36.24	28.45	233.8	2 571.4	8.42	30.05	176.4	2.21	326.3	2.03
a	250	78	7	12	12	6	34.91	27.47	269.597	3 369.62	9.823	30.607	175.529	2.243	322.256	2.065
25b	250	80	9	12	12	6	39.91	31.39	282.402	3 530.04	9.405	32.657	196.421	2.218	353.187	1.982
c	250	82	11	12	12	6	44.91	35.32	295.236	3 690.45	9.065	35.926	218.415	2.206	384.133	1.921
a	280	82	7.5	12.5	12.5	6.25	40.02	31.42	340.328	4 764.59	10.91	35.718	217.989	2.333	387.566	2.097
28b	280	84	9.5	12.5	12.5	6.25	45.62	35.81	366.46	5 130.45	10.6	37.929	242.144	2.304	427.589	2.016
c	280	86	11.5	12.5	12.5	6.25	51.22	40.21	392.594	5 496.32	10.35	40.301	267.602	2.286	426.597	1.951
a	320	88	8	14	14	7	48.7	38.22	474.879	7 598.06	12.49	46.473	304.787	2.502	552.31	2.242
32b	320	90	10	14	14	7	55.1	43.25	509.012	8 144.2	12.15	49.157	336.332	2.471	592.933	2.158
c	320	92	12	14	14	7	61.5	48.28	543.145	8 690.33	11.88	52.642	374.175	2.467	643.299	2.092
a	360	96	9	16	16	8	60.89	47.8	659.7	11 874.2	13.97	63.54	455	2.73	818.4	2.44
36b	360	98	11	16	16	8	68.09	53.45	702.9	12 651.8	13.63	66.85	496.7	2.7	880.4	2.37
c	360	100	13	16	16	8	75.29	50.1	746.1	13 429.4	13.36	70.02	536.4	2.67	947.9	2.34
a	400	100	10.5	18	18	9	75.05	58.91	878.9	17 577.9	15.30	78.83	592	2.81	1 067.7	2.49
40b	400	102	12.5	18	18	9	83.05	65.19	932.2	18 644.5	14.98	82.52	640	2.78	1 135.6	2.44
c	400	104	14.5	18	18	9	91.05	71.47	985.6	19 711.2	14.71	86.19	687.8	2.75	1 220.7	2.42

注：截面图和表中标注的圆弧半径 $r、r_1$ 的数据用于孔型设计，不做交货条件。

附表 4 热轧工字钢(GB 706—88)

符号意义：
h——高度； r_1——腿端圆弧半径；
b——腿宽度； I——惯性矩；
d——腰厚度； W——截面系数；
t——平均腿厚度； i——惯性半径；
r——内圆弧半径； S——半截面的静矩。

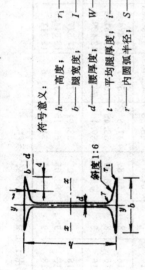

型号	尺寸 (mm)						截面面积 (cm²)	理论重量 (kg/m)	参考数值							
									x—x				y—y			
	h	b	d	t	r	r_1			I_x (cm⁴)	W_x (cm³)	i_x (cm)	$I_x:S_x$	I_y (cm⁴)	W_y (cm³)	i_y (cm)
10	100	68	4.5	7.6	6.5	3.3	14.3	11.2	245	49	4.14	8.59	33	9.72	1.52
12.6	126	74	5	8.4	7	3.5	18.1	14.2	488.43	77.529	5.195	10.58	46.906	12.677	1.609
14	140	80	5.5	9.1	7.5	3.8	21.5	16.9	712	102	5.76	12	64.4	16.1	1.73
16	160	88	6	9.9	8	4	26.1	20.5	1 130	141	6.58	13.8	93.1	21.2	1.89
18	180	94	6.5	10.7	8.5	4.3	30.6	24.1	1 660	185	7.36	15.4	122	26	2
20a	200	100	7	11.4	9	4.5	35.5	27.9	2 370	237	8.15	17.2	158	31.5	2.12
20b	200	102	9	11.4	9	4.5	39.5	31.1	2 500	250	7.96	16.9	169	33.1	2.06
22a	220	110	7.5	12.3	9.5	4.8	42	33	3 400	309	8.99	18.9	225	40.9	2.31
22b	220	112	9.5	12.3	9.5	4.8	46.4	36.4	3 570	325	8.78	18.7	239	42.7	2.27
25a	250	116	8	13	10	5	48.5	38.1	5 023.54	401.88	10.8	21.58	280.046	47.283	2.403
25b	250	118	10	13	10	5	53.5	42	5 283.96	422.72	9.938	21.27	309.297	52.423	2.404
28a	280	122	8.5	13.7	10.5	5.3	55.45	43.4	7 114.14	508.15	11.32	24.62	345.051	56.565	2.495
28b	280	124	10.5	13.7	10.5	5.3	61.05	47.9	7 480	534.29	11.08	24.24	379.496	61.209	2.493

续表

型号	尺寸 (mm)						截面面积 (cm^2)	理论重量 (kg/m)	参考数值						
									$x-x$				$y-y$		
	h	b	d	t	r	r_1			I_x (cm^4)	W_x (cm^3)	i_x (cm)	$I_x:S_x$ (cm)	I_y (cm^4)	W_y (cm^3)	i_y (cm)
32a	320	130	9.5	15	11.5	5.8	67.05	52.7	11 075.5	692.2	12.84	27.46	459.93	70.758	2.619
32b	320	132	11.5	15	11.5	5.8	73.45	57.7	11 621.4	726.33	12.58	27.09	501.53	75.989	2.614
32c	320	134	13.5	15	11.5	5.8	79.95	62.8	12 167.5	760.47	12.34	26.77	543.81	81.166	2.608
36a	360	136	10	15.8	12	6	76.3	59.9	15 760	875	14.4	30.7	552	81.2	2.69
36b	360	138	12	15.8	12	6	83.5	65.6	16 530	919	14.1	30.3	582	84.3	2.64
36c	360	140	14	15.8	12	6	90.7	71.2	17 310	962	13.8	29.9	612	87.4	2.6
40a	400	142	10.5	16.5	12.5	6.3	86.1	67.6	21 720	1090	15.9	34.1	660	93.2	2.77
40b	400	144	12.5	16.5	12.5	6.3	94.1	73.8	22 780	1140	15.6	33.6	692	96.2	2.71
40c	400	146	14.5	16.5	12.5	6.3	102	80.1	23 850	1190	15.2	33.2	727	99.6	2.65
45a	450	150	11.5	18	13.5	6.8	102	80.4	32 240	1430	17.7	38.6	855	114	2.89
45b	450	152	13.5	18	13.5	6.8	111	87.4	33 760	1500	17.4	38	894	118	2.84
45c	450	154	15.5	18	13.5	6.8	120	94.5	35 280	1570	17.1	37.6	938	122	2.79
50a	500	158	12	20	14	7	119	93.6	46 470	1860	19.7	42.8	1120	142	3.07
50b	500	160	14	20	14	7	129	101	48 560	1940	19.4	42.4	1170	146	3.01
50c	500	162	16	20	14	7	139	109	50 640	2080	19	41.8	1220	151	2.96
56a	560	166	12.5	21	14.5	7.3	135.25	106.2	65 585.6	2 342.31	22.02	47.73	1370.16	165.08	3.182
56b	560	168	14.5	21	14.5	7.3	146.45	115	68 512.5	2 446.69	21.63	47.17	1486.75	174.25	3.162
56c	560	170	16.5	21	14.5	7.3	157.85	123.9	71 439.4	2 551.41	21.27	46.66	1558.39	183.34	3.158
63a	630	176	13	22	15	7.5	154.9	121.6	93 916.2	2 981.47	24.62	54.17	1700.55	193.24	3.314
63b	630	178	15	22	15	7.5	167.5	131.5	98 083.6	3 163.98	24.2	53.51	1812.07	203.6	3.289
63c	630	180	17	22	15	7.5	180.1	141	102 251.1	3 298.42	23.82	52.92	1924.91	213.88	3.268

注：截面图和表中标注的圆弧半径 r、r_1 的数据用于孔型设计，不做交货条件。

新世纪高职高专实用规划教材　建筑系列

建筑力学(下册)
(第2版)

张　毅　董桂花　主　编
潘立常　张凤玲
孙继凤　徐继忠　副主编

清华大学出版社
北京

前 言

我国传统的高等教育，一直以培养高、精、尖研究型人才为目标。近年来，随着我国经济的高速发展，各行各业都急需大批的实用型技术人才，传统的高等教育已不能满足经济快速发展的需要了。

近几年国家大力扶持高职高专和各种层次的职业教育。目前，我国的职业教育已初具规模，但由于受传统教学方式的影响，教材建设已严重滞后。为了满足培养建筑工程类专业实用型技术人才对建筑力学高职教材的需求，清华大学出版社和所有编者经过精心策划，仔细调研，以编者多年的建筑力学的教学及工程实践经验为基础，以易懂、易掌握、够用、能够满足结构类课程的需要为原则，对建筑力学的知识进行重新组织，简化常规力学教材中的冗繁内容，注重实用性，特编写了这本建筑力学教材。

本教材在编写过程中，参考了一些已出版的教材，在内容组织上以必需、实用及够用为原则，一方面注重理论教学的系统性，另一方面针对重点内容，着重增加练习。本书对知识的讲解深入浅出，淡化理论推导，注重实用性，具备较强的教学适用性，每章前均有"本章的学习要求"，每章后均有"思考题"与"习题"，既便于教师教学和学生学习，也有利于自学。

本教材由张毅、董桂花任主编，潘立常、张凤玲、孙巨凤、徐继忠任副主编，谷长水、杨勇、于付锐、华艳秋等参加编写。具体分工为：董桂花编写了静力学第1章、第2章、第3章、第4章及第5章；张毅编写材料力学第6章、第7章、第8章、第10章、第14章及结构力学第7章；张凤玲编写材料力学第9章、第11章、第12章、第13章及结构力学第8章；潘立常编写结构力学第3章、第4章、第5章；孙巨凤编写了材料力学第15章和第16章。谷长水与杨勇编写了结构力学第1章、第2章、第6章。本教材由张毅、董桂花负责统稿、书稿的初审及版面的初步规划等工作，华艳秋参编材料力学第7章，并与济南工程技术学院的刘伟进行部分文字编辑工作，于付锐在教材修订中承担了所有增添的习题图片的绘制和原图片错误的修改工作。

本教材的编者均为从事力学课程教学十几年的一线双师型教师，本书经过清华大学出版社和各位编者的精心策划，定位准确，注重与其他相关课程的联系和衔接，具有较强的教学适用性及较宽的专业适应面。

本教材在编写过程中得到了山东城市建设职业学院和清华大学出版社的鼓励和支持，全体编者在此表示深切的谢意，编写过程中参阅了其他一些院校的教材，在参考文献中一并列出。

由于编者的水平有限，时间仓促，书中缺点和错误在所难免，敬请同行及读者朋友提出宝贵意见，以便不断完善。

编 者

目 录

绪论 1

第三篇 结构力学

第1章 结构的计算简图 5

1.1 结构及其类型 5
    1.1.1 结构 5
    1.1.2 结构的类型 6
    1.1.3 结构、构件的基本要求 6
1.2 荷载的分类 6
    1.2.1 按荷载作用范围分类 7
    1.2.2 按荷载作用时间的长短分类 .. 7
    1.2.3 按荷载作用性质分类 7
1.3 结构的计算简图 8
    1.3.1 选择计算简图的原则 8
    1.3.2 杆系结构的简化 8
    1.3.3 平面杆系结构的分类 11
1.4 小结 13
1.5 思考题 13

第2章 平面结构体系的几何组成分析 14

2.1 几何组成分析的目的 14
    2.1.1 几何不变体系和几何可变体系 14
    2.1.2 几何组成分析的目的 15
2.2 平面体系的自由度 15
    2.2.1 自由度 15
    2.2.2 约束 16
2.3 几何不变体系的组成规则及原理 ... 17
    2.3.1 几何不变体系的组成规则 ... 17
    2.3.2 几何不变体系组成规则原理 17
2.4 几何组成分析举例 19
    2.4.1 能直接观察出的几何不变部分 20
    2.4.2 先拆除不影响几何不变性的部分再进行几何组成分析 ... 21
    2.4.3 利用等效代换措施进行几何组成分析 21
2.5 小结 24
2.6 思考题 24
2.7 习题 25

第3章 静定结构的内力分析 28

3.1 多跨静定梁 28
    3.1.1 多跨静定梁的组成 28
    3.1.2 多跨静定梁的计算 29
3.2 静定平面刚架 32
    3.2.1 刚架的特点及分类 32
    3.2.2 刚架的内力计算 33
3.3 静定平面桁架 38
    3.3.1 静定平面桁架的组成与分类 .. 38
    3.3.2 静定平面桁架的内力计算 ... 39
    3.3.3 几种主要桁架受力性能的比较 43
3.4 三铰拱 44
    3.4.1 三铰拱的组成 44

  3.4.2 三铰拱的反力和内力 44
  3.4.3 三铰拱的合理拱轴 48
 3.5 小结 48
 3.6 思考题 49
 3.7 习题 49

第4章 静定结构的位移计算 53

 4.1 结构位移计算的目的 53
 4.2 变形体的虚功原理 54
  4.2.1 功、广义力及广义位移 54
  4.2.2 外力实功 55
  4.2.3 内力实功(应变能) 56
  4.2.4 虚功 56
  4.2.5 虚功原理 57
 4.3 荷载作用下位移计算的一般公式 58
 4.4 静定结构在荷载作用下的位移计算 59
 4.5 图乘法 62
 4.6 静定结构在支座移动时位移计算 66
 4.7 功的互等定理和位移互等定理 68
  4.7.1 功的互等定理 68
  4.7.2 位移互等定理 69
 4.8 小结 70
 4.9 思考题 70
 4.10 习题 71

第5章 力法 74

 5.1 超静定结构概述 74
  5.1.1 超静定结构的概念 74
  5.1.2 超静定结构的类型 75
  5.1.3 超静定次数的确定 77
 5.2 力法原理 78
 5.3 力法的典型方程 80
 5.4 力法的应用举例 82
 5.5 利用对称性简化计算 89
 5.6 支座移动时超静定结构的计算 93
 5.7 单跨超静定梁的杆端弯矩和杆端剪力 94
 5.8 小结 96
 5.9 思考题 96
 5.10 习题 97

第6章 位移法 101

 6.1 位移法的基本概念 101
 6.2 位移法的基本未知量 102
  6.2.1 结点转角 102
  6.2.2 独立节点线位移 103
 6.3 等截面直杆的形常数和载常数 104
  6.3.1 杆端位移和杆端力的正负号规定 104
  6.3.2 等截面直杆杆端位移引起的杆端力(形常数) 105
  6.3.3 等截面直杆荷载引起的杆端力(载常数) 105
 6.4 直接平衡法建立位移法方程 106
  6.4.1 等截面直杆的转角位移方程 106
  6.4.2 用直接平衡法计算超静定结构 107
  6.4.3 有节点线位移的超静定结构计算 112
 6.5 位移法方程 116
  6.5.1 位移法方程的建立 116
  6.5.2 位移法方程的典型形式 118
 6.6 用位移法计算超静定结构 120
  6.6.1 无节点线位移情况下超静定结构的计算步骤 120
  6.6.2 位移法计算有侧移刚架 126
 6.7 小结 130
 6.8 思考题 130
 6.9 习题 131

第 7 章 力矩分配法 134

7.1 概述 134
7.2 力矩分配法的基本要素 134
7.2.1 符号规定 134
7.2.2 节点力偶的分配 134
7.2.3 力矩分配法的基本要素 136
7.3 力矩分配法的基本运算 139
7.3.1 单节点的力矩分配 139
7.3.2 多节点的力矩分配法 142
7.4 小结 153
7.5 思考题 154
7.6 习题 154

第 8 章 影响线 158

8.1 影响线的概念 158
8.2 单跨静定梁的影响线 159
8.2.1 支座反力影响线 159
8.2.2 剪力影响线 160
8.2.3 弯矩影响线 161
8.3 用机动法作梁的影响线 163
8.3.1 用机动法作单跨静定梁的影响线 163
8.3.2 用机动法作连续梁的影响线 164
8.4 影响线的应用 165
8.4.1 当荷载位置固定时求某量值的大小 165
8.4.2 求最不利荷载位置 169
8.5 简支梁的内力包络图和绝对最大弯矩 173
8.5.1 简支梁的内力包络图 174
8.5.2 简支梁的绝对最大弯矩 174
8.6 连续梁的内力包络图 177
8.7 小结 181
8.8 思考题 181
8.9 习题 182

参考文献 182

绪 论

建筑工程中的各类建筑物，如房屋、桥梁、蓄水池等，都是由许许多多构件组合而成的。这些建筑物在建造之前，都要由设计人员对组成它们的构件一一进行受力分析，通过计算确定构件的尺寸大小、所用的材料，这样才能保证建筑物的牢固和安全。建筑力学便是为这些建筑结构的受力分析和计算提供理论依据的一门科学。本教材将研究这些理论最基本的部分。

在进入各种具体问题的讨论之前，下面先就建筑力学的研究对象和主要内容做一个简单介绍。

1. 建筑力学的研究对象

建筑物在建造和使用过程中都会受到各种力的作用，工程中习惯于把作用于建筑物上的外力称为荷载。

在建筑物中，承受并传递荷载而起骨架作用的部分称为结构。结构可以是一根梁或一根柱，也可以是由多个结构元件(称为构件)所组成的整体。例如，工业厂房的空间骨架就是由屋架、柱子、吊车梁、屋面板及基础等多个构件组成的整体结构。

对建筑物进行结构设计时，一般的做法是先对结构进行整体布置，再把结构分散为一些基本构件，对每一构件进行设计计算，然后再通过构造处理，把各个构件连接起来构成一个整体结构。

建筑力学的主要研究对象就是组成结构的构件和构件体系。

2. 建筑力学的主要内容

在荷载作用下，承受荷载和传递荷载的建筑结构和构件一方面会引起周围物体对它们的反作用，另一方面，构件本身也会因受荷载作用而产生变形，并且存在着发生损坏的可能。所以结构构件本身应具有一定抵抗变形、抵抗破坏和保持原有平衡状态的能力，即要有一定的强度、刚度和稳定的承载能力。这种承载能力的大小与构件的材料性质、截面几何形状及尺寸、受力特点、工作条件、构造情况等有关。在结构设计中，其他条件一定时，如果构件的截面设计得过小，当构件所受的荷载大于其承载能力时，结构将不再安全，它会因变形过大而影响结构的正常工作，或因强度不够而导致结构损坏。当构件所受的荷载比构件的承载能力小得多时，则要多用材料，造成浪费。因此，在对结构或构件进行承载能力计算时，应使所设计的构件既安全又经济。上述这些便是建筑力学所研究的主要内容，这些内容将分静力学、材料力学、结构力学三个部分来讨论。

(1) 静力学主要研究物体在力系作用下的平衡问题，它包括力的基本性质、物体的受力分析、力系的合成与简化、力系的平衡条件及其应用等。

(2) 材料力学主要研究结构物中各类构件以及构件的材料在外力作用下其本身的力学性质，即研究它们的内力和变形的计算以及强度、刚度和稳定的校核等问题。

(3) 结构力学主要研究结构的简化、结构的几何组成规律、结构内力和位移的计算原理与计算方法。

第三篇 结构力学

在建筑工程中，如桥梁、水坝、电视塔、隧道和房屋等，用以担负规定的任务和支承荷载、由建筑材料按合理方式组成的建筑物称为结构。这些结构又往往是由若干构件按一定形式和规律组成的，如房屋结构中的梁、柱等。

材料力学主要研究材料的强度和单根杆件的强度、刚度和稳定性，而结构力学则主要研究由杆件所组成的结构。所以结构力学将以杆件结构为研究对象，主要讨论平面杆件结构的计算。结构力学的任务主要包括以下两个方面。

(1) 研究结构的组成规律、合理形式及其力学性能；

(2) 研究结构在荷载、温度变化、支座移动等外因作用下的强度、刚度和稳定性的计算原理和计算方法。

计算结构的强度和稳定性主要是满足结构经济与安全的双重要求；计算结构的刚度，主要是保证结构不致发生过大的变形，并满足使用的要求。

在结构力学的学习中要用到理论力学和材料力学所提供的刚体静力学平衡条件、虚位移原理和单杆的强度、刚度和稳定性等方法；同时，该课程又为学习钢木结构、钢筋混凝土结构、地基基础、建筑施工等专业课程提供所必需的力学基础。

第1章 结构的计算简图

本章的学习要求：

- 掌握结构的基本概念和一般的分类方法。
- 理解和掌握荷载的概念和类型。
- 了解结构简化的基本内容和主要过程；掌握将结构抽象并简化为计算简图的基本方法。

1.1 结构及其类型

1.1.1 结构

建筑工程中，承受荷载而起骨架作用的构件，称为结构。如房屋中的基础、梁、柱、屋架等，以及由这些构件所组成的体系都是结构的具体例子。图1.1 就是由吊车梁、柱、屋架以及基础等构件组成的单层工业厂房结构示意图。

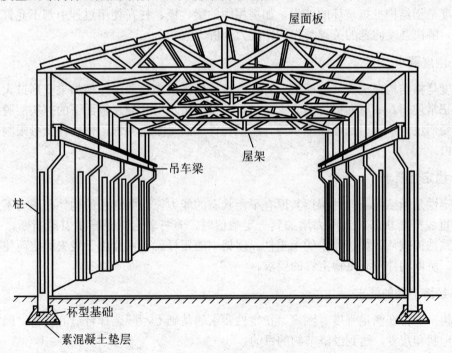

图 1.1 单层工业厂房结构

1.1.2 结构的类型

结构可以根据几何特征和受力特点进行分类。

1. 按几何特征分类

(1) 杆系结构。由杆件组成的结构称为杆系结构。杆件的几何特征是其长度远大于其横截面的宽度和高度。当组成结构的各杆轴线都在同一平面时，称为平面杆系结构。

(2) 薄壁结构。由薄板或薄壳组成的结构称为薄壁结构。薄壁结构的特征是其厚度远小于其他两尺度。

(3) 实体结构。是指三个方向的尺寸大约为同一量级的结构。

2. 按受力特点分类

(1) 静定结构。凡是只通过静力平衡方程便可计算结构的全部反力和内力的结构。

(2) 超静定结构。单靠静力平衡方程不能确定全部反力和内力的结构。此结构反力和内力计算还必须考虑结构的变形条件，补充变形协调方程才能求解。

1.1.3 结构、构件的基本要求

1. 强度要求

强度是指结构抵抗破坏的能力。如房屋中的梁、板、柱在使用过程中都不允许发生断裂现象。解决强度问题的关键是作构件应力分析。

2. 刚度要求

刚度是指结构抵抗变形的能力。有些构件虽然强度满足要求，但如果变形过大，仍会影响其正常使用。如屋面梁弯曲太大会使板面上的防水层开裂，板面下的抹灰层脱落；屋面檩条变形过大，会引起屋面漏水等。所以构件应满足刚度要求，使构件变形限制在一定的范围内。

3. 稳定性要求

稳定性是指结构或构件保持其原有平衡状态的能力。一些细长的构件在压力不大时，保持着直线平衡状态；当压力增加到一定数值时，直杆就会突然弯曲甚至折断，丧失稳定，导致结构破坏。如房屋中的承重柱、屋架中的压杆就有可能由于丧失稳定而使整个结构倒塌。所以构件应满足稳定性的要求。

4. 经济节约的要求

结构、构件在满足强度、刚度、稳定性要求的基础上，应选择合适的材料，确定合理的截面形状和尺寸，达到经济节约的目的。

1.2 荷载的分类

结构工作时所承受的外力称为荷载。荷载可以根据不同的特点进行分类。

1.2.1 按荷载作用范围分类

1. 分布荷载

凡是连续作用在整个结构或结构的一部分上的荷载,称为分布荷载,如风荷载、雪荷载等。连续分布作用在体积、面积和线段上的荷载分别称为体荷载、面荷载和线荷载。重力属于体荷载,常用单位是牛顿/米^3(N/m^3)或千牛顿/米^3(kN/m^3);风雪的压力属于面荷载,常用的单位是牛顿/米^2(N/m^2)或千牛顿/米^2(kN/m^2)。本教材仅研究由杆件组成的结构,可将杆件所受的分布荷载视为作用在杆件轴线上的线荷载,常用的单位是牛顿/米(N/m)和千牛顿/米(kN/m)。

当荷载均匀分布时,称为均布荷载;当荷载分布不均匀时,称为非均布荷载。

2. 集中荷载

凡是荷载作用在结构上的面积相对于结构总面积是微小的,可以将该荷载简化为集中荷载。如车轮的轮压、小梁对大梁的压力、大梁对墙体的压力等均可视为集中荷载。

1.2.2 按荷载作用时间的长短分类

1. 恒载

恒载是长期作用在结构上的不变荷载。如结构或构件的自重,固定在结构上的设备重力、土压力等属于恒载,这种荷载的大小、方向和作用位置是不变的。

2. 活载

活载是施工和使用期间可能作用在结构上的可变荷载。这类荷载有时存在,有时不存在,作用位置有的是固定的,有的是移动的,如风荷载、雪荷载、吊车荷载、汽车荷载等。

1.2.3 按荷载作用性质分类

1. 静荷载

静荷载是从零缓慢地、逐渐地加到结构上的荷载,它的大小、作用位置和方向不随时间而变化,荷载施加过程中,结构上各点产生的加速度不明显,达到最后值以后,结构处于静止平衡状态。例如,结构的自重、土压力、水压力等属于静荷载。

2. 动荷载

动荷载是指大小、作用位置和方向(或其中的一项)随时间而迅速变化的荷载。此类荷载能使结构上各点产生明显的加速度,结构的内力和变形亦随时间而发生变化。如动力机械产生的荷载、地震力等均属于动荷载。

1.3 结构的计算简图

工程中，实际结构是很复杂的，完全按照实际情况进行力学分析是不可能的，也是不必要的。因此，为便于计算，在对实际结构进行力学计算之前，必须对原实际结构作某些简化和假定。抓住主要结构的工作特性，略去一些次要因素的影响，用一个简化了的图形来代替实际结构，这种简化图形称为结构的计算简图或计算模型。对结构的受力分析都是在计算简图上进行的。计算简图的选择直接影响到计算的工作量和精确度，如果所选择的计算简图不能反映结构的实际受力情况，就会使计算结果产生差错，甚至造成工程事故，所以必须慎重。

1.3.1 选择计算简图的原则

计算简图的确定是力学计算的基础，极为重要。选择计算简图的原则如下。

(1) 从实际出发。计算简图应正确反映结构的实际受力和变形情况，使计算结果接近实际情况。

(2) 分清主次。考虑主要因素，略去次要因素，使计算尽可能简化。

在实际工程设计中，为适应具体要求，选择结构计算简图时往往根据结构的重要程度、不同的设计阶段和计算手段选择不同的计算简图。

恰当合理的计算简图既能反映结构主要受力性能，又要便于计算，为此，必须对实际结构进行简化处理，这种简化主要包含结构体系的简化、支座的简化和节点的简化。

1.3.2 杆系结构的简化

杆系结构的简化包括平面简化、杆件简化、节点简化和支座简化等内容。

1. 平面简化

一般的工程结构都是空间结构，如果空间结构在某平面内的杆系结构主要承担该平面内的荷载时，可以把空间结构分解为几个平面结构进行计算。这种简化称为结构的平面简化。

2. 杆件简化

在计算简图中，结构的杆件总可用其纵向轴线代替。如梁、柱等构件的纵轴线为直线，就用相应的直线表示；而曲杆、拱等构件的纵轴线为曲线，则用相应的曲线表示。

3. 结点简化

结构中杆件相互连接的部分称为节点，根据节点的实际构造，通常简化为铰节点和刚节点。凡以铰相连的各杆可以绕其自由转动的节点称为铰节点。凡在荷载作用下，汇交于同一结点上的各杆之间的夹角在结构变形前后保持不变的节点称为刚节点。

(1) 铰节点。其特征是被连接的杆件在连接处不能相对移动，但可绕节点中心相对转动，这种节点可以传递力，但不能传递力矩。在实际工程中，这种理想铰是很难实现的，只有当结构的构造符合一定条件时,可近似地简化为铰节点,例如图 1.2 所示的木屋架节点。在计算简图中,铰节点用一个小圆圈表示。

(2) 刚结点。其特征是被连接的杆件连接处既不能相对移动,又不能相对转动,这种节点既可以传递力,也可以传递力矩。如现浇钢筋混凝土刚架中的节点通常属于这类情形,如图 1.3 所示。

(3) 组合节点。这种节点的特征是汇交于该节点的杆件,其中一部分杆件的连接视为刚节点,而另一部分杆件的连接视为铰节点,便形成组合节点,例如,图 1.4 所示的计算简图中,D 节点即为组合节点。

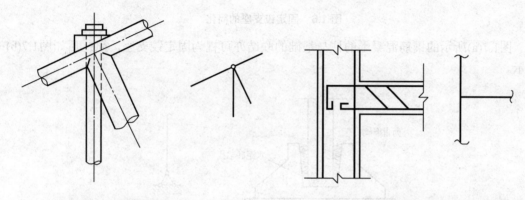

图 1.2 木屋架节点的简化　　　　　图 1.3 钢筋混凝土刚节点的简化

4. 支座的简化

将结构与基础或支承部分相连接的装置称为支座。它的作用是将结构的位置固定,并将作用于结构上的荷载传递到基础或支承部分上。支座对结构的反作用力称为支座反力。支座按其受力特征,可以简化为以下 4 种。

(1) 可动铰支座。可动铰支座也称辊轴支座,如图 1.5(a)所示。可动铰支座既允许结构绕着铰轴 A 转动,又允许结构沿着支承面移动。它对结构的约束作用只是能阻止结构上的 A 端沿垂直于支承平面方向移动。因此,当不考虑支承平面摩擦力时,其支座反力将通过铰 A 的中心并与支承面垂直。根据上述特点,这种支座的计算简图如图 1.5(b)所示,即可动铰支座只用一根链杆表示。

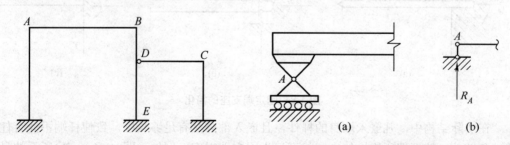

图 1.4 组合节点　　　　　图 1.5 可动铰支座的简化

(2) 固定铰支座。这种支座只允许结构绕着铰轴 A 转动,不允许结构沿着支承面水平方向及垂直方向移动,如图 1.6(a)所示。因此,它可以产生通过铰节点 A 的任意方向的支座反力,一般将其分解为相互垂直的两个方向的力,用 X_A 和 Y_A 来表示。根据上述特点,这种支座的计算简图如图 1.6(b)、(c)所示,即固定铰支座用两根相交的链杆表示。

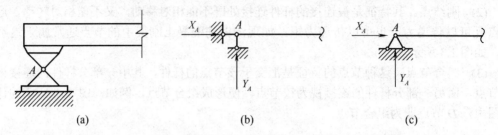

图 1.6　固定铰支座的简化

图1.7(a)所示的钢筋混凝土的柱与基础的联结亦可视为固定铰支座,简化后如图1.7(b)所示。

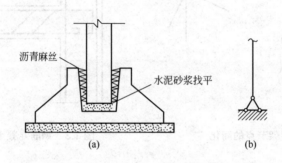

图 1.7　柱与基础的固定铰联结

(3) 固定端支座。固定端支座所支承的部分结构将完全被固定,如图 1.8(a)所示,它既不允许结构发生转动,也不允许结构发生任何方向的移动。因此,它可以产生三个约束反力,即水平和竖向反力 X_A、Y_A 和反力矩 M_A 来表示。固定端支座的计算简图如图 1.8(b)、(c)所示。

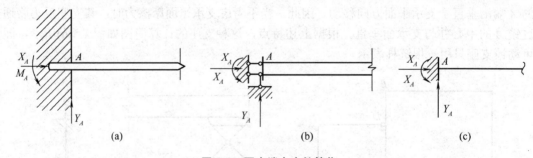

图 1.8　固定端支座的简化

在实际结构中,凡嵌入墙身的杆件,且嵌入部分又有足够长度,致使杆端不能有任何移动和转动,该杆端所连接的支座就可视为固定端支座。例如,图 1.9(a)、(b)所示的悬挑阳台方案。又如插入杯形基础中的柱子,如果用细石混凝土填实或与基础整体浇筑,则柱与基础的连接就可视为固定端支座,如图1.10(a)、(b)所示。

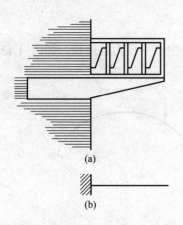

图 1.9 挑梁与墙的固定联结　　　图 1.10 柱与杯形基础的固定联结

(4) 滑动支座。如图 1.11(a)所示，滑动支座允许结构沿着一个方向即支承面方向平行滑动，但不允许结构转动，也不允许结构沿垂直于支承面方向移动。因此，它可以产生竖向 Y_A 和反力矩 M_A 的约束反力。滑动支座的计算简图如图 1.11(b)所示，即可用两根平行的链杆表示。

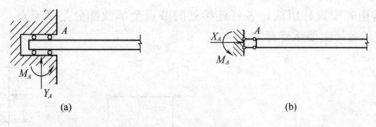

图 1.11 定向支座的简化

1.3.3 平面杆系结构的分类

若结构所有杆件的轴线都在同一平面内，且荷载也作用在此平面内，这样的结构就称为平面杆系结构。平面杆系结构通常分为下列几种。

1. 梁

梁是一种受弯构件，可以是单跨的(见图 1.12(a)、(b))，也可以是多跨的(见图 1.12(c)、(d))。

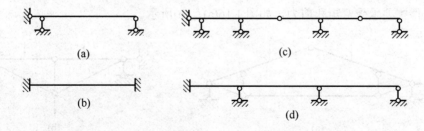

图 1.12 梁

2. 拱

拱是一种杆轴为曲线且在竖向荷载作用下，会产生水平反力的结构，如图 1.13(a)、(b)所示。

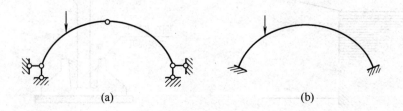

图 1.13 拱

3. 桁架

桁架由若干直杆组成，各杆连接处的节点均为铰节点，如图 1.14 所示，在结点荷载作用下，各杆只产生轴力。

4. 刚架

刚架通常由若干直杆组成，各杆连接处的节点全部或部分是刚节点，如图 1.15 所示。组成刚架的各杆主要承受弯矩。

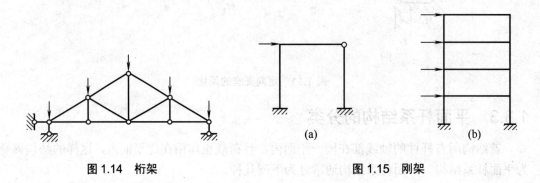

图 1.14 桁架　　　　　　　　图 1.15 刚架

5. 组合结构

组合结构是由桁架杆件和梁等组合而成的结构。组合结构中一些杆件只承受轴力，而另一些杆件主要承受弯矩和剪力，如图 1.16(a)、(b)所示。

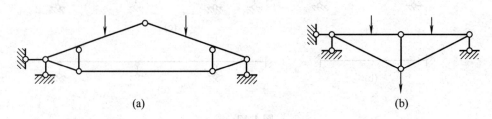

图 1.16 组合结构

1.4 小　结

(1) 建筑工程中，能承受和传递荷载的骨架称为结构。按结构的几何特征，将其可分为杆系结构、薄壁结构、实体结构。杆系结构按各杆件轴线所处的位置，又分为平面杆系结构和空间杆系结构。本课程主要学习平面杆系结构中的梁、拱、桁架、刚架和组合结构。

(2) 结构设计的基本要求是满足强度、刚度、稳定性和经济节约4个方面要求。

(3) 荷载是主动作用在结构上的外力。按荷载作用范围可分为分布荷载和集中荷载；分布荷载有体荷载、面荷载和线荷载之分，按分布程度又有均布荷载和非均布荷载之分。按荷载作用时间长短，又分为恒载和活载。按荷载作用性质，还分为动荷载和静荷载。

(4) 结构计算简图一般要参照前人经验慎重选取，对于新型结构要经过试验和理论分析，存本去末，才能确定。一般来说，结构都是空间结构，但多数情况下，常略去一些次要空间约束，将实际结构简化为平面结构，使计算变得方便且合理。

本教材主要以平面杆系结构为研究对象。

1.5 思　考　题

1. 什么是建筑结构？它是如何分类的？
2. 在结构设计及使用中，必须满足哪些要求？
3. 什么叫荷载？它是怎样分类的？
4. 空间杆件结构体系转化为平面杆件结构体系的条件是什么？
5. 确定结构计算简图的基本原则是什么？实际工程结构图如何简化为计算简图？

第 2 章 平面结构体系的几何组成分析

本章的学习要求：

- 领会几何不变体系和几何可变体系的含义，了解几何组成分析的目的。
- 深刻领会自由度和约束的概念，熟悉工程中常见的约束。
- 熟练掌握几何不变体系的简单组成规则，并能正确地运用组成规则进行几何组成分析。
- 了解静定结构与超静定结构在几何组成上的区别。

2.1 几何组成分析的目的

2.1.1 几何不变体系和几何可变体系

杆系结构是由杆件相互连接而组成用来支承荷载的，设计时必须保持结构自身的几何形状和位置不变。因此，由杆件组成体系时，并不是任意一个结构都能作为工程结构使用。例如，图 2.1(a)是一个由两根链杆与基础组成的铰接三角形，在荷载作用下，可以保持其几何形状和位置不变，可以作为工程结构使用；图 2.1(b)是一个铰接四边形，受荷载作用后容易倾斜如图中虚线所示，则不能作为工程结构使用。但如果在铰接四边形中加一根斜杆，构成图 2.1(c)所示的铰接三角形体系，就可以保持其几何形状和位置不变，从而可以作为工程结构使用。

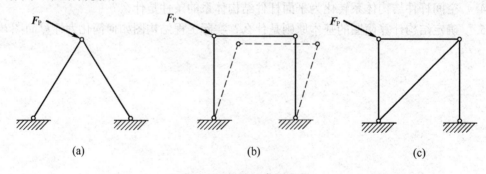

图 2.1 杆件组成的体系

由杆件组成的体系可以分为两类。

1. 几何不变体系

在不考虑材料应变的条件下，几何形状和位置保持不变的体系称为几何不变体系，如图 2.1(a)、(c)所示。

2. 几何可变体系

在不考虑材料应变的条件下，几何形状和位置可以改变的体系称为几何可变体系，如

图 2.1(b)所示。

2.1.2 几何组成分析的目的

工程中使用的结构必须是几何不变体系。在设计结构和选取结构的计算简图时，首先必须判别它是否是几何不变的，这种判别工作称为体系的几何组成分析。对体系进行几何组成分析的目的如下。

(1) 保证结构的几何不变性，以确保结构能承受荷载并维持平衡。

(2) 根据体系的几何组成以确定结构是静定结构还是超静定结构，从而选择反力与内力的计算方法。

(3) 通过几何组成分析明确结构的构成特点，从而选择结构受力分析的顺序。

在进行结构的几何组成分析时，由于不考虑材料的应变，因而组成结构的某一杆件或者已经判明是几何不变的部分，均可视为刚体。平面的刚体称为刚片。

2.2 平面体系的自由度

2.2.1 自由度

确定物体或体系在平面内的位置所必需的独立坐标的数目，称为自由度。自由度也可以说是一个体系运动时，可以独立改变其位置的坐标的个数。

如图 2.2(a)所示，平面内一点 A 的位置由 x 和 y 两个坐标来确定，而坐标 x 和 y 是各自独立的，所以一个点在平面内的自由度有两个。一个刚片在平面内除了可以沿水平方向和垂直方向移动外，还可以自由转动，它的位置通常是用其上任一点 A 的坐标 x、y 和通过 A 点的任一直线 AB 的倾角 φ 三个坐标确定的，如图 2.2(b)所示，所以，一个刚片在平面内有三个自由度。地基也可以看作是一个刚片，但这种刚片是不动刚片，它的自由度为零。

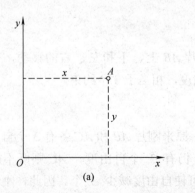
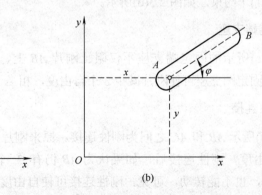

图 2.2 平面内动点、刚片的自由度分析

由以上分析可见，凡是自由度大于零的体系表示它是可发生运动的，位置可改变，即都是几何可变体系。

2.2.2 约束

能使体系减少自由度的装置称为约束。减少一个自由度的装置称为一个约束，减少若干个自由度的装置，就相当于若干个约束。工程中常见的约束有以下几种。

1. 链杆

在刚片 AB 上增加一根链杆 AC 的约束后，刚片只能绕 A 转动和铰 A 绕 C 点转动，如图 2.3(a)所示。原来刚片有 3 个自由度，现在只有 2 个。因此，一根链杆可使刚片减少 1 个自由度，相当于 1 个约束。

2. 铰支座

铰支座 A 可阻止刚片 AB 上、下和左、右的移动，AB 只能产生转角 φ，如图 2.3(b)所示。因此，铰支座可使刚片减少 2 个自由度，相当于 2 个约束，也就是相当于两根链杆。

3. 简单铰

凡连接两个刚片的铰称简单铰，简称单铰。如图 2.3(c)所示，连接刚片 AB 和 AC 的铰 A，原来刚片 AB 和 AC 各有 3 个自由度，共计 6 个自由度，用铰 A 连接后，如果认为 AB 仍为 3 个自由度，AC 则只能绕 AB 转动，也就是 AC 只有 1 个自由度，所以自由度减少为 4 个。可见，单铰可使自由度减少 2 个，也就是一个单铰相当于 2 个约束，或者相当于两根链杆。

4. 复铰

复铰为连接多于两根杆件的铰。连接 n 根杆件的复铰，可以看作($n-1$)个单铰，因而相当于 $2(n-1)$个约束，如图 2.3(d)所示。

5. 固定端支座

图 2.3(e)所示的固定端支座不仅阻止刚片 AB 上、下和左、右的移动，也阻止其转动。因此，固定端支座可使刚片减少 3 个自由度，相当于 3 个约束。

6. 刚性连接

图 2.3(f)所示 AB 和 AC 之间为刚性连接。原来刚片 AB 和 AC 各有 3 个自由度，共计为 6 个自由度，刚性连接后，如果认为 AB 仍有 3 个自由度，AC 则既不能上、下和左、右移动，也不能转动，可见，刚性连接可使自由度减少 3 个。因此，刚性连接相当于 3 个约束。

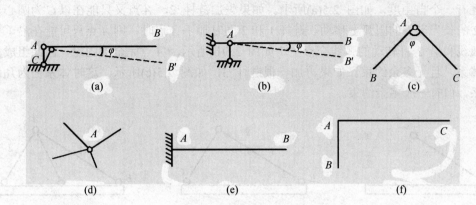

图 2.3 工程中常见的约束

2.3 几何不变体系的组成规则及原理

2.3.1 几何不变体系的组成规则

1. 二元体规则

一个点和一个刚片用两根不共线的链杆相连，组成几何不变体系，如图 2.4(a)所示，这种几何不变体系称二元体。

2. 两刚片规则

两刚片用一个铰和一根链杆相连，且铰和链杆不在同一直线上，组成几何不变体系，如图 2.4(b)所示。

3. 三刚片规则

三刚片用三个不共线的铰两两相连，组成几何不变体系，如图 2.4(c)所示。这种几何不变体系称铰接三角形。

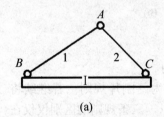 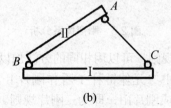 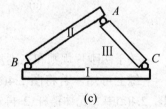

图 2.4 几何不变体系的组成规则

2.3.2 几何不变体系组成规则原理

证明：(1) 先证明二元体中 A 点为什么要用两根链杆相连方可组成几何不变体系。

将刚片Ⅰ看成是基础，它是固定不动的，则点 A 相对于刚片Ⅰ有两个自由度。先用链杆 1 连接点 A，这时点 A 可以在以 B 为圆心、以链杆 1 的长为半径的圆弧上移动，因而

A 点还有一个自由度,如图 2.5(a)所示。如果先加链杆 2,A 点又只能在以 C 为圆心、以链杆 2 的长为半径的圆弧上移动。链杆 1 和 2 同时加于 A 点时,则 A 点只可能在沿 1 杆转动的弧线和沿 2 杆转动的弧线交点上,如图 2.5(b)所示,A 点完全被固定,因此组成几何不变体系,且无多余约束。如果再加一根链杆 3,如图 2.5(c)所示,这时体系仍为几何不变体系,但有一个多余约束。

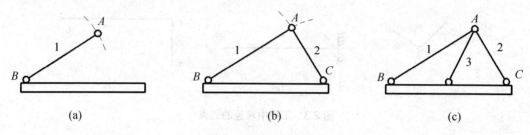

图 2.5 二元体规则

(2) 再证明二元体中为什么要强调用不共线的两根链杆相连方可组成几何不变体系。

在图 2.6(a)中,两链杆在一条直线上,从约束的布置上就可以看出这是不恰当的,因为链杆 AB 和 AC 都是水平的。A 点的水平位移具有多余约束,而竖向没有约束,A 点可沿竖向移动,体系是可变的。另外,从几何关系方面也可证明上述结论。设想去掉铰 A 将链杆 AB、AC 分开,则链杆 AB 上的 A 点将沿以 B 点为中心,以 BA 为半径的圆弧①转动;同理,链杆 AC 上的 A 点将沿以 C 点为中心,以 CA 为半径的圆弧②转动,如图 2.6(b)所示。因圆弧①和圆弧②在 A 点有公切线,铰 A 可沿此公切线方向运动,也说明体系是可变的。不过当铰 A 发生微小移动至 A' 时,两根链杆将不再共线,运动也将不再继续发生。这种在某一瞬间可以发生微小位移的体系称为瞬变体系。瞬变体系是可变体系的一种特殊情况,不能作为结构使用。

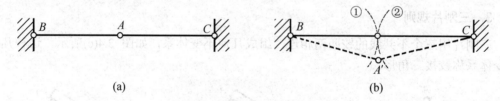

图 2.6 瞬变体系分析

关于两刚片规则和三刚片规则,可以用相同的方法加以证明。

综上可知,若将图 2.4(a)中二元体链杆 1 看作刚片Ⅱ,即为两刚片规则;若继续将图 2.4(a)中二元体链杆 2 再看成刚片Ⅲ,即为三刚片规则。所以,三条规则的区别仅仅在于把体系的哪些部分看作具有自由度的刚片,哪些部分看作限制刚片运动的约束,在分析具体问题的几何组成时,可据此灵活运用。由图 2.4 可进一步看出,三条规则的限制条件就是 A、B、C 三点不能在一条直线上,也即不能是瞬变体系,也可以说三条规则的共同点是图中 A、B、C 三点连线应构成一个三角形,这种三角形是组成几何不变体系的基本部分。

在约束的种类中曾经讲过,一个铰相当于两根链杆。如图 2.7(a)所示,用铰 C 连接刚片Ⅰ和Ⅱ的效果与图 2.7(b)所示用两根链杆 AC、BC 连接两刚片的效果一样,两链杆的交

点 C 称为实铰。在图 2.8 中，刚片Ⅰ和Ⅱ用两根链杆 AD、BE 相连，如果把刚片Ⅱ看成固定不动的基础，那么，刚片Ⅰ的 A、B 两点只能分别沿其所在链杆的垂直方向运动。以 C 表示两链杆延长线的交点，则刚片Ⅰ可以做以 C 点为中心的转动，C 点称为瞬时转动中心。刚片Ⅰ、Ⅱ可以看成是在点 C 处用铰相连接，也就是说，两根链杆所起的约束作用相当于在链杆延长线交点处的一个铰所起的约束作用，这个铰称为虚铰。

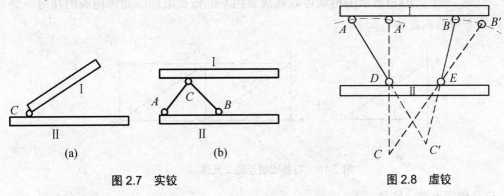

图 2.7　实铰　　　　　　　　　　图 2.8　虚铰

利用虚铰的概念，规则二(两刚片规则)还可表述为：两刚片用三根不交于一点且不互相平行的链杆相连，即组成几何不变体系，如图 2.9(a)所示。

图 2.9(b)为用相交于同一点 C 的三根链杆连接刚片Ⅰ、Ⅱ，这时刚片Ⅱ仍可绕虚铰 C 转动，是几何可变体系。图 2.9(c)为三链杆相互平行情况，这时刚片Ⅰ相对于刚片Ⅱ可做相对平移，也是几何可变体系。

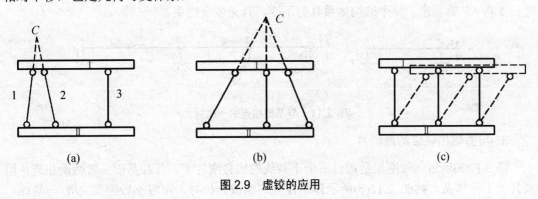

图 2.9　虚铰的应用

2.4　几何组成分析举例

几何组成分析的依据是几何不变体系的组成规则，只要能正确和灵活地运用它们，便可分析各种各样的体系。分析时，一般先从能直接观察出的几何不变部分开始，应用体系组成规律，逐步扩大不变部分直至整体。对于较复杂的体系，为便于分析可先拆除不影响几何不变性的部分(如基础、二元体等)；对于折线形链杆或曲杆，可以用直杆等效代换。下面举例说明。

2.4.1 能直接观察出的几何不变部分

1. 与基础相连的二元体

图 2.10(a)所示的三角桁架是用不在同一直线上的两链杆将一点和基础相连,构成几何不变的二元体。图 2.10(b)所示的桁架可以看成是由基础依次增加二元体构成的几何不变体系,且无多余约束。

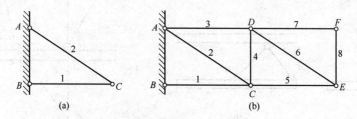

图 2.10 与基础相连的二元体

2. 与基础相连的一刚片

图 2.11(a)所示的简支梁是用不都平行也不交于一点的三根链杆相连构成的几何不变体系。对图 2.11(b)所示的多跨梁作几何组成分析时,观察其中 ABC 部分通过三根链杆 1、2、3 与基础相连组成几何不变体系,此时梁 ABC 和基础可视为一个扩大的基础;梁 CDE 通过铰 C 和链杆 4 与扩大基础相连,形成一个更加扩大的基础;在此基础上再通过铰 E 和链杆 5 将 EF 梁固定,整个结构体系几何不变,且无多余约束。

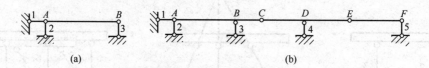

图 2.11 与基础相连的一刚片

3. 与基础相联结的两刚片

图 2.12(a)所示三铰刚架是通过三个不共线的铰将刚片Ⅰ、Ⅱ和基础三者两两相连,组成几何不变体系。对图 2.12(b)所示体系作几何组成分析时,可将三铰刚架 ABC 与基础一起看作是一个扩大了的基础,在此基础上,继续用不共线铰 D、E、F 将刚片Ⅲ、Ⅳ与扩大的基础两两相连;再用不共线的铰 G、H、K 将刚片Ⅴ、Ⅵ与扩大的基础两两相连,共同组成一个不变体系,且无多余约束。

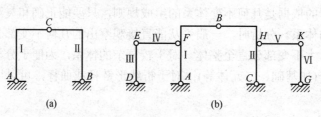

图 2.12 与基础相连的两刚片

2.4.2 先拆除不影响几何不变性的部分再进行几何组成分析

在图 2.13 所示的体系中,假如 BB' 以下部分是几何不变的,则链杆 1、2 组成的二元体可去掉,只分析 BB' 以下部分。当去掉由 1、2 组成的二元体后,BB' 以下部分左右完全对称,因此只分析半边体系即可。现取左半部分进行分析,将 AB 当作刚片,由 3、4 链杆固定 D 点,这样链杆 3、4 与 AB 组成较大的刚片 I,如图中影线部分;将 CD 看作刚片 II,则刚片 I、II 与基础通过不共线的三铰 A、C、D 两两相连,构成几何不变体系。同理右半部分也是几何不变体系。因此,整个体系几何不变,且无多余约束。

对图 2.14(a) 所示的屋架进行几何组成分析时,若体系本身为一刚片时,与基础通过三链杆相连,符合两刚片规则,整个体系几何不变。现在只分析体系本身即可,由图 2.14(b) 所示的体系可见,1、2、3 杆符合三刚片规则,是一个几何不变的铰接三角形;然后分别用 4、5、6、7、9、10、8、11、12、13 各对链杆组成二元体,依次固定 D、C、G、H、B 各点,符合二元体规则,故屋架几何不变且无多余约束。

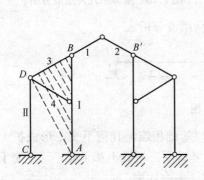
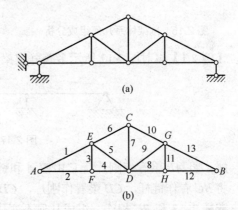

图 2.13 组合体系几何组成分析　　图 2.14 屋架几何组成分析

2.4.3 利用等效代换措施进行几何组成分析

在对结构体系进行几何组成分析时,可以应用一些约束等效代换关系:①把只用两个铰与其他刚片或基础相连的刚片看成是链杆约束;②两刚片之间的两根链杆构成的实铰或虚铰与一个单铰等效代换。上述的链杆不能重复使用。

对于图 2.15(a) 所示体系,T 形杆 BDE 可看作刚片 I,折杆 AD 也是一个刚片,它只用两个铰 A、D 分别与基础和刚片 I 相连,其约束作用与通过 A、D 两铰的一根链杆完全等效,如图 2.15(a) 虚线所示。因此,可用链杆 AD 等效代换折杆 AD。同理可用链杆 CE 等效代换折杆 CE。将链杆代换折杆后,形成了图 2.15(b)。图 2.15(b) 中刚片 I 与地基用既不都平行,又不汇交于一点的三根链杆 1、2、3 相连,符合两刚片规则,为几何不变体系,且无多余约束。

对于图 2.16 所示的体系,刚片 I、II 用链杆 1、2 相连,由于链杆 2 不能重复使用,所以刚片 II、III 之间就只有链杆 3 相连,因此为几何可变体系。

以上是对体系进行几何组成分析过程中常用的一些可使问题简化的方法,而实际问题往往比较复杂,需综合运用上述各种方法,关键是掌握规则,灵活运用。

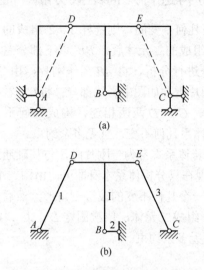

图 2.15　刚架体系几何组成分析

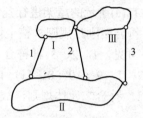

图 2.16　某体系几何组成分析

【例 2.1】试对图 2.17 所示多跨静定梁进行几何组成分析。

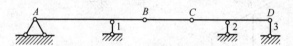

图 2.17　例 2.1 图

解：将 AB 梁看作刚片,它由铰 A 和链杆 1 与基础相连,几何不变,形成扩大的基础;将 BC 看作链杆,CD 梁看作刚片,CD 与扩大基础用三根既不都平行、又不交于一点的三链杆 2、3 和 BC 相连,组成几何不变体系,且无多余约束。

【例 2.2】试对图 2.18 所示刚架体系进行几何组成分析。

解：用链杆 DG、FG(虚线所示)等效代换折杆 DHG、FKG,构成二元体 D—G—F;体系的 ADEB 部分是与基础用三个不共线的铰 A、E、B 相连的三铰刚架,与基础一起组成几何不变体系;然后用 EF、CF 固定 F 点,组成几何不变体系,且无多余约束。

【例 2.3】试对图 2.19 所示组合体系进行几何组成分析。

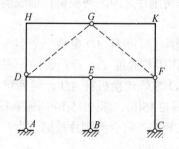

图 2.18　例 2.2 图

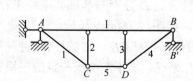

图 2.19　例 2.3 图

解：该体系本身用铰 A 和链杆 BB' 与基础相连,符合两刚片规则,现只分析体系本身。将 AB 看成刚片Ⅰ，用链杆 1、2 固定 C，链杆 3、4 固定 D，链杆 5 则是多余约束，因此体系本身是几何不变体系，但有一多余约束。

【例 2.4】试对图 2.20 所示桁架进行几何组成分析。

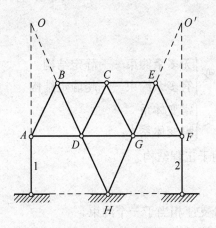

图 2.20　例 2.4 图

解：由观察得出该体系中 $ABCDHGEF$ 部分是几何不变部分，用一根链杆 1 和一个铰 H 与基础相连，组成几何不变体系，链杆 2 是多余的约束。因此该体系是几何不变体系，有一个多余约束。

【例 2.5】试对图 2.21 所示体系进行几何组成分析。

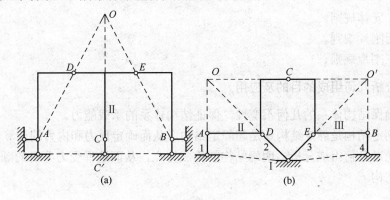

图 2.21　例 2.5 图

解：(1) 分析图 2.21(a)所示体系。

刚片 DEC 与基础用 AD、BE 和 CC' 三根链杆相连，由于三根链杆汇交于一点(O 点)，组成瞬变体系。

(2) 分析图 2.21(b)所示体系。

由图可看出 ADC、BEC、基础可作为三个刚片Ⅰ、Ⅱ、Ⅲ，刚片Ⅰ与Ⅱ之间由链杆 1、2 相连，虚铰为 O，刚片Ⅰ与Ⅲ之间由链杆 3、4 相连，虚铰为 O'；刚片Ⅱ与Ⅲ由铰 C 相连。由于 O、O' 与 C 三铰共线，故体系为瞬变体系。

2.5 小　　结

1. 几何体系的分类

$$
体系\begin{cases} 几何不变\begin{cases} 无多余约束——静定结构 \\ 有多余约束——超静定结构 \end{cases} \\ 几何可变\begin{cases} 常变体系 \\ 瞬变体系 \end{cases} \end{cases}
$$

只有几何不变体系可用于工程结构。

2. 各种约束的性质

(1) 一个链杆或者链杆支座相当于一个约束。
(2) 一个单铰或者铰支座相当于两个约束。
(3) 连接 n 根杆件的复铰相当于 $2(n-1)$ 个约束。
(4) 一个刚节点或固定支座相当于三个约束。
(5) 连接两个刚片的两根链杆的交点相当于一个单铰。

3. 无多余约束的几何不变体系的组成规则

(1) 二元体规则。
(2) 两刚片规则。
(3) 三刚片规则。

4. 分析几何组成的目的及应用

(1) 确保结构体系的几何不变性，保证结构体系的承载能力。
(2) 确定结构是静定结构还是超静定结构，从而确定反力和内力的计算方法。
(3) 通过几何组成分析，明确结构的构成特点，从而选择受力分析的顺序，便于设计出合理的结构。

2.6 思　考　题

1. 什么是几何不变体系、几何可变体系和瞬变体系？工程中的结构不能使用什么体系？
2. 什么是单铰和复铰？平面内一个连接 7 个刚片的复铰自由度是多少？
3. 什么是虚铰？为什么说虚铰有单铰的约束性质？
4. 什么叫约束？什么叫多余约束？
5. 什么是二元体？
6. 体系几何组成分析有哪几个基本规则？几何组成分析的目的是什么？

7. 什么是静定结构？什么是超静定结构？二者有什么共同点和不同点？

2.7 习　　题

1. 分析图 2.22 所示的平面杆件体系。

答案：(a)几何不变，无多余约束；(b)几何不变，无多余约束；(c)几何可变；(d)几何不变，无多余约束

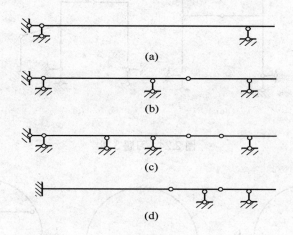

图 2.22　习题 1 图

2. 分析图 2.23 所示的平面杆件体系。

答案：(a)几何不变，无多余约束；(b)瞬变体系；(c)几何不变，有一个多余约束

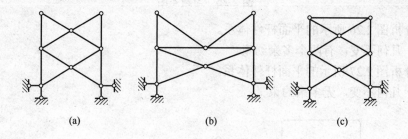

图 2.23　习题 2 图

3. 分析图 2.24 所示的平面杆件体系。

答案：(a)几何不变，无多余约束；(b)几何不变，无多余约束；(c)几何可变；(d)几何不变，有一个多余约束

4. 分析图 2.25 所示的平面杆件体系。

答案：(a)几何不变，无多余约束；(b)几何不变，无多余约束；(c)几何不变，无多余约束

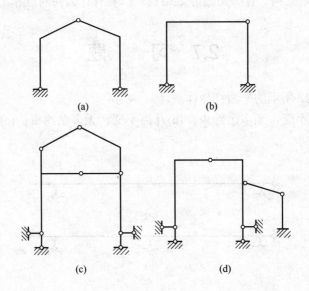

图 2.24 习题 3 图

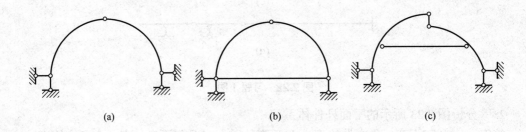

图 2.25 习题 4 图

5. 分析图 2.26 所示的平面杆件体系。
答案：几何不变，有两个多余约束

6. 分析图 2.27 所示的平面杆件体系。
答案：几何不变，无多余约束

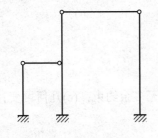

图 2.26 习题 5 图　　　　　　图 2.27 习题 6 图

7. 分析图 2.28 所示的平面杆件体系。
答案：几何不变，无多余约束

8. 分析图 2.29 所示的平面杆件体系。
答案：瞬变体系

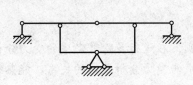

图 2.28　习题 7 图

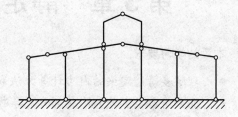

图 2.29　习题 8 图

9. 分析图 2.30 所示的平面杆件体系。
答案：几何不变，无多余约束
10. 分析图 2.31 所示的平面杆件体系。
答案：几何可变，无多余约束

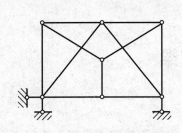

图 2.30　习题 9 图

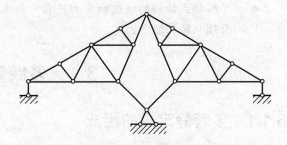

图 2.31　习题 10 图

第 3 章 静定结构的内力分析

本章的学习要求：

- 理解多跨静定梁的内力计算方法和基本原则；在进行多跨静定梁的受力分析中，能分清基本部分和附属部分，掌握几何组成与受力分析之间的关系，能熟练地绘制多跨静定梁的内力图。
- 了解刚架的受力特点及性能；熟练掌握利用荷载与内力的微分关系及叠加法绘制静定刚架内力图的方法，特别是弯矩图的绘图方法。
- 了解桁架的受力特点和分类以及理解常用梁式桁架的受力特点；掌握零杆的判断方法；熟练掌握运用节点法、截面法和联合法计算简单桁架、联合桁架的内力；了解组合结构的计算方法。
- 了解拱式结构的组成和受力特点；基本掌握三铰拱的内力计算方法；理解三铰拱合理拱轴的概念。

3.1 多跨静定梁

3.1.1 多跨静定梁的组成

静定梁可分为单跨静定梁和多跨静定梁两种。其中单跨静定梁多用于跨度不大的情况。如果将若干单跨静定梁相互用铰连接起来，或者搁置于其他构件上面组成的几何不变的静定结构就称为多跨静定梁。多跨静定梁是使用短梁跨过大跨度的一种合理的结构形式，在实际的建筑工程中，常用来跨越几个相连的跨度。图 3.1(a)所示为房屋建筑结构中的木檩条，它是一多跨静定梁，现对梁中各部分之间的相互关系进行分析。设想梁的各个部分都互不联系，即从 C、D、G 和 H 铰等处把各个部分拆开，如图 3.1(b)所示。梁 AC 用不交于一点的三根支座链杆与基础相连，构成几何不变体系。像这种凡自身存在，能够单独承受外荷载的部分称为基本部分。梁 CD 和 GH 没有支承，不能单独存在，像这种需要依靠基本部分才能承受外荷载的部分称为附属部分。梁 DG 和 HJ 分别有两根竖向支杆与基础相连，与 AC 相比缺少一根水平支杆。这里梁 DG、HJ 可分以下两种情况进行考虑。

(1) 在水平荷载作用下，由于 DG、HJ 缺少水平支杆，不能单独维持平衡，故 DG 和 HJ 应当属于附属部分。

(2) 在竖向荷载作用下，梁无水平反力，可以维持平衡，它们又应当属于基本部分。

由此可见，在竖向荷载作用下，梁 DG 和 HJ 同 AC 一样都是基本部分，而 CD 和 GH 应当属于附属部分。图 3.1(c)所示为基本部分和附属部分的相互关系，称为层次图。在层次图中考虑到竖向荷载作用下，水平支杆并不起什么作用，同时为了使各个部分在形式上都能保持有三根支杆，因此把 D 和 H 两点的水平支杆撤去，而在支座 E 和 I 上分别加上一根水平支杆，如图 3.1(d)所示。这样的改变对梁的反力和内力没有影响。

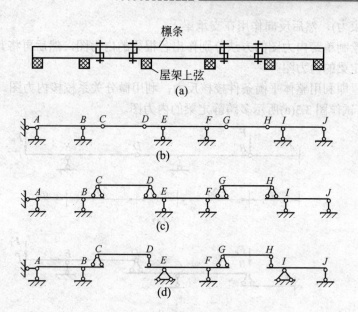

图 3.1 多跨静定梁层次图(1)

常见的多跨静定梁除了图 3.1 所示形式外，还有图 3.2 所示的两种形式，读者可自行分析它们的依存关系。

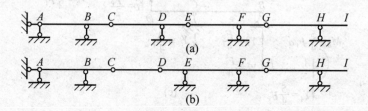

图 3.2 多跨静定梁层次图(2)

3.1.2 多跨静定梁的计算

多跨静定梁是由若干短梁相互用铰连接起来的结构，其中有基本部分和附属部分。从受力分析来看，当荷载仅作用在基本部分时，只有该基本部分受力，而与其相连的附属部分不会产生反力和内力；当荷载作用在附属部分时，不但会使该附属部分产生反力和内力，与其相关的基本部分也将同时产生反力和内力。因此，计算多跨静定梁的反力和内力时，应当首先画出层次图，分清主从关系，然后根据层次图先计算附属部分，再将附属部分的支座反力作用于相关的基本部分，如此逐层往下计算，直至把各个部分的反力和内力全部计算出来，并作出相应的内力图；各单跨静定梁的内力图连在一起，即得到多跨静定梁的内力图。

由上所述，分析多跨静定梁的步骤如下。

(1) 按照主从关系画出力的层次图。

(2) 根据层次图先计算附属梁，后计算基本梁。依次计算各梁的反力(包括支座反力和铰接处的约束力),然后反向作用在支承梁上。

(3) 按照绘制单跨内力图的方法分别作出各根梁的内力图,然后再将其连在一起,就是所求多跨静定梁的内力图。

(4) 校核,即利用整体平衡条件校核反力;利用微分关系校核内力图。

【例 3.1】试作图 3.3(a)所示多跨静定梁的内力图。

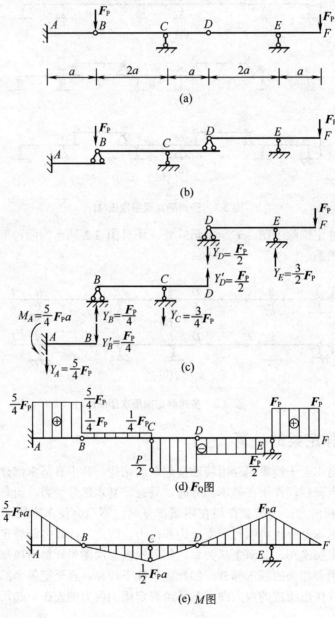

图 3.3 例 3.1 图

解：(1) 绘层次图。

根据梁的几何组成次序先固定 AC 梁,然后依次固定 BD、DF 各梁段,由此得层次图,如图 3.3(b)所示。

(2) 计算各单跨梁的支座反力。

① 先算附属部分，后算基本部分。从 DF 梁开始

$$Y_D = \frac{F_P}{2}(\downarrow), \quad Y_E = \frac{3F_P}{2}(\uparrow)$$

② 然后将 Y_D 反方向作用于 BD 梁上得

$$Y_B = \frac{F_P}{4}(\uparrow), \quad Y_C = \frac{3F_P}{4}(\downarrow)$$

③ 同样将 Y_B 反方向作用于 AB 梁上，其中作用于铰 B 上的荷载 F_P 可假想它略偏左(或右)作用于梁 AB(或 BD)上，梁的内力图不会受到影响，如图 3.3(c)所示。

$$Y_A = \frac{5F_P}{4}(\uparrow), \quad M_A = \frac{5}{4}F_P a$$

(3) 画剪力图和弯矩图。

画剪力图和弯矩图如图 3.3(d)、(e)所示。

【**例 3.2**】计算图 3.4(a)所示多跨静定梁的内力图。

解：(1) 绘层次图。

由前面已知，AE 梁和 FD 梁为基本部分，EF 梁为附属部分，层次图如图 3.4(b)所示。

(2) 计算各部分的支座反力。

从附属部分 EF 开始依次求出各根梁的支座反力，如图 3.4(c)所示。

(3) 画剪力图和弯矩图。

画剪力图和弯矩图如图 3.4(d)、(e)所示。

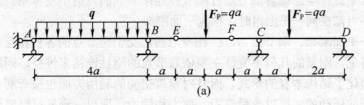

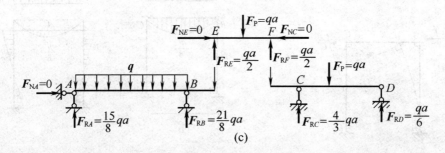

图 3.4 例 3.2 图

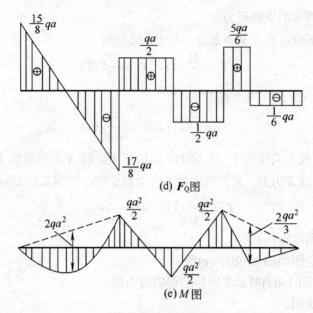

图 3.4 例 3.2 图(续)

3.2 静定平面刚架

3.2.1 刚架的特点及分类

刚架是由若干直杆全部或者部分通过刚节点连接而成的几何不变体系。当组成刚架的各杆的轴线和外力都在同一平面内时，称为平面刚架。

图 3.5 为一平面刚架，刚节点 B、C 在变形前汇交于两节点的各杆相互垂直，变形后仍相互垂直。可见，刚架的几何不变性主要依靠节点的刚性连接来维持，因此无须斜向杆件。这样不但简化了结构本身的形式，而且对建筑空间的利用方面也很有利。刚节点是作为一个整体移动或转动的，可以承受弯矩、剪力和轴力，所以，刚架可以降低弯矩峰值，比同样条件下梁的跨中弯矩小，如图 3.6 所示。另外，刚架各杆均为直杆，制作加工方便，因此，刚架在工程上得到广泛应用。

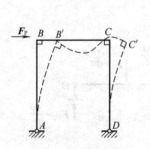

图 3.5 刚架变形图

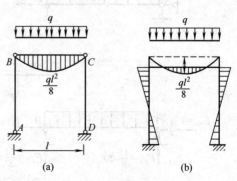

图 3.6 刚架弯矩特点

凡由静力平衡条件即可确定全部反力和内力的平面刚架，称为静定平面刚架。静定平面刚架按其支座形式划分，主要有以下三种。

(1) 悬臂刚架(见图3.7(a))。常用于火车站台、雨篷等。
(2) 简支刚架(见图3.7(b))。常用于起重机的刚支架及渡槽横向计算所取的简图等。
(3) 三铰刚架(见图3.7(c))。常用于小型厂房、仓库、食堂等结构。

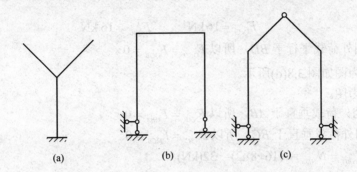

图3.7 刚架分类图

3.2.2 刚架的内力计算

从杆件的受力特点来看，刚架与梁基本相同，所不同的仅是：刚架中的杆件除承受弯矩和剪力外，一般还承受轴力。土建工程中，绘制内力图时常将弯矩图画在杆件的受拉一侧，可不注符号；剪力以使所在杆段产生顺时针转动效果为正，反之为负；轴力仍以拉力为正、压力为负。剪力图和轴力图可画在杆件的任意一边，但需标明符号。为了明确表示各截面内力，特别为了区别相交于同一刚节点的不同杆端截面的内力，在内力符号右下角采用两个脚标，其中，第一个脚标表示内力所属截面，第二个脚标表示该截面所在杆的另一端。例如 M_{AB} 表示 AB 杆 A 端截面的弯矩，M_{AB} 则表示 AB 杆 B 端截面的弯矩。

同静定梁的计算方法一样，在静定平面刚架中，一般也需要对结构的组成情况进行分析，以便了解结构的具体特点及各部分之间的关系，选择合理的计算顺序。一般用区段叠加法来计算刚架内力。

【例3.3】 作图3.8(a)所示刚架的内力图。

解：悬臂刚架的内力计算一般从自由端开始，可不必计算支座反力。

(1) 画弯矩图。

逐杆分段用截面法计算各控制截面的弯矩，作弯矩图如图3.8(a)所示。

AB 杆：
$$M_{BA} = \frac{1}{2}ql^2 = \frac{1}{2} \times 8 \times 2^2 \text{kN} \cdot \text{m} = 16 \text{kN} \cdot \text{m}(上侧受拉)$$
$$M_{AB} = 0$$

杆 AB 上有均布荷载，用区段叠加法作图。

BC 杆：
$$M_{CB} = 0$$
$$M_{BC} = 16 \times 2 = 32 \text{ (kN} \cdot \text{m)}(上侧受拉)$$

BD 杆：
$$M_{DB} = 32 - 16 = 16 \text{ (kN} \cdot \text{m)}(左侧受拉)$$
$$M_{BD} = 32 - 16 = 16 \text{ (kN} \cdot \text{m)}(左侧受拉)$$

(2) 画剪力图。

根据杆端弯矩值和荷载画所计算杆段的受力图，然后利用微分关系或平衡条件可求得剪力。

AB 杆：取其为脱离体，受力情况如图 3.8(c)所示。

$$F_{QAB} = 0 \qquad F_{QBA} = -8 \times 2 \text{kN} \cdot \text{m} = -16 \text{kN} \cdot \text{m}$$

BC 杆：

$$F_{QCB} = 16 \text{kN} \qquad F_{QBC} = 16 \text{kN}$$

BD 杆：因外荷载平行于 BD，所以 $F_{QBD} = F_{QDB} = 0$。

刚架的剪力图如图 3.8(d)所示。

(3) 画轴力图。

AB 杆：因外荷载垂直于 AB，所以 $F_{NAB} = F_{NBA} = 0$

BC 杆：因外荷载垂直于 BC，所以 $F_{NBC} = F_{NCB} = 0$

BD 杆：$F_{NBD} = N_{NDB} = -(16+8 \times 2) = -32(\text{kN})$

刚架的轴力图如图 3.8(e)所示。

(4) 校核。

取刚节点 B 为脱离体，其受力情况如图 3.8(f)所示，由图可见：

$$\sum X = 0, \quad \sum Y = 16+16-32 = 0$$
$$\sum M = 32 - 32 = 0$$

说明计算无误。

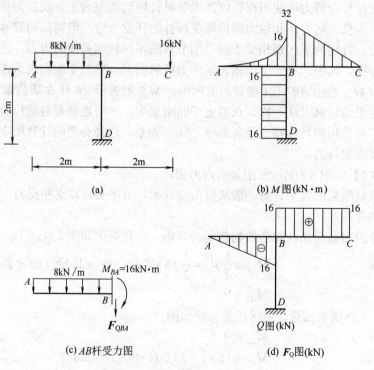

图 3.8 例 3.3 图

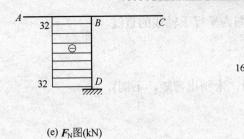

(e) F_N图(kN)　　　　　　　　　　(f)

图 3.8　例 3.3 图(续)

【例 3.4】作图 3.9(a)所示三铰刚架的内力图。

解：(1) 求支座反力。

考虑结构整体平衡，由 $\sum M_B = 0$ 得 $Y_A = -\frac{1}{6}(20 \times 6 \times 3)\text{kN} = -60\text{kN}(\downarrow)$

由 $\sum Y = 0$ 得　　$Y_B = -Y_A = 60\text{kN}(\uparrow)$

由 $\sum X = 0$ 得　　$X_A - X_B + 120 = 0(\text{kN})$

考虑右半架平衡，由 $\sum M_C = 0$ 得 $Y_B \times 3 - X_B \times 6 = 0$，$X_B = 30\text{kN}(\leftarrow)$

所以　$X_A = -90\text{kN}(\rightarrow)$

(2) 画弯矩图。

AD 杆：

① 求出该杆两端弯矩，分别为

$$M_{AD} = 0$$
$$M_{DA} = 90 \times 6 - 20 \times 6 \times 3 \text{kN} \cdot \text{m} = 180 \text{kN} \cdot \text{m} \quad (内侧受拉)$$

② 由叠加原理，以 M_{AD} 和 M_{DA} 的连线为基线叠加简支梁在均布荷载作用下的弯矩值，即为 AD 杆段的弯矩图，如图 3.9(b)所示。其中跨中弯矩

$$M_{AD中} = \frac{1}{2}(180 + 0) + \frac{1}{8} \times 20 \times 6^2 \text{kN} \cdot \text{m} = 180 \text{kN} \cdot \text{m}(内侧受拉)$$

DC 杆：

由 D 结点弯矩平衡得　　$M_{DC} = M_{DA} = 180 \text{kN} \cdot \text{m}(下侧受拉)$

C 铰处无弯矩，$M_{CD} = 0$，DC 杆无荷载作用，弯矩图应为斜直线。

CE 杆：

CE 杆无荷载作用，其剪力与 DC 段相同，由微分关系可知，这两段杆的弯矩图斜率相同，即 CE 杆弯矩图是 DC 杆弯矩图的延长线。

由 E 节点弯矩平衡得 $M_{EB} = M_{EC} = 180 \text{kN} \cdot \text{m}(外侧受拉)$

B 铰节点处无弯矩，所以 $M_{BE} = 0$，BE 杆无荷载作用，弯矩图应为斜直线。

根据各杆段的弯矩图叠加最后得到刚架的弯矩图 3.9(b)所示。

(3) 画剪力图。

AD 杆：用截面法求得 $F_{QAD} = 90\text{kN}$。

$F_{QDA} = 90 - 20 \times 6 = -30(\text{kN})$，因有均布荷载作用，剪力图为一斜直线。

DC 杆：$F_{QDC} = -60 \text{kN}$，其剪力图平行于轴线的直线。

CE 杆：CE 杆无荷载作用，其剪力与 DC 段相同。

BE 杆：$F_{QEB}=30\,\text{kN}$，其剪力图为平行于轴线的直线。

最后画出剪力图如图3.9(c)所示。

(4) 轴力图。

① 画 D 节点受力图(为了清晰，未画出弯矩，下同)。

由其平衡条件

由 $\sum X=0$ 得 $F_{NDC}=-30\,\text{kN}$(压)

由 $\sum Y=0$ 得 $F_{NDA}=60\,\text{kN}$(拉)

② 画 E 节点受力图，如图3.9(e)所示。

由 $\sum X=0$ 得 $F_{NEC}=-30\,\text{kN}$(压)

由 $\sum Y=0$ 得 $F_{NEB}=-60\,\text{kN}$(压)

根据杆端轴力及荷载作用情况作出轴力图，如图3.9(d)所示。

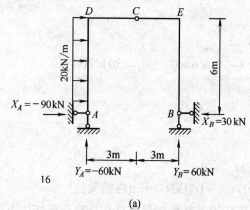

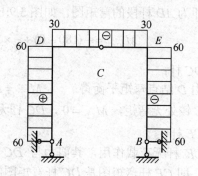

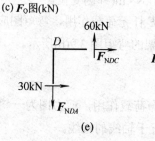

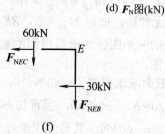

图3.9 例3.4图

【例 3.5】 作图 3.10(a)所示刚架的弯矩图。

解： (1) 求支座反力。

考虑整体平衡条件，由 $\sum X = 0$ 得

$$Y_A = qa \; (\rightarrow)$$

由 $\sum M_A = 0$ 得

$$F_{RD} = \frac{1}{4}qa \; (\uparrow)$$

由 $\sum Y = 0$ 得

$$F_{RA} = \frac{1}{4}qa \; (\downarrow)$$

(2) 画弯矩图。

AB 杆：有 $\sum M_A = 0$，再取 AB 杆为脱离体(见图 3.10(b))，由 $\sum M_B = 0$，得

$$M_{BA} = \frac{qa^2}{4} \quad (上侧受拉)$$

CD 杆：有 $\sum M_{DC} = 0$，再取 CD 杆为脱离体(见图 3.10(b))，由 $\sum M_C = 0$，得

$$M_{CD} = \frac{qa^2}{4} \quad (下侧受拉)$$

结点 B、C 均为无集中力偶作用的两杆刚节点，所以

$$M_{BC} = M_{BA} = \frac{qa^2}{4} (右侧受拉)$$

$$M_{CB} = M_{CD} = \frac{qa^2}{4} (左侧受拉)$$

将各杆端弯矩竖标画在杆件受拉边，由于 AB、CD 杆上无荷载作用，故将弯矩竖标顶点直线相连即可。BC 杆上有均布荷载作用，所以应将弯矩竖标顶点以虚线相连，再叠加上均布荷载在 BC 上产生的简支弯矩。最后弯矩图如图 3.10(c)所示。

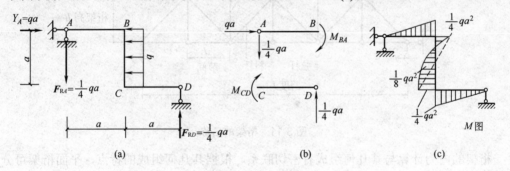

图 3.10 例 3.5 图

静定刚架的内力计算是非常重要的基本内容，也是后面分析超静定刚架的基础。由前面的例题可以看出绘制内力图时应注意以下几个问题。

(1) 刚节点处力矩应平衡。当刚节点上仅有两杆且无外加力矩作用时，则此两杆在该端的弯矩纵标相等，并处于节点的同一(内或外)侧边。

(2) 铰节点处弯矩必为零。

(3) 充分利用弯矩、剪力与荷载之间的微分关系。

(4) 灵活运用区段叠加法。

3.3 静定平面桁架

3.3.1 静定平面桁架的组成与分类

在土建工程范围内，桁架是重要的结构形式之一，应用极为普遍。例如在工业厂房、桥梁、电视塔、起重机等各个方面都得到广泛应用。就其所使用的材料来看，有钢桁架、木桁架、钢木组合桁架、钢筋混凝土桁架等。工程中实际应用的桁架受力情况比较复杂，为了简化计算，常对桁架的计算简图作如下三点假定。

(1) 所有节点都是无摩擦的理想铰。
(2) 所有杆轴都是在同一平面内的直线，且通过铰的中心。
(3) 所有荷载和支反力都作用在节点上，且位于桁架所在的平面内。

符合上述假定的桁架称为理想桁架。在理想桁架中，每根杆都是二力杆或链杆，杆件只承受轴力，桁架横截面上应力分布均匀，材料能得到充分利用。因此，与同样跨度的实腹梁相比，桁架的材料使用经济、自重轻、能跨越更大的空间。

在桁架中，根据各杆所处的部位不同可有不同的称谓。以图 3.11 为例，说明各个部分的杆件名称：上弦内的各杆称为上弦杆，下弦内的各杆称为下弦杆；上下弦之间的各杆通称为腹杆，其中又分为竖杆和斜杆；上或下弦内任意相邻两个节点之间的部分，称为节间；最高点到两支座连线的距离称为桁高；两支座之间的距离称为跨度。

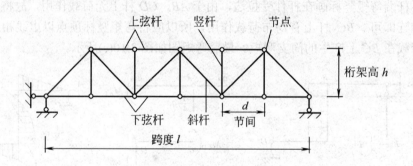

图 3.11 桁架的名称

桁架的内力计算与其几何组成有密切联系。根据其几何组成的特点，平面桁架可分为以下 3 类。

(1) 简单桁架。它是由一个基本铰接三角形开始，逐次增加二元体所组成的几何不变且无多余联系的静定结构，如图 3.12(a)、(b)、(c)所示。

(2) 联合桁架。它是由几个简单桁架按两刚片或三刚片规则所组成的几何不变且无多余联系的静定结构，如图 3.12(d)所示。

(3) 复杂桁架。它是指凡不按上述两种方式组成的几何不变且无多余联系的静定结构，如图 3.12(e)所示。

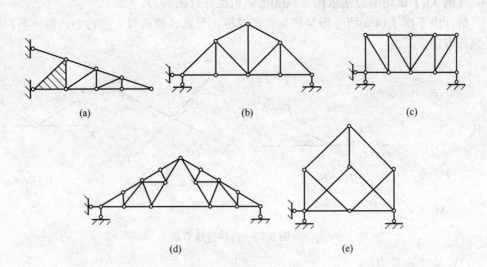

图 3.12　桁架分类

3.3.2　静定平面桁架的内力计算

静定平面桁架内力的计算方法主要有节点法和截面法。另外,根据桁架各种的不同组成特点,灵活运用这两种基本方法还可派生出其他一些方法。这里,主要介绍节点法和截面法。

1. 节点法

截取桁架的一个节点为脱离体计算杆件内力的方法称为节点法。由于节点上荷载、反力和杆件内力作用线都汇交于一点,组成了一个平面汇交力系,根据其平衡条件可以计算未知力,但注意所取节点的未知力个数不能超过两个。

用节点法计算桁架内力时,利用某些节点平衡的特殊情况可以使计算简化。常见的特殊情况有如下几种。

(1) 不共线的两杆节点。当无荷载作用时,这两杆内力均为零,如图 3.13(a)所示。

(2) 由三杆构成的节点,有两杆共线。当无荷载作用时,不共线的第三杆的内力必为零,共线的两杆内力相等,符号相同,如图 3.13(b)所示。

(3) 由 4 根杆构成的 K 形节点,其中两杆共线,另两杆在同一侧边且夹角相等。当无荷载作用时,非共线的两杆内力相等,符号相反,如图 3.13(c)所示。

(4) 由 4 根杆构成的 X 形节点,各杆两两共线。如无荷载作用时,共线的两杆内力相等,符号相同,如图 3.13(d)所示。

以上各结论均可由节点的平衡条件来证明。

桁架中内力为零的杆件称为零杆。在计算中,首先应用节点平衡的特殊情况判断出零杆,可以简化计算。但是,桁架中的零杆是不能随意拆除的。

【例 3.6】 试用节点法求图 3.14(a)所示桁架各杆的内力。

解：由于图 3.14(a)所示桁架和荷载都对称，只需计算桁架一半内力，另一半利用对称关系即可确定。

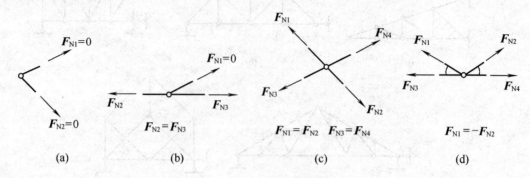

(a)　　　　　　(b)　　　　　　(c)　　　　　　(d)

图 3.13　几种特殊节点

(1) 求支座反力。

由于结构和荷载都对称，故 $Y_A = Y_B = 25 \text{ kN}(\uparrow)$　　$X_A = 0$

(2) 求内力。

首先判别零杆和其他特殊杆的内力。由节点 F、节点 H 和节点 D 可知，杆 CF、EH 和 DG 均为零杆，且 $F_{NAF} = F_{NFG}$，$F_{NHG} = F_{NHB}$。因此，只需计算节点 A 和节点 C，便可求得各杆内力。

节点 A：其受力情况如图 3.14(b)所示，由 $\sum Y = 0$ 得

$$-F_{NAC} \times \frac{3}{5} + 25 = 0 \qquad F_{NAC} = 41.7 \text{ kN}(拉)$$

由 $\sum X = 0$ 得　　$F_{NAF} + 41.7 \times \frac{4}{5} = 0 \qquad F_{NAF} = -33.3 \text{ kN}(压)$

节点 C：其受力情况如图 3.14(c)所示，由 $\sum X = 0$ 得

$$F_{NCG} \times \frac{3}{5} - 20 + 41.7 \times \frac{3}{5} = 0$$

$$F_{NCG} = -8.34 \text{ kN}(压)$$

由 $\sum X = 0$ 得　$F_{NCD} - 41.7 \times \frac{4}{5} - 8.34 = 0 \qquad F_{NCD} = 41.7 \text{ kN}(拉)$

右半结构的内力可以对称得到，如图 3.14(d)所示。

(3) 校核。

取节点 G，其受力情况如图 3.14(e)所示。

$$\sum X = 8.34 \times \frac{4}{5} + 33.3 - 8.34 \times \frac{4}{5} - 33.3 = 0$$

$$\sum X = 8.34 \times \frac{3}{5} + 8.34 \times \frac{3}{5} - 10 = 0$$

说明计算无误。

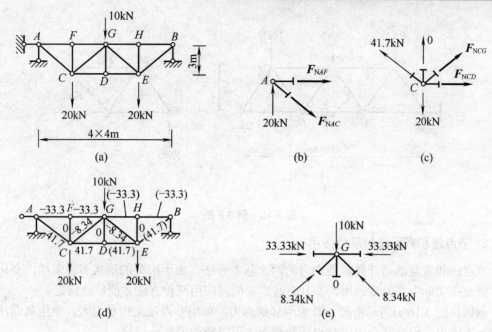

图 3.14 例 3.6 图

2. 截面法

截取两个节点以上部分作为脱离体计算杆件内力的方法称为截面法。此时，脱离体上的荷载、反力及杆件内力组成一个平面一般力系，可以建立三个平衡方程，解算三个未知力。所以，使用截面法时，脱离体上的未知力个数最好不多于三个。

现举例说明截面法的应用。

【**例 3.7**】试求图 3.15(a)所示桁架中 a、b、c 各杆的内力。

解：(1) 求支座反力。

由于对称，故 $\qquad Y_A = Y_B = 20\text{kN}(\uparrow)$，$X_A = 0$

(2) 求内力。

求指定三杆的内力，若用节点逐次求得，步骤较为烦琐；如果用截面法，可直接从欲求内力的杆处将杆切开，取脱离体便可求出杆的内力。可见，节点法适宜计算桁架全部杆件的内力，截面法在求指定杆件的内力时比较方便。

作截面Ⅰ—Ⅰ切断三杆，取截面以左部分为脱离体，画受力图如图 3.15(b)所示。

由 $\sum M_C = 0$ 得 $\qquad F_{Na} \times 4 + 20 \times 6 - 10 \times 3 = 0$，$F_{Na} = -22.5\text{kN}$（压）

由 $\sum M_F = 0$ 得 $\qquad F_{Nc} \times 4 + 10 \times 6 - 20 \times 9 = 0$，$F_{Nc} = 30\text{kN}$（拉）

由 $\sum X = 0$ 得 $\qquad F_{Nb} \times \dfrac{3}{5} + 30 - 22.5 = 0$，$F_{Nb} = -12.5\text{kN}$（压）

(3) 校核。

利用 $\sum M_E = 0$ 进行校核：

$$\sum M_E = 20 \times 3 + 12.5 \times \frac{3}{5} \times 4 + 12.5 \times \frac{4}{5} \times 3 - 30 \times 4 = 0$$

计算无误。

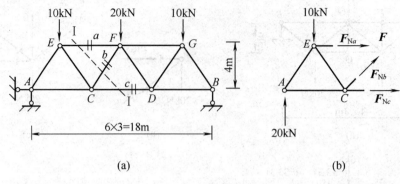

图 3.15 例 3.7 图

3. 节点法和截面法的联合应用

节点法和截面法是计算桁架内力的两个基本方法。由于桁架的形式多种多样，变化无穷，因此在实际中需灵活运用，并且有时需要同时应用两种方法才能解决问题。

例如，图 3.16(a)所示桁架，若求两杆的内力，单用节点法工作量太大，单用截面法又不能一次解出，因此联合应用节点法和截面法可以较为简便地解决。

取Ⅰ—Ⅰ截面将桁架切开，取左半部为脱离体，如图 3.16(b)所示，可以看到共有 4 个未知力，而平衡方程只有 3 个，不能解算。再观察节点 E，E 属于特殊节点中的 K 形节点，可知 $F_{Na}=-F_{Nc}$ 这样的话，未知力就变成了 3 个，完全可以根据一般力系的静力平衡方程求解。

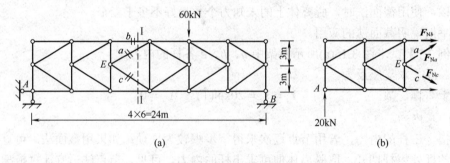

图 3.16 联合法求解

对于具体问题，巧妙选择合适的截面可以简捷地求得欲求杆件的内力。例如欲求图 3.17 桁架指定杆的内力 S_1、S_2。可在求得支座反力后，先用 1—1 截面截取结构上部为脱离体，这时虽然截断了 4 根杆，但其中三根为彼此平行的竖杆，其内力在 x 轴的投影均为 0，因此可利用 $\sum X=0$ 求得 $S_1=0$；然后再利用 2—2 截面取结构右半部为脱离体，用 $\sum Y=0$ 便可求得 S_2。

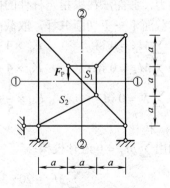

图 3.17 选取合适截面

3.3.3 几种主要桁架受力性能的比较

下面就工业和民用建筑中常用的几种桁架的受力情况作简单的比较，从而了解桁架的形式对内力分布和构造的影响，以及它们的应用范围，以便在结构设计或对桁架作定性分析时，可根据不同的情况要求选用适当的桁架形式。

图 3.18(a)、(b)、(c)所示分别为三角形桁架、抛物线形桁架和折线形桁架，在它们的桁高、跨度和荷载都相同的情况下，其内力值分别标在杆件上(由于结构和荷载均对称，其内力也对称，故只注明一半)。从各图中可知，桁架弦杆的外形对桁架内力的分布有很大影响。各桁架的内力分布和应用范围归纳如下。

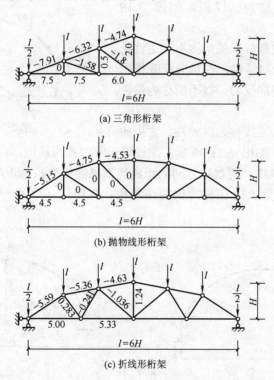

图 3.18 桁架性能比较

(1) 三角形桁架的内力分布是不均匀的，其端弦杆内力很大，向跨中减小较快。且端节点处上下弦杆的夹角小，构造较复杂。但由于其两面斜坡的外形符合屋顶构造的要求，所以，在跨度较小、坡度较大的屋盖结构中较多采用三角形桁架。

(2) 抛物线形桁架的内力分布均匀，从其受力角度来看是比较好的桁架形式，但构造和施工复杂。为了节约材料，在跨度 18～30m 的屋架中常采用抛物线形桁架。

(3) 折线形桁架是三角形桁架和抛物线形桁架的一种中间形式。它的弦杆内力比三角形桁架要小，内力分布比三角形桁架均匀，又克服了抛物线形桁架上弦杆转折太多而形成的缺点，施工制造方便。它是目前钢筋混凝土屋架中经常采用的一种形式，在中等跨度 18～24m 的工业厂房中采用得较多。

3.4 三铰拱

3.4.1 三铰拱的组成

轴线为曲线，在竖向荷载作用下除了产生竖向反力外，支座处还将有水平支反力的结构称为拱。拱在我国建筑结构上的应用有悠久的历史，例如，河北赵县的石拱桥。拱式结构的应用也较广泛，它适用于宽敞的大厅，如礼堂、体育馆、展览馆等。

拱的形式有三铰拱、两铰拱和无铰拱。两个曲杆刚片与基础由三个不共线的铰两两相联组成的静定结构称为三铰拱，如图 3.19 所示。

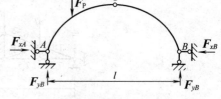

图 3.19 三铰拱

应该注意，具有曲线外形的结构不一定就是拱，例如图 3.20 所示的结构，在竖向荷载作用下，该结构只能产生竖向反力，故不能称为拱，而称为曲梁。

三铰拱各截面形心连线称为拱轴线，常用的三铰拱多是对称形式，如图 3.21 所示，顶铰设于跨中称为拱顶；两端支座处称为拱趾；两拱趾的连线称为起拱线；两拱趾之间的距离称为拱的跨度 l；起拱线至拱顶的距离称为拱高 f；拱高 f 与跨度 l 之比称为拱的高跨比。高跨比是拱的一个重要参数，一般为 $1/2 \sim 1/8$。

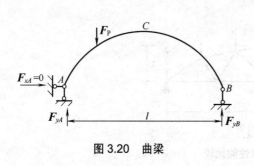

图 3.20 曲梁

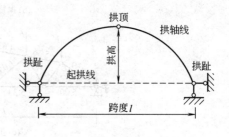

图 3.21 三铰拱的组成

3.4.2 三铰拱的反力和内力

1. 反力的计算

三铰拱共有 4 个支座反力，如图 3.22(a)所示，针对拱的整体仅有三个平衡方程，还须取左(或右)半拱为脱离体，利用中间铰不能抵抗弯矩来建立一个方程，从而求出所有的支座反力。

由整体平衡，$\sum M_B = 0$ 得 $\qquad F_{RA} = \dfrac{1}{l}[F_{P1}(l-a_1) + F_{P2}(l-a_2)]$ \hfill (3.1)

$\sum M_A = 0$ 得 $\qquad F_{RB} = \dfrac{1}{l}[F_{P1}a_1 + F_{P2}a_2]$ \hfill (3.2)

由 $\sum X = 0$ 得
$$F_{xA} = F_{xB} = F_x$$
再考虑左半拱平衡(见图 3.22(c))，由
$$\sum M_C = 0 \text{ 得 } F_{xA} = F_{xB} = F_x = [F_{yA}l_1 - F_{P1}(l_1 - a_1)]/f \quad (3.3)$$

考查式(3.1)、式(3.2)的右边项，可知分别与图 3.22(b)所示的相应简支梁的支座反力 F_{RA}^0、F_{RB}^0 相等；再考查式(3.3)，其右边项的分子部分与相应简支梁的跨中弯矩 M_C^0 相等。因此可得
$$F_{RA} = F_{RA}^0 \qquad F_{RB} = F_{RB}^0 \qquad F_x = \frac{M_C^0}{f}$$

可以看出，拱的竖向支座反力和相应的简支梁的支座反力相等。水平推力 F_x 等于相应的简支梁跨中弯矩除以拱高 f，其大小只与荷载以及三个铰的位置有关，而与拱轴线的形状无关。当荷载与拱跨度不变时，水平推力 F_x 与拱高 f 成反比，f 越大(拱越高)，则 F_x 越小；f 越小(拱越平坦)，则 F_x 越大。若 $f=0$，$F_x=\infty$，即三铰共线，结构为瞬变体系。

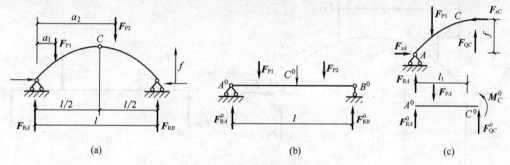

图 3.22 三铰拱的反力

2. 内力的计算

现欲求图 3.23(a)所示拱上任意截面 K 的内力，首先应根据 K 截面形心的坐标 x_K、y_K 来确定截面的位置，截面上的三个分力分别用 M_K、F_{QK} 和 F_{NK} 表示。

(1) 弯矩的计算。

弯矩的符号规定使拱内侧受拉为正，反之为负。取左部分为隔离体(见图 3.2(c))求得
$$M_K = [F_{RA}x_K - F_{R1}(x_K - a_1)] - F_x y_K \quad (3.4)$$

由于 $F_{RA} = F_{RA}^0$，可见式(3.4)中方括号内的值与相应的简支梁的截面弯矩完全相等(见图 3.23(b))，故式(3.4)可写为
$$M_K = M_K^0 - F_x y_K$$

即三个铰内任一截面的弯矩等于其相应的简支梁的弯矩减去由于拱的推力所引起的弯矩。可见，由于推力的存在，三个铰各截面的弯矩比相应的简支梁的弯矩小。这也是实际工程中常常用拱式结构代替梁的主要原因。

(2) 剪力的计算。

剪力的符号规定使所取脱离体顺时针转动为正，反之为负。如图 3.23(c)所示，得剪力 F_{QK} 的值为
$$F_{QK} = F_{RA}\cos\varphi_K - F_{P1}\cos\varphi_K - F_x\sin\varphi_K = (F_{RA}^0 - F_{P1})\cos\varphi_K - F_x\sin\varphi_K$$
$$= F_{QK}^0 \cos\varphi_K - F_x\sin\varphi_K$$

式中，$F_{QK}^0 = F_{RA}^0 - F_{P1}$ 为相应简支梁截面处的剪力(见图 3.23(d))。φ_K 为截面处拱轴切线的倾角，它的值可由拱轴方程 y 来确定，取左半拱为隔离体时，φ_K 为正角，而取右半拱为隔离体时，φ_K 为负角。由此可见，拱上任意截面的剪力小于其相应简支梁的剪力。

(3) 轴力的计算。

轴力的符号规定以受压为正，受拉为负，如图 3.23(c)所示。

$$F_{NK} = F_{RA}\sin\varphi_K - F_{P1}\sin\varphi_K + F_x\cos\varphi_K = (F_{RA}^0 - F_{P1})\sin\varphi_K + F_x\cos\varphi_K$$
$$= F_{QK}^0 \sin\varphi_K + F_x \cos\varphi_K$$

可见，拱内产生了简支梁内所没有的轴力。在竖向荷载作用下拱内轴力是压力，数值较大，所以是主要内力。正因为拱主要承受轴力，且产生的应力是均匀分布的，说明拱的受力状态比梁的要好一些。同时也说明拱特别适用砖石、混凝土等耐压性能较好的脆性材料，并能充分发挥这些材料的作用。

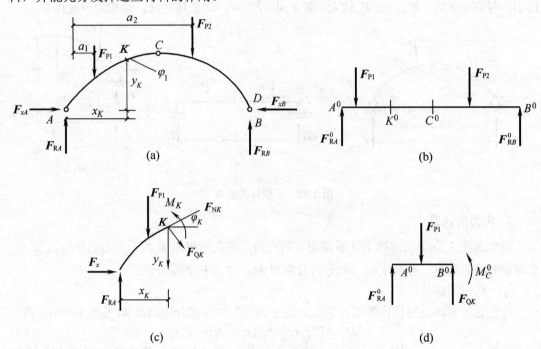

图 3.23 三铰拱的内力

【**例 3.8**】三铰拱所受荷载如图 3.24(a)所示，拱轴方程为 $y = \dfrac{4f}{l^2}x(l-x)$，绘内力图。

解：(1) 计算支反力。

$$F_{RA} = F_{RA}^0 = \frac{40 \times 4 + 10 \times 8 \times 12}{16} \text{kN} = 70 \text{kN}(\uparrow)$$

$$F_{RB} = F_{RB}^0 = \frac{8 \times 10 \times 4 + 40 \times 12}{16} \text{kN} = 50 \text{kN}(\uparrow)$$

$$F_x = \frac{M_C^0}{f} = \frac{50 \times 8 - 40 \times 4}{4} \text{kN} = 60 \text{kN}(向内)$$

(2) 内力计算。

将拱沿跨长方向分成 8 等份，以各分点为控制截面分别计算出每个截面的内力值。现以 $x=12\text{m}$ 的 E 截面为例，说明内力的计算方法。

① 计算几何参数。

截面的水平坐标 $x=12\text{m}$，代入拱轴方程，得

$$y_E = \frac{4\times 4}{16^2}\times 12(16-12)\text{m} = 3\text{m}$$

$$\tan\varphi_E = y'_E = \frac{4\times 4}{16^2}(16-2\times 12) = -0.5$$

查得 $\sin\varphi_E = -0.447$，$\cos\varphi_E = 0.894$

② 计算内力。

$$M_E = M_E^0 - F_x y_E = (50\times 4 - 60\times 3)\text{kN}\cdot\text{m} = 20\text{kN}\cdot\text{m}$$

$$\begin{aligned}F_{QE左} &= F_{QE左}^0 \cos\varphi_E - F_x \sin\varphi_E \\ &= [(70-10\times 8)\times 0.894 - 60\times(-0.447)]\text{kN} = 17.88\text{kN}\end{aligned}$$

$$\begin{aligned}F_{QE右} &= F_{QE右}^0 \cos\varphi_E - F_x \sin\varphi_E \\ &= [(70-10\times 8-40)\times 0.894 - 60\times(-0.447)]\text{kN} = -17.88\text{kN}\end{aligned}$$

$$\begin{aligned}F_{NE左} &= -F_{QE左}^0 \sin\varphi_E - F_x \cos\varphi_E \\ &= [-(-70-10\times 8)(-0.447) - 60\times 0.894]\text{kN} = -58.11\text{kN}\end{aligned}$$

$$\begin{aligned}F_{NE右} &= F_{QE右}^0 \sin\varphi_E - F_x \cos\varphi_E \\ &= [-(-70-10\times 8-40)(-0.447) - 60\times 0.894]\text{kN} = -75.99\text{kN}\end{aligned}$$

用同样的方法和步骤可求得其他控制截面的内力，结果见表 3.1。

表 3.1 三铰拱内力计算

截面几何参数						F_Q^0	弯矩计算			剪力计算			轴力计算		
x	y	$\tan\varphi$	φ	$\sin\varphi$	$\cos\varphi$		M^0	$-F_x y$	M	$F_Q^0\cos\varphi$	$-H\sin\varphi$	F_Q	$-F_Q^0\sin\varphi$	$-H\cos\varphi$	F_N
0	0	1	45°	0.707	0.707	70	0	0	0	49.5	-42.4	7.1	-49.5	-42.4	-91.9
2	1.75	0.75	36°52′	0.600	0.800	50	120	-105	15	40.0	-36.0	4.0	-30.0	-48.0	-78.0
4	3.00	0.5	26°34′	0.447	0.894	30	200	-180	20	26.8	-26.8	0	-13.4	-53.6	-67.0
6	3.75	0.25	14°2′	0.243	0.970	10	240	-225	15	9.7	-14.6	-4.9	-2.4	-58.2	-60.6
8	4.00	0	0	0	1	-10	240	-240	0	-10.0	0	-10.0	0	-60.0	-60.0
10	3.75	-0.25	-14°2′	-0.243	0.970	-10	220	-225	-5	-9.7	14.6	4.9	-2.4	-58.2	-60.6
12	3.00	-0.50	-26°34′	-0.447	0.894	-10 / -10	200	-180	20	-8.9 / -44.7	26.8	17.9 / -17.9	-4.5 / -22.4	-53.6	-58.1 / -76.0
14	1.75	-0.75	-36°52′	-0.600	0.800	-50	100	-105	-5	-40.0	36.0	-4.0	-30.0	-48.0	-78.0
16	0	0	-45°	-0.707	0.707	-50	0	0	0	-35.4	42.4	7.0	-35.4	-42.4	-77.8

(3) 绘内力图。

求得各控制截面的内力值后，以拱轴为直线，绘得 M、F_Q、F_N 图如图 3.24(b)、(c)、

(d)所示。

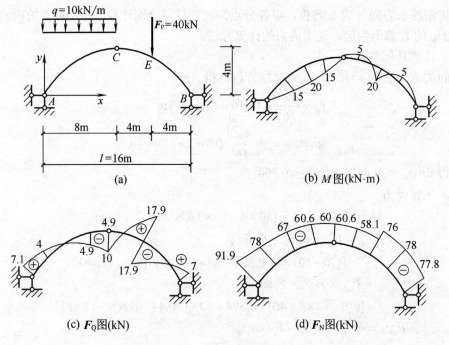

图 3.24 例 3.8 图

3.4.3 三铰拱的合理拱轴

由前面分析可知，拱截面上只有通过截面形心的压力作用时，即拱截面的弯矩值为零，应力沿截面均匀分布时，材料能够得到充分利用，相应的拱截面尺寸是最小的、最经济的。这种在某一固定荷载作用下，使拱各截面处于无弯矩状态的拱轴线称为该荷载下的合理拱轴。

按定义有
$$M = M^0 - F_x y$$

由此得
$$y = \frac{M^0}{F_x}$$

可见，合理拱轴的纵坐标与相应简支梁的弯矩图纵距成比例。当拱上作用的荷载已知时，只需求出相应简支梁的弯矩方程，然后除以水平推力，便可得到三铰拱的合理拱轴。

3.5 小　　结

(1) 静定平面结构可以分为静定梁、静定刚架、静定桁架和静定三铰拱等几种形式。

(2) 单跨静定梁是多跨静定梁、静定刚架和超静定结构等内力分析的基础。尤其是用区段叠加法以及内力与荷载之间的微分关系绘制内力图的方法，读者必须熟练掌握。多跨静定梁是主从结构，应分清主从关系，计算的顺序是先附属部分，后基本部分。

(3) 刚架的内力图包括弯矩图、剪力图和轴力图。所有的内力图应标注图名及控制截面的内力值和单位。计算刚架控制截面的内力是一个关键问题,其基本方法还是截面法,视荷载情况不同宜选取内力、外力较少的部分为脱离体,作出正确的受力图后,根据拟求内力选择合适的方程进行求解。杆端内力求出后,可把刚架看成相互分离的杆件(即简支梁),这时运用叠加法、荷载与内力的微分关系和单跨静定梁在单一荷载作用下的内力图,就能准确、迅速地绘出内力图。

(4) 桁架属于二力杆体系,内力只有轴力,各杆截面上应力分布均匀,受力状态比较合理。节点法适用于求简单桁架中各杆的内力,在分析前应先判断零杆以简化计算,选取节点应从不多于两个未知力的节点开始;截面法适用于求桁架中指定杆的内力,除特殊情况外,截断的杆件未知力的数目一般不应多于 3 个。遇到对称桁架时,应充分利用对称性。

(5) 三铰拱与梁相比,区别在于存在水平推力,它对拱产生负弯矩,使拱中弯矩大为减小。所以,三铰拱的内力以轴力为主,且为压力。

3.6 思 考 题

1. 为什么静定多跨梁基本部分承受荷载时,附属部分不产生内力?
2. 刚架的刚节点处内力图有什么特点?
3. 试说明绘制刚架内力的步骤。
4. 桁架计算过程中采取了哪些假定?实际桁架与理想桁架之间有什么区别?
5. 为什么计算桁架前要判断零杆?
6. 为什么说拱式结构主要承受轴力?在什么样的情况下采用拱式结构?
7. 比较拱与梁的受力特点。

3.7 习 题

1. 作图 3.25 所示的多跨静定梁的内力图。

答案:(a) $M_{CB} = \dfrac{1}{2}F_P a$(上部受拉), $F_{QED} = \dfrac{1}{2}F_P$;

(b) $M_{BC} = 0.06 \text{kN} \cdot \text{m}$(上部受拉), $F_{QDE} = 4.5 \text{kN}$

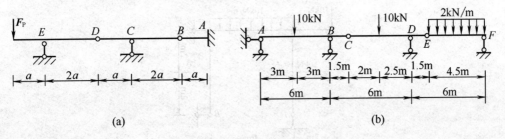

图 3.25 习题 1 图

2. 作图 3.26 所示刚架的内力图。

答案：$M_{CD} = 80\text{kN} \cdot \text{m}$(上部受拉)
3. 作图3.27所示刚架的内力图。
答案：$M_{BC} = 20\text{kN} \cdot \text{m}$(上部受拉)

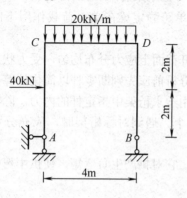

图 3.26 习题 2 图

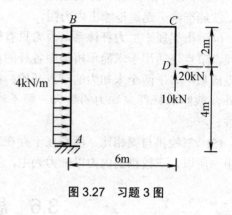

图 3.27 习题 3 图

4. 作图3.28所示刚架的内力图。
答案：$M_{DC} = 125\text{kN} \cdot \text{m}$(上部受拉)
5. 作图3.29所示刚架的内力图。
答案：$M_{EA} = 40\text{kN} \cdot \text{m}$(上部受拉)

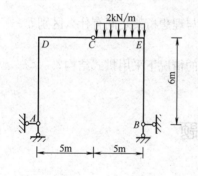

图 3.28 习题 4 图

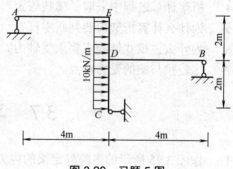

图 3.29 习题 5 图

6. 作图3.30所示刚架的内力图。
答案：$M_{DC} = 40\text{kN} \cdot \text{m}$(上部受拉)，$M_{DC} = 20\text{kN} \cdot \text{m}$(右边受拉)

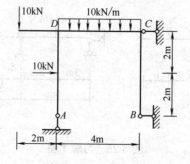

图 3.30 习题 6 图

7. 检查图 3.31 所示刚架 M 图的正误,并改之。

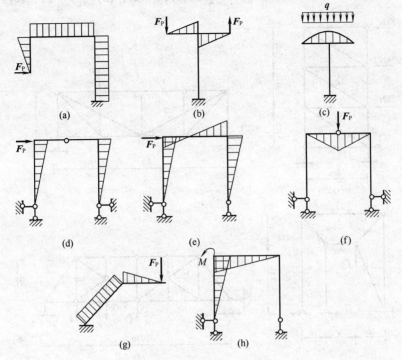

图 3.31 习题 7 图

8. 指出图 3.32 所示桁架中的零杆。

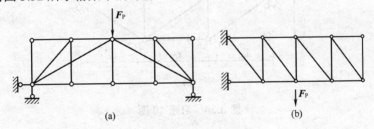

图 3.32 习题 8 图

9. 求图 3.33 所示桁架各杆的轴力。

答案:(a) $F_{NBF} = 10\sqrt{3}\,\text{kN}$;(b) $F_{NFH} = 60\sqrt{2}\,\text{kN}$,$F_{NFG} = 20\,\text{kN}$

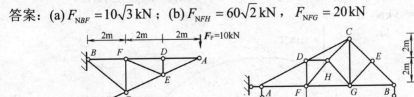

图 3.33 习题 9 图

10. 求图 3.34 所示的桁架各指定杆的内力。

答案：(a) $F_{N3} = -11.25\text{kN}$；(b) $F_{N1} = -\dfrac{F_P}{2}$；(c) $F_{N1} = 0$；(d) $F_{N1} = \dfrac{5}{4}F_P$；(e) $F_{NA} = 1200\text{kN}$

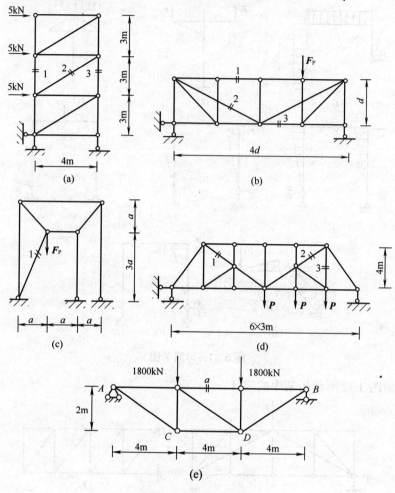

图 3.34 习题 10 图

11. 求图 3.35 所示三铰拱的支反力及 E 截面的内力。已知拱轴方程 $y = \dfrac{4f}{l^2}x(l-x)$。

答案：$F_{AY} = 7.5\text{kN}(\uparrow)$ $F_{BY} = 2.5\text{kN}(\uparrow)$ $F_{AX} = F_{BX} = 5\text{kN}$ $F_{NE} = 5.59\text{kN}$
$F_{QE} = 0$ $M_E = -5\text{kN} \cdot \text{m}$

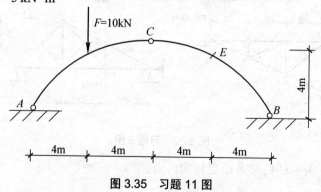

图 3.35 习题 11 图

第 4 章　静定结构的位移计算

本章的学习要求：

- 理解静定结构位移计算的重要性。
- 了解实功、虚功、广义力、广义位移、虚功原理等概念和公式推导过程。
- 熟练掌握荷载作用下用单位荷载法，并采用图乘法计算结构位移；了解支座移动时结构位移的计算方法。
- 理解弹性体系的几个互等定理及其应用。

4.1　结构位移计算的目的

本章讨论两个主要内容：①虚功原理，本章只涉及变形体虚功原理；②研究在各种外因影响下结构位移的计算问题。这二者也是密切联系的，结构位移的计算以虚功原理作为理论依据。材料力学中有关梁的位移计算方法(如直接积分法)对于结构力学中的刚架、桁架、多跨静定梁等是不适合的，结构力学中通常采用虚功原理来计算上述结构的位移，同时结构力学中的许多原理也能直接由虚功原理导出。所以，虚功原理在力学分析中具有广泛应用。

结构在外界因素作用下产生应力和应变，从而导致杆件尺寸和形状发生改变，称之为变形。变形使结构各点的位置发生相应的变化，称为结构的位移。结构位移一般分为线位移和角位移，线位移是指结构上某点沿直线方向移动的距离，在计算中用截面形心移动的距离表示；角位移是指结构上某截面旋转的角度，在计算中用杆轴上一点的切线方向的变化来表示。图 4.1 所示悬臂梁在荷载作用下产生的变形如虚线所示。截面 B 的形心由 B 移至 B'，即为 B 点的线位移；同时 AB 杆轴上 B 点的切线产生转角 θ_B，即为 B 截面的角位移。

除了荷载会引起结构产生位移外，还有其他因素如支座移动、温度变化、材料收缩和制造误差等因素也能使结构产生位移。

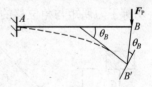

图 4.1　悬臂梁的变形

计算结构位移的目的主要有如下几个方面。

1. 验算结构的刚度

在进行结构设计时，不仅要保证结构具有足够的强度，而且还要满足刚度的要求。结构在荷载作用下如果变形太大，表明结构的刚度不够，会影响结构的正常使用。因此，设计时必须要验算结构的刚度。

2. 结构在制作和施工架设中的位移计算

结构在制作、施工架设过程中常常需要预先知道结构变形后的位置，以便采取必要的防范和加固措施。如屋架下弦杆的"建筑起拱下料"做法等。

3. 为分析超静定结构创造条件

超静定结构的支座反力和内力仅用静力平衡条件不可能全部求出，还必须利用结构的位移条件建立补充方程，以求得全部未知力。

应该指出的是，本章研究的结构仅限于线弹性变形体结构，即结构必须具备如下条件。
(1) 材料的受力在弹性范围内，应力与应变的关系符合胡克定律；
(2) 结构的位移(或变形)是微小的。

4.2 变形体的虚功原理

4.2.1 功、广义力及广义位移

在力学中，功的定义是：一个不变的集中力所做的功等于该力的大小与其作用点沿力作用线方向相应位移的乘积，表达式为

$$W = F_P \Delta$$

式中，W 为功；F_P 为做功的力；Δ 为沿力作用线方向的位移。

例如，图 4.2(a)所示一重物下降了一段距离后，则在此过程中重力所做的功等于重力乘下降的高度，即 $W = G\Delta$；图 4.2(b)表示力与位移的方向不一致，两者的夹角为 α，则力所做的功等于 $W = F_P \Delta = F_P \cdot S\cos\alpha$，其中 $S\cos\alpha$ 是物体的水平位移在力方向的投影。

对于其他形式的力或力系所做的功，可用两个因子的乘积来表示，其中与力相应的因子称为广义力，而另一个与位移相应的因子称为广义位移。这样，功可以表示为广义力与广义位移的乘积。

例如，图 4.3 所示为圆盘受一常力偶 $M = F_P \cdot d$ 作用转动一角度，则力偶所做的功可由构成力偶的两力所做的功之和来表示：$W = 2F_P \cdot \dfrac{d}{2} \cdot \varphi = F_P \cdot d \cdot \varphi = M \cdot \varphi$。即力偶所做的功等于力偶矩与角位移的乘积。其中，广义力为力偶矩，广义位移为转角。

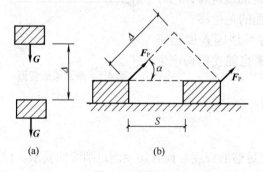
图 4.2 力做功

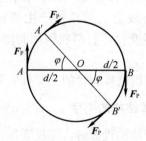
图 4.3 力偶做功

从上面示例看出，一个广义力可以是一个力或一个力偶，其对应的广义位移是一个线位移或一个角位移。故广义力可有不同的量纲，相应的广义位移也可有不同的量纲。但在做功时广义力与广义位移的乘积却恒有相同的量纲，即功的量纲，常用的是牛顿米(N·m)或千牛顿米(kN·m)。当力与位移方向一致时，功为正值，相反时为负值。

4.2.2 外力实功

当将结构视为弹性体时,作用在弹性体上的外力在由它引起的力方向的位移上所做的功,称为外力实功。与功的概念密切关联的另一个物理量是"能",它表示物体做功的能力大小。由物理学知道,能量既不能创造,也不能消失,只能从一种形式转化为另一种形式,而能的总量保持不变,这就是能量守恒定律。功则是能量变化的量度。

弹性结构受到外力作用而发生变形,弹性体上外力作用点将发生位移,则外力将在相应的位移上做了功。如果结构变形处于弹性阶段,当撤去外力后,结构将恢复到变形前位置。这种由于弹性变形使结构积蓄具有做功的能量,称为弹性体的变形能。由此可见,结构之所以有这种变形,实际上是结构受到外力做功的结果,也就是功与能的转化。

图 4.4(a)所示简支梁在静力荷载作用下发生了虚线所示的变形。所谓"静力荷载"是指荷载是从零缓慢地加到最终值。也就是说,施力过程是平稳地进行,并不能使结构产生加速度,也就不产生惯性力,该过程称为静力过程。对于线性变形结构,荷载由零逐渐加到最终值时,其作用点沿力 F_P 方向上的位移 Δ 也相应地从零逐渐增加到最终的位移值。在任一位置上的 Δ_x 和作用力 F_{Px} 之间均保持线性关系,即有 $\Delta_x = fF_{Px}$。式中 f 为比例常数。如图 4.4(b)所示,当荷载由 F_{Px} 增加 dF_{Px} 时,相应地,位移也增加 $d\Delta_x$。由于 $d\Delta_x$ 是一个很小微量,如略去外力增量 dF_{Px} 在产生位移增量 $d\Delta_x$ 的过程中所做的功(二阶微量),则 F_{Px} 可近似看作常数,因此 F_{Px} 在产生位移的过程中所做的微功为 $dW = F_{Px} \cdot d\Delta_x$,它等于图 4.4(b)中阴影部分的面积。所以,荷载在由零增加到 F_P 的过程中,所做的总功为

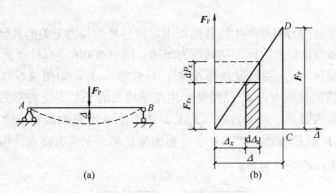

图 4.4 静力做功

$$W = \int_0^\Delta dW = \int_0^\Delta F_{Px} d\Delta_x = \int_0^\Delta \frac{F_{Px}}{\Delta_x} \Delta_x d\Delta_x = \frac{1}{2} F_P \cdot \Delta \tag{4.1}$$

即等于三角形的面积。

此外,位移 Δ 是在荷载 F_P 的作用下所引起的,因而功 W 是荷载 F_P 在自身所引起的位移上所做的功,就称为外力实功。且两者方向永远一致,故外力实功恒为正值。

类似上述推导,可得图 4.5 所示简支梁在端力矩作用下发生图中虚线所示的变形时所做的功应等于

$$W = \frac{1}{2} M \varphi_A \tag{4.2}$$

式(4.2)在形式上和式(4.1)是一样的。因此，可以概括说，静力荷载作用在弹性结构上，且截面应力不超过材料的弹性极限时，荷载在其作用点沿自身方向的位移上所做外力实功，等于外力与其相应的位移乘积之半。

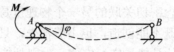

图 4.5 端力矩做功

4.2.3 内力实功(应变能)

弹性结构在荷载作用下产生变形，其结构内部将积蓄应变能。在静力平衡过程中，略去其他微小能量的损耗，根据能量守恒定律，加载过程中外力所做的实功 W 将全部转化为结构的弹性应变能，用 U 表示，即 $W=U$。

从另一个角度来讲，结构在荷载作用下产生内力和变形，那么内力也将在其相应的变形上做功，而结构的应变能又可用内力所做的功来度量，所以，外力实功应等于内力实功又等于应变能。这个功能原理通常称为弹性结构的实功原理，利用该原理只能求解荷载本身作用点沿其作用线方向所产生的位移，不能求出其他任何点的位移，因而其应用范围是非常有限的。

4.2.4 虚功

工程中有时做功的力不是产生位移的原因，位移是由与力无关的其他因素引起的。凡力在其他因素引起的位移上所做的功就称为虚功。图 4.6(a)所示直杆在荷载 F_P 作用下保持不动，这时杆轴温度为 t。当温度升高 Δt 时，杆件伸长 Δ_1，如图 4.6(b)所示；在位移 Δ_1 由零增加至最终值的过程中，F_P 已经是作用在结构上的一个不变的常力，因此，荷载在其相应的位移上应当做功，大小为 $W_1 = F_P \Delta_1$。由于位移 Δ_1 是由温度变化引起的，与 F_P 无关，所以 W_1 是力 F_P 做的虚功。"虚"字是强调位移和力无关的特点。当位移与力的方向一致时，虚功为正；相反时为负。

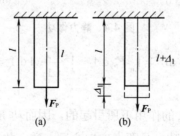

图 4.6 力做虚功

4.2.5 虚功原理

图 4.7 所示为简支梁,设该结构分别受两组荷载作用,先作用第一组荷载后再作用第二组荷载。当第一组荷载 F_{P1} 作用在梁上达到平衡状态时,F_{P1} 作用点沿 F_{P1} 方向上产生的位移为 Δ_{11}。此处用双脚标来表示:第一个脚标表示位移所发生的地点和方向,即该位移是在 F_{P1} 作用点沿 F_{P1} 方向上的位移;第二个脚标表示引起位移的原因,即该位移是由 F_{P1} 作用引起的。则荷载 F_{P1} 在位移 Δ_{11} 上所做的外力实功用 W_{11} 来表示,其表达式为

$$W_{11} = \frac{1}{2} F_{P1} \Delta_{11}$$

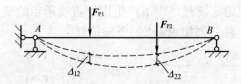

图 4.7 虚功原理

同时,因第一组荷载 F_{P1} 所引起的内力亦将在其相应的变形上做内力实功,即应变能为 U_{11}。根据实功原理,则有 $W_{11} = U_{11}$。

当结构在第一组外力 F_{P1} 作用下达到平衡状态后,则开始加上第二组外力 F_{P2},使结构又发生新的变形,当结构达到新的平衡状态时,F_{P2} 在位移 Δ_{22} 上所做的外力实功为

$$W_{22} = \frac{1}{2} F_{P2} \Delta_{22}$$

同时,F_{P2} 所引起的内力也将在它本身所引起的相应的变形上做内力实功,即应变能 U_{22},根据实功原理,则有 $W_{22} = U_{22}$。

从图 4.7 中可见,在 F_{P2} 的施力过程中,F_{P1} 仍作用在结构上而且数值不变,由于 F_{P2} 的作用,F_{P1} 的作用点也将沿力方向下移,这个新的位移可以写成 Δ_{12},那么其所做的功为

$$W_{12} = F_{P1} \Delta_{12}$$

显然,F_{P1} 和 Δ_{12} 没有因果关系,所以 W_{12} 正是前面所讲的虚功,这种由外力或其他因素所做的虚功称为外力虚功。

同样,在加载过程中,第一组荷载 F_{P1} 所引起的内力亦将在第二组荷载 F_{P2} 引起的变形上做功,称为内力虚功或虚应变能,用 U_{12} 表示。那么,图示结构在两组荷载先后分别作用下所做的总功如下。

外力总功为$\qquad W_{11} + W_{12} + W_{22}$

内力总功为$\qquad U_{11} + U_{12} + U_{22}$

根据能量守恒定律,则有

$$W_{11} + W_{12} + W_{22} = U_{11} + U_{12} + U_{22} \tag{4.3}$$

由于 $W_{11} = U_{11}$,$W_{22} = U_{22}$,因此式(4.3)可写成

$$W_{12} = U_{12} \tag{4.4}$$

式(4.4)称为虚功原理或虚功方程。

它表明：第一组外力在第二组外力所引起的位移上所做的外力虚功，等于第一组内力在第二组内力所引起的变形上所做的内力虚功。

两组外力 F_{P1} 和 F_{P2} 是彼此独立无关的，把 F_{P1} 独立作用下的平衡状态叫作第一状态(或叫力状态)；把 F_{P2} 独立作用下的平衡状态叫作第二状态(或叫位移状态)，这样，虚功原理可表述为：第一状态的外力和内力在第二状态的相应位移和变形上所做的虚功相等。

4.3 荷载作用下位移计算的一般公式

现在讨论如何利用虚功原理求结构在荷载作用下的位移计算问题。

图 4.8(a)所示结构在给定荷载作用下产生图中虚线所示的变形，现在要求结构上某一点沿某一指定方向上的位移，例如求 i 点的竖向位移。

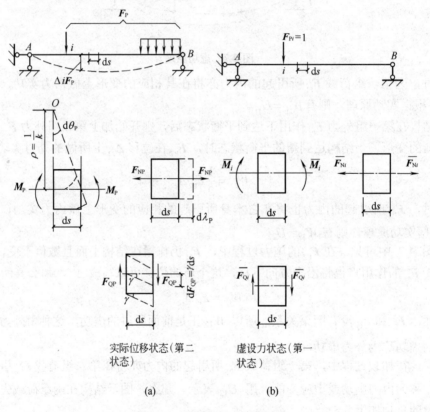

(a)　　　　　　　　　(b)

图 4.8　荷载作用下位移计算

利用虚功原理解决这个问题，就需要建立两个状态：即力状态(另一状态)和位移状态(第二状态)。已知引起结构位移的实际原因是给定的荷载，则将其作为结构的位移状态(即第二状态)，称之为实际状态。由于第一状态和第二状态无关，为使第一状态上的外力能够在第二状态上对应的位移上做虚功，在点 i 的位置上沿欲求位移方向上虚设一个无量纲的集中力 F_{Pi}。为了计算方便，一般令 $F_{Pi}=1$，通常把 F_{Pi} 称为虚设单位荷载，其对应的第一状态称为虚拟状态或虚设力状态。下面计算虚设力状态的外力和内力在实际状态相应的位移和变形上所做的虚功。

外力虚功
$$W_{12} = F_{Pi} \cdot \Delta_{iP} = 1 \cdot \Delta_{iP}$$

即外力虚功在数值上恰好等于所要求的位移 Δ_{iP}。

计算内力虚功时先从虚设力状态的结构上截取长度为 ds 的微段，它的两侧截面上由于单位力 $F_{Pi}=1$ 作用所引起的内力为 $\overline{M}_i$、$\overline{F}_{Qi}$、$\overline{F}_{Ni}$，则 $\overline{M}_i$、$\overline{F}_{Qi}$、$\overline{F}_{Ni}$ 在实际状态微段 ds(见图 4.8(b))中在实际荷载作用下所引起的相应的变形上(dθ_P、dη_P、dλ_P) 所做的内力虚功为

$$dU_{12} = \overline{M}_i d\theta_P + \overline{F}_{Qi} d\eta_P + \overline{F}_{Ni} d\lambda_P \tag{4.5}$$

将式(4.5)沿杆长进行积分，然后求和，便得到结构的内力虚功(即虚应变能)为

$$U_{12} = \sum\int \overline{M}_i d\theta_P + \sum\int \overline{F}_{Qi} d\eta_P + \sum\int \overline{F}_{Ni} d\lambda_P \tag{4.6}$$

对线性弹性范围内的变形，由材料力学可知上述变形分别按下面的公式计算：

$$d\theta_P = K_P ds, \quad d\eta_P = \gamma_P ds, \quad d\lambda_P = \varepsilon_P ds$$

$$K_P = \frac{M_P}{EI}, \quad \gamma_P = \mu \frac{F_{QP}}{GA}, \quad \varepsilon_P = \frac{F_{NP}}{EA}$$

$$d\theta_P = \frac{M_P}{EI} ds, \quad d\eta_P = \mu \frac{F_{QP}}{GA} ds, \quad d\lambda_P = \frac{F_{NP}}{EA} ds$$

式中，dθ_P、dη_P、dλ_P 分别为微段截面的弯曲、剪切、轴向变形；EI、GA、EA 分别为抗弯、抗剪、抗拉的刚度。则有

$$U_{12} = \sum\int \frac{\overline{M}_i M_P}{EI} ds + \sum\int \frac{\overline{F}_{Qi} F_{QP}}{GA} ds + \sum\int \frac{\overline{F}_{Ni} F_{NP}}{EA} ds \tag{4.7}$$

式中，$\overline{M}_i$、$\overline{F}_{Qi}$、$\overline{F}_{Ni}$ 为单位荷载 $F_{Pi}=1$ 所引起的内力；M_P、F_{QP}、F_{NP} 为实际荷载所引起的内力。

根据虚功原理，$W_{12}=U_{12}$ 可得

$$\Delta_{iP} = \sum\int \frac{\overline{M}_i M_P}{EI} ds + \sum\int \frac{\overline{F}_{Qi} F_{QP}}{GA} ds + \sum\int \frac{\overline{F}_{Ni} F_{NP}}{EA} ds \tag{4.8}$$

式中，第一项是弯矩所引起的位移；第二项是剪力所引起的位移；第三项是轴力所引起的位移。

这就是变形体在荷载作用下位移计算的一般公式，该方法称为单位荷载法。该法不仅适用于静定结构，而且也适用于超静定结构；适用于弹性材料和非弹性材料结构。

4.4 静定结构在荷载作用下的位移计算

用位移计算的一般公式(4.8)求静定结构在荷载作用下的结构位移时，应根据结构的具体情况，只考虑其中的一项或两项。对于梁和刚架等结构，位移主要是由弯矩引起的，轴力和剪力的影响很小，一般可以略去，因此，位移计算公式可简化为

$$\Delta_{iP} = \sum\int \frac{\overline{M}_i M_P}{EI} ds \tag{4.9}$$

桁架结构中，因只有轴力作用，而且同一杆件的轴力都沿杆长不变，因此，桁架的位

移计算公式可简化为

$$\Delta_{iP} = \sum \int \frac{F_{Ni}F_{NP}}{EA}ds = \sum \frac{F_{Ni}F_{NP}l}{EA} \tag{4.10}$$

应特别强调的是：单位荷载必须根据所求位移而假设。例如图 4.9(a)所示悬臂刚架，其横梁上作用有竖向荷载，求此荷载作用下不同方向的位移时，其虚设单位荷载有以下几种不同情况。

(1) 欲求 A 点沿水平方向的线位移，应在 A 点沿水平方向加一单位集中力，如图 4.9(b)所示。

(2) 欲求 A 点的角位移，应在 A 点加一单位力偶，如图 4.9(c)所示。

(3) 欲求 A、B 点的相对线位移(即 A、B 两点间相互靠拢或拉开的距离)，应在 A、B 两点沿 AB 连线方向加一对反向的单位集中力，如图 4.9(d)所示。

(4) 欲求 A、B 两截面的相对角位移，应在 A、B 两截面处加一对反向的单位力偶，如图 4.9(e)所示。

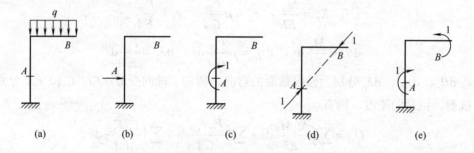

图 4.9 单位荷载的虚设

由此可见，不论属于哪种情况，虚设单位荷载必须是与所求广义位移相应的单位广义力。计算结构位移的基本步骤如下。

(1) 在欲求位移处沿所求位移方向虚设广义单位力，然后分别列出各杆段内力方程。

(2) 列实际荷载作用下各杆段内力方程。

(3) 将各内力方程分别代入式(4.9)或式(4.10)，分段积分后再求总和即可计算出所求位移。

【例 4.1】悬臂梁 AB 上作用有均布荷载 q，如图 4.10(a)所示，EI 为常数。求 B 端的竖向位移 Δ_{By}。

解：(1) 在 B 端加一竖向单位力如图 4.10(b)所示，设以 A 为原点，则弯矩方程为

$$\overline{M}_i = -x \ (0 \leqslant x \leqslant l)$$

(2) 列实际荷载作用下梁的弯矩方程为

$$M_P = -\frac{1}{2}qx^2 \ (0 \leqslant x \leqslant l)$$

(3) 将上述内力代入式(4.9)得所求位移

$$\Delta_{By} = \int_0^l \frac{M_P \overline{M}_i}{EI}ds = \frac{1}{EI}\int_0^l \left(-\frac{1}{2}qx^2\right)(-x)dx = \frac{1}{EI}\left[\frac{qx^4}{8}\right]_0^l = \frac{ql^4}{8EI}(\downarrow)$$

计算结果为正值，说明 Δ_{By} 的方向与虚设单位力方向一致。

【例 4.2】 悬臂刚架 ABC 的 C 端作用有集中荷载 F_P，如图 4.11(a)所示，刚架的 EI 为常数。求悬臂端 C 截面的角位移 φ_C。

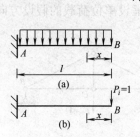

图 4.10 例 4.1 图　　　　　　　图 4.11 例 4.2 图

解：(1) 在截面 C 处加一单位力偶，如图 4.11(b)所示，列单位力弯矩方程(以使刚架内侧受拉为正，外侧受拉为负)：

BC 段：　　　　　　$\bar{M}_1 = -1\ (0 \leqslant x_1 \leqslant l)$

AB 段：　　　　　　$\bar{M}_2 = -1\ (0 \leqslant x_2 \leqslant l)$

(2) 实际荷载作用下刚架各杆的弯矩方程为

BC 段：　　　　　　$M_P = -F_P x_1\ (0 \leqslant x_1 \leqslant l)$

AB 段：　　　　　　$M_P = -F_P l\ (0 \leqslant x_2 \leqslant l)$

(3) 将 $\bar{M}_i$、M_P 代入式(4.9)得所求位移：

$$\varphi_C = \sum \int \frac{M_P \bar{M}_i}{EI} ds = \frac{1}{EI} \int_0^l (-F_P x_1) \times (-1) dx_1 + \frac{1}{EI} \int_0^l (-F_P l) \times (-1) dx_2$$

$$= \frac{F_P l^2}{2EI} + \frac{F_P l^2}{EI} = \frac{3F_P l^2}{2EI}$$

【例 4.3】 试求图 4.12(a)所示对称桁架 D 点的竖向位移 Δ_{Dy}。图 4.12(a)中括号内的数值为各杆件的截面面积 $A(\text{cm}^2)$，已知杆件的弹性模量 $E=2.1\times 10^8 \text{kN/m}^2$。

解：(1) 在拟求位移点的竖向加一单位荷载 $\bar{F}_{Pi} = 1$ 以构成虚设力状态，如图 4.12(b)所示。

(2) 用节点法分别计算桁架在实际荷载和单位荷载作用下的各杆轴力 F_{NP} 和 $\bar{F}_{Ni}$；通常将计算数据列于表中，详见表 4.1。

表 4.1 例 4.3 的计算数据

杆	件	长度 L/cm	面积 A/cm²	$\bar{F}_{Ni}$	F_{NP}/kN	$\bar{F}_{Ni} F_{NP} l / A$ /(kN/cm)
上弦	AC	283	20	−0.7071	−0.7071	7074.9
	BC	283	20	−0.7071	−0.7071	7074.9
竖杆	CD	200	10	1.0	0	0
下弦	AD	200	10	0.5	500	5000
	BD	200	10	0.5	500	5000
						∑ = 24149.8

(3) 由式(4.10)求得位移。

$$\Delta_{Dy} = \sum \frac{F_{Ni}}{EA} F_{NP} l = \frac{24149.8}{2.1 \times 10^4} = 1.15 \text{cm}(\downarrow)$$

计算结果为正值，表明点的竖向位移的实际方向与虚设单位荷载的假设方向一致。

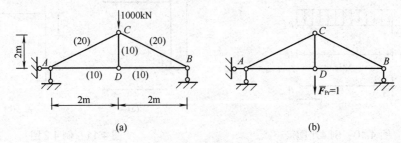

图 4.12 例 4.3 图

4.5 图 乘 法

计算梁和刚架等受弯结构的位移要经常应用式(4.9) $\Delta_{iP} = \sum \int \frac{\overline{M}_i M_P}{EI} ds$ 进行积分计算，计算过程比较麻烦。如果结构的各杆段符合下列条件：①杆段的弯曲刚度 EI 为常数；②杆段的轴线为直线；③ M_P 和 $\overline{M}_i$ 两个弯矩图中至少有一个为直线图形，则可用图乘法代替式(4.9)的积分计算，从而使计算简化。下面推导图乘法计算结构位移的基本公式。

图 4.13 所示为一等截面直杆段上的两个弯矩图，其中 $\overline{M}$ 图为直线图形，M_P 图为任意形状图形。选直线图 $\overline{M}$ 的基线为坐标 x 轴，以它与 $\overline{M}$ 图直线的延长线的交点 O 为原点，建立 Oxy 坐标系如图 4.13 所示。

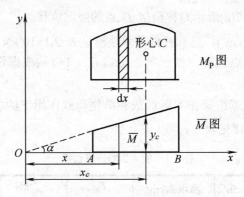

图 4.13 图乘公式

由于 AB 杆段为直杆，故 ds 可用 dx 代替，EI 为常数，则应用式(4.9)得

$$\int_A^B \frac{M_P \overline{M}}{EI} ds = \frac{1}{EI} \int_A^B \overline{M} M_P dx = \frac{\tan \alpha}{EI} \int_A^B x \cdot M_P dx = \frac{\tan \alpha}{EI} \int_A^B x \cdot d\omega \quad (4.11)$$

式中，$d\omega = M_P dx$ 是 M_P 图中阴影部分的微面积，$x \cdot d\omega$ 是该微面积对 y 轴的截面一次矩，$\int_A^B x \cdot d\omega$ 便是整个 M_P 图形的面积对 y 轴的截面一次矩。根据合力矩定理，它应等于：

$$\int x\mathrm{d}\omega = \omega \cdot x_c$$

代入式(4.11)则有

$$\int_A^B \frac{\bar{M}M_P}{EI}\mathrm{d}s = \frac{\tan\alpha}{EI}\int_A^B x \cdot \mathrm{d}\omega = \frac{\tan\alpha}{EI}\omega \cdot x_c = \frac{1}{EI}\omega \cdot y_c \tag{4.12}$$

式中，$x_c \cdot \tan\alpha = y_c$ 是 M_P 图的形心 C 所对应的 $\bar{M}$ 图的纵坐标。由此可见，上述积分运算等于一个弯矩图的面积 ω 乘以其形心所对应的另一个直线弯矩图上的纵距 y_c，再除以 EI，这就是所谓图形互乘法，简称为图乘法。

如果结构的各段均可图乘，则位移公式可写为

$$\Delta = \sum\int \frac{\bar{M}M_P}{EI}\mathrm{d}s = \sum \frac{\omega y_c}{EI}$$

由以上推导过程可见，使用图乘法时必须注意以下几点。

(1) 必须符合前面的 3 个条件。
(2) 纵坐标 y_c 只能从直线图形上取得，且与另一个图形面积的形心相对应。
(3) 若面积 ω 与纵坐标 y_c 在杆件的同侧时，乘积为正值，在异侧时，乘积为负值。

下面就图乘法在应用中遇到几种计算情形说明如下。

(1) 若 $\bar{M}$ 和 M_P 两个弯矩图均为直线图形，如图 4.14 所示，可取其中任一个图形作为面积 ω，乘上其形心所对应的另一直线图形上的纵坐标 y_c，所得计算结果不变，即

$$\Delta = \frac{\omega_P \cdot y_c}{EI} = \frac{\omega_c \cdot y_P}{EI}$$

(2) 若一个图形是曲线，另一个图形是由若干直线段组成的折线图形，如图 4.15 所示，则按折线分段进行图乘：

$$\Delta = \frac{1}{EI}(\omega_1 y_1 + \omega_2 y_2 + \omega_3 y_3)$$

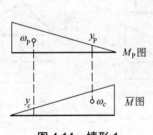

图 4.14　情形 1

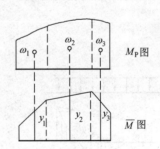

图 4.15　情形 2

(3) 若两个图形都是在同一边的梯形，如图 4.16(a)所示，可将梯形分解为两个三角形(或一个矩形和一个三角形)，分别与另一个梯形对应相乘后再进行叠加，即

$$\Delta = \frac{1}{EI}(\omega_1 y_1 + \omega_2 y_2)$$

式中，$\omega_1 = \frac{1}{2}al$，$y_1 = \frac{2}{3}c + \frac{1}{3}d$；$\omega_2 = \frac{1}{2}bl$，$y_2 = \frac{1}{3}c + \frac{2}{3}d$。

又如图 4.17(b)所示的两个反梯形的直线图形，仍可将其分解为位于两侧的两个三角

形，则有

$$\Delta = \frac{1}{EI}(\omega_1 y_1 + \omega_2 y_2)$$

式中，$\omega_1 = \frac{1}{2}al$，$\omega_2 = \frac{1}{2}bl$，$y_1 = \frac{2}{3}c - \frac{1}{3}d$，$y_2 = \frac{2}{3}d - \frac{1}{3}c$。

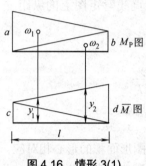

图 4.16　情形 3(1)

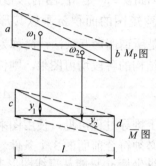

图 4.17　情形 3(2)

(4) 若遇到均布荷载 q 作用下某杆段较复杂的 M_P 图，如图 4.18 所示，可根据弯矩图叠加原理将其分解为一个梯形和一个标准抛物线图形的叠加，再分别与 $\overline{M}$ 图相乘，取其代数和，求得计算结果。

注意：所谓弯矩图的叠加是指其纵坐标的叠加，不是原图形的简单拼合。理解上述道理，对分解复杂的弯矩图是非常有用的。

为了计算方便，现将常用的几种图形的面积和形心列入图 4.19 中，以备查用。在各抛物线图形中，"顶点"是指其切线平行于底边的点，而顶点在中间或端点的图形为标准抛物线图形，即顶点处切线的斜率等于零，这也表示该顶点处的截面剪力等于零。

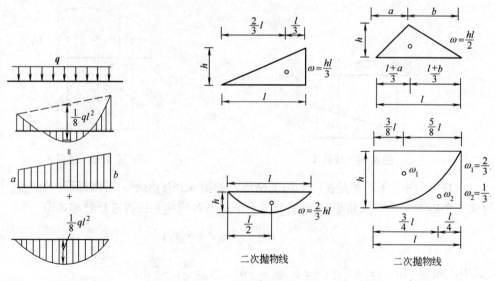

图 4.18　情形 4　　　　　　　　图 4.19　常用图形的面积和形心

【例 4.4】简支梁 AB 上作用有均布荷载，如图 4.20(a)所示，梁的 EI 为常数。求跨中

C 点的挠度 Δ_{Cy}。

解：(1) 画实际荷载作用下的弯矩图 $\overline{M}_P$，如图 4.20(b) 所示。

(2) 在跨中 C 点加虚设单位力 $F_P=1$，其弯矩图 $\overline{M}$ 如图 4.20(c) 所示。

(3) 计算 ω、y_c，注意要分段。

$$\omega = \frac{2}{3} \times \frac{1}{8} q l^2 \times \frac{l}{2} = \frac{q l^3}{24}$$

$$y_c = \frac{5}{8} \times \frac{l}{4} = \frac{5l}{32}$$

(4) 计算 Δ_{Cy}。

$$\Delta_{Cy} = 2\left[\frac{1}{EI}\omega y_c\right] = 2\frac{1}{EI} \times \frac{ql^3}{24} \times \frac{5l}{32} = \frac{5ql^4}{384EI}(\downarrow)$$

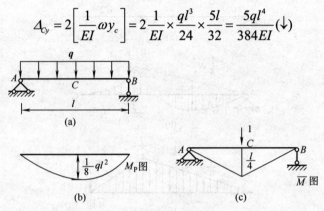

图 4.20　例 4.4 图

【**例 4.5**】用图乘法计算例 4.2 中的刚架 C 截面的转角位移。

解：(1) 画实际荷载作用下的弯矩图 M_P 如图 4.21(a) 所示。

(2) 在 C 端虚设单位力偶 $M=1$，弯矩图 $\overline{M}$ 如图 4.21(b) 所示。

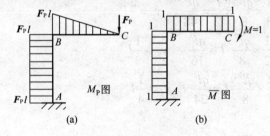

图 4.21　例 4.5 图

(3) 计算 ω、y_c，需分 AB、BC 两段进行。

BC 段：　　$\omega_1 = \frac{1}{2} F_P l \cdot l = \frac{F_P l^2}{2}$　　　　$y_1 = 1$

AB 段：　　$\omega_2 = F_P l \cdot l = F_P l^2$　　　　$y_2 = 1$

(4) 计算 φ_c。

$$\varphi_c = \frac{1}{EI}(\omega_1 y_1 + \omega_2 y_2) = \frac{1}{EI}\left(\frac{F_P l^2}{2} \times 1 + F_P l^2 \times 1\right) = \frac{3F_P l^2}{2EI}(\curvearrowleft)$$

该结果与例 4.2 结果相同，而且计算简便。因此，用图乘法求位移是较方便的。

【例 4.6】 外伸梁 AC 上作用有均布荷载 q，如图 4.22(a)所示，梁的 EI 为常数。求 C 点的竖向位移 Δ_{Cy}。

解：(1) 画实际荷载作用下的弯矩图 M_P，如图 4.22(b)所示。

(2) 在 C 处虚设竖向单位力 $F_P = 1$，弯矩图 $\overline{M}$，如图 4.22(c)所示。

(3) 计算 ω、y_c。

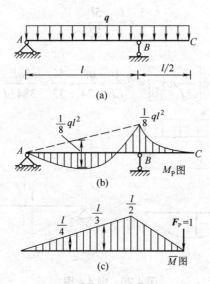

图 4.22　例 4.6 图

计算 AB 段曲线图面积时，可将 AB 段分解为一个三角形和一个标准二次抛物线，类似前面的第 4 种情形(见图 4.18)，分别计算如下：

BC 段：$\quad \omega_1 = \dfrac{1}{3} \times \dfrac{ql^2}{8} \times \dfrac{l}{2} = \dfrac{ql^3}{48}，\quad y_1 = \dfrac{3}{8}l$

AB 段：$\quad \omega_2 = \dfrac{1}{2} \times \dfrac{ql^2}{8} \cdot l = \dfrac{ql^3}{16}，\quad y_2 = \dfrac{1}{3}l$

$\quad \omega_3 = \dfrac{2}{3} \times \dfrac{ql^2}{8} \cdot l = \dfrac{ql^3}{24}，\quad y_3 = \dfrac{1}{4}l$

(4) 计算 Δ_{Cy}。

$$\Delta_{Cy} = \dfrac{1}{EI}(\omega_1 y_1 + \omega_2 y_2 + \omega_3 y_3)$$

$$= \dfrac{1}{EI}\left[\dfrac{ql^3}{48} \times \dfrac{3}{8}l + \dfrac{ql^3}{16} \times \dfrac{1}{3}l - \dfrac{ql^3}{24} \times \dfrac{1}{4}l\right] = \dfrac{ql^4}{128EI}(\downarrow)$$

4.6　静定结构在支座移动时位移计算

静定结构由于支座移动(如地基的不均匀沉陷)或者制作误差都会产生位移。图 4.23(a) 所示的刚架产生位移后致使整个结构由实线位置移到虚线位置，且仍然保持直线形状。因此各杆件中不引起内力，但却产生了位移，如 C 点移至 C'，B 点移至 B'。这也是静定结构的特点。

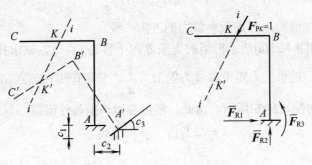

(a) 实际状态　　　　　　　　(b) 虚设状态

图 4.23　支座移动引起位移

如欲求图 4.23(a)中刚架上任一点 K 沿 i-i 方向的位移，可以直接用虚功原理求得。在 K 点沿 i-i 方向加一个单位集中力 $F_{PK}=1$，如图 4.23(b)所示，可以计算出由于 $F_{PK}=1$ 而引起的与实际位移 c_1、c_2、c_3 相应的支座反力 $\bar{F}_{R1}$、$\bar{F}_{R2}$、$\bar{F}_{R3}$。此时的外力虚功 W 为

$$W = F_{PK}\Delta_{Ki} + \sum \bar{F}_R c$$

静定结构由于支座移动结构内部不产生变形，因此结构的内力虚功应等于零，即

$$W' = 0$$

由虚功原理得　　　　　　　　$F_{PK}\Delta_{Ki} + \sum \bar{F}_R c = 0$

即　　　　　　　　　　　　　$\Delta_{Ki} = -\sum \bar{F}_R c$　　　　　　　　　　(4.13)

式中，$\bar{F}_R$ 为虚设单位力所产生的支座反力；c 为支座处的实际位移。

式(4.13)就是静定结构在支座移动时的位移计算公式。其符号规定如下：当 $\bar{F}_R$ 与实际支座位移 c 的方向一致时，所得乘积取正值，反之取负值。

【例 4.7】简支梁跨度为 l，已知右支座 B 竖直下沉 $c_B = \Delta$，如图 4.24(a)所示。试求梁中点 C 的竖向线位移 Δ_c。

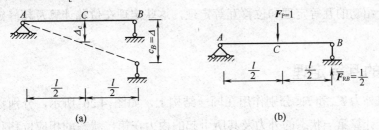

(a)　　　　　　　　　　(b)

图 4.24　例 4.7 图

解：(1) 实际位移是 B 支座的竖直位移，其余均为零。

(2) 在梁中点 C 处虚设单位力 $F_P=1$，如图 4.24(b)所示。由于 A 支座无位移，故只计算 B 支座反力即可。由于对称，B 支座反力为

$$F_{RB} = \frac{1}{2}(\uparrow)$$

(3) 计算 Δ_c。

$$\Delta_c = -(-\bar{F}_{RB} \cdot \Delta) = \frac{\Delta}{2}$$

计算结果为正,说明 Δ_c 与虚设单位力的方向一致。

【例4.8】已知图4.25(a)所示桁架的支座 B 向下移动 $y_b = c$,试求杆件的角位移 φ_{DC}。

解:根据题意,把单位力矩换算成力偶 $M = \dfrac{1}{d}$,分别作用在节点 B 和节点 C 上,并与杆件 BC 垂直,如图4.25(b)所示。由此,根据静力平衡条件可得

$$\bar{F}_{RA} = \frac{1}{l}(\downarrow), \quad \bar{F}_{RB} = \frac{1}{l}(\uparrow)$$

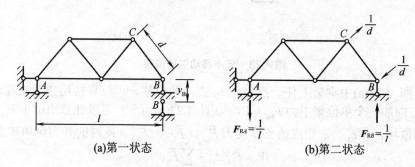

图4.25 例4.8图

由式(4.13)可求得

$$\varphi_{BC} = \Delta_{ic} - \sum \bar{F}_R c = -[F_{RB} y_B] = -\left[-\frac{1}{l} \times c\right] = \frac{c}{l}(\curvearrowright)$$

计算结果是正的,表明杆件角位移的实际方向与单位力偶的假设方向相同,即沿顺时针方向转动。

4.7 功的互等定理和位移互等定理

本节将介绍功的互等定理和位移互等定理,这些定理在位移计算及超静定结构计算时将会用到。

4.7.1 功的互等定理

设有两组外力 F_{P1} 和 F_{P2} 分别作用在同一结构上,如图4.26所示,分别称为第一状态和第二状态。计算第一状态的外力及其所引起的内力在第二状态的相应位移和变形上所做的虚功 W_{12} 和 U_{12} 时,根据虚功原理 $U_{12} = W_{12}$,得

$$F_{P1}\Delta_{12} = \sum \int \frac{M_1 M_2}{EI} ds$$

式中,Δ_{12} 是由 F_{P2} 引起的在 F_{P1} 作用点沿 F_{P1} 方向的位移。

反之,计算第二状态的外力及其所引起的内力在第一状态相对应的位移和变形上所做的虚功 W_{21} 和 U_{21} 时,根据虚功原理 $U_{21} = W_{21}$ 得

$$F_{P2}\Delta_{21} = \sum \int \frac{M_2 M_1}{EI} ds$$

式中，Δ_{21} 是由 F_{P1} 力引起的在 F_{P2} 力作用点沿 F_{P2} 力方向的位移。

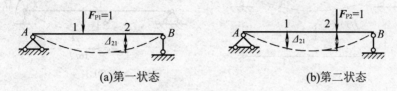

(a)第一状态   (b)第二状态

图 4.26 功的互等

观察以上两式，等号右边相等，故有 $F_{P1}\Delta_{12} = F_{P2}\Delta_{21}$

亦可写为 $\quad U_{12} = U_{21}$ (4.14)

式(4.14)表明，第一状态的外力在第二状态的位移上所做的虚功等于第二状态的外力在第一状态的位移上所做的虚功，这就是功的互等定理。

4.7.2 位移互等定理

在功的互等定理中，假如两个状态中的荷载都是单位力时(即 $F_{P1}=1$，$F_{P2}=1$)，为了明显起见，由单位力所引起的位移用小写字母 δ_{12}、δ_{21} 表示，如图 4.27 所示，代入功的互等定理则有

$$1 \cdot \delta_{12} = 1 \cdot \delta_{21}$$

即 $\quad \delta_{12} = \delta_{21}$

这就是位移互等定理。它表明：第二个单位力($F_{P2}=1$)在第一个单位力作用点沿其方向所引起的位移(δ_{12})等于第一个单位力($F_{P1}=1$)在第二个单位力作用点沿其方向所引起的位移(δ_{21})。

(a)   (b)

图 4.27 位移互等

应当注意：这里的单位力是广义单位力，位移是相应的广义位移。该定理将在下一章运用力法求解超静定结构时用到，并起到简化计算的作用。

例如图 4.28(a)、(b)所示的两个状态中，根据位移互等定理，则有 $\varphi_{21} = \delta_{12}$，虽然 φ_{21} 表示角位移，δ_{12} 表示线位移，两者的含义明显不同，但两者在数值上是相等的。由材料力学可知：

$$\varphi_{21} = \frac{Pl^2}{16EI}, \quad \delta_{12} = \frac{Ml^2}{16EI}$$

现在 $F_P = 1$，$M = 1$，故有 $\quad \varphi_{21} = \delta_{12} = \dfrac{l^2}{16EI}$。

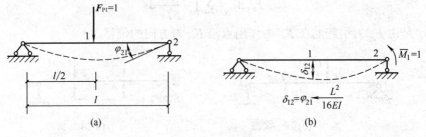

图 4.28 位移互等

4.8 小 结

静定结构位移计算是以虚功原理为理论依据建立的方法。虚功原理在结构分析中应用广泛，主要内容归纳如下。

(1) 结构在荷载、支座移动等外因影响下都会产生位移。关于位移的计算，在工程实践和结构分析中占有重要地位。

(2) 用虚功原理必须要有两个互不相关的独立状态，即力状态和位移状态；其中一个是实际的，而另一个则是根据计算的需要虚设的。但两个状态发生在相同的体系上。

(3) 由虚功原理导出的平面结构的位移计算公式如下。

① 荷载作用： $\Delta = \sum \int \dfrac{F_{NP}\bar{F}_N}{EA}ds + \sum \int \dfrac{kF_{NP}F_Q}{GA}ds + \sum \int \dfrac{M_P\bar{M}}{EI}ds$

实际工程中，常根据结构的受力特点，使上式简化为

梁和刚架： $\Delta = \sum \int \dfrac{M_P\bar{M}}{EI}dx$

桁架： $\Delta = \sum \dfrac{F_{NP}\bar{F}_N}{EA}l$

② 支座移动： $\Delta = -\sum \bar{F}_R c$。

(4) 计算荷载作用下的结构位移一般应用积分法，但对于梁和刚架等结构，如果符合如下条件：①杆段 EI 为常数；②杆轴为直线；③ $\bar{M}$、M_P 两个弯矩图中至少有一个是直线图形，可将积分运算转化为图乘法运算，即： $\Delta = \sum \int \dfrac{M_P\bar{M}}{EI}dx = \sum \dfrac{Wy_c}{EI}$。

(5) 弹性结构功的互等定理是最基本的，由其可导出位移互等定理等，在今后求解超静定结构的计算中均要用到。

4.9 思 考 题

1. 什么是线位移？什么是角位移？什么是相应位移？
2. 试说明结构在荷载作用下或支座移动时的位移计算公式及其各项的物理意义。
3. 计算位移时为什么要虚设单位力？应根据什么原则虚设单位力？试举例说明之。

4. 应用单位荷载法求位移时，如何确定所求位移方向？
5. 图乘法的应用条件是什么？计算结果的正负号如何确定？
6. 位移互等定理和功的互等定理各有何用途？

4.10 习　　题

1. 试用积分法求图 4.29 所示悬臂梁 B 端的竖向位移 Δ_{By}。梁的 EI 为常数。

答案：$\Delta_{By} = \dfrac{ql^4}{8EI}(\downarrow)$

2. 如图 4.30 所示，试用积分法求 C 截面竖向位移 Δ_{Cy} 和截面转角 φ_A。梁的 EI 为常数。

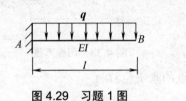
图 4.29　习题 1 图

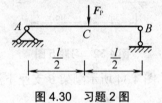
图 4.30　习题 2 图

答案：$\varphi_A = \dfrac{F_P l^2}{16EI}(\curvearrowleft)$，$\Delta_c = \dfrac{F_P l^3}{48EI}(\downarrow)$

3. 图 4.31 所示各图的图乘是否正确？如不正确，请改正。

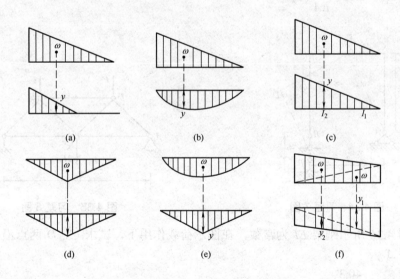

图 4.31　习题 3 图

4. 试用图乘法计算 1、2 题。
5. 试用图乘法求图 4.32 所示刚架 C 端的竖向位移 Δ_{Cy}。EI 为常数。

答案：$\Delta_{Cy} = \dfrac{1985}{6EI}(\downarrow)$

6. 试用图乘法计算图 4.33 所示刚架 B 点水平位移 Δ_{Bx} 及 A 截面的转角 φ_A。刚架各杆的 EI 为常数。

答案：$\varphi_A = \dfrac{216}{EI}(\curvearrowleft)$，$\Delta_{BH} = \dfrac{1188}{EI}(\rightarrow)$

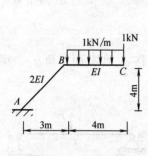

图 4.32　习题 5 图

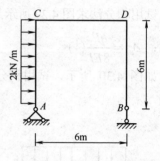

图 4.33　习题 6 图

7. 图 4.34 所示刚架 B 支座下沉 b，试求 C 点的水平位移 Δ_{Cx}。

答案：$\Delta_{Cx} = \dfrac{6h}{l}(\rightarrow)$

8. 试求图 4.35 所示桁架 C 点的竖向位移 Δ_{Cy}。EA 为常数。

答案：$\Delta_{Cy} = 6.828\dfrac{F_P d}{EA}(\downarrow)$

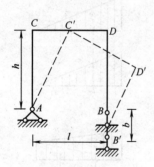

图 4.34　习题 7 图

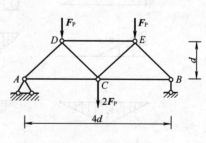

图 4.35　习题 8 图

9. 图 4.36 所示刚架 EI 为常数，在图示荷载作用下，试求 C、D 两点沿 CD 方向的相对线位移 Δ_{CD}。

答案：$\Delta_{CD} = \dfrac{40.3}{EI}\mathrm{kN\cdot m^2}(\rightarrow\leftarrow)$

*10. 组合结构在图 4.37 所示荷载作用下，已知链杆 BE 的轴向刚度 $EA = \dfrac{EI}{4}1/\mathrm{m}^2$，其余均为受弯杆件，EI 为常数，试求 C 点的水平位移 Δ_{Cx}。

答案：$\Delta_{Cx} = \dfrac{3900}{EI} \text{kN} \cdot \text{m}^2 (\rightarrow)$

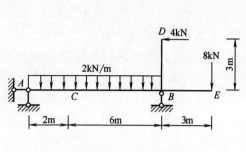

图 4.36 习题 9 图

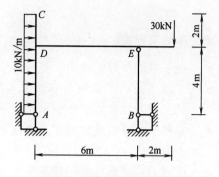

图 4.37 习题 10 图

第5章 力 法

本章的学习要求：

- 能正确判断静定结构和超静定结构，并能正确确定超静定次数。
- 掌握力法的基本概念和基本原理；理解基本结构的作用并能恰当地选择基本结构；深入理解力法典型方程的物理意义并掌握方程中系数和自由项的计算。
- 熟练掌握在荷载作用下用力法求解超静定梁、刚架的方法，了解它们的受力特点和性能。
- 掌握利用对称性简化计算和半刚架法。
- 了解用力法计算支座移动下超静定结构内力的方法。

5.1 超静定结构概述

5.1.1 超静定结构的概念

前面各章中，已经讨论了各种静定结构的内力和位移计算。但在实际工程中，采用较多的还是超静定结构。所以从本章开始，将讨论超静定结构的计算。

在体系的几何组成分析一章中指出：凡由静力平衡条件便可计算结构的全部反力和内力的结构是静定结构。而单靠静力平衡条件不能确定全部反力和内力的结构是超静定结构。超静定结构具有如下特点：其一，在几何组成方面，超静定结构为有多余联系的几何不变体系；其二，在受力方面，超静定结构的反力和内力不能完全由静力平衡条件确定。如图 5.1(a)所示连续梁，它与基础由四根支杆相连，因此有一个多余约束(或联系)，它的 4 个支座反力不能用三个静力平衡方程求解出来，所以该梁是超静定结构。

这里所谓"多余约束"是针对结构的几何稳定而言的。如果增加或取消某一个联系后，体系的几何组成性质不变，则这个联系就是多余约束，否则为必要约束。在图 5.1(a)所示连续梁中，三个竖向支杆中的任一个去掉后(见图 5.1(b)、(c)、(d))，体系仍为几何不变体系，所以三个竖向支杆中的任何一个都可视为多余约束。但若取消水平支杆，体系将成为几何可变体系(见图 5.1(f))，所以水平支杆是必要联系。多余约束的存在与否虽然不改变体系的几何组成性质，但却直接影响结构内力和变形的大小、方向和分布规律。比如，在相同荷载作用下，图 5.1(b)、(c)、(d)、(e)所示几种不同结构其弯矩大小及分布规律是不相同的。

总之，凡存在多余约束，因而反力、内力不能完全由静力平衡条件确定的结构，称为超静定结构。

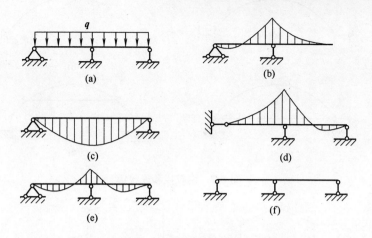

图 5.1 超静定结构的特点

5.1.2 超静定结构的类型

超静定结构的应用范围很广,根据不同的需要,可有不同的形式,概括起来主要有以下五种类型。

1. 梁

超静定梁有单跨的,也有多跨的。单跨的超静定梁常见的形式有三种:一种是两端固定的,一种是一端固定另一端为铰支,还有一种为一端固定另一端是滑动支座,这将在5.7 节中介绍。实用上常见的多跨静定梁,大都是由若干跨连成一体中间不间断的,称为多跨连续梁,如图 5.2 所示。

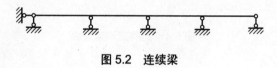

图 5.2 连续梁

2. 拱

工程上常用的超静定拱,主要有两铰拱和无铰拱两种形式,如图 5.3(a)、(b)所示。在两铰拱中,有时为了避免基础和柱子顶部承受水平推力,常在两个趾铰之间或提高一些设置一根拉杆,如图 5.3(c)、(d)所示。

3. 刚架

根据不同的需要,超静定刚架可以做成多种多样的形式,但概括起来,可以归纳为四种形式,即单跨单层、多跨单层、单跨多层及多跨多层,如图 5.4 所示。一般的刚架都是由梁和柱组成,其几何不变性主要依靠节点的刚性连接来保证,空间较大。同时,在确保节点刚性连接的构造措施上,采用钢筋混凝土材料也并不是很复杂,因而目前在建筑领域内,钢筋混凝土的刚架使用非常普遍,造价低,维护也简便。

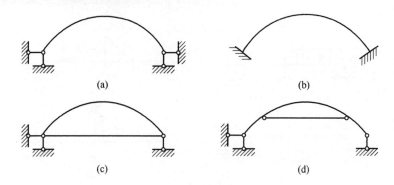

图 5.3 两铰拱和无铰拱

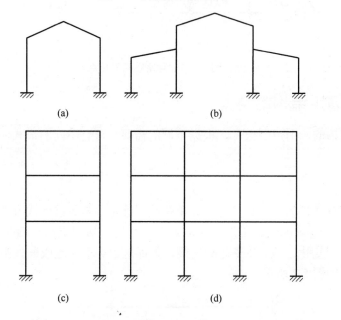

图 5.4 超静定刚架形式

4. 桁架

超静定桁架的形式各种各样，大体可分为内部超静定和内外都是超静定两种类型，如图 5.5 所示。

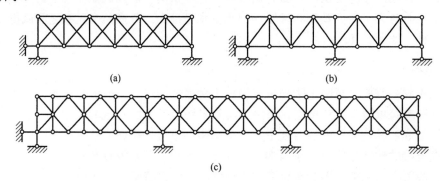

图 5.5 超静定桁架形式

5. 组合结构

组合结构具有自重轻、刚度大、材料使用经济等优点，故在工程中亦常采用，如桁架式吊车梁、轻型屋架等，如图 5.6 所示。

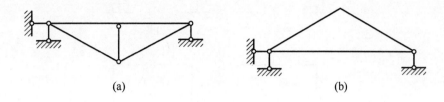

图 5.6　超静定组合结构形式

5.1.3　超静定次数的确定

超静定结构存在多余约束。多余约束的数目，称为原结构的超静定次数。有多少多余的约束，相应地便有多少个多余约束力。确定超静定结构次数时，常将超静定结构的多余约束去掉，让其变为相应的静定结构，去掉的多余约束数目即为原结构的超静定次数。结构去掉约束的方式通常有下列几种。

(1) 去掉一根支杆或切断一根链杆，等于去掉一个约束。如图 5.1(a)所示连续梁，去掉一个支杆后，便得到图 5.1(b)、(c)、(d)所示静定梁，可见图 5.1(a)所示连续梁是一次超静定梁。

(2) 去掉一个固定铰支座或拆去一个单铰等于去掉两个约束。如图 5.7(a)所示，去掉铰得图 5.7(b)所示两片静定刚架，所以图 5.7(a)所示为二次超静定刚架。

(3) 将刚性连接改成单铰连接，相当于去掉一个约束。如图 5.7(c)所示刚架，在截面 C 处将刚性连接改成单铰后得图 5.7(d)所示静定三铰刚架，所以图 5.7(a)所示为一次超静定刚架。

(4) 去掉一个固定端支座或把刚性连接切开，等于去掉 3 个约束。如图 5.7(e)所示刚架，在 C 截面切断刚性连接，得图 5.7(f)所示静定悬臂刚架，所以图 5.7(e)所示为 3 次超静定刚架。

对于同一个超静定结构，由于采用不同方式去掉多余的约束，可以得到不同的静定结构，但解除的约束的数目是相同的，得到的超静定次数也是相同的。如图 5.7(e)所示刚架，可以在截面处切断刚性连接构成如图 5.7(f)所示悬臂刚架，也可以把刚性连接改成单铰连接再将固定端支座改为固定铰支座，得到如图 5.7(g)所示的三铰刚架。它们都是去掉三个约束而得到的静定结构。

在去掉超静定结构的约束时，应当特别注意以下两点。

① 去掉多余约束后的结构，必须是几何不变体系，前面已说明，不能把必要的约束也去掉。

② 去掉多余约束后的结构，必须是静定结构，即应该把多余约束全部拆除。

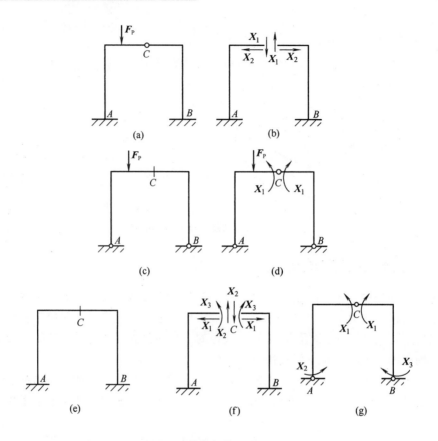

图 5.7 超静定次数的确定

5.2 力法原理

力法是计算超静定结构的基本方法。下面先用一个简单例子说明力法的基本原理。

图 5.8(a)所示为一次超静定梁，EI 为常数。若撤去 B 处支座链杆并以多余未知力 X_1 代替，便成为图 5.8(b)所示静定梁。这个静定梁称为原超静定梁的基本结构。原超静定梁称为原结构。这样，只要能设法求出多余未知力 X_1，则其余支座反力和内力的计算就与静定结构的相同。为求得多余未知力，比较图 5.8(a)所示超静定梁与图 5.8(b)所示基本结构所示静定梁的受力条件和变形条件。

1. 受力条件

如图 5.8(a)、图 5.8(b)所示梁，所承受的荷载 q 及 A 端的支撑情况完全相同。若图 5.8(b)所示基本结构 B 处的多余未知力 X_1 就是图 5.8(a)所示原结构 B 处的支座反力，则两者的受力条件完全相同。关键是如何确定 X_1。

2. 变形条件

图 5.8(a)所示原结构，在支座处由于有多余约束不可能有竖向位移。图 5.8(b)所示基本结构 B 处无约束，有可能发生竖向位移 Δ_1，梁的变形曲线均如图中虚线所示，观察

图 5.8(b)可知，在梁上荷载 q 为已知的情况下，Δ_1 的数值取决于 X_1 的大小，当 X_1 过大时，B 端会离开原梁轴线而向上翘起；当 X_1 过小时，B 端又会离开原梁轴线而向下垂，只有当 X_1 恰好等于原结构 B 处的支座反力时，B 处无竖向位移，即 $\Delta_1 = 0$。这时基本结构的变形和原结构的变形完全相同。$\Delta_1 = 0$，这就是求解的变形协调条件，其物理意义是：图 5.8(b)所示基本结构在荷载 q 和 X_1 共同作用下 B 处所产生的竖向位移，应等于图 5.8(a)所示原结构 B 处实际竖向位移(现因原结构 B 处无竖向位移，故 $\Delta_1 = 0$)。

根据叠加原理，图 5.8(b)所示基本结构在荷载 q 和 X_1 共同作用下 B 处所产生的竖向位移 Δ_1，应等于 q 和 X_1 分别单独作用在基本结构如图 5.8(c)和图 5.8(d)所产生的 B 处的竖向位移 Δ_{1P} 和 Δ_{11} 的叠加，即

$$\Delta_1 = \Delta_{1P} + \Delta_{11} = 0$$

式中，Δ_{1P} 和 Δ_{11} 都用两个下标，第一个下标表示位移的地点和方向，第二个下标表示产生位移的原因。

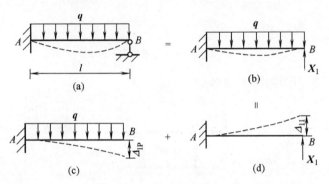

图 5.8　力法原理

设 $X_1 = 1$ 为一个单位力时所产生的位移是 δ_{11}，当 X_1 为任意数时，则 $\Delta_{11} = \delta_{11} X_1$，代入上式得 $\delta_{11} X_1 + \Delta_{1P} = 0$。这个方程就是力法的基本方程。式中 δ_{11} 和 Δ_{1P} 都是静定的基本结构的位移，可用第 4 章所述的方法求得。于是多余未知力 X_1 便可由上式求出。这种取多余未知力作为基本未知量，根据结构的变形协调条件，通过求静定的基本结构的位移，达到求解超静定结构的方法，称为力法。

为了计算 δ_{11} 和 Δ_{1P}，分别作基本结构在荷载作用下的荷载弯矩图 M_P(见图 5.9(a))，和在单位力 $X_1 = 1$ 作用下的单位弯矩图 $\bar{M}_1$(图 5.9(b))，应用图乘法，可求得

$$\Delta_{1P} = \frac{1}{EI}\int \bar{M}_1 M_P \mathrm{d}x = -\frac{1}{EI}\int \left(\frac{1}{3} \times \frac{ql^2}{2} \cdot l\right) \times \frac{3}{4}l = -\frac{ql^4}{8EI}$$

$$\delta_{11} = \frac{1}{EI}\int \bar{M}_1^2 \mathrm{d}x = \frac{1}{EI}\left(\frac{1}{2}l \cdot l\right) \times \frac{2}{3}l = \frac{l^3}{3EI}$$

代入力法方程得 $\quad \dfrac{l^3}{3EI} X_1 - \dfrac{ql^4}{8EI} = 0$

由此解得 $\quad X_1 = \dfrac{3}{8} ql$

计算结果为正，表示支座反力的方向与原假设的方向相同。多余未知力求出后，由基本结构的静力平衡条件，就可确定出其余的反力和内力。根据叠加原理，计算出各点的最后弯矩为

$$M = \overline{M}_1 X_1 + M_P$$

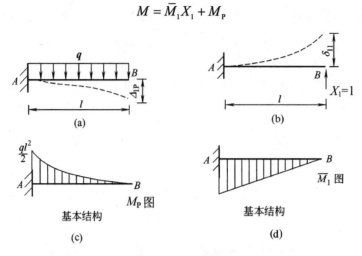

图5.9 力法方程

最后弯矩图和剪力图如图5.10所示。

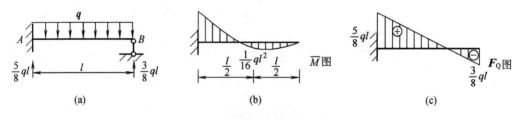

图5.10 最后弯矩图和剪力图

综上所述，可知力法计算超静定结构的基本思路为：以多余约束中的多余未知力为基本未知量，根据去掉的多余约束处的变形或位移应与原结构一致的原则，建立力法方程，解方程求出多余未知力，然后就是静定结构的计算问题了。

5.3 力法的典型方程

上节讨论的是一次超静定结构。下面以一个三次超静定结构说明如何建立多次超静定结构的方程。

图5.11(a)为一个三次超静定结构，现去掉三个多余约束，加上相应的多余未知力 X_1、X_2、X_3，得到如图5.11(b)所示的基本结构。由于原结构在固定支座 B 处不可能有任何位移，所以，基本结构在荷载和多余未知力共同作用下，B 处的位移应等于零，即

$$\left.\begin{aligned}\Delta_1 &= 0\\ \Delta_2 &= 0\\ \Delta_3 &= 0\end{aligned}\right\} \tag{5.1}$$

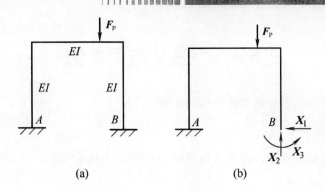

图 5.11 力法典型方程

为了利用叠加原理进行计算,现设各多余未知力 $X_1=1$,$X_2=1$,$X_3=1$ 和荷载 F_P 分别作用于基本结构上,所引起的 B 处沿 X_1 方向的位移分别为 δ_{11},δ_{12},δ_{13} 和 Δ_{1P},B 处沿 X_2 方向的位移分别为 δ_{21},δ_{22},δ_{23} 和 Δ_{2P},B 处沿 X_3 方向的位移分别为 δ_{31},δ_{32},δ_{33} 和 Δ_{3P}。根据叠加原理,B 处应满足的位移条件为

$$\left.\begin{aligned}\Delta_1=\delta_{11}X_1+\delta_{12}X_2+\delta_{13}X_3+\Delta_{1P}=0\\ \Delta_2=\delta_{21}X_1+\delta_{22}X_2+\delta_{23}X_3+\Delta_{2P}=0\\ \Delta_3=\delta_{31}X_1+\delta_{32}X_2+\delta_{33}X_3+\Delta_{3P}=0\end{aligned}\right\} \quad (5.2)$$

上式即为三次超静定结构的力法典型方程。对于 n 次超静定结构有 n 个多余约束,相应地也就有 n 个已知的位移条件,可以建立 n 个力法方程,例如当 n 个已知位移条件都为零时,则力法的典型方程为

$$\left.\begin{aligned}\delta_{11}X_1+\delta_{12}X_2+\cdots+\delta_{1n}X_n+\Delta_{1P}=0\\ \vdots\\ \delta_{i1}X_1+\delta_{i2}X_2+\cdots+\delta_{in}X_n+\Delta_{iP}=0\\ \vdots\\ \delta_{n1}X_1+\delta_{n2}X_2+\cdots+\delta_{nn}X_n+\Delta_{nP}=0\end{aligned}\right\} \quad (5.3)$$

利用这组方程可求得多余未知力 X_1、X_2、$\cdots$、X_n。

这组方程的物理意义是:基本结构在全部多余未知力和已知条件下,沿着每个多余未知力方向的位移,应该与原结构的位移相等。

在方程组中,自左上角到右下角的对角线称为主对角线。主对角线的系数 $\delta_{11},\delta_{22},\cdots,\delta_{nn}$ 称为主系数,主系数 δ_{ii} 均为正值,且永不为零。其余的各系数 δ_{ij} 称为副系数,其值可正、可负也可为零。根据前面讲的位移互等定理,有

$$\delta_{ij}=\delta_{ji}$$

各式中的最后一项 Δ_{iP} 称为自由项。

由力法方程将多余未知力求出后,根据叠加原理,超静定结构的弯矩可用下式求得

$$M=\overline{M}_1X_1+\overline{M}_2X_2+\cdots+\overline{M}_nX_n+M_P$$

💡 **注意**: 同一个超静定结构,可以按不同的方式去掉多余约束,从而选取不同的基本结构,但基本结构必须是几何不变的,前面已强调过。

5.4　力法的应用举例

综前所述，用力法解算超静定结构的步骤如下。

1．选取基本结构

确定超静定结构的次数，选择合适的静定结构作为基本结构。

2．建立力法典型方程

根据所去掉多余约束处的变形条件，建立力法典型方程。

3．计算系数和自由项

根据条件用图乘法或积分法计算系数和自由项。

4．求多余未知力

将所计算出的系数和自由项代入力法典型方程，然后求出多余未知力。

5．作内力图

【例 5.1】 如图 5.12(a)所示单跨超静定梁的内力图。梁的 EI 为常数。

解：(1) 选择基本结构。

该结构为一次超静定，与前面的图 5.8 相同，现取另一种基本结构，将固定支座 A 换成铰支座，得到的基本结构如图 5.12(b)所示。

(2) 建立力法典型方程。

原结构 A 端为固定支座不能转动，故 $\Delta_1 = 0$，则力法方程为

$$\delta_{11} X_1 + \Delta_{1P} = 0$$

(3) 计算系数和自由项。

分别画出基本结构的荷载弯矩图(见图 5.12(d))和单位弯矩图(见图 5.12(c))，由图乘法，得

$$\delta_{11} = \frac{1}{EI}\left(\frac{1}{2} \times l \times 1 \times \frac{2}{3} \times 1\right) = \frac{l}{3EI}$$

$$\Delta_{1P} = -\frac{1}{EI}\left(\frac{2}{3} \times 1 \times \frac{ql^2}{8} \times \frac{l}{2} \times 1\right) = -\frac{ql^3}{24EI}$$

(4) 求解多余未知力。

将上述结果代入力法方程，得

$$X_1 = -\frac{\Delta_{1P}}{\delta_{11}} = -\frac{-\dfrac{ql^3}{24EI}}{\dfrac{l}{3EI}} = \frac{ql^2}{8}$$

结果为正，说明与实际方向相同。

(5) 绘内力图。

根据叠加原理计算出杆端弯矩，绘弯矩图(见图 5.12(e))；根据杆的荷载求出杆端剪

力,绘剪力图(见图 5.12(f))。

比较图 5.12(e)和图 5.10(b),可以看出,用力法求解超静定结构,按不同的基本结构所得到的最后内力图完全相同。但计算过程有繁简,注意选择技巧。

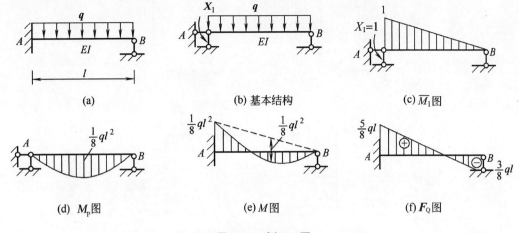

图 5.12 例 5.1 图

【例 5.2】作图 5.13(a)所示超静定刚架的内力图。已知刚架各杆 EI 均为常数。

解：(1) 选择基本结构。

该结构为二次超静定刚架,去掉 C 支座约束,代之以多余未知力 X_1、X_2,得到图 5.13(b)所示基本结构。

(2) 建立力法典型方程。

原结构 C 支座处无竖向位移和水平位移,则力法方程为

$$\delta_{11}X_1 + \delta_{12}X_2 + \Delta_{1P} = 0$$
$$\delta_{21}X_1 + \delta_{22}X_2 + \Delta_{2P} = 0$$

(3) 计算系数和自由项。

分别画出基本结构的荷载弯矩图(见图 5.13(c))和单位弯矩图(见图 5.13(d)、(e)),由图乘法,得

$$\delta_{11} = \frac{1}{EI}\left(\frac{1}{2} \cdot a^2 \times \frac{2}{3}a + a \cdot a \cdot a\right) = \frac{4a^3}{3EI}$$

$$\delta_{22} = \frac{1}{EI}\left(\frac{1}{2} \cdot a^2 \times \frac{2}{3}a\right) = \frac{a^3}{3EI}$$

$$\delta_{12} = \delta_{21} = -\frac{1}{EI}\left(\frac{1}{2}a^2 \cdot a\right) = -\frac{a^3}{2EI}$$

$$\Delta_{1P} = \frac{1}{EI}\left(\frac{1}{3} \times \frac{qa^2}{2} \cdot a \times \frac{3}{4} + \frac{qa^2}{2} \cdot a \cdot a\right) = \frac{5qa^4}{8EI}$$

$$\Delta_{2P} = -\frac{1}{EI}\left(\frac{1}{2}a^2 \times \frac{qa^2}{2}\right) = -\frac{qa^4}{4EI}$$

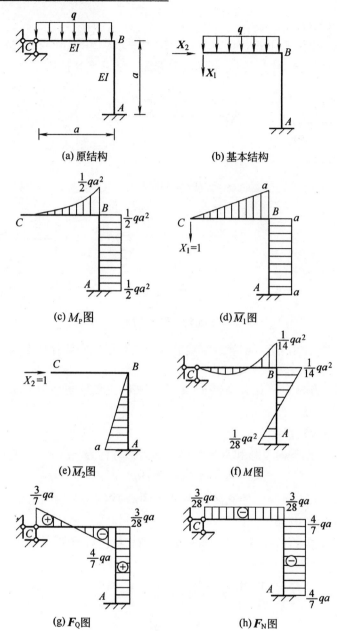

图 5.13 例 5.2 图

(4) 求出多余未知力。

将以上所求得的结果代入力法方程，得

$$\frac{4a^3}{3EI}X_1 - \frac{a^3}{2EI}X_2 + \frac{5qa^4}{8EI} = 0$$

$$-\frac{a^3}{2EI}X_1 + \frac{a^3}{3EI}X_2 - \frac{qa^4}{4EI} = 0$$

解得
$$X_1 = -\frac{3}{7}qa$$
$$X_2 = \frac{3}{28}qa$$

其中，X_1 为负值，说明支座处竖向反力的实际方向与假设的相反，即应向上。

(5) 作内力图。

根据叠加原理作弯矩图，如图 5.13(f)所示；根据弯矩图和荷载作剪力图，如图 5.13(g)所示；根据剪力图和荷载利用节点平衡作轴力图，如图 5.13(h)所示。

【例 5.3】用力法求图 5.14(a)所示刚架的弯矩图。

解：(1) 确定基本结构。

将铰 C 视为多余联系，代之以多余约束力，得到的基本结构为二次超静定的两悬臂刚架，如图 5.14(b)所示。

(2) 建立力法典型方程。

由于原结构铰 C 处左右两截面不可能发生相对竖向位移和相对水平位移，则力法方程为
$$\delta_{11}X_1 + \delta_{12}X_2 + \Delta_{1P} = 0$$
$$\delta_{21}X_1 + \delta_{22}X_2 + \Delta_{2P} = 0$$

(3) 计算系数和自由项。

分别画出单位荷载弯矩图(见图 5.14(c)、(d))和实际荷载弯矩图(见图 5.14(e))，由图乘法，得

$$\delta_{11} = \frac{2}{EI}\left(\frac{1}{2} \times 2 \times 2 \times \frac{2}{3} \times 2 + 2 \times 4 \times 2\right) = \frac{112}{3EI}$$

$$\delta_{22} = \frac{2}{EI}\left(\frac{1}{2} \times 4 \times 4 \times \frac{2}{3} \times 4\right) = \frac{128}{3EI}$$

$$\delta_{12} = \delta_{21} = 0$$

$$\Delta_{1P} = \frac{1}{EI}\left(\frac{1}{3} \times 64 \times 4 \times 2\right) = \frac{512}{3EI}$$

$$\Delta_{2P} = \frac{1}{EI}\left(\frac{1}{3} \times 64 \times 4 \times \frac{3}{4} \times 4\right) = \frac{256}{EI}$$

(4) 求出多余未知力。

将系数和自由项代入力法方程，得
$$\frac{112}{3EI}X_1 + \frac{512}{3EI} = 0$$
$$\frac{128}{3EI}X_2 + \frac{256}{EI} = 0$$

解得
$$X_1 = -4.57\text{kN}(\uparrow\downarrow)$$
$$X_2 = -6\text{kN}(\leftarrow\rightarrow)$$

结果为负值，说明实际方向与假设的相反。

(5) 作弯矩图。

与前述方法相同，利用叠加原理，做出最后弯矩图，如图 5.14(f)所示。

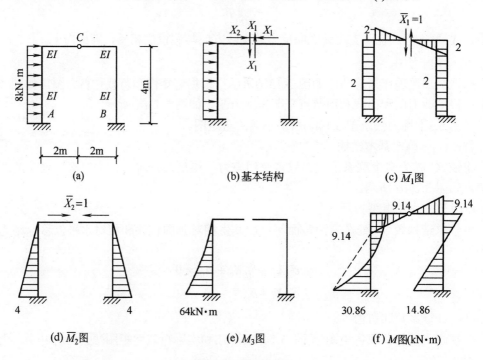

图 5.14 例 5.3 图

【例 5.4】用力法计算图 5.15(a)所示桁架各杆的轴力。各杆 EA 值相等且为常数。

解：(1) 确定基本结构。

此桁架为一次超静定结构，截断 BD 杆，得基本结构，如图 5.15(b)所示。

(2) 建立力法典型方程。

根据切口处相邻截面的相对位移为零的条件，得

$$\delta_{11}X_1 + \Delta_{1P} = 0$$

(3) 计算系数和自由项。

利用节点法或截面法，求出基本结构在 $X_1=1$ 单独作用时的轴力 $\overline{F}_{N1}$ 和荷载单独作用时的轴力 F_{NP}，如图 5.15(c)、(d)所示。

$$\delta_{11} = \frac{1}{EA}\left[1\times1\times3 + (-1)(-1)\times3 + \frac{4}{3}\times4\times\frac{4}{3}\times2 + \left(-\frac{4}{3}\right)\left(-\frac{4}{3}\right)\right.$$
$$\left.\times4\times2 + \frac{5}{3}\times5\times2 + \left(-\frac{5}{3}\right)\left(-\frac{5}{3}\right)\times5\times2\right] = \frac{90}{EA}$$

$$\Delta_{1P} = \frac{1}{EA}\left[(-1)(-20)\times3 + \left(-\frac{5}{3}\right)\left(-\frac{50}{3}\right)\times5 + \frac{5}{3}\times\frac{50}{3}\times5 + \frac{5}{3}\times\frac{100}{3}\times5 + \frac{4}{3}\right.$$
$$\left.\times\frac{40}{3}\times4 + \left(-\frac{4}{3}\right)\left(-\frac{40}{3}\right)\times4 + \left(-\frac{4}{3}\right)\left(-\frac{80}{3}\right)\times4\right] = \frac{900}{EA}$$

(4) 计算多余未知力。

将系数和自由项代入力法方程,解得

$$X_1 = -\frac{\Delta_{1P}}{\delta_{11}} = -\frac{\dfrac{900}{EA}}{\dfrac{90}{EA}} = -10\,\text{kN}\,(压)$$

(5) 计算各杆的轴力。

利用叠加原理,求出各杆轴力,计算结果如图 5.15(e)所示。

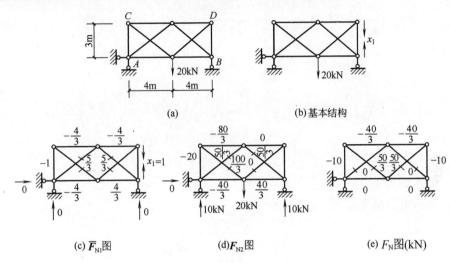

图 5.15 例 5.4 图

建筑工程中,单层工业厂房常采用排架结构。所谓铰接排架结构是由屋架(或屋面大梁)、柱和基础组成,并且柱与基础为刚节点,柱与屋架为铰节点的一种特定形式的平面结构,如图 5.16(a)所示。铰接排架也属于超静定组合结构,可以用力法求解。

由于在计算平面内屋架的刚度很大,可以略去其变形的影响,故用力法计算排架时,可近似地将屋架看成轴向刚度 EA 为无穷大的链杆,如图 5.16(b)所示。因此对排架进行内力分析,实际上就是对排架柱进行内力分析。

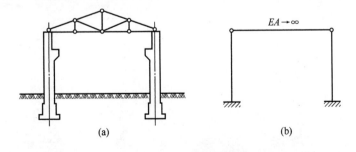

图 5.16 铰接排架结构

下面举例说明。

【例 5.5】用力法分析图 5.17(a)所示铰接排架并作弯矩图。

解：（1）选取基本结构。

切断 AB 杆，以多余未知力 X_1 代替，得基本结构，如图 5.17(b)所示。

（2）建立力法典型方程。

因切口处沿 X_1 方向的相对线位移为零，则有

$$\delta_{11}X_1 + \Delta_{1P} = 0$$

（3）计算系数和自由项。

绘出单位荷载弯矩图 $\overline{M}_1$ 和实际荷载弯矩图 M_P，如图 5.17(c)、(d)所示。由图乘法，得

$$\delta_{11} = \frac{2}{EI}\left[\frac{1}{2}\times 4\times 4\times \frac{2}{3}\times 4\right] + \frac{2}{2EI}\left[\frac{1}{2}\times 4\times 8\times \left(\frac{2}{3}\times 4 + \frac{1}{3}\times 12\right)\right.$$

$$\left. + \frac{1}{2}\times 12\times 8\times \left(\frac{2}{3}\times 12 + \frac{1}{3}\times 4\right)\right] = \frac{1792}{3EI}$$

$$\Delta_{1P} = \frac{1}{EI}\left[\frac{1}{2}\times 480\times 4\times \frac{2}{3}\times 4\right] + \frac{1}{2EI}\left[\frac{1}{2}\times 480\times 8\times \left(\frac{2}{3}\times 4 + \frac{1}{3}\times 12\right)\right.$$

$$\left. + \frac{1}{2}\times 1440\times 8\times \left(\frac{2}{3}\times 12 + \frac{1}{3}\times 4\right)\right] = \frac{107520}{3EI}$$

（4）求多余未知力。

将系数和自由项代入力法方程，得

$$X_1 = -\frac{\Delta_{1P}}{\delta_{11}} = -\frac{\dfrac{107520}{3EI}}{\dfrac{1792}{3EI}} = -60(\text{kN})\;(压)$$

（5）绘最后弯矩图。

利用叠加原理，绘出最后弯矩图，如图 5.17(e)所示。

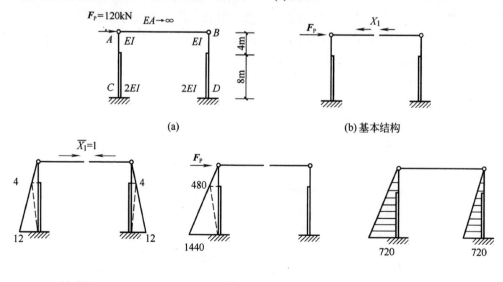

图 5.17　例 5.5 图

5.5 利用对称性简化计算

用力法解算超静定结构时，结构的超静定次数越高，多余未知力就越多，计算工作量就越大。但在实际的建筑结构工程中，很多结构是对称的，可以利用结构的对称性，适当地选取基本结构，使力法方程中尽可能多的副系数为零，从而使计算量减少。

当结构的几何形状、支座情况、杆件的截面及弹性模量等均对称于某一几何轴线时，则此结构为对称结构。如图 5.18(a)所示刚架为对称结构，可选取图 5.18(b)所示的基本结构。即在对称轴处切开，以多余未知力来代替所去掉的三个多余联系。相应的单位荷载弯矩图和实际荷载弯矩图分别如图 5.18(c)、(d)、(e)、(f)所示，其中，X_1 和 X_2 为对称未知力；X_3 为反对称未知力，显然，$\overline{M}_1$、$\overline{M}_2$ 是对称图形；$\overline{M}_3$ 是反对称图形。

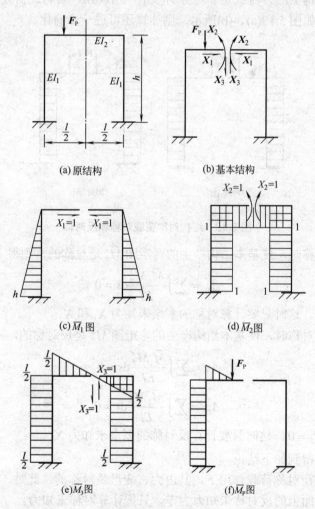

图 5.18 对称性的特点

由图形相乘可知

$$\delta_{13} = \delta_{31} = \sum \int \frac{\overline{M}_1 \overline{M}_3}{EI} \mathrm{d}s = 0$$

$$\delta_{23} = \delta_{32} = \sum \int \frac{\overline{M}_2 \overline{M}_3}{EI} \mathrm{d}s = 0$$

故力法典型方程简化为

$$\delta_{11} X_1 + \delta_{12} X_2 + \Delta_{1P} = 0$$
$$\delta_{21} X_1 + \delta_{22} X_2 + \Delta_{2P} = 0$$
$$\delta_{33} X_3 + \Delta_{3P} = 0$$

由此可见,力法典型方程将分成两组:一组只包含对称的未知力,另一组只包含反对称的未知力。因此,解方程组的工作得到简化。

现在作用在结构上的外荷载是非对称的(见图 5.18(a)),若将此荷载分解为对称的和反对称的两种情况,如图 5.19(a)、(b)所示,则计算还可进一步简化。

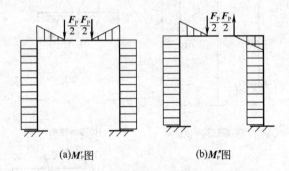

图 5.19 结构对称荷载对称和反对称

(1) 外荷载对称时,使基本结构产生的弯矩图 $\overline{M}_P'$ 是对称的,则得

$$\Delta_{3P} = \sum \int \frac{\overline{M}_3 M_P'}{EI} \mathrm{d}s = 0$$

从而得 $X_3 = 0$。这时只要计算对称的多余未知力 X_1 和 X_2。

(2) 外荷载反对称时,使基本结构产生的弯矩图 M_P'' 是反对称的,则得

$$\Delta_{1P} = \sum \int \frac{\overline{M}_1 M_P''}{EI} \mathrm{d}s = 0$$

$$\Delta_{2P} = \sum \int \frac{\overline{M}_2 M_P''}{EI} \mathrm{d}s = 0$$

从而得 $X_1 = X_2 = 0$。这时只要计算反对称的多余未知力 X_3。

由以上分析可得到如下结论。

(1) 对称结构在对称荷载作用下,其内力、变形是对称的,此时,若选取对称的基本结构则在对称轴截面上的反对称未知力为零,只需计算对称未知力。

(2) 对称结构在反对称荷载作用下,其内力、变形是反对称的,此时,若选取对称的基本结构则在对称轴截面上的对称未知力为零,只需计算反对称未知力。

所以，在计算对称结构时，可以直接利用上述结论，使计算得到简化。

既然对称结构在正对称荷载作用下，其内力、变形也是正对称的，其变形曲线如图 5.20(a)的虚线所示，在对称轴截面处不发生转角和水平位移，只有竖向位移；同时截面处只有弯矩和轴力，剪力必为零。因此，可将结构从对称轴截面处切开用双链杆支座来代替。显然，只要求得半边刚架的内力和位移，另半边刚架的内力和位移可以用正对称性求得。这种用半边刚架进行计算的方法称为半刚架法。对于奇数跨的对称结构在正对称荷载作用下的半刚架如图 5.20(b)所示；对于偶数跨的对称结构如图 5.20(c)所示；在正对称荷载作用下的半刚架如图 5.20(d)所示。

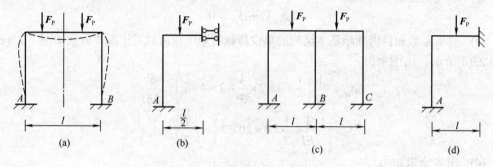

图 5.20　结构对称荷载对称

同样的道理，对称结构在反对称荷载作用下，其内力、变形也是反对称的，也同样可以用半刚架法。图 5.21(a)、(b)所示为奇数跨的对称结构在反对称荷载作用下的半刚架法；图 5.21(c)、(d)所示为偶数跨的对称结构在反对称荷载作用下的半刚架取法。读者可以自己分析一下。

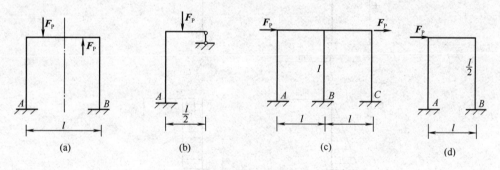

图 5.21　结构对称荷载反对称

【例 5.6】利用对称性作图 5.22(a)所示三次超静定刚架的弯矩图。已知刚架各杆的 EI 均为常数。

解：(1) 取半结构及其基本结构。

① 分解荷载：为简化计算，首先将图 5.22(a)所示荷载分解为对称荷载和反对称荷载的叠加，分别如图 5.22(b)、(c)所示。其中在对称荷载作用下刚架 CD 杆只有轴力，各杆均无弯矩和剪力。因此，只作反对称荷载作用下的弯矩图即可。

② 取半刚架：如图 5.23(a)所示，在反对称荷载作用下，故可在对称轴截面切开，加可动铰取半结构。该结构为一次超静定结构。

③ 取基本结构如图 5.23(b)所示。

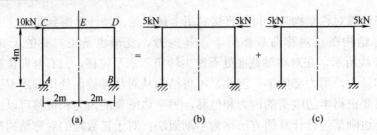

图 5.22 例 5.6 图

(2) 建立力法典型方程。

$$\delta_{11}X_1 + \Delta_{1P} = 0$$

(3) 计算系数和自由项画基本结构的单位荷载弯矩图和荷载弯矩图，分别如图 5.23(c)、图 5.23(d)所示。由图乘得

$$\delta_{11} = \frac{1}{EI}\left(\frac{1}{2} \times 2 \times 2 \times \frac{4}{3} + 2 \times 4 \times 2\right) = \frac{56}{3EI}$$

$$\Delta_{1P} = -\frac{1}{EI}\left(\frac{1}{2} \times 4 \times 20 \times 2\right) = -\frac{80}{EI}$$

(4) 求多余未知力。

将上述结果代入方程得 $\dfrac{56}{3EI}X_1 - \dfrac{80}{EI} = 0$

解得 $X_1 = 4.29\text{kN}$

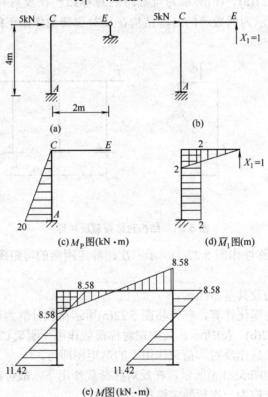

图 5.23 例 5.6 图

(5) 作弯矩图。

根据叠加原理作 ACE 半刚架弯矩图，如图 5.23(e)所示。BDE 半刚架弯矩图根据反对称荷载作用下，弯矩图应是反对称的关系画出。

5.6 支座移动时超静定结构的计算

静定结构在支座移动等因素作用下，只发生刚体位移或变形而不产生内力。但是对于超静定结构，由于存在多余约束，因此在支座移动等因素作用下，结构不仅发生变形而且会产生内力，如图 5.24 所示。对于这种由于支座移动引起的内力的计算，仍可用力法。其基本原理和解题步骤均与前述荷载作用时的计算相同。只是应特别注意两点：①力法典型方程中的自由项，是由支座在基本结构上沿多余约束力方向所引起的位移；②力法典型方程等号右侧可不为零，应等于基本结构在多余约束力处的实际位移。

现举例说明如下。

【例 5.7】如图 5.24(a)所示单跨超静定梁，由于支座发生转角 θ。求作梁的弯矩图。梁的 EI 为常数。

解：(1) 选择基本结构。

该结构为一次超静定梁，去掉 B 端链杆，代之以约束力 X_1，得到图 5.24(b)所示基本结构。

(2) 建立力法典型方程。

因 B 处无竖向位移，则

$$\delta_{11}X_1 + \Delta_{1C} = 0$$

(3) 计算系数和自由项。

先画出单位弯矩图 $\bar{M}_1$(见图 5.24(c))，图乘得

$$\delta_{11} = \frac{1}{EI}\left(\frac{1}{2} \cdot l \cdot l \times \frac{2}{3}l\right) = \frac{l^3}{3EI}$$

由于支座 A 产生转角 θ，B 点相应地向下移动，可利用几何关系确定，所以

$$\Delta_{1C} = -\theta \cdot l$$

(4) 求多余未知力。

将以上结果代入方程

$$\frac{l^3}{3EI}X_1 - \theta \cdot l = 0$$

解得

$$X_1 = \frac{3EI\theta}{l^2}$$

(5) 作弯矩图。

因为基本结构在支座移动时不产生内力，因此只要将 $\bar{M}_1$ 图乘以 X_1 即可，即

$$M = \bar{M}_1 X_1$$

最后 M 图如图 5.24(d)所示。

由图 5.24(d)所示的弯矩图可见，超静定结构由于支座移动产生的内力大小与杆件的

EI 刚度成正比,与杆长 l 成反比。或者说,其内力的大小与杆件的 $\dfrac{EI}{l}$ 成正比。将 $i=\dfrac{EI}{l}$ 称为杆的线刚度,表示单位长度杆的抗弯刚度。因此由支座移动引起的杆件内力与杆的线刚度成正比。

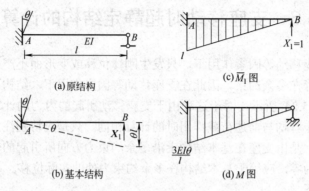

图 5.24　例 5.7 图

5.7　单跨超静定梁的杆端弯矩和杆端剪力

常见的单跨超静定梁,根据其支座情况不同,可能有如图 5.25 所示三种形式。这三种形式的梁在各种荷载作用下,或由于其他因素影响,所引起的杆端弯矩和杆端剪力值均可用力法求得。如例 5.1 就是用力法计算单跨超静定梁的实例。为了今后使用方便起见,表 5.1 给出各种等截面单跨超静定梁,在各种不同荷载作用下及支座移动等情况下,所引起的杆端弯矩和杆端剪力值。

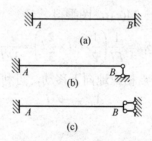

图 5.25　单跨超静定梁的三种形式

表 5.1　单跨超静定梁杆端弯矩和杆端剪力值

编号	梁的简图	弯矩图	杆端弯矩		杆端剪力	
			M_{AB}	M_{BA}	F_{QAB}	F_{QBA}
1	$\theta=1$ 简图	M_{AB}, M_{BA} 弯矩图	$\dfrac{4EI}{l}=4i$	$2i$ $\left(i=\dfrac{EI}{l},\ 以下同\right)$	$-\dfrac{6i}{l}$	$-\dfrac{6i}{l}$

续表

编号	梁的简图	弯矩图	杆端弯矩 M_{AB}	杆端弯矩 M_{BA}	杆端剪力 F_{QAB}	杆端剪力 F_{QBA}
2			$-\dfrac{6i}{l}$	$-\dfrac{6i}{l}$	$\dfrac{12i}{l^2}$	$-\dfrac{12i}{l^2}$
3			$-\dfrac{F_P ab^2}{l^2}$ 当 $a=b$ 时 $-F_P l/8$	$\dfrac{F_P a^2 b}{l^2}$ $\dfrac{F_P l}{8}$	$\dfrac{F_P b^2}{l^2}\left(1+\dfrac{2a}{l}\right)$ $\dfrac{F_P}{2}$	$-\dfrac{F_P a^2}{l^2}\left(1+\dfrac{2b}{l}\right)$ $-\dfrac{F_P}{2}$
4			$-\dfrac{ql^2}{12}$	$\dfrac{ql^2}{12}$	$\dfrac{ql}{2}$	$-\dfrac{ql}{2}$
5			$\dfrac{Mb(3a-l)}{l^2}$	$\dfrac{Ma(3b-l)}{l^2}$	$-\dfrac{6ab}{l^3}M$	$-\dfrac{6ab}{l^3}M$
6			$3i$	0	$-\dfrac{3i}{l}$	$-\dfrac{3i}{l}$
7			$-\dfrac{3i}{l}$	0	$\dfrac{3i}{l^2}$	$\dfrac{3i}{l^2}$
8			$-\dfrac{F_P ab(l+b)}{2l^2}$ 当 $a=b=\dfrac{l}{2}$ 时 $-3F_P l/16$	0	$\dfrac{F_P b(3l^2-b^2)}{2l^3}$ $\dfrac{11}{16}F_P$	$-\dfrac{F_P a^2(2l+b)}{2l^3}$ $-\dfrac{5}{16}F_P$
9			$-\dfrac{ql^2}{8}$	0	$\dfrac{5}{8}ql$	$-\dfrac{3}{8}ql$
10			$\dfrac{M(l^2-3b^2)}{2l^2}$	0	$-\dfrac{3M(l^2-b^2)}{2l^3}$	$-\dfrac{3M(l^2-3b^2)}{2l^3}$
11			i	$-i$	0	0
12			$-\dfrac{F_P l}{2}$	$-\dfrac{F_P l}{2}$	F_P	F_P
13			$-\dfrac{F_P a(l+b)}{2l}$ 当 $a=b$ 时 $-3F_P l/8$	$-\dfrac{F_P a^2}{2l}$ $-\dfrac{F_P l}{8}$	F_P	0
14			$-\dfrac{ql^2}{3}$	$-\dfrac{ql^2}{6}$	ql	0

说明：

(1) 杆端弯矩和杆端剪力使用双下标，其中第一个下标表示该杆端弯矩(或杆端剪力)所在杆端的名称；两个下标一起表示该杆端弯矩(或杆端剪力)所属杆件的名称。

(2) 表中杆端弯矩以对杆端顺时针转向为正，反之为负；杆端剪力以使杆件产生顺时针转动效果为正，反之为负。

(3) 表中杆端弯矩和杆端剪力是按表中图示荷载方向或支座移动情况求得的，当荷载或支座移动方向相反时，其相应的杆端弯矩和杆端剪力亦应相应地改变正、负号。

(4) 由于一端固定另一端为铰支座的梁和一端固定另一端为链杆支座的梁，在垂直于梁轴的荷载作用下，两者的内力数值相等。因此，表中所列的一端固定另一端为链杆支座的梁，在垂直于梁轴的荷载作用下的杆端弯矩和杆端剪力值，也适用于另一端为固定铰支座的梁。

5.8 小 结

(1) 用力法解超静定结构的基本思路是：解除超静定结构的多余约束，并以多余约束处的多余未知力代替，从而得到一静定结构，即基本结构。通过基本结构，就可把不熟悉的问题(超静定结构)转变为熟悉的问题(静定结构)了。

(2) 力法基本原理是：选择多余未知力作为基本未知量，根据所选取的基本结构在解除多余约束处并沿该方向的位移与原结构对应处位移一致的原则，建立力法典型方程。解方程求解多余未知力，然后按静定结构的方法绘出结构的内力图。

(3) 力法典型方程根据原结构在多余约束处的位移条件写出，方程的左边表示基本结构在各种因素作用下沿多余未知力方向所产生的位移总和，右边表示原结构在相同点处的位移。等式右边一般是无位移(即右边等于零)，也有可能有位移(如支座移动)，要结合实际情况。

(4) 典型方程中的全部系数和自由项都是基本结构的位移，因此计算系数和自由项的实质是求静定结构的位移，一般用图乘法计算。

(5) 为了使计算简化，应充分利用结构和荷载的对称性。对于对称结构可选择对称的基本结构进行计算，也可按其属于奇数跨或偶数跨情况选用相应的半结构进行计算；对于非对称荷载可将其分解为对称和反对称两种情况，分别计算后再叠加。

(6) 支座移动能引起超静定结构的内力。这时，力法典型方程中的自由项就是支座移动引起的基本结构在被解除的多余约束处的位移。

总之，应用力法解超静定结构，必须考虑三个方面的因素：一是静力平衡条件；二是变形协调条件(或位移条件)；三是力和位移之间的关系——物理条件。

5.9 思 考 题

1. 试比较超静定结构和静定结构的异同，找出超静定结构的受力特征。
2. 什么是力法的基本结构与基本未知量？怎样选择基本结构？
3. 力法方程的物理意义是什么？方程中的系数和自由项的物理意义是什么？
4. 怎样利用结构的对称性简化计算？
5. "没有荷载就没有内力"，这个结论是否正确？为什么？
6. 计算超静定结构时，在什么情况下只需给出 EI 的相对值？在什么情况下则必须

给出 EI 的绝对值？

5.10 习　　题

1. 确定图 5.26 所示结构的超静定次数。

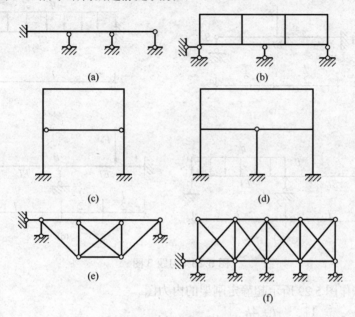

图 5.26　习题 1 图

2. 对图 5.27 所示超静定结构各选取两种不同形式的基本结构，并列出相应的力法典型方程。

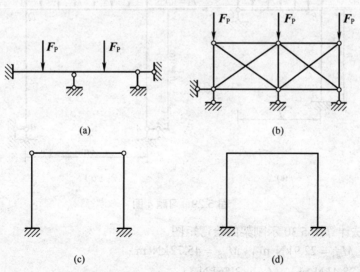

图 5.27　习题 2 图

3. 作图 5.28 所示超静定梁的内力图。

答案：(a) $M_{AC} = \dfrac{3}{16}F_P l$，$F_{QAC} = \dfrac{11}{16}F_P$；(b) $M_{AB} = \dfrac{1}{12}ql^2$；

(c) $M_{BA} = M_{BC} = \dfrac{1}{16}ql^2$；(d) $M_{BA} = \dfrac{3}{32}F_P l$

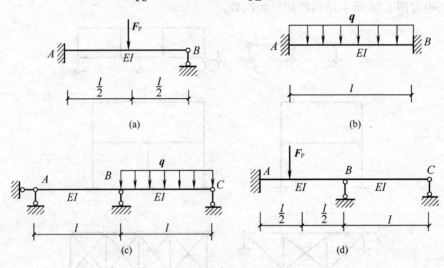

图 5.28 习题 3 图

4. 用力法作图 5.29 所示超静定刚架的内力图。

答案：(a) $M_{BA} = \dfrac{1}{2}\left[1 - \dfrac{l+4h}{4(1+3h)}\right]ql^2$；(b) $M_{CD} = 84\,\text{kN}\cdot\text{m}$

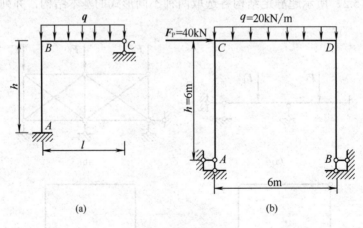

图 5.29 习题 4 图

5. 用力法计算图 5.30 示刚架的绘弯矩图。

答案：(a) $M_{BA} = 22.9\,\text{kN}\cdot\text{m}$，$M_{BD} = 45.72\,\text{kN}\cdot\text{m}$；

(b) $M_{AB} = 28.4\,\text{kN}\cdot\text{m}$，$M_{DC} = 3.56\,\text{kN}\cdot\text{m}$；

(c) $M_{BA} = 20\,\text{kN}\cdot\text{m}$，$M_{CB} = 20\,\text{kN}\cdot\text{m}$

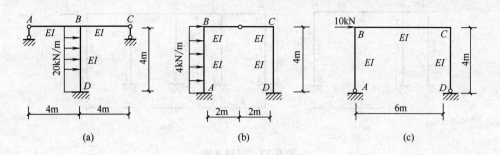

图 5.30 习题 5 图

6. 用力法计算图 5.31 所示桁架的内力，EA 为常数。
   答案：(a) $F_{NCB} = -0.1465F_P$ ；(b) $F_{NCF} = -52.78\text{kN}$

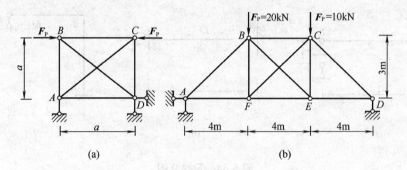

图 5.31 习题 6 图

7. 用力法计算图 5.32 所示排架的内力，并作弯矩图。
   答案：(a) $F_{NBC} = -2.25\text{kN}$ ，$M_{AB} = 58.5\text{kN}\cdot\text{m}$ ；
   (b) $F_{NAB} = -\dfrac{40}{3}\text{kN}$ ，$F_{NBC} = -\dfrac{20}{3}\text{kN}$ ，$M_{DA} = 80\text{kN}$

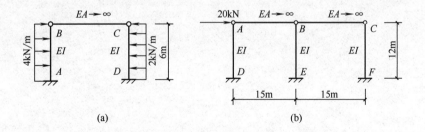

图 5.32 习题 7 图

8. 利用对称性作图 5.33 所示结构的内力。
   答案：(a) $M_{CD} = 26.67\text{kN}\cdot\text{m}$ ；(b) $M_{FG} = \dfrac{3}{8}\dfrac{F_P h^2}{l+6h}$

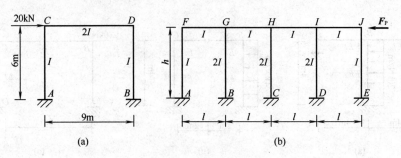

图 5.33 习题 8 图

9. 试作图 5.34 所示结构由于支座移动引起的内力图。

答案：(a) $M_{AB} = \dfrac{3EI}{l^2}\Delta$；(b) $M_{AB} = \dfrac{EI}{l}\theta$，$M_{BA} = \dfrac{EI}{l}\theta$；(c) $M_{AB} = \dfrac{3EI}{4l}\varphi$

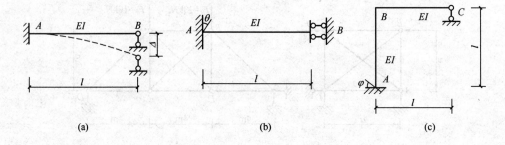

图 5.34 习题 9 图

第 6 章 位 移 法

本章的学习要求：

- 理解位移法的基本概念，正确判断位移法的基本未知量。
- 熟悉等截面直杆的形常数、载常数及其物理意义。熟悉杆端力、杆端位移的正负号规定。
- 掌握用直接列平衡方程的方法计算超静定结构。
- 了解用位移法基本方程计算超静定结构的方法。

6.1 位移法的基本概念

为了说明位移法的基本概念，我们来分析图 6.1(a)所示刚架。

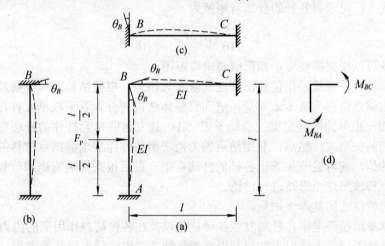

图 6.1 位移法基本概念分析图

在荷载 F_P 作用下，刚架将产生图中虚线所示变形，其中固定端 A、C 没有位移。在忽略轴向变形的情况下，杆 BC、BA 的长度就保持原长不变，即刚节点 B 既无水平位移又无竖向位移，只有转角位移 θ_B。由于变形是连续的，因此，汇交于 B 节点的 BA 杆和 BC 杆的 B 端也会发生相同的转角 θ_B。为了配合表 5.1 的应用，将 B 节点看成固定端支座，则杆 BC、BA 均可看成两端固定的单跨超静定梁，然后，再使这两杆的 B 端发生与原变形相同的转角 θ_B，如图 6.1(b)、(c)所示。由表 5.1 分别查得，θ_B 使 BA 杆和 BC 杆产生的杆端弯矩为

$$M_{BA} = 4\frac{EI}{l}\theta_B, \quad M_{BC} = 4\frac{EI}{l}\theta_B$$

由于荷载作用使杆 BA 产生的杆端弯矩为

$$M_{BA} = \frac{1}{8}F_P l$$

在荷载和结点转角共同作用下,根据叠加原理,杆端弯矩的表达式为

$$M_{BA} = 4\frac{EI}{l}\theta_B + \frac{1}{8}F_P l$$

$$M_{BA} = 4\frac{EI}{l}\theta_B$$

为了求得 θ_B,取结点 B 为脱离体,如图 6.1(d)所示。

由 $\sum M_B = 0$ 得

$$M_{BA} + M_{BC} = 0$$

即

$$4\frac{EI}{l}\theta_B + \frac{1}{8}F_P l + 4\frac{EI}{l}\theta_B = 0$$

解得

$$\theta_B = -\frac{pl^2}{64EI}$$

将此值代入,可求得各杆的杆端弯矩值为

$$M_{BA} = \frac{1}{16}F_P l, \quad M_{BC} = -\frac{1}{16}F_P l$$

这样,就可以根据杆端弯矩和荷载画出弯矩图。

由上述解算过程可见,用位移法解题的基本思路是：根据结构及其在荷载作用下的变形情况,确定结点位移为基本未知量,进而将整体结构划分为若干根单元杆件,每根单元杆件均可看成一根单跨超静定梁；借助于表 5.1,建立这些单元杆件的杆端弯矩与结点位移、荷载之间的关系式；然后,利用结点的力矩平衡条件建立求解结点位移的方程式,求出结点位移的值,便可进一步求出各杆的杆端弯矩,最后根据杆端弯矩和荷载,便可画出弯矩图。本章将按照这个思路进行讨论。

- 确定位移法的基本未知量。
- 计算单跨超静定梁在杆端发生各种位移以及在各种荷载作用下的内力。
- 在各种不同受力情况下如何利用平衡条件建立求解结点位移的方程。

6.2 位移法的基本未知量

位移法的基本未知量是结点位移。结点位移包含结点转角和独立的结点线位移。

6.2.1 结点转角

结点转角是用位移法计算超静定结构的基本未知量之一。如图 6.2(a)所示刚架中 A、D、C 为固定端支座,位移为零,不需作为未知量,B 是刚结点,有转角位移。由于变形是连续的,所以,BC 杆的 B 端转角、BA 杆的 B 端转角和 BD 杆的 B 端转角应该相等,均等于刚结点 B 转角 θ_B,所以 θ_B 是一个独立的结点转角。再如图 6.2(b)所示连续梁,A、D 是铰支座,不具备约束转动的能力,不能作为基本未知量,结点 B 是刚结

点，其转角 θ_B、θ_C 属于基本未知量。

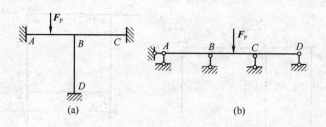

图 6.2 刚架、连续梁转角位移分析

通过以上两例的分析可知，每个刚节点处只有一个独立的节点转角。故位移法中节点转角的数目等于该结构中刚节点的数目。

6.2.2 独立节点线位移

独立节点线位移是用位移法计算的另一种基本未知量。

1. 确定独立节点线位移的几点假设

用位移法计算超静定结构时，为减少计算工作量，减少基本未知量的数目，使计算得到简化，常引入下述假设。

(1) 忽略由轴力引起的变形；
(2) 节点转角 θ 和各杆旋转角都很小；
(3) 直杆变形后，曲线两端连线的长度等于原直线的长度。

2. 确定独立节点线位移数目的方法

确定独立节点线位移(以下简称节点线位移)的方法有直接判断法和铰化节点法两种。

(1) 直接判断法。

如图 6.3(a)所示刚架，当不考虑各杆长度变化时，节点 B 和节点 C 均无竖向位移，只有水平位移 Δ_B 和 Δ_C，且 $\Delta_B = \Delta_C$。这样可用同一符号 Δ 代替，因此，B、C 节点只有一个独立节点线位移。再如图 6.3(b)所示两层刚架，其独立线位移只能有两个，分别是 Δ_1 和 Δ_2。由此可见，对于多层刚架，结点线位移的数目等于刚架的层数。

(2) 铰化节点法。

对于不等高的刚架，利用直接判断法就无法确定节点线位移数目，这时，可用铰化节点法进行判断。首先把该刚架各刚节点全部改为铰节点(固定端支座改为铰支座)，然后对铰化了的结构进行几何组成分析，如果此铰接链杆体系不需要增加链杆就是几何不变体系，说明原结构没有节点线位移。若需增加链杆才能成为几何不变体系，则说明原结构有结点线位移，增加的链杆数目就等于原结构的节点线位移数目。如图 6.4(a)所示刚架，把所有刚节点改为铰节点，固定端支座改为铰支座，变成如图 6.4(b)所示的铰接链杆体系，需增加图中两条虚线所示链杆，才能使体系成为几何不变体系，说明原结构中存在两个独立结点线位移。铰化节点法同样适合等高刚架，可得出用直接判断法同样的结论，读者不妨一试。

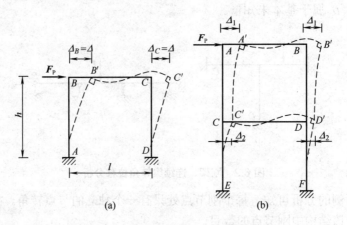

图 6.3 单层、双层刚架节点线位移判断

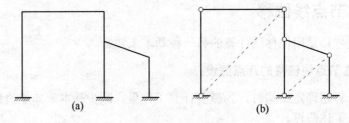

图 6.4 铰化节点法判断节点线位移

一般情况下，位移法基本未知量包括节点转角和节点线位移，由图 6.3(a)可看出，该刚架有节点 B 和节点 C 的转角 θ_B 和 θ_A 及节点线位移 Δ 三个基本未知量。图 6.3(b)所示刚架有 A、B、C、D 的转角 θ_A、θ_B、θ_C、θ_D 和节点线位移 Δ_1、Δ_2 六个基本未知量。

6.3 等截面直杆的形常数和载常数

位移法的要点是先对单根杆件进行分析，为此，需了解单跨超静定梁的杆端力与杆端位移、荷载之间的关系。

6.3.1 杆端位移和杆端力的正负号规定

对于等截面直杆 AB，杆件的抗弯刚度 EI 为常数，杆端 A 和 B 的角位移分别为 θ_A、θ_B，杆端 A 和 B 在垂直于杆轴 AB 的相对线位移为 Δ，弦转角 φ_{AB}。杆端 A 和杆端 B 的弯矩和剪力分别为 M_{AB}、M_{BA}、F_{QAB}、F_{QBA}。

在位移法中，采用以下正负号规定。

- 杆端位移——杆端角位移 θ_A、θ_B 以及弦转角 φ_{AB} 都是顺时针方向转动为正，逆时针方向转动为负；杆件两端的相对线位移 Δ 的正负号应与弦转角 φ_{AB} 一致，即右端下沉、左端上升为正。
- 杆端力——杆端弯矩 M_{AB}、M_{BA} 以顺时针方向转动为正；杆端剪力 F_{QAB}、F_{QBA} 以

对作用截面产生顺时针方向转动为正。

6.3.2 等截面直杆杆端位移引起的杆端力(形常数)

图 6.5(a)所示刚架在承受荷载后，任取其中 AB 单元杆件如图 6.5(b)所示(图中未画出剪力和轴力)，用 M_{AB} 和 M_{BA} 表示其杆端弯矩。将杆在两端切开，在切口处画出杆端弯矩，对杆件而言，杆端弯矩以顺时针转向为正，反之为负；对于节点和支座而言，杆端弯矩以逆时针转向为正，反之为负。图 6.5(b)所画杆端弯矩均为正号。

对图 6.6(a)所示两端固定的梁 AB，A 端发生的转角设为 θ_A、B 端发生的转角为 θ_B，两端产生的垂直于梁轴的相对线位移为 Δ，AB' 与水平方向的夹角称为弦转角，用 φ_{AB} 或 φ_{BA} 表示。上述各种位移正、负号规定如下：θ_A、θ_B 及 φ_{AB}、φ_{BA} 都以顺时针转向为正、反之为负。图 6.6 中所画出的各种位移均为正号。

图 6.6 中所示的各结构，当杆端产生各种单位正位移时，所引起的杆端弯矩及杆端剪力值(即形常数)在表 5.1 中均已列出，需要时可从表中查取，但使用时要注意该表有关说明，以免查错。

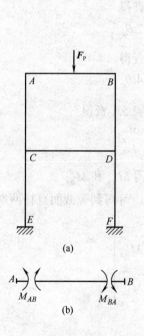

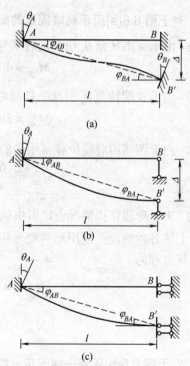

图 6.5 刚架结构杆端内力符号示例　　图 6.6 两端固定梁杆端内力符号示例

6.3.3 等截面直杆荷载引起的杆端力(载常数)

对图 6.6 所示三种支承形式的等截面直梁，在荷载作用下的杆端弯矩和杆端剪力称为固端弯矩和固端剪力。固端弯矩用 M_{AB}^F 和 M_{BA}^F 表示，固端剪力用 F_{QAB}^F 和 F_{QBA}^F 表示。在表 5.1 中已给出等截面各种单跨超静定梁在各种荷载作用下的载常数，即固端弯矩、固端剪力值。

6.4 直接平衡法建立位移法方程

位移法方程的建立，是以每根杆件为基本单元，利用等截面直杆的形常数和载常数，写出每一杆件的杆端弯矩与杆端角位移、相对线位移、荷载之间的关系式，然后，根据平衡条件，直接建立节点的力矩平衡方程和截面的力的平衡方程，通过对所建方程的求解，就可计算出所要求的基本未知量。

6.4.1 等截面直杆的转角位移方程

对于任一等截面直杆，当两端同时有角位移、线位移以及荷载作用时，则可以利用形常数和载常数，根据叠加原理，写出杆件杆端弯矩的表达式，该表达式称为等截面直杆的转角位移方程。

1. 对于图 6.6(a)所示两端固定的梁

(1) 由于 A 端转角 θ_A 引起的杆端弯矩，可由表 5.1 查得

$$M'_{AB} = 4i\theta_A \qquad M'_{BA} = 2i\theta_A$$

(2) 由于 B 端转角 θ_B 引起的杆端弯矩，可由表 5.1 查得

$$M''_{AB} = 2i\theta_B \qquad M''_{BA} = 4i\theta_B$$

(3) 由于两端相对线位移 Δ 引起的杆端弯矩，可由表 5.1 查得

$$M'''_{AB} = -\frac{6i}{l}\Delta \qquad M'''_{BA} = -\frac{6i}{l}\Delta$$

(4) 由于荷载作用情况下，可由载常数相应栏中查得 M^F_{AB} 和 M^F_{BA}。

将上述各种情况，应用形常数和载常数的叠加公式，可得到等截面直杆两端固定时的转角位移方程为

$$\left.\begin{array}{l} M_{AB} = 4i\theta_A + 2i\theta_B - \dfrac{6i}{l}\Delta + M^F_{AB} \\[2mm] M_{BA} = 2i\theta_A + 4i\theta_B - \dfrac{6i}{l}\Delta + M^F_{BA} \end{array}\right\} \tag{6.1}$$

2. 对于图 6.6(b)所示一端固定一端铰支的梁

由 A 端转角 θ_A，两端相对线位移 Δ 及荷载引起杆端弯矩，也按上述方法，应用形常数和载常数的叠加，得其转角位移方程为

$$\left.\begin{array}{l} M_{AB} = 3i\theta_A - \dfrac{3i}{l}\Delta + M^F_{AB} \\[2mm] M_{BA} = 0 \end{array}\right\} \tag{6.2}$$

3. 对于图 6.6(c)所示一端固定一端为滑动支座的梁

图 6.6(c)所示一端固定一端为滑动支座的梁，其转角位移方程应为

$$\left.\begin{array}{l} M_{AB} = i\theta_A + M_{AB}^F \\ M_{BA} = -i\theta_A + M_{BA}^F \end{array}\right\} \tag{6.3}$$

6.4.2 用直接平衡法计算超静定结构

用直接平衡法计算超静定结构，即由各单元杆件的转角位移方程写出各杆件的杆端力表达式，根据平衡条件，在有节点转角处，建立节点的力矩平衡方程；在有节点线位移处，建立截面的力平衡方程。由平衡方程即可确定位移法的基本未知量。下面以图 6.7(a)所示的刚架为例，说明用直接平衡法计算超静定结构的计算步骤。

1. 确定基本未知量

准确判断位移法基本未知量的类型和数目，是计算的关键。图 6.7(a)所示的刚架，只有结点转角 θ_B 一个基本未知量。

2. 建立各单元杆件的转角位移方程

(1) 根据各杆的结构形式与杆端位移，由表 5.1 可查得各杆的杆端弯矩。

AB 杆：相当于一端固定一端铰支的梁，由 θ_B 产生的杆端弯矩为

$$\left.\begin{array}{l} M_{AB} = 0 \\ M_{BA} = 3i\theta_B \end{array}\right\} \tag{1}$$

BC 杆：相当于两端固定的梁，由 θ_B 产生的杆端弯矩为

$$\left.\begin{array}{l} M_{BC} = 4i\theta_B \\ M_{CB} = 2i\theta_B \end{array}\right\} \tag{2}$$

(2) 根据各杆结构形式和承受的荷载，由表 5.1 可查得各杆的固端弯矩。

AB 杆：
$$\left.\begin{array}{l} M_{AB}^F = 0 \\ M_{BA}^F = -\dfrac{3}{16}F_P l = -\dfrac{3}{16} \times 10 \times 4 = -7.5(\text{kN·m}) \end{array}\right\} \tag{3}$$

BC 杆：
$$M_{BC}^F = -M_{CB}^F = \dfrac{ql^2}{12} = \dfrac{2 \times 4^2}{12} = 2.67(\text{kN·m}) \tag{4}$$

(3) 分别将式(1)、式(3)和式(2)、式(4)叠加，得各杆的转角位移方程。

$$\left.\begin{array}{l} M_{AB} = 0 \\ M_{BA} = 3i\theta_B - 7.5 \\ M_{BC} = 4i\theta_B + 2.67 \\ M_{CB} = 2i\theta_B - 2.67 \end{array}\right\} \tag{5}$$

3. 取刚节点 B 为隔离体，如图 6.7(b)所示，建立节点的力矩平衡方程，并求 θ_B

由 $\sum M_B = 0$，得

$$M_{BA} + M_{BC} = 0 \qquad (6)$$

将式(3)各值代入得

$$7i\theta_B - 4.83 = 0$$

$$\theta_B = \frac{4.83}{7i}$$

4. 计算各杆杆端弯矩值

将 θ_B 代入转角位移方程式(5)中得

$$\left.\begin{aligned}
M_{AB} &= 0 \\
M_{BA} &= 3i \times \frac{4.83}{7i} - 7.5 = -5.43(\text{kN·m}) \\
M_{BC} &= 4i \times \frac{4.83}{7i} + 2.67 = 5.43(\text{kN·m}) \\
M_{CB} &= 2i \times \frac{4.83}{7i} - 2.67 = -1.29(\text{kN·m})
\end{aligned}\right\} \qquad (7)$$

5. 根据各杆杆端弯矩，绘制 M 图

将各杆的杆端弯矩画在各杆端受拉一侧，如图 6.7(c)所示，然后以每根杆为单元画出弯矩图。如 AB 杆的弯矩图，是以 AB 杆杆端弯矩连线作基线，再将 AB 杆看成简支梁，求出集中荷载作用 D 处的弯矩值 $M_D' = \dfrac{F_P l}{4}$，再与该简支梁的杆端弯矩作用下的弯矩值 $M_D'' = -\dfrac{M_{BA}}{2}$ 相叠加得

$$M_D = M_D' + M_D'' = \frac{F_P l}{4} + \frac{M_{BA}}{2} = \frac{10 \times 4}{4} - \frac{5.43}{2} = 7.29(\text{kN·m})$$

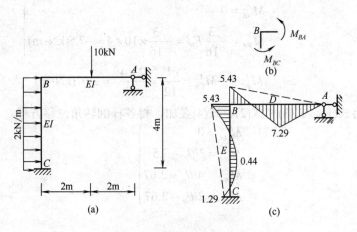

图 6.7 刚架弯矩图的绘制

同理，画 BC 杆的弯矩图时，将 BC 杆看成简支梁，在荷载和杆端弯矩共同作用下，截面 E 的弯矩值相叠加得

$$M_E = \frac{ql^2}{8} - \frac{5.43 + 1.29}{2} = 0.64(\text{kN·m})$$

最终弯矩图如图 6.7(c)所示。

【例 6.1】试作图 6.8(a)所示连续梁的弯矩图。各杆 EI 为常数。

解：(1) 确定基本未知量。

该连续梁只有一个刚节点 B，没有线位移，故只有 θ_B 一个基本未知量。

(2) 建立各单元杆件的转角位移方程。

将连续梁分为两根单元杆件，其中，AB 杆为两端固定的单跨梁，BC 杆为一端固定、一端铰支的单跨梁。

由表 5.1 查得各杆端由 θ_B 和荷载产生的弯矩，并在对应截面上进行叠加，可得各杆端转角位移方程如下：

$$M_{AB} = 2i\theta_B - \frac{1}{8}F_P l = \frac{1}{3}EI\theta_B - \frac{1}{8} \times 20 \times 6 = \frac{1}{3}EI\theta_B - 15$$

$$M_{BA} = 4i\theta_B + \frac{1}{8}F_P l = \frac{2}{3}EI\theta_B + \frac{1}{8} \times 20 \times 6 = \frac{2}{3}EI\theta_B + 15$$

$$M_{BC} = 3i\theta_B - \frac{1}{8}ql^2 = \frac{1}{2}EI\theta_B - \frac{1}{8} \times 2 \times 6^2 = \frac{1}{2}EI\theta_B - 9$$

$$M_{CB} = 0$$

(3) 建立节点 B 弯矩平衡方程。

取 B 节点为脱离体，如图 6.8(b)所示。

由 $\sum M_B = 0$，得

$$M_{BA} + M_{BC} = 0$$

将上述相应值代入得

$$\frac{2}{3}EI\theta_B + 15 + \frac{1}{2}EI\theta_B - 9 = 0$$

解得

$$EI\theta_B = -\frac{36}{7}$$

(4) 计算各杆杆端弯矩。

将 $EI\theta_B = -\frac{36}{7}$ 代入各杆端转角位移方程，则有

$$M_{AB} = -16.7(\text{kN·m})$$
$$M_{BA} = 11.6(\text{kN·m})$$
$$M_{BC} = -11.6(\text{kN·m})$$
$$M_{CB} = 0$$

(5) 绘制弯矩图。

将求得的各杆的杆端弯矩及各杆所承受荷载产生的弯矩，根据叠加方法画出弯矩图，如图 6.8(c)所示。

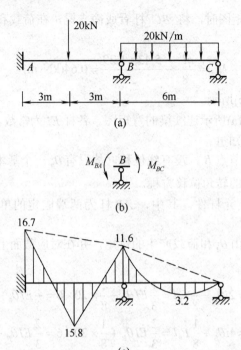

图 6.8 例 6.1 图

【例 6.2】 试作图 6.9(a)所示刚架的内力图。各杆 EI 为常数。

解： (1) 确定基本未知量。

只有节点转角 θ_B 一个基本未知量。

(2) 建立各单元杆件的转角位移方程。

将结构分解为 AB、BC、BD 三根单元杆件，其中，AB 为一端固定、一端铰支的单跨梁；BD 为两端固定梁的单跨梁；BC 可看成一根悬臂梁。

由表 5.1 查得，将由杆端位移产生的杆端弯矩和由荷载产生的固端弯矩进行叠加，则得各单元杆件的转角位移方程为

$$\left. \begin{aligned} M_{BA} &= 3i\theta_B + \frac{ql^2}{8} = 3i\theta_B + \frac{1}{8} \times 2.5 \times 4^2 = 3i\theta_B + 5 \\ M_{BC} &= -F_P l = -10 \times 4 = -40 \\ M_{BD} &= 4i\theta_B \\ M_{DB} &= 2i\theta_B \end{aligned} \right\} \quad (1)$$

(3) 建立节点的力矩平衡方程，并求节点 θ_B 转角。

选节点 B 为脱离体，如图 6.9(b)所示。

由 $\sum M_B = 0$，得

$$M_{BA} + M_{BC} + M_{BD} = 0$$

将式(1)中相关杆端弯矩值代入上式得

$$3i\theta_B + 5 + 4i\theta_B - 40 = 0$$

解得
$$\theta_B = \frac{5}{i}$$

(4) 计算各杆端弯矩。

将 $\theta_B = \frac{5}{i}$ 代入式(1)得

$$\left.\begin{array}{l} M_{BA} = 20\,\text{kN}\cdot\text{m} \\ M_{BC} = -40\,\text{kN}\cdot\text{m} \\ M_{BD} = 20\,\text{kN}\cdot\text{m} \\ M_{DB} = 10\,\text{kN}\cdot\text{m} \end{array}\right\} \quad (2)$$

(5) 画弯矩图。

首先将各杆端弯矩画在受拉边，然后以每根杆为单元画弯矩图。

BD 杆：无荷载、弯矩图为斜直线，连接杆端弯矩，即为杆 BD 的弯矩图。

BC 杆：悬臂梁，无荷载作用，弯矩图为斜直线，C 端弯矩为零，连接 BC 杆的两端弯矩值，即得 BC 杆的弯矩图。

BA 杆：有均布荷载作用，弯矩图为抛物线，除计算出 BA 杆两端弯矩值外，还需利用叠加法求出跨中截面的弯矩值，即

$$M_{BA} = 20\,\text{kN}\cdot\text{m}$$
$$M_{AB} = 0$$
$$M_{中} = \frac{ql^2}{8} - \frac{20}{2} = \frac{1}{8} \times 2.5 \times 4^2 - 10 = -5\,(\text{kN}\cdot\text{m})$$

将 BA 杆的杆端及跨中三个截面的弯矩用一条光滑曲线连接，即得 BA 杆的弯矩图，如图 6.9(d)所示。

(6) 画剪力图。

根据各杆段杆端弯矩及荷载，逐杆求出杆端剪力，然后绘出剪力图，由图 6.9(a)、(c)、(d)可知以下各杆的剪力。

BC 杆：悬臂段，各截面剪力均为 10 kN。

BD 杆：其上无荷载，各截面剪力

$$F_Q = -\frac{\sum M_{杆端}}{l} = -\frac{20+10}{4} = -7.5\,(\text{kN})$$

BA 杆：其上作用均布荷载，剪力图为斜直线，需求杆端剪力值连线。

由 $\sum M_A = 0$，得

$$F_{QBA}l + M_{BA} + \frac{ql^2}{2} = 0$$
$$F_{QBA} = -\frac{M_{BA}}{l} - \frac{ql^2}{2} = -10\,(\text{kN})$$

由 $\sum M_B = 0$，得

$$F_{QBA} = 0$$

画剪力图如图 6.9(e)所示。

(7) 画轴力图。

利用节点平衡条件，由杆端剪力求出各杆杆端轴力值，画出轴力图。

BC 杆：各截面轴力为零。

BA 杆和 BD 杆：取 B 节点为隔离体，其受力图如图 6.9(f)所示。

由 $\sum X = 0$，得 $\quad F_{NBA} = 7.5\,\text{kN}$（拉）

由 $\sum Y = 0$，得 $\quad F_{NBD} = -20\,\text{kN}$（压）

画出轴力图如图 6.9(g)所示。

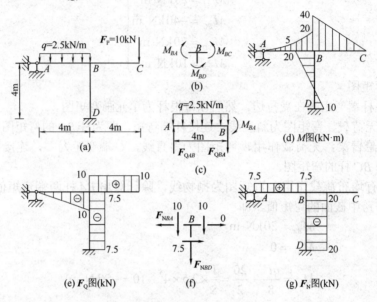

图 6.9 例 6.2 图

6.4.3 有节点线位移的超静定结构计算

有节点线位移的超静定结构，即位移法的基本未知量除节点转角外，还有独立的节点线位移。节点转角数目等于该结构的刚节点数目，独立的节点线位移数目需用直观判断法或铰化节点判断法确定。

无节点线位移的超静定结构计算中，基本未知量的数目等于结构中刚节点的数目，亦等于在刚节点处所建立的力矩平衡方程的数目。而有节点线位移的超静定结构的基本未知量数目等于结构中节点转角数目与独立节点线位移数目的总和。计算中，除要列出与节点转角数目相同的力矩平衡方程外，还需列出与独立节点线位移数目相对应的截面力的平衡方程，通过解方程，即可求出节点转角和独立节点线位移。

【**例 6.3**】试作图 6.10(a)所示排架弯矩图。

解：(1) 确定基本未知量。

刚节点 C 的节点转角 θ_C 和横梁 CD 的水平线位移 Δ。

(2) 建立基本结构，写出各单元杆的转角位移方程。

要注意 AC、BD 两杆 C、D 两端有相同的水平位移，但无相对位移，于是各杆转角位移方程为

$$\left.\begin{aligned}M_{AC} &= 2i\theta_C - \frac{6i}{l}\Delta - \frac{ql^2}{12} = 2\theta_C - \Delta - 3\\ M_{CA} &= 4i\theta_C - \frac{6i}{l}\Delta + \frac{ql^2}{12} = 4\theta_C - \Delta + 3\\ M_{CD} &= 3i\theta_C = 3\theta_C\\ M_{BD} &= -\frac{3i}{l}\Delta = -0.5\Delta\end{aligned}\right\} \quad (1)$$

(3) 建立位移法基本方程。

根据刚节点 C，建立力矩平衡方程。取节点 C 为隔离体，如图 6.10(b)所示。
由 $\sum M_C = 0$，得

$$M_{CA} + M_{CD} = 0$$
$$7\theta_C - \Delta + 3 = 0 \quad (2)$$

截取立杆 AC、BD 上部分为隔离体，如图 6.10(c)所示，建立立柱力的平衡方程。
由 $\sum X = 0$，得

$$F_{QCA} + F_{QDB} = 0 \quad (3)$$

由图 6.10(d)，$\sum M_A = 0$，得

$$F_{QCA} = -\frac{6\theta_C - 2\Delta}{6} - \frac{ql}{2} = -\theta_C + \frac{\Delta}{3} - 3$$

由图 6.10(e)，$\sum M_B = 0$，得

$$F_{QDB} = \frac{0.5\Delta}{6} = \frac{\Delta}{12}$$

将 F_{QCA}、F_{QDB} 代入式(3)，得

$$-\theta_C + \frac{\Delta}{3} + \frac{\Delta}{12} - 3 = 0$$

即

$$-\theta_C + \frac{5}{12}\Delta - 3 = 0 \quad (4)$$

(4) 求解基本未知量。

将式(2)、式(4)联立得基本方程为

$$\left.\begin{aligned}7\theta_C - \Delta + 3 &= 0\\ -\theta_C + \frac{5}{12}\Delta - 3 &= 0\end{aligned}\right\} \quad (5)$$

求得

$$\theta_C = 0.91$$
$$\Delta = 9.37$$

(5) 计算各杆端弯矩。

将 θ_C、Δ 代入式(1)，得

$$M_{AC} = -10.55\,\text{kN·m}$$
$$M_{CA} = -2.73\,\text{kN·m}$$
$$M_{CD} = 2.73\,\text{kN·m}$$
$$M_{BD} = -4.69\,\text{kN·m}$$

(6) 画出弯矩图。

根据计算所得杆端弯矩及已知荷载，即可画出弯矩图，如图 6.10(f)所示。

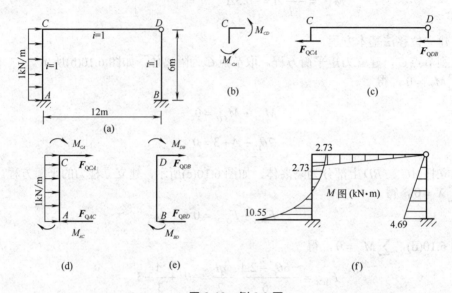

图 6.10 例 6.3 图

由此可知，位移法基本未知量中，每一个转角对应一个力矩平衡方程，每一个独立节点线位移对应一个力的平衡方程，亦即基本未知量个数与平衡方程数相等，正好可以求解出全部未知量。

利用位移法计算对称结构时，同样可利用其对称性以简化计算。

【例 6.4】试作图 6.11(a)所示刚架的弯矩图。

解：先将图 6.11(a)荷载分解成图 6.11(b)、(c)所示对称荷载和反对称荷载。其中图 6.11(b)所示对称结构在对称荷载作用下，只有 CD 杆存在轴力，且 $F_{NCD} = F_{NDC} = -25\,\text{kN}$（压）。图 6.11(c)所示对称结构在反对称荷载作用下的弯矩图即为原刚架的弯矩图。计算时可以利用对称性取半刚架，如图 6.12(a)所示。其计算步骤如下。

(1) 确定基本未知量，只有 θ_C 和 Δ 两个基本未知量

(2) 列转角位移方程。

$$\left.\begin{aligned}M_{AC} &= 2i\theta_C - \frac{6i}{12}\Delta = 2i\theta_C - 0.5i\Delta \\ M_{CA} &= 4i\theta_C - \frac{6i}{12}\Delta = 4i\theta_C - 0.5i\Delta \\ M_{CE} &= 3 \times 2i\theta_C = 6i\theta_C\end{aligned}\right\} \qquad (1)$$

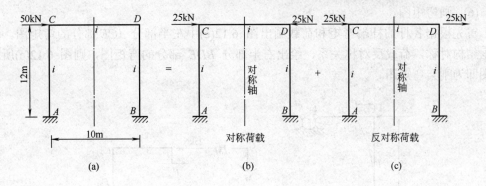

图 6.11 例 6.4 图

(3) 建立位移法基本方程。

取节点 C 为隔离体, 如图 6.12(b)所示。

由 $\sum M_C = 0$, 得

$$M_{CA} + M_{CE} = 0$$

即
$$10i\theta_C - 0.5i\Delta = 0 \tag{2}$$

取立柱顶端 CE 杆为隔离体, 如图 6.12(c)所示。

由 $\sum X = 0$, 得

$$F_{QCA} - 25 = 0 \tag{3}$$

取 CA 为隔离体, 如图 6.12(d)所示。

由 $\sum M_A = 0$, 得

$$12F_{QCA} + M_{CA} + M_{AC} = 0$$

即
$$F_{QCA} = -\frac{M_{CA} + M_{AC}}{12} = -\frac{6i\theta_C - i\Delta}{12} \tag{4}$$

将 F_{QCA} 代入式(3)得

$$6i\theta_C - i\Delta + 300 = 0 \tag{5}$$

(4) 求解基本未知量。

由式(2)和式(5), 可得到如下联立方程

$$\left.\begin{array}{l} 10i\theta_C - 0.5i\Delta = 0 \\ 6i\theta_C - i\Delta + 300 = 0 \end{array}\right\} \tag{6}$$

求得
$$\begin{cases} \theta_C = \dfrac{150}{7i} \\ \Delta = \dfrac{3000}{7i} \end{cases}$$

(5) 计算各杆杆端弯矩。

将 θ_C 和 Δ 值代入方程(1), 得

$$M_{AC} = -171.4 \text{kN} \cdot \text{m}$$
$$M_{CA} = -128.6 \text{kN} \cdot \text{m}$$
$$M_{CE} = 128.6 \text{kN} \cdot \text{m}$$

(6) 画弯矩图。

首先根据各杆的杆端弯矩和荷载画出图 6.12(e)中左半部分 ACE 部分的弯矩图。然后根据结构对称,荷载反对称关系,绘出右半部分 BDE 部分的弯矩图,则图 6.12(e)所示弯矩图即为刚架弯矩图。

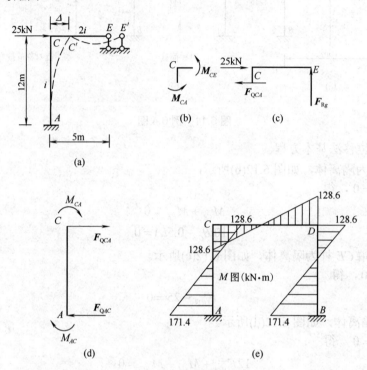

图 6.12　例 6.4 图

6.5　位移法方程

不仅用建立等截面直杆转角位移方程的方法可以计算超静定结构,还可以用建立位移法方程的方法计算。下面就介绍这种方法。

6.5.1　位移法方程的建立

为使位移法方程的表示具有代表性,将基本未知量(转角位移和独立节点线位移)统一用 Δ 表示。下面以图 6.13(a)所示的刚架为例说明位移法方程的建立。

图 6.13(a)所示的刚架只有一个刚性节点 C,基本未知量为结点 C 的角位移 Δ_1,在节点 C 施加控制转动的约束——附加刚臂,得到基本体系(见图 6.13(b))。

基本体系在荷载和节点位移 Δ_1 的共同作用下,转化为原结构的条件就是施加转动约束的约束力矩 F_1(见图 6.13(c))应等于零,即

$$F_1 = 0$$

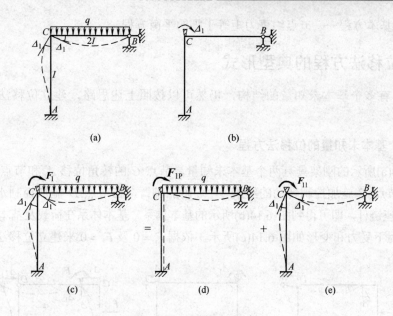

图 6.13 位移法方程的建立

由于原结构在节点 C 处无约束作用，故基本体系在荷载和节点位移 Δ_1 的共同作用下在节点 C 处应与原结构完全相同，即 $F_1=0$。只有这样，图 6.13(c)所示结构的内力和变形才能与原结构的内力和变形完全符合。

根据使 $F_1=0$ 的条件来建立位移法方程，方程的建立按下述两种情形叠加进行。

1. 基本体系在荷载作用下的计算

节点 C 处于约束状态(锁住状态)。先求出基本体系在荷载作用下 CB 杆的固端力，以及在转动约束中存在的约束力矩 F_{1P}。

2. 基本体系在基本未知量 Δ_1 作用下的计算

使基本体系在结点 C 发生结点角位移 Δ_1。此时可求出基本体系在有 Δ_1 作用时，杆件 CA 和 CB 的杆端力，以及在转动约束中存在的约束力矩 F_{11}。

将上述两种情形叠加，使基本体系恢复到原结构的状态。即，使基本体系在荷载和 Δ_1 作用下附加的约束力矩 F_1 消失。此时虽然节点 C 在形式上还有附加的转动约束力矩 F_1，但实际上已经不起作用，即节点 C 已处于放松状态。

根据以上分析可得到

$$F_1 = F_{1P} + F_{11} = 0 \tag{1}$$

利用叠加原理将 F_{11} 转换成与 Δ_1 有关的量，则上式可变为

$$F_1 = k_{11}\Delta_1 + F_{1P} = 0 \tag{2}$$

式中：k_{11}——基本体系在单位位移 $\Delta_1=1$ 单独作用时，在附加约束中产生的约束力矩；

F_{1P}——基本体系在荷载单独作用下，在附加约束中的约束力矩。

式(2)即为求解基本未知量 Δ_1 的位移法方程，也就是平衡方程。

对于具有一个刚节点的结构，只有一个基本未知量——节点角位移；相应地可以列出

一个节点的基本方程——节点约束力矩等于零的平衡方程。

6.5.2 位移法方程的典型形式

对于具有多个基本未知量的结构，仍然可以按照上述思路，建立位移法方程的典型形式。

1. 两个基本未知量的位移法方程

图 6.14(a)所示的刚架具有两个基本未知量，节点 C 的转角位移 Δ_1 和节点 D 的水平位移 Δ_2。在节点 C 施加控制转动的约束 1——附加刚臂，在节点 D 施加控制水平位移的约束 2——支座链杆，即可得到图 6.14(b)所示的基本体系。基本体系在荷载及基本未知量 Δ_1、Δ_2 共同作用下受力和变形如图 6.14(c)所示。依据 $F_1=0$ 及 $F_2=0$ 来建立位移法方程。

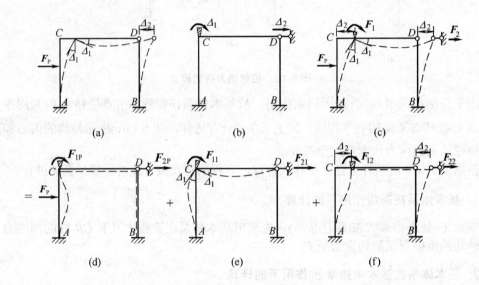

图 6.14 位移法方程典型形式的建立

基本体系在荷载单独作用时的计算(见图 6.14(d))先求出杆件的固端力，然后再求附加约束中存在的约束力矩 F_{1P} 和约束力 F_{2P}。

基本体系在 Δ_1 单独作用时的计算(见图 6.14(e))使基本体系在节点 C 发生节点位移 Δ_1，节点 D 仍锁住。此时可求出基本体系在杆件 CA 和 CD 的杆端力，以及在两个约束中分别存在的约束力矩 F_{11} 和约束力 F_{21}。

基本体系在 Δ_2 单独作用时的计算(见图 6.14(f))使基本体系在节点 D 发生节点位移 Δ_2，节点 C 仍锁住。此时可求出基本体系在杆件 AC 和 BD 的杆端力，以及在两个约束中分别存在的约束力矩 F_{12} 和约束力 F_{22}。

叠加以上三种情形，使基本体系在荷载、结点位移 Δ_1、节点位移 Δ_2 共同作用下，附加约束中的约束力矩 F_1 和约束力 F_2 消失，附加约束处于放松状态。即有

$$\left.\begin{array}{l}F_1=0\\F_2=0\end{array}\right\} \quad (1)$$

即

$$\left.\begin{array}{l}F_{1P}+F_{11}+F_{12}=0\\F_{2P}+F_{21}+F_{22}=0\end{array}\right\} \quad (2)$$

式中：F_{1P}、F_{2P}——基本体系在荷载单独作用时，在附加约束 1 和 2 中产生的约束力矩和约束力；

F_{11}、F_{21}——基本体系在节点位移 Δ_1 单独作用时（其他节点位移 $\Delta_2=0$），在附加约束 1 和 2 中产生的约束力矩和约束力；

F_{12}、F_{22}——基本体系在节点位移 Δ_2 单独作用时（其他节点位移 $\Delta_1=0$），在附加约束 1 和 2 中产生的约束力矩和约束力。

利用叠加原理，将上式中的 F_{11}、F_{21}、F_{12}、F_{22} 表示成与 Δ_1、Δ_2 有关的量，将方程(2)展开可写为

$$\left.\begin{array}{l}k_{11}\Delta_1+k_{12}\Delta_2+F_{1P}=0\\k_{21}\Delta_1+k_{22}\Delta_2+F_{2P}=0\end{array}\right\} \quad (6.4)$$

式中：k_{11}、k_{21}——基本体系在节点位移 $\Delta_1=1$ 单独作用时（其他节点位移 $\Delta_2=0$），在附加约束 1 和 2 中产生的约束力矩和约束力；

k_{12}、k_{22}——基本体系在节点位移 $\Delta_2=1$ 单独作用时（其他节点位移 $\Delta_1=0$），在附加约束 1 和 2 中产生的约束力矩和约束力。

式(6.4)为两个基本未知量的位移法方程。利用此方程可求解未知量 Δ_1 和 Δ_2。

2. 多个基本未知量的位移法方程的典型形式

对于具有多个基本未知量的结构，用类似的方法可得位移法方程的典型形式

$$\left.\begin{array}{l}k_{11}\Delta_1+k_{12}\Delta_2+\cdots+k_{1n}\Delta_n+F_{1P}=0\\k_{21}\Delta_1+k_{22}\Delta_2+\cdots+k_{2n}\Delta_n+F_{2P}=0\\\vdots\\k_{n1}\Delta_1+k_{n2}\Delta_2+\cdots+k_{nn}\Delta_n+F_{nP}=0\end{array}\right\} \quad (6.5)$$

式中：k_{ii}——基本体系在节点位移 $\Delta_i=1$ 单独作用时（其他节点位移 $\Delta_j=0$），在附加约束 i 中产生的约束力或约束力矩（$i=1,2,\cdots,n$）。

k_{ij}——基本体系在节点位移 $\Delta_j=1$ 单独作用时（其他节点位移 $\Delta_i=0$），在附加约束 i 中产生的约束力或约束力矩（$i=1,2,\cdots,n, j=1,2,\cdots,n, i\neq j$）。

F_{iP}——基本体系在荷载单独作用时（节点位移 Δ_1、Δ_2、$\cdots$、Δ_n 均锁住），在附加约束 i 中产生的约束力或约束力矩（$i=1,2,\cdots,n$）。

上述方程组中的每一个方程，表示基本体系与每一个基本未知量相应的附加约束处约束力或约束力矩等于零的平衡条件。具有 n 个基本未知量的结构，基本体系就有 n 个附加约束，也就有 n 个附加约束处的平衡条件，即有 n 个平衡方程。显然，基本未知量的数目与建立的平衡方程数目是相等的。

在建立位移法方程时，基本未知量 Δ_1、Δ_2、$\cdots$、Δ_n 都假设为正号，即，假设节点角

位移为顺时针转向，节点线位移使杆件产生顺时针转动；计算结果为正，说明 Δ_1、Δ_2、…、Δ_n 的实际方向与假设的方向一致；计算结果为负，则说明 Δ_1、Δ_2、…、Δ_n 的方向与假设的方向相反。

方程中的系数 k_{ii}、k_{ij} 等称为结构的刚度系数，可由杆件的形常数求得；自由项 F_{iP} 则可由杆件的载常数求得。

方程中处于主对角线上的系数，称为主系数，恒大于零；处于主对角线两侧的系数，称为副系数，可大于零，也可小于零，或等于零。由互等定理可知：$k_{ij} = k_{ji}$。

6.6 用位移法计算超静定结构

6.6.1 无节点线位移情况下超静定结构的计算步骤

【例 6.5】 用位移法计算图 6.15(a)所示连续梁的内力图。EI 为常数。

解：(1) 确定基本未知量。

图 6.15(a)所示的连续梁在刚性节点 B 处有转角位移 Δ_1。

(2) 基本体系。

在节点 B 施加抵抗转动的约束，得到基本体系如图 6.15(b)所示。

(3) 列位移法方程。

由于连续梁只有一个刚性节点的角位移为基本未知量，故方程为

$$k_{11}\Delta_1 + F_{1P} = 0$$

(4) 计算系数 k_{11}——基本体系在节点 B 处有转角 $\Delta_1 = 1$ 作用时的计算。

① 利用各杆件的形常数 $\left(令 \dfrac{EI}{6} = i\right)$ 计算各杆件的杆端弯矩，并作 $\overline{M}$ 图，如图 6.15(c)所示。

$$M_{BC} = 3i, \quad M_{BA} = 4i, \quad M_{AB} = 2i$$

② 由节点 B 的力矩平衡图如图 6.15(d)所示，可得

$$\sum M_B = 0, \quad k_{11} = 4i + 3i = 7i$$

(5) 计算 F_{1P}——基本体系在荷载作用下的计算(锁住节点 B，即 $\Delta_1 = 0$)。

① 利用各杆件的载常数，计算各杆件的固端弯矩，并作 M_P 图，如图 6.15(e)所示。

$$-M_{AB}^F = M_{BA}^F = \frac{ql^2}{12} = \frac{2 \times 6^2}{12} = 6(\text{kN}\cdot\text{m})$$

$$M_{BC}^F = -\frac{3F_P l}{16} = -\frac{3 \times 16 \times 6}{16} = -18(\text{kN}\cdot\text{m})$$

② 由节点 B 的力矩平衡图如图 6.15(f)所示，可得

$$\sum M_B = 0, \quad F_{1P} = 18 - 6 = 0, \quad F_{1P} = -12\text{kN}\cdot\text{m}$$

(6) 将各系数及自由项代入位移法方程，求解未知量 Δ_1。

$$\Delta_1 = -\frac{F_{1P}}{k_{11}} = \frac{12}{7i}$$

(7) 计算各杆的杆端弯矩，绘制 M 图，如图 6.16(b)所示。

利用叠加公式 $M = \overline{M}\Delta_1 + M_P$，计算各杆的杆端弯矩：

$$M_{AB} = 2i\Delta_1 + M_{AB}^F = 2i \times \frac{12}{7i} - 6 = -2.57(\text{kN} \cdot \text{m})$$

$$M_{BA} = 4i\Delta_1 + M_{BA}^F = 4i \times \frac{12}{7i} + 6 = 12.86(\text{kN} \cdot \text{m})$$

$$M_{BC} = 3i\Delta_1 + M_{BC}^F = 3i \times \frac{12}{7i} - 18 = -12.86(\text{kN} \cdot \text{m})$$

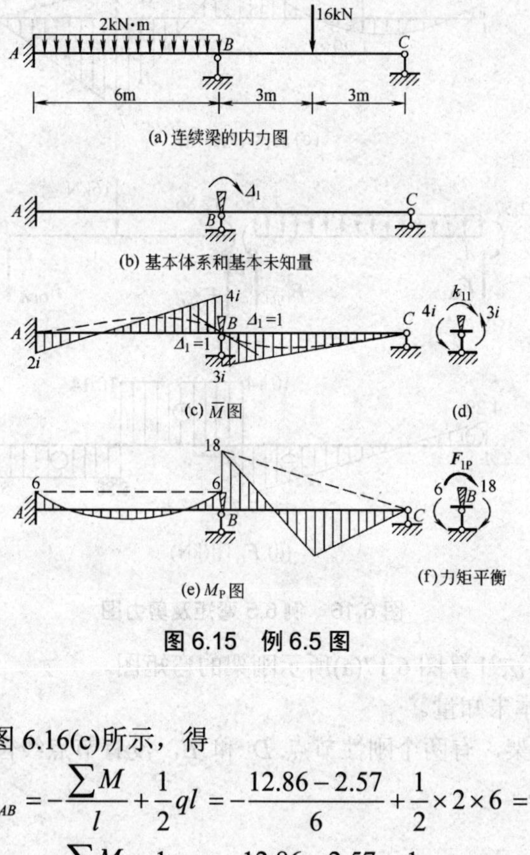

图 6.15 例 6.5 图

(8) 绘制 F_Q 图。

由隔离体 AB 受力图 6.16(c)所示，得

$$\sum M_B = 0 \quad F_{QAB} = -\frac{\sum M}{l} + \frac{1}{2}ql = -\frac{12.86 - 2.57}{6} + \frac{1}{2} \times 2 \times 6 = 4.29(\text{kN})$$

$$\sum M_A = 0 \quad F_{QBA} = -\frac{\sum M}{l} - \frac{1}{2}ql = -\frac{12.86 - 2.57}{6} - \frac{1}{2} \times 2 \times 6 = -7.72(\text{kN})$$

由隔离体 BC 受力图 6.16(c)所示，得

$$\sum M_B = 0 \quad F_{QCB} = -\frac{\sum M}{l} - \frac{1}{2}F_P = -\frac{-12.86}{6} - \frac{1}{2} \times 16 = -5.86(\text{kN})$$

$$\sum M_C = 0 \quad F_{QBC} = -\frac{\sum M}{l} + \frac{1}{2}F_P = -\frac{-12.86}{6} + \frac{1}{2} \times 16 = 10.14(\text{kN})$$

根据计算结果绘制 F_Q 图，如图 6.16(d)所示。

(9) 校核。

节点 B 是否满足力矩平衡 $\sum M_B = 0$

$$\sum M_B = 12.86 - 12.86 = 0$$

连续梁 ABC 整体是否满足 $\sum Y = 0$

$$\sum Y = 4.29 + 17.86 + 5.86 - 2 \times 6 - 16 \approx 0$$

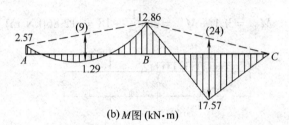

(a)

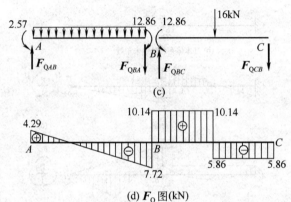

图 6.16 例 6.5 弯矩及剪力图

【例 6.6】用位移法计算图 6.17(a)所示刚架的弯矩图。

解：(1) 确定基本未知量。

图 6.17(a)所示刚架，有两个刚性节点 D 和 E，没有节点线位移，基本未知量为节点 D 和 E 的转角 Δ_1、Δ_2。

(2) 基本体系。

在节点 D 和 E 上分别施加转动约束，得到基本体系如图 6.17(b)所示。

(3) 位移法方程。

刚架具有两个刚性节点的角位移作为基本未知量，故方程为

$$\begin{cases} k_{11}\Delta_1 + k_{12}\Delta_2 + F_{1P} = 0 \\ k_{21}\Delta_1 + k_{22}\Delta_2 + F_{2P} = 0 \end{cases}$$

(4) 计算系数 k_{11}、k_{21}、k_{12} 和 k_{22}。

设 $EI_0 = 1$，则

$$i_{DC} = i_{EF} = \frac{4EI_0}{4} = \frac{4 \times 1}{4} = 1, \quad i_{DE} = \frac{6EI_0}{6} = \frac{6 \times 1}{6} = 1$$

$$i_{DA} = \frac{2EI_0}{4} = \frac{2 \times 1}{4} = \frac{1}{2}, \quad i_{BE} = \frac{3EI_0}{4} = \frac{3 \times 1}{4} = \frac{3}{4}$$

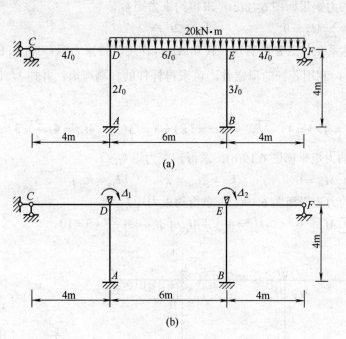

图 6.17 例 6.6 图

① 基本体系在节点 D 有单位转角 $\Delta_1 = 1$ 作用下约束力矩（k_{11} 和 k_{21}）的计算。

当 $\Delta_1 = 1$ 时，利用各杆的形常数求杆件 DC、DE、DA 的杆端弯矩，并作出 $\overline{M}_1$ 图，如图 6.18(a)所示。

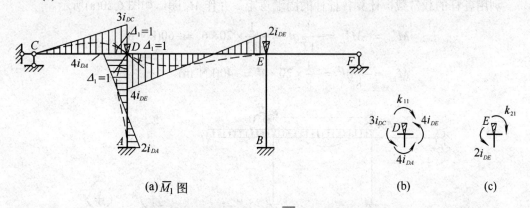

图 6.18 例 6.6 单位弯矩 $\overline{M}_1$ 图及节点受力图

$$\overline{M}_{DC} = 3i_{DC} = 3, \qquad \overline{M}_{DA} = 4i_{DA} = 4 \times \frac{1}{2} = 2$$

$$\overline{M}_{DE} = 4i_{DE} = 4\times1 = 4, \qquad \overline{M}_{DE} = 2i_{DE} = 2\times1 = 2$$

由节点 D 的力矩平衡图 6.18(b)，求得约束力矩 k_{11}：

$$\sum M_D = 0 \qquad k_{11} = 3i_{DC} + 4i_{DA} + 4i_{DE} = 3+2+4 = 9$$

由节点 E 的力矩平衡图 6.18(c)，求得约束力矩 k_{21}：

$$\sum M_E = 0 \qquad k_{21} = 2i_{DE} = 2$$

② 基本体系在节点 E 处有单位转角 $\Delta_2 = 1$ 作用时约束力矩 k_{12} 和 k_{22} 的计算。

当 $\Delta_2 = 1$ 时，利用各杆的形常数，可求得杆件的杆端弯矩，并作 $\overline{M}_2$ 图，如图 6.19(a) 所示。

$$\overline{M}_{ED} = 4i_{DE} = 4\times1 = 4, \quad \overline{M}_{EF} = 3i_{EF} = 3\times1 = 3, \quad \overline{M}_{ED} = 4i_{EB} = 4\times\frac{3}{4} = 3$$

由节点 D 的力矩平衡图 6.19(b)，求得约束力矩 k_{12}：

$$\sum M_D = 0 \qquad k_{12} = 2i_{DE} = 2 \qquad (k_{12} = k_{21})$$

由节点 E 的力矩平衡图 6.19(c)，求得约束力矩 k_{22}：

$$\sum M_E = 0 \qquad k_{22} = 4i_{DE} + 4i_{EB} + 3i_{EF} = 4+3+3 = 10$$

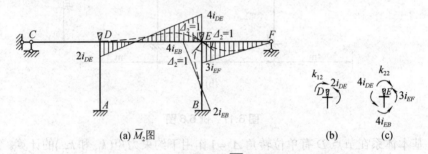

图 6.19 例 6.6 单位弯矩 $\overline{M}_2$ 图及节点受力图

(5) 计算 F_{1P}、F_{2P}——基本体系在荷载作用下约束力矩的计算。

利用各杆的载常数，计算各杆件的固端弯矩，并作 M_P 图，如图 6.20(a) 所示。

$$M_{DE}^F = -M_{ED}^F = -\frac{1}{12}ql^2 = -\frac{1}{12}\times20\times6^2 = -60(\text{kN}\cdot\text{m})$$

$$M_{EF}^F = -\frac{1}{8}ql^2 = -\frac{1}{8}\times20\times4^2 = -40(\text{kN}\cdot\text{m})$$

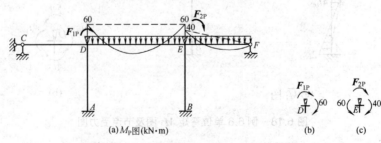

图 6.20 例 6.6 弯矩 M_P 图及节点受力图

由节点 D 的力矩平衡图 6.20(b)，求得约束力矩 F_{1P}：

$$\sum M_D = 0 \qquad F_{1P} + 60 = 0 \qquad F_{1P} = -60 \text{kN} \cdot \text{m}$$

由节点 E 的力矩平衡图 6.20(c)，求得约束力矩 F_{2P}：

$$\sum M_E = 0 \qquad F_{2P} + 40 - 60 = 0 \qquad F_{2P} = 20 \text{kN} \cdot \text{m}$$

(6) 将计算得到的各系数及自由项代入位移法方程中，求解出 Δ_1 和 Δ_2。

$$\begin{cases} 9\Delta_1 + 2\Delta_2 - 60 = 0 \\ 2\Delta_1 + 10\Delta_2 + 20 = 0 \end{cases}$$

解得

$$\begin{cases} \Delta_1 = \dfrac{320}{43} = 7.442 \\ \Delta_2 = -\dfrac{150}{43} = -3.488 \end{cases}$$

(7) 绘制 M 图(见图 6.21)。

利用叠加公式 $M = \overline{M}_1 \Delta_1 + \overline{M}_2 \Delta_2 + M_P$，计算各杆的杆端弯矩：

$$M_{AD} = 2i_{DA}\Delta_1 = 2 \times \frac{1}{2} \times 7.442 = 7.44 (\text{kN} \cdot \text{m})$$

$$M_{DA} = 4i_{DA}\Delta_1 = 4 \times \frac{1}{2} \times 7.442 = 14.88 (\text{kN} \cdot \text{m})$$

$$M_{BE} = 2i_{BE}\Delta_2 = 2 \times \frac{3}{4} \times (-3.488) = -5.23 (\text{kN} \cdot \text{m})$$

$$M_{EB} = 4i_{BE}\Delta_2 = 4 \times \frac{3}{4} \times (-3.488) = -10.46 (\text{kN} \cdot \text{m})$$

$$M_{DC} = 3i_{DC}\Delta_1 = 3 \times 1 \times 7.442 = 22.33 (\text{kN} \cdot \text{m})$$

$$M_{DE} = 4i_{DE}\Delta_1 + 2i_{DE}\Delta_2 + M_{DE}^F$$
$$= 4 \times 1 \times 7.442 + 2 \times 1 \times (-3.488) - 60 = -37.21 (\text{kN} \cdot \text{m})$$

$$M_{ED} = 2i_{DE}\Delta_1 + 4i_{DE}\Delta_2 + M_{ED}^F$$
$$= 2 \times 1 \times 7.442 + 4 \times 1 \times (-3.488) + 60 = 60.93 (\text{kN} \cdot \text{m})$$

$$M_{EF} = 3i_{EF}\Delta_2 + M_{EF}^F = 3 \times 1 \times (-3.488) - 40 = -50.46 (\text{kN} \cdot \text{m})$$

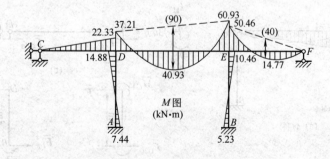

图 6.21　例 6.6 刚架弯矩图

6.6.2 位移法计算有侧移刚架

【例 6.7】用位移法计算图 6.22(a)所示的刚架并绘制内力图。

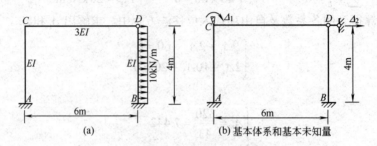

图 6.22 例 6.7 图

解: (1) 基本未知量。

图示的刚架在刚节点 C 处有角位移 Δ_1,节点 D 有水平线位移 Δ_2。

(2) 基本体系。

在刚节点 C 施加控制转动的约束 1;在节点 D 施加控制线位移的约束 2;得到图 6.22(b)所示的基本体系。

(3) 列位移法方程。

$$\begin{cases} k_{11}\Delta_1 + k_{12}\Delta_2 + F_{1P} = 0 \\ k_{21}\Delta_1 + k_{22}\Delta_2 + F_{2P} = 0 \end{cases}$$

(4) 计算系数 k_{11}、k_{21}、k_{12}、k_{22}。

计算各杆的相对线刚度,令 $EI = 4i$,则有

$$i_{AC} = i_{BD} = \frac{EI}{4} = i \qquad i_{CD} = \frac{3EI}{6} = 2i$$

① 基本体系在单位转角 $\Delta_1 = 1$ 单独作用下($\Delta_2 = 0$)约束力矩和约束力(k_{11} 和 k_{21})的计算。

由各杆件的形常数,计算各杆的杆端弯矩:

$$\overline{M}_{CA} = 4i_{CA} = 4i, \qquad \overline{M}_{AC} = 2i_{CA} = 2i, \qquad \overline{M}_{CD} = 3i_{CD} = 6i$$

作 $\overline{M}_1$ 图,如图 6.23(a)所示。

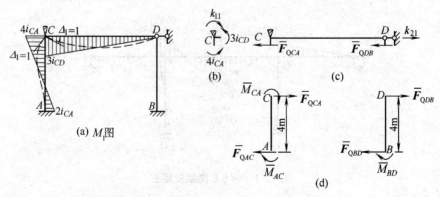

图 6.23 例 6.7 单位弯矩图 $\overline{M}_1$ 及分析受力图

由节点 C 的力矩平衡如图 6.23(b)所示，求得 k_{11}：

$$\sum M_C = 0 \qquad k_{11} = 3i_{CD} + 4i_{CA} = 6i + 4i = 10i$$

为计算 k_{21}，沿有侧移的柱 AC、BD 柱顶处作一截面，取柱顶以上横梁 CD 为隔离体如图 6.23(c)所示，建立水平投影方程：

$$\sum X = 0 \qquad \bar{F}_{QCA} + \bar{F}_{QDB} - k_{21} = 0$$

利用柱 AC、BD 柱顶剪力的形常数或以柱 AC、BD 为隔离体，如图 6.23(d)所示，建立平衡方程，计算 $\bar{F}_{QCA}$ 和 $\bar{F}_{QDB}$。

柱 AC：

$$\sum M_A = 0 \qquad \bar{F}_{QCA} \times 4 + \bar{M}_{AC} + \bar{M}_{CA} = 0$$

$$\bar{F}_{QCA} = -\frac{\bar{M}_{AC} + \bar{M}_{CA}}{4} = -\frac{2i + 4i}{4} = -1.5i$$

柱 BD：

$$\sum M_B = 0 \qquad \bar{F}_{QDB} \times 4 + \bar{M}_{BD} = 0 \qquad \bar{F}_{QDB} = 0$$

将 $\bar{F}_{QCA}$ 和 $\bar{F}_{QDB}$ 代入水平投影方程中，可得

$$-1.5i - k_{21} = 0 \qquad k_{21} = -1.5i$$

② 基本体系在单位水平线位移 $\Delta_2 = 1$ 单独作用下($\Delta_1 = 0$)约束力矩和约束力(k_{12} 和 k_{22})的计算。

由各杆件的形常数，计算各杆的杆端弯矩：

$$\bar{M}_{AC} = \bar{M}_{CA} = -\frac{6i_{AC}}{l_{AC}} = -\frac{6i}{4} = -1.5i \qquad \bar{M}_{BD} = -\frac{3i_{BD}}{l_{BD}} = -\frac{3i}{4}$$

作 $\bar{M}_2$ 图，如图 6.24(a)所示。

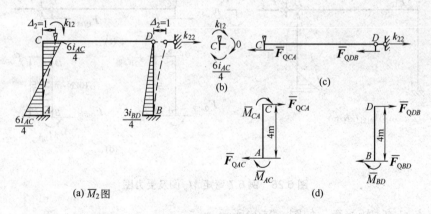

(a) $\bar{M}_2$ 图　　　　　　　　　　　　(d)

图 6.24　例 6.7 单位弯矩图 $\bar{M}_2$ 及分析受力图

由节点 C 的力矩平衡，如图 6.24(b)所示，求得 k_{12}：

$$\sum M_C = 0 \qquad k_{12} + \frac{6i_{AC}}{4} = 0 \qquad k_{12} = -1.5i$$

同理，计算 k_{22} 时，取柱顶以上横梁 CD 为隔离体如图 6.24(c)所示，建立水平投影方程：

$$\sum X = 0 \qquad \overline{F}_{QCA} + \overline{F}_{QDB} - k_{22} = 0$$

以柱 AC、BD 为隔离体如图 6.24(d)所示，计算 $\overline{F}_{QCA}$ 和 $\overline{F}_{QDB}$。

柱 AC：

$$\sum M_A = 0 \qquad \overline{F}_{QCA} \times 4 + \overline{M}_{AC} + \overline{M}_{CA} = 0$$

$$\overline{F}_{QCA} = -\frac{\overline{M}_{AC} + \overline{M}_{CA}}{4} = -\frac{-1.5i - 1.5i}{4} = \frac{3}{4}i$$

柱 BD：

$$\sum M_B = 0 \qquad \overline{F}_{QDB} \times 4 + \overline{M}_{BD} = 0$$

$$\overline{F}_{QDB} = -\frac{\overline{M}_{BD}}{4} = -\frac{-0.75i}{4} = \frac{0.75}{4}i$$

将 $\overline{F}_{QCA}$ 和 $\overline{F}_{QDB}$ 代入水平投影方程中，可得

$$\frac{3}{4}i + \frac{0.75}{4}i - k_{22} = 0 \qquad k_{22} = \frac{3.75}{4}i$$

(5) 计算自由项 F_{1P}、F_{2P}——基本体系在荷载单独作用下（$\Delta_1 = 0$、$\Delta_2 = 0$）约束力矩和约束力的计算。

利用各杆件的载常数，计算各杆的固端弯矩：

$$M_{BD}^F = -\frac{1}{8}ql^2 = -\frac{1}{8} \times 10 \times 4^2 = -20(\text{kN} \cdot \text{m})$$

作 M_P 图，如图 6.25(a)所示。

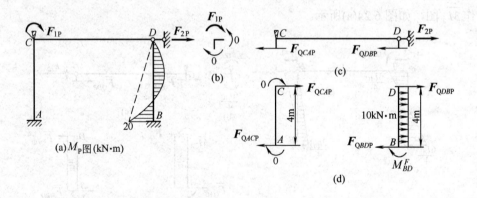

图 6.25　例 6.7 弯矩 M_P 图及受力图

由节点 C 的力矩平衡，如图 6.25(b)所示。

$$\sum M_C = 0 \qquad F_{1P} = 0$$

取柱顶以上横梁 CD 为隔离体如图 6.25(c)所示，建立水平投影方程：

$$\sum X = 0 \qquad F_{QCAP} + F_{QDBP} - F_{2P} = 0$$

以柱 AC、BD 为隔离体，如图 6.25(d)所示，计算 F_{QCAP} 和 F_{QDBP}。

柱 AC：

$$\sum M_A = 0 \qquad F_{QCAP} = 0$$

柱 BD：

$$\sum M_B = 0 \qquad F_{QDBP} \times 4 + M_{BD}^F + 10 \times 4 \times 2 = 0$$

$$F_{QDBP} = \frac{20-80}{4} = -15(\text{kN})$$

将 F_{QCAP} 和 F_{QDBP} 代入水平投影方程中，可得

$$-15 - F_{2P} = 0 \qquad F_{2P} = -15\text{kN}$$

(6) 求解方程，计算未知量。

$$\begin{cases} 10i\Delta_1 - 1.5i\Delta_2 = 0 \\ -1.5i\Delta_1 + \dfrac{3.75i}{4}\Delta_2 - 15 = 0 \end{cases}$$

解得

$$\begin{cases} \Delta_1 = \dfrac{3.158}{i} \\ \Delta_2 = \dfrac{21.05}{i} \end{cases}$$

(7) 绘制 M 图。

利用叠加公式 $M = \overline{M}_1\Delta_1 + \overline{M}_2\Delta_2 + M_P$，计算杆端弯矩绘制 M 图，如图 6.26(a)所示。

$$M_{AC} = 2i_{AC}\Delta_1 - \frac{6i_{AC}}{4}\Delta_2 = 2 \times 3.158 - \frac{6}{4} \times 21.05 = -25.26(\text{kN}\cdot\text{m})$$

$$M_{CA} = 4i_{AC}\Delta_1 - \frac{6i_{AC}}{4}\Delta_2 = 4 \times 3.158 - \frac{6}{4} \times 21.05 = -18.94(\text{kN}\cdot\text{m})$$

$$M_{CD} = 3i_{CD}\Delta_1 = 6 \times 3.158 = 18.95(\text{kN}\cdot\text{m})$$

$$M_{BD} = -\frac{3i_{BD}}{4}\Delta_2 + M_{BD}^F = -\frac{3}{4} \times 21.05 - 20 = -35.79(\text{kN}\cdot\text{m})$$

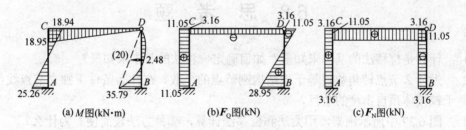

图 6.26 例 6.7 结构的内力图

(8) 绘制 F_Q 图和 F_N 图。

由杆件 AC、BD、CD 的隔离体，分别建立平衡方程，计算各杆的杆端剪力，画出 F_Q 图，如图 6.26(b)所示。

由节点 C 和 D 的隔离体，分别建立平衡方程，计算各杆的轴力，画出 F_N 图，如图 6.26(c) 所示。

6.7 小　　结

位移法是以节点转角和独立节点线位移为基本未知量的。对于超静定次数高而节点位移数目少的超静定结构，用位移法计算较用力法计算要简便。

节点转角数目等于刚性节点的数目，独立结点线位移数目需根据直接判断法或铰化结点判断法来确定。

在位移法中，其基本结构就是能把结构分解为单个的杆件的体系，每根杆件都可以认为是单跨超静定梁。在节点位移和荷载作用下，其杆端弯矩可通过查表并进行叠加，用位移法方程或转角位移方程来表示。

利用位移法求解未知量，是通过建立基本方程计算得到的，其基本方程就是刚节点的力矩平衡方程和立柱的力的平衡方程，基本未知量的数目等于基本方程个数。

未知量求出后，代入位移法方程中，就可以求出杆端弯矩，并由杆端弯矩与该杆看作简支梁在荷载(无荷载时，视荷载值为零)作用下的弯矩在相应截面上进行叠加，画出整个结构的弯矩图。

位移法解题，按下述步骤进行。
(1) 确定基本未知量；
(2) 建立基本结构，写出各单元杆件转角位移方程；
(3) 建立位移法的基本方程，即节点力矩平衡方程和立柱剪力平衡方程；
(4) 求解基本未知量；
(5) 计算各杆杆端弯矩，画弯矩图；
(6) 由各杆的力矩平衡方程，计算杆端剪力，画剪力图；
(7) 由各节点力的平衡方程，计算杆端轴力，画轴力图。

6.8 思　考　题

1. 什么是位移法的基本未知量？如何确定位移法的基本未知量？
2. 为什么节点转角数目等于该结构刚节点的个数？在什么条件下独立节点线位移的数目等于铰接体系自由度的数目？
3. 图 6.27 中所示刚架，用力法和位移法计算，哪种方法较简便？为什么？

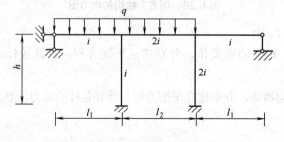

图 6.27　思考题 3 图

4. 什么是固端弯矩？什么是等截面直杆的转角位移方程？如何用表？
5. 如何写等截面直杆的转角位移方程？写时应注意些什么问题？

6.9 习　　题

1. 确定图 6.28 中各结构用位移法计算的基本未知量数目。

答案：(a)节点转角 2
　　　(b)节点转角 3，独立线位移 1
　　　(c)节点转角 1
　　　(d)节点转角 2，独立线位移 1

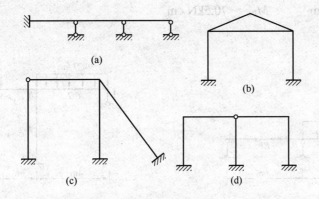

图 6.28　习题 1 图

2. 写出图 6.29 中结构由荷载产生的固端弯矩和基本未知量产生的杆端弯矩。

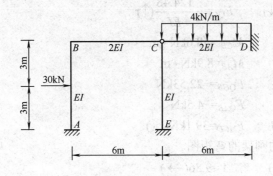

图 6.29　习题 2 图

答案：荷载引起的固端弯矩：

AB 杆：$M_{AB}^F = -22.5 \text{kN} \cdot \text{m}$　　$M_{BA}^F = 22.5 \text{kN} \cdot \text{m}$

BC 杆：$M_{BC}^F = F_{CB}^F = 0$

CD 杆：$M_{CD}^F = 0$　　$M_{DC}^F = 18 \text{kN} \cdot \text{m}$

CE 杆：$M_{EC}^F = M_{CE}^F = 0$

转角位移引起的杆端弯矩：

AB 杆：$M_{AB}=-0.33EI\theta_B$　　$M_{BA}=0.67EI\theta_B$

BC 杆：$M_{BC}=-0.67EI\theta_B$　　$M_{CB}=0$

CD 杆：$M_{CD}=M_{DC}=0$

CE 杆：$M_{EC}=M_{CE}=0$

3. 作图 6.30 中的连续梁的内力图，并求支座反力。

答案：$\theta_B=-\dfrac{6}{7i}(\uparrow)$　　$M_{BA}=-M_{BC}=2.57\text{kN}\cdot\text{m}$

$F_{QBA}=-5.14\text{kN}$　　　$F_{QAB}=6.86\text{kN}$　　　$F_{RB}=5.57\text{kN}(\uparrow)$

4. 作图 6.31 所示刚架弯矩图。

答案：$\theta_B=0.75(\downarrow)$

$M_{BA}=64.5\text{kN}\cdot\text{m}$　　$M_{BC}=-70.5\text{kN}\cdot\text{m}$

$M_{BD}=6\text{kN}\cdot\text{m}$

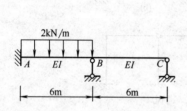

图 6.30　习题 3 图

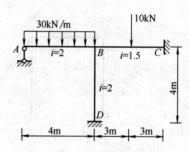

图 6.31　习题 4 图

5. 作图 6.32 所示的刚架弯矩图、剪力图和轴力图。EI 为常数。

答案：$\theta_B=\dfrac{168.4}{EI}(\downarrow)$　　$F_{QC}=-\dfrac{124.48}{EI}(\uparrow)$

$M_{BC}=-45.5\text{kN}\cdot\text{m}$　　$M_{CB}=58.6\text{kN}\cdot\text{m}$

$M_{CD}=-336.6\text{kN}\cdot\text{m}$　　$M_{AB}=8.9\text{kN}\cdot\text{m}$

$F_{QBC}=17.5\text{kN}$　　　$F_{QCB}=-22.53\text{kN}$

$F_{QCD}=-3.3\text{kN}$　　　$F_{QAB}=-4.5\text{kN}$

$F_{NBA}=17.5\text{kN}(压)力$　　$F_{NCD}=39.1\text{kN}(压)$

6. 图 6.33 所示的刚架的弯矩图。

答案：$\theta_B=1.95(\downarrow)$　　　$\Delta=9.86(\rightarrow)$

$M_{BA}=-19.64\text{kN}\cdot\text{m}$　　$M_{BC}=19.64\text{kN}\cdot\text{m}$

$M_{AB}=-34\text{kN}\cdot\text{m}$　　　$M_{CB}=0$

7. 利用对称性作图 6.34 所示的刚架的弯矩图。EI 为常数。

答案：$M_{DA}=20\text{kN}\cdot\text{m}$　　$M_{ED}=50\text{kN}\cdot\text{m}$

$M_{FC}=-20\text{kN}\cdot\text{m}$　　$M_{EF}=-50\text{kN}\cdot\text{m}$

$M_{AD}=10\text{kN}\cdot\text{m}$　　　$M_{CF}=-10\text{kN}\cdot\text{m}$

8. 试作图 6.35 所示的刚架弯矩图。

答案：$M_{AB}=-13.64$kN·m $M_{BC}=-21.82$kN·m

$M_{CB}=10.91$kN·m $M_{BE}=0$

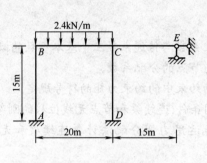

图 6.32 习题 5 图

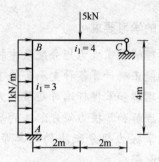

图 6.33 习题 6 图

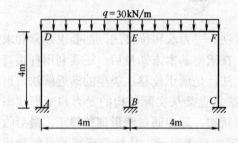

图 6.34 习题 7 图

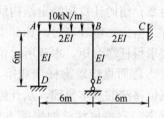

图 6.35 习题 8 图

9. 计算并绘出图 6.36 所示的刚架弯矩图。

答案：$M_{CA}=13$kN·m $M_{DC}=20.2$kN·m $M_E=50.8$kN·m

10. 试利用对称性计算图 6.37 所示的刚架，并绘其弯矩图。设 EI 为常数。

答案：$M_{AB}=-61.29$kN·m $M_{BC}=54.86$kN·m

$M_{BA}=-54.86$kN·m $M_G=25.5$kN·m

$M_{BE}=-2.57$kN·m $M_{CF}=-14.57$kN·m

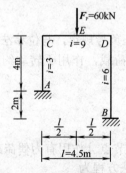

图 6.36 习题 9 图

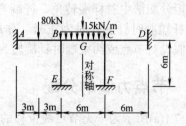

图 6.37 习题 10 图

第7章 力矩分配法

本章的学习要求：

- 理解和掌握力矩分配法中转动刚度、分配系数与传递系数三个基本参数的概念。能正确计算各种支承条件下的转动刚度与节点的分配系数。
- 理解和掌握杆端弯矩节点力偶荷载及转动约束中的约束力矩的符号规定。
- 理解和掌握力矩分配法的基本原理与应用条件(连续梁和节点无线位移的刚架)。
- 掌握力矩分配法的计算步骤，能熟练地运用力矩分配法计算连续梁和无侧移刚架。

7.1 概 述

前两章介绍的计算超静定结构的两种基本方法——力法和位移法，都要求建立和求解联立方程；当未知量较多时，计算工作量较大；在求得基本未知量后，还要利用杆端弯矩叠加公式求得杆端弯矩。本章所讨论的力矩分配法，是属于位移法类型的渐近解法，可以不解联立方程而直接求得杆端弯矩。力矩分配法是直接从实际结构的受力和变形状态出发，根据位移法的基本原理，从开始建立的近似状态，逐步通过增量调整修正，最后收敛于真实状态。它将位移法的平衡方程用杆端弯矩的形式表示，从杆端弯矩的近似数值开始，以全量的形式经过逐次代入、修正，最后收敛于杆端弯矩的真实解。

渐近法因为不必解算联立方程，计算步骤又比较简单和规范化，且直接求得的是杆端弯矩，精度可以满足工程要求，因此，在工程中得到广泛应用。

力矩分配法适用于计算连续梁和无节点线位移刚架。

7.2 力矩分配法的基本要素

7.2.1 符号规定

力矩分配法中对杆端转角、杆端弯矩、固端弯矩的正负号规定，与位移法相同，即都假设对杆端顺时针旋转时为正号。作用于节点的外力偶荷载，作用于转动约束的约束力矩，也假设对节点或约束顺时针旋转为正号。

7.2.2 节点力偶的分配

图 7.1(a)所示为一无节点线位移的单节点刚架。在刚节点 A 作用有力偶荷载 M。用位移法计算时，基本未知量为刚节点 A 的角位移 Δ_1，位移法方程为

$$k_{11}\Delta_1 + F_{1P} = 0 \tag{7.1}$$

由图 7.1(b) $\overline{M}_1$ 图可知：

$$\overline{M}_{AB} = 4i_{AB}$$
$$\overline{M}_{AC} = 3i_{AC} \quad (7.2)$$
$$\overline{M}_{AD} = i_{AD}$$
$$k_{11} = 4i_{AB} + 3i_{AC} + i_{AD} \quad (7.3)$$
$$F_{1P} + M = 0 \quad F_{1P} = -M \quad (7.4)$$
$$\Delta_1 = \frac{-F_{1P}}{k_{11}} = \frac{M}{4i_{AB} + 3i_{AC} + i_{AD}} \quad (7.5)$$

将式(7.5)代入叠加公式 $M = \overline{M}_1 \Delta_1 + M_P$，可得到各杆件的杆端弯矩为

$$\left. \begin{array}{l} M_{AB} = \overline{M}_{AB}\Delta_1 = 4i_{AB}\Delta_1 = \dfrac{4i_{AB}}{4i_{AB}+3i_{AC}+i_{AD}}M \\[2mm] M_{AC} = \overline{M}_{AC}\Delta_1 = 3i_{AC}\Delta_1 = \dfrac{3i_{AC}}{4i_{AB}+3i_{AC}+i_{AD}}M \\[2mm] M_{AD} = \overline{M}_{AD}\Delta_1 = i_{AD}\Delta_1 = \dfrac{i_{AD}}{4i_{AB}+3i_{AC}+i_{AD}}M \end{array} \right\} \quad (7.6)$$

$$\left. \begin{array}{l} M_{BA} = \overline{M}_{BA}\Delta_1 = 2i_{AB}\Delta_1 = \dfrac{2i_{AB}}{4i_{AB}+3i_{AC}+i_{AD}}M \\[2mm] M_{AC} = 0 \\[2mm] M_{DA} = \overline{M}_{DA}\Delta_1 = -i_{AD}\Delta_1 = -\dfrac{i_{AD}}{4i_{AB}+3i_{AC}+i_{AD}}M \end{array} \right\} \quad (7.7)$$

M 图等于 $\overline{M}_1$ 乘以 Δ_1。

以上是用位移法基本体系计算节点力偶荷载作用单节点刚架的过程。

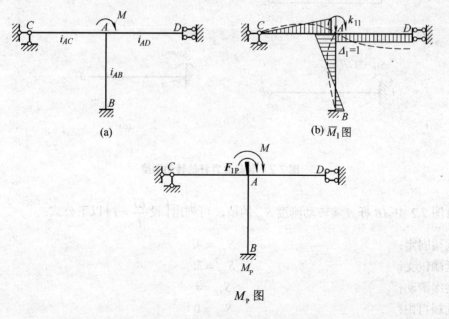

图 7.1 节点力偶荷载作用下的计算方法

7.2.3 力矩分配法的基本要素

1. 转动刚度

在式(7.2)中列出的在 $\Delta_1 = 1$ 作用下,任一杆 AB 的杆端弯矩表达式,可写成

$$\overline{M}_{AB} = S_{AB}$$

式中,S_{AB} 称为杆 A 端的转动刚度,它在数值上等于使 AB 杆 A 端(也称近端)产生单位转角时所需施加的力矩,也表示杆端对转动的抵抗能力。

杆端转动刚度的数值,也就是第 6 章位移法中等截面杆在杆端转动单位转角时的弯矩形常数。

表 5.1 等截面杆的形常数编号 1、3、5 给出了三种等截面杆 AB 在 A 端转动刚度 S_{AB} 的数值,见图 7.2。

关于 S_{AB},应当说明以下两点。

(1) 在 S_{AB} 中,A 端是施力端,即产生转角的一端,称为近端,B 端称为远端。

(2) S_{AB} 的数值与杆件的线刚度 $\left(i = \dfrac{EI}{l}\right)$ 和远端支承情况有关;当远端支承情况不同时,S_{AB} 的数值也不同。转动刚度反映了杆端抵抗转动的能力。

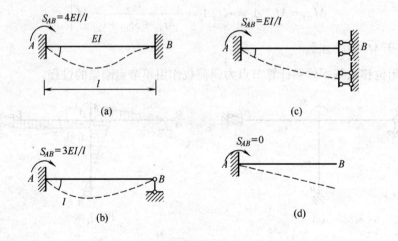

图 7.2 等截面直杆的转动刚度

对图 7.2 中 AB 杆 A 端转动刚度 S_{AB} 的值,可列出 $\left(\text{设}\ \dfrac{EI}{l} = i\right)$ 以下公式:

远端固定: $S_{AB} = 4i$ (7.8)

远端铰支: $S_{AB} = 3i$ (7.9)

远端滑动: $S_{AB} = i$ (7.10)

远端自由: $S_{AB} = 0$ (7.11)

2. 分配系数

由式(7.6)可看出,刚节点 A 在力偶荷载 M 作用下,节点 A 上各杆在 A 端的弯矩与各杆 A 端的转动刚度成正比。

对节点 A 上某杆 Aj 来说,可以用以下公式表示计算结果为

$$M_{Aj} = \mu_{Aj} M \tag{7.12}$$

$$\mu_{Aj} = \frac{S_{Aj}}{\sum S} \tag{7.13}$$

式中,μ_{Aj} 称为杆 Aj 在 A 端的分配系数。是将作用于节点 A 的外力偶荷载 M 分配到节点 A 上各杆 A 端的比例,其中 j 代表杆件的另一端,如 B、C、D 等。分配系数 μ_{Aj} 在数值上等于杆 Aj 的转动刚度与汇交于 A 节点上的各杆在 A 端的转动刚度之和的比值。

因此,节点 A 上的力偶荷载 M,是按各杆的不同分配系数分配到各杆件的 A 端。

汇交于同一节点上的各杆分配系数之间存在下列关系:

$$\sum_{A} \mu = \mu_{AB} + \mu_{AC} + \mu_{AD} = \frac{S_{AB} + S_{AC} + S_{AD}}{\sum_{A} S} = 1 \tag{7.14}$$

3. 传递系数

传递系数 C 表示当杆件近端有转角时,杆件远端弯矩与近端弯矩的比值。

在图 7.1(a)中,力偶荷载加于节点 A,节点 A 转动时,使各杆在 A 端(近端)产生弯矩,同时也使各杆远端产生弯矩,远端弯矩见式(7.14)。

由式(7.13)和式(7.14),可得

$$\frac{M_{BA}}{M_{AB}} = C_{AB} = \frac{1}{2}$$

$$\frac{M_{CA}}{M_{AC}} = C_{AC} = 0$$

$$\frac{M_{DA}}{M_{AD}} = C_{AD} = -1$$

以上各式中,$C_{Aj}(j=B、C、D)$ 称为传递系数,即远端弯矩与近端弯矩的比值:

$$C_{Aj} = \frac{M_{jA}}{M_{Aj}} \tag{7.15}$$

由式(7.15)可以看出,在等截面杆件中,传递系数 C 随远端的支承情况不同而不同。

远端固定: $$C = \frac{1}{2} \tag{7.16}$$

远端铰支: $$C = 0 \tag{7.17}$$

远端滑动: $$C = -1 \tag{7.18}$$

由传递系数可计算出各杆件远端的传递弯矩为

$$M_{jA} = C_{Aj} M_{Aj} \tag{7.19}$$

式中,C_{Aj} 是杆 Aj 由 A 端到 j 端的传递系数。

当节点 A 作用有力偶荷载 M 时，节点 A 上各杆近端得到按各杆的分配系数乘以 M 的近端弯矩，也称分配弯矩；各杆的远端则有传递系数乘以近端弯矩的远端弯矩，也称传递弯矩。上述过程是用力矩的分配和传递的概念，解决节点力偶荷载作用下的计算问题，故称力矩分配法。

【例 7.1】 如图 7.3 所示为无节点线位移刚架，在节点 D 有力偶荷载 $M = 100\,\text{kN}\cdot\text{m}$ 作用，试用力矩分配法计算各杆杆端弯矩。

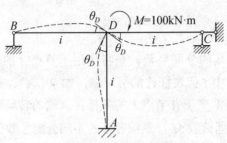

图 7.3　例 7.1 图

解：（1）计算各杆转动刚度及分配系数。

由式(7.1)、式(7.2)，可得各杆转动刚度为

$$S_{DC} = 3i_{DC} = 3i$$
$$S_{DB} = 3i_{DB} = 3i$$
$$S_{DA} = 3i_{DA} = 4i$$

由式(7.6)，可得各杆的分配系数为

$$\mu_{DC} = \frac{S_{DC}}{\sum_D S} = \frac{3i}{3i+3i+4i} = 0.3$$

$$\mu_{DB} = \frac{S_{DB}}{\sum_D S} = \frac{3i}{3i+3i+4i} = 0.3$$

$$\mu_{DA} = \frac{S_{DA}}{\sum_D S} = \frac{4i}{3i+3i+4i} = 0.4$$

（2）计算各杆杆端弯矩。

由式(7.12)，可得各杆分配弯矩为

$$M_{DC} = \mu_{DC}M = 0.3 \times 100\,\text{kN}\cdot\text{m} = 30\,\text{kN}\cdot\text{m}$$
$$M_{DB} = \mu_{DB}M = 0.3 \times 100\,\text{kN}\cdot\text{m} = 30\,\text{kN}\cdot\text{m}$$
$$M_{DA} = \mu_{DA}M = 0.4 \times 100\,\text{kN}\cdot\text{m} = 40\,\text{kN}\cdot\text{m}$$

由式(7.19)，可得各杆传递弯矩为

$$M_{CD} = C_{DC}M_{DC} = 0 \times 30 = 0$$
$$M_{BD} = C_{DB}M_{DB} = 0 \times 30 = 0$$
$$M_{AD} = C_{DA}M_{DA} = \frac{1}{2} \times 40\,\text{kN}\cdot\text{m} = 20\,\text{kN}\cdot\text{m}$$

在节点力偶荷载作用下,所求得的各杆的分配弯矩及传递弯矩,即为各杆的杆端弯矩。

7.3 力矩分配法的基本运算

7.3.1 单节点的力矩分配

单节点力矩分配的物理概念可用实物模型来说明。

图 7.4(a)所示为一连续梁的模型。连续梁为一薄钢片,用砝码加荷载 F_P 后,连续梁的变形如图 7.4(a)中虚线所示。需要计算的就是 F_P 作用后出现这个变形时的杆端弯矩。

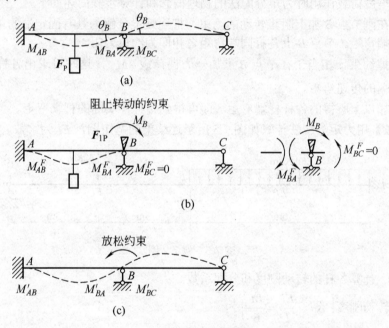

图 7.4 力矩分配示意图

在一般荷载作用下,用力矩分配法直接计算各杆的杆端弯矩的步骤如下。

(1) 设想先在节点 B 加一个控制的转动约束,阻止节点 B 的转动(即 $\theta_B = 0$),这时节点 B 相当于固定端;然后再加砝码时,只有 AB 一跨发生了变形,如图 7.4(b)中虚线所示。这表明节点约束把连续梁 ABC 分成为两根在节点 B 为固定端的具有独立变形的单跨梁 AB 和 BC。AB 段受荷载 F_P 作用后产生变形,相应地产生固端弯矩;BC 段无荷载作用,没有变形。杆 AB 在 B 端的固端弯矩 M_{BA}^F 和在节点 B 约束中的约束力矩 M_B(称为约束力矩)平衡,因此,节点 B 的约束力矩可以通过节点 B 的力矩平衡方程求得。

由图 7.4(b)可以看出,杆 BC 的固端弯矩 $M_{BC}^F = 0$,杆 BA 的固端弯矩为 M_{BA}^F。由 $\sum M_B = 0$ 可知,节点 B 的约束力矩 $F_{1P} = M_{BA}^F + M_{BC}^F = M_{BA}^F$。在力矩分配法中,约束力矩通常用 M_B 表示,即有 $F_{1P} = M_B$。约束力矩在数值上为汇交于节点上的各杆固端弯矩之和,其符号规定为顺时针转向为正。

(2) 连续梁的真实状态是在节点 B 没有约束,也不存在约束力矩,如图 7.4(a)所示。因此,必须对如图 7.4(b)所示的解答加以修正。为符合实际,放松节点 B 处的约束,梁在节点 B 可以转动,转角为 θ_B,节点 B 处的约束力矩即 $M_B(F_{IP})$ 回复到零,这就相当于在节点 B 加一个力偶荷载 $(-M_B)$。力偶荷载 M_B 使梁产生的变形如图 7.4(c)中虚线所示。在节点 B 上的力偶荷载 $-M_B$ 作用下,节点 B 各杆在近端(B 端)有分配弯矩 M_{BA}^μ 和 M_{BC}^μ;同时在远端 A 有传递弯矩 M_{AB}^c。

(3) 将图 7.4(b)与图 7.4(c)两种情形叠加,就得到如图 7.4(a)所示的实际变形和受力状态。因此,把图 7.4(b)与图 7.4(c)的杆端弯矩叠加,就得到实际的杆端弯矩,即

$$M_{BA}^F + M_{BA}^\mu = M_{BA} \quad M_{BC}^F + M_{BC}^\mu = M_{BC} \quad M_{AB}^F + M_{AB}^c = M_{AB}$$

现在把一般荷载作用时力矩分配法的物理概念和计算步骤简述如下:

(1) 先在刚节点 B 加上阻止转动的约束,把连续梁分解为具有固定端的单跨梁,求出各杆端的固端弯矩。节点 B 上各杆固端弯矩之和即为约束力矩 M_B。

(2) 去掉约束,相当于在节点 B 上加一力偶荷载 $-M_B$,这时可求出各杆在 B 端的分配弯矩和远端的传递弯矩。

(3) 叠加以上所得的各杆杆端弯矩,即可得到各杆件实际的杆端弯矩。

【例 7.2】用力矩分配法计算如图 7.5 所示连续梁的弯矩图,EI 为常数。

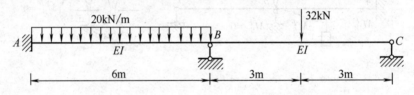

图 7.5 例 7.2 图

解:(1) 计算各杆的转动刚度和分配系数。

各杆的转动刚度$\left(\text{设} i = \dfrac{EI}{l} = \dfrac{EI}{6}\right)$为

$$S_{BA} = 4i_{AB} = 4i$$
$$S_{BC} = 4i_{BC} = 3i$$

各杆的分配系数为

$$\mu_{BA} = \frac{S_{BA}}{S_{BA}+S_{BC}} = \frac{4i}{4i+3i} = \frac{4}{7} = 0.571$$

$$\mu_{BC} = \frac{S_{BC}}{S_{BA}+S_{BC}} = \frac{3}{7} = 0.429$$

校核: $\sum \mu = \mu_{BA} + \mu_{BC} = 1$

将分配系数写在如图 7.6(a)所示节点 B 上面 BA 和 BC 端的方框内。

(2) 计算固端弯矩。

$$M_{AB}^F = -\frac{1}{12}ql^2 = -\frac{1}{12} \times 20 \times 6^2 \text{ kN·m} = -60 \text{ kN·m}$$

先在节点 B 上加阻止转动的约束,计算由荷载产生的固端弯矩(对杆端顺时针旋转为

正号),并将计算所得的数值写在各杆端的下方,固端弯矩计算如下:

$$M_{BA}^F = \frac{1}{12}ql^2 = \frac{1}{12} \times 20 \times 6^2 \text{kN·m} = 60 \text{kN·m}$$

$$M_{BC}^F = -\frac{3}{16}F_P l = -\frac{3}{16} \times 32 \times 6 \text{kN·m} = -36 \text{kN·m}$$

在节点 B 处各杆固端弯矩总和为约束力矩:

$$M_B = M_{BA}^F + M_{BC}^F = (60-36)\text{kN·m} = 24\text{kN·m}$$

(3) 放松节点 B。

相当于在节点 B 加一个外力偶荷载 -24kN·m,节点 B 上作用的力偶荷载按分配系数分配于两杆的 B 端,并使 A 端产生传递力矩。

分配弯矩:

$$M_{BA}^\mu = 0.571 \times (-24)\text{kN·m} = -13.70\text{kN·m}$$

$$M_{BC}^\mu = 0.429 \times (-24)\text{kN·m} = -10.30\text{kN·m}$$

分配弯矩写在各杆分配系数的下方,并在下面画一横线,表示节点已放松并达到平衡。

传递弯矩:

$$M_{AB}^c = \frac{1}{2}M_{BA}^\mu = \frac{1}{2} \times (-13.70)\text{kN·m} = -6.85\text{kN·m}$$

$$M_{CB}^c = 0$$

用箭头表示弯矩的传递方向。

(4) 将上述计算结果叠加,即可得到各杆最后的杆端弯矩;并在数值下面画双横线表示最后结果。根据所求得的杆端弯矩值及绘制弯矩图的符号规定可画出梁的 M 图,如图7.6(b)所示。

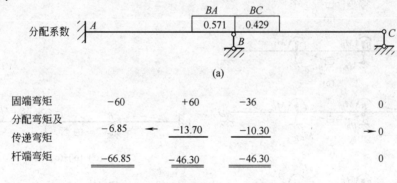

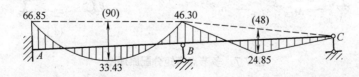

图 7.6 力矩分配过程图

7.3.2 多节点的力矩分配法

用力矩分配法计算连续梁和无侧移刚架,应用前面所介绍的单节点的基本运算,依照一定的规律,逐次放松每一个节点,即可逐步求出各杆的杆端弯矩。

三跨连续梁在中间跨施加荷载后的变形曲线如图 7.7(a)所示,按下述方法可求得相应于此变形的杆端弯矩。

(1) 在节点 B、C 加上约束(也可称为附加刚臂),阻止各中间节点转动,此时可认为约束把连续梁分成 B、C 为固定端的三根单跨梁,然后再施加荷载如图 7.7(b)所示。这时各单跨梁具有独立变形能力,仅承载跨有变形,可以计算出 BC 杆两端的固端弯矩 M_{BC}^F、M_{CB}^F 及受约束节点 B、C 上的约束力矩 M_B、M_C。

(2) 放松节点 B(即去掉节点上的约束),仍锁住节点 C;此时节点 B 有转角 θ'_B,其变形如图 7.7(c)中虚线所示;此时相当于在节点 B 上施加了一个与约束力矩转向相反的力偶荷载。将此力偶荷载在节点 B 上进行分配,得到汇交于节点 B 上各杆的第一次分配弯矩;同时 AB、BC 杆在节点 A、C 处的杆端有第一次的传递弯矩。由于节点 B 已放松,节点 C 上的约束力矩变为 M'_C。

(3) 放松节点 C(即去掉节点 C 上的约束),在节点 B 上施加约束,锁住节点 B;此时节点 C 有转角 θ'_C,变形如图 7.7(d)中虚线所示;此时相当于在节点 C 上施加了一个与约束力矩转向相反的力偶荷载($-M'_C$),在节点 C 进行分配,节点 C 上各杆得到第一次分配弯矩;同时节点 B 上有传递弯矩,产生了约束力矩增量(即有新的不平衡力矩),此时节点 C 已放松,节点 B 上的约束力矩为 M'_B。

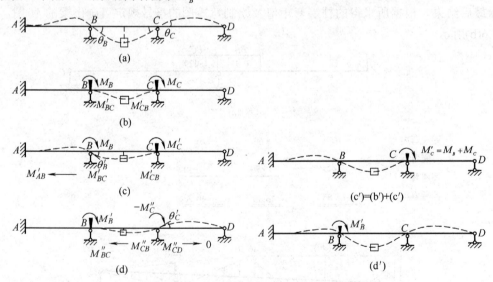

图 7.7 多节点弯矩分配原理图

按照上述步骤重复两三次,轮流解除节点 B、C 上的约束进行分配与传递,直到计算结果收敛到满足精度要求为止。将各步骤中所得到的杆端弯矩与固端弯矩相叠加,即可得到各杆最终的杆端弯矩。上述的循环计算过程一般重复两三次即满足精度要求。

综上所述多节点连续梁或刚架的计算，是以单节点力矩分配为基本环节的渐近计算，按照"先锁、后逐次放松、最后再叠加"的原则进行。

【例7.3】 用力矩分配法作如图7.8(a)所示连续梁的弯矩图。EI为常数。

解：(1) 计算各节点的分配系数。

设$EI=1$，则节点B、C的分配系数如下。

节点B：

$$S_{BA} = 4i_{BA} = 4 \times \frac{1}{6} = \frac{2}{3}$$

$$S_{BC} = 4i_{BC} = 4 \times \frac{1.5}{6} = 1$$

$$\mu_{BA} = \frac{S_{BA}}{\sum_B S} = \frac{\frac{2}{3}}{\frac{2}{3}+1} = 0.4$$

$$\mu_{BC} = \frac{S_{BC}}{\sum_B S} = \frac{1}{\frac{2}{3}+1} = 0.6$$

校核：
$$\sum_B \mu = 0.4 + 0.6 = 1$$

节点C：

$$S_{CB} = 4i_{CB} = 4 \times \frac{1.5}{6} = 1$$

$$S_{CD} = 3i_{CD} = 3 \times \frac{2}{6} = 1$$

$$\mu_{CB} = \frac{S_{CB}}{\sum_C S} = \frac{1}{1+1} = 0.5$$

$$\mu_{CD} = \frac{S_{CD}}{\sum_C S} = \frac{1}{1+1} = 0.5$$

校核：
$$\sum_C \mu = 0.5 + 0.5 = 1$$

将分配系数分别写在图中节点上端的方框内。

(2) 锁住节点B、C，计算各杆的固端弯矩为

$$M_{BC}^F = -\frac{1}{8}F_P l = -\frac{1}{8} \times 80 \times 6 \, \text{kN} \cdot \text{m} = -60 \, \text{kN} \cdot \text{m}$$

$$M_{CB}^F = \frac{1}{8}F_P l \, \text{kN} \cdot \text{m} = 60 \, \text{kN} \cdot \text{m}$$

$$M_{CD}^F = -\frac{1}{8}ql^2 = -\frac{1}{8} \times 20 \times 6^2 \, \text{kN} \cdot \text{m} = -90 \, \text{kN} \cdot \text{m}$$

(3) 放松节点B(此时仍锁住节点C)，按单结点进行分配和传递。节点B的约束力矩为$-60 \, \text{kN} \cdot \text{m}$，放松节点$B$，相当于在节点$B$施加一与约束力矩转向相反的力偶$60 \, \text{kN} \cdot \text{m}$。则$BA$和$BC$两杆的杆端分配弯矩为

$0.4 \times 60 \, \text{kN} \cdot \text{m} = 24 \, \text{kN} \cdot \text{m}$

$0.6 \times 60 \, \text{kN} \cdot \text{m} = 36 \, \text{kN} \cdot \text{m}$

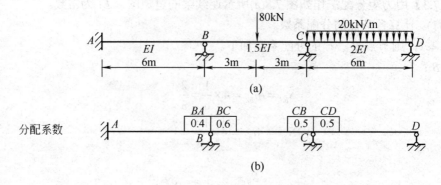

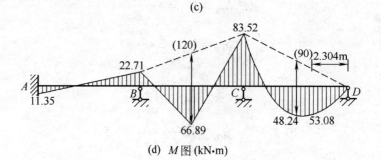

图 7.8 例 7.3 图

杆端 CB 的传递弯矩为 $\frac{1}{2} \times 36 \, \text{kN} \cdot \text{m} = 18 \, \text{kN} \cdot \text{m}$。

杆端 AB 的传递弯矩为 $\frac{1}{2} \times 24 \, \text{kN} \cdot \text{m} = 12 \, \text{kN} \cdot \text{m}$。

将上述分配和传递弯矩分别写在各杆端相应位置，经过分配和传递后，节点 B 已经平衡。在分配弯矩的数字下面画一横线，表示横线以上节点力矩总和已等于零。同时，用箭头表示将分配弯矩传到节点各杆的远端。

(4) 再次锁住节点 B，并放松节点 C。

节点 C 的约束力矩为 $(60 - 90 + 18) \, \text{kN} \cdot \text{m} = -12 \, \text{kN} \cdot \text{m}$。

放松节点 C，相当于在节点 C 施加一与约束力矩转向相反的力偶 $12 \, \text{kN} \cdot \text{m}$。$CB$ 和

CD 两杆杆端的分配弯矩均为 $0.5 \times 12 \text{kN} \cdot \text{m} = 6 \text{kN} \cdot \text{m}$。

杆端 BC 的传递弯矩为 $\frac{1}{2} \times 6 \text{kN} \cdot \text{m} = 3 \text{kN} \cdot \text{m}$。

将上述分配和传递弯矩按同样的方法写在各杆端相应位置。

此时，节点 C 已经平衡，但节点 B 又有新的约束力矩。以上完成了力矩分配法的第一个循环。

(5) 以此类推进行其他循环，直至约束力矩很小，结构已接近恢复到实际状态，计算工作可以停止。

(6) 计算最后的杆端弯矩。将各杆的固端弯矩、历次的分配弯矩和传递弯矩叠加，即可得到最后的杆端弯矩。并在所得的数值下面画上双线，表示此数值为最后的杆端弯矩数值。

(7) 根据杆端弯矩的数值和符号以及 M 图画在受拉一侧的规定，绘制弯矩图。

【例 7.4】试绘制如图 7.9 所示刚架的弯矩图、剪力图和轴力图，并计算各支座的支座反力，EI 为常数。

解：(1) 计算转动刚度(设 $EI = 1$)。

$$i_{DC} = \frac{2EI}{6} = \frac{1}{3} \qquad S_{DC} = 3i_{DC} = 1$$

$$i_{DA} = \frac{2EI}{4} = \frac{1}{2} \qquad S_{DA} = 4i_{DA} = 2$$

$$i_{DE} = \frac{3EI}{6} = \frac{1}{2} \qquad S_{DE} = 4i_{DE} = 2$$

$$i_{ED} = \frac{3EI}{6} = \frac{1}{2} \qquad S_{ED} = 4i_{ED} = 2$$

$$i_{EF} = \frac{4EI}{3} = \frac{4}{3} \qquad S_{EF} = 3i_{EF} = 4$$

$$i_{EB} = \frac{2EI}{4} = \frac{1}{2} \qquad S_{EB} = 4i_{EB} = 2$$

(2) 计算分配系数。

节点 D：

$$\mu_{DC} = \frac{S_{DC}}{\sum_D S} = \frac{S_{DC}}{S_{DC} + S_{DA} + S_{DE}} = \frac{1}{1+2+2} = 0.2$$

$$\mu_{DA} = \frac{S_{DA}}{\sum_D S} = \frac{2}{1+2+2} = 0.4$$

$$\mu_{DE} = \frac{S_{DE}}{\sum_D S} = \frac{2}{1+2+2} = 0.4$$

校核： $\sum_D \mu = 0.2 + 0.4 + 0.4 = 1$

节点 E：

$$\mu_{ED} = \frac{S_{ED}}{\sum_E S} = \frac{S_{ED}}{S_{ED}+S_{EB}+S_{EF}} = \frac{2}{2+2+4} = 0.25$$

$$\mu_{EB} = \frac{S_{EB}}{\sum_E S} = \frac{2}{8} = 0.25$$

$$\mu_{EF} = \frac{S_{EF}}{\sum_E S} = \frac{4}{8} = 0.5$$

校核：$\sum_E \mu = 0.25 + 0.25 + 0.5 = 1$

(3) 计算固端弯矩。

$$M_{DC}^F = \frac{1}{8}ql^2 = \frac{1}{8}\times 10 \times 6^2\,\text{kN}\cdot\text{m} = 45\,\text{kN}\cdot\text{m}$$

$$M_{DE}^F = -\frac{1}{12}ql^2 = -\frac{1}{12}\times 10 \times 6^2\,\text{kN}\cdot\text{m} = -30\,\text{kN}\cdot\text{m}$$

$$M_{ED}^F = \frac{1}{12}ql^2 = \frac{1}{12}\times 10 \times 6^2\,\text{kN}\cdot\text{m} = 30\,\text{kN}\cdot\text{m}$$

(4) 力矩的分配与传递。

按 E、D 顺序进行分配，为缩短计算过程，应先放松约束力矩较大的节点；因此，首先放松节点 E。分配与传递计算如图 7.9(b) 所示。

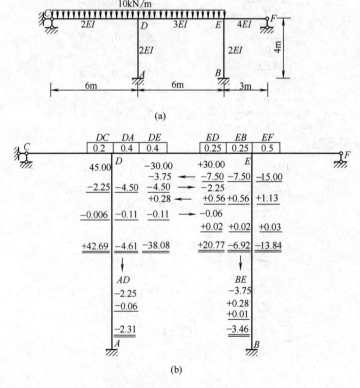

图 7.9 例 7.4 图

(5) 绘制弯矩图。

根据叠加的杆端弯矩绘制弯矩图，M 图如图 7.10(a)所示。

(6) 绘制剪力图。

以各杆件为隔离体，利用杆端弯矩建立力矩平衡方程，可求出各杆端剪力。根据各杆杆端剪力作剪力图，F_Q 图如图 7.10(b)所示。

(7) 绘制轴力图。

取各节点为隔离体，利用各杆对节点的剪力，建立投影平衡方程，可求出各杆对节点的轴力，从而求得各杆的轴力。根据各杆杆端轴力作轴力图，F_N 图如图 7.10(c)所示。

(8) 计算各支座反力。

由内力图中支座处的弯矩、剪力、轴力数值，可求得各支座的支座反力。各支座的支座反力如图 7.10(d)所示。

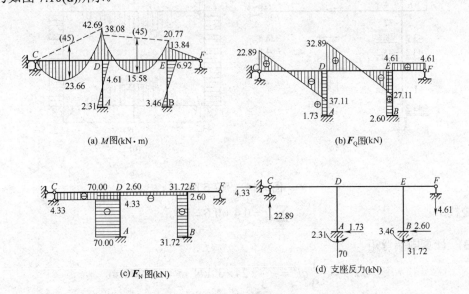

图 7.10　例 7.4 内力图

【例 7.5】计算如图 7.11 所示的对称刚架，绘制 M 图，EI 为常数。

解：(1) 计算简图的选择。

图 7.11(a)所示的刚架，结构与荷载对 x、y 两个轴都是对称的。在 x-x 对称轴上的 E、F 两点，只有水平位移而没有竖向位移和转角；在 y-y 对称轴上的 G、H 点，只有竖向位移而没有水平位移和转角。因此，可取结构的 1/4 进行计算，对称轴上的点可取用滑动支座，计算简图如图 7.11(b)所示。

(2) 计算转动刚度和分配系数。

采用对称结构后，计算简图中只有一个刚性节点 $C\left(\text{设}\dfrac{EI}{6}=i\right)$，则有

$$S_{CG}=i_{CG}=\dfrac{EI}{3}=2i \qquad S_{CE}=i_{CE}=\dfrac{EI}{2}=3i$$

$$\mu_{CG}=\dfrac{S_{CG}}{S_{CG}+S_{CE}}=\dfrac{2i}{2i+3i}=0.4 \qquad \mu_{CE}=\dfrac{S_{CE}}{S_{CG}+S_{CE}}=\dfrac{3i}{2i+3i}=0.6$$

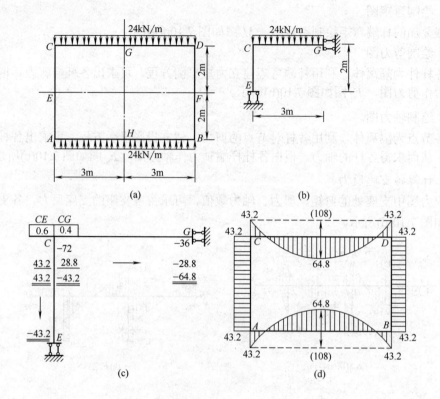

图 7.11 例 7.5 图

校核:
$$\sum_C \mu = 0.4 + 0.6 = 1$$

(3) 计算固端弯矩。
$$M_{CG}^F = -\frac{1}{3}ql^2 = -\frac{1}{3} \times 24 \times 3^2 \text{ kN} \cdot \text{m} = -72 \text{ kN} \cdot \text{m}$$

$$M_{GC}^F = -\frac{1}{6}ql^2 = -\frac{1}{6} \times 24 \times 3^2 \text{ kN} \cdot \text{m} = -36 \text{ kN} \cdot \text{m}$$

(4) 力矩的分配与传递。

由于 E、G 是滑动支座,故由节点 C 向 E、G 传递弯矩时,传递系数均为 -1。

(5) 绘制弯矩图。

计算所得弯矩值,只是 C、E、G 三点的杆端弯矩,利用对称性可作出 M 图。

【例 7.6】用力矩分配法计算如图 7.12 所示的连续梁,并作弯矩图,EI 为常数。

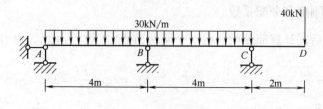

图 7.12 例 7.6 图

解： 计算时对静定外伸部分 CD 采取不同的处理方式，可有三种解法。

解法一： 在计算过程中，节点 B、C 始终作为刚节点轮流放松、传递力矩。

(1) 转动刚度。
$$S_{BA} = 3i, \quad S_{BC} = 4i, \quad S_{CB} = 4i, \quad S_{CD} = 0$$

(2) 分配系数。

结点 B：
$$\mu_{BA} = \frac{S_{BA}}{\sum\limits_B S} = \frac{S_{BA}}{S_{BA} + S_{BC}} = \frac{3i}{3i + 4i} = \frac{3}{7}$$

$$\mu_{BC} = \frac{S_{BC}}{\sum\limits_B S} = \frac{4i}{3i + 4i} = \frac{4}{7}$$

校核：
$$\sum\limits_B \mu = \mu_{BA} + \mu_{BC} = \frac{3}{7} + \frac{4}{7} = 1$$

节点 C：
$$\mu_{CB} = \frac{S_{CB}}{\sum\limits_C S} = \frac{4i}{4i + 0} = 1$$

$$\mu_{CD} = \frac{S_{CD}}{\sum\limits_C S} = 0$$

(3) 固端弯矩。
$$M_{BA}^F = \frac{1}{8}ql^2 = \frac{1}{8} \times 30 \times 4^2 \text{ kN·m} = 60 \text{ kN·m}$$

$$M_{BC}^F = -\frac{1}{12}ql^2 = -\frac{1}{12} \times 30 \times 4^2 \text{ kN·m} = -40 \text{ kN·m}$$

$$M_{CB}^F = \frac{1}{12}ql^2 = 40 \text{ kN·m}$$

$$M_{CD}^F = -40 \times 2 \text{ kN·m} = -80 \text{ kN·m}$$

(4) 分配与传递。

力矩的分配与传递计算过程如图 7.13 所示。

解法二： 截断外伸部分 CD，将荷载简化到 C 端，如图 7.14 所示。此时只有节点 B 为刚性节点，而 C 端为铰接。

(1) 转动刚度。
$$S_{BA} = S_{BC} = 3i$$

(2) 分配系数。
$$\mu_{BA} = \mu_{BC} = 0.5$$

(3) 固端弯矩。

$$M_{BA}^F = \frac{1}{8}ql^2 = \frac{1}{8} \times 30 \times 4^2 \text{ kN·m} = 60 \text{ kN·m}$$

$$M_{BC}^F = -\frac{1}{8}ql^2 + \frac{1}{2}M_0 = -60 + 40 \text{ kN·m} = -20 \text{ kN·m}$$

$$M_{CB}^F = 80 \text{ kN·m}$$

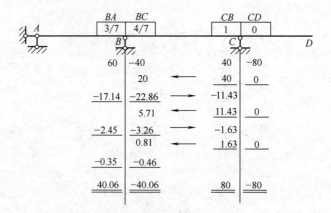

图 7.13 力矩的分配与传递计算

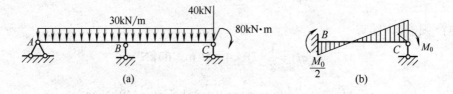

图 7.14 例 7.6 的解法二图

(4) 分配与传递。

力矩的分配计算过程如图 7.15 所示，在节点 B 进行力矩的分配后不再传递。

解法三：锁住节点 B、C 固端弯矩同解法一。

先放松节点 C 进行力矩的分配与传递，与解法一相同；再放松结点 B 时，节点 C 不再锁住，而作为铰支座，此时杆件 BA、BC 的转动刚度分配系数同解法二。节点 B 放松后也不再进行力矩的传递。

力矩的分配计算过程如图 7.16 所示。

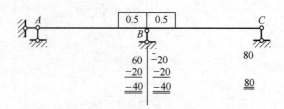

图 7.15 解法二的力矩分配计算

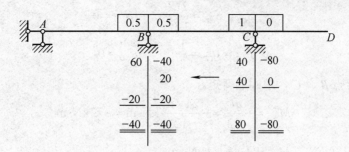

图 7.16 解法三的力矩分配计算

连续梁的弯矩图如图 7.17 所示。

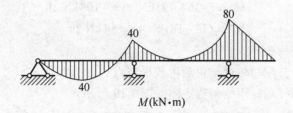

图 7.17 连续梁的弯矩图

【**例 7.7**】用力矩分配法求如图 7.18 所示刚架的弯矩图,并计算支座 F 的反力。

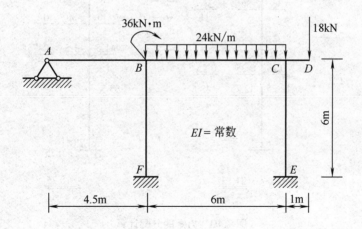

图 7.18 例 7.7 图

解:(1) 计算分配系数。

$$S_{BA} = \frac{3EI}{4.5} = \frac{2EI}{3} \qquad S_{BC} = S_{BF} = \frac{4EI}{6} = \frac{2EI}{3}$$

$$\sum_B S = S_{BA} + S_{BC} + S_{BF} = 2EI$$

$$\mu_{BA} = \mu_{BC} = \mu_{BF} = \frac{1}{3}$$

$$S_{CB} = S_{CE} = \frac{2EI}{3} \qquad S_{CD} = 0$$

$$\mu_{CB} = \mu_{CE} = \frac{1}{2} \qquad \mu_{CD} = 0$$

(2) 锁住节点 B、C，求固端弯矩。

$$M_{BC}^F = -\frac{ql^2}{12} = -\frac{24 \times 6^2}{12} \text{kN·m} = -72 \text{kN·m}$$

$$M_{CB}^F = \frac{ql^2}{12} = 72 \text{kN·m}$$

$$M_{CD}^F = -18 \text{kN·m}$$

节点 B、C 的约束力矩为

$$M_B = (-36 - 72) \text{kN·m} = -108 \text{kN·m}$$

$$M_C = (72 - 18) \text{kN·m} = 54 \text{kN·m}$$

(3) 力矩的分配与传递。

先放松节点 B，分配与传递结束后再放松节点 C。

(4) 根据最后的杆端弯矩绘制弯矩图如图 7.19 所示。

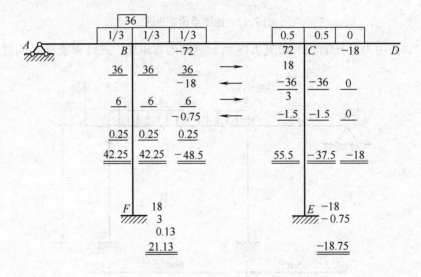

图 7.19 力矩的分配计算

(5) 求支座 F 的反力。

约束反力偶即为杆端弯矩：

$$M_F = M_{FB} = 21.13 \text{kN·m}$$

水平反力 X_F 等于杆端剪力 F_{QBF}。利用已求得的杆端弯矩，由杆的力矩平衡条件可求得

$$X_F = F_{QBF} = -\frac{1}{6}(M_{BF} + M_{FB}) = -10.56 \text{kN}(\rightarrow)$$

计算出剪力 F_{QBA} 和 F_{QBC}，可求得竖向支座反力 Y_F：

$$F_{QBA} = -\frac{1}{4.5}M_{BA} = -9.39\,\text{kN}$$

$$F_{QBC} = -\frac{1}{6}\left(M_{BC} + M_{CB} - \frac{1}{2}ql^2\right)$$

$$= -\frac{1}{6}\left(-48.5 + 55.5 - \frac{24 \times 6^2}{2}\right)\text{kN} = 70.83\,\text{kN}$$

取隔离体如图 7.20 所示，由 $\sum Y = 0$ 得

$$Y_F = (9.39 + 70.83)\,\text{kN} = 80.22\,\text{kN}(\uparrow)$$

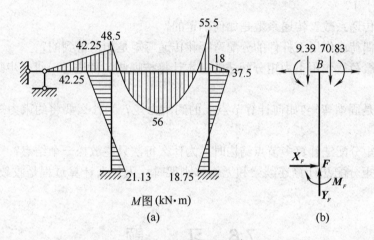

图 7.20　例 7.7 的弯矩及隔离体图

7.4　小　　结

力矩分配法是以位移法为基础，不需要解算联立方程而直接求得杆端弯矩的一种渐近方法。此方法物理概念清楚，计算是重复一个基本运算过程，较容易掌握。

转动刚度、分配系数、传递系数、固端弯矩是力矩分配法的基本物理量，应理解其物理意义和计算方法。

力矩计算过程中应注意其符号规定，杆端弯矩以顺时针为正；节点力偶荷载及转动约束中的约束力矩均以顺时针为正。

力矩分配法的基本运算是单节点的力矩分配，主要有以下两个环节。

(1) 固定刚节点。对刚节点施加阻止转动的约束，根据荷载计算各杆的固端弯矩和节点的约束力矩。

(2) 放松刚节点。根据各杆的转动刚度，计算分配系数，将节点的约束力矩变号乘以分配系数，得到各杆端的分配弯矩；将各杆端的分配弯矩乘以传递系数得到各杆远端的传递弯矩。

单节点连续梁或刚架仅有力偶荷载 M_0 作用时，将力偶 M_0 乘以各杆的力矩分配系

数,即可得到各杆的近端弯矩;力偶 M_0 以顺时针为正所得各杆的近端弯矩也为正值。

多节点的力矩分配是先固定全部刚节点,然后逐个放松节点,轮流进行单节点的力矩分配。

7.5 思 考 题

1. 力矩分配法中对杆件的固端弯矩、杆端弯矩及节点外力偶的正负号是如何规定的?
2. 何为转动刚度?等截面杆远端为固定或铰结时,杆端的转动刚度各等于多少?
3. 何为分配系数?分配系数与转动刚度有何关系?为什么在一个节点上各杆的分配系数总和应等于1?
4. 何为传递系数?传递系数是如何确定的?
5. 在力偶荷载作用下杆件的分配弯矩和传递弯矩是如何得到的?
6. 在一般荷载作用下力矩分配法的基本计算按哪些步骤进行?每一步骤的物理意义是什么?
7. 什么是固端弯矩?如何计算节点上的约束力矩?为什么要将约束力矩变号后才能进行分配?
8. 用力矩分配法计算多节点结构时,为什么每次只能放松一个结点?
9. 用力矩分配法计算连续梁和无侧移刚架时,为什么计算过程是收敛的(约束力矩趋近于零)?

7.6 习 题

1. 利用力矩分配法计算如图 7.21 所示连续梁和刚架的杆端弯矩。

答案:(a) $M_{AB} = 0.286 \mathrm{m}$, $M_{BC} = 0.429 \mathrm{m}$

(b) $M_{AB} = 13.33 \mathrm{kN \cdot m}$, $M_{BC} = 20 \mathrm{kN \cdot m}$, $M_{BD} = 13.33 \mathrm{kN \cdot m}$

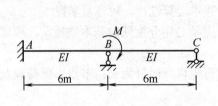
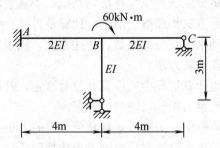

图 7.21 习题 1 图

2. 用力矩分配法计算如图 7.22 所示连续梁的杆端弯矩,并画弯矩图(EI 为常数)。

答案:$M_{AB} = 21.20 \mathrm{kN \cdot m}$, $M_{BC} = 17.6 \mathrm{kN \cdot m}$

3. 用力矩分配法求如图 7.23 所示连续梁的杆端弯矩,画出弯矩图和剪力图。

答案:(a) $M_{BC} = -10 \mathrm{kN \cdot m}$, $M_{CB} = 42.5 \mathrm{kN \cdot m}$, $M_{DC} = 53.75 \mathrm{kN \cdot m}$

(b) $M_{AB}=-54\text{kN·m}$, $M_{BA}=72\text{kN·m}$, $M_{BC}=-46\text{kN·m}$, $Y_B=106.33\text{kN}$

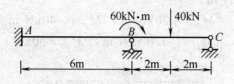

图 7.22 习题 2 图

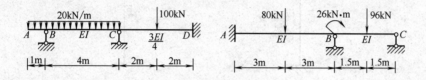

图 7.23 习题 3 图

4. 用力矩分配法求如图 7.24 所示连续梁的杆端弯矩，画出弯矩图和剪力图，并计算支座反力。

答案：(a) $M_{BA}=42.26\text{kN·m}$, $M_{DC}=74.61\text{kN·m}$

(b) $M_{AB}=45.5\text{kN·m}$, $M_{DC}=-308.22\text{kN·m}$

(c) $M_{BA}=13.13\text{kN·m}$, $M_{CB}=22.5\text{kN·m}$, $M_{DC}=78.75\text{kN·m}$

(d) $M_{BA}=17.4\text{kN·m}$, $M_{CB}=10.6\text{kN·m}$

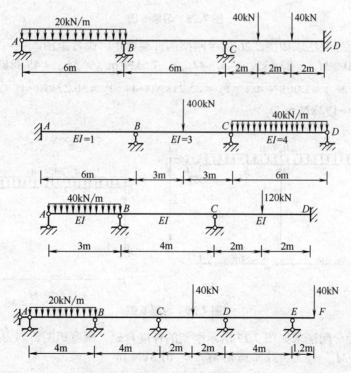

图 7.24 习题 4 图

5. 用力矩分配法求如图 7.25 所示刚架的杆端弯矩，画弯矩图。

答案：(a) $M_{BA} = 36 \text{kN} \cdot \text{m}$

(b) $M_{BA} = -60 \text{kN} \cdot \text{m}$，$M_{BC} = -20 \text{kN} \cdot \text{m}$，$M_{BD} = -40 \text{kN} \cdot \text{m}$

(c) $M_{BA} = 70.5 \text{kN} \cdot \text{m}$，$M_{BC} = -120.5 \text{kN} \cdot \text{m}$，$M_{BD} = 50 \text{kN} \cdot \text{m}$

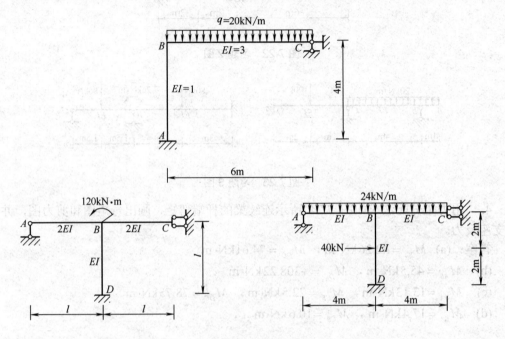

图 7.25 习题 5 图

6. 用力矩分配法求如图 7.26 所示刚架的杆端弯矩，画弯矩图。

答案：(a) $M_{EA} = 23.5 \text{kN} \cdot \text{m}$，$M_{ED} = -7.5 \text{kN} \cdot \text{m}$，$M_{DE} = 45.88 \text{kN} \cdot \text{m}$，$M_{DC} = -46.94 \text{kN} \cdot \text{m}$，$M_{DB} = 1.06 \text{kN} \cdot \text{m}$，$X_C = 25.21 \text{kN}(\leftarrow)$，$Y_C = 36.27 \text{kN}(\uparrow)$

(b) $M_{BC} = -192 \text{kN} \cdot \text{m}$

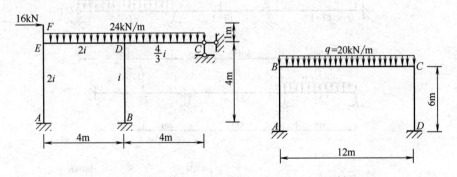

图 7.26 习题 6 图

7. 用力矩分配法求如图 7.27 所示刚架的杆端弯矩，画弯矩图、剪力图及轴力图。

答案：(a) $M_{BC} = -57.43 \text{kN} \cdot \text{m}$，$M_{AB} = -61.3 \text{kN} \cdot \text{m}$

(b) $M_{BA} = 37.31 \text{kN} \cdot \text{m}$

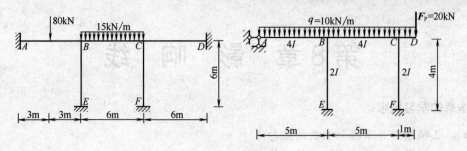

图 7.27　习题 7 图

8. 用力矩分配法求如图 7.28 所示刚架的杆端弯矩，画弯矩图、剪力图及轴力图。

答案：(a) $M_{DE} = 5.65\,\text{kN}\cdot\text{m}$，$M_{FG} = -84.21\,\text{kN}\cdot\text{m}$

(b) $M_{BD} = 64.82\,\text{kN}\cdot\text{m}$，$M_{BC} = -69.64\,\text{kN}\cdot\text{m}$

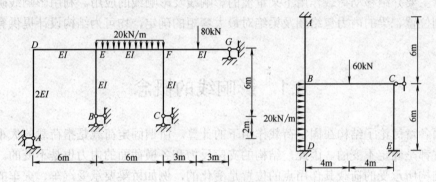

图 7.28　习题 8 图

第 8 章　影　响　线

本章的学习要求：

- 正确理解并掌握影响线的概念。
- 熟练掌握用静力法绘制单跨静定梁的影响线。
- 掌握用机动法绘制单跨静定梁及连续梁的影响线。
- 熟练掌握影响线的应用，特别是最不利荷载位置的确定。
- 了解梁的内力包络图的绘制及梁绝对最大弯矩的确定。

本章主要介绍移动荷载作用下某量值的影响线及影响线的应用。利用影响线确定荷载的最不利位置、梁的内力包络图及梁绝对最大弯矩的确定，均可为结构设计提供有力的计算依据。

8.1　影响线的概念

前面各章讨论了结构在固定荷载作用下的计算。所谓固定荷载是指荷载的大小和作用点的位置都是固定不变的，因此，结构的支座反力和各横截面的内力也是不变的。而工程中有些结构所承受的荷载其作用点的位置是变化的，例如桥梁要承受汽车、火车的轮压及走动的人群等荷载；工业厂房中的吊车梁要承受移动的吊车荷载等。这些荷载的作用点在结构上是不断移动的，故结构的支座反力和各横截面的内力也将随荷载位置的移动而变化。

图 8.1 所示为一工业厂房中的吊车梁的计算简图，F_P 表示吊车的最大轮压，其特点是：当吊车移动时，各最大轮压的大小、方向及轮压间的距离均保持不变，而梁的支座反力和梁上各横截面的内力都将随之发生变化。为了求得支座反力和内力的最大值，作为结构设计的依据，就必须知道荷载移动时，支座反力和内力的变化规律。由于荷载是移动的，即使同一根梁的不同支座的反力和不同截面的内力的变化规律也是各不相同的。例如，图 8.1 中的吊车，由 A 向 B 运动的过程中，支座反力 F_{RA} 将逐渐减小，而 F_{RB} 则逐渐增大。因此，每次只能讨论某一支座的某种反力或某一截面的某种内力的变化规律。为了叙述的方便，把反力、内力及位移统称为"量值"。

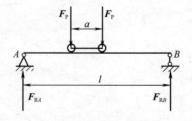

图 8.1　吊车梁的计算简图

工程实际中移动荷载的组合形式是多种多样的，若对每一种具体的移动荷载组合作用下，一一研究其对某一截面某一量值的变化规律，将是一项非常繁杂的工作，事实上也是不可能的。为简便起见，通常可先研究一个竖向单位集中荷载 $F_P=1$ 在结构上移动时，某一量值的变化规律，然后根据叠加原理进一步分析各种移动荷载组合作用下，同一量值的变化规律，从而确定最不利荷载的位置，作为结构设计的依据。

竖向单位集中荷载 $F_P=1$ 沿结构移动时，表示某量值变化规律的图形，称为该量值的影响线。

8.2 单跨静定梁的影响线

8.2.1 支座反力影响线

如图 8.2(a)所示，先绘制支座反力 F_{RA} 的影响线，为此，取梁的左支座 A 为坐标原点，x 表示单位荷载 $F_P=1$ 到原点 A 的距离，假设支座反力的方向以向上为正，根据简支梁的平衡条件，可得

$$\sum M_B = F_{RA}l - F_P(l-x) = 0$$

$$F_{RA} = \frac{l-x}{l} \quad (0 \leqslant x \leqslant l)$$

由此可见，支座反力 F_{RA} 随单位荷载 $F_P=1$ 的位置的变化而变化，这个方程就是支座反力 F_{RA} 的影响线方程。因它是 x 的一次函数，故 F_{RA} 的影响线为一直线，一般选择计算控制这条直线的两个端截面的反力值，即可绘出这条直线。

当 $x=0$ 时，有 $\qquad F_{RA}=1$

当 $x=l$ 时，有 $\qquad F_{RA}=0$

画出 F_{RA} 的影响线如图 8.2(b)所示。在画影响线时，规定正的量值画在基线的上方，负的量值画在基线的下方，且要标注正负号。

由 F_{RA} 的影响线可见，单位移动荷载作用点的位置从 A 移动到 B，支座反力 F_{RA} 的值从 1 减小到 0。当单位移动荷载作用在 A 支座上时，F_{RA} 达到最大值。F_{RA} 的影响线上某一位置竖标的意思是：当单位移动荷载 $F_P=1$ 作用于该位置时反力 F_{RA} 的大小。例如，图 8.2(b)中的竖标 y_D 表示当单位移动荷载 $F_P=1$ 作用在 D 点时，支反力 F_{RA} 的大小。y_D 为正值，说明支反力 F_{RA} 的方向是向上的。因单位移动荷载 $F_P=1$ 是无量纲的量，故支座反力影响线的竖标值也是无量纲的。

同理，对支座 A 取矩，可得力矩方程为

$$\sum M_A = F_{RB}l - F_P x = 0$$

因此，F_{RB} 的影响线方程为

$$F_{RB} = \frac{x}{l} \qquad (0 \leqslant x \leqslant l)$$

上式表明，F_{RB} 的影响线仍是 x 的一次函数，其影响线图形仍是一条斜直线。

当 $x=0$ 时，有 $\qquad F_{RB}=0$

当 $x=l$ 时，有 $\qquad F_{RB}=1$

于是可得 F_{RB} 的影响线如图 8.2(c)所示。

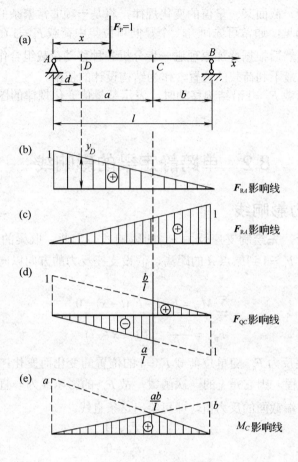

图 8.2 简支梁的影响线

8.2.2 剪力影响线

现绘制简支梁上任一截面 C 的剪力影响线。由材料力学可知，当单位移动荷载 $F_P=1$ 作用在 C 点时，剪力图要发生突变，故应分段列出剪力影响线方程。剪力的正负号规定仍然是使脱离体有顺时针转动趋势的剪力为正，有逆时针转动趋势的剪力为负。

当 $F_P=1$ 在 AC 段上移动时，选取截面 C 以右的 CB 部分为研究对象，由平衡条件 $\sum Y=0$，可得 C 截面的剪力影响线方程为

$$F_{QC}=-F_{RB} \quad (0 \leqslant x \leqslant a)$$

当 $F_P=1$ 在 BC 段上移动时，选取截面 C 以左的 AC 部分为研究对象，由平衡条件 $\sum Y=0$，可得 C 截面的剪力影响线方程为

$$F_{QC}=F_{RA} \quad (a \leqslant x \leqslant l)$$

由剪力 F_{QC} 的影响线方程可见，当 $F_P=1$ 在 AC 段上移动时，剪力 F_{QC} 的变化规律与支座反力 F_{RB} 在 AC 段的变化规律相同，但符号相反。因此，画 AC 段剪力 F_{QC} 的影响线时，只要将 F_{RB} 的影响线反号并截取其中对应 AC 段的部分即可。当 $F_P=1$ 在 BC 段上移动时，

剪力 F_{QC} 的变化规律与支座反力 F_{RA} 在 BC 段的变化规律完全相同。因此，画 BC 段剪力 F_{QC} 的影响线时，只要画出 F_{RA} 的影响线并截取其中对应 BC 段的部分即可，如图 8.2(d)所示。

由图 8.2(d)可见，其剪力影响线是由两条平行线组成，按比例可得到正的最大值为 b/l，负的最大值为 a/l。剪力影响线的竖标值也是无量纲的。

8.2.3 弯矩影响线

现绘制简支梁上任一截面 C 的弯矩影响线。当单位移动荷载 $F_P=1$ 作用在 C 点时，弯矩图出现尖角，故也应分段列弯矩影响线方程。弯矩的正负号规定仍然是使脱离体下边受拉的弯矩为正，使脱离体上边受拉的弯矩为负。

当 $F_P=1$ 在 AC 段上移动时，选取截面 C 以右的 CB 部分为研究对象，由平衡条件 $\sum M_C=0$，可得 C 截面的弯矩影响线方程为

$$M_C = F_{RB} \cdot b \quad (0 \leqslant x < a)$$

当 $F_P=1$ 在 BC 段上移动时，选取截面 C 以左的 AC 部分为研究对象，由平衡条件 $\sum M_C=0$，可得 C 截面的弯矩影响线方程为

$$M_C = F_{RA} \cdot a \quad (a \leqslant x \leqslant l)$$

由弯矩 M_C 的影响线方程可见，AC 段 C 截面弯矩影响线的竖标值是支座反力 F_{RB} 影响线竖标值的 b 倍；BC 段 C 截面弯矩影响线的竖标值是支座反力 F_{RA} 影响线竖标值的 a 倍。因此，将 F_{RB} 的影响线扩大 b 倍，保留其中的 AC 部分即为 M_C 影响线的 AC 段；将 F_{RA} 的影响线扩大 a 倍，保留其中的 BC 部分即为 M_C 影响线的 BC 段，如图 8.2(e)所示。

由图 8.2 可见，M_C 影响线是一个顶点在 C 点的三角形。由 M_C 的影响线方程可算得 C 点的竖标值为 $\dfrac{ab}{l}$，说明当 $F_P=1$ 作用在 C 点时，M_C 的值是最大的。弯矩影响线的竖标值单位是米(m)。

这种利用影响线方程绘制影响线的方法称为静力法。

当利用影响线分析实际荷载的影响时，将影响线的竖标值乘以实际荷载，这时再将荷载的单位计入，便可得到该量值的实际单位。

需要指出的是，影响线与内力图是截然不同的，现将弯矩影响线和弯矩图的竖标值作一比较，以便更好地加以区别。弯矩影响线上的竖标值表示当单位移动荷载 $F_P=1$ 作用在该点时，指定截面处产生的弯矩，且正值画在基线的上方，单位是 m；弯矩图上的竖标值表示实际荷载作用在固定位置时，在该截面处所产生的弯矩，且弯矩要画在杆件受拉的一侧，其单位为 $kN \cdot m$ 或 $N \cdot m$。

【例 8.1】如图 8.3(a)所示，试作外伸梁的支座反力影响线及指定截面 C 和 D 的剪力和弯矩影响线。

解：(1) 支座反力的影响线。
取支座 A 为坐标原点，分别求得支座反力 F_{RA} 和 F_{RB} 的影响线方程为

$$F_{RA} = \frac{l-x}{l} \quad (-d \leqslant x \leqslant l+d)$$

$$F_{RB} = \frac{x}{l} \quad (-d \leqslant x \leqslant l+d)$$

据以上两式可绘得 F_{RA} 和 F_{RB} 的影响线如图 8.3(b)、图 8.3(c)所示。

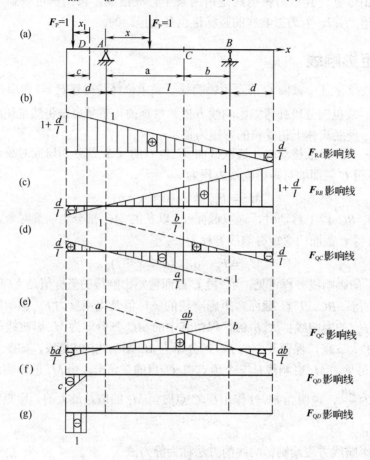

图 8.3　例 8.1 图

(2) C 截面的剪力和弯矩影响线。

当单位移动荷载 $F_P = 1$ 位于 C 截面以左时，F_{QC} 和 M_C 的影响线方程分别为

$$F_{QC} = -F_{RB} \quad (-d \leqslant x < a)$$

$$M_C = F_{RB} \cdot b \quad (-d \leqslant x < a)$$

当单位移动荷载 $F_P = 1$ 位于 C 截面以右时，F_{QC} 和 M_C 的影响线方程分别为

$$F_{QC} = F_{RA} \quad (a < x \leqslant l+d)$$

$$M_C = F_{RA} \cdot a \quad (a < x \leqslant l+d)$$

绘得 F_{QC} 和 M_C 的影响线如图 8.3(d)、图 8.3(e)所示。

(3) D 截面的剪力和弯矩影响线。

为了计算上的方便，选取 D 点为坐标原点，以 x_1 表示 $F_P = 1$ 到原点的距离，且令 x_1 在 D 点以左时取正值。当 $F_P = 1$ 位于 D 以左部分时，F_{QD} 和 M_D 的影响线方程分别为

$$F_{QD} = -1 \quad (0 < x_1 \leqslant c)$$

$$M_D = -x_1 \quad (0 < x_1 \leqslant c)$$

当 $F_P = 1$ 位于 D 以右部分时，F_{QD} 和 M_D 的影响线方程分别为

$$F_{QD} = 0 \quad (-l - 2d + c \leqslant x_1 < 0)$$
$$M_D = 0 \quad (-l - 2d + c \leqslant x_1 < 0)$$

绘得 M_D 和 F_{QD} 的影响线如图 8.3(f)、图 8.3(g)所示。

8.3 用机动法作梁的影响线

由上一节可知，静定梁的反力和内力影响线都是由直线段组成，只要定出每个直线段的两个竖标值，即可画出该量值的影响线。而超静定梁的反力和内力影响线都是曲线，绘制起来要复杂得多。不过，工程中在许多情况下，只要知道超静定梁影响线的轮廓，不需要知道影响线的具体数据，就可以确定荷载的最不利位置，从而求出反力和内力的最大值，作为设计的依据。本节介绍的机动法，就是不需经过具体计算即可直接画出超静定梁影响线的轮廓。

8.3.1 用机动法作单跨静定梁的影响线

用机动法作影响线是以虚位移原理为依据的。现以绘制如图 8.4(a)所示的外伸梁的支座反力 F_{RA} 的影响线为例，说明这一方法。

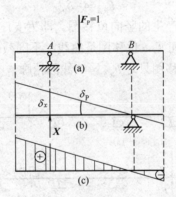

图 8.4 用机动法作影响线

为了求出支座反力 F_{RA}，将与它相应的约束去掉而以力 X 代替其作用，如图 8.4(b)所示。这样，原结构便具有一个自由度。因以力 X 代替了原有约束的作用，故它仍能维持平衡。使该结构沿 X 方向发生任意微小的虚位移 δ_x，并以 δ_P 表示在力 F_P 的作用点沿力作用线方向的位移，则该结构体系在力 X、F_P 和反力 F_{RB} 共同作用下处于平衡，根据虚位移原理，各力所做虚功的总和应等于零，即

$$X\delta_x + F_P \delta_P = 0$$

在作影响线时，取 $F_P = 1$，则有

$$X = -\frac{\delta_P}{\delta_x}$$

式中，δ_x 的数值在给定虚位移的情况下是不变的，而 δ_P 却随单位移动荷载 $F_P=1$ 位置的变化而变化。由于虚位移是任意假设的，因此可令 $\delta_x=1$，于是上式变为

$$X = -\delta_P$$

由此可见，δ_P 的变化情况反映了荷载 $F_P=1$ 移动时 X 的变化规律，即 δ_P 的位移图便代表了 X 的影响线，只是符号相反。由于 δ_P 是以与力 F_P 的方向一致者为正，即 δ_P 以向下为正，而 X 与 δ_P 符号相反，因此，X 的影响线应以向上为正。

由上述可知，为了做出某量值 X 的影响线，只需将与该量值 X 的约束去掉，并使所得结构体系沿该量值 X 的正方向发生单位位移，由此得到的虚位移图即为量值 X 的影响线。如图 8.4(c) 所示，亦即支座反力 F_{RA} 的影响线。这种绘制影响线的方法，称为机动法。

8.3.2 用机动法作连续梁的影响线

用机动法作连续梁的影响线与用机动法作静定梁的影响线相似。例如，求如图 8.5(a) 所示连续梁的支座反力 F_{RB} 的影响线，首先解除支座 B 处的约束，代之以支座反力 F_{RB}，在支座 B 处使结构产生一个沿 F_{RB} 作用线方向的微小位移 δ_P，如图 8.5(b) 所示，由虚功原理得

$$F_{RB}\delta_B + P\delta_P = 0$$

式中，单位移动荷载 $F_P=1$，且令 $\delta_B=1$，则有

$$F_{RB} = -\delta_P$$

上式表明，对应于 $\delta_B=1$ 产生的竖向位移图，即为支座反力 F_{RB} 的影响线，只是符号相反，如图 8.5(b) 所示。由图可见，位移图是曲线，不同截面处的 δ_P 值不通过计算是不能确定其大小的，因此，所得位移图只是 F_{RB} 影响线的轮廓。

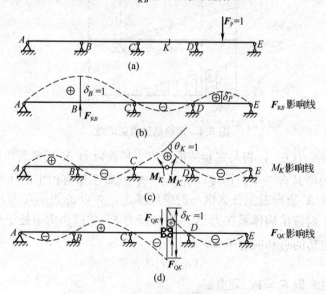

图 8.5 连续梁的影响线

综上所述，用机动法作超静定结构某量值的影响线，只要去掉与该量值相应的约束，

代之以相应的约束反力,并使所得结构体系在约束反力作用点沿约束反力作用线方向产生相应的单位位移,由此所得到的位移图即为该量值的影响线轮廓。

再例如,作如图 8.5(a)所示任意截面 K 的弯矩影响线,先去掉截面 K 的弯矩约束,即将截面 K 的刚性连接改为铰连接,并加一对力偶 M_K 代替原结构的约束作用。然后,在 K 截面沿 M_K 的正方向发生单位相对虚位移(单位相对转角) $\theta_K=1$,由此得到的位移图即为 M_K 的影响线轮廓,如图 8.5(c)所示。同样,做连续梁上任意截面 K 的剪力影响线,先去掉截面 K 的剪力约束,即将截面 K 的刚性连接改为双链杆连接(只在轴力和弯矩方向有约束,在剪力方向无约束),并加一对剪力代替原有的约束作用。然后,在 K 截面沿 F_{QK} 的正方向发生单位相对虚位移 $\delta_K=1$,由此得到的位移图即为 K 截面的剪力影响线轮廓,如图 8.5(d)所示。

8.4 影响线的应用

由前所述,绘制影响线是为了计算在移动荷载作用下反力和内力的最大值,并以此作为结构设计的依据。而要求出这一量值的最大值,必须先确定产生这种最大量值的荷载位置,这个位置称为该量值的最不利荷载位置。为此要解决如下两个方面的问题:第一,当实际的移动荷载在结构上的位置已知时,利用影响线求某量值;第二,利用影响线确定最不利荷载位置。现分别加以讨论。

8.4.1 当荷载位置固定时求某量值的大小

1. 一组集中荷载作用

图 8.6(a)所示外伸梁,在一组集中荷载 F_{P1}、F_{P2}、F_{P3} 作用下,荷载位置不变,求截面 C 的弯矩 M_C。首先绘出 M_C 的影响线,并分别求出各荷载作用点处的纵标值 y_1、y_2、y_3(见图 8.6(b))。据叠加原理,在这组荷载作用下截面 C 的弯矩 M_C 为

$$M_C = F_{P1}y_1 + F_{P2}y_2 + F_{P3}y_3$$

在这里,纵标 y 位于基线上方时,取正值;位于基线下方时,取负值。

以上所述方法同样适用于求其他量值。在一般情况下,若有一系列集中荷载 F_{P1},F_{P2},…,F_{Pn} 作用于结构上,而结构某量值 S 的影响线相应的纵标值为 y_1、y_2、…、y_n,则有

$$S = F_{P1}y_1 + F_{P2}y_2 + \cdots + F_{Pn}y_n = \sum_{i=1}^{n} F_{Pi}y_i \tag{8.1}$$

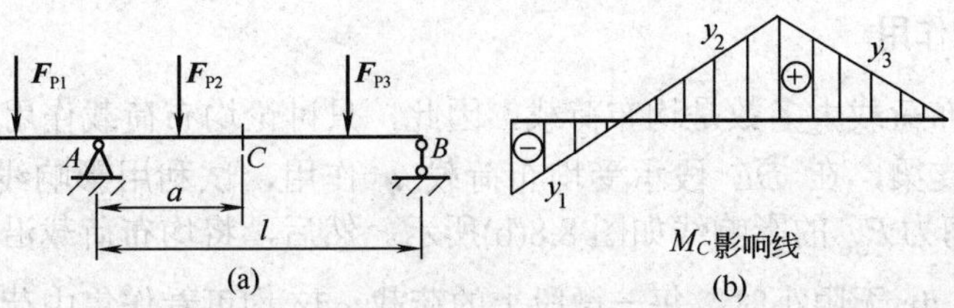

图 8.6 集中荷载作用下的量值计算

【例8.2】 如图8.7(a)所示吊车梁，试利用影响线计算 C 截面的弯矩 M_C 和剪力 F_{QC}。

解：(1) 求 C 截面的弯矩 M_C。

画出 M_C 影响线，如图8.7(b)所示。

计算 F_{P1}、F_{P2} 作用点处 M_C 影响线上的纵标值：

$$y_1 = \frac{3}{7.62} \times 3.81 = 1.50 \text{m}$$

$$y_2 = \frac{2.12}{7.62} \times 3.81 = 1.06 \text{m}$$

由叠加原理得 C 截面的弯矩 M_C 为

$$M_C = F_{P1} y_1 + F_{P2} y_2 = 300 \times 1.50 + 300 \times 1.06 = 768 (\text{kN} \cdot \text{m})$$

弯矩 M_C 为正值，说明梁的下侧受拉。

(2) 求 C 截面的剪力 F_{QC}。

画出 F_{QC} 影响线，如图8.7(c)所示。

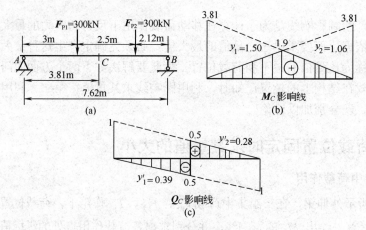

图 8.7 例 8.2 图

计算 F_{P1}、F_{P2} 作用点处 F_{QC} 影响线上的纵标值：

$$y_1' = -\frac{3}{7.62} \times 1 = -0.39$$

$$y_2' = \frac{2.12}{7.62} \times 1 = 0.28$$

由叠加原理得 C 截面的剪力 F_{QC} 为

$$F_{QC} = F_{P1} y_1' + F_{P2} y_2' = 300 \times (-0.39) + 300 \times 0.28 = -33 (\text{kN})$$

2. 分布荷载作用

工程中的分布荷载大多数是均布荷载，因此，只讨论均布荷载作用下量值的计算。如图 8.8(a)所示简支梁，在 DE 段承受均布荷载 q 作用，试利用影响线求 C 截面的剪力 F_{QC}。首先画出剪力 F_{QC} 的影响线如图8.8(b)所示。然后，将均布荷载沿其分布方向划分若干小微段 dx，当 dx 无限小时，每一微段上的荷载 qdx 均可看作集中荷载，该集中荷载所对应的 F_{QC} 影响线上的纵标值为 y，由它产生的微剪力值 F_{QC} 为 $qdx \cdot y$，因此，全部均布荷

载引起的剪力值 F_{QC} 为

$$F_{QC} = \int_D^E q \cdot y \cdot dx = q \cdot \int_D^E y \cdot dx = q\omega = q\omega_1 + q\omega_2$$

式中，ω 为影响线在均布荷载分布范围内的面积。当 ω 位于基线以上时，取正值；位于基线以下时，取负值。

若梁上作用的均布荷载集度不同，或不连续的均布荷载时，则应分段计算，然后求其代数和，即

$$S = \sum_{i=1}^n q_i \omega_i \tag{8.2}$$

上式表明：在均布荷载作用下，某量值 S 的大小，等于分布荷载集度 q 与该量值影响线在荷载分布范围内的面积 ω 的乘积。

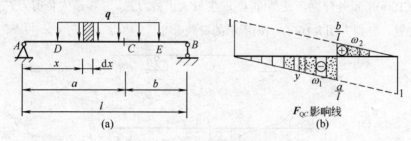

图 8.8 均布荷载作用下的量值计算

【例 8.3】 如图 8.9(a)所示外伸梁，试利用影响线求图示荷载作用下截面 C 的弯矩值 M_C 和剪力值 F_{QC}。

解：(1) 画 M_C 和 F_{QC} 影响线如图 8.9(b)、(c)所示。

(2) 计算 C 截面的弯矩值 M_C。

$$M_C = F_{P1}y_1 + F_{P2}y_2 + q\omega_1 = -20 \times 2.25 + 10 \times \left(\frac{1}{2} \times 1.5 \times 6 - \frac{1}{2} \times 0.75 \times 3\right) = -11.25 (\text{kN} \cdot \text{m})$$

(3) 计算 C 截面的剪力值 F_{QC}。

$$F_{QC} = F_{P1}y_1' + F_{P2}y_2' + q\omega_1' = 20 \times 0.375 + 10 \times \left(\frac{1}{2} \times 0.75 \times 6 - \frac{1}{2} \times 0.375 \times 3\right) = 24.375 (\text{kN})$$

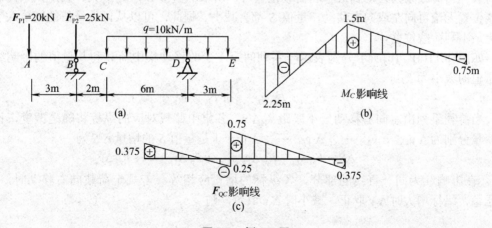

图 8.9 例 8.3 图

8.4.2 求最不利荷载位置

在结构设计中,常需要计算出移动荷载作用下,结构某些量值的最大正值 S_{max} 和最大负值 S_{min} 作为结构设计的依据,因此,必须首先确定产生这些最大量值的最不利荷载位置。下面对常见的情况进行讨论。

1. 任意布置的均布荷载作用时

工程中的人群、堆货等荷载,是可以按任意方式分布的均布荷载。其最不利荷载的位置为:将其布满对应影响线所有纵标为正号的区域,即可产生最大正量值 S_{max};将其布满对应影响线所有纵标为负号的区域,即可产生最大负量值 S_{min}。

如图 8.10(a)所示外伸梁,使截面 C 产生最大正剪力 $F_{QC\max}$ 和最大负剪力 $F_{QC\min}$ 时的最不利荷载位置,分别为图 8.10(c)、(d)所示的荷载分布。

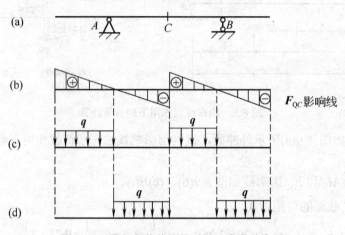

图 8.10 最不利荷载位置时的均布荷载布置

2. 系列移动集中荷载作用时

汽车、火车及吊车的轮压等移动荷载,可以简化为一系列彼此间距不变的系列移动集中荷载。当荷载系列移动到最不利荷载位置时,所求的量值 S 应为最大,因此,系列荷载由该位置无论再向左或向右移动,量值 S 都会减小。据此,可以从讨论量值的增量入手来确定最不利荷载位置。

如图 8.11(a)、(b)所示分别表示一系列间距不变的移动集中荷载和某量值的影响线。该量值的大小为

$$S = F_{P1}y_1 + F_{P2}y_2 + \cdots + F_{Pi}y_i + \cdots + F_{Pn}y_n \tag{a}$$

当荷载系列由左向右移动一小段距离 Δx,各集中荷载对应的纵标将随之改变,设其改变量分别为 Δy_1、Δy_2、$\cdots$、Δy_i、$\cdots$、Δy_n。于是量值 S 的增量 ΔS 为

$$\Delta S = F_{P1}\Delta y_1 + F_{P2}\Delta y_2 + \cdots + F_{Pi}\Delta y_i + \cdots + F_{Pn}\Delta y_n \tag{b}$$

在影响线为同一直线的部分,各纵标的增量应相等。若规定荷载向右移动时,Δx 为正值,纵标增大时 Δy 取正,减小时 Δy 取负,则

$$\Delta y_1 = \Delta y_2 = \cdots = \Delta y_i = \Delta x \tan\alpha = \Delta x \frac{h}{a} \tag{c}$$

$$\Delta y_{i+1} = \Delta y_{i+2} = \cdots = \Delta y_n = \Delta x \tan\beta = -\Delta x \frac{h}{b} \tag{d}$$

于是

$$\Delta S = (F_{P1} + F_{P2} + \cdots + F_{Pi})\frac{h}{a}\Delta x - (F_{Pi+1} + F_{Pi+2} + \cdots + F_{Pn})\frac{h}{b}\Delta x \tag{e}$$

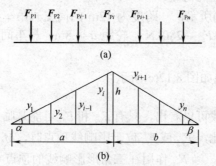

图 8.11 最不利荷载位置时的系列集中荷载布置

现根据量值的增量 ΔS 的增减来分析量值 S 取得极值时的荷载位置。由于量值 S 的影响线与荷载位置 x 的函数关系表示为折线,由高等数学可知,量值 S 的极值应发生在 $\dfrac{\mathrm{d}S}{\mathrm{d}x}$ 变号的尖点处。若以 ΔS 来判断,当 ΔS 变号时 S 有极值。由式(e)可知,当没有任何集中荷载从左边经过影响线的顶点移到右边时,ΔS 保持为常量;当有某个集中荷载从左边过渡到右边时,ΔS 的值要发生变化,但不一定会改变正负号。只有某一集中荷载通过影响线的顶点 ΔS 变号时,量值 S 才有极值。这一集中荷载称为临界荷载,用 F_{PK} 表示。这一位置称为临界位置。因此,量值 S 产生极大值或极小值(负的极大值)的条件如下。

(1) 当 ΔS 由大于零变为小于零(或由大于零变为等于零,或由等于零变为小于零)时,S 出现极大值。

(2) 当 ΔS 由小于零变为大于零(或由小于零变为等于零,或由等于零变为大于零)时,S 出现极小值。

故极大值的判别条件,据式(e)可表示为

$$\left.\begin{array}{l}(F_{P1} + F_{P2} + \cdots + F_{PK})\dfrac{h}{a}\Delta x - (F_{PK+1} + \cdots + F_{Pn})\dfrac{h}{b}\Delta x \geqslant 0 \\ (F_{P1} + F_{P2} + \cdots + F_{PK-1})\dfrac{h}{a}\Delta x - (F_{PK} + F_{PK+1} + \cdots + F_{Pn})\dfrac{h}{b}\Delta x \leqslant 0\end{array}\right\} \tag{f}$$

若以 $\sum F_{P左}$ 和 $\sum F_{P右}$ 分别表示 F_{PK} 以左和 F_{PK} 以右的荷载之和,则式(f)可改写为

$$\left.\begin{array}{l}\dfrac{\sum F_{P左} + F_{PK}}{a} \geqslant \dfrac{\sum F_{P右}}{b} \\ \dfrac{\sum F_{P左}}{a} \leqslant \dfrac{F_{PK} + \sum F_{P右}}{b}\end{array}\right\} \tag{8.3}$$

上式为三角形影响线临界荷载判别式。应用该式时注意以下几点。

(1) 式(8.3)是假设系列荷载由左向右移动推导出来的，但当荷载移动方向相反时，该式仍然适用。

(2) 利用式(8.3)求出的临界荷载可能不只一个，应分别试算出对应的极值，通过比较，得到最大量值。

(3) 在荷载移动过程中，可能有的荷载移出结构，也可能有新的荷载移到结构上来，计算时只考虑作用在结构上的荷载。

【例 8.4】 如图 8.12(a)所示，一跨度为 12m 的简支式吊车梁，同时有两台吊车在其上工作。已知 $F_{P1} = F_{P2} = F_{P3} = F_{P4} = 280\text{kN}$，轮距 $a=4.8\text{m}$，吊车间距 $b=1.44\text{m}$。试求跨中截面 C 的最大弯矩值 $M_{C\max}$。

解：(1) 画 M_C 影响线如图 8.12(c)所示。

(2) 判别临界荷载。

由该系列集中移动荷载可以看出，只有 F_{P2} 和 F_{P3} 可能是临界荷载。而该系列中的荷载和影响线都是对称的，因此，F_{P2} 或 F_{P3} 位于影响线顶点时，$M_{C\max}$ 是相等的。

设 F_{P2} 为临界荷载 F_{PK}，当 F_{P2} 作用在三角形影响线的顶点 C 上时，吊车梁 AB 上只有 F_{P1}、F_{P2}、F_{P3} 三个荷载作用，F_{P4} 已移出吊车梁以外，故计算时不应计入。于是由临界荷载判别式得

$$\frac{\sum F_{P左}}{a} = \frac{280}{6} = \frac{140}{3} < \frac{F_{PK} + \sum F_{P右}}{b} = \frac{280+280}{6} = \frac{280}{3}$$

$$\frac{F_{PK} + \sum F_{P左}}{a} = \frac{280+280}{6} = \frac{280}{3} > \frac{\sum F_{P右}}{b} = \frac{280}{6} = \frac{140}{3}$$

因此，F_{P2} 是临界荷载。

(3) 计算 $M_{C\max}$。

将 F_{P2} 作用于 C 截面，并分别计算出 F_{P1}、F_{P2}、F_{P3} 作用点处所对应的 M_C 影响线上的纵标值：$y_1=0.6\text{m}$，$y_2=3\text{m}$，$y_3=2.28\text{m}$，则 C 截面的最大弯矩值为

$$M_{C\max} = 280 \times (0.6 + 3 + 2.28) = 1646.4(\text{kN}\cdot\text{m})$$

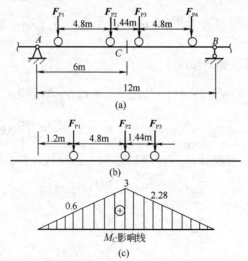

图 8.12 例 8.4 图

3. 连续梁的最不利荷载位置

确定连续梁的最不利荷载位置时，首先用机动法做出其影响线的轮廓，然后，将任意分布的均布活荷载作用在影响线的正区域，便得到该量值的最大值的最不利荷载位置；将任意分布的均布活荷载作用在影响线的负区域，便得到该量值的最小值的最不利荷载位置。如图 8.13(a)所示连续梁，图 8.13(b)为 K 截面的弯矩影响线轮廓，图 8.13(c)、(d)分别为 K 截面的最大弯矩 $M_{K\max}$ 和最小弯矩 $M_{K\min}$ 的荷载布置情况。

荷载的最不利位置确定后，便可求出某量值的最大值和最小值。

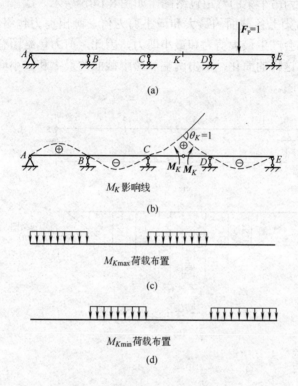

图 8.13 连续梁的最不利荷载位置

8.5 简支梁的内力包络图和绝对最大弯矩

前面讨论了如何计算梁上某一指定截面某量值的最大值和最小值。而在设计吊车梁、楼盖的连续梁及桥梁等结构时，需要计算出在恒载和移动荷载共同作用下，整个梁上各截面弯矩 M、剪力 F_Q 最大值中的最大者，这种最大值称为绝对最大弯矩和绝对最大剪力。绝对最大值包括最大正值和最大负值，最大负值又称最小值。若用上节所讲的方法求出各截面的内力最大值，并按同一比例标在梁轴线上，然后连成曲线，这一曲线称为内力包络图。无论移动荷载位于梁上什么位置，所引起的内力图必然都在包络图以内，为包络图所包含。包络图是结构设计的主要依据，在吊车梁和楼盖设计中应用广泛。梁的内力包络图包括弯矩包络图和剪力包络图两种。由各截面的弯矩最大值和最小值分别连成的图线，称为弯矩包络图;由各截面的剪力最大值和最小值分别连成的图线,称为剪力包络图。

8.5.1 简支梁的内力包络图

现以例 8.4 中的吊车梁为例,说明简支梁内力包络图的作法。首先沿梁的轴线将梁分为若干等分,如图 8.14(a)中的 10 等分。对于吊车梁来说,恒载引起的弯矩要比移动荷载引起的弯矩小的多,设计中通常将其省略,只考虑移动荷载引起的弯矩。按例 8.4 所述方法计算出吊车移动时各截面的最大弯矩值,并按同一比例画在梁的轴线上,然后连成光滑曲线,得到的图形即为吊车梁的弯矩包络图,如图 8.14(b)所示。

同样,可计算出梁上各截面的最大和最小剪力值,画出剪力包络图,如图 8.14(c)所示。由于每一截面都会产生最大剪力和最小剪力,因此,剪力包络图有两条曲线,它们接近直线。工程上常作这样的简化:求出两端和跨中截面的最大和最小剪力值,连成直线,得到近似的剪力包络图。

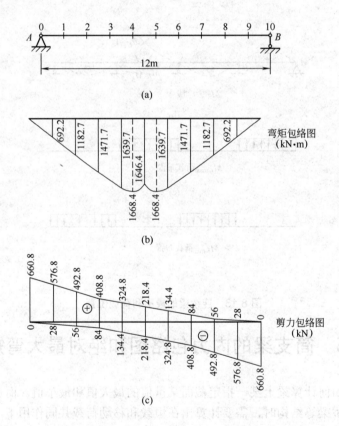

图 8.14 简支梁的内力包络图

8.5.2 简支梁的绝对最大弯矩

简支梁在恒载作用下的弯矩比较容易确定,因此,只要求出移动荷载作用下各截面最大弯矩中的最大值,即可确定简支梁的绝对最大弯矩。为方便起见,暂且把移动荷载作用下各截面最大弯矩中的最大值称为绝对最大弯矩。

由图 8.14(b)可见，简支梁的弯矩包络图中虚线所标的竖标值为 1668.4kN·m，该值即为梁在移动的吊车轮压作用下的绝对最大弯矩，它发生在梁的跨中截面 5 两侧附近的截面上。而这个截面的位置事先是不知道的，那么如何确定这个截面及梁的绝对最大弯矩呢？

由前述可知，梁的弯矩图在集中荷载作用处会出现尖角，因此可以推断，绝对最大弯矩一定发生在某一集中荷载的作用截面上。据此在这一组集中荷载中，试选取某一集中荷载 F_{PK}，分析当 F_{PK} 处于什么位置时其作用点截面的弯矩值达到最大。设 F_{PK} 到支座 A 的距离为 x，梁上所有荷载(包括 F_{PK})的合力 F_R 至 F_{PK} 的距离为 a，并设 F_{PK} 在 F_R 左侧，如图 8.15(a)所示。

根据简支梁的平衡条件，并由 $\sum M_B = 0$，得

$$F_{RA} = \frac{F_R}{l}(l - x - a) \tag{a}$$

取 F_{PK} 以左部分为脱离体，可求得 F_{PK} 作用点处的弯矩为

$$M_x = F_{RA} x - M_K = \frac{F_R}{l}(l - x - a)x - M_K \tag{b}$$

式中，M_K 表示梁上位于 F_{PK} 以左的所有荷载对 F_{PK} 作用点取力矩的代数和，是一个与 x 无关的常数。为求 M_x 的极值，令

$$\frac{dM_x}{dx} = \frac{F_R}{l}(l - 2x - a) = 0$$

可得

$$x = \frac{l}{2} - \frac{a}{2} \tag{c}$$

若 F_{PK} 在合力 F_R 的右侧(见图 8.15(b))，同样可得

$$x = \frac{l}{2} + \frac{a}{2} \tag{d}$$

由式(c)、式(d)可见，F_{PK} 作用点所在截面弯矩为最大值的条件为

$$x = \begin{cases} \dfrac{l}{2} - \dfrac{a}{2} & (F_{PK} \text{在} F_R \text{左侧时}) \\ \dfrac{l}{2} + \dfrac{a}{2} & (F_K \text{在} F_R \text{右侧时}) \end{cases} \tag{8.4}$$

由此可以看出，当合力 F_R 与 F_{PK} 位于梁的中两侧对称位置时，F_{PK} 作用截面的弯矩值为最大。将式(8.4)代入式(b)，得 F_{PK} 作用点处的弯矩最大值为

$$M_{\max} = \begin{cases} \dfrac{F_R}{l}\left(\dfrac{l}{2} - \dfrac{a}{2}\right)^2 - M_K & (F_{PK} \text{在} F_R \text{左侧时}) \\ \dfrac{F_R}{l}\left(\dfrac{l}{2} + \dfrac{a}{2}\right)^2 - M_K & (F_{PK} \text{在} F_R \text{右侧时}) \end{cases} \tag{8.5}$$

在应用公式(8.4)、式(8.5)时要注意，在安排 F_{PK} 与 F_R 的位置使它们对称于梁中点的过程中，有些荷载可能被挤出梁跨外或进入梁跨内，改变了原来在计算合力时的荷载状态，这时应重新计算合力 F_R 的数值和位置。

按上述方法计算出每一荷载作用处截面的最大弯矩，并加以比较，其中最大者就是绝对最大弯矩。但当荷载数目较多时，这样做是很麻烦的。实际上，简支梁的绝对最大弯

矩，通常总是发生在梁的中点附近，如图 8.15(a)、(b)所示。故欲求最大弯矩，应将系列集中移动荷载布满全跨或靠近梁中点布置，并将其中数值较大的荷载置于中间，然后选择一个靠近梁中点截面处的较大荷载作为 F_{PK}，移动荷载系列，使选定的 F_{PK} 与梁上荷载合力的作用位置对称于梁的中点，再计算此时 F_{PK} 作用点截面的弯矩值，此值往往就是绝对最大弯矩值。

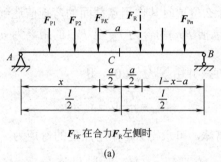

(a)

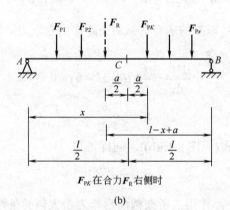

(b)

图 8.15 简支梁的绝对最大弯矩分析图

【例 8.5】试求例 8.4 中吊车梁的绝对最大弯矩。

解： 由图 8.12(a)可见，绝对最大弯矩必然发生在 F_{P2} 或 F_{P3} 作用点截面处。

(1) 计算 F_{P2} 为 F_{PK} 时的最大弯矩值。

当 F_{P2} 位于跨中截面左侧时，如图 8.16(a)所示。

① 求梁上荷载的合力 F_R。

$$F_R = 280 \times 4 = 1120 \text{(kN)}$$

② 确定 F_R 与 F_{PK} 的间距 a。

由于 $F_{P1} = F_{P2} = F_{P3} = F_{P4} = 280 \text{kN}$，因此，其合力 F_R 与 F_{P2} 和 F_{P3} 的距离应相等，即为

$$a = \frac{1.44}{2} = 0.72 \text{(m)}$$

③ 确定 F_{PK} 作用点位置。

由式(8.4)可知，F_{PK} 与合力 F_R 应位于梁中点两侧的对称位置上，因此，F_{PK} 距跨中的距离为

$$\frac{a}{2} = 0.36 \text{m}$$

④ 计算最大弯矩。

由式(8.5)可知，最大弯矩为

$$M_{\max} = \frac{F_R}{l}\left(\frac{l}{2} - \frac{a}{2}\right)^2 - M_K = \frac{1120}{12} \times (6 - 0.36)^2 - 280 \times 4.8 = 1624.9 (\text{kN} \cdot \text{m})$$

当 P_2 位于跨中截面右侧时，F_{P4} 已被挤出梁外，如图 8.16(b)所示。这时作用在梁上的合力为

$$F_R = 280 \times 3 = 840(\text{kN})$$

$$a = \frac{280 \times 4.8 - 280 \times 1.44}{840} = 1.12(\text{m})$$

此时的最大弯矩为

$$M_{\max} = \frac{F_R}{l}\left(\frac{l}{2} + \frac{a}{2}\right)^2 - M_K = \frac{840}{12} \times \left(6 + \frac{1.12}{2}\right)^2 - 280 \times 4.8 = 1668.4(\text{kN} \cdot \text{m})$$

由此可见，当 F_{P2} 位于跨中截面右侧 0.56m 处时，最大弯矩为 1668.4kN·m，如图 8.16(b)所示。

(2) 计算 F_{P3} 为 F_{PK} 时的最大弯矩值。

同理可计算出 F_{P3} 作用在跨中截面以左 0.56m 处时，最大弯矩亦为 1668.4kN·m。

(3) 确定绝对最大弯矩。

通过以上计算可知，梁的绝对最大弯矩为 1668.4kN·m，如图 8.14(b)所示。

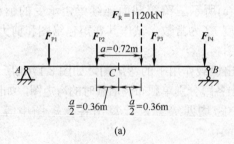

(a)

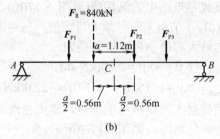

(b)

图 8.16 例 8.5 图

8.6 连续梁的内力包络图

工程中的板、次梁和主梁，一般都按连续梁进行计算。由前所述，在某内力的最不利荷载位置确定后，可以用前面介绍的任何一种计算超静定结构的方法求出若干截面的最大或最小内力值，然后将各截面的最大和最小内力的纵坐标分别连一光滑曲线，便可得到连

续梁的内力包络图。

连续梁上任意截面的内力都是由恒载和活载共同作用引起的，在计算连续梁各截面的内力时，通常将恒载和活载的影响分别考虑，然后进行叠加。对于弯矩包络图，恒载作用下各截面的弯矩是固定不变的；活载作用下各截面的弯矩可以这样计算：作出连续梁每一跨单独布满活载时的弯矩图，然后对于梁上的任意截面，将弯矩图中对应截面的正弯矩相加，便得到该截面在活载作用下的最大弯矩(即最大正弯矩)；同理，将弯矩图中对应截面的负弯矩相加，便得到该截面在活载作用下的最小弯矩(即最大负弯矩)。于是，绘制连续梁弯矩包络图的步骤如下：

(1) 用计算超静定结构的方法绘出恒载作用下的弯矩图。

(2) 用同样方法依次绘出每一跨上单独布满活载时的弯矩图。

(3) 将各跨分为若干等分，对每一等分点处截面，将恒载弯矩图中该截面的竖标值与所有各跨活载弯矩图中对应的竖标正(或负)值相加，便得到各截面的最大(或最小)弯矩值。

(4) 将上述各截面的最大(或最小)弯矩值在同一图中按同一比例画出，并分别连成曲线，即得到该连续梁的弯矩包络图。

在连续梁设计中，可根据弯矩包络图选择截面尺寸。在钢筋混凝土连续梁的设计中，弯矩包络图是布置钢筋的依据。

剪力包络图的绘制方法和步骤与弯矩包络图相同。一般情况下，各支座两侧截面的剪力最大，跨中较小，故在实际工程中，通常只将各跨两端靠近支座处截面上的最大剪力值和最小剪力值求出，在各跨跨中以直线相连，近似地作出剪力包络图。

【例 8.6】如图 8.17(a)所示三跨等截面连续梁，承受的恒载为 $q=20$kN/m，活载为 $p=37.5$kN/m，梁的抗弯刚度 EI 为常数，试作其弯矩包络图和剪力包络图。

解：(1) 作弯矩包络图。

① 用力矩分配法作出恒载作用下的弯矩图，如图 8.17(b)所示。

② 用力矩分配法作出各跨分别单独布满活载时的弯矩图，如图 8.17(c)、(d)、(e)所示。

③ 将连续梁的每一跨均四等分，计算出各弯矩图中等分点处的纵坐标值，如图 8.17(b)、(c)、(d)、(e)所示。

④ 把各等分截面处恒载弯矩图中的纵标值(见图 8.17(b))，分别与活载弯矩图中对应的正纵标值(见图 8.17(c)、(d)、(e))相加即得最大弯矩值；与对应的负纵标值相加即得最小弯矩值。例如在截面 6 处的最大和最小弯矩值分别为

$$M_{6\max} = 8.0 + 45.0 = 53.0(\text{kN}\cdot\text{m})$$
$$M_{6\min} = 8.0 + (-15.0) + (-15.0) = -22.0(\text{kN}\cdot\text{m})$$

⑤ 分别把等分点截面处最大弯矩纵标的顶点，连成光滑曲线，将最小弯矩纵标的顶点连成光滑曲线，便得到弯矩包络图，如图 8.17(f)所示。

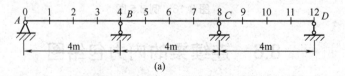

(a)

图8.17 简支梁的弯矩包络图

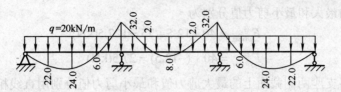

(b) 恒载 M 图

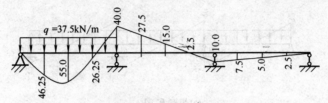

(c) 活载在第一跨时的 M 图

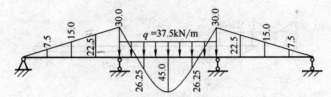

(d) 活载在第二跨时的 M 图

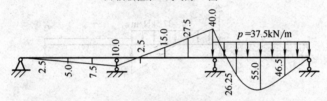

(e) 活载在第三跨时的 M 图

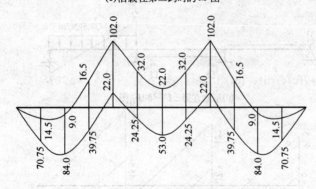

(f) 弯矩包络图 (kN·m)

图 8.17 简支梁的弯矩包络图(续)

(2) 作剪力包络图。

① 先利用荷载和弯矩图作出恒载作用下的剪力图，如图 8.18(a)所示。

② 用同样方法分别作各跨分别单独布满活载时的剪力图，如图 8.18(b)、(c)、(d)所示。

③ 将恒载作用下(见图 8.18(a))各支座左、右两边截面处的剪力纵标值，分别与活载剪力图(见图 8.18(b)、(c)、(d))中对应的正(负)纵标相加，即得最大(最小)剪力值。例如 B

支座右侧截面的最大和最小剪力值分别为

$$F_{yB\max}^{右} = 40 + 12.5 + 75 = 127.5(kN)$$

$$F_{yB\min}^{右} = 40 + (-12.5) = 27.5(kN)$$

最后，将各支座两侧截面上的最大剪力值和最小剪力值分别用直线相连，便得到近似的剪力包络图，如图 8.18(e)所示。

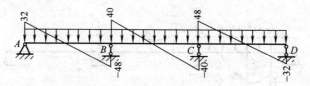

(a) 恒载 F_Q 图

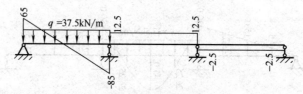

(b) 活载在第一跨时的 F_Q 图

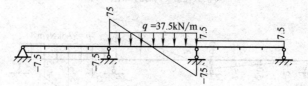

(c) 活载在第二跨时的 F_Q 图

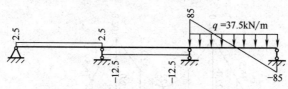

(d) 活载在第三跨时的 F_Q 图

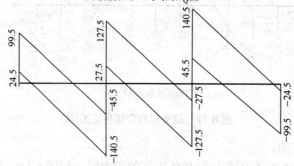

(e) 剪力包络图 (kN)

图 8.18 简支梁的剪力包络图

8.7 小　　结

本章主要研究静定单跨梁和连续梁的影响线绘制，以及利用影响线确定最不利荷载位置，进而求出该量值的绝对最大值作为结构设计的依据；还介绍了简支梁及连续梁的内力包络图的绘制。

(1) 竖向单位集中荷载 $F_P = 1$ 沿结构移动时，表示某量值变化规律的图形，称为该量值的影响线。要注意内力影响线与内力图的根本区别。内力影响线上的竖标值是当单位集中荷载移动到该位置时，指定截面的内力值；而内力图中的竖标值是荷载位置固定不变时，该截面上的内力值。

(2) 绘制影响线的方法有两种：静力法和机动法。静力法是绘制结构影响线的最基本方法，应熟练掌握。用静力法或机动法都可以做出单跨静定梁的影响线，而用机动法只可以做出连续梁影响线的轮廓。单跨静定梁的支座反力和内力影响线是由直线段组成；连续梁的支座反力和内力影响线是由曲线组成。

(3) 影响线的应用有两个方面：一是计算某量值的大小；二是确定荷载的最不利位置。

根据叠加原理，由影响线可直接计算出一组集中荷载或均布荷载作用下某量值的大小。确定荷载的最不利位置时应先根据荷载和影响线的特点判别荷载的临界位置和临界荷载，计算出相应的量值，通过比较，与最大量值对应的位置才是荷载的最不利位置。

(4) 在恒载和活载共同作用下，结构各截面所可能产生的最大(最小)内力的外包线称为内力包络图。包络图表示各截面内力的极限值。它是结构设计时选择截面尺寸和布置钢筋的重要依据。

8.8 思　考　题

1. 什么是影响线？影响线中的横坐标和纵坐标各表示什么意思？
2. 影响线和内力图有什么区别？内力影响线中的竖标值和内力图中的竖标值各表示什么意思？
3. 在列梁的影响线方程时，在什么情况下需分段列出？在什么情况不需分段？
4. 简述静力法和机动法作影响线的步骤。
5. 什么是临界荷载和临界位置？确定它们的原则是什么？临界位置是否一定是荷载的最不利位置？
6. 简支梁的绝对最大弯矩与跨中截面的最大弯矩有什么不同？
7. 静定梁的影响线与连续梁的影响线各有什么特点？
8. 在什么情况下，只需做出连续梁内力影响线的轮廓就可以确定最不利荷载位置？这在工程中有何实际意义？
9. 什么是内力包络图？内力包络图与内力图及内力影响线有什么区别？
10. 判断下列说法是否正确。

(1) 影响线是单位移动荷载作用下的内力值。　　　　　　　　　　　　　　(　　)

(2) 简支梁的绝对最大弯矩就是跨中截面的最大弯矩。　　　　　　　　　　(　　)

(3) 外伸梁的影响线只需将简支梁影响线的图形向伸臂部分作直线延伸。 （ ）
(4) 作影响线的方法有静力法和机动法两种，机动法的依据是虚功原理。 （ ）
(5) 单跨静定梁的影响线由直线组成，连续梁的影响线由曲线组成。 （ ）
(6) 内力包络图就是内力影响线。 （ ）

8.9 习 题

1. 如图 8.19 所示，试用静力法作静定单跨梁的支座反力和指定截面内力的影响线。
(1) 悬臂梁支座 A 的反力 F_{XA}、F_{YA}、M_A 和截面 C 的弯矩 M_C 和剪力 F_{QC}。
(2) 外伸梁的支座反力 F_{RA}、F_{RB} 和截面 C、A 的弯矩 M_C、M_A 及剪力 F_{QC}、$F_{QA左}$、$F_{QA右}$。
(3) 斜梁的支座反力 F_{RA}、F_{RB} 和截面 C 的内力 M_C、F_{QC}、F_{NC}。
(4) 斜梁的支座反力 F_{Ax}、F_{Ay} 和截面 C 的内力 M_C、F_{QC}、F_{NC}。

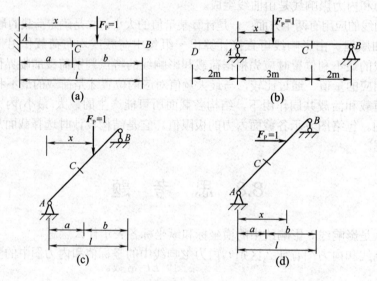

图 8.19 习题 1 图

2. 利用影响线求图 8.20 所示荷载作用下 A 支座的反力 F_{RA} 和截面 C 的弯矩值 M_C、剪力值 F_{QC}。

答案：(1) F_{RA}=89kN，M_C=66kN·m，F_{QC}=37kN

(2) F_{RA}=90kN，M_C=4kN·m，F_{QC}=−2kN

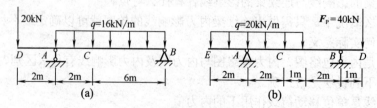

图 8.20 习题 2 图

3. 在图 8.21 所示移动荷载作用下，分别求 F_{RA}、M_C、F_{QC} 的最大值和与其对应的最不利荷载位置。

答案：(1) F_{RAmax}=186.78kN，M_{Cmax}=314kN·m，F_{QCmax}=104.5kN

(2) F_{Rmax}=134.5kN，M_{Cmax}=287.5kN·m，F_{QCmax}=12.5kN

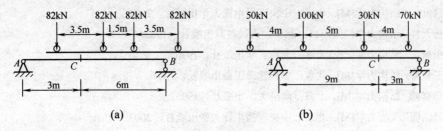

图 8.21 习题 3 图

4. 如图 8.22 所示，试求简支梁在移动荷载作用下的绝对最大弯矩。

答案：M_{max}=426.7kN·m

5. 如图 8.23 所示，试用机动法绘出连续梁中 F_{RB}、M_A、M_C、M_K、F_{QK}、$F_{QB}^{左}$ 和 $F_{QB}^{右}$ 的影响线轮廓。

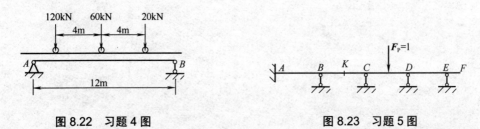

图 8.22 习题 4 图　　　　　　　　　图 8.23 习题 5 图

6. 如图 8.24 所示，简支梁承受可移动的集中荷载 F_P 和均布活荷载 q，试绘制其弯矩和剪力包络图。

7. 如图 8.25 所示，连续梁各跨除承受均布恒载 q=10kN/m 外，还受有均布活载 q=20kN/m 的作用，试绘制其弯矩和剪力包络图。EI=常数。

答案：M_{Cmax}=-22.94kN·m，M_{Cmin}=-106.48kN·m，F_{QCmax}=98.23kN，F_{QCmin}=26.46kN

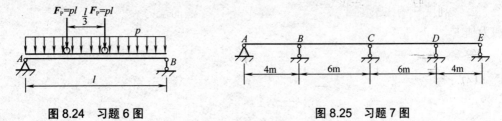

图 8.24 习题 6 图　　　　　　　　　图 8.25 习题 7 图

参 考 文 献

[1] 沈伦序. 建筑力学[M]. 上海：高等教育出版社，1998.
[2] 包世华. 结构力学[M]. 北京：中央广播电视大学出版社，2004.
[3] 杨天祥. 结构力学(上册)[M]. 北京：人民教育出版社，1982.
[4] 张振衡. 结构力学[M]. 天津：天津大学出版社，1996.
[5] 王金海. 结构力学[M]. 北京：中国建筑工业出版社，1997.
[6] 郑有畛. 结构力学[M]. 上海：同济大学出版社，1995.
[7] 范钦珊. 工程力学[M]. 北京：中央广播电视大学出版社，2003.
[8] 于永君. 建筑力学习题集[M]. 北京：机械工业出版社，1994.
[9] 翟振东. 材料力学[M]. 北京：中国建筑工业出版社，2003.
[10] 孙训芳. 材料力学[M]. 北京：高等教育出版社，1979.